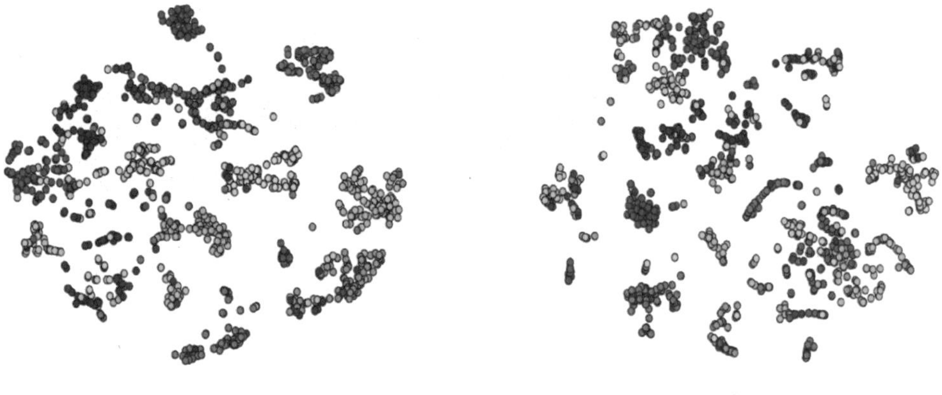

图 3-14　Item2vec 和 SVD 的可视化效果对比

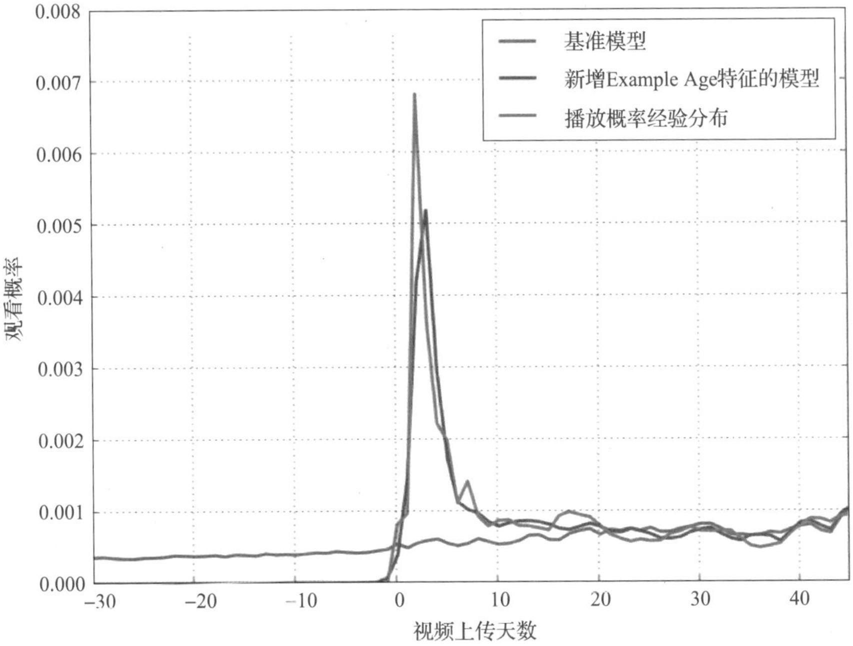

图 3-16　视频观看倾向与发布时间对比

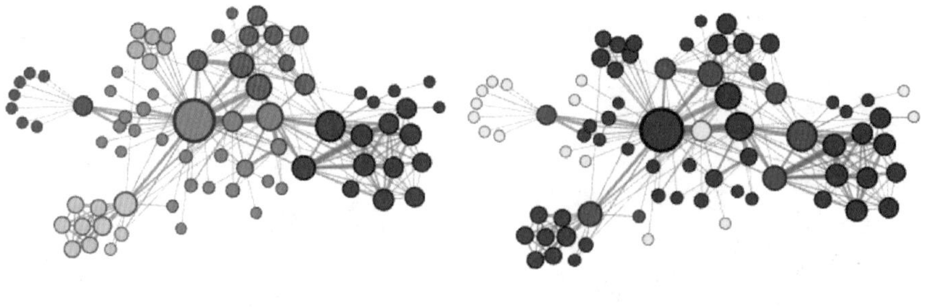
a）“深度优先”为主（p=1，q=0.5）
b）“宽度优先”为主（p=1，q=2）

图 3-30　Node2vec 效果可视化

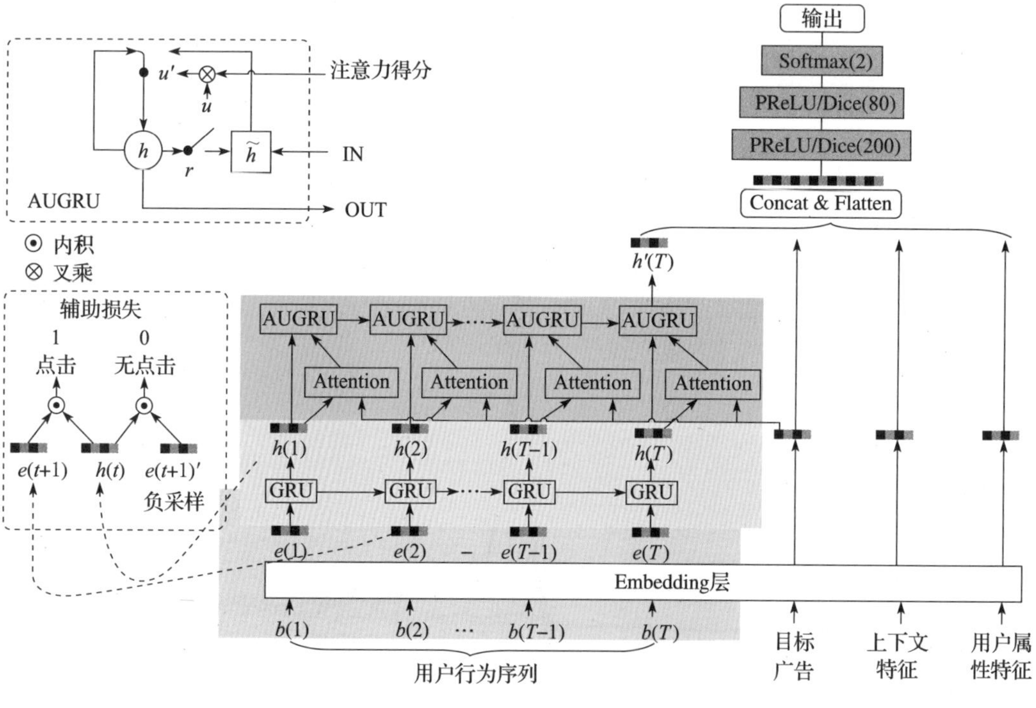

图 3-37　DIEN 模型结构

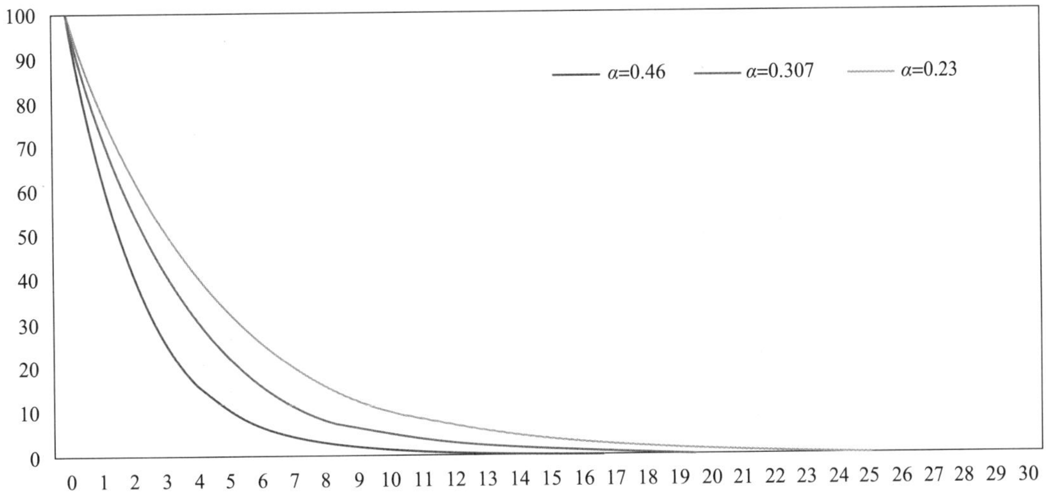

图 4-2　不同 α 系数的衰减速度对比

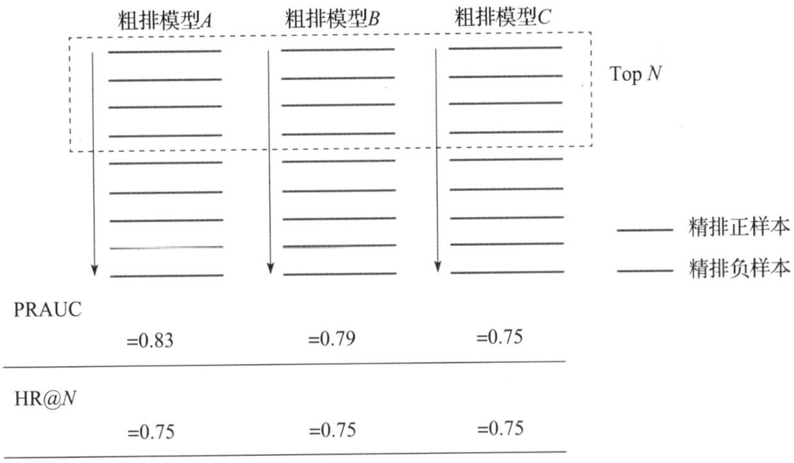

图 4-20　PRAUC 与 Hit Rate 在粗排中的区别

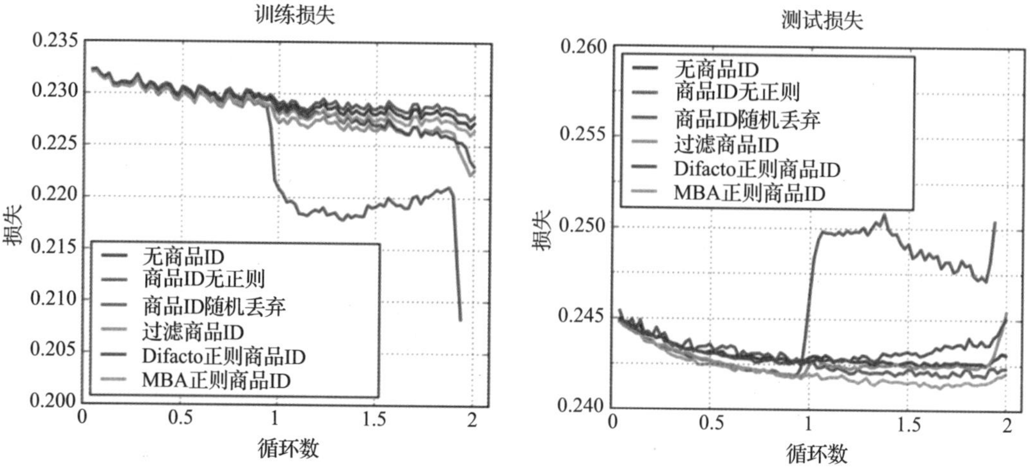

图 5-15　不同正则化方式的训练和测试误差

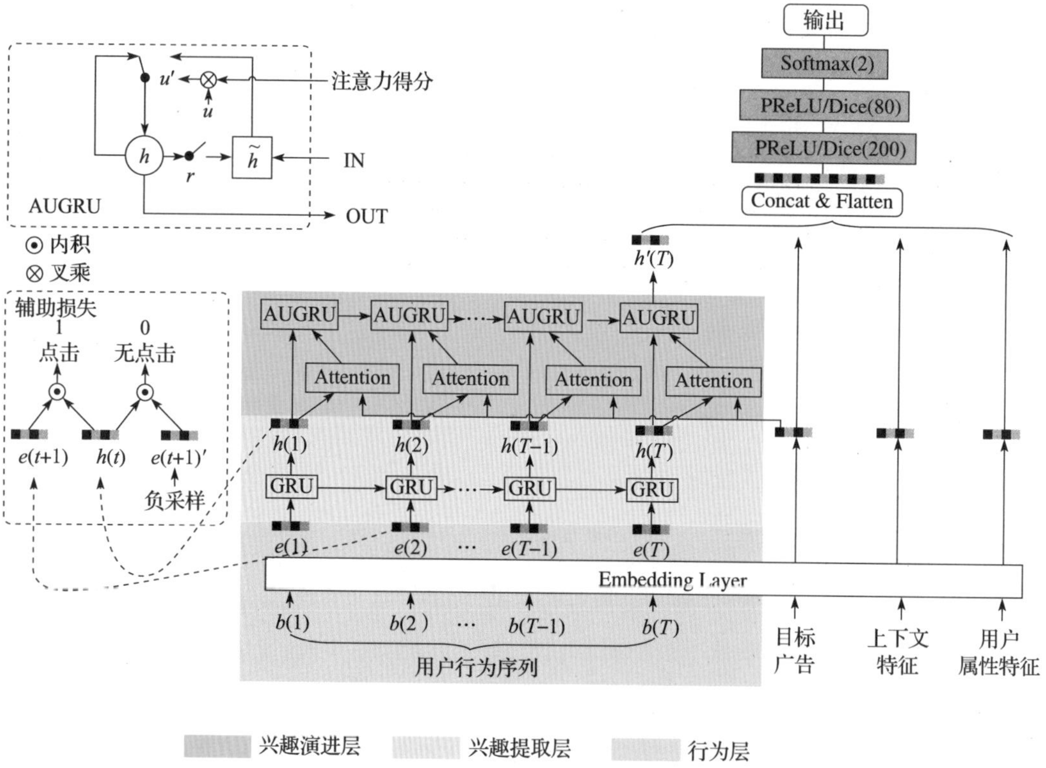

图 5-16　DIEN 算法的模型结构

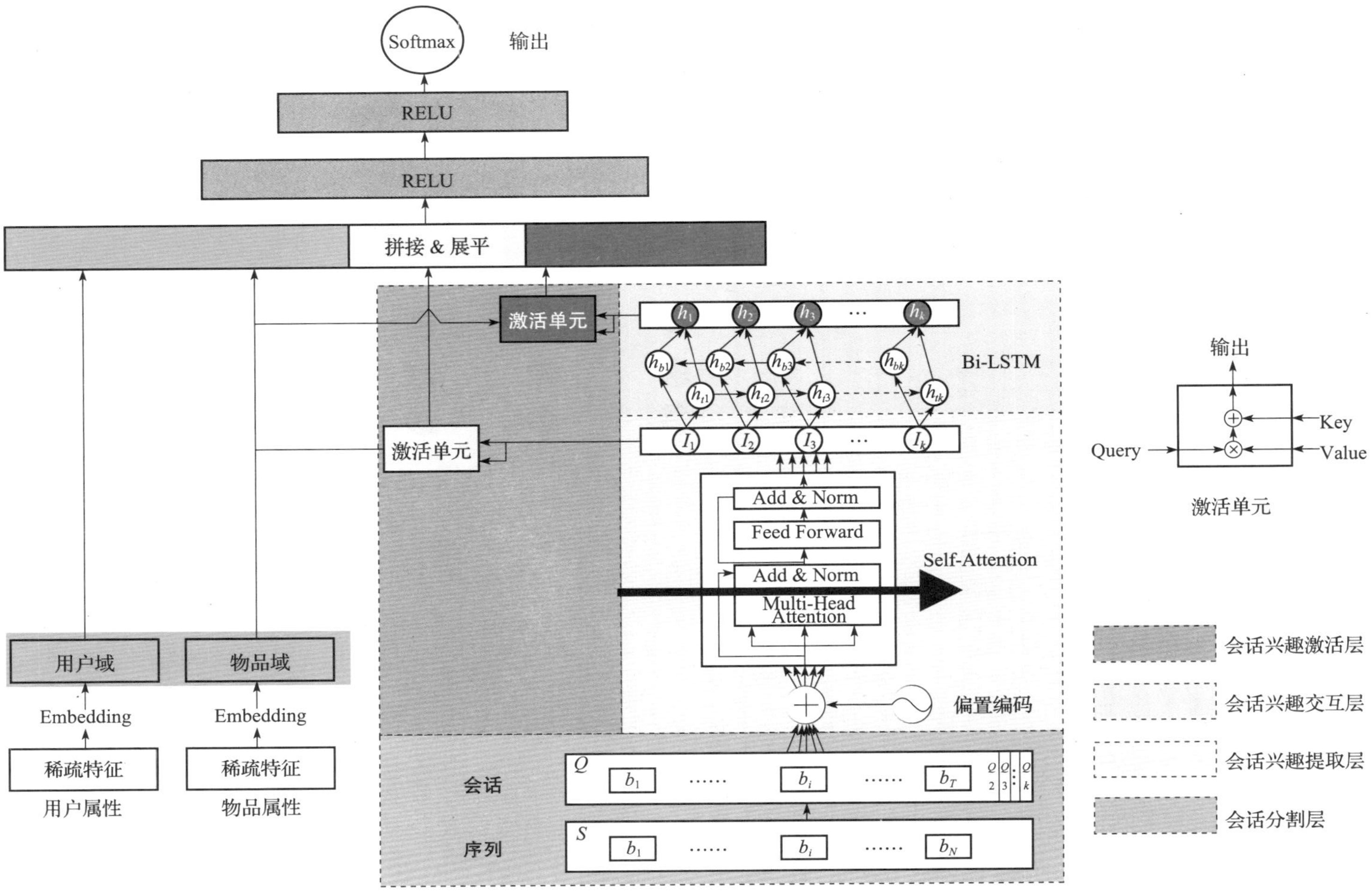

图 5-18　DSIN算法的模型结构

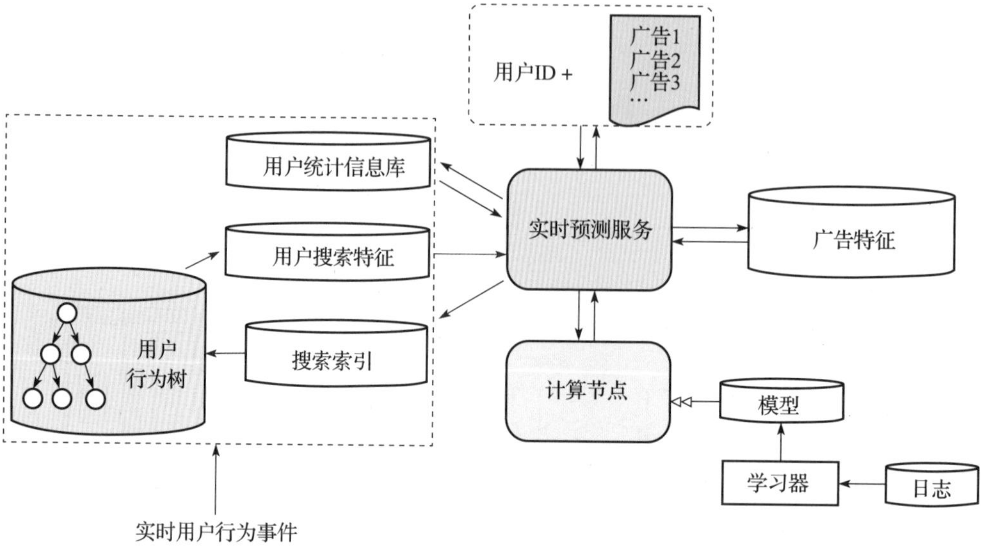

图 5-20　工业级展示广告系统的实时点击率预测系统

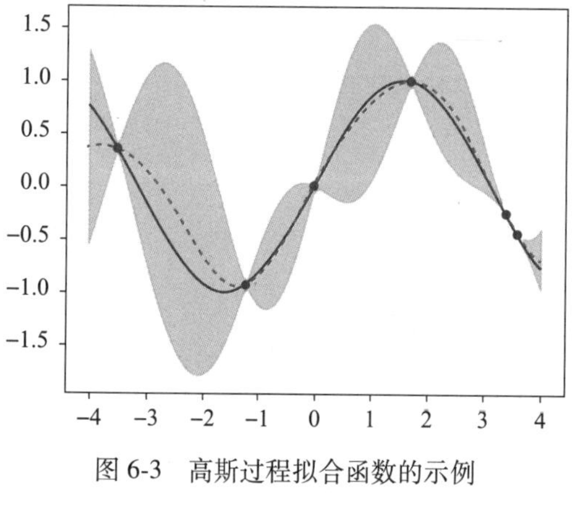

图 6-3　高斯过程拟合函数的示例

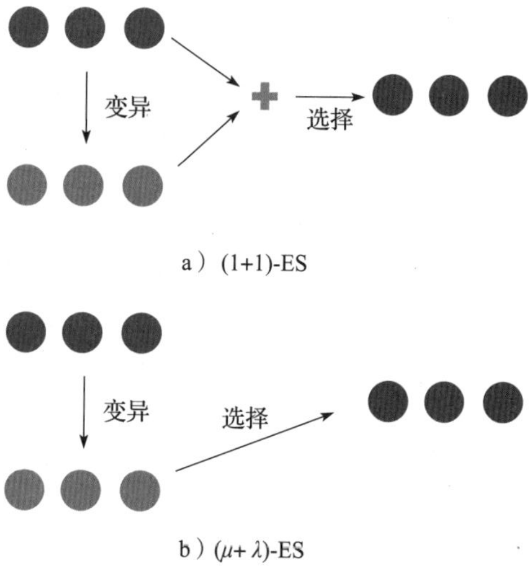

图 6-7　（1+1）-ES 和（μ+λ）-ES 的对比

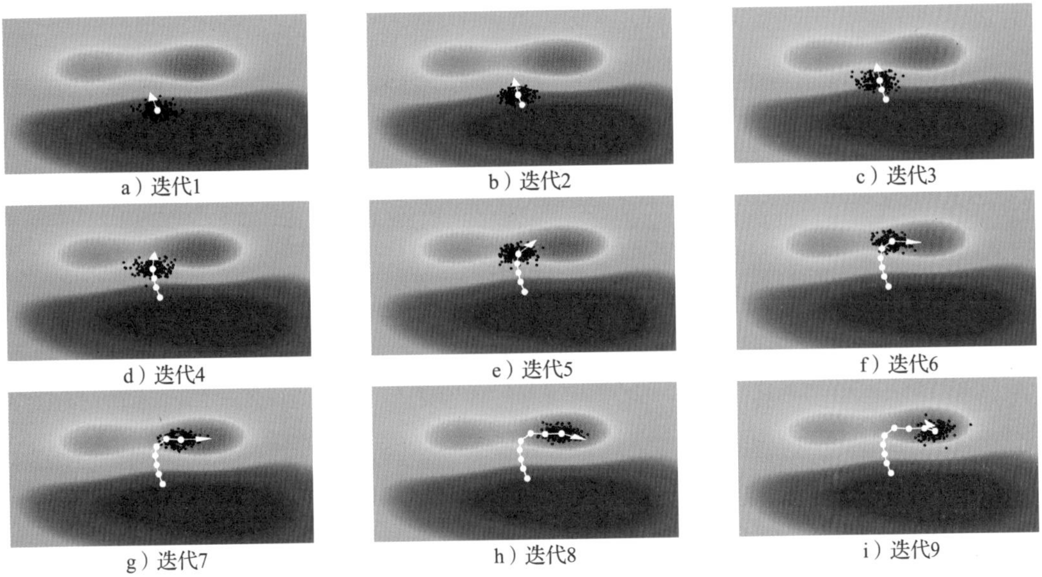

a）迭代1　b）迭代2　c）迭代3
d）迭代4　e）迭代5　f）迭代6
g）迭代7　h）迭代8　i）迭代9

图 6-8　OpenAI ES 优化的示例一

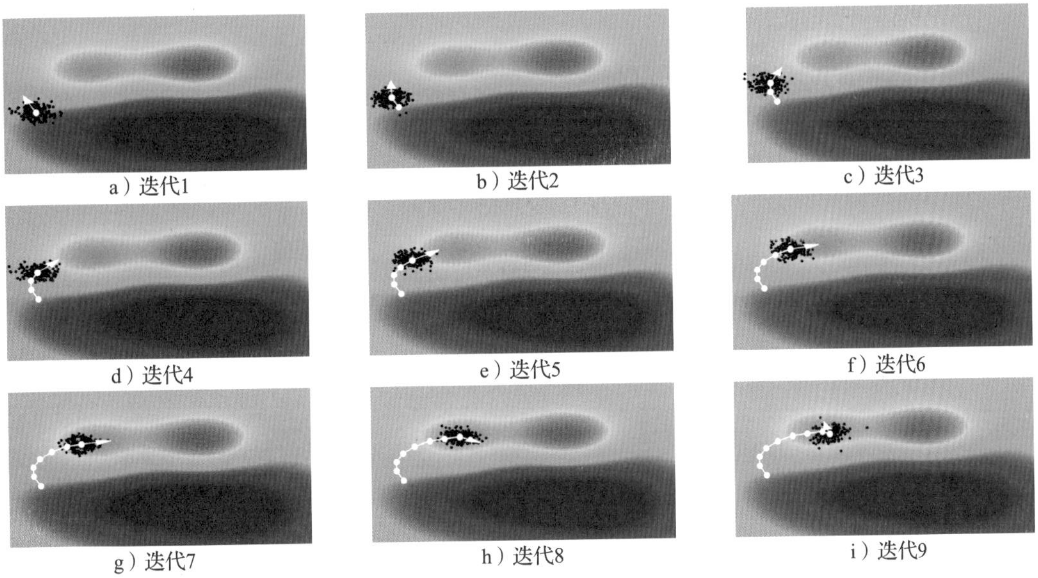

a）迭代1　b）迭代2　c）迭代3
d）迭代4　e）迭代5　f）迭代6
g）迭代7　h）迭代8　i）迭代9

图 6-9　OpenAI ES 优化的示例二

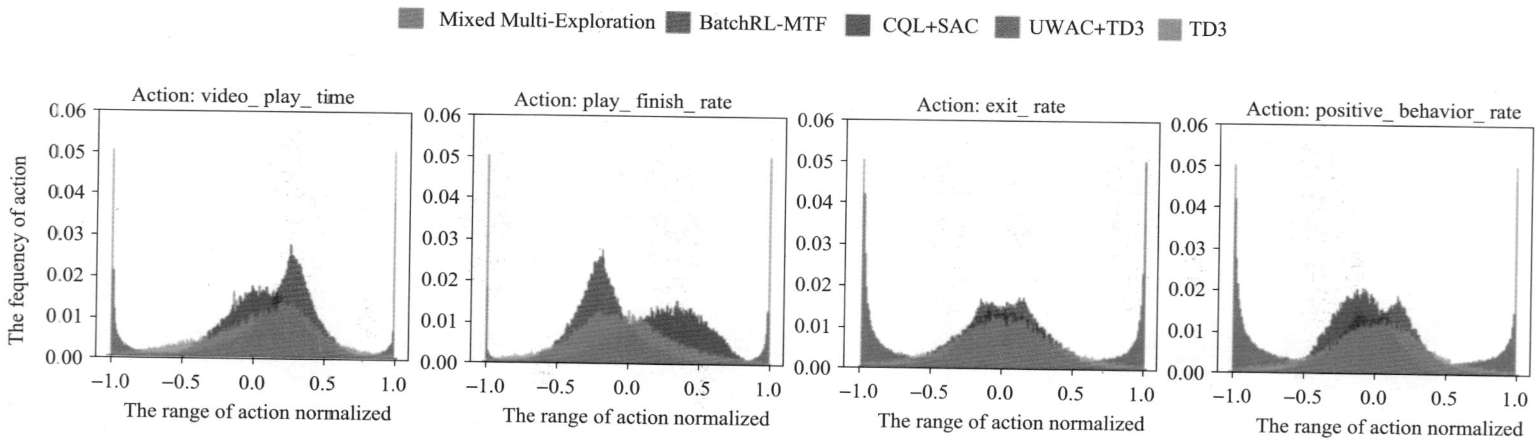

图 6-16　多个强化学习方法在4种类型上的动作分布

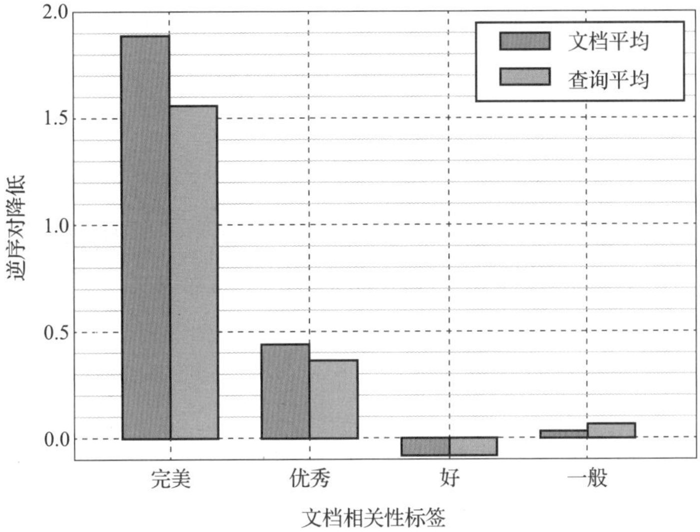

图 7-3　DLCM 在不同相关文档上的优化效果

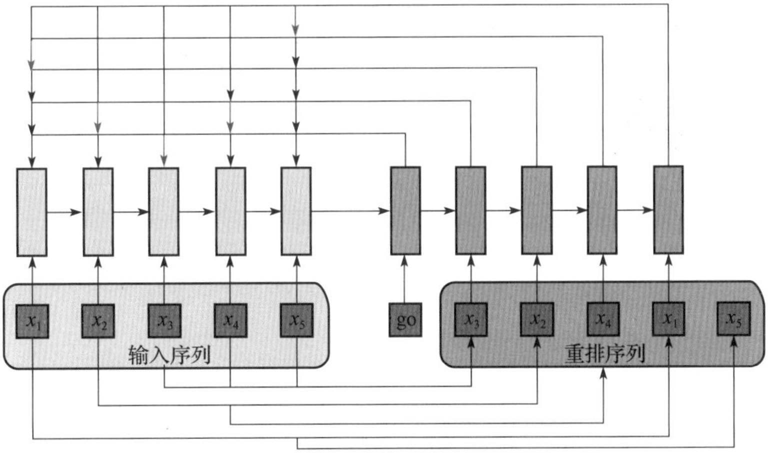

图 7-8　Seq2Slate 的计算流程

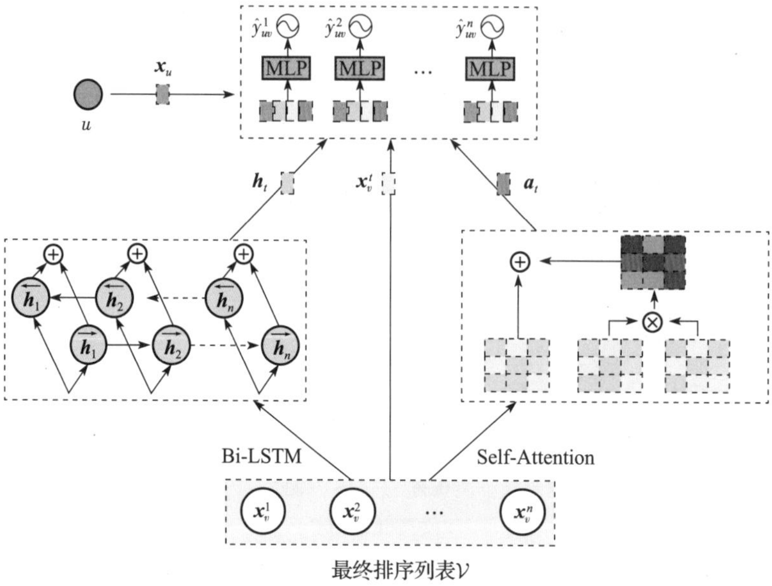

图 7-10　GRN 中的 Evaluator 模型结构

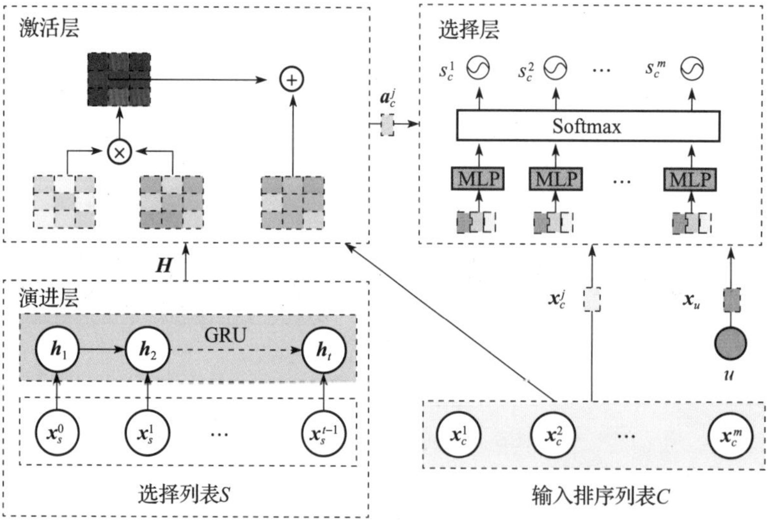

图 7-11　GRN 中的 Generator 模型结构

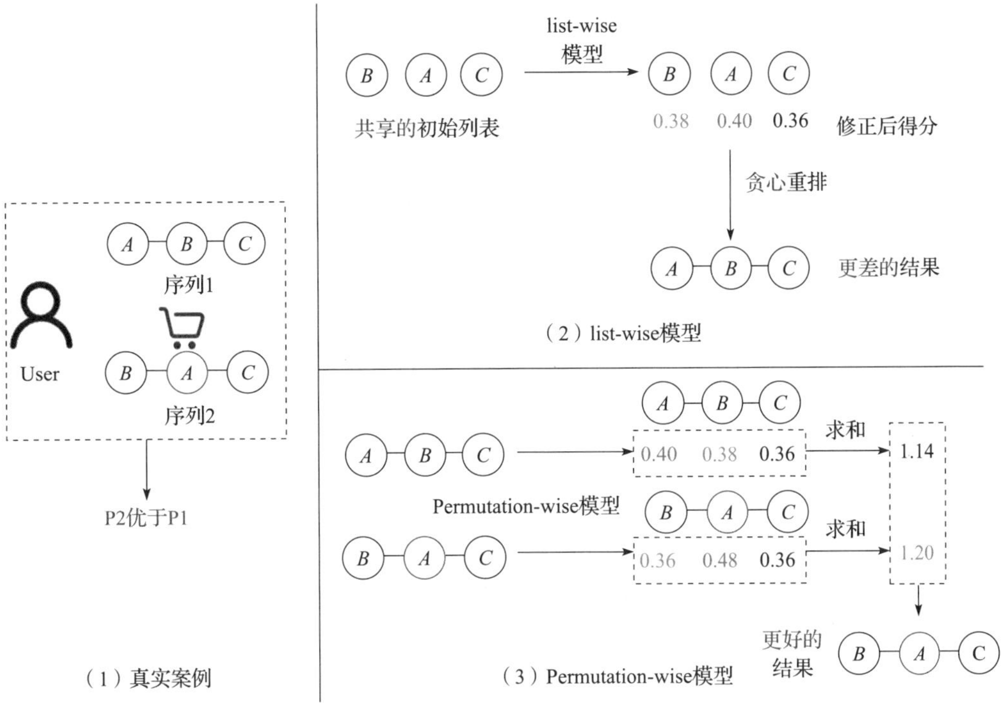

图 7-14　电商场景中的案例对比：list-wise 模型与 Permutation-wise 模型

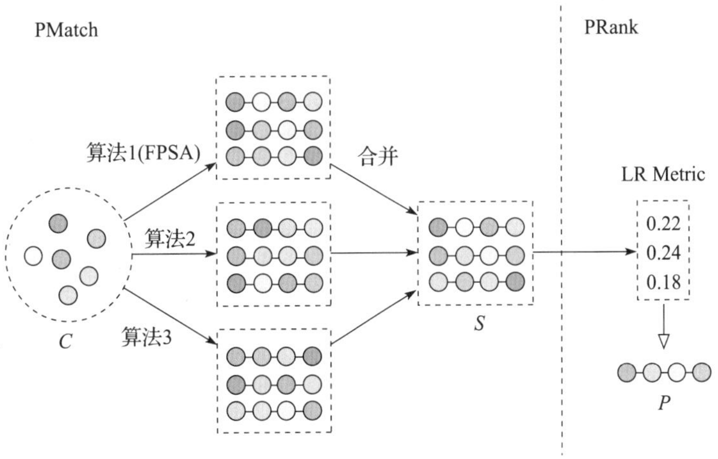

图 7-16　PRS 框架的整体结构

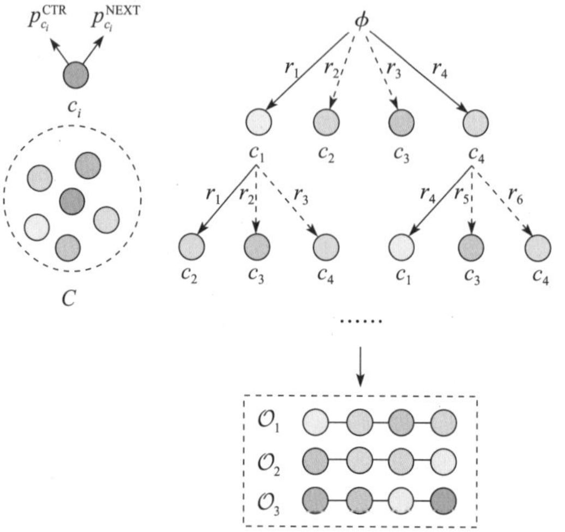

图 7-17　基于 Beam Search 的序列生成方法

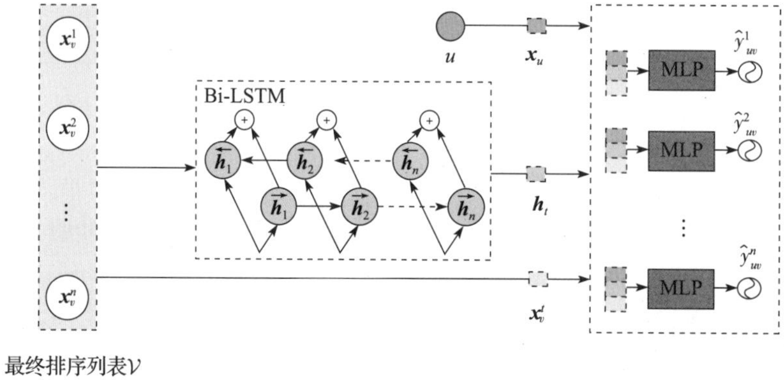

图 7-18　DPWN 的模型结构

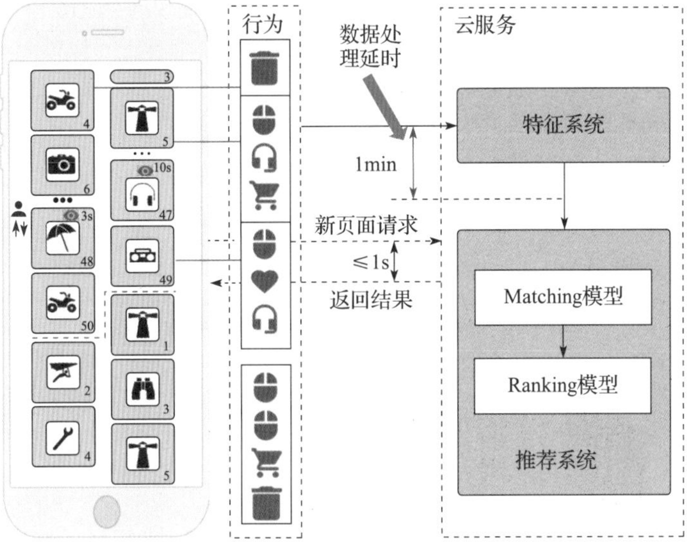

图 7-19　流行的端云协同瀑布流推荐系统框架

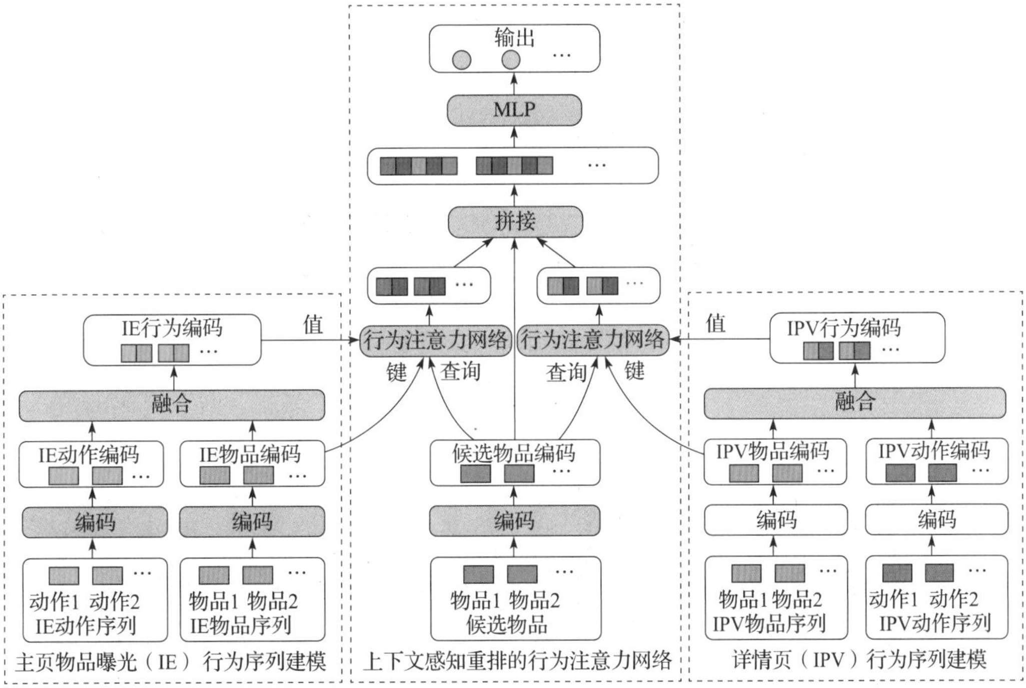

图 7-22　EdgeRec 中的异构用户行为序列建模和上下文感知重排的行为注意力网络

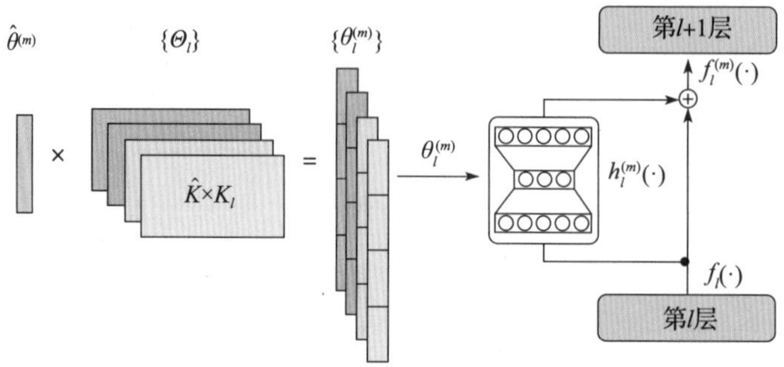

图 7-24 减少模型参数空间的 MetaPatch 方法

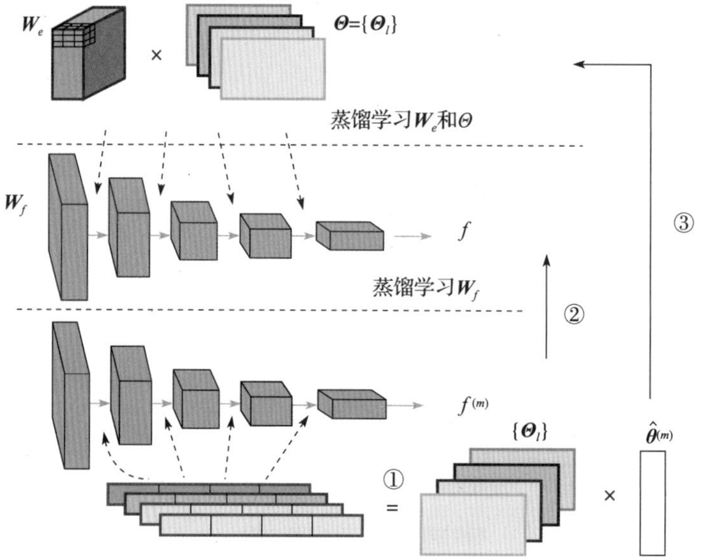

图 7-25 增强云端模型的 MoMoDistill 方法

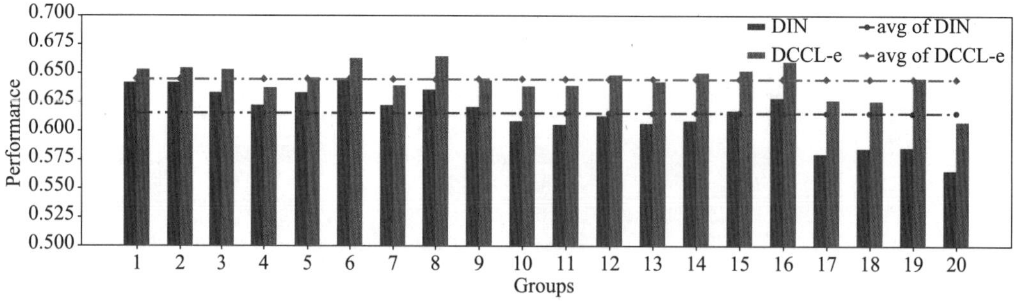

图 7-26 DCCL-e 和 DIN 在所有细分用户群上的推荐效果对比

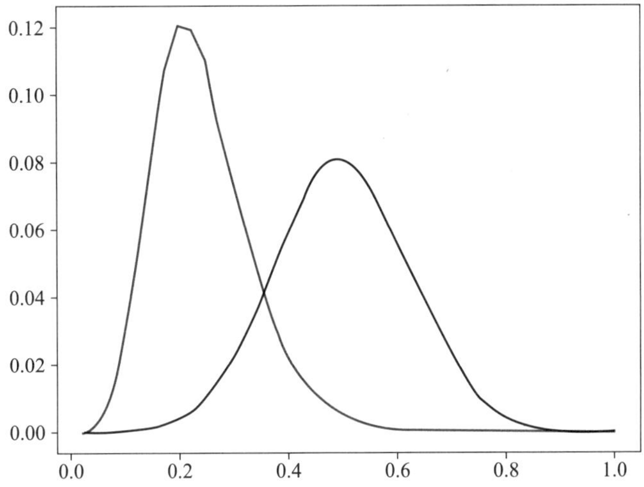

图 8-3 负采样校准前后的概率密度对比

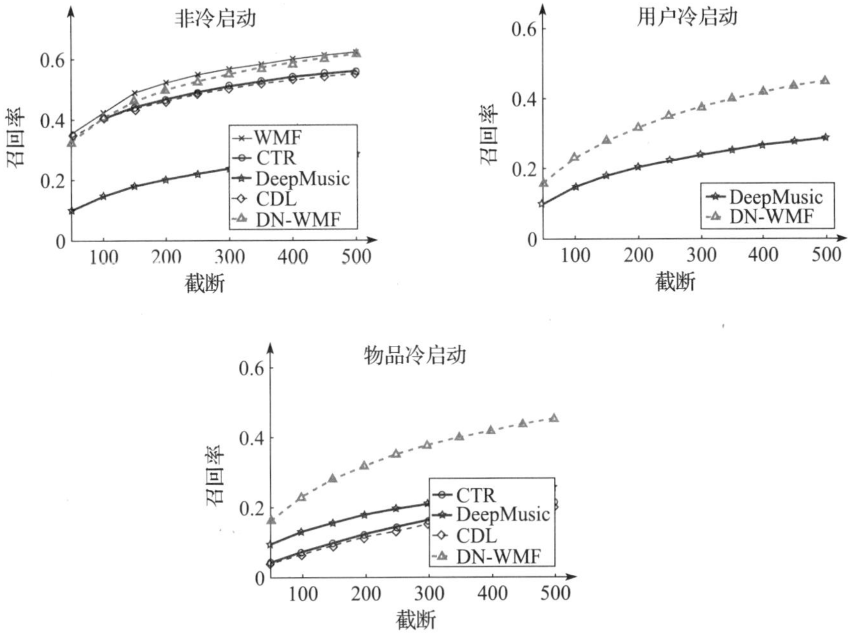

图 9-2 DropoutNet 的相关实验结果

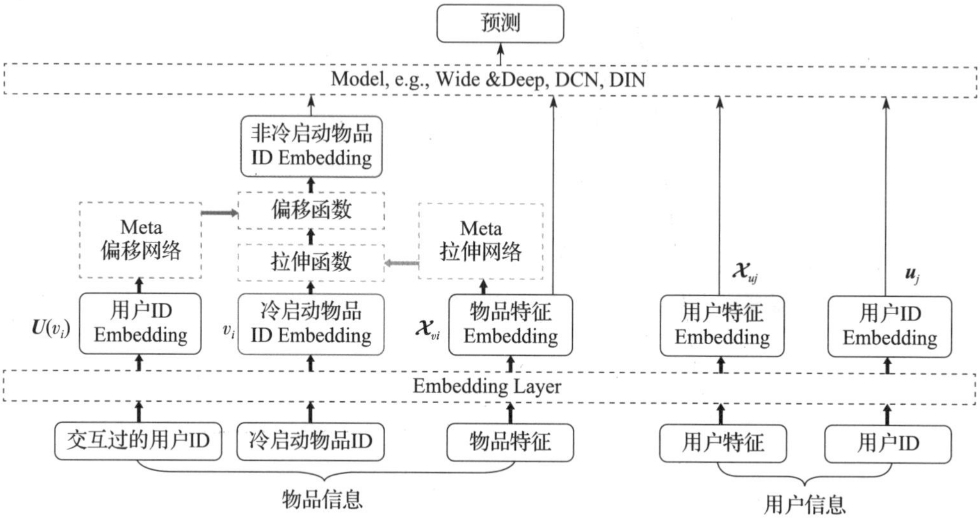

图 9-5　MWUF 算法的模型结构

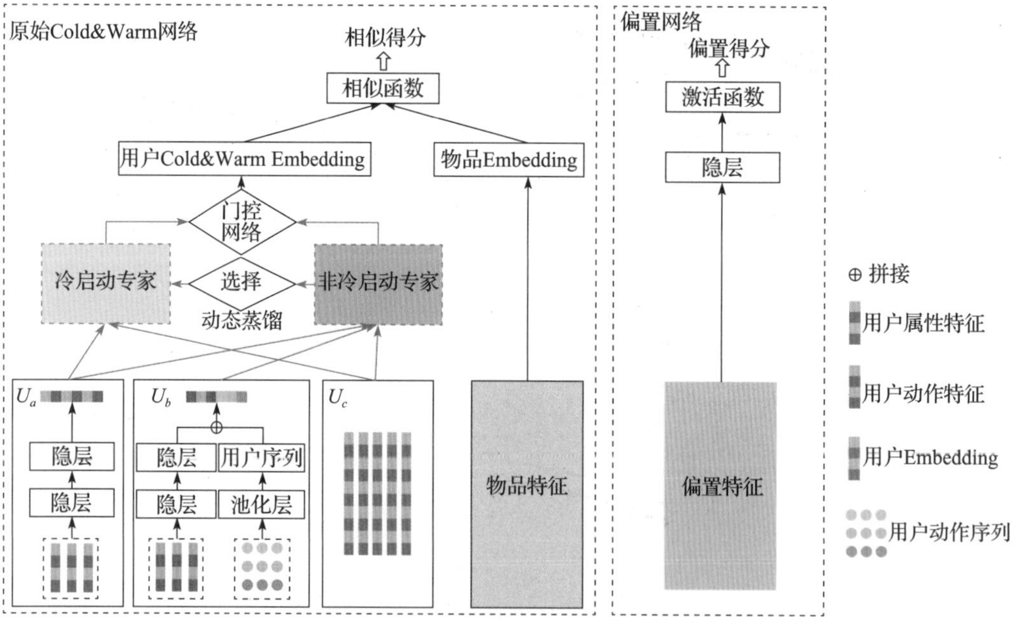

图 9-7　Cold & Warm 算法的模型结构

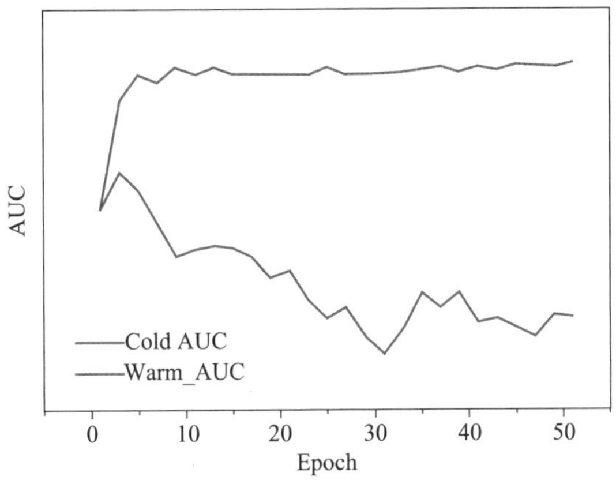

图 9-9　冷启动和非冷启动任务的效果变化趋势

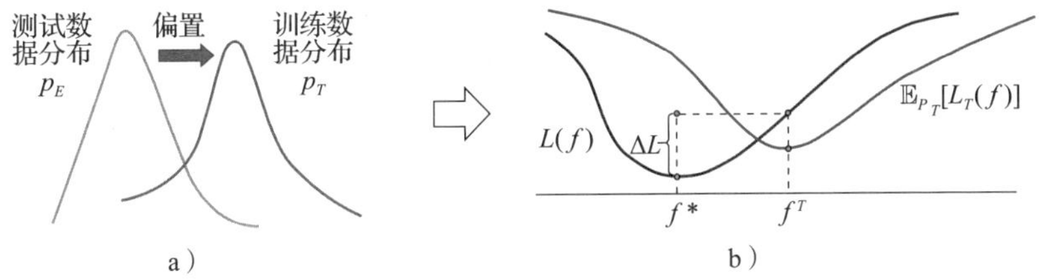

图 9-11　数据偏置的说明和它对于模型训练的负向影响

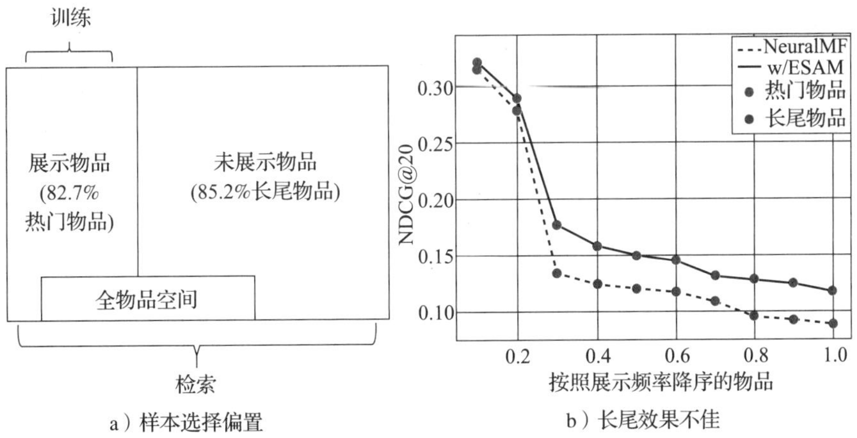

图 9-17　CIKM Cup 2016 数据集的相关分析

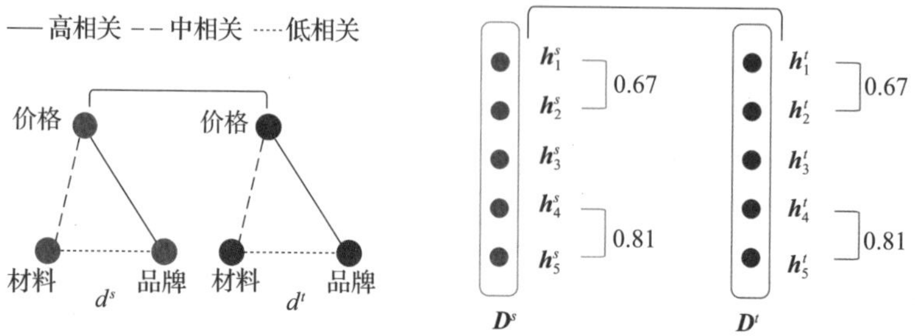

a）低层属性相关一致性　　b）高层属性相关一致性

图 9-19　属性间的相关性在源领域和目标领域是一致的

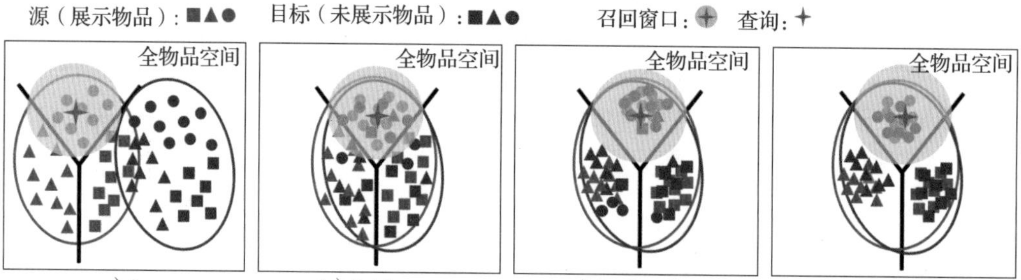

a）L_s　　b）L_s+L_{DA}　　c）$L_s+L_{DA}+L_{DC}^c$　　d）$L_s+L_{DA}+L_{DC}^c+L_{DC}^p$

图 9-20　ESAM 算法中多个损失的设计意图

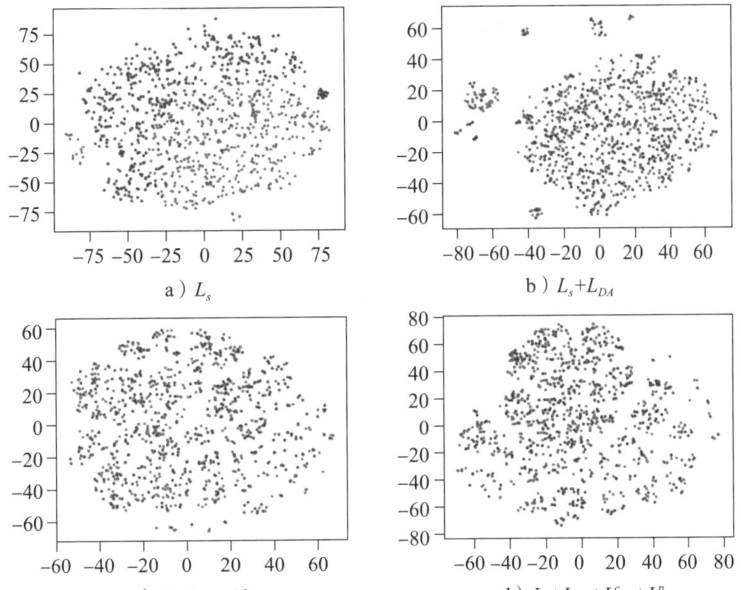

a) L_s　b) L_s+L_{DA}　c) $L_s+L_{DA}+L_{DC}^c$　d) $L_s+L_{DA}+L_{DC}^c+L_{DC}^p$

图 9-21　T-SNE 对数据特征分布的可视化，红色和蓝色分别表示源领域和目标领域

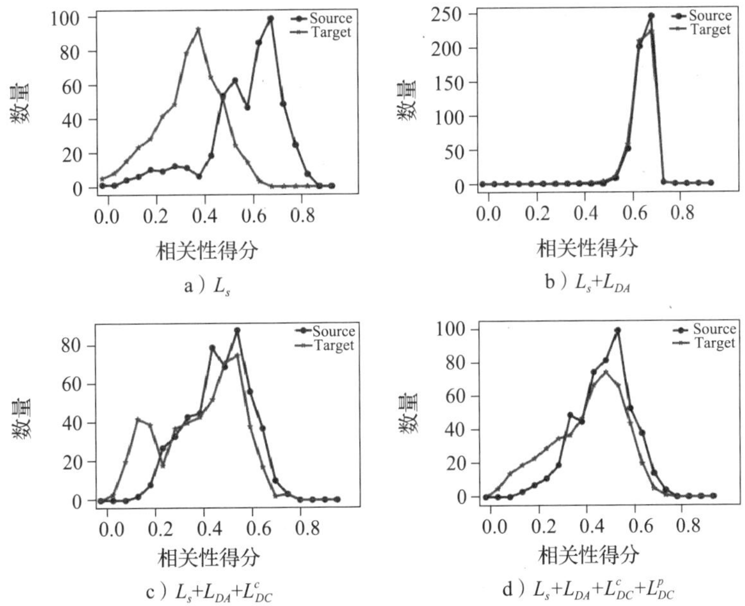

a) L_s　b) L_s+L_{DA}　c) $L_s+L_{DA}+L_{DC}^c$　d) $L_s+L_{DA}+L_{DC}^c+L_{DC}^p$

图 9-22　真实数据上的相关性得分分布对比

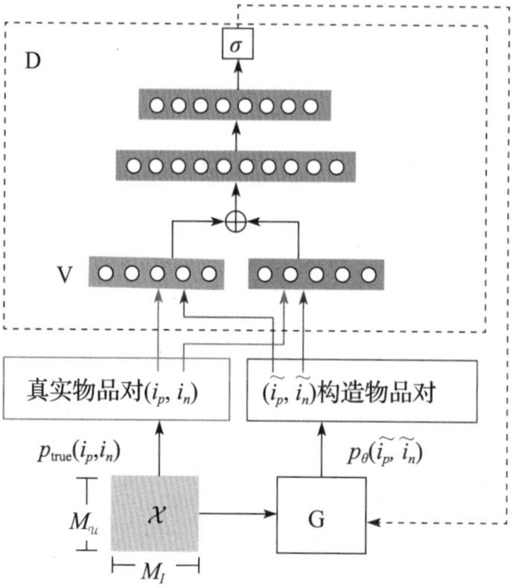

图 9-23　解决协同过滤中长尾问题的对抗网络模型结构

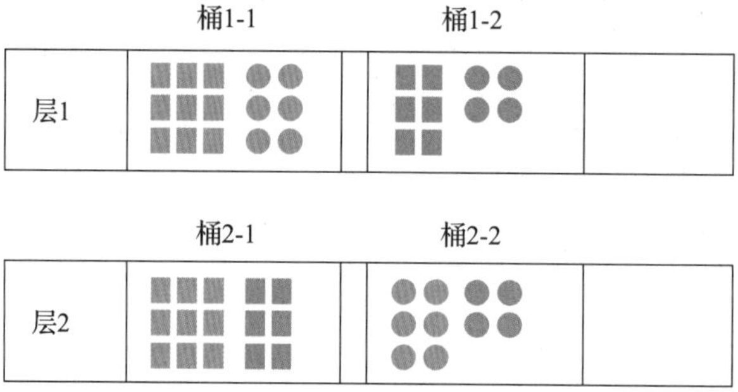

图 10-6　层与桶的流量关系

·人工智能技术丛书·

信息流
推荐算法

赵争超 黄帆 —— 著

机械工业出版社
CHINA MACHINE PRESS

图书在版编目（CIP）数据

信息流推荐算法／赵争超，黄帆著．—北京：机械工业出版社，2024.3
（人工智能技术丛书）
ISBN 978-7-111-75442-8

Ⅰ．①信…　Ⅱ．①赵…　②黄…　Ⅲ．①聚类分析-分析方法　Ⅳ．①O212.4

中国国家版本馆 CIP 数据核字（2024）第 061944 号

机械工业出版社（北京市百万庄大街 22 号　邮政编码 100037）
策划编辑：李永泉　　　责任编辑：李永泉　赵晓峰
责任校对：李可意　陈　越　　责任印制：常天培
北京铭成印刷有限公司印刷
2024 年 6 月第 1 版第 1 次印刷
186mm×240mm・20.5 印张・10 插页・509 千字
标准书号：ISBN 978-7-111-75442-8
定价：109.00 元

电话服务　　　　　　　　网络服务
客服电话：010-88361066　　机　工　官　网：www.cmpbook.com
010-88379833　　机　工　官　博：weibo.com/cmp1952
010-68326294　　金　书　网：www.golden-book.com
封底无防伪标均为盗版　　机工教育服务网：www.cmpedu.com

FOREWORD

推荐序

自20多年前亚马逊公司的工程师最早设计出电商场景的协同过滤算法并将其大规模应用于推荐系统以来，伴随着机器学习/人工智能技术的飞速进步，个性化推荐系统（Recommender System，RS）已历经数次革新与蜕变。这个发端于信息过载，催生及发展于电子商务、UGC（用户生成内容）、短视频、社交网络等移动互联网时代的应用，恐怕是迄今为止AI技术最成熟、商业影响力最大的应用，从商品、书籍、音乐、信息到短视频和娱乐，推荐系统为我们带来了流量个性化时代和与之伴随的内容选择的极大丰富度。尽管很多人还没有意识到，个性化推荐已经彻底改变了我们的生活方式。

推荐系统是AI技术大显身手的地方，从事AI/机器学习的朋友应多关注推荐系统，这里蕴藏着对AI最前沿和最丰富的技术的挑战，同时，AI在推荐系统的落地实践中有以下几个容易被忽略的特点。

1）推荐的算法应用是AI的系统性应用，个性化推荐本身是个复杂的自闭环系统，而不是单模块下输入和输出的简单整合。在AI领域，尽管推荐算法与人脸识别、语音识别常常被同时提及，但实际上推荐算法与另两者在应用模式上有着本质区别，它是一个高度精密的多模块协同的AI算法体系，是为了满足应用目标而构建的包含表示学习、画像、召回、粗排、精排、重排等算法模块的综合性算法应用系统。从这个角度来说，推荐算法更多是对标于自动驾驶算法系统或机器人算法系统这样的AI应用系统。

2）推荐系统服务和互动的对象是这个星球上最复杂的对象——人脑，而且是有着多元分布的大规模人脑群体。可想而知其面临的问题的复杂性和挑战维度。归根结底，推荐系统的使命是最大化服务对象的满意度，但我们都知道这个终极目标背后的建模维度非常高，影响因素异常复杂，这也是鲜有直接以留存和人均时长等作为学习预测目标的原因。

3）因为问题难度高、维度规模大，推荐系统涉及的挑战因素和层面非常多，比如推荐建模中经典的E&E（Exploration & Exploitation）问题、Debias问题、冷启动问题、公平性问题、预训练和表示学习问题、价值度量和长程（Long Term）价值优化问题、信息茧房问题等。概括地说，AI在其他领域遇到的技术挑战，推荐系统几乎都会遇到，同时推荐系统还存在一些独有的挑战。因此，推荐系统是AI技术最好的练兵场之一。这从近年来AI在其他领域的技术突破第一时间会被迁移应用到推荐系统中可见一斑，从视觉领域发端的深度学习（DNN）模型，自然语言领域首先提出的Transformer、大规模预训练模型，到近期的强化学习（RL）模型、因果推断模型等，这些都在推荐系统中得到了快速应用和价值证明。同时，在推荐系统的应用过程中也发展出了很多具备通用价值的反哺整个 AI 领域的多任务学习（MTL）模型、图学习模型等。

4）除推荐系统自身是一个经设计组装的协同和闭环系统之外，它实际上也同时存在于一个更大的，包含产品设计、内容运营、流量经营在内的“生态圈”内部。目前除在推荐系统的模块内部基本上有明确共识的可直接优化的量化目标外（如粗排、精排、混排的目标），“生态圈”中的系统之间，以及推荐与产品、内容、运营的整体协同配合方面，很大程度上还是一个依赖人工设计的空间。因此，很多时候推荐系统设计的空间是一个创造性的、结合经验和艺术发挥的空间，不可能科学严谨地推导出最优解，很大程度上还是需要依赖工程师的实践经验和创造性的设计能力，并通过大闭环的 end2end 的实验评估来择优选用解决方案。因此，推荐系统是一个非常有意思的局部模块较明确地量化，但模块间整体耦合需要凭经验和直觉确定的科学融合艺术的领域。

当争超和黄帆找到我说他们写了一本关于信息流推荐算法的书时，我的第一反应是：是时机写这样一本书了。因为关于推荐系统早年是有很多书的，这些书主要集中在介绍协同过滤、Netflix 竞赛中发展出的矩阵分解算法，以及深度学习刚兴起时的各类 DNN 算法等方面，同时也往往局限在召回和精排两个模块上。而近几年推荐系统有了非常大的技术革新，随着抖音、快手、视频号等全屏短视频时代的到来，推荐算法发生了很大的范式变化，精排到混排的链路基本形成了深度多任务学习模型+进化学习、强化学习的主流范式，破除了列表页时代的单任务、重 CTR（Click Through Rate）预估的建模范式，同时端云协同、图学习、大规模预训练模型、多模态建模、因果推断、Debias 都有了全面的升级和应用。因此，是时候更新迭代一下大家对于推荐系统的认知了。本书作者的从业经验使得他们非常适合写这样一本书，两位作者经历过阿里、腾讯等国内一线大厂和多家独角兽级公司的实战洗礼，对大规模推荐系统有着最真实的实践经验，同时对创业公司强约束小数据条件下的冷启动挑战也有着深刻的体会。在腾讯共事期间，我在多任务学习、统一价值度量和建构方面的一些思路、想法经常和两位作者交流讨论。另外，两位作者经历过的推荐业务涉及国内及跨境电商、长短视频、文玩拍卖等不同商业领域，涉及从百万到亿级别的 DAU（日活跃用户数量）产品用户规模，这对于形成对推荐系统的横向泛化的通用经验是非常必要的。拿到书稿后我快速通读了一遍，的确印证了我的判断，相比之前推荐算法相关的图书，对于上面提到的推荐系统的特点，本书有着更为完整、立体和覆盖最新进展的论述。相信本书无论对推荐系统的入门读者还是有一定经验的从业者，都有很高的阅读价值，能够带着大家快速地走进推荐算法的应用前沿。

刘军宁

推荐者简介

刘军宁 博士毕业于美国马萨诸塞大学阿默斯特分校（Umass Amherst）计算机系，先后就职于谷歌、阿里、腾讯等国内外一线大厂核心技术岗位，曾任阿里巴巴、蚂蚁金服技术总监，新华智云首席科学家及 VP，腾讯 PCG 高级总监及 14 级专家。在谷歌任职期间，开发了 YouTube 早期推荐系统算法，在阿里任职期内提出的 swarm 同好算法入选 15 年阿里十大算法奖，带领团队设计并搭建蚂蚁金服 Matrix 推荐平台，获得蚂蚁 2016 年数据之美奖。近年来带领团队设计研发了 PLE、MFH 等新型多任务学习 SOTA 模型，获得 2020 ACM RecSys Best Long Paper 奖。同时成功将强化学习应用于推荐混排中，并积极探索异构介质混排和商业化混排。

PREFACE

前　　言

Facebook（脸书）在2006年推出的News Feed可以看作信息流产品的开端，News Feed因其沉浸式的阅读体验、丰富的交互方式、个性化的内容呈现等优势，在上线后短时间内就迅速收获了一大批核心用户，并在随后几年的时间里不断发展，逐步改变了用户对新闻资讯内容的阅读习惯，同时，积累的海量用户也为Facebook带来了成熟的商业变现模式。

随着国内移动互联网的蓬勃发展，各大互联网巨头也纷纷跟进效仿News Feed的产品形态。当前阶段，对于电商领域的淘宝、京东，短视频领域的抖音、快手，媒体领域的今日头条、微博，信息流都是主流的产品形态。

然而，随着最近几年移动互联网的发展进入平台期，用户规模见顶，流量红利消失，各大APP从追求用户规模的增长，转型为追求用户消费深度的增加。而信息流产品在各大APP的产品形态趋同，内容的生产质量和分发效率则成了关键武器，推荐系统作为内容分发的核心引擎，也变得尤为重要。

在这样的商业和技术发展背景下，在移动互联网蓬勃发展的浪潮中，作为大数据、搜推广（即搜索、推荐、广告算法的简称）的从业人员，我们也经历了推荐技术的日新月异，在经历了深度学习伴随着算力的发展席卷图像、语音、NLP（自然语言处理）领域后，我们也对推荐算法进行了最彻底、最深刻的革新。在这场如火如荼的变革中，我们个人也从一线开发人员的角色，成长为主导设计、操盘百万级到千万级DAU的APP内容分发、推荐系统的技术架构、发展方向和团队建设的推动者。这一路的成长，有收获、有成果，也有无数的挫折、失败和反思。

这些经历让我们逐渐萌生了一个想法：希望能够把推荐算法的技术发展和变革记录下来，并体系化、结构化地总结成册，为后来者借鉴。当前市面上现有的与推荐算法和深度学习相关的书籍琳琅满目且各具特色，因此，我们选择了从信息流产品的角度，对推荐算法按照召回、粗排、精排、重排分阶段地阐述其细节，并结合实践，在给出理论推导的同时，也贴近实际的业务问题给出相应的解决方案。

本书是我们这些年在淘宝、微视、QQ小世界、WeTV的所思所想、所感所悟、所失所得的点点滴滴的记录，这既是对我们职业生涯的一次阶段性技术总结，也是对曾经“为目标不舍昼夜”的那些日子的纪念。希望本书能给同行朋友，以及希望未来从事搜推广行业的广大学生朋友提供一些帮助。

本书知识体系

本书希望从算法工程师和产品经理的双重视角来阐述推荐算法，因此在第 1、2 章系统性地介绍了信息流产品的内容生态、对用户体验和商业价值的重塑，以及推荐算法作为信息流内容分发的“利器”的作用。同时，结合我们过往的实践经验，介绍了如何通过系统性的产品运营分析、用户画像分析、行为路径分析找到推荐算法优化的线索，用数据驱动业务增长。

第 3~7 章详细介绍了推荐算法的召回、粗排、精排、重排各个阶段的算法体系，包括过往经典的算法以及当前较前沿的算法，并结合业务实践阐述了算法推导过程。另外，本部分还介绍了多目标融合算法。这几章是本书最核心的部分。

第 8 章介绍了召回和排序模型的数据预处理及特征工程相关的工作内容，以及针对排序模型的打分校准方法。

第 9 章针对信息流产品中的经典问题，比如信息茧房、冷启动、消偏等，具体分析这些问题在信息流产品中的前因后果以及综合性的解决方案。

第 10 章分析如何从宏观和微观角度评估推荐系统对平台的价值，并介绍价值评估的指标体系，以及 A/B 测试作为在线评估技术的主要概念和落地实践的流程。

第 11 章总结并展望推荐算法的未来，阐述当前阶段推荐算法与业务价值息息相关的几个重要且亟待解决的命题，同时就推荐算法工程师在从入门到成长的过程中如何提升自身的各项技能给予了合理的建议。

读者对象

- 当前从事搜推广行业的同行朋友。期望本书结合业务实践的技术细节阐述能够对你有所启发，本书可作为解决推荐业务问题的工具书，随时查阅。
- 希望未来从事搜推广行业的广大学生朋友。期望本书体系化阐述的推荐算法能够帮助大家更好地学习推荐技术，梳理并夯实自己的知识体系。

致谢

感谢一路走来在阿里、腾讯以及所有工作过的公司里各位同事的热心帮助，这些年与大家一起探讨、争论、交流、切磋的经历是我们职业生涯中无价的财富。

感谢家人在背后的默默支持，你们的理解和帮助是我们坦然面对得失、不断完善自己的最大动力。

最后，特别感谢刘军宁老师为本书作序，并感谢他在我们梳理本书的知识体系时给予我们的专业指导。

赵争超、黄　帆

CONTENTS

目 录

CHAPTER1

第 1 章

信息流产品与推荐算法

本章我们先从整体概念上来初步了解信息流的产品形态，以及信息流生态圈的发展演进过程。在随后的小节中我们会重点介绍信息流产品如何对用户体验以及产品的商业价值进行重塑和提升，最后概要性地介绍信息流推荐算法的整体架构设计和关键要点。

1.1 什么是信息流产品

信息流（Feed），是移动互联网高速发展中进化而来的一种信息内容展现和交互的形式，也是当前 APP 的主流产品形态。在移动互联网时代，与其说是消费者的行为被“碎片化”甚至“粉尘化”，不如说是当终端设备的硬件性能、算力、用户体验有了质的飞跃之后，各大平台对消费者的社交需求、娱乐需求、生活需求无孔不入地渗透和迎合。信息流，就是在这样一个高度竞争的环境中，在产品指数级更新迭代的速度下，以其高信息密度、沉浸式感官体验的优势逐步在众多产品形态中发展、进化而来的，并最终颠覆了用户在 PC 时代形成的与互联网内容接触的方式。

信息流的优势在于，将海量的内容池以瀑布流的形式源源不断地“投喂”（feed）给用户，省去了用户在应用内的各频道和功能模块之间频繁跳转的主动操作，从而可以更专注在内容的消费体验中。而用户和信息流的交互行为，在实时的日志系统中形成了另一条源源不断的数据流（Data Flow），该数据流被推荐系统承接，在大数据算力的支撑下，由深度学习模型不断更新迭代用户的内容消费意图、个性化偏好、消费习惯，通过模型计算的用户偏好再匹配海量的内容池，形成个性化的推荐信息流，用户在为他量身定制的内容里，持续高效而流畅地进行内容消费，以此形成一种正向反馈机制下的沉浸式内容消费体验。

长此以往，海量的内容、优秀的视觉交互设计带来沉浸式体验的同时也带来了更高的用户黏性和消费时长，逐渐聚集了庞大的活跃用户群体，由此形成巨大的消费市场，给平台的商业变现带来了巨大的潜力。平台再将商业化收益用来激励再生产和进一步扩大市场规模，在巨大的商业利益激励下，优质的专业生产内容（Professionally Generated Content，PGC）和用户生成内容（User Generated Content，UGC）井喷式地增长，由此不仅诞生了各种具有互联网特色的流行文化，如高传播率的网络段子、流行语、表情包，也渐渐诞生了短视频、小视频这种更具视觉冲击力的内容形态。而在内容井喷式增长的过程中成长起来的优质内容创作者群体，通过不断地吸粉拉圈，通过粉丝运营、私域流量运营、差异化的内容运营，在平台上扎堆出了一个个的“小圈子”，这些“小圈子”里各自形成的“小生态”凝聚成了更加健壮的“大生态”，进一步提升了平台的用户黏性和活跃度。

而在消费者端，流量采买、预装机等拉新方式和“红包福利”的促活策略下，再结合社交分发的口碑传播助力，更多的用户进入 APP，内容需求进一步扩大，消费市场更具规模，内容需求的增长刺激更高产量的内容生产，更具规模的商业市场使得平台的商业变现潜力被进一步激发。商业价值的提升，使平台拥有了更多的资本来激励生产和扩大市场。这种机制，看起来很像一个具有自我更新、自我进化能力的生态系统。实际上，信息流产品，就是在平台、消费者、生产者这三者之间，通过信息流、数据流闭环，通过用户体验和商业价值，打造了一个自我完善、自我革新的生态系统。

这种以平台为核心、连接消费者和内容创作者的信息流生态还有很强的“跨界排他性”，因为用户的总消费时长和需求是恒定的，移动设备的容量也是有限的，如果用户在刷短视频中满足了娱乐需求，那么他刷微博的意愿就降低了，如果用户通过今日头条和腾讯新闻满足了新闻资讯需求，那么他便不会再安装网易新闻了，所以，在信息流生态发展迅速的移动互联网时代，更加容易形成“强者恒强”的竞争局面。

如图 1-1 所示，一个完整的信息流生态系统包含 4 个主要部分：内容生产、分发策略、生态策略、商业变现。

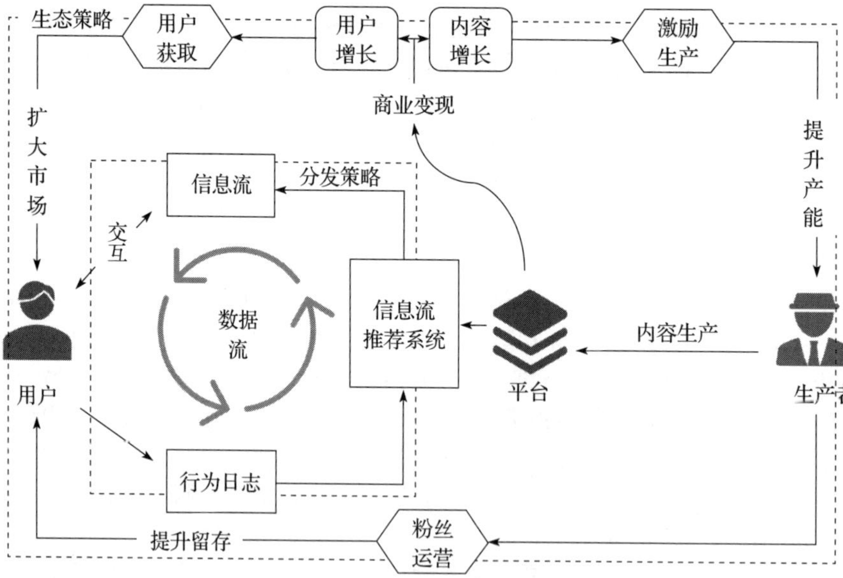

图 1-1 信息流生态系统

(1) 内容生产

内容生产即内容的供给，是信息流产品的基石。内容的供给机制在平台发展的不同阶段会有不同的侧重，在产品孵化期，为了迅速形成内容的规模量会采用公开爬取或第三方批量采买的方式，到了成熟期则以平台内部的创作者激励体系下的 PGC 和 UGC 为主。内容的理解和再加工也属于内容的生产环节。内容理解是指利用 NLP、图像、视频理解技术以及人工标注的方式为内容打上标签，包括内容的分类、关键词、受众群体标签、情境等用于内容分发时匹配用户人群和偏好。内容的再加工是指机器和人工对内容的重复性、合规性、质量等级进行识别，并结合平台管控机制进行过滤或者流量分发权重的调整。

（2）分发策略

分发策略是指基于平台运营策略和用户需求理解之上的个性化内容分发。不同业务形态的信息流产品往往有不同的业务目标，比如新闻资讯 APP 偏向于提升用户点击、短视频 APP 偏向于提升用户消费时长、长视频 APP 偏向于提升用户的付费转化等，不同的业务目标决定了不同的运营策略和分发模型的优化方向。用户需求理解是指用户需求的精准识别和刻画，从用户的基础信息、行为信息挖掘大量的偏好标签，标签体系越精细、实时性越好，后续的分发效率越高。个性化内容分发就是指通过复杂的推荐算法将内容个性化地推荐给用户，解决信息过载问题，这也是本书在接下来的几章里要重点介绍的内容。

（3）生态策略

生态策略是指在信息流产品发展的不同时期，制定用户增长、内容增长、社群运营、产品运营等一系列涉及产品定位和重点发展方向的策略。流量采买、预装机、社交分发激励等各种实现用户增长的手段的取舍和投资回报率（Return on Investment，ROI）的把控决定了 DAU 的上升空间和潜力；UGC、PGC 的比重控制，垂类的深度和综合性的广度等内容建设方向决定了产品长期的定位和消费者的认知；产品核心功能链路的设计决定了消费者的用户体验；头部创作者的权益保障，劣质创作者的打压，优质创作者的流量扶持，内容的品控和干预策略，决定了平台内部是否能形成有利于创作者成长的生态环境。

（4）商业变现

信息流产品的商业变现通常作为独立的业务模块，与 APP 的内容生产和运营是并行运作的，商业变现代表了企业的营收能力，代表了产品长期发展的驱动力，只有拥有强大商业变现能力的产品才能在长期的竞争中保持源源不断的发展动力。商业变现能力的基础是产品的流量规模和用户质量，而流量规模和用户质量是产品的内容生产、分发、生态建设长期积累的成果，因此上述这 4 个重要部分在发展的过程中相辅相成，对信息流产品的生态系统是缺一不可的。

1.2　信息流产品对用户体验和商业价值的重塑

用户体验意味着用户的黏性和使用习惯，意味着用户的消费意愿在同类平台之间的偏好和取舍，也长期影响着产品的 DAU 规模，最终决定了产品的商业价值和成长潜力，决定了 APP 的“江湖地位”。因此，用户体验毫无疑问是 APP 的第一生命线，是任何 2C（面向消费者）的初创公司的“创业初心”，而商业价值则是产品的前景目标，是丛林法则下竞争的终局。

1.2.1　信息流产品下的用户体验

在信息流的产品形态被广泛接受之前，内容资讯类 APP 的产品功能布局设计往往采用类似“十字架”的模式：横轴是内容的分类导航，纵轴是 Timeline（时间轴）。对比信息流的形态，“十字架”模式在用户体验上存在着明显的短板：用户的注意力同时在横轴和纵轴上被割裂和分散。

1）在横轴上，首页是一个体量较重的导航页，琳琅满目地陈列着各个重要模块和功能的入口，并以少量定点展示坑位来推荐关键内容，与首页并列的是各个垂直内容页面或者定制频道。用户需要从首页点击分类内容的入口或者切换分类页才能达到内容列表页来阅读自己感兴趣的不同类型的内容，这种内容布局设计实际上继承自 PC 时代的论坛设计模式，这让用户的注意力在一定程度上被分散和割裂了。

2）在纵轴上，严格按照 Timeline 排序的模式下，一方面很容易出现当连续展示用户不感兴趣的内容时，用户跳失率增大的情况，另一方面，如果内容更新量过大，用户单次消费不完下次想接着阅读时，就会出现“先切到上次的时间锚点继续上次阅读，再切回最新时间点阅读最新内容”这种复杂和违反正常阅读习惯的操作，就会让用户有大量优质内容被错过的感知。

在秉承了极简主义的设计理念的信息流产品里，“十字架”模式被完全颠覆，横向的分类导航依然保留但被极大弱化，产品入口被强化为内容聚合页，纵向的“时间流”被“兴趣流”取代，用户不再需要思考“我有没有错过重要内容”“下一步看什么内容”，因为在兴趣流里，内容的排序不再只依赖发布时间，而是由内容本身的新鲜度、与用户兴趣的匹配度以及人工运营规则共同决定，对用户来说，每一次滑动和刷新都是一次全新的推荐。

1. 兴趣流的视觉表达

“兴趣流”的视觉表达是指内容瀑布流的展示形态，如图 1-2 所示，当前主流的形态通常分为单列、双列、沉浸式三种，每一种形态各自都有典型的 APP 为代表：单列模式以今日头条、西瓜视频、腾讯视频等图文资讯、中长视频 APP 为代表，双列模式以淘宝、京东、小红书等电商或社区类 APP 为代表，而沉浸式模式则以抖音等短视频 APP 为代表。

今日头条　　淘宝　　抖音

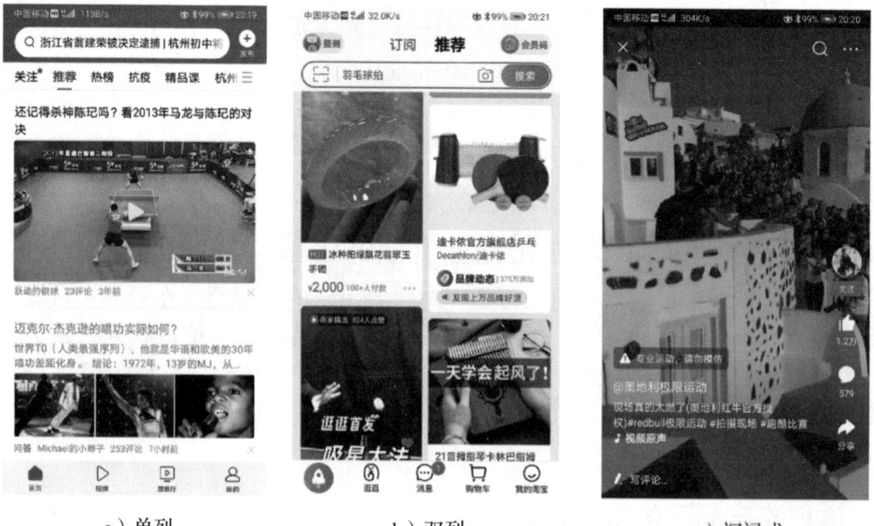

a）单列　　b）双列　　c）沉浸式

图 1-2　兴趣流的单列、双列、沉浸式模式

每一种视觉表达，在用户体验和关键商业目标（通常称为“北极星指标”）的达成上都有自己独特的优势。单列形态对比双列的优势是，由于单屏的内容数量相对较少，使得每个内容有更大的展示空间，视觉效果强，同时减少了用户的选择成本和主动思考的时间，更利于提升消费转化，增加消费时长。双列形态的优势是比单屏内容丰富度高、多样性好，可满足用户“主动选择”和“对比”的需求，有利于挖掘用户的多元兴趣，对比单列更适合社区化运营，营造社区氛围。今日头条、西瓜视频的北极星指标是阅读（播放）时长，所以更希望用户有“短平快”的持续的内容消费，希望用户看得长而不是点得多，而电商APP的北极星指标是商品交易总额（Gross Merchandise Volume，GMV），所以提供尽量多元化的内容，提升用户“比货”和“比价”的效率，缩短购物决策时间，尽快完成下单转化。沉浸式体验模式则是将单列模式的优势发挥到极致，通过视频尺寸和清晰度的最佳体验，使用户更快、更好地进入内容情境中，排除干扰，专注当前内容。

从产品商业价值的角度考虑，因为单列和沉浸式模式更有利于增加用户的消费时长，同时比双列有更大的展示屏幕，从而更方便内容细节的曝光，吸引用户观看，因此单列和沉浸式模式更容易提升用户广告的观看时长，有利于广告变现，所以越来越多的视频类APP都有逐步转向单列和沉浸式的趋势。

同时，信息流产品对视觉表达形态的选择还会来自从消费者行为心理学角度的考量：在单列和沉浸式模式中，用户的滑动、点击、回退操作统一简化为“傻瓜式”的上下滑动，更加适合碎片化的消费模式，同时“自动播放”模式下用户的感官体验更少被打断，伴随着用户无意识行为的加强，用户的主动思考和内容选择权被让渡，但情景代入感、愉悦感却成倍增加，沉浸感越来越高，同时上下滑动内容呈现的多样性还增加了用户对“下一个”未知内容的期待感，更容易上瘾。有研究表明，让用户对沉浸式信息流产品上瘾的并不是当前的内容有多吸引人，而更多的是对下一个未知内容的期待的心理。这种体验像不像我们小时候花一整个下午看电视的感觉？

而双列模式下，用户的滑动、点击、退出操作增加了上下内容之间的“间隔感”，左右交错的样式更容易营造对信息流的整体内容的琳琅满目的“氛围感”，同时对单个内容沉浸感的降低，用户的上瘾就会弱很多，更容易让用户“抽身”出来主动思考内容之间的对比和下一步的“转化”。但用户主动选择行为的增加会方便推荐算法对用户兴趣点的把握，从而更利于个性化的内容推荐。

2. 用户体验设计理念

不管是单列、双列还是沉浸式的信息流产品，在用户体验的设计理念上，都可以概括为两个字：简、快。

简，是指信息流的产品功能形态和视觉交互设计宗旨：简洁的页面布局、直观的内容表达、便捷的交互操作。但这种简洁的设计理念并不是为“简”而“简”，而是通过弱化分类导航、搜索等需要用户主动发起操作的功能，尽可能地排除干扰用户注意力的无关元素，使得用户能够更专注在信息流内容本身上。在内容的表达形式上，也秉承着内容的直观性，比如咨询类APP会采用图文加视频的信息传递方式，很多单列和双列信息流的产品还会在呈现视频内容时采用“焦点视频”自动播放的模式，让用户下意识地代入内容情境，形成强有力的视觉冲击，充分调动用户情绪，从而和视频内容产生更多联结。再加上以指尖滑动为主的阅读方式、随时随地的“Dislike”（不喜欢）按钮，这些便捷的交互操作，大大提升了用户的消费体验。在这种极简主义的理念下，用户在冷启动阶段对产品内容布局的学习成本大大降低，这意味着从竞对产品迁移用户的成本也被缩减，更有利于产品在孵化期迅速发展用户规模。

快，主要体现在内容分发效率和对用户需求的及时反馈上。虽然 Timeline 的排序方式被摒弃，但产品依然保留了人工强干预的机制，以新闻资讯类 APP 为例，当突发事件发生时，相关内容被迅速“强插”到信息流中，保证用户在第一时间阅读到，这种方式对比强行打断用户注意力的桌面 Push（消息推送）的方式，在个性化资讯内容和突发的新闻事件之间做到了融合和无缝衔接。很多信息流产品还会采用“强插”+“追打”的内容分发模式，当推荐算法学习到用户对“强插”内容表现出一定的兴趣“强度”（体现在停留时长、阅读完成度等指标）后，会再实时地追加“插入”若干条相关内容，这样既能保证突发事件的用户渗透率、传播的广度，又不至于同类信息过度推送产生阅读的审美疲劳。如果“追打”是对用户正向反馈的实时响应的话，那么“Dislike”按钮则是对用户负向反馈实时响应的触发器，当用户对某条内容主动点击“Dislike”后，推荐系统迅速做出反应，在接下来的推荐中相关的内容会减少甚至不推。

1.2.2 商业价值的重塑

信息流产品对 APP 的商业价值主要体现在信息流广告的商业变现能力上。APP 的广告变现是一条伴随着整个产品生命周期的“纠结”的商业化发展路线，商业化通常意味着广告的植入，用户的注意力受到干扰，或多或少都会在一定程度上影响产品体验。在定坑展示广告为主的年代，很多 APP 因为生存压力而大量地接入商业广告，在短时间内确实增加了收入，但最终却损害了用户体验，造成用户的持续流失，最终广告收益也会随之下降，所以，如何在不过度榨取用户价值的同时提升变现效率，是走上成功的商业化之路的重要课题。随着信息流产品发展而诞生的信息流广告，作为一种新的数字广告展示形态，因为其友好的视觉体感和用户接受度，使 APP 的商业变现能力有了质的提升，它的特点和优势主要体现在如下几个方面。

（1）样式更“原生”

广告位和广告样式的设计，需要在充分考虑 APP 产品属性、产品功能布局、内容版式的基础上，和信息流保持完全统一的视觉交互设计风格，包括素材选择、图文视频样式选取、大小/尺寸/色调/文案风格等细节的设计。在样式形态上的“一体化”有利于消除广告的突兀感，形成低打扰的广告投放模式。

（2）创意更“软”

通过样式的原生模式，让广告随机穿插、融入在信息流中，只是“低打扰”投放模式的第一步，接着，通过创意的“软化”进一步消除用户对商业广告的心理芥蒂，充分利用明星效应、网络热梗、故事情境等内容表达的创意，保持与 APP 及其目标受众群体的兴趣高度相关的同时，也改变了传统数字广告的生硬、直接，变成一种“故事+广告”的柔和、“内涵”的软广告叙事方法，达到内容即广告、广告即内容的效果。值得一提的是，微信朋友圈的广告将广告创意和互动性强的社交内容融合在一起，甚至可以对广告点赞、评论，以这样一种方式自然地融入好友动态信息流，在潜移默化中传递商业广告信息，显然是广告创意的一种重大革新。

（3）推广更“柔和”

通过语义理解、知识图谱、上下文感知等技术层面的建模方法，让广告在内容的语义上进一步融入信息流的上下文中，避免与上下文调性冲突或相悖的广告及素材创意的出现（如，中老年保健的内容里穿插成人用品的广告，婚庆内容里出现白事相关的广告等，尽管这些广告可能与用户个人匹配度比较高），与信息流内容尽量和当前的使用场景保持足够的相关性，减少突兀感。所以信息流产品可以将广告投放的定向模式从“用户”定向进化为“用户+上下文”定向。

（4）曝光更“充分”

据相关数据研究显示，传统的定坑展示广告在信息流产品兴起的前几年已经遇到了明显的增长天花板，而更符合移动互联网时代阅读习惯的信息流广告，以“低打扰”模式吸引用户的注意力，尤其是在沉浸式的视频信息流下，其体验感和视觉冲击力强，并且在广告视频内容自动播放的模式下，省去了素材曝光到内容观看的点击率（Click Through Rate，CTR）、转化率（Conversion Rate，CVR）在这一步可能存在的用户跳失，带来了更高的广告曝光度。

（5）投放更精准

信息流产品因其充分的用户黏性和消费时长，带来了访问频次的几何级增长，以此沉淀的海量数据让深度学习模型挖掘用户画像变得更加充分：通过对用户消费内容的品类、属性、调性的挖掘分析，能从一定程度上推断用户的性别、年龄段、职业、购买力、兴趣偏好标签；通过用户访问的时间分布和行为密度，能推测用户的生活/出行习惯、活跃时段；再结合语义理解和知识图谱，能进一步推断用户的娱乐、购物、教育、生活等领域的即时需求、长期需求、潜在需求。基于精准的用户画像，传统广告投放的“买流量”变成“买目标用户群体”，广告投放的策略优化如下。

1）通过人群特征分析挖掘广告主品牌的目标受众群体进行精准定向投放。

2）通过用户的 CTR、CVR 提升广告效果。

3）通过画像标签对目标受众群体分层运营，合理规划投放预算，精准掌控 ROI。

因为此处涉及计算广告（Computational Advertising）方面的算法和技术，不在本书的讨论范围内，故不再展开叙述。

（6）体验更可控

除了利用推荐算法模型提高内容的精准度之外，还能在用户体验上可控可调，这也是信息流广告对比传统定坑广告的优势之处。当用户行为表现出明确的目标，频繁地针对相关内容进行交互（比如点赞、分享），此时用户注意力高度集中，为避免打扰而降低体验感，我们可以在信息流中严格控制广告投放数量，而当用户没有明确目的，处于“闲逛”的状态时，则可以向其展示更多的广告信息，为商业变现贡献部分的用户注意力。

通过这 6 个方面的优势，信息流广告体现出强大的智能分发能力、品牌传播能力、用户渗透和转化能力，达到了“品效合一”的广告传播效果。

同时，随着信息流产品的持续发展，除了信息流广告之外，也逐渐衍生出了更多的商业变现模式。

1）直播带货。这几年最火的营销概念，用户通过与主播的互动激发购买欲望直接下单购买，这种边看边买的模式，不仅给品牌带来了更加有效的推广方式，也给内容创作者、关键意见领袖（Key Opinion Leader，KOL）带来了更多的变现渠道。

2）知识付费。基于用户自我价值提升的需求，在专业领域提供更加有深度和质量的内容服务，有偿模式可以激励创作者进一步提升内容生产力。

3）娱乐内容的电商变现。针对以娱乐为主的短视频内容，电商是重要的变现渠道，传统的电商也在短视频中找到了一种融合故事叙述和动态展示商品属性的场景化营销模式，尝试跳出电商红海的内卷，带来流量新增。

综上所述，这些不同的商业变现模式有些可能在信息流产品之前也存在雏形，但却都是在信息流产品中得到了充分的发展。所以，信息流产品对APP商业价值的重塑是全方位的。

1.2.3 用户体验及商业价值总结

在上一节中，我们介绍了信息流产品因其优质而丰富的内容生态、精准而高效的内容分发、友好的视觉交互设计重塑了移动互联网时代APP的用户体验和商业价值，所以信息流产品引领带动的移动互联网C端产品发展趋势也让各大APP顺势而为。

早期的微信公众号定位是内容订阅平台，只推送用户主动订阅的公众号内容。长期在这种订阅模式下，头部的公众号保持着高频的推送频率，而大量长尾公众号因为订阅人数少、创作动力不足、内容更新慢，渐渐被人遗忘。这必然导致公众号的头部效应愈来愈强，用户最后往往只关注几个置顶的公众号。在这种情况下，公众号打破了“订阅”关系的原始意义，在产品内部进行信息流改造，并开始推送“猜你喜欢”的内容，这种新模式极大地缓解了公众号之间的马太效应（马太效应是一种强者愈强、弱者愈弱的两级分化的社会现象，在互联网行业通常是指头部产品占据大部分市场份额的情况），塑造了相对公平的创作环境和创作者之间“百家争鸣”的生态，同时也给用户提供了更多样性的内容。而成功的信息流改造，也让公众号孕育出了一块新的有商业价值潜力的场景。

早期的微博采用“时间流”的内容排序模式，在几年前完成了信息流的改造后，“时间流”时代内容的同质化、“刷屏”现象得到了彻底解决，以用户偏好、内容质量、内容新鲜度为主的信息流排序模式也更好地过滤了垃圾和营销内容。用户无论何时刷新微博，都有机会看到丰富且重复率更低的内容，虽然信息流模式下，带来了一定的内容发布时间上的错乱感，但这种错乱感反而带来了刷新内容时的“悬念”，增加了用户下滑操作那一刻对未知内容的期待感，在一定程度上反而增加了用户黏性。所以微博的信息流改造，虽然在业界有一定的争议，但用户活跃度和消费深度的增加却是最好的证明。

类似这样的例子还有很多，主流APP在信息流产品发展的大趋势下顺势而为，保障了产品的用户体验和商业价值，而商业价值的提升也让APP有很多的资源进一步提升和优化内容生产及分发效率，在这个正向的“内循环”里，推荐算法作为信息流产品内容的“分发器”也显得尤为关键。

1.3 信息流产品推荐系统的构成

前面介绍过内容分发是信息流生态的核心模块之一，它承载了对内容供给与流量曝光之间信息过载问题的解决，内容分发的效率和质量直接决定了信息流生态的健康度和发展潜力。

信息流产品的内容分发模式通常包括：推荐、搜索、投放、推送、订阅等。每一种分发模式都有着各自不同的价值：“投放”是指外部的广告投放，目的是以外部引流的方式促进用户增长，“搜索”承接的是存量用户的确定性需求，“推送”是为了唤起低活和沉默用户，以及事件驱动的内容运营，“订阅”是用户主动发起的内容接收方式，可以帮助 KOL 建立和运营个人品牌，而“推荐”则承担了在用户需求不确定、关注点较模糊、个体偏好差异大的情况下的内容个性化分发的角色。在推荐系统分发内容的过程中，它依赖的外部系统及与各个外部系统之间的交互关系如图 1-3 所示。

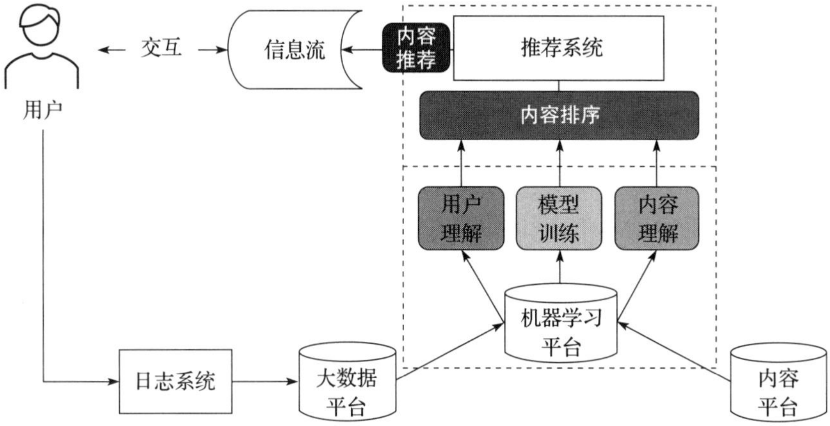

图 1-3　信息流产品推荐系统架构

这些外部系统各自分工，从不同角度为推荐系统提供技术和数据支撑。

1）日志系统：订阅和收集用户的实时反馈行为日志，为后续的用户理解及内容排序提供“原材料”。用户与信息流产品的交互行为经过日志系统处理生成固定格式的数据流，对接大数据平台。

2）大数据平台：承接日志系统实时处理流式数据，同时也承担实时和离线数据加工工作，为后续机器学习平台的用户理解及内容排序提供结构化数据。

3）内容平台：内容库，推荐物品的内容池，提供推荐的“内容来源”。内容一般由平台或者创作者（商家）上传，经过必要的审核机制后入库。内容入库后，会进行相应的内容理解，比如视频内容会基于多模态技术提取内容标签，电商商品会建立品类、品牌、价格等标签体系，这些标签体系是推荐算法重要的物品特征。

4）机器学习平台：推荐算法的“大脑”，负责基于大数据平台和内容平台提供的结构化数据进行内容理解、用户理解及推荐模型的训练。

1.3.1　推荐算法基线

推荐算法的核心建模任务可以抽象为训练一个打分函数 $f(u,c,i)$，对任意一个用户 u，在上下文条件 c 下，从候选内容池中找到高分物品 i 推荐给他，但实际情况中，我们很难对每个用户在海量的内容池中对所有物品使用复杂的函数进行打分、排序，再找到高分物品列表进行推荐，所以推荐算法通常会解构为图 1-4 所示的基线流程。召回、粗排、精排、重排、策略，在这些分解后的每个阶段中，各自构建不同的模型，最终这些模型构成算法执行的基线，合作得到个性化的推荐内容列表。

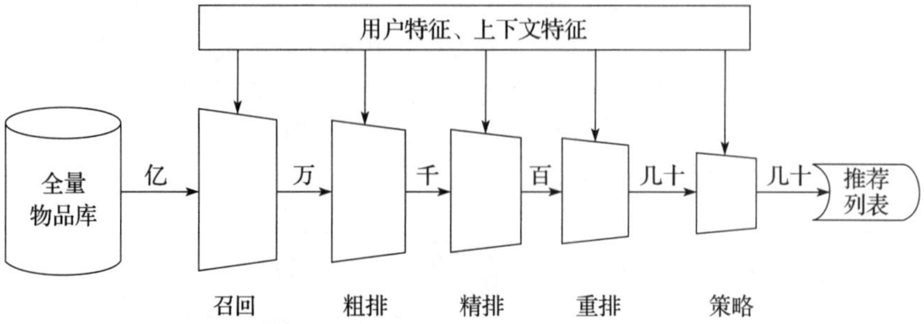

图 1-4 信息流产品推荐算法基线流程

1. 召回

召回通常被称为 Recall 或者 Match，在大型的推荐系统中，它的目标是从亿级别的候选池中找到用户最可能感兴趣的几千到上万个物品给下一阶段的模型，召回阶段在理论上需要计算的物品量最大，需要考虑计算速度和召回精度的平衡，因此在策略设计上通常会采用“多路召回、并发执行”的方式。所谓多路召回，是指从不同的维度设计用户感兴趣物品的召回方式，最终将多路召回的结果进行融合后输出，这个设计思路借鉴了集成学习[1]（Ensemble Learning）的思想，不同的召回策略起到“三个臭皮匠，顶个诸葛亮”的作用。在每一路的召回策略中，我们需要考虑两点：召回 Trigger（触发因子）设计和触发因子与物品的匹配建模。推荐系统的召回触发因子，可以理解为搜索算法中的 Query（查询），但不同于搜索中用户通过主动输入关键词来表达确定性需求，推荐算法建模的是用户的“不确定性需求”，因此需要通过适当的策略来表达用户对物品的行为，通常分为三种：

1）基于用户过去的行为交互物品 Id（如最近看过的视频、最近浏览过的商品，目的是匹配相似物品）。

2）基于用户历史行为的高阶兴趣向量（Embedding）。

3）基于用户的偏好品类或者标签。

4）基于必要的业务策略，如热门物品、新闻资讯中的突发事件等。

召回触发因子的设计必须充分考虑业务目标和业务形态的要求，常见的各类 APP 推荐算法的召回触发因子设计通常见表 1-1。

表 1-1 各类 APP 推荐算法的召回触发因子设计

内容形态	召回触发因子设计
新闻资讯推荐	社会热点、区域热度、浏览偏好（分类、标签、作者）、关注关系
电商推荐	爆款、搜索/浏览/加购/付款/评论/复购相关商品
短视频推荐	热门、高时长消费偏好（分类、标签、作者）、关注关系

新闻资讯类 APP 的业务目标通常是用户阅读的广度和深度（也可以简化为人均消费量），所以偏向于从用户偏好、偏好的扩散以及上下文这 3 个方向设计召回策略（上下文是指用户所处的地域及当前的社会热点等）。电商 APP 的业务目标是 GMV，所以需要从用户的购物路径的每个节点上增加下单转化概率，因此所有显式地表现或者模型推断出的一定的购买兴趣

但未形成转化，或者下单了一段时间可能产生的复购，都可以作为召回触发因子。短视频 APP 的业务目标是消费时长，所以一切能增加用户时长的各个角度都需要考虑。

衡量召回触发因子设计的合理性和完整性时，可以对召回触发因子进行以下 3 点分析。

1）是否覆盖用户行为转化路径的每个节点。

2）是否覆盖了产品的核心功能点。

3）是否和产品当前阶段的业务目标强相关。

召回触发因子与物品的匹配模型就是我们通常说的召回侧模型，在技术层面有两种类型。

1）基于协同过滤、矩阵分解、二部图关系等建模用户和物品的相关性，并以此得到 I2I、U2I、U2U2I、U2I2I、U2Tag2I 等一系列离线推荐列表，以用户和物品 Id 构建索引，进行推荐物品召回。

2）以用户历史行为序列或者用户和物品之间的共现关系为输入，基于深度学习建模用户和物品的向量表达，以模糊最近邻（Approximate Nearest Neighbor，ANN）方式召回。

以上两种召回模型我们将在第 3 章详细介绍。

2. 粗排

粗排介于召回和精排阶段之间，它不是推荐算法框架中的必选项。一般的实践经验中，APP 达到千万级的 DAU（日活跃用户数）和亿级内容库的量级时，召回阶段的输出会达到几千至上万，精排模型在精度和响应时间（Response Time，RT）之间无法兼顾，因此衍生出了粗排模型。粗排模型的目标是从上万个物品的集合中打分筛选出少量（通常是几百个）符合精排阶段算法目标的物品，送入后链路的精排阶段。粗排和精排在业务目标上的最大区别是，粗排是为了尽量过滤错误的内容召回，精排是为了贴合用户需求而尽量精细准确地找到 Top N 物品。

基于粗排的业务目标，最早期的粗排建模比较简单直接，通常是以物品质量分、内容热度分、商品流行度预测等模型为主，在各自业务领域里代表了质量、受欢迎程度、销量等全局的内容转化效率，推荐系统以此作为召回内容的截断和过滤机制，它解决了排序模型只以 CTR 为目标很难保证内容的质量问题，它的缺点是目标过于单一，且无法在用户个性化偏好角度帮助精排模型，后续随着推荐算法的进化，这部分工作逐渐融入召回阶段，作为控制单路召回内容的长度或者多路召回进入粗排前的融合方法，粗排模型也逐步进化到以逻辑回归（Logistic Regression，LR）、树模型为代表的结构简单又有一定个性化表达能力的机器学习模型，并随着个性化能力的进一步优化最终跟精排模型一样进化到深度学习的方法。

深度学习阶段的粗排模型对个性化表达能力的优化，通常通过两种不同的技术方法达到相似的模型效果。

1）基于召回模型的升级。

2）基于精排模型的压缩、简化。

基于召回模型的升级，通常是指对通过用户和物品的向量内积来表达用户偏好方法的改进。召回模型因为需要满足物品向量的提前计算和存储，以及基于向量相似度召回的需求，用户和物品的向量交互通常放在 Softmax 前的最后一步，这也造成了模型没办法基于高阶特征交叉学习到更多的潜在信息，粗排阶段没有这方面的顾虑，所以可以基于用户和物品的向量设计复杂的特征交叉和网络结构，最直接方法的就是在 DSSM[2] 内的表示层之上增加特征交叉。

第二种方式是指在训练粗排模型时，采用知识蒸馏方式来进行模型训练。知识蒸馏是一种模型“压缩”的方法，一般采取 Teacher-Student 训练模式：以复杂模型作为教师模型（Teacher Network），学生模型（Student Network）保持简单的结构，用教师模型来指导学生模型的训练。最终，教师模型只承担训练中的“导师”角色，真正上线部署的只有学生模型。在粗排模型的知识蒸馏实践中，我们一般以精排模型为教师模型来指导粗排模型的训练，将精排模型的知识迁移给粗排模型，提升粗排模型的泛化能力，最后得到一个结构简单、参数量小，但表达力不弱的粗排模型。

以上两种建模方式我们将在第 4 章详细介绍。

3. 精排

精排阶段的算法是推荐算法的核心，也是推荐全链路中模型体量最大、建模目标最复杂的算法，所有召回、粗排阶段的工作都是为了能尽量地减少精排模型的打分集合，让精排模型能够在往更复杂、更精准的方向发展时有更大的空间。

精排模型的发展经历了漫长的历程，前深度学习时代的模型以 LR、梯度提升决策树（Gradient Boosting Decision Tree，GBDT）、因子分解机（Factorization Machine，FM）等为典型代表。LR 的优势是部署简单、可解释性好，缺点是需要大量的人工特征处理，GBDT 减少了一部分特征人工处理的工作，模型所具备的一定的非线性学习能力和基于残差优化的方法也常常比 LR 有更好的精度，FM 则是具备了一定的特征交叉能力。

从 Wide & Deep[3] 开始，深度学习的方法渐渐取代了传统模型，以此为起点衍生出的 DeepFM[4]、Deep & Cross[5] 等模型均是以 Wide & Deep 为基础的各种改进：引入阿达马积、外积等的特征交叉方法，引入多层神经网络提升非线性学习能力，引入更原始的用户行为序列及丰富的 Side Information（用户和物品附属的一系列属性信息特征）学习更高阶的用户兴趣表达，引入 Attention（注意力机制）等方法自动学习特征重要性，等等。

精排模型的另一个方向是多任务学习和多目标优化，这也是在短视频信息流发展繁荣以后，用户和内容的交互方式更加丰富，对推荐建模提出了更高的要求。以多门控混合专家（Multi-gate Mixture-of-Experts，MMoE）算法为代表，通过多专家网络、门控机制等多任务结构来协同学习不同的优化目标，确保信息流推荐中用户的点击、转化、消费时长等业务目标的共同提升。

精排阶段的算法优化，除了特征工程、模型网络结构和超参数调优之外，更重要的是基于用户行为洞察之上的业务建模思考深度。比如，用户把多个商品加入购物车但不下单代表什么样的消费心态？2h 时长的电影用户只看了不到 10min，基于这样的数据如何构建用户偏好表达模型？用户在信息流里不停地下滑，两种行为在负反馈倾向表达上有什么差异？对用户行为洞察和理解的深度往往决定了算法最终的成败。

关于精排算法，我们将在第 5 章详细介绍。

4. 重排

如果精排阶段的算法工作体现的是对“推荐系统对齐产品核心商业目标”这个问题的思考深度的话，那么重排阶段的算法则体现了对产品短期和长期业务目标思考的全面性，以及对商业目标和用户体验之间共同优化的探索。重排阶段的工作主要体现在以下几个方面。

首先，精排阶段的模型往往会产出多个目标的打分结果（比如，点击率与消费时长），所以需要在重排序之前先进行目标融合，基于融合后的模型对推荐物品进行打分。融合的方法通常有启发式的随机搜索（Random Search）和网格搜索（Grid Search），有基于贝叶斯的方法，还有基于强化学习的参数学习方法，这也是目前工业界正在实践的方法。在一些书中也会将多目标融合的内容归为精排阶段的工作，这么归类也非常合理，因为只有完成了多目标融合之后才能输出精排打分的结果，在本书中，多目标融合作为独立的一章进行介绍。

重排的第二项工作是基于用户体验的优化，精排模型通常都是 point-wise（单点式）的单点打分建模，或者，多目标通常都只和用户偏好强相关，所以和偏好直接相关的内容会在推荐列表里以较高的密度出现，直接推荐给用户容易带来审美疲劳等负面的消费体验，重排的首要目的是增加推荐内容的多样性，所以又叫混排。为了达到混排的目的，通常有两个方向的解决方法。

1）在尽量减少对推荐列表偏序关系破坏的基础上进行打散，增加多样性。

2）通过 list-wise（列表式）的打分模型优化整体推荐列表的效果（因为推荐列表的整体转化效果不等于离线测算的单点效果之和）。

第一个方法是以“贪心算法”为主的各类变种，早期是对相似性超过一定阈值的相邻内容进行保序位移，并通过线上 A/B 测试的效果调整参数，后面逐渐衍生出 MMR[6]、DPP[7] 等融合偏好度和相似度的启发式和多样性打散算法。

基于 list-wise 的重排建模着眼于对精排结果序列进行进一步的修正，模型训练的目标不是单个物品的转化概率，也不是物品两两之间的转化率偏序关系，而是整个推荐列表的转化概率，其中包括 DLCM[8]、PRM[9] 等方法。

重排阶段的第三项工作则体现了对用户体验的更加精细化的优化：端云协同。因为云上的模型每次打分都是基于用户历史行为的，存在实时反馈信号感知延迟的情况（通常收集用户在端上的行为，传输到云上进行相关的计算，再反馈到端上的策略会有 1min 的延迟），因此用户在信息流的行为中的实时反馈往往会无法及时利用。所以，随着手机等终端性能的大幅提升，工业界越来越普遍采用将模型部署到客户端，这不仅可以极大地消除对反馈信号感知的延迟，而且，借鉴边缘计算的思想，我们可以进一步将每个客户端作为一个微型的服务器，进行端云协同的模型训练，针对每个用户独立地构建推荐模型，做到“千人千模”。

重排阶段的相关算法，我们将在第 7 章详细介绍。

5. 策略

策略阶段，通常是指产品运营的相关业务策略，是推荐算法的“收尾”工作，也是推荐质量的最后一道效果保障，这个阶段的主要工作是确保推荐内容符合 APP 运营的阶段性业务目标和长期的产品定位，符合整体的生态策略，可能需要对推荐内容做一定的修正。例如，政策规定娱乐性太强的内容不要过多地推荐给青少年，策略阶段需要对相关内容进行针对性降权；平台当前正在对某一类创作者进行流量扶持，那么相关的作者需要适当加权；“1min 前，苏炳添跑进了奥运 100m 决赛”这个热点新闻需要有一个强插策略；当用户对某一类内容显式地表现出明确倾向的时候（比如点击 Dislike 按钮），那么不需要等到模型更新，直接可以在策略层做相应的内容降权的动作。

通常在整个推荐链路中，策略阶段的工作并不作为一个独立的环节，往往是融入在重排中，因为具体的策略工作往往是业务规则调整或者是启发式的参数调参，所以通常会与重排阶段的工作进行联合优化，比如，产品运营强规则下的相关内容降权、强插需要和内容多样性协同调参，基于用户实时反馈的内容调整需要在端上执行等，因此策略阶段的工作往往是作为重排算法的一个超参，同时还必须确保多个规则之间不会互相冲突。策略阶段的规则调整和调参往往更依赖于 A/B 测试的结果。

1.3.2 推荐算法的生态建设

上一节在策略阶段的内容里，我们提到了生态建设对推荐算法的重要性，实际上生态建设不仅仅是策略阶段的工作，更应该贯穿在推荐算法体系的全链路里。在实践中，我们都深有体会，当片面地追求点击率、追求消费时长和 GMV 的短期增长时，往往会陷入模型的局部最优，陷入阶段性增长之后的瓶颈期，不利于推荐生态的长期繁荣。当用户的推荐内容越来越精准、实时性越来越高时，推荐的内容范围就会相对越来越窄，进入所谓的信息茧房（Echo Chamber），不利于用户的长期体验。而高转化的内容往往来自于头部作者（商家），头部作者（商家）就会得到更多的自然流量，马太效应下，中小作者（商家）和新作者（商家）的曝光机会被挤压，发展受限，产品对少量头部作者（商家）的依赖会更加严重，这也是很多百万级 DAU 的 APP 最大的生存危机：消费者对头部作者（商家）的忠诚度超过对产品的忠诚度，这导致生态系统逐渐脆弱。在内容创作上，过分地追求高点击，会鼓励惊悚标题、露骨封面、低俗内容的流行，内容的同质性和水分越来越高……这些都是我们在追求短期目标的同时，需要更加关注的与 APP 长期发展息息相关的事项。下面，简单介绍下生态建设中的几项重要工作。

1. 冷启动

推荐算法的优势是利用海量数据训练模型，匹配用户和物品内容，但如果物品是新上架的、用户是第一次登录 APP，没有历史交互数据，就会出现“巧妇难为无米之炊”的情况，因此就衍生出了用户和物品的冷启动问题。关于冷启动问题的推荐建模，我们将在第 9 章分别从 3 个角度详细介绍相关的模型，在本章先进行简要的内容铺垫。

（1）用户冷启动

当一个新用户进入 APP，我们在不知道用户真实兴趣的情况下依然希望能够尽量给用户推荐他可能喜欢的物品，通常的做法如下。

1）用户反馈的利用。在登录提示页要求用户输入符合兴趣偏好的内容标签，因为是用户自己输入的所以准确率高，但缺点是对产品体验带来一定干扰，用户的输入意愿不会很高。

2）本地化的热度和新内容推荐。推荐热门内容是最“安全”的做法，热门内容之所以热是经过了实践考验的，带有很强的高转化的“先验”，而新内容推荐则利用了用户喜欢新兴事物的心理。我们可以进一步结合用户访问时的地域信息，让热门内容带有一定的群体性因素。

3）基于探索和利用（Exploration & Exploitation，E&E）问题的解法。这也是平台冷启动的常规做法，不知道用户喜欢什么，就牺牲一些流量试着推荐一些偏随机的内容，再根据用户的反馈调整推荐内容，通过策略动态调整“探索”和“利用”得到整体回报的最大化。我们在第 9 章中会以 LinUCB 算法为例，详细介绍“探索”和“利用”问题的概念及它们在冷启动场景中的作用。

4）充分挖掘上下文信息。上下文信息包括用户的注册信息（终端设备类型、注册渠道来源）、用户在投放广告落地页的点击行为、新旧用户之间的社交关系等，因为新用户的特征少、行为稀疏，所以一般会专门针对新用户训练一个独立的排序模型。在实践中，我们发现以下 3 类上下文特征的效果相对比较明显：

- 能在一定程度反映用户调性、购买力的终端品牌型号；
- 用户注册渠道来源的投放广告素材（用户看了什么样的广告素材才下载注册了 APP，能反映用户的内容偏好）；
- 新旧用户之间的社交关系。

（2）物品冷启动

对于新物品的冷启动，通常的方法是充分利用历史积累的预训练模型和先验知识。

1）基于内容理解的信息挖掘。充分利用推荐算法之外的内容理解相关的算法，比如，物品描述的实体识别（NER）、视频理解等方法，挖掘物品相关的属性标签，训练内容理解 Embedding，我们可以通过内容相似性，构建新旧物品之间的相关性关系，利用用户对旧物品的偏好将新物品推荐出去。除了内容理解算法之外，第 9 章我们还会详细介绍 DropoutNet、MWUF 等深度推荐建模的方法，用它们构建新旧物品的相关性，帮助新物品的个性化推荐。

2）有了上述推荐的反馈数据，可以得到部分用户对冷启动物品的反馈，这部分反馈数据可以用来帮助冷启动物品在召回建模中进一步扩大在用户群体中的渗透率。

2. 流量调控

流量调控是指在产品生命周期的各个阶段，综合考虑阶段性业务目标和长期的用户体验，在推荐算法的基础上，对流量进行一定程度的再分配，包括短期的流量扶持和长期的热门打压。

流量扶持，是指在特定阶段对特定的内容（或创作者、商家等）以一定的流量倾斜，使其有更大的发展空间。这通常是从生态健康的角度考虑的，当平台流量较大而头部创作者规模较小时，就容易出现用户对创作者的忠诚度超过对产品的忠诚度的情况，这对 APP 生态的健壮性是很大的风险，因此必须通过一定的流量扶持让创作者百花齐放。

热门打压，不是为了限制热门，而是从用户体验角度出发的方法和策略。热门内容点击率高，短期指标表现好，但如果热门内容的规模过小，很容易被消费完后让用户产生审美疲劳，热门内容过于单一，也会变相地鼓励生产者对少量热门话题生产大量同质化的内容，这两者都不利于用户长期的留存率，因此应该适当地打压热门，让“次热门”的内容有更多的曝光，有机会成长为新的热门。

流量调控通常的方案是在推荐算法的召回层和策略层通过一些启发式的方法，经过短期和长期业务目标检验的调控方法。其中核心的问题是如何进行流量的保障，对需要调控的内容给予确定性的流量，我们将在第 9 章详细介绍在流量保障方案中最常见的 PID 算法。

3. 内容品控

物品的内容品质控制是偏向于“风控”领域的工作，并不属于推荐算法的职责，但因为涉及 APP 生态健康，也会和推荐的内容质量息息相关，所以也需要推荐算法协同配合。质量管控的本质是，APP 上的创作者都是“趋利”的，期望用最小的投入获得最大的回报，另外，具有“惊悚标题、低俗内容”的内容往往比高质量的内容有更高的点击率，但前者的生产成本会远小于后者，如果不进行有效的内容品质控制，会使“标题党”和低俗内容充斥信息流中，不仅严重影响用户体验，而且长此以往容易“劣币驱逐良币”，让优质内容的创作者的发展空间受到挤压，低俗内容不加限制地发展还会给 APP 带来潜在的法律风险，严重阻碍平台的长期发展。

推荐算法配合质量管控可以做的工作是从内容理解和分发策略上的协同，分析“标题党”、低俗内容的指标表现，比如对于短视频来说，点击率高，但播放时长远低于平均，对于电商来说，点击率高，转化率低，在这个基础上，可以在排序算法中同时将这些指标作为优化目标，或者将这些综合指标拟合为一个综合的分数，来代替只用点击率作为热门内容的统计指标。

4. 突破信息茧房

信息茧房的概念最早是由美国学者桑斯坦在其著作《信息乌托邦》中提出的，桑斯坦认为在互联网信息的传播过程中，因为用户个体需求的独特性及认知的局限性，通常只会注意令自己愉悦的信息，长此以往，会将自身桎梏于像蚕茧一般的“茧房”中。同样，在推荐算法中，随着特征精细度和模型复杂度及准确性的提升，算法在不断迎合用户需求的同时，也带来了视野的窄化和兴趣的聚焦，久而久之，用户就会发现很久没有看到令自己“意外而又惊喜”的推荐内容了，用户的兴趣和视野被桎梏在了“茧房”里。

关于如何破解这个问题，我们将在第 9 章重点介绍。

1.4 本章小结

本章首先梳理了信息流产品在移动互联网兴起过程中的发展历程，介绍了信息流如何利用自身的产品优势构建内容生产、分发、消费的生态闭环，感知用户需求，提升用户体验，并重塑商业价值。而信息流的核心产品优势在于打破了上一代资讯内容产品严格以订阅关系和时间作为两大内容分发要素，通过内容的千人千面以及内容呈现上的无边界感，逐步形成了新的分发模式。也就是说，主导内容分发的个性化推荐算法是信息流产品用户体验和商业价值的核心驱动力。

通过个性化内容分发对信息流产品重要性的介绍，本章在最后也引出了信息流推荐算法的整体框架，以及在内容分发中，推荐系统和外部系统的交互逻辑，同时简要介绍了召回、粗排、精排、重排每个阶段的算法策略逻辑、核心技术、优化目标，也介绍了信息流推荐中一些关键的业务问题，包括推荐系统生态建设中的用户和内容的冷启动、信息茧房问题等，这部分内容主要作为后续章节详细展开介绍的引子。

通过本章的学习，读者会对信息流产品的内容生态建设，以及承载个性化内容分发的推荐算法的整体架构有初步的理解。

参考文献

[1] OPITZ D, MACLIN R. Popular ensemble methods: An empirical study [J]. Journal of Artificial Intelligence Research, 1999, 11: 169-198.

[2] HUANG P S, HE X, GAO J, et al. Learning deep structured semantic models for web search using clickthrough data [C] //Proceedings of the 22nd ACM International Conference on Information & Knowledge Management. New York: Association for Computing Machinery, 2013: 2333-2338.

[3] CHENG H T, KOC L, HARMSEN J, et al. Wide & deep learning for recommender systems [C] //Proceedings of the 1st Workshop on Deep Learning for Recommender Systems. New York: Association for Computing Machinery, 2016: 7-10.

[4] GUO H, TANG R, YE Y, et al. DeepFM: a factorization-machine based neural network for CTR prediction [EB/OL]. (2017-03-13)[2022-01-10]. https://arxiv.org/abs/1703.04247.

[5] WANG R, FU B, FU G, et al. Deep & cross network for ad click predictions [C] //Proceedings of the ADKDD' 17. New York: Association for Computing Machinery, 2017: 1-7.

[6] CARBONELL J, GOLDSTEIN J. The use of MMR, diversity-based reranking for reordering documents and producing summaries [C] //Proceedings of the 21st Annual International ACM SIGIR Conference on Research and Development in Information Retrieval. New York: Association for Computing Machinery, 1998: 335-336.

[7] WILHELM M, RAMANATHAN A, Bonomo A, et al. Practical diversified recommendations on youtube with determinantal point processes [C] //Proceedings of the 27th ACM International Conference on Information and Knowledge Management. New York: Association for Computing Machinery, 2018: 2165-2173.

[8] AI Q, BI K, GUO J, et al. Learning a deep listwise context model for ranking refinement [C] //The 41st International ACM SIGIR Conference on Research & Development in Information Retrieval. New York: Association for Computing Machinery, 2018: 135-144.

[9] PEI C, ZHANG Y, ZHANG Y, et al. Personalized re-ranking for recommendation [C] //Proceedings of the 13th ACM Conference on Recommender Systems. New York: Association for Computing Machinery, 2019: 3-11.

CHAPTER 2

第 2 章

业务数据探索：推荐算法闭环的起点与终点

通常在介绍推荐算法的书里，介绍完算法的整体架构和关键要素后，会直接切入正题介绍召回、粗排、精排、重排阶段的技术内容，这里之所以要留一整章介绍业务和数据探索，是因为基于过去在工业界长期实践的经验，我们深刻地感受到：从 0 开始搭建和完善一个信息流产品的推荐算法体系，我们需要做一些前瞻性的业务洞察和持续性的数据探索工作，才能让算法体系和优化迭代过程形成有效闭环。过去算法工程师拍脑袋、套论文公式、堆叠模型的“炼丹”模式早已被证明是一种落后的生产力，具备数据化运营的思维模式和洞察全局的业务抽象能力、用数据科学的方法论指导推荐算法的迭代优化，已成为当前阶段算法工程师的必要技能。

在推荐算法的实践中，推动业务增长的闭环如图 2-1 所示，通常分为定义问题、分析问题、建模优化、效果监控四个阶段。

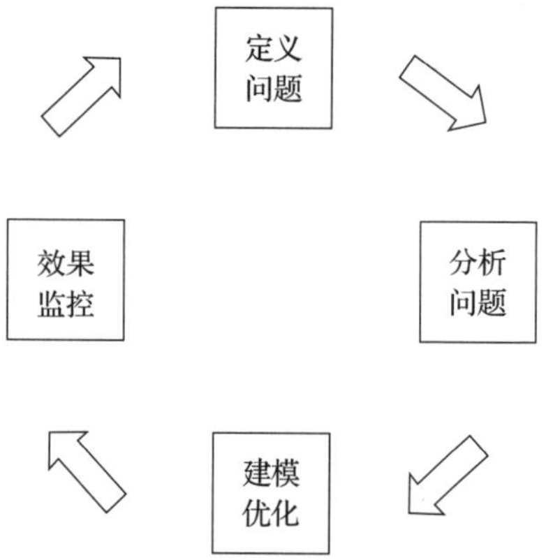

图 2-1　推荐算法推动业务增长的闭环

1）**定义问题**：通过基于业务现象的统计数字看到的往往只是问题的表象，我们需要从表象中进一步分析和定位真实的用户诉求，揭露表象之下的真实的问题归因。在这一阶段中，我们往往从场景和人群出发对统计数字进行拆解，直到找到根源，比如电商 APP 中的客单价下降问题，是由于某个品类、某个人群的客单下降而引起全局指标的下降，还是因为分发策略的调整使得不同价格段的商品流量配比整体发生了变化。

2）**分析问题**：数据分析提供决策支持的工作，包括：通过产品经营分析，定位当前的业务痛点和薄弱点，让业务痛点和薄弱点成为推荐算法的发力点；通过用户画像分析，挖掘产品的受众全貌和人群关键属性，而这些关键属性可能是后续召回和排序算法的关键特征（Feature）；通过用户路径分析，发现用户的行为轨迹和停留、跳失情况，而这些停留和跳失行为背后的原因，就是后续模型要迭代优化的驱动目标（Motivation）。这部分是本章要展开介绍的主要内容。

3）**建模优化：**基于分析问题后得到的线索，优化推荐算法的深度学习模型，也是后面几章要展开介绍的内容。

4）**效果监控：**当完成了推荐算法体系的部署之后，也需要通过经营分析、画像分析、路径分析来检验我们的算法有没有改善经营环境、提升业务指标，所以，推荐算法的闭环，从数据分析开始，从数据分析结束。

2.1　产品运营分析

要成为一名优秀的推荐算法工程师，首先要具备合格互联网产品经理的素质。任何一个成功的 APP 都会有自己核心的产品功能和差异化的受众定位，比如百度的“信息搜索”、微博的“社交媒体”、今日头条的“新闻资讯个性化分发”等，并且 APP 的商业模式经历了市场竞争的初步考验后，在自己的产品内形成了稳定、正向的生态环境。从产品经理的视角，推荐算法工程师首先要做的是熟悉和理解产品，可以从两个角度出发，一个是用户角度，首先成为产品的“重度”用户，感受其核心功能和用户体验的流畅度，另一个是从商业逻辑的角度去理解它的运营模式、产品定位、商业化逻辑。有了产品经理视角的初步认识后，再用数据化运营的思维进一步解构产品，挖掘产品痛点和增长点。

在移动互联网“注意力”经济的驱动和竞争环境下，任何信息流产品的首要目标一定是尽可能地掌控用户的“视线”，因此信息流产品的核心指标一定是 DAU 和用户时长（或者电商的 GMV）的共同增长，因为这分别代表了产品的用户规模和消费深度。但无论是用户规模还是消费深度，首先，这两者的增长都是长期积累后逐步提升的结果，而不是通过某几轮的算法优化或者一两次的产品迭代一蹴而就的，其次，这两者的增长都是产品运营、内容生产、营销推广、推荐算法等共同协作下的成果，推荐算法在其中起到的主要作用是用户需求匹配度的优化和内容分发效率的提升。因此，为了推动推荐算法对产品核心指标的持续增长，通常会对产品做系统性的全面分析和周期性分析，以针对性地找到用户需求匹配度、内容分发效率可以优化的线索。

2.1.1　系统性分析

对 APP 做系统性的全面分析，实际上是带着检验“用户满意度”和“内容分发效率”的目的对 APP 产品运营指标的一次全面复盘。我们通常会采用如下的方法和流程。

1）产品功能与内容分解。

2）核心指标分解。

3）交叉分析，定位“增长点”。

1. 产品功能与内容分解

以某资讯类 APP 为例，它的核心功能分解如图 2-2 所示。

产品核心功能与内容的分解通常是原子化的拆解，即拆解到每一个独立的业务模块及与用户交互的最小功能单元，依照的基本逻辑是，可以基于拆解的每一个独立模块单独构建模型而不影响其他模块。

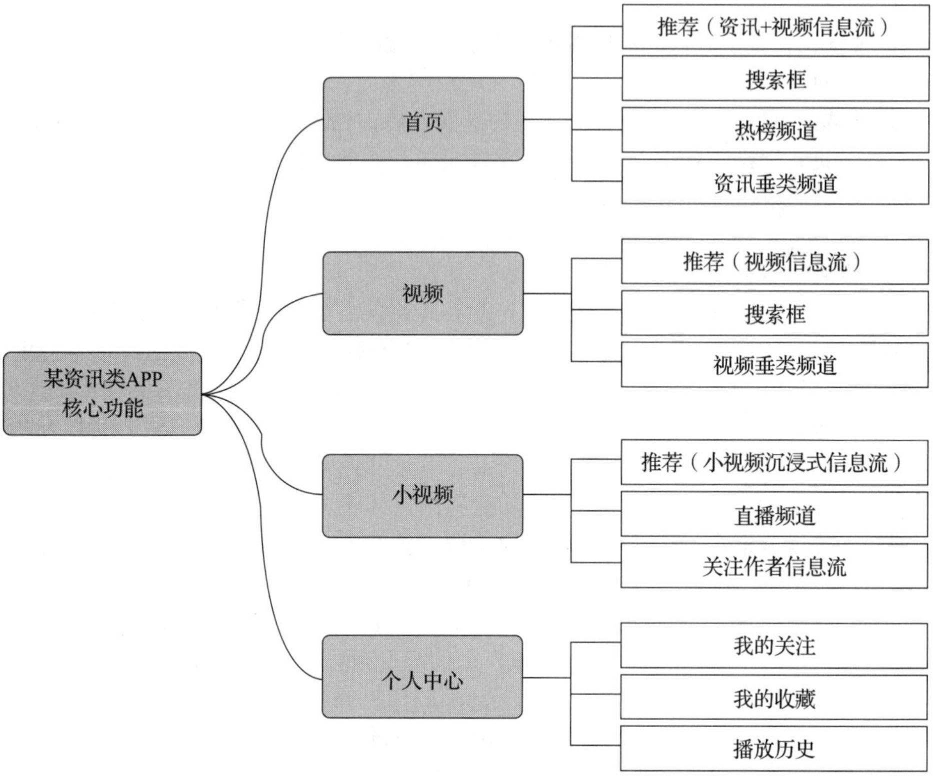

图 2-2　某资讯类 APP 核心功能分解

2. 核心指标分解

同样，我们也需要对核心指标进行分解。通常，产品经理会把核心指标称为北极星指标，顾名思义，就是指导、激励产品发展方向的长期目标，指标分解的目的是把长期目标拆解为过程性的指标体系，而系统性分析的目标就是从这些过程性的指标里找到产品的薄弱点，也就是推荐算法可以驱动增长的点。

还是以某资讯类 APP 为例，我们将它的核心指标 DAU 和用户时长进行图 2-3 所示的方式分解。

核心指标分解的核心逻辑有两个。

1）将指标按人群进行分解，人群必须细化到可以直接关联到运营抓手的程度，比如新老用户群体。通常，新用户来源于用户增长或者广告投放的策略，而老用户的规模则取决于产品对新老用户的留存效果。如果该 APP 还会在不同地区采取不同的运营策略，则继续按地区维度分解新老用户。

2）按照影响指标波动的前因后果的相关因素进行分解，比如，整体的消费总时长来源于曝光后的点击转换及单次点击后消费的时长，整体时长下降可能归因于点击率下降，也可能是点击后单次消费时长下降。在指标分解中，所有相关的因素必须分解到位，这样才能保证在归因分析中不遗漏关键因素。

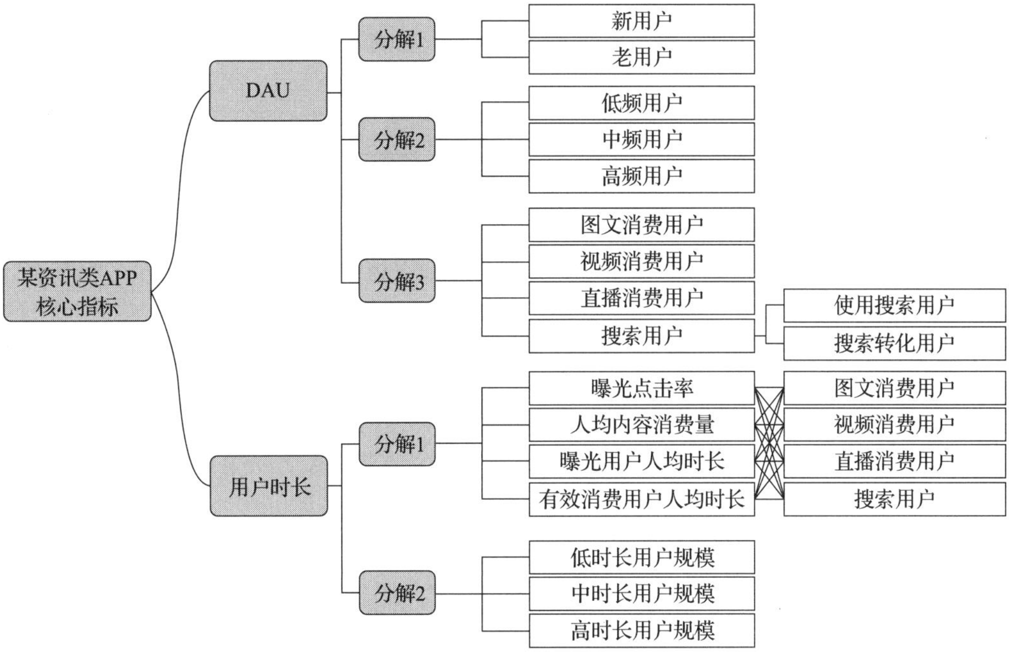

图 2-3 某资讯类 APP 核心指标 DAU 和用户时长的分解

3. 核心功能与指标的交叉分析

假设资讯类 APP 整体 DAU 为 1000 万，通过产品功能与核心指标分解后进行交叉分析，其指标数据如表 2-1 所示。

表 2-1 某资讯类 APP 核心指标数据

指标名称	首页（图文+视频）信息流	视频页信息流	沉浸式小视频信息流	直播频道	直播关注页信息流	个人中心-播放历史	搜索
活跃用户数	900 万	400 万	300 万	100 万	40 万	200 万	80 万
曝光点击率	3%	/	/	/	/	20%	0.80%
人均内容消费量	25	20	22	10	5	4	2
曝光用户人均时长	18min	25min	27min	22min	28min	35min	10min
有效消费用户人均时长	25min	30min	40min	45min	50min	45min	20min

表 2-1 中的指标数据来自图文+视频资讯类 APP，那么，根据交叉分析后的结果数据，结合产品核心功能点以及关键业务指标的数据解读，我们可以从中推断出一些推荐算法迭代优化的线索。

1）视频页信息流曝光用户人均时长明显高于首页（图文+视频）信息流，所以，从增加 APP 人均时长的目的出发，我们可以考虑对视频的“重度”用户在首页增加视频推荐内容占比，但需要注意的是图文类内容的人均内容消费量指标通常要高于视频类，因此推荐内容占比的改变可能会带来指标之间的此消彼长，必须权衡考虑，这实际上也会涉及推荐算法中异构内容混排方向的算法和策略。

2）直播（包含频道和直播关注页）和沉浸式小视频的曝光用户人均时长与有效消费用户人均时长的差异明显大于视频页信息流（这里的“有效消费”是指单次观看超过一定时长），这说明，直播和沉浸式小视频推荐算法只对部分用户的效果较好（通常会出现喜欢的用户很喜欢，不喜欢的用户很不喜欢的两极分化的情况），需要继续分析效果好和不好的情况在用户的人群属性特征或者物品的品类属性上的差异点，找到关键差异点后，可以在排序模型中增加相关的特征或者尝试对不同用户群体、不同物品品类分开建模。

3）直播频道和直播关注页的曝光用户人均时长和有效消费用户人均时长同样差距很大，这说明部分用户可能存在对主播的显著倾向性（只看某几个自己关注的主播），长此以往容易造成用户跟随主播迁移到其他 APP 的情况，所以相似主播间的受众群体的推荐多样性需要加强，同时可以适当增加长尾主播的内容分发。

4）存在部分用户对“播放历史”功能的依赖比较大（依赖性大是指曝光点击率和曝光用户人均时长两个指标较其他场景高出很多）的情况，需要进一步分析这些用户是否存在类似“追剧”的行为，以便针对性地推送内容“追打”。

5）存在小部分搜索用户人群，但点击和转化都相当低。同样需要进一步分析，是搜索词与搜索结果的匹配度有待提升，还是存在很多搜索无结果或者少结果的情况，推荐算法作为搜索的补充，可以针对这部分搜索词专门做一个无结果内容的个性化推荐。

首先，产品的系统性分析是一项体系化且需要对商业和数据具有较强敏感度的工作，我们在具体分析的时候，最容易只罗列产品和运营结果的事实数据，一味追求大而全的分析指标，比如，产品的日常运营情况、业务模块、功能细节点相关数据，一应俱全，看似面面俱到，实则容易看花了眼，失去了关注的焦点，反而没有指导意义。所以，我们要始终根据实际的业务目标，抓住核心问题：关键指标中的哪些部分是推荐可以影响的？是直接影响还是间接影响？明确了这个问题，也就明确了我们分析工作的基本面，也就会从始至终清楚要统计什么数据，要推断什么结论。

其次，分析工作开始前，首先要做好统计口径和指标归因的梳理。比如在电商场景中，用户的消费存在一定的从众心理，购买后又存在退货的情况，此时我们如何定义“有效消费行为”指标？视频 APP 里有不同的频道、模块，频道之间可以通过内容里的链接互相跳转，那么单个频道的转化效果怎么归因？算第一次、最近一次，还是都算？用户从首页点开视频后马上关闭，之后又从“播放历史”中看完了这个视频，这算一次正向的消费完结行为，还是两次消费行为（一次负向一次正向）？这些统计口径和归因逻辑不仅算法团队内部要统一，还要和产品、运营同事达成共识，最重要的是口径的体系化，不同指标之间的统计口径和归因逻辑不能存在相互冲突和矛盾的地方。

再次，在分析过程中，还必须考查统计指标的可靠程度。可靠程度通常可以从指标的信度和效度来衡量。信度与效度的概念最早来源于调查分析，后来被人们沿用到数据分析工作中。所谓信度，是指一个数据或指标自身的可靠程度，包括准确性和稳定性。比如，当一个业务规模很小的时候，转化率、人均时长等效率性指标就会有较大的波动，那么这些指标的日均波动就不能成为业务效果增长和衰退的体现。为了增加业务趋势变化指标的可靠程度，我们可以通过拉长统计周期来进行观察。所谓效度，是指一个指标的生成需要契合它所要衡量的事物，即指标的变化能够代表该事物的变化。比如，一个电商 APP 客单价指标的提升，是否能反映用户购买力的提升？在实际业务中，有可能会存在其他的原因，比如优惠活动减少，使得喜欢低价的用户不再购买，也就是客单价的计算公式中分母变小，导致人均客单的增加，而并非因为整体购买能力的提升。因此，我们必须在信度和效度上综合考虑指标，只有在这两点上都达标，才是一个有价值的数据指标。

然后，对于数据分析的结果，我们还要进一步洞察数据的细节，用细节还原业务线索。通过诸多的相关数据将整个分析结果客观、有逻辑、有因果地还原出来。比如，上述分析中发现的曝光用户人均时长与有效消费用户人均时长差异的情况，我们可以继续深挖细节：这些差异是体现在某部分人群中，还是出现在某些内容引导的流量中，具体来说，是新用户、低频用户拉低了整体的人均消费时长，还是某一品类的内容消费时长过低引起整体的降低？如果是新用户、低频用户引起的，那么是不是这部分用户的个体偏好标签缺失引起的推荐不精准？如果是，我们是否可以计算群体标签，用群体标签代替个体标签来推荐相关内容？如果是某一品类的内容引起的，那么我们是否可以在推荐的重排序策略中对相关内容进行一定的降权？这些细节的洞察、指标的细化、推断的过程环环相扣，逻辑缜密，最终从数据表象得到业务线索。

最后，根据上述的分析结果，结合产品的现状和资源，确定具体的算法优化思路、改进方向。综合上述内容，我们便完成了整套的系统性分析，最终转化为推荐算法的发力点和优化线索。

2.1.2 周期性分析

如果系统性分析是对 APP 的产品运营的一次全面复盘，那么周期性分析则是对核心指标在时间维度上进一步分解后的日常监控。我们同样可以从周期性分析的角度分解核心指标，如图 2-4 所示。

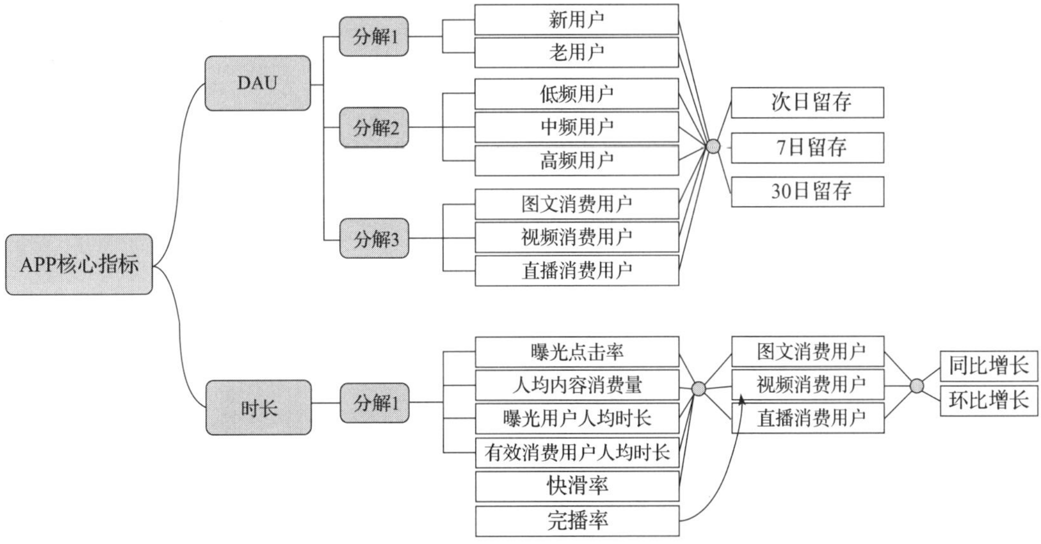

图 2-4　从周期性分析的角度分解 APP 核心指标

周期性分析通常有两个明确的目标：算法策略的效果复盘、业务异动的及时监控。

(1) 算法策略的效果复盘

对于算法策略的效果复盘，重点看新上的算法策略、迭代模型的目标是否达成，基于推荐算法所在场景的内容转化流程观察优化空间在哪个节点上。比如，新上了一个模型，目标是为了提升新用户的转化率，复盘的时候要基于“曝光→点击→注册→消费”等环节看最终的用户转化有了多大提升，以及哪些环节是转化提升的瓶颈，然后针对性地进一步优化算法。

(2) 业务异动的监控

这部分的主要作用是帮助我们及时发现算法的缺陷，及时修复。基于图 2-4 中提到的核心指标分解，建立监控体系指标时可以尽可能全面，覆盖所有转化路径、所有群体。通常，我们会先做好指标在时间维度上的划分：按天、按周还是按月，其次设置好 Benchmark（基准值），对于时间维度上的指标监控，我们一般通过指标自身的环比和同比的方式来监控趋势变化和波动幅度。

1）**环比**：指本期统计数据与上期比较。环比增长速度=(本期数-上期数)÷上期数×100%，反映本期比上期增长了多少。本期与上期指的是时间统计的粒度，可以是日环比、周环比，也可以是月环比。

2）**同比**：同比指的是与上一个自然周期里的同期对比。同比增长率=(本期数-同期数)÷同期数×100%。一般情况下，同比通常是与上周同日或者去年同月的对比。同比主要是为了消除季节变动或者工作日周末天然差异的影响。

确定指标的时间维度划分及合理的基准值之后，我们还要基于业务经验给每个指标设置合理的波动范围，比如 DAU 的正常浮动范围是最近一周的日均±10%。基于合理的波动范围，设置阈值确定指标预警条件。

在业务异动的监控中，我们重点考察的是关键指标在时间维度上的波动和变化，需要思考以下问题。

1）“留存”对 DAU 的影响是什么？如果留存率上升，但 DAU 下降了，代表什么？

2）如果人均消费内容量增加了，但人均时长下降了，该怎么办？

3）快滑、时长、点击率这 3 者的变化和波动是什么样的关系？

4）完播率增长，但人均时长下降，可能会有哪些原因？

2.2 用户画像分析

用户画像是一个描述用户、刻画用户的全方位的特征和标签体系，构建一个立体、详尽的用户画像的价值在于精准刻画产品的受众群体形象，提供统一的用户标签中台服务，支撑经营分析、精准营销服务、内容个性化分发等。数据科学领域在讨论用户画像的构建时，通常会讨论和甄别我们需要的到底是用户角色（User Persona）还是用户标签（User Profile）。严格意义上来讲，两者有一定区别。

1）**用户角色**：针对用户真实数据之上虚拟（抽象）出的典型人物角色，比如一线城市互联网白领女性、二线城市小镇青年。

2）**用户标签**：比如性别、年龄、身份等表达人的属性相关信息，都是具体的用户标签。

对于推荐算法来说，严格甄别两者的差异并没有太多的实际意义，无论是用户角色还是用户标签，都可以归结为用户信息的抽象归纳和标签化。从结果导向出发，在推荐算法中构建用户画像，是为了挖掘更优质的用户标签来提升召回和排序模型的质量，通过用户画像提供的用户瞬时、短期、长期偏好标签优化召回内容与用户需求的匹配度，提升召回内容多样性，同时，还可以将画像标签作为排序模型的强特征来提升模型学习能力。另外，基于用户画像的业务数据分析还可以为我们提供推荐算法的优化线索，从用户画像中挖掘特定的人群，发现产品转化、内容分发的薄弱环节，进行针对性的算法优化，这也是常见的手段。

2.2.1　用户画像构建的基本方法

一个完整的用户画像构建基线通常包括数据收集、画像建模、标签生成 3 个步骤，如图 2-5 所示。

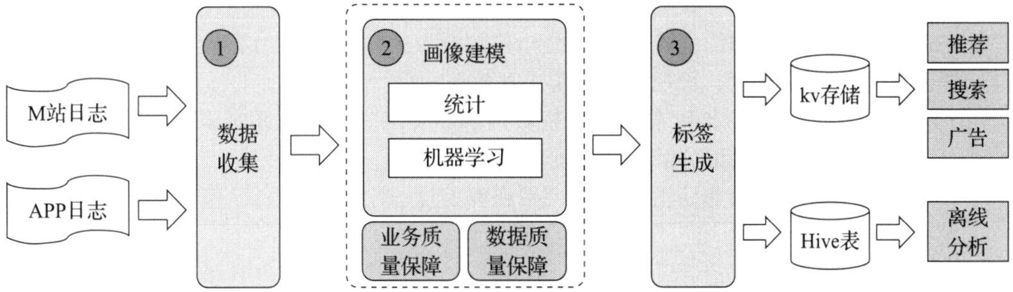

图 2-5　用户画像构建基线

1）数据收集是画像构建的起始环节，通常我们首先整合多源多端的数据，基于大数据基建设施及数据仓库构建用户主题域，按照画像产品的设计需求，结合推荐算法中关键的用户特征进行实时和离线的数据收集、融合。

2）画像建模是指基于上一步收集的数据进行统计、分析、建模的过程，建模的方法可以是基于行为事实的汇总统计，也可以是基于内容标签与用户行为匹配后的标签传导，还可以是模型的预测。

3）标签生成是指为每个用户打上画像标签，用户标签数据导入 kv 存储或者 Hive 表中，对外提供离线和实时的用户画像服务。

画像建模是用户的核心工作，需要根据业务质量和数据质量两方面的保障工作来确保画像的产出质量，这两方面的具体工作将在本节内容的后半部分展开介绍。画像建模的具体工作内容需要结合业务目标来确定，如果以推荐算法的关键用户特征作为用户画像的主要目标，也就是召回和排序算法中需要的用户特征，那么，我们通常会从以下几个维度来构建用户画像。

1）静态画像维度。静态维度比较基础，通常是适用于各个业务场景且变更频度较低的属性集合，包括用户的人口统计信息、社会属性、设备维度等。这些静态画像下的子维度通常可以构建系列标签。

- 人口统计信息：性别、年龄、职业身份。
- 社会属性：婚否、育否、人生阶段、家庭关系。
- 基于位置的服务（Location Based Service，LBS）属性：国家、地区、城市、实时坐标。
- 设备维度：设备品牌/型号、网络状态（WiFi/4G/5G）。

2）行为事实维度。用户在信息流中与不同模块、不同内容在不同时间窗口下的各种交互行为的汇总，主要基于 APP 中的埋点和接口请求数据来统计用户的行为轨迹，并基于行为轨迹加工提炼用户的行为标签。

- 登录次数：最近 N 天的登录次数、最近 N 天的登录天数、最近一次登录距今时间。
- 消费频度：最近 N 天日均消费次数（金额）、最近 N 天最高单日消费次数（金额）、最近一次消费距今时间。
- 消费时长：最近 N 天总时长、最近 N 天日均时长、最近 N 天最长消费时长。
- 活跃时段：最近 N 天的最活跃时段、最近 N 天的活跃时段分布。

3）产品偏好维度。基于行为事实数据，可以挖掘更细节的用户对产品及内容的偏好程度，这些标签可以是基于行为事实的统计推断，也可以是基于机器学习的模型预测。

- 内容类型偏好度：与信息流内容类型相关的标签，包括图文内容偏好度、新闻资讯偏好度、短视频偏好度、长视频偏好度、直播偏好度。
- 内容品类偏好度：特定 IP 偏好度、视频内容品类偏好度、新闻资讯品类偏好度、短视频时长倾向性、直播细分品类偏好度。
- 商业属性偏好度：消费品类偏好度、品牌偏好度、型号款式属性偏好度、价格区间偏好度。
- 营销属性敏感度：营销活动敏感度、优惠折扣敏感度、热点内容敏感度、广告内容敏感度。

4）人群价值维度。在 CRM（客户关系管理）的产品方法论中，通常会对用户进行特定价值维度组合上的分群和分层，其初衷是为了后续的精细化运营和精准营销，提升营销投入的 ROI。这点同样可以推广到推荐算法中，在任何时候计算资源总是有限的，对产品优化迭代速度的追求也是无止境的，在这个前提下，哪个用户群体对 DAU、时长的贡献最大，哪个用户群体对 APP 的价值最高，那么算法优化的资源就应该往哪个用户群体倾斜。通常我们会从用户价值分层和用户生命周期分段来进行人群与平台关系维度的标签挖掘。这两部分在后续小节中重点介绍。

2.2.2 用户画像之价值分层与生命周期管理

1. 用户价值分层

用户价值分层是一种特定的用户分群策略：按用户价值的高低进行分层。处于上层的是高价值用户，处于下层的是低价值用户。用户分层最大的作用是披露被“总量”数据掩盖的真实细节。比如，当 DAU 上升，人均时长下降的时候，通过用户的分层可以发现，是人均时长的整体下滑，还是 DAU 提升带来的那部分增量用户拉低了总体人均时长。价值分层需要注意的是“价值”的度量标准和分层后的人群规模分布。通常的基本逻辑是，“价值”的度量标准符合当前阶段的重点目标。比如，若当前阶段的产品运营目标是消费时长提升，则可以按人均时长进行分层；若当前阶段的目标是平台营收（如长视频 APP 的会员年费营收），则可以按付费用户等级进行分层。而分层后的人群规模分布必须符合金字塔型和“二八”原则，即价值越高的用户规模越小，20%的用户至少贡献了 80%的价值。如图 2-6 所示，左右两部分分别为基于客单价的电商 APP 用户价值分层和基于付费情况的视频 APP 用户价值分层。

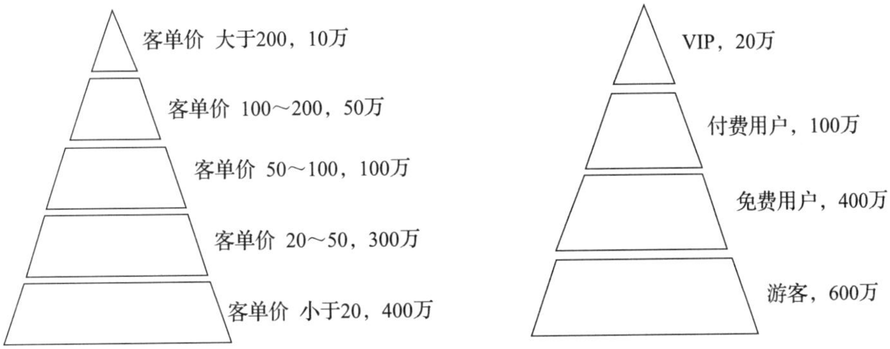

图 2-6　用户价值分层

2. 用户生命周期管理

用户的生命周期是指用户从接触产品、使用产品到最终放弃产品的过程经历的时间周期。用户生命周期管理则是结合用户所处的生命周期阶段，以数据化运营手段提升用户价值的策略和方法。在用户生命周期管理的实施中，有三个常见的概念。

1）生命周期价值（Life Time Value，LTV）。

2）获客成本（Customer Acquisition Cost，CAC）。

3）平台收益=LTV-CAC=LT×ARPU-CAC，其中，LT（Life Time）指用户的生命周期长度，ARPU（Average Revenue Per User）指统计周期内用户人均收入。

通常我们认为，如果产品提供的是一次性的商品或者服务，那么追求的应该是更低的获客成本；如果产品可以为用户持续提供价值，则更应该考虑提升用户的长期价值。显然，信息流产品属于后者。所以这也是很多 APP 愿意在推广阶段花高价购买广告流量、与终端厂商合作预装 APP 的原因。基于上述公式，用户生命周期管理的核心价值可以概括为解决以下两个问题。

1）提升 ARPU。

2）延长 LT。

ARPU 在传统的经济学、市场学中通常是指平均每个用户带来的商品（服务）营收额，但在互联网商业环境中，我们将所有用户产生的对平台直接或者间接的价值都归入 ARPU 的计算范围。因为很多信息流产品并不是以直接把商品售卖给用户作为核心商业模式的，比如百度、微博、抖音等产品不向普通用户收取费用，而是通过售卖流量给广告主的方式作为主要营收手段。在这种商业模式下，用户价值的度量就变成了用户的消费时长，用户在 APP 上消费的时长越长，使用产品的生命周期越长，给 APP 带来的广告收益就越大。但也有一些 APP，比如爱奇艺等长视频平台，同时存在两种商业模式，既通过售卖会员让消费者获得更多特权，又通过售卖流量获得广告营收，但不管哪种商业模式，逻辑和上述公式的思想是一致的，只是用户价值度量发生了变化。

用户生命周期阶段如图 2-7 所示，我们以用户价值为纵坐标，以留存时长为横坐标，可以得到用户价值在整个周期内的曲线变化，并且按照用户留存时长的大小将整个周期划分为 5 个阶段：引入期、成长期、成熟期、休眠期以及流失期。

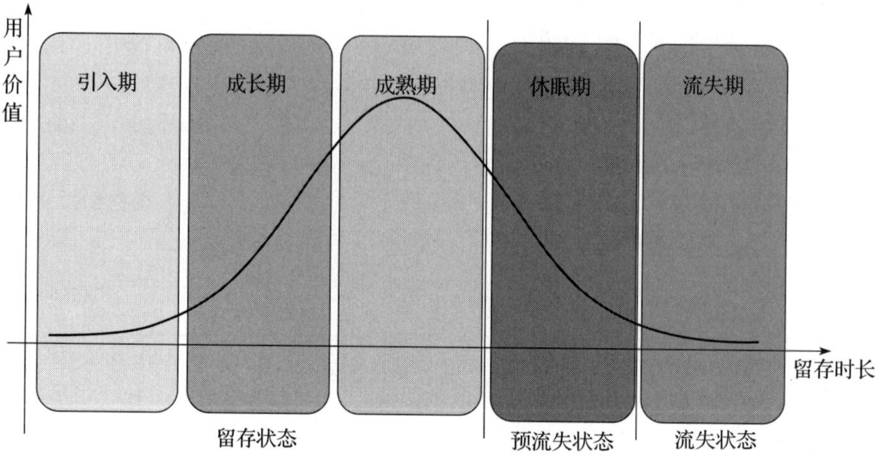

图 2-7　用户生命周期阶段

但需要注意的是，图 2-7 表达的是可能存在处于 5 个不同阶段的用户群，但并不表示所有的用户都会完整地走完这 5 个阶段。比如，一个用户下载了 APP 后从来没使用过，则表示用户直接从“引入期”跳过中间阶段进入“休眠期”，如果直接删掉，则其经历了从“引入期”直接进入“流失期”。因此，如图 2-8 所示，对于单个用户来说，无论当前用户处于引入期、成长期、成熟期中的哪一个阶段，都会转化为对产品的留存、预流失和流失这 3 种后续状态。

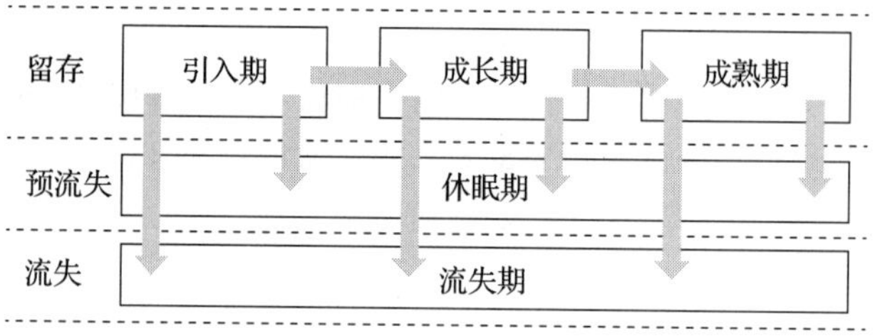

图 2-8　用户对产品状态的转化和流转

我们对这几个阶段的几种状态转化进行交叉归并简化后，最终依据生命周期的维度将用户分成关键的 4 种类型。

1）**新用户**：处在引入期，刚开始接触产品，还没有完全体验到产品的核心价值，也没有养成使用习惯的用户群体。

2）**优质活跃用户**：处在成长和成熟期，体验并接受了产品的核心价值，且在产品中有了足够多的内容消费行为，系统可以推断出他的偏好，即对产品形成了一定程度的依赖性，且对产品持续贡献价值的用户群体。

3）**预流失用户**：使用产品的频度呈持续降低的趋势，或者产品中的消费行为非常稀疏，无法让系统推断出足够置信度的个人偏好的用户群体。

4）**流失用户**：曾经处在引入期或者有消费行为，但已经从产品中流失，没有继续使用产品的用户群体。

针对这 4 类关键的人群，基于平台收益计算的公式，我们可以把用户生命周期管理的核心工作归纳为以下两项任务。

1）让新用户成长为优质活跃用户，不断提升用户的价值。

2）延长用户的生命周期，防止流失，同时对已流失用户进行召回，不断提升用户的活跃度。

上述关于用户生命周期的这些概念在 CRM 领域常常被提及，构成了精准营销的基本理论。这些概念对推荐算法也非常重要，因为推荐算法发生在用户主动交互 APP 的场景中，也是 CRM 的重要环节。对于推荐算法来说，结合用户生命周期管理的两项核心任务，针对上述 4 种类型的用户，都可以挖掘出有针对性的算法优化的线索。

（1）新用户策略

因为缺乏丰富的行为事实类和行业偏好类的标签，推荐算法优化的重点是挖掘用户画像中基础标签的作用，同时用群体个性化来弥补个体个性化的缺失。在召回阶段，通过蒸馏模型，用基础标签拟合老用户精细丰富的特征，通过学习用户群体向量来代替个体向量召回相关内容；在排序模型中，基于老用户的先验知识将稀疏的新用户行为标签扩散为更多的泛化标签（比如，通过图模型或者 i2i 扩散行为标签来作为新的序列特征），解决直接训练新用户模型的特征稀疏问题。其次，我们还可以通过对老用户在生命周期内的价值成长的学习来对新用户进行成长潜力的预测，衡量用户未来在产品中贡献的价值，后续算法优化的资源可以倾斜给潜力更大的新用户群体，加速用户成长。

（2）优质活跃用户策略

这部分用户是深度学习模型最容易发挥优势的用户，基于丰富的基础标签、行为事实类标签、偏好标签及行为序列等特征，结合海量用户行为数据构造复杂的算法模型。对这部分用户，我们还可以通过用户忠诚度、用户黏性、用户质量等维度进行拆解分层，运用针对性的运营策略对不同层级的用户进行培养，例如培养高质量用户的黏性，进而提升用户忠诚度。

（3）预流失用户策略

对预流失用户群体进一步分析活跃度下降的原因，通过对曝光、点击、快滑、跳转等行为综合分析，来推断是兴趣的转移，还是兴趣的减弱。由于活跃度下降，个性化兴趣标签会出现数据稀疏及置信度下降的情况，所以在模型上可以通过迁移学习的方法，利用活跃用户的信息来弥补预流失用户的特征稀疏问题。同时，我们还可以按用户质量和激活概率等维度进行分层，找出最容易激活且价值最高的用户，进而优先激活这部分用户。

（4）流失用户策略

对于不再打开 APP 的流失用户，推荐算法无法发挥作用，但对于还未卸载 APP 的用户群体，可以通过消息推送的方式进行激活，因此推荐算法中的用户偏好与内容匹配的相关算法依然可以发挥作用。同时，我们按照挽回概率和用户价值进行分层，优先触达并刺激最有机会且最希望挽回的用户，可以让消息推送的工作更加有效率。

当我们在制定这四类人群优化方案的优先级和资源投入的时候，还必须考虑与当前阶段业务目标的匹配度。以核心目标 DAU 和用户时长为例，这四类人群对这两个目标的贡献度是完全不同的。DAU 的主要贡献来自新用户、预流失用户这两个人群。同时，流失用户因为基数较大，也是提升 DAU 的重要抓手，而用户时长的主要贡献来自优质活跃用户群体。在 DAU 的提升贡献上，新用户、预流失用户、流失用户这三类人群实施的难易程度也是不一样的，通常预流失用户>新用户>流失用户。所以，针对用户生命周期管理的推荐方案策略是基于用户群体现状、当前业务目标优先级、实施的难易程度之上的综合考量，目的是让算法优化的工作安排更加科学，业务目标提升的效率更高。

综上所述，我们通过用户生命周期管理的策略找到推荐算法在用户群体层面的优化线索，最终达到提升用户价值和延长用户生命周期的目标。

2.2.3 用户画像的质量保障

用户画像的质量是产出价值、提升业务效果的基石和保障，而画像本身的质量保障通常会基于标签业务质量和数据质量两个方面。

1. 标签业务质量保障

主要从标签的实时性、完整度、区分度、稳定性方面对标签的业务价值进行评估和保障。

（1）标签实时性

理论上，标签的数据更新越实时，价值越高。但用户画像中的标签数量多则几千上万，少则几百，如果全部要求实时，那么容易造成计算资源的浪费，而且某些本身缓慢变化的标签实时计算带来的效果增益也很小。通常，我们采取一个基本原则来进行判别，即单个标签对画像的价值增益，具体地说是该标签在用户偏好中的重要性和标签本身的动态性。

标签在用户偏好中的重要性，通常是指标签代表的业务含义与核心业务目标的相关性。比如，“30min 内观看完的视频类型分布”对比“30min 内是否访问过个人中心”这个标签，肯定是前者对用户视频偏好的刻画更加具体、准确，因此前者的实时性要求明显高于后者。

标签本身的动态性，通常是指根据标签的更新频率来确定实时性要求，如用户的职业、年龄预测很长一段时间内不会变化；用户近 1h 内将商品加入购物车列表需要实时或者准实时更新。

（2）标签完整度

标签的完整度判断包括是否覆盖所有用户群体，及是否所有用户群体的标签体系都一样。这里需要确定一个基本的判断逻辑：并不是必须完整覆盖到所有用户群体，也不是覆盖到的不同用户群体之间的标签体系要严格一致，而是根据业务场景、用户角色、用户价值对业务目标影响力的综合判断，比如 APP 首页信息流的影响力远大于某个定制频道，优质用户对时长指标的影响力大于新用户，非活跃用户对 DAU 指标的影响力要大于活跃用户，因此通过根据业务场景、用户角色、用户价值的交叉划分不同的标签域，通过标签域对核心业务目标的不同影响力来判断标签建设的必要性和确定不同的标签体系，这样有助于后续不断迭代补充遗漏的信息。

（3）标签区分度

实际上，并不是每个标签最终都会在算法优化中发挥着同等重要的作用，甚至会有一些开发完后很少使用的冷门标签。这就需要我们在前期多做数据的探索工作，避免将主要精力投入低价值的标签开发中，其中一个重要的衡量标准就是标签的区分度。比如，我们使用一个标签对用户进行分层，无论阈值怎么设置，最后发现 90%以上的用户都被分在同一层，这就代表该标签对用户的区分度很低，无法单独使用，需要替换或者结合其他标签一起使用。可以用信息熵来量化标签的区分度：

$$H(X) = -\sum_{x_i} p(x_i)\log p(x_i) \tag{2-1}$$

式中，x_i 表示对标签 X 的一种分层方式，可以是连续值的离散化分段，也可以是离散值的枚举；$p(x_i)$ 表示该分段占全量的比。显然，极端情况下，标签 X 的所有样本都等于一个值时，$H(X)=0$。信息熵越大说明标签包含的信息量越大，也就是标签的区分度越大。

（4）标签稳定性

标签的稳定性代表标签实际取值及其分布的波动情况。在推荐算法中，我们要避免稳定性较差的标签进入模型。通常有两种原因会导致标签的稳定性差，一种是本身用户群体较小，基于小众群体的特征统计会出现波动较大的情况，还有一种是标签来源于某个预训练模型的打分预测结果，但该模型的方差较大，即存在过拟合问题。标签的稳定性通常可以通过群体稳定性指数（Population Stability Index，PSI）指标来评判：

$$\mathrm{PSI}=\sum_i (p_i^A-p_i^E)\ln\left(\frac{p_i^A}{p_i^E}\right) \tag{2-2}$$

式中，p_i^A 表示对标签取值分段后第 i 段的实际占比值；p_i^E 表示理论占比值（p_i^E 表示比较的一个基准，也就是约定实际的数据分布应该在基准的基础上波动越小越好）。通常情况下，PSI 小于 0.1 时表示稳定性很高，在 0.1~0.25 之间表示稳定性一般，大于 0.25 表示稳定性差。

2. 标签数据质量保障

标签数据质量保障是指从 ETL（即画像标签开发过程中，从数据的抽取（Extract）、转换（Transform）、加载（Load））的角度评估和保障画像的数据产出质量。

（1）数据完整性

数据完整性是指数据信息是否存在缺失以及缺失的程度，数据缺失的具体表现可能是某个时段分区的缺失，也可能是数据中某个标签字段的信息缺失。不完整的数据的业务价值会大打折扣，所以完整性是数据质量评估最基础的一项标准。完整性的评估和保障方法通常可以通过监控整体指标的波动性来实现，比如整个用户群的人均消费时长某一天突然从 60min 下降到 20min，此时需要进一步检查某一部分用户的观看行为是否存在缺失。

（2）数据一致性

数据一致性是指数据的生产是否遵循了统一的开发规范，是否保持了统一的输入/输出格式，以及包括数据集在时间维度上的前后连贯性和在上下游数据集上的横向连贯性。比如，新用户的客单价，无论是在近期的时间段分区之间，还是在用户画像的数据源层和结果数据层之间，都应该是基本一致的。

（3）数据准确性

数据准确性是指数据记录的信息是否存在异常和错误。使用算法模型导致的用户分群错误或者对用户的购买意向预测错误，都将直接影响产品的转化率，影响核心业务指标。数据准确性的保障，需要在前期制定全面完善的指标管理标准和规范机制，同时在开发阶段制定数据加工的代码规范，在维护阶段制定完整的监控机制。

（4）数据及时性

数据及时性是指从数据生产到标签更新完成的时间间隔，也叫数据的延时时长。某些标签的实时更新对推荐起到了至关重要的作用，比如，用户最近 10min 搜索的关键词、观看的视频、浏览的商品，如果用户行为发生变化但是标签没有及时更新，推荐算法就会有较大的偏差。数据及时性需要从数据生产链路的全流程检查任务依赖的合理性、任务的执行效率及资源是否充足来进行评估。

2.3 用户行为路径分析

用户行为路径，顾名思义，是用户在信息流产品中的浏览、消费行为习惯和功能路径节点上的流转跳失情况。在日常产品运营中，我们常常希望了解以下问题。

1）用户从打开 APP 到离开，经历了哪些功能、内容、页面？有着怎样的消费深度？

2）在关键的消费路径节点上，用户的转化情况是怎么样的？

3）用户的跳失行为主要发生在哪些节点上？

这些产品运营的问题既能反映核心功能路径上的薄弱环节，也可以从中挖掘推荐算法迭代优化的重要线索。

1）用户的消费深度不够，是内容供给单一问题、内容质量问题，还是内容分发问题？

2）关键节点转化效率低下，是产品功能设计、视觉交互设计不合理引起的用户体验问题，还是内容本身不够吸引用户？

3）对于低频用户，如何更好地学习用户偏好？跳失后有哪些途径召回？

基于埋点和日志系统，用户的每一步行为都可以收集到大数据平台中，因此我们可以对用户的行为数据进行分析来回答上述的三个关键问题，再找到算法迭代优化的线索。常见的分析方法有转化漏斗分析和用户路径分析。

转化漏斗分析与用户路径分析，都是基于相同的用户行为数据，以上下游路径节点的转化率为洞察内容的数据分析，但是两者的侧重点和分析目的不太一致。

转化漏斗分析侧重于产品，基于预先设定好的路径计算用户在路径节点上的转化效率，它起到了对关键产品功能路径的异常、波动监控的作用。例如，从图 2-9 中，我们可以看到用户购物路径的漏斗转化情况，从最初的浏览商品到完成评价，呈现一个漏斗形状。

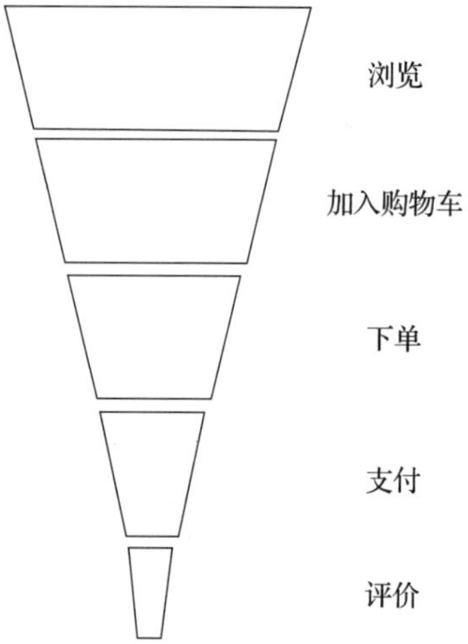

图 2-9 用户购物路径漏斗转化

用户路径分析侧重于用户，是对用户整个行为路径历程的重播（Replay）。如图 2-10 所示，在转化漏斗中体现的线性行为路径，在路径分析中转变成了树状节点的流动路线。对于一个产品，每天都有海量的用户在这个复杂的树状路径中流动着，用户路径分析的意义在于通过分析挖掘得到用户的详细行为路径特点、每一步的来源和去向，从而帮助产品找出用户的主流路径，最终通过用户的行为路径分析找到产品的下一步优化线索。

在电商场景中，这两个分析各有侧重、相辅相成，也是推荐算法优化的重要线索来源。用户从打开电商 APP 到完成一次购买，可能会经过首页浏览、搜索商品、浏览商品详情、收藏商品、加入购物车、提交订单、支付订单等过程。而真实的用户购买过程常常是在一个购物路径的节点之间反复的过程，例如收藏商品后，用户可能还会返回首页继续搜索商品，也可能没有明确搜索需求，通过“闲逛”的方式选品，加入购物车后可能不会立即下单，每一条路径背后都存在不同的客观原因和主观动机。对转化漏斗和用户路径进行深入分析后，能够快速推断用户动机，找到推荐算法优化的线索，从而优化 APP 的运营效率，并引导用户走向期望中的路径。

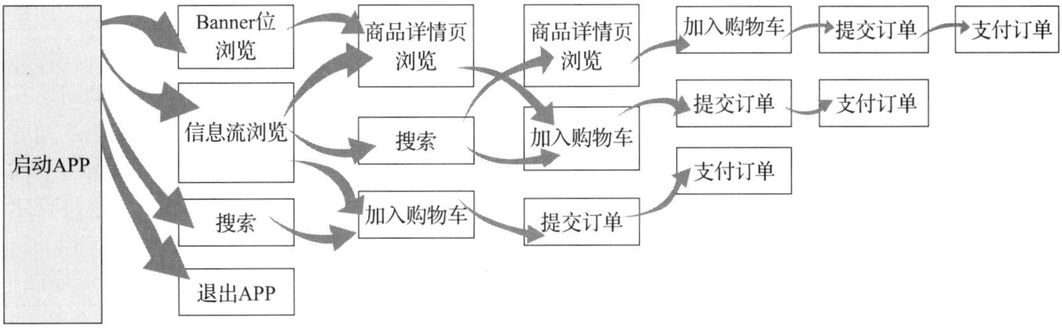

图 2-10　用户行为路径跳转

(1) Shopping Cart Abandonment 的解法

继续上面的例子，在电商场景中，有一个非常经典的业务问题：Shopping Cart Abandonment[1]（购物车弃置问题）。这个问题是指用户将商品加入购物车但最终没有产生购买行为，这在漏斗分析中洞察的现象就是从购物车到下单的转化效率低。通常，这个问题简单直接的解法就是通过营销策略进行转化、激励、补全漏斗中的薄弱环节，比如向加入购物车一段时间内不转化的用户发一张优惠券促进下单。但研究发现，长此以往会让用户对 APP 产生一定的依赖心理，如有些人将心仪的商品加入购物车后，等 APP 发送优惠券，然后下单。原本发优惠券的营销策略是电商平台为了提高购买意愿不太强烈用户的转化率，却演变成了用户对平台规则漏洞的利用，这给平台和商家带来了额外的成本。对于这个从购物车转化漏斗分析的异常波动而衍生出来的业务问题，在业界通常有多个维度的解法。

从消费心智及决策的角度进行建模，将用户的购物决策过程拆解为基于上下文的用户偏好建模和用户决策建模，前者基于用户的长短期行为序列、偏好标签等特征，后者基于用户的价格敏感度、营销敏感度、加购物车前后的行为路径变化等特征，而用户最终是否下单购买取决于用户偏好程度和用户决策心态的共同作用。

从个性化推荐的角度，在购物车中增加相关的搭配推荐，或者从用户的中短期行为中挖掘用户的多个兴趣，在加入购物车场景中增加符合用户多兴趣的推荐内容，结合满××元减××元的营销策略，刺激用户搭配下单。

从整体营销 ROI 的角度，量化优惠券对用户购物决策的影响力，将优惠券发给最容易被优惠券打动的用户，也就是通过增益模型（Uplift Model[2]）测算用户在营销刺激下的购买意愿值：

$$\text{Lift}=P(\text{buy} \mid \text{treatment})-P(\text{buy} \mid \text{not reatment}) \tag{2-3}$$

式中，treatment 代表发优惠券；no treatment 代表不发优惠券。

增益模型是一种用于估算个体干预增益（Uplift）的模型，即干预动作（Treatment）对用户响应行为（Outcome）产生的效果，属于因果推断（Causal Inference）课题下估算个体因果效应（Individual Treatment Effect，ITE）的问题。增益模型在用户增长、精准营销领域有非常广泛的应用，严格意义上不属于传统的个性化推荐算法，故此处不再展开详细描述，有兴趣的读者可以查阅相关资料。

(2) 路径分析对 CTR 预估的特征贡献

如果我们从漏斗分析中发现的是关键路径上的转化效率和薄弱环节，那么从路径分析中可以发现用户在内容消费上的偏好习惯。比如，电商场景里用户从打开 APP 到下单购买的过程，有些用户在某些情境下可能倾向于依赖搜索功能，搜索后比价，接着加入购物车，最后下单购买；有些用户习惯于在首页没有明确目的地闲逛，并利用碎片化的时间浏览、比价；有些用户可能会打开历史购物清单进行复购；在短视频消费场景下，大部分用户可能偏向于在首页不停下滑，少部分用户可能直接从关注页找到相关主播，直奔主题地观看直播。这些不同的偏好路径，实际代表了用户长期形成的不同的消费习惯，或者在当下的上下文场景里做出的不同偏好选择，而这些用户长期消费习惯的刻画和上下文场景的挖掘，有利于推荐算法更好地进行用户实时偏好的建模，所以路径分析实际上是 CTR 预估建模的一个有效的特征挖掘工具。

（3）"快滑"行为的隐式需求表达

在信息流产品中，还有一个经典的业务问题：用户的"快滑"行为对消费需求的隐式表达。因为在信息流中，用户只要动一动手指不断地下滑，信息流就不断地加载更新内容，久而久之就养成了一种行为习惯：不断地下滑，不断地沉浸在海量内容中，慢慢形成了一种消费行为的持续性。所以在这样一个交互场景中，用户的每一个下滑行为，既是一种对当前内容的不喜欢或者消费完结，也代表对下一个未知内容的期待。所以在这种复杂的心态下，我们可以通过解决以下几个问题而更好地利用行为路径的序列数据对推荐的准确性、多样性、推荐时机进行综合的优化。

1）行为路径上消费的不同深度如何影响用户整体的兴趣建模？（不同深度是指每一次观看的视频时长差异）

2）如果完播代表用户对视频内容的满意度，下滑代表用户对未知内容的期待，那么是选择追加推荐一次相似内容还是追求推荐内容的多样性？如何建模整体的推荐列表使得用户整个行为路径的时长最大化？

3）用户下滑多少次未找到感兴趣内容会导致跳失，那么如何更加实时地感知用户在下滑行为中消费兴趣的变化？

针对用户的行为路径，我们还可以深入分析以找到更多的算法优化线索。而上述比较有代表性的 3 个问题也将在后续章节中得到答案。

（4）用户画像的有益增补

在有关用户画像分析的内容中，我们介绍了如何从多个维度构建用户画像标签体系，实际上，行为路径分析也为我们进一步开阔了用户画像构建的思路。

我们通过监测用户流向，分析用户在信息流和 APP 的不同模块之间的流转和访问模式，更好地理解用户及其需求的表达。以电商场景为例，我们可以根据用户购物路径挖掘不同的消费人群，如搜索偏好人群、冲动消费人群、闲逛人群等群体，而在视频、资讯场景中，我们可以挖掘内容消费的不同人群，如乐于点赞评论的互动型人群、默默浏览的潜水型人群、重度直播偏好人群等群体。这些不同的人群以及他们各自的行为路径，代表了产品的不同受众群体的内容消费习惯差异以及对产品的认知和忠诚的不同程度，这些都可以作为用户画像的重要构成，也可以基于此分析用户实际行为路径和产品期望行为路径的差异，洞察产品功能的薄弱环节（包括核心模块的到达率、主流路径上的跳失情况等），并挖掘推荐算法优化的线索。

2.4 本章小结

特征和数据往往决定了机器学习模型的上限，因此找到优质的特征和样本数据，往往比通过增加模型的复杂度更能取得立竿见影的业务效果，而特征和样本数据的挖掘提炼往往来自数据分析之后的业务洞察，这是我们过去在工业界推荐算法驱动业务增长的落地实施的过程中，获得的最宝贵的经验和最深刻的体会。

我们通常认为推荐系统是为了解决产品内容信息过载的问题，事实上，在推荐建模的过程中，同样会遇到信息过载的情况，海量的特征和样本数据中混杂了很多重要性差异很大的信息，蕴含了大量用户需求的信号，如果不加区分地全部堆叠到模型中，则又退回到了过去"炼丹"式建模的工作模式。

我们希望通过本章内容的介绍，让读者知道，数据分析并不只是算法上线后的效果汇总统计和日常指标监控，还是通过数据探索、业务洞察挖掘算法优化线索的利器。

通过产品运营分析，我们可以对焦算法优化的多目标与产品全局的北极星指标以及与重要业务模块的关键指标之间的相关性程度，确定及调整阶段性的算法优化的重点方向。

通过用户画像分析，我们能更好地了解产品的受众，感知并挖掘不同用户群体中内容分发的薄弱环节，找到算法优化的发力点。通过用户画像分析，我们还能挖掘体现用户需求表达和区分用户群体的强特征，优化召回和排序模型。

通过用户路径分析，挖掘用户在不同上下文环境中的行为路径，找到产品消费转化路径和核心功能模块上的弱点，通过针对性的内容分发策略来进行改进。

在推荐算法的团队中，推荐建模与数据分析工作协同共建，形成的三种驱动算法优化的方式，如图 2-11 所示。

1）技术驱动：基于业界前沿技术及模型性能优化的算法持续更新迭代。

2）业务驱动：基于数据分析之上的业务洞察诊断当前内容分发的薄弱环节，找到算法优化的线索。

3）数据驱动：基于关键指标的日常监控发现业务变化趋势，及时找到算法应对的措施。

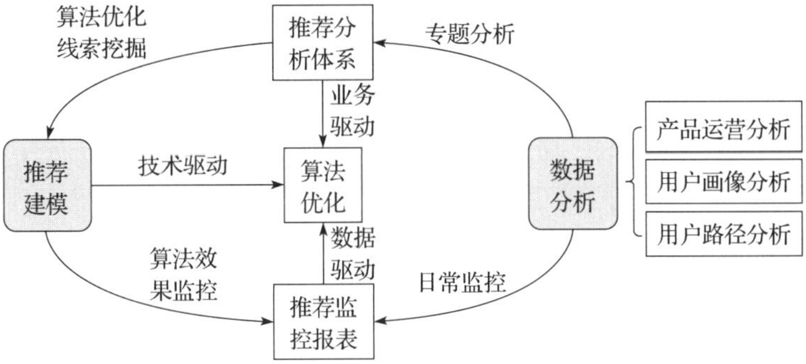

图 2-11　推荐建模和数据分析的协同优化机制

参考文献

[1]　Egeln L S, Joseph J A. Shopping cart abandonment in online shopping [J]. Atlantic Marketing Journal, 2012, 1 (1): 1-15.

[2]　Gutierrez P, Gérardy J Y. Causal inference and uplift modelling: a review of the literature [C] //International Conference on Predictive Applications and APIs. Amsterdam: PMLR, 2017: 1-13.

CHAPTER3

第 3 章

可插拔式的召回算法

从本章开始，我们将用连续 5 章内容深入介绍推荐链路中各个阶段的算法。作为推荐链路的起始阶段，召回算法的重要性不言而喻，召回的质量直接决定了推荐算法效果“天花板”的高度。本章首先介绍传统的协同过滤、矩阵分解算法，然后从矩阵分解过渡到向量化建模方法，并介绍利用图模型挖掘向量化建模中的高阶特征，最后介绍用户行为序列建模的相关算法。

3.1 召回侧的业务目标和技术方向

在大型的推荐系统里，召回阶段的算法负责从亿级别的物品候选池中找到上万个物品，作为推荐粗排或者精排算法的候选集。召回算法的重要性在于它的质量直接决定了推荐效果的上限。

本质上，召回和粗排、精排、重排算法同属于广义上的对候选列表的筛选和过滤，之所以拆解成召回和后面三个不同的排序阶段，首先是基于工程效率上的考虑，因为排序是精排阶段的核心目标，可尽可能地利用复杂的模型和海量丰富的特征提升个性化打分的精准度，比如十几层到几十层的多层感知机（Multi-layer Perceptron，MLP）、各种 Transformer 的改版、基于序列的循环神经网络（Recurrent Neural Network，RNN）、序列与目标之间的各种特征交叉变换、千万级的 Embedding Lookup Table 向量查找表，使用这样庞大的模型对几千万甚至上亿的候选集打分，在响应时间（Response Time，RT）上很难满足技术需要。同时，我们在实际业务场景中也发现，绝大部分用户只对全量物品集合中的少量内容感兴趣，用户的兴趣点可以通过简单模型和业务规则进行基本识别，由此诞生了召回算法的基本思想：利用少量特征和轻量模型、简单业务规则对候选集进行多维度筛选，得到少量的物品候选集，在减少后续排序阶段时间开销的同时，尽可能多地引入用户可能感兴趣的内容。

除了工程效率上的考虑之外，独立的召回阶段也出于以下两个方面的业务侧的诉求。

1）**复杂业务目标**。粗排和精排模型通常只考虑用户单次消费路径上的关键目标，如 CTR、CVR、消费时长等。但推荐系统还需要考虑更多更复杂的目标，如：用户体验的多样性、惊喜感，商业化目标上的客单价、复购率等。而这些复杂的目标通常无法同时直接通过排序建模来学习，我们的做法是将它们转换为多个独立的策略或者近似目标的模型，并在召回阶段通过多个召回路由来实现，比如通过用户多兴趣预测、E&E 等方法召回物品来实现推荐的多样性，通过用户购买力预测匹配兴趣偏好的召回方法来提升客单价等。

2）**生态建设**。冷启动内容的探索和挖掘、特定场景及特定内容的流量扶持、内容创作者的流量均衡、热点内容的时效性、突发内容的及时性，这些生态建设的重要内容一般在推荐系统里由召回和重排两个阶段的策略来共同配合完成。

基于这些复杂的业务目标的考虑，召回算法的策略设计方法一般是并行多路召回的方法，不同的召回策略代表不同的业务目标，在个性化的程度上可以大致分为以下三类。

1）**非个性化召回**。根据 APP 的业务属性特点，通常会包括热门内容、高转化内容召回以及特定业务目标的召回，如生态建设相关的特定召回、新闻资讯类 APP 中的突发事件召回等。非个性化召回在推荐算法中通常承担两个作用：第一个作用是推荐质量的“兜底”，在冷启动用户或者用户未表现明显偏好的情况下，为推荐内容的质量提供基础保障；第二个作用是推荐内容多样性的探索和发现，在用户需求过于单一的情况下，探索用户消费认知的边界，扩大偏好半径。

2）**半个性化召回**。半个性化召回主要是指基于用户画像属性或者兴趣的标签召回。之所以称为“半个性化”，是因为标签召回代表的是用户所属群体的个性化，并非个体的个性化，这类召回能够在用户个体行为不够丰富的情况下提供个性化的推荐内容。

3）**个性化召回**。基于用户的画像属性、行为序列等特征，以及基于用户和物品之间的交互特征构建个性化模型，通过模型的输出召回个性化内容，通常有以下三种技术手段。

- Matrix-based 方法。将用户和物品的交互抽象为一张二维的表格，那么用户对物品的打分就是对表格中的空白部分进行预测和填充，以便找到用户实际未交互但偏好分高的物品，也就是矩阵补全（Matrix Completion）的问题，通常可以通过协同过滤和矩阵分解的方法进行求解。
- Graph-based 方法。将用户和物品的交互抽象为一张图（Graph）或者网络（Network），通过随机游走等方式对物品进行建模。其建模的基本目标是，在图中游走的距离越近，或者网络结构越相似的节点，代表的业务含义越相似。
- DeepMatch 方法。通过深度学习的方法进行建模，建模的目标不再是直接输出用户对物品的打分值，而是将用户和物品转化为在相同语义空间中的向量表达，再通过 ANN 的索引进行最近邻的召回。在 DeepMatch 方法中，我们可以将矩阵分解中的内积计算替换为复杂的 DNN，也可以通过用户行为序列建模学习用户向量表达，并套用双塔模型构建用户和物品相似度。

本章重点介绍上述第三类个性化召回的建模方法，同时，需要强调的是，本章的标题“可插拔式的召回算法”之所以称为“可插拔式”，是因为通常各个召回路由之间是互相独立的关系，召回算法通常是业务驱动、策略导向型的。我们根据业务目标、实验效果，甚至数据分析的灵感，随时可以上线或者下线一路召回算法进行 A/B 实验，这也是“可插拔式”的特点。

3.2 协同过滤召回

协同过滤（Collaborative Filtering，CF）是推荐系统发展初期应用最为广泛和成功的技术，甚至可以说是个性化推荐算法的“开山鼻祖”，它的起源最早可以追溯到 1992 年 Xerox 的邮件筛选系统[1]，当时“协同过滤”的概念首次被提出，而它开始广为传播则是在 2000 年左右的电商网站亚马逊对推荐算法的大规模应用，著名的“看了还看”“买了还买”的推荐形态被众多电商纷纷效仿。

协同过滤的核心理念来源于朴素的“物以类聚、人以群分”的社会学思想，它通过对海量个体行为数据的探索、归纳、总结，得到整个群体层面的“集体智慧”，并以此作为推荐系统的核心策略。我们基于用户对物品的评分或者交互行为日志构建巨大且稀疏的反馈行为矩阵，如图 3-1 所示，一般称为评分矩阵。协同过滤算法基于此分析用户和物品的相关性，预测用户可能感兴趣的物品并生成推荐内容。协同过滤最大的优点是简单易懂，有一定的可解释性，并且在处理海量数据时，能充分利用 Spark、Hadoop 等分布式计算引擎的特点提升算法效率。同时，协同过滤的方法可以在不需要对物品进行复杂的语义理解，甚至不需要具有领域知识的情况下，确保较好的推荐效果。正因为有了这些优点，在深度学习早已全面推广的今天，协同过滤的建模思想依然在实践中被广泛使用。

	im_1	im_2	im_3	im_4	im_5	im_6	im_7	im_8
us_1	3	2	2	1				
us_2		1	2	2	3			
us_3	2			1		5	4	3
us_4	2	2	3	5	3			
us_5			1			4	3	3

图 3-1　协同过滤中的用户-物品评分矩阵示例

一般来说，协同过滤算法分为三种类型：基于用户的协同过滤（User-based CF）、基于物品的协同过滤（Item-based CF）、基于模型的协同过滤（Model-based CF），通常前两种也被称为基于邻域的协同过滤。

3.2.1 User-based CF

User-based CF 的通俗理解是品味相似的用户可能喜欢相同物品，所以算法的核心目标是寻找与目标用户有最相似品味的“近邻”，然后将“近邻”的喜好物品推荐给目标用户。通常，User-based CF 是将评分矩阵中的用户维作为每个用户的向量，通过向量之间的相似度来计算用户之间的偏好相似度，然后为每个用户找到 K 个“最近邻”，根据和“邻居”用户之间的相似程度和“邻居”对物品的偏好分数，为当前用户未交互的物品进行偏好打分，通过计算得到一个物品的排序结果并作为推荐列表。

在 User-based CF 的算法里，我们首先要定义如何量化用户之间的相似度。常见的向量相似度计算公式如下。

1）基于欧几里得距离（Euclidean Distance）的相似度：

$$\mathrm{sim}(\boldsymbol{x},\boldsymbol{y})=\frac{1}{1+\|(\boldsymbol{x}-\boldsymbol{y})\|^2} \tag{3-1}$$

2）余弦相似度（Cosine Similarity），式（3-2）和式（3-3）分别是向量运算和集合运算的方式：

$$\mathrm{sim}(\boldsymbol{x},\boldsymbol{y})=\frac{\boldsymbol{x}\cdot\boldsymbol{y}}{\|\boldsymbol{x}\|^2\cdot\|\boldsymbol{y}\|^2} \tag{3-2}$$

$$\mathrm{sim}(u,v)=\frac{|N(u)\cap N(v)|}{\sqrt{|N(u)\|N(v)|}} \tag{3-3}$$

3）Jaccard 相似度，式（3-4）和式（3-5）分别是向量运算和集合运算的方式：

$$\mathrm{sim}(\boldsymbol{x},\boldsymbol{y})=\frac{\boldsymbol{x}\cdot\boldsymbol{y}}{\|\boldsymbol{x}\|^2\cdot\|\boldsymbol{y}\|^2-\boldsymbol{x}\cdot\boldsymbol{y}} \tag{3-4}$$

$$\mathrm{sim}(u,v)=\frac{|N(u)\cap N(v)|}{|N(u)\cup N(v)|} \tag{3-5}$$

式中，$\boldsymbol{x}$、$\boldsymbol{y}$ 为用户在评分矩阵中的向量；$N(u)$、$N(v)$ 表示用户 u、v 产生交互行为的物品集合。集合运算与向量运算的区别是，集合运算是一种只考虑用户与物品是否交互，而不考虑交互频次的交并差运算。

以余弦相似度为例，User-based CF 的推导过程如下。

1）计算任意两个用户之间的相似度，构建用户相似度矩阵 $\boldsymbol{W}$，结果如图 3-2 所示，其中矩阵元素 W_{uv} 表示用户 u 和用户 v 之间的余弦相似度。

2）基于用户相似度矩阵，计算每个用户的 Top N 推荐列表：利用图 3-2 中的相似度矩阵，我们可以计算用户对物品的偏好。用户 u 对物品 i 的偏好度如下：

$$p(u,i)=\sum_{v\in S(u,K)}W_{uv}r_{vi} \tag{3-6}$$

式中，$S(u,K)$ 为用户 u 的 K 个相似度最近邻

	us_1	us_2	us_3	us_4	us_5
us_1	1	0.44	0.22	0.73	0.08
us_2	0.44	1	0.06	0.83	0.08
us_3	0.22	0.06	1	0.18	0.93
us_4	0.73	0.83	0.18	1	0.07
us_5	0.08	0.08	0.93	0.07	1

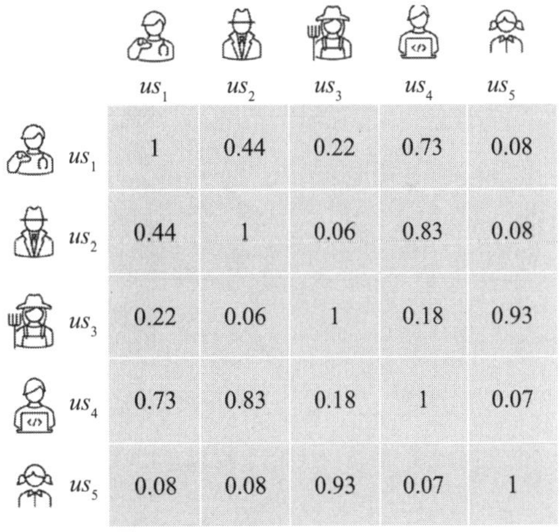

图 3-2　协同过滤中的用户相似度矩阵

的用户集合；W_{uv} 为相似度矩阵中用户 u 与用户 v 的相似度；r_{vi} 为评分矩阵中用户 v 对物品 i 的评分。这里设 $K=1$，则 us_1 的近邻为 us_4，所以可以将 us_4 的交互物品 im_5 推荐给 us_1，以此类推。但在实践过程中，这种计算方法会带来 K 的搜参，给系统引入更多变量，所以，一种更合理的做法是，利用用户相似度矩阵和评分矩阵计算所有用户和物品之间的偏好度，然后对用户的物品列表，按偏好度取 Top N。用户对物品的偏好度等于所有用户对该物品的评分的加权和，权重等于用户之间的相似度。即把用户相似度矩阵 $\boldsymbol{W}$ 乘以用户的评分矩阵 $\boldsymbol{R}$，得到

用户对物品的偏好矩阵 $\boldsymbol{P}$，如式（3-7）所示，矩阵运算如图 3-3 所示。

$$\boldsymbol{P}=\boldsymbol{W}\boldsymbol{R} \tag{3-7}$$

用户相似度矩阵 $\boldsymbol{W}$

1	0.44	0.22	0.73	0.08
0.44	1	0.06	0.83	0.08
0.22	0.06	1	0.18	0.93
0.73	0.83	0.18	1	0.07
0.08	0.08	0.93	0.07	1

×

用户评分矩阵 $\boldsymbol{R}$

3	2	2	1	0	0	0	0
0	1	2	2	3	0	0	0
2	0	0	1	0	5	4	3
2	2	3	5	3	0	0	0
0	0	1	0	0	4	3	3

=

用户偏好矩阵 $\boldsymbol{P}$

4.9	3.9	5.15	5.75	3.51	1.42	1.12	0.9
3.1	3.54	5.45	6.65	5.49	0.62	0.48	0.42
3.02	0.86	2.03	2.24	0.72	8.72	6.79	5.79
4.55	4.29	6.19	7.57	5.49	1.18	0.93	0.75
2.24	0.38	1.53	1.52	0.45	8.65	6.72	5.79

图 3-3 User-based CF 矩阵运算

3.2.2 Item-based CF

Item-based CF 通过用户对物品的评分信息来计算物品之间的相似度，然后根据用户的历史评分推荐相似的物品。因此，如何在海量物品中计算物品间的相似度是 Item-based CF 的核心问题。与 User-based CF 刚好相反，我们将所有用户对某个物品的偏好作为一个向量来计算物品之间的相似度，得到物品的相似物品后，根据用户历史的交互物品预测当前用户与还没有交互行为物品的相似度，通过计算得到一个物品的列表并作为推荐结果。仍以余弦相似度为例，Item-based CF 的推导过程如下。

1）计算任意两个物品之间的相似度，构建相似度矩阵 $\boldsymbol{I}$，如图 3-4 所示，其中矩阵元素 I_{ij} 表示物品 i 和物品 j 之间的余弦相似度。

	im_1	im_2	im_3	im_4	im_5	im_6	im_7	im_8
im_1	1	0.81	0.69	0.65	0.27	0.38	0.39	0.34
im_2	0.81	1	0.94	0.84	0.65	0	0	0
im_3	0.69	0.94	1	0.89	0.78	0.15	0.14	0.17
im_4	0.65	0.84	0.89	1	0.8	0.14	0.14	0.13
im_5	0.27	0.65	0.78	0.8	1	0	0	0
im_6	0.38	0	0.15	0.14	0	1	1	0.99
im_7	0.39	0	0.14	0.14	0	1	1	0.99
im_8	0.34	0	0.17	0.13	0	0.99	0.99	1

图 3-4 协同过滤中的物品相似度矩阵

2）基于物品相似度矩阵，计算用户 Top N 推荐列表。利用相似度矩阵，我们可以计算用户对物品的偏好。用户 u 对物品 i 的偏好度如下：

$$p(u,i)=\sum_{j\in S(i,K)} I_{ij}\times r_{uj} \tag{3-8}$$

式中，$S(i,K)$ 表示与物品最相似的 K 个物品的集合；I_{ij} 表示物品相似度矩阵中物品 i 和物品 j 之间的相似度；r_{uj} 表示评分矩阵里用户 u 对物品 j 的评分。这里设 $K=1$，im_1 的近邻为 im_2，us_3 与 im_1 有交互但与 im_2 无交互，因此可以把 im_2 推荐给 us_3，以此类推。同理，也可用矩阵乘法的方式。用户对物品的偏好度等于用户对所有物品的评分的加权和，权重等于物品之间的相似度。即用物品相似度矩阵 $\boldsymbol{I}$ 乘以用户的评分矩阵 $\boldsymbol{R}$，得到用户对物品的偏好矩阵 $\boldsymbol{P}$，如式（3-9）所示，最终运算结果如图 3-5 所示。

$$\boldsymbol{P}=\boldsymbol{RI} \tag{3-9}$$

用户评分矩阵 $\boldsymbol{R}$

3	2	2	1	0	0	0	0
0	1	2	2	3	0	0	0
2	0	0	1	0	5	4	3
2	2	3	5	3	0	0	0
0	0	1	0	0	4	3	3

×

物品相似度矩阵 $\boldsymbol{I}$

1	0.81	0.69	0.65	0.27	0.38	0.39	0.34
0.81	1	0.94	0.84	0.65	0	0	0
0.69	0.94	1	0.89	0.78	0.15	0.14	0.17
0.65	0.84	0.89	1	0.8	0.14	0.14	0.13
0.27	0.65	0.78	0.8	1	0	0	0
0.38	0	0.15	0.14	0	1	1	0.99
0.39	0	0.14	0.14	0	1	1	0.99
0.34	0	0.17	0.13	0	0.99	0.99	1

=

用户偏好矩阵 $\boldsymbol{P}$

6.65	7.15	6.84	6.41	4.47	1.58	1.59	1.49
4.3	6.51	7.06	7.02	6.81	0.58	0.56	0.6
7.13	2.46	4.09	3.95	1.34	12.87	12.89	12.72
9.75	12.59	13.05	13.05	11.18	1.91	1.9	1.84
4.4	0.94	2.53	2.26	0.78	10.12	10.11	10.1

图 3-5　Item-based CF 矩阵运算

3.2.3　Item-based CF 与 User-based CF 的对比与改进

Item-based CF 比较适合物品更新频率不高、对物品属性更新的实时性要求低且长尾物品较丰富的场景，比如，电商中绝大多数类型的业务，以及视频、图书的推荐场景。这些场景中，物品的内在相关性是非常重要的推荐策略。而 User-based CF 则更适合物品更新频繁，且对属性更新的实时性要求高的场景，典型的例子是新闻推荐、电商的秒杀、拍卖等场景。

Item-based CF 需要维护一个物品相似度矩阵，User-based CF 需要维护一个用户相似度矩阵。在新闻推荐中，物品相似度矩阵在异步更新机制下无法满足新闻时效性的要求（也就是新物品需要经过足够的冷启动阶段才会有丰富的用户行为数据进行物品相似性计算），而基于用户相似度矩阵则可以将时效性内容迅速在群体中扩散传播（新物品利用历史积累的用户相似性进行物品相似性计算），因此 User-based CF 比 Item-based CF 更适合用于新闻推荐。而电商推荐中，用户的数量往往远大于物品数量，维护用户相似度矩阵的代价较大，而用户本身在电商场景中的兴趣相对比较稳定，因此通过用户历史行为用 Item-based CF 扩散物品相关性进行推荐更适合电商场景。

传统的协同过滤方法容易引起马太效应的问题，而且对信息的利用不够充分，因此 User-based CF 和 Item-based CF 都出现了很多基于原始方法的改进。以 Item-based CF 为例，主要的改进方向有两个：

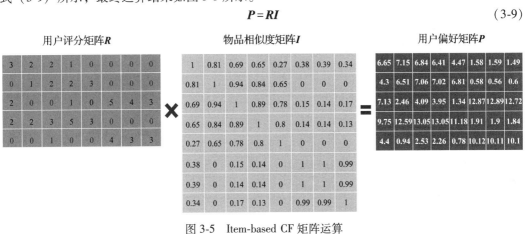

1）针对缓解马太效应的改进。用户行为越丰富，可能受到热门流行度的影响就越大，因此，活跃用户对物品相似度的贡献应小于非活跃用户，我们将任意两个物品 i、j 的相似度定

义为式（3-10）。

$$W(i,j)=\frac{\sum_{u\in N(i)\cap N(j)}\frac{1}{\log(1+|N(u)|)}}{\sqrt{|S(i)\|S(j)|}} \tag{3-10}$$

式中，$S(i)$、$S(j)$ 分别代表 i、j 两个物品的交互用户集合；$N(u)$ 表示用户 u 交互的物品集合。

2）基于共现度衡量方式的改进。受到行业及季节性等变化因素的影响，物品之间的相似度存在时效性的问题，因此，用户对物品 i 和 j 分别发生的交互行为，间隔的时间越接近，对两者的相似度贡献越大。我们将物品 i、j 的相似度定义为式（3-11），其中 $|T_{ui}-T_{uj}|$ 表示用户 u 对物品 i 和物品 j 交互的时间间隔，α 为超参。

$$W(i,j)=\frac{\sum_{u\in N(i)\cap N(j)}\frac{1}{1+\alpha\times|T_{ui}-T_{uj}|}}{\sqrt{|S(i)\|S(j)|}} \tag{3-11}$$

除了上述两种方法之外，Swing[2] 是另一种基于 Item-based CF 在用户物品交互关系定义上的改进，也是淘宝推荐系统早期使用的一种召回算法。Swing 对 Item-based CF 最大的改进点是将传统 Item-based CF 中使用的二阶交互关系改进为三阶交互关系来计算物品相似度。Swing 算法在实践中被证明比传统的基于二阶交互关系的方法更加稳定。

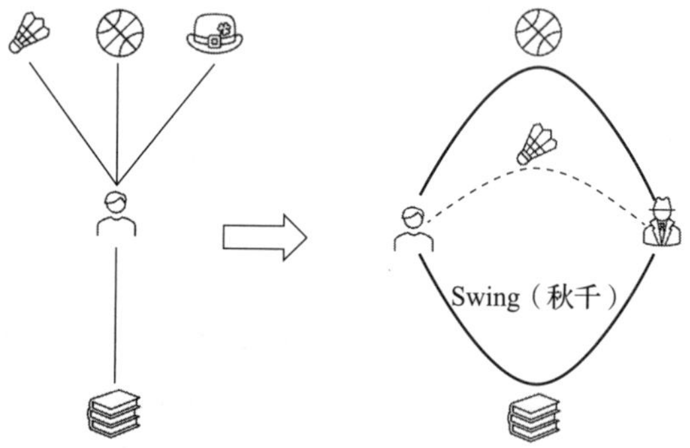

图 3-6　传统 Item-based CF 结构到 Swing 结构的改进

如图 3-6 所示，如果用户 u 和 v 都交互过同一个物品，则三者之间会构成一个“秋千”的关系结构，算法名称 Swing（秋千）由此而来。

传统 Item-based CF 中的物品 i、j 之间的相似度由共同交互的用户数决定，在 Swing 中则由共同构成的秋千数决定。但构成的每一个秋千上，除了物品 i 和 j 之外还会有其他物品，秋千上的物品数越多则分配给 i、j 的相似度权重越小。因此，物品 i、j 的 Swing 得分如下：

$$s(i,j)=\sum_{u\in S(i)\cap S(j)}\sum_{v\in S(i)\cap S(j)}\frac{1}{\alpha+|N(u)\cap N(v)|} \tag{3-12}$$

式中，$S(i)$、$S(j)$ 分别表示交互过物品 i、j 的用户集；$N(u)$、$N(v)$ 分别表示用户 u、v 交互的物品集；α 是一个平滑因子。

Swing 的本质是使用用户组（u,v）来代替单个用户作为计算协同过滤中的“共现度”，单个用户因为受环境影响，行为可能存在一定的随意性，因此在偏好的表达上有一定的噪声。但升级为用户组（u,v）之后，两个用户各自受环境影响后，随意性的交互行为刚好发生在同一个物品上而产生噪声的情况会大大减少，因此算法的结果也更加稳定。

在实际的业务场景中，Swing 通常还会考虑用户活跃度及内容热度带来的偏差，因此会给每个用户组产生的贡献度增加一个惩罚因子，即在式（3-12）基础上增加相关权重因子：

$$s(i,j)=m_i\cdot m_j\sum_{u\in S(i)\cap S(j)}\sum_{v\in S(i)\cap S(j)}w_u\cdot w_v\cdot\frac{1}{\alpha+|N(u)\cap N(v)|}\tag{3-13}$$

式中，$m_i=\frac{1}{\sqrt{|S(i)|}}$、$m_j=\frac{1}{\sqrt{|S(j)|}}$表示物品热度惩罚因子；$w_u=\frac{1}{\sqrt{|N(u)|}}$、$w_v=\frac{1}{\sqrt{|N(v)|}}$表示用户活跃度惩罚因子。

3.2.4　Model-based CF

我们在本章的开头介绍过，协同过滤可以定义为对高度稀疏的评分矩阵的补全问题（Matrix Completion）的求解，而 Model-based CF 则是一种利用机器学习进行建模的求解方法，它通过构建模型来定义用户和物品之间的关系，以评分矩阵为样本训练模型，最终通过模型预测评分矩阵的空白部分，得到完整的用户物品评分矩阵。

主流的 Model-based CF 一般有矩阵分解和深度学习两种解法，本小节从这两个方面分别展开介绍。

1. 矩阵分解（Matrix Factorization）协同过滤

传统的协同过滤方法只考虑了用户和物品之间的交互行为产生的共现度数据，如果用户或者物品之间的共现度为 0，则相似度必为 0，也就是不具备利用全局信息的能力。对比传统协同过滤，矩阵分解引入了“隐向量”的概念，并通过梯度下降等方法训练用户和物品的低维稠密的隐向量矩阵，再基于隐向量矩阵刻画任意用户和物品之间的相关性，这不仅解决了传统协同过滤的冷启动及泛化能力弱的问题，而且这种方法与深度学习中的特征向量化（Embedding）思想不谋而合，因此矩阵分解的结果也非常方便与其他特征进行组合，并与深度学习无缝结合。

在矩阵分解的各种方法中，传统的奇异值分解[3]（Singular Value Decomposition，SVD）并不常用于协同过滤，原因是 SVD 作为一种数学工具，与协同过滤中的评分矩阵数据特性和业务目标之间存在一定的差异。SVD 能够将任意一个 $m\times n$ 的评分矩阵 $\boldsymbol{R}$ 分解成为 $\boldsymbol{U}$、$\boldsymbol{\Sigma}$、$\boldsymbol{V}$ 三个矩阵：

$$\boldsymbol{R}=\boldsymbol{U}\boldsymbol{\Sigma}\boldsymbol{V}^{\mathrm{T}}\tag{3-14}$$

式中，$\boldsymbol{U}$ 是 $m\times m$ 的正交矩阵；$\boldsymbol{V}$ 是 $n\times n$ 的正交矩阵；$\boldsymbol{\Sigma}$ 是 $m\times n$ 的矩阵。

SVD 的核心能力是通过将矩阵 $\boldsymbol{R}$ 分解，只保留前 k 个最大的奇异值（$\boldsymbol{U}$、$\boldsymbol{V}$ 矩阵也只需要保留前 k 维数据），从而实现对矩阵降维的目的。之所以能够实现降维，是因为对角矩阵的元素都是非负的，且对角线上的值（也就是奇异值）是递减的，在大多数情况下，前 10%甚至 1%的奇异值的和就占了全部奇异值之和的 90%以上，也就是包含了全局绝大部分的信息量，所以，SVD 的核心能力是“降维”。但协同过滤中的矩阵分解的核心目标是矩阵补全（Matrix Completion），而且因为用户不可能跟所有物品有过交互，所以评分矩阵一定是高度稀疏的矩阵，这与 SVD 要求的稠密矩阵也是不相符的。

基于对上述原因的思考，我们并不直接使用 SVD 来进行矩阵分解，而是把问题转化为将评分矩阵 $\boldsymbol{R}$ 近似地表达为两个低秩矩阵 $\boldsymbol{P}^{\mathrm{T}}\boldsymbol{Q}$ 的乘积形式，通过求解 $\boldsymbol{P}$、$\boldsymbol{Q}$ 来补全矩阵 $\boldsymbol{R}$。目前主要的方法是 SVD 的一些变种，比如 Funk SVD、Bias SVD 和 SVD++等。

（1）Funk SVD

Funk SVD[4] 的定义是，对于 $m\times n$ 的评分矩阵 $\boldsymbol{R}$，可以由两个低维矩阵 $\boldsymbol{P}_{k\times m}$ 和 $\boldsymbol{Q}_{k\times n}$（分别代表用户矩阵和物品矩阵）的乘积近似得到：

$$\boldsymbol{R}\approx\boldsymbol{P}^{\mathrm{T}}\boldsymbol{Q} \tag{3-15}$$

Funk SVD 实际上是将用户和物品都映射到一个共同的 k 维空间，k 维代表了 k 个隐因子，隐因子所隐含的信息代表了我们对用户偏好和物品属性的抽象化思考。通常，用户在信息流中对物品的交互行为可以反映出他在不同隐因子上的偏好程度，这些隐因子在物品上则代表了某些属性特征，但隐因子的值并不具有实际的业务意义。也就是说，隐向量矩阵对用户偏好和物品属性的表达不具有可解释性，但两者的匹配度（乘积）则代表了用户对物品的偏好程度。

Funk SVD 采用了线性回归的建模思想。如图 3-7 所示，用户矩阵 $\boldsymbol{P}_{k\times m}$ 的第 i 个列向量（也就是 $\boldsymbol{P}^{\mathrm{T}}$ 的第 i 个行向量）代表第 i 个用户的隐向量，物品矩阵 $\boldsymbol{Q}$ 的第 j 个列向量代表第 j 个物品的隐向量，两者的内积代表第 i 个用户对第 j 个物品的偏好度。如果评分矩阵中第 i 行第 j 列的值不缺失，则希望模型尽可能缩小两者的残差，同时为了避免过拟合（Overfitting），又增加了 L2 正则项，即$\left(\sum_{i=1}^{m}|\boldsymbol{P}_i|^2+\sum_{j=1}^{n}|\boldsymbol{Q}_j|^2\right)$，由此我们可以得到损失函数：

$$\min_{\boldsymbol{P},\boldsymbol{Q}}L=\frac{1}{2}\sum_{i,j}(R_{ij}-\boldsymbol{P}_i^{\mathrm{T}}\boldsymbol{Q}_j)^2+\frac{\lambda}{2}\left(\sum_{i=1}^{m}|\boldsymbol{P}_i|^2+\sum_{j=1}^{n}|\boldsymbol{Q}_j|^2\right) \tag{3-16}$$

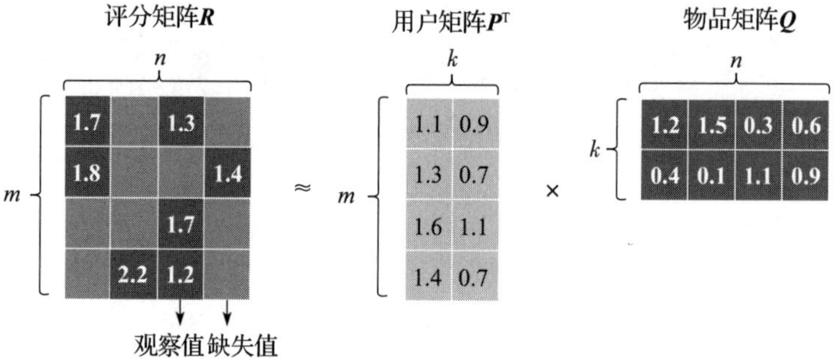

图 3-7 矩阵分解

我们通过梯度下降的方式求解，对 $\boldsymbol{P}$ 和 $\boldsymbol{Q}$ 分别求导，得到：

$$\frac{\partial L}{\partial \boldsymbol{P}_i}-\sum_{j}(\boldsymbol{P}_i^{\mathrm{T}}\boldsymbol{Q}_j-R_{ij})\boldsymbol{Q}_j+\lambda\boldsymbol{P}_i=\left(\sum_{j}\boldsymbol{Q}_j\boldsymbol{Q}_j^{\mathrm{T}}+\lambda\boldsymbol{I}\right)\boldsymbol{P}_i-\sum_{j}R_{ij}\boldsymbol{Q}_j \tag{3-17}$$

$$\frac{\partial L}{\partial \boldsymbol{Q}_j}=\sum_{i}(\boldsymbol{P}_i^{\mathrm{T}}\boldsymbol{Q}_j-R_{ij})\boldsymbol{P}_i+\lambda\boldsymbol{Q}_j=\left(\sum_{i}\boldsymbol{P}_i\boldsymbol{P}_i^{\mathrm{T}}+\lambda\boldsymbol{I}\right)\boldsymbol{Q}_j-\sum_{i}R_{ij}\boldsymbol{P}_i \tag{3-18}$$

每一轮迭代，我们通过负梯度加上一定的学习率 α 进行 $\boldsymbol{P}$ 和 $\boldsymbol{Q}$ 矩阵的更新：

$$\boldsymbol{P}_i\leftarrow\boldsymbol{P}_i-\alpha\frac{\partial L}{\partial \boldsymbol{P}_i} \tag{3-19}$$

$$\boldsymbol{Q}_j\leftarrow\boldsymbol{Q}_j-\alpha\frac{\partial L}{\partial \boldsymbol{Q}_j} \tag{3-20}$$

(2) Bias SVD

Bias SVD 顾名思义是在矩阵分解的求解过程中考虑到了因用户行为习惯和物品特性引起的偏置（Bias，也称为偏差）问题。

不同的用户在信息流中的内容消费习惯存在着较大差异，有些用户习惯大量地浏览但消费深度不足，有些用户喜欢点赞、转发、评论等互动行为。同样，不同的内容之间也会存在很大差异，热门内容的观看和消费时长明显高于小众内容，有争议的内容容易被评论和转发。这些消费习惯和物品属性的差异容易成为个性化偏好学习的噪声，因此，我们将模型需要拟合的评分矩阵里的分数进行拆解：令 μ 为评分的平均值，b_i 为用户 i 的行为习惯带来的评分偏置，b_j 为物品 j 的特性引起的评分偏置，隐向量的内积 $\boldsymbol{P}_i^{\mathrm{T}}\boldsymbol{Q}_j$ 代表个性化的偏好得分。这样，用户 i 对物品 j 的评分 $\hat{r}_{ij}$ 可以表达如下：

$$\hat{r}_{ij}=\mu+b_i+b_j+\boldsymbol{P}_i^{\mathrm{T}}\boldsymbol{Q}_j \tag{3-21}$$

因此，包含 L2 正则的损失函数如下：

$$\min_{\boldsymbol{P},\boldsymbol{Q},b_i,b_j}L=\frac{1}{2}\sum_{i,j}(R_{ij}-\mu-b_i-b_j-\boldsymbol{P}_i^{\mathrm{T}}\boldsymbol{Q}_j)^2+\frac{\lambda}{2}\left(\sum_{i=1}^{m}|b_i|^2+\sum_{j=1}^{n}|b_j|^2+\sum_{i=1}^{m}|\boldsymbol{P}_i|^2+\sum_{j=1}^{n}|\boldsymbol{Q}_j|^2\right) \tag{3-22}$$

接下来的求解过程和 Funk SVD 一致，对目标函数求导，可以得到各个变量的更新策略，这里不再赘述。

(3) SVD ++

我们在 Bias SVD 的基础上进一步思考用户在信息流产品中的反馈行为习惯，除了上述提到的用户消费习惯和物品特性带来的影响之外，用户本身的属性特征以及用户历史交互过的物品都会影响对当前物品的偏好。因此，在 SVD++模型中，我们把所有可能的影响因子都加入评分公式中，对比 Bias SVD，用户 i 对物品 j 的评分包含了更多的变量，可以表达如下：

$$\hat{r}_{ij}=\mu+b_i+b_j+\boldsymbol{Q}_j^{\mathrm{T}}\left(\boldsymbol{P}_i+\frac{1}{\sqrt{|N(i)|}}\sum_{s\in N(i)}\boldsymbol{x}_s+\frac{1}{\sqrt{|A(i)|}}\sum_{c\in A(i)}\boldsymbol{y}_c\right) \tag{3-23}$$

式中，μ、b_i、b_j、$\boldsymbol{P}_i$、$\boldsymbol{Q}_j$ 的含义不变；$N(i)$ 表示用户 i 历史交互过的物品集合；$\boldsymbol{x}_s$ 表示历史交互物品的隐向量；$A(i)$ 表示用户 i 的属性特征集合；$\boldsymbol{y}_c$ 表示每个属性特征的隐向量。

我们可以看到，在 SVD++中，物品存在两个隐向量，分别是与用户隐向量进行内积操作的隐向量 $\boldsymbol{Q}_j$，以及直接施加作用在用户隐向量上的历史交互物品的隐向量 $\boldsymbol{x}_s$，这两个隐向量各自独立训练，$\boldsymbol{Q}_j$ 代表的是物品的属性特征，$\boldsymbol{x}_s$ 代表的是物品对个人喜好的影响。同时，我们给每个用户的不同属性特征也赋予了独立的隐向量 $\boldsymbol{y}_c$。因此，在用户 i 的偏好表达上，每一次对物品 $s\in N(i)$ 的交互，每一个属性特征 $c\in A(i)$ 都会给偏好表达带来一些变化。

最终的损失函数定义如下：

$$\begin{aligned}\min_{\boldsymbol{P},\boldsymbol{Q},b_i,b_j,\boldsymbol{x}_s,\boldsymbol{y}_c}L=&\frac{1}{2}\sum_{i,j}\left(R_{ij}-\mu-b_i-b_j-\boldsymbol{Q}_j^{\mathrm{T}}\left(\boldsymbol{P}_i+\frac{1}{\sqrt{|N(i)|}}\sum_{s\in N(i)}\boldsymbol{x}_s+\frac{1}{\sqrt{|A(i)|}}\sum_{c\in A(i)}\boldsymbol{y}_c\right)\right)^2+\\&\frac{\lambda}{2}\left(\sum_{i=1}^{m}|b_i|^2+\sum_{j=1}^{n}|b_j|^2+\sum_{i=1}^{m}|\boldsymbol{P}_i|^2+\sum_{j=1}^{n}|\boldsymbol{Q}_j|^2+\sum_{i=1}^{m}\sum_{s\in N(i)}|\boldsymbol{x}_s|^2+\sum_{i=1}^{m}\sum_{c\in A(i)}|\boldsymbol{y}_c|^2\right)\end{aligned} \tag{3-24}$$

同样，我们对损失函数求导，可以得到各个变量的梯度更新策略，这里不再赘述。

2. 深度学习协同过滤

如果从深度学习的视角来看待矩阵分解，那么用户和物品的隐向量相当于神经网络的Embedding层，而矩阵相乘过程中每个用户和物品隐向量的内积操作相当于神经网络的输出层，因此矩阵分解可以视为一个只有Embedding层和输出层的简化版神经网络。显然，这样的神经网络模型至少会存在两个方面的局限性。

1）大多数的矩阵分解方法只用到了评分矩阵的信息，没有考虑用户和物品的属性特征、时序特征和上下文（Context）特征，这使得模型无法利用更多的有效信息，在表达能力上存在不足。

2）利用内积来拟合用户的兴趣，不能区分不同隐因子之间对训练目标的重要性差异，内积操作对非线性特征的学习能力也非常有限。

在本节中，我们以NCF[5]（Neural Collaborative Filtering）为例介绍深度学习对矩阵分解的改进。NCF的主要贡献是解决了上述两个局限性问题中的第二个：内积操作的局限性。它提出了一个基于DNN来拟合用户兴趣的通用算法框架。

首先，定义交互矩阵$\boldsymbol{Y}\in\mathbb{R}^{M\times N}$，矩阵中的每个元素$y_{ui}$代表用户$u$对物品$i$的交互行为，取值如式（3-25）的阶跃函数定义，其中，1表示用户对物品有交互，0表示未知或者无交互。

$$y_{ui}=\begin{cases}1 & \text{用户 } u \text{ 对物品 } i \text{ 有交互}\\ 0 & \text{未知或用户 } u \text{ 对物品 } i \text{ 无交互}\end{cases} \tag{3-25}$$

NCF的通用算法框架如图3-8所示，算法以用户Id和物品Id作为输入特征，模型结构的关键部分为Embedding层和Neural CF层。

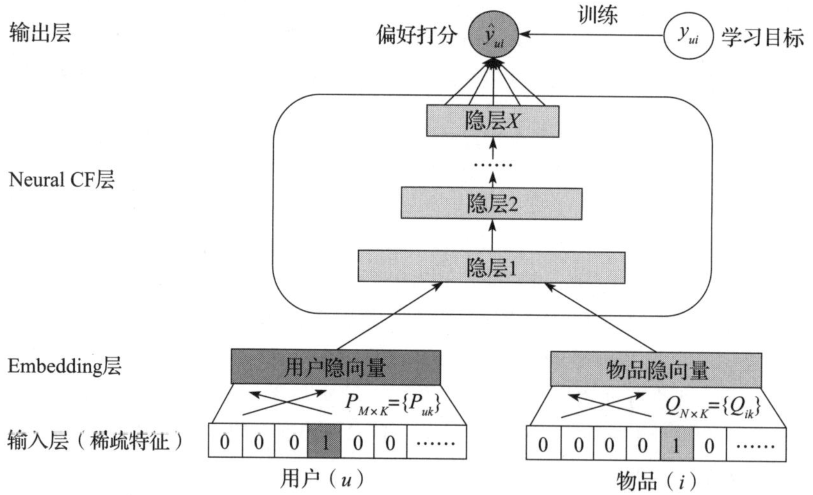

图3-8 NCF的通用算法框架

Embedding层的作用是将输入层的用户Id和物品Id映射为一个低维稠密向量（Dense Vector），低维稠密向量最终作为物品和用户的特征表达，等同于矩阵分解中的隐向量。Neural CF层的作用是学习一个打分函数$\hat{y}_{ui}=f(u,i\mid\boldsymbol{\Theta})$来拟合交互矩阵$\boldsymbol{Y}$中的元素$y_{ui}$。显然，在矩阵分解中，$y_{ui}$是通过隐向量的内积来拟合的，即$\hat{y}_{ui}=f(u,i\mid p_u,q_i)=\boldsymbol{P}_u^{\mathrm{T}}\boldsymbol{Q}_i$。在NCF中，将内积替换为神经网络的方法：$\hat{y}_{ui}$=Neural CF($\boldsymbol{P}_u$,$\boldsymbol{Q}_i$)，也就是将用户和物品 Embedding 送入多层神经网络，输出预测分数 $\hat{y}_{ui}$。

NCF 框架包含了三种不同的 Neural CF(·,·) 实现方式，如图 3-9 所示。

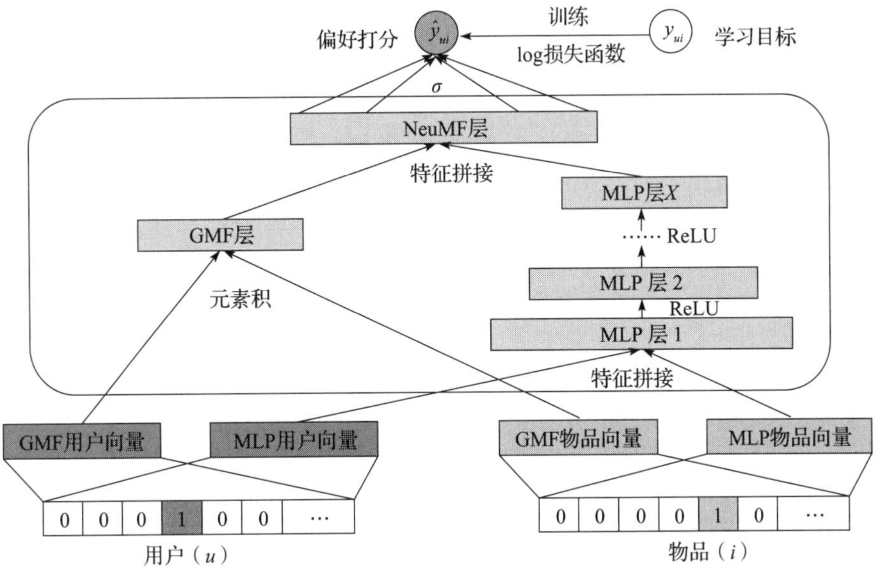

图 3-9　NCF 模型结构

（1）广义矩阵分解（Generalized Matrix Factorization，GMF）

仅使用 GMF 的 Neural CF(·,·) 实现方式可以看作图 3-9 的左边部分，如式（3-26）所示，它首先采用向量的元素积（Element-wise Product）［也称为阿达马积（Hadamard Product）］的形式，将用户和物品向量映射到同一个空间，然后通过 DNN 及 Sigmoid 激活函数得到最终的预测目标：

$$\hat{y}_{ui}=\sigma(\boldsymbol{h}^{\mathrm{T}}(\boldsymbol{P}_u \odot \boldsymbol{Q}_i)) \tag{3-26}$$

当 GMF 中的 DNN 只有一个神经元且参数矩阵 $\boldsymbol{h}^{\mathrm{T}}$ 的元素值固定为 1，并且输出部分的激活函数为恒等变换时，NCF 就退化成了一个矩阵分解模型，所以 GMF 可以看作一种通过 DNN 加持、以 Sigmoid 函数为输出映射函数的矩阵分解方法，所以称为广义矩阵分解。

（2）多层感知机（Multi-Layer Perceptron，MLP）

图 3-9 中如果仅使用右侧的 MLP 层，就得到了第二种方式，通过多层神经网络来实现 Neural CF(·,·)，采用的方法就是在用户和物品两路特征拼接的基础上增加多个神经网络隐层，使用标准 MLP 学习用户和物品的交互及两者的非线性关系。以单层 MLP 为例，模型的计算公式如下：

$$\hat{y}_{ui}=\sigma\left(\boldsymbol{h}^{\mathrm{T}}\left(W\begin{bmatrix}\boldsymbol{P}_u\\ \boldsymbol{Q}_i\end{bmatrix}+b\right)\right) \tag{3-27}$$

（3）NeuMF（GMF 与 MLP 的融合）

完整的 NCF 结合了 GMF 和 MLP 各自的优点，同时考虑了用户和物品的线性及非线性的交互，也就是第三种 Neural CF(·,·) 的实现方式，图 3-9 包含左右两边的完整架构，计算公式如下：

$$\boldsymbol{\phi}^{\mathrm{GMF}}=\boldsymbol{P}_u^G \odot \boldsymbol{Q}_i^G \tag{3-28}$$

$$\boldsymbol{\phi}^{\mathrm{MLP}}=a_L\left(\boldsymbol{W}_L^{\mathrm{T}}\left(a_{L-1}\left(\cdots a_2\left(\boldsymbol{W}_2^{\mathrm{T}}\begin{bmatrix}\boldsymbol{P}_u^M\\ \boldsymbol{Q}_i^M\end{bmatrix}+b_2\right)\cdots\right)\right)+b_L\right) \tag{3-29}$$

$$\hat{y}_{ui}=\sigma\left(\boldsymbol{h}^{\mathrm{T}}\begin{bmatrix}\boldsymbol{\phi}^{\mathrm{GMF}}\\ \boldsymbol{\phi}^{\mathrm{MLP}}\end{bmatrix}\right) \tag{3-30}$$

式中，$\boldsymbol{\phi}^{\mathrm{MLP}}$ 代表广义矩阵分解部分的输出向量；$\boldsymbol{\phi}^{\mathrm{GMF}}$ 代表多层感知机部分的输出向量。

观察 NCF 的输入，很显然它并没有比矩阵分解引入更多特征，因此在特征输入上，NCF 还可以有更大的挖掘空间，不再只依赖用户和物品的 Id 特征，可以将用户的人口统计特征、行为聚合类特征、物品的属性特征等通过向量拼接或者 Pooling 方式与用户和物品进行组合，得到更全面的偏好表达。

在 Embedding 层，我们可以选择让 GMF 和 MLP 共享 Embedding。但在实际业务场景中，我们希望让 GMF 和 MLP 往不同的方向学习、收敛，同时因为数据稀疏性等原因，需要对两部分的 Embedding 设置不同的维度，因此 GMF 和 MLP 保持各自独立的 Embedding 通常也是一种常见的处理方法。

（4）优化目标

NCF 是标准的 point-wise 方法，所以损失函数可以用交叉熵表示：

$$L=-\sum_{(u,i)} y_{ui}\log\hat{y}_{ui}+(1-y_{ui})\log(1-\hat{y}_{ui}) \tag{3-31}$$

3.3　用户和物品的向量化表示学习

3.3.1　从 Word2vec 到 Item2vec

本小节重点介绍 Word2vec 模型，以及它的建模思想从 NLP 任务推广到推荐建模领域的演进过程。

前深度学习时代的 NLP 任务都将“词”或者“字”视为文本处理的原子单位，词和词之间没有相似性的概念，在特征表达上以 One-hot 编码的方式参与模型训练，经典的例子就是曾经非常流行的用于统计语言建模的 n-gram 模型。但 Google 的论文 *Efficient Estimation of Word Representation in Vector Space*[6] 的提出颠覆了这种做法，它基于语言模型中“一个词的含义可以由它的上下文推断得出”的前提，提出了 Word2vec 的方法，将词的特征表达从高维、稀疏的 One-hot 编码，变成了低维、稠密的词向量（Word Embedding）。对比传统的方法，Word2vec 利用了词的上下文信息，因此特征的表达中包含了丰富的语义信息。

1. Skip-gram 和 CBOW 方法

概括地说，Word2vec 是用单层的神经网络把 One-hot 编码的高维稀疏词特征映射为一个低维稠密向量的过程。模型中神经网络的建模方法一般有 Skip-gram（Continuous Skip-gram）和 CBOW（Continuous Bag-of-Words）两种方法。

在句子中，我们将当前词称为“中心词”，以 $2m+1$ 为窗口大小，中心词前后的 m 个词称为“上下文词”，当窗口不断滑动时，中心词和各自的上下文词相应地发生变化。

在 Skip-gram 模型里，我们以中心词作为输入，通过一个投影层（隐藏层）预测相应的上下文词，Skip-gram 模型如图 3-10 所示。

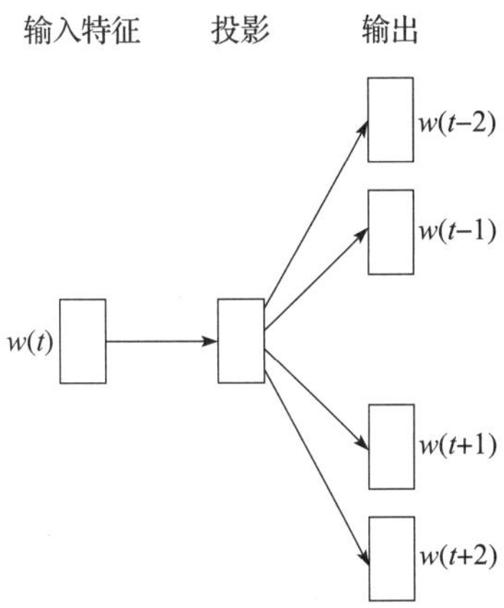

图 3-10 Skip-gram 模型

Skip-gram 的似然函数：

$$\prod_{t=1}^{T}\prod_{-m\leqslant j\leqslant m}P(w^{(t+j)} \mid w^{(t)}) \tag{3-32}$$

式中，T 为文本序列长度。这里的似然函数表达的含义是在训练集中希望用所有中心词去预测各自的上下文词的联合概率最大化，等价于 log 损失函数最小化：

$$-\frac{1}{T}\sum_{t=1}^{T}\sum_{-m\leqslant j\leqslant m}\log P(w^{(t+j)} \mid w^{(t)}) \tag{3-33}$$

而公式中最核心的部分是用中心词预测上下文词的条件概率 $P(w^{(t+j)} \mid w^{(t)})$，我们可以用对应词的向量内积及 Softmax 运算来表示。下面我们通过一个具体的例子来进行推导。

1）训练集预处理。从文本序列中根据窗口大小的设定得到每个中心词与各自不同上下文词的词组合，以“（中心词，上下文词）”形式作为训练语料，见表 3-1。

表 3-1 句子中的中心词与上下文词的例子

文本序列（中心词前后两个词组成窗口大小）	训练语料（中心词，上下文词）
The bird flies in the blue sky.	(the，bird)
	(the，fly)
The bird flies in the blue sky.	(bird，the)
	(bird，fly)
	(bird，in)
⋮	⋮

2）初始化神经网络隐层的权重矩阵 $\boldsymbol{W}_{V\times N}$（即上述模型中的投影层参数矩阵），其中 V 表示训练语料中的词表大小，N 为隐层神经元个数，输入的中心词 V 维 One-hot 编码特征左乘该矩阵得到 N 维的向量 $\boldsymbol{h}$（如图 3-11 左边部分所示），进入 Softmax 层。

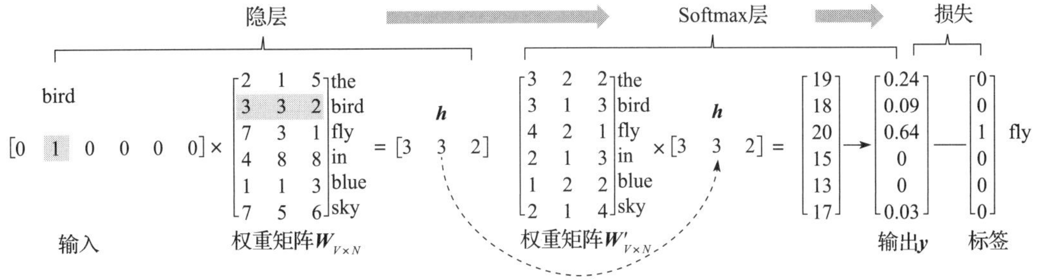

图 3-11 Skip-gram 前向运算过程

3）在 Softmax 层，我们初始化另一个权重矩阵 $\boldsymbol{W}'_{V\times N}$，作为训练语料中的另一个词表，隐藏层向量 $\boldsymbol{h}$ 右乘该矩阵后，再经过 Softmax 函数处理，得到 V 维的向量 $\boldsymbol{y}$（如图 3-11 右边部分所示），$\boldsymbol{y}$ 的元素表示词表中的每个词为对应上下文词的概率分布，而 ground truth（真值）为只有上下文词对应的元素为 1、其余元素为 0 的向量，$\boldsymbol{y}$ 向量通过与 ground truth 进行比较，利用最小化误差更新权重矩阵 $\boldsymbol{W}_{V\times N}$、$\boldsymbol{W}'_{V\times N}$。

4）模型训练完成后，隐层权重矩阵 $\boldsymbol{W}_{V\times N}$ 便是 Word2vec 模型需要的输出结果，V 行分别对应词表中的 V 个词，N 列表示每个词的词向量长度，是可调节的模型超参数。最终将 $\boldsymbol{W}_{V\times N}$ 导入存储中作为词向量使用。

以上述“The bird flies in the blue sky”为例子，我们可以构建大小为 6 的词汇表。以样本词（bird，fly）为例，中心词 bird 的输入特征编码为（0,1,0,0,0,0），与隐层权重矩阵相乘后得到 bird 的词向量（3,3,2），词向量［3,3,2］作为隐层输出，与 Softmax 层的权重矩阵相乘，进行 Softmax 运算后得到所有词作为中心词 bird 的上下文词的概率为（0.24,0.09,0.64,0,0,0.03），而实际标签为（0,0,1,0,0,0）（为方便描述，所有向量均用行向量表达），预测结果和实际标签通过交叉熵损失函数更新梯度。

通过上文的介绍，我们已经知道用中心词预测上下文词的概率 $P(w^{(t+j)}\mid w^{(t)})$ 可以用 Softmax 公式表达为：

$$P(w_o \mid w_c)=\frac{\exp(\boldsymbol{u}_o^{\mathrm{T}}\boldsymbol{v}_c)}{\sum_{i\in V}\exp(\boldsymbol{u}_i^{\mathrm{T}}\boldsymbol{v}_c)} \tag{3-34}$$

式中，$\boldsymbol{v}_c$ 为中心词在隐层参数矩阵中的词向量；$\boldsymbol{u}_o$ 为上下文词在 Softmax 层参数矩阵中的词向量。所以，同一个词作为中心词和作为上下文词时的词向量是不同的，Skip-gram 方法最终使用的是作为中心词时的词向量，即隐层参数矩阵。理论上，我们也可以统一使用上下文词的词向量。

与 Skip-gram 相对的另一种 CBOW 方法是从“用上下文词预测中心词的概率”的视角建模，CBOW 模型如图 3-12 所示。

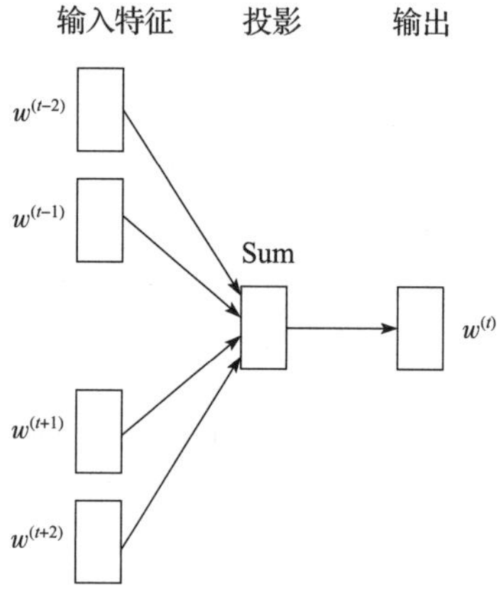

图 3-12　CBOW 模型

因此，损失函数就变成如下形式：

$$-\frac{1}{T}\sum_{t=1}^{T}\log P(w^{(t)}\mid w^{(t-m)},\cdots,w^{(t-1)},w^{(t+1)},\cdots,w^{(t+m)}) \tag{3-35}$$

对比 Skip-gram，CBOW 模型输入从一个中心词变成了 $2m$ 个上下文词（图 3-12 为 m=2 时的特列），那么与参数矩阵相乘后的结果也从一个 N 维向量变成 $2m\times N$ 的矩阵。为了后续的统一处理，作为隐层的输出，我们会对它进行压缩，在行维度上求平均，仍以一个 N 维向量输出到 Softmax 层，也就是以上下文词的词向量平均值作为输出，那么上下文词预测中心词概率的 Softmax 运算如下：

$$P(w_c \mid w_{o1},\cdots,w_{o2m})=\frac{\exp\left[\boldsymbol{u}_c^{\mathrm{T}}\dfrac{(\boldsymbol{v}_{o1}+\cdots+\boldsymbol{v}_{o2m})}{2m}\right]}{\sum_{i\in V}\exp\left[\boldsymbol{u}_i^{\mathrm{T}}\dfrac{(\boldsymbol{v}_{o1}+\cdots+\boldsymbol{v}_{o2m})}{2m}\right]} \tag{3-36}$$

式中，$\boldsymbol{v}_{o1},\cdots,\boldsymbol{v}_{o2m}$ 为上下文词在隐层参数矩阵中的词向量；$\boldsymbol{u}_c$ 为中心词在 Softmax 层参数矩阵中的词向量。CBOW 方法最终使用的是作为上下文词时的词向量，即仍然使用隐层参数矩阵。同样，理论上，我们也可以根据实际的业务效果改用中心词的词向量。

2. Hierarchical Softmax 和 Negative Sampling

Word2vec 在实际业务数据下的模型训练会存在一个很大的问题，每一个样本的输出层都需要对词表中的所有词进行 Softmax 运算。当词表很大时，运算的开销非常大，针对这个问题，通常有 Hierarchical Softmax 和 Negative Sampling 两种解决方法。

(1) Hierarchical Softmax

Hierarchical Softmax 方法，概括地说，是将模型的输出层从基于所有词计算 Softmax 概率变成沿着一棵霍夫曼树（Huffman Tree）计算，最终走到所要预测的词对应节点的联合概率，以达到减少需要计算的词数量、优化计算效率的目的。

在 Hierarchical Softmax 中，霍夫曼树是指节点带权路径最优的二叉树，我们以词表中的词作为叶子节点，以词频（Frequency）作为节点权重构建二叉树，保证权重越大的叶子节点越靠近根节点，也就是词的词频越高，从根节点到达它的路径越短，在这样的约束条件下构建的树就成了霍夫曼树。接着，我们将除根节点外的每一个节点进行编码，将属于父节点的左子节点记为 0，将右子节点记为 1，那么从根节点出发到达叶子节点经历的所有节点的编码组成称为词的霍夫曼编码。假设词 w_1、w_2、w_3、w_4、w_5 的词频分别为 5、15、45、30、10，则构造的霍夫曼树如图 3-13 所示。从图中可以知道，w_1 的霍夫曼编码为 0000，w_2 的霍夫曼编码为 001，以此类推。

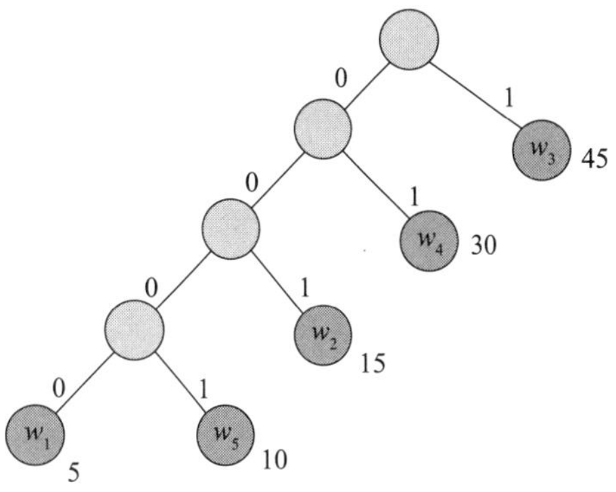

图 3-13 霍夫曼树

在介绍基于霍夫曼树构建 Hierarchical Softmax 之前，我们先对 Word2vcc 的似然函数进行一次转换，以 Skip-gram 为例，记 $\mathcal{D}$ 为全量词表，$w \in \mathcal{D}$ 为中心词，$u \in \text{Context}(w)$ 为 w 的上下文词，那么式（3-32）可以改写为如下形式：

$$\prod_{w \in \mathcal{D}} \prod_{u \in \text{Context}(w)} P(u \mid w) \tag{3-37}$$

在霍夫曼树中，我们记：p^u 为从根节点出发到达词 u 对应的叶子节点的路径；l^u 为路径 p^u 中包含的节点数；$d_2^u, d_3^u, \cdots, d_{l^u}^u \in \{0,1\}$ 为每一层节点的霍夫曼编码（因为根节点不对应编码，故下标从 2 开始）；$\boldsymbol{\theta}_1^u, \boldsymbol{\theta}_2^u, \cdots, \boldsymbol{\theta}_{l^u-1}^u \in \mathbb{R}^m$ 为路径 p^u 中非叶子节点的向量。

在 Hierarchical Softmax 方法中，我们将沿着霍夫曼树根节点走到上下文词节点的概率表达为从根节点经历 l^u-1 次向左或者向右跳转的概率的乘积，而每一次跳转都是以向左为正例、向右为负例的二分类逻辑回归模型：

$$f(d_j^u \mid \boldsymbol{X}_w, \boldsymbol{\theta}_{j-1}^u) = \begin{cases} \sigma(\boldsymbol{X}_w^{\mathrm{T}} \boldsymbol{\theta}_{j-1}^u) & d_j^u = 0 \\ 1-\sigma(\boldsymbol{X}_w^{\mathrm{T}} \boldsymbol{\theta}_{j-1}^u) & d_j^u = 1 \end{cases} \tag{3-38}$$

式中，d_j^u 为节点的霍夫曼编码，左节点为 0，右节点为 1；$\sigma(\cdot)$ 为 Sigmoid 函数；$\boldsymbol{X}_w$ 为中心词

向量。式（3-38）可以转换为整体形式：$f(d_j^u \mid \boldsymbol{X}_w, \boldsymbol{\theta}_{j-1}^u) = [\sigma(\boldsymbol{X}_w^{\mathrm{T}}\boldsymbol{\theta}_{j-1}^u)]^{1-d_j^u} \cdot [1-\sigma(\boldsymbol{X}_w^{\mathrm{T}}\boldsymbol{\theta}_{j-1}^u)]^{d_j^u}$。因此，Skip-gram 的似然函数如下：

$$\prod_{w \in \mathcal{D}} \prod_{u \in \mathrm{Context}(w)} \prod_{j=2}^{l^u} \{[\sigma(\boldsymbol{X}_w^{\mathrm{T}}\boldsymbol{\theta}_{j-1}^u)]^{1-d_j^u} \cdot [1-\sigma(\boldsymbol{X}_w^{\mathrm{T}}\boldsymbol{\theta}_{j-1}^u)]^{d_j^u}\} \tag{3-39}$$

似然函数的最大化，等价于 log 损失函数的最小化：

$$-\sum_{w \in \mathcal{D}} \sum_{u \in \mathrm{Context}(w)} \sum_{j=2}^{l^u} \{(1-d_j^u) \cdot \log[\sigma(\boldsymbol{X}_w^{\mathrm{T}}\boldsymbol{\theta}_{j-1}^u)] + d_j^u \cdot \log[1-\sigma(\boldsymbol{X}_w^{\mathrm{T}}\boldsymbol{\theta}_{j-1}^u)]\} \tag{3-40}$$

由于构建霍夫曼树时对节点的路径做了优化，对于大部分词，我们只需要遍历少量节点就能预测词的概率，对比原始 Softmax 的时间复杂度 $O(|\mathcal{D}|)$，Hierarchical Softmax 可以将其降低到 $O(\log|\mathcal{D}|)$。

（2）Negative Sampling

Negative Sampling 是不同于 Hierarchical Softmax 的另一种优化方法，我们仍以 Skip-gram 为例进行介绍。Negative Sampling 的核心思想是将目标函数进行转换，将原始方法中每一个上下文词需要与所有其他词学习概率的差异，变成只需要与少数几个通过采样得到的词学习概率的差异。我们以和中心词 w_c 对应的上下文词 w_o 为正样本，对根据某种分布 $P(w)$ 采样 K 个未出现在 w_c 窗口中的词作为负样本，并把这 K 个词称为噪声词 $w_k(k=1,\cdots,K)$。同时，我们把 Softmax 的多分类问题变成二分类问题，即中心词预测上下文词的概率尽量接近 1，预测噪声词的概率尽量接近 0，因此，似然函数可以表达如下：

$$\prod_{t=1}^{T} \prod_{-m \leqslant j \leqslant m} P(w^{(t+j)} \mid w^{(t)}) = \prod_{t=1}^{T} \prod_{-m \leqslant j \leqslant m} P(D=1 \mid w^{(t)}, w^{(t+j)}) \prod_{k=1, w_k \sim P(w)}^{k} P(D=0 \mid w^{(t)}, w_k) \tag{3-41}$$

似然函数最大化等价于 log 损失函数的最小化：

$$-\sum_{(v_c, u_o)} (\log\sigma(\boldsymbol{u}_o^{\mathrm{T}}\boldsymbol{v}_c) + \sum_{k=1, w_k \sim P(w)}^{K} \log\sigma(-\boldsymbol{u}_{w_k}^{\mathrm{T}}\boldsymbol{v}_c)) \tag{3-42}$$

同时我们还需关注正负样本的采样方法，在大型的语料中，往往一些代词、助词等出现的频率最高，但提供的信息却最少，我们不希望这类词过多地进入样本，因此通过基于词频的降采样方式来控制，用函数 counter(w) 表示词 w 在训练语料中的计数，根据训练语料的实际情况设置词频占比的阈值 t，对于词频占比 $f(w)=\dfrac{\mathrm{counter}(w)}{\sum_u \mathrm{counter}(u)}$ 超过 t 的词 w，有 $P(w)=\left(\sqrt{\dfrac{t}{f(w)}}+\dfrac{t}{f(w)}\right)$ 的概率被采样。而负样本采样时，词 w 的采样概率 $P(w)=\dfrac{\mathrm{counter}(w)^{\alpha}}{\sum_u \mathrm{counter}(u)^{\alpha}}$（一般 α 为 0.75），相当于在完全按照词频概率采样的基础上对词频做了平滑，减小词频之间差异过大所带来的影响，使得词频比较小的负样本也有机会被采到。

3. Item2vec

Word2vec 在 NLP 领域得到广泛的应用之后，也成了一种通用的向量化建模方法，在推荐算法中得到推广，其中微软的论文 *Item2vec: Neural Item Embedding for Collaborative Filtering*[7] 中提出的 Item2vec 方法，就是利用了 Word2vec 的 Skip-gram 和 Negative Sampling 的思想将推荐的物品映射到一个向量空间，进而通过计算物品的向量相似性进行个性化推荐。

我们将推荐算法中的物品类比成 NLP 任务中的词，那么算法中可以利用用户对物品的交互行为数据从两个不同的视角进行建模。

1）从行为序列的视角，我们将用户交互物品的行为序列看作“句子”，以每个交互物品为中心词，在序列中通过滑动窗口观测上下文词，那么似然函数可以表达如下：

$$\frac{1}{K}\sum_{i=1}^{K}\sum_{-c\leqslant j\leqslant c,j\neq 0}\log P(w_{i+j}\mid w_i) \tag{3-43}$$

式中，K 为用户行为序列长度；$2c+1$ 为窗口大小，和 Word2vec 一样，序列中的中心词物品前后 c 个物品为上下文词。

2）从评分矩阵的视角，我们可以将与用户交互过的物品集合看作购物篮，一个购物篮内任意两个物品之间都有相关性，但物品之间没有先后顺序关系和相关性大小的差异，那么似然函数如下：

$$\frac{1}{K}\sum_{i=1}^{K}\sum_{j\neq i}^{K}\log P(w_j\mid w_i) \tag{3-44}$$

式中，K 为集合大小。因为没有序列和窗口的概念，所以 $P(w_j\mid w_i)$ 代表的是集合中不同物品两两之间的条件概率。

这两种方法中，$P(w_j\mid w_i)$ 可以都用 Negative Sampling 转化为如下形式：

$$P(w_j\mid w_i)=\sigma(\boldsymbol{u}_i^{\mathrm{T}}\boldsymbol{v}_j)\prod_{k=1}^{N}\sigma(-\boldsymbol{u}_i^{\mathrm{T}}\boldsymbol{v}_k) \tag{3-45}$$

式中，$\boldsymbol{u}_i$ 为物品 w_i 作为中心词的向量；$\boldsymbol{v}_j$ 为物品 w_j 作为上下文词的向量；$\boldsymbol{v}_k$ 为抽样的负样本物品对应的作为上下文词的向量。

需要注意的是，因为 Item2vec 完全沿用了 Word2vec 的算法框架，所以每个物品 i 也都有两个向量：作为中心词的向量 $\boldsymbol{u}_i$ 和作为上下文词的向量 $\boldsymbol{v}_i$，分别来自隐藏层和输出层的参数矩阵。在实际的应用中，我们可以沿用 Word2vec 的做法把中心词的向量作为物品最终的向量表达，也可以使用上下文词的向量，甚至可以将两个向量的均值或者向量拼接来作为最终的向量表达。

最后，如图 3-14 所示，利用 Item2vec 对 XBOX Music 数据集建模音乐人的 Embedding，并与 SVD 的方法进行效果对比实验。

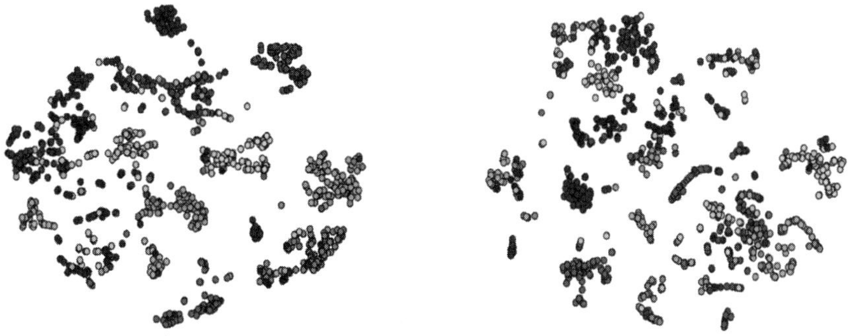

a）Item2vec　　　　b）SVD

图 3-14　Item2vec 和 SVD 的可视化效果对比（详见彩插）

实验把 Item2vec 和 SVD 生成的 Embedding 用 t-SNE 降到二维后分别进行数据可视化，平面上的不同的点都代表不同音乐人的 Embedding，同类型的音乐人用同颜色表示，结果显示，Item2vec 中同类型的音乐人更加聚集，SVD 中则出现更多同类音乐人被打散的情况，因此 Item2vec 具有更好的向量化表示学习的效果。

3.3.2 YouTube DNN

Deep Neural Networks for YouTube Recommendation[8] 是 YouTube 推荐团队发表在 2016 年 Rec Sys 会议上的论文，它的 Candidate Generation（召回建模）部分介绍了另一种不同于 Item2vec 的用户和物品向量化建模方法。

1. YouTube DNN 的召回模型结构

YouTube DNN 的召回建模可以定义为，给定一个用户 U、上下文信息 C 和视频集合 V，预测用户观看某个视频的概率。对应的数学表达：

$$P(w_t=i \mid U,C)=\frac{\mathrm{e}^{\boldsymbol{v}_i\boldsymbol{u}}}{\sum_{j\in V}\mathrm{e}^{\boldsymbol{v}_j\boldsymbol{u}}} \tag{3-46}$$

与 Item2vec 一样，YouTube DNN 通过对用户观看视频的概率进行建模，最终使用的是模型的中间结果，即用户和视频的向量表达，再通过向量的相似性来进行个性化推荐。

式（3-46）中，$\boldsymbol{u}\in\mathbb{R}^N$，表示用户向量；$\boldsymbol{v}_j\in\mathbb{R}^N$，表示视频集合 V 中的视频向量；用户观看视频概率的 logits（深度学习中的 logits 通常是指未归一化的概率，即 Softmax 之前的值）为两者的内积。显然，这是一个超大规模的多分类问题，在这个分类模型中，将每个具体的视频 $i\in V$ 视为一个类别。

如图 3-15 所示，YouTube DNN 的召回模型包含三层的网络结构。

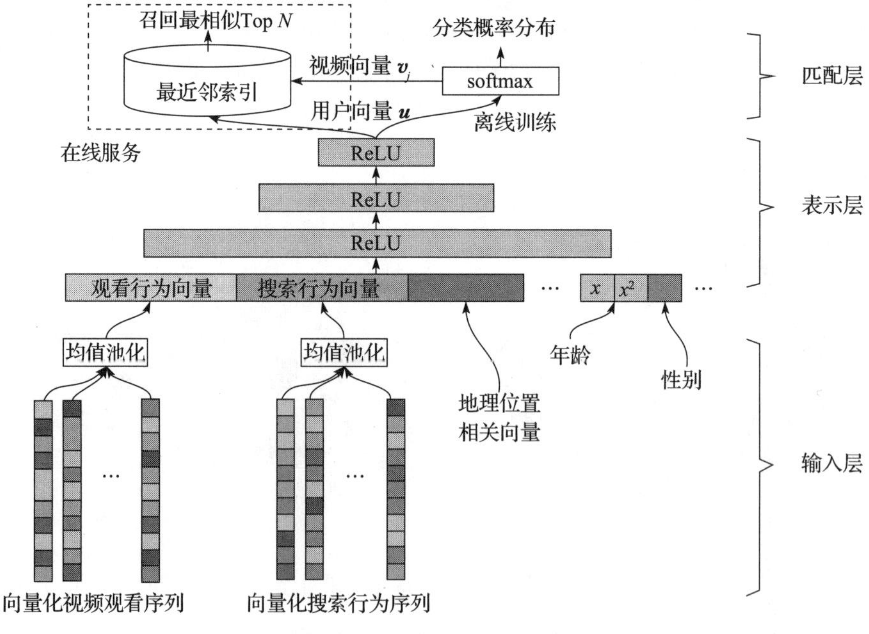

图 3-15 YouTube DNN 召回模型结构

1）输入层：用户视频观看序列、搜索行为序列各自输入，分别进行均值池化操作，再加上用户的地理位置、年龄、性别等属性特征。

2）表示层：输入层的不同特征进行拼接后，通过三层激活函数为 ReLU 的全连接层，得到用户向量。

3）匹配层：用户和视频的向量内积操作经过 Softmax 层，得到视频的观看概率分布。

2. 模型 bias 处理

YouTube DNN 在模型样本选择偏置（Selection Bias）问题的处理上，首先保证模型训练的样本必须来自全站的用户行为数据，而不只是相关推荐场景。全域的数据源可以防止推荐场景本身的 bias 被强化，同时用户在非推荐场景观看的视频可以通过全量样本的建模传播到推荐场景，带来更多的“探索发现”。

YouTube DNN 的另一个创新点是通过对特征“Example Age”的引入来增加对视频新鲜度的偏置处理。大多数情况下，用户更偏爱新鲜的视频，图 3-16 中的绿色曲线代表视频发布时间与观看倾向变化趋势的经验值：在发布的短时间内观看倾向迅速上升，然后又快速下降到某个稳定值水平。红色和蓝色曲线分别代表加入和不加入“Example Age”的效果对比，显然蓝色曲线（基准模型）在发布时间线上表现平稳，代表了全量用户对视频的观看概率均值，而红色曲线则能较好地拟合实际情况。

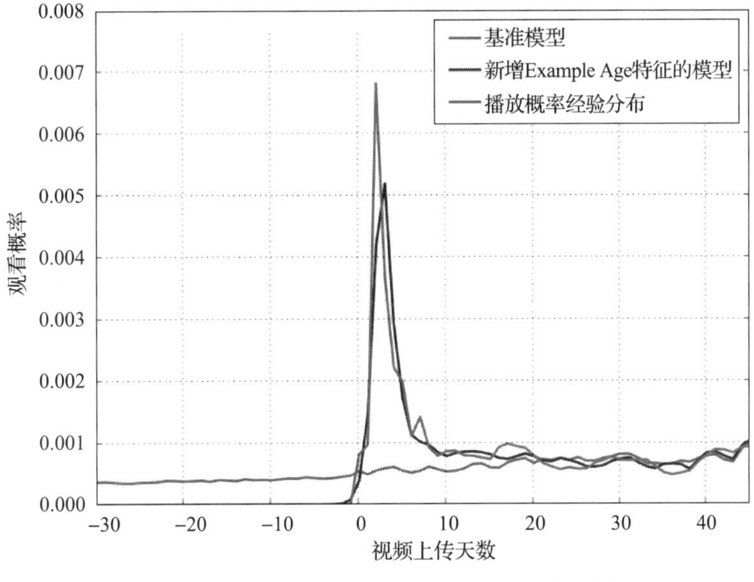

图 3-16　视频观看倾向与发布时间对比（详见彩插）

如图 3-17 所示，Example Age 在训练集中的定义为 $t_{max}-t$，其中 t_{max} 为所有训练样本的最大时间，t 为样本发生时间。在训练数据足够丰富的情况下，t_{max} 近似于模型训练的当前时间，也就是 Example Age 代表样本发生距今的时间差。这样，线上预测时，可以直接把 Example Age 全都设为 0（或一个很小的负值），不依赖于各个视频的上传时间。

当用户 u 对视频 i 在训练集中的观看时间发生在很久之前时，那么训练集中的 Example

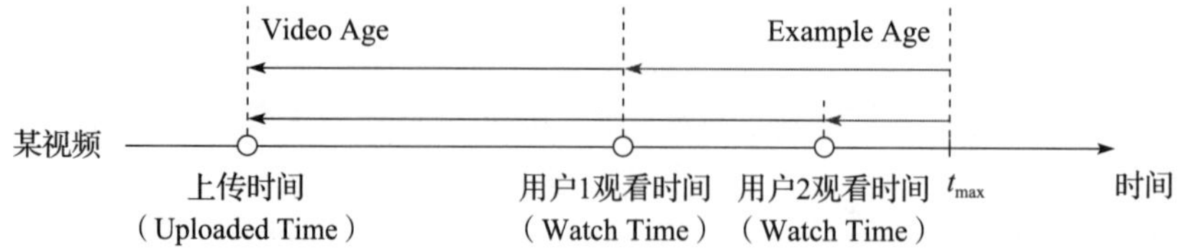

图 3-17 Example Age 与 Video Age 的对比

Age 值会很大，但在线服务阶段中，由于此时计算用户向量的输入特征 Example Age 为 0，与训练集中的差异很大，就会在一定程度上增加用户 u 和视频 i 之间的距离，所以虽然模型学到了用户 u 对视频 i 有偏好，但在最近邻计算中会被降权，这就是 Example Age 的作用。

在对比图 3-17 中的 Video Age 特征，一般离线计算视频的“新鲜度”特征时，直觉上都会采用 Video Age 特征，它表示样本发生距视频上传的时间差，但这么做就需要在在线服务阶段计算全库每个视频的 Video Age，才能得到与该视频进行内积操作的对应的用户向量，显然这种方式无法应用在召回阶段的算法上，采用 Example Age 就可以避免这种情况，且在业务意义上也能达到与 Video Age 近似的效果。

3. 模型标签（Label）处理

无论是用户的视频观看，还是电商场景里用户的商品浏览，都是一种不对称的行为。所谓的不对称，是指当前物品的偏好选择会受到历史行为序列的不同程度的影响。在不对称行为的标签（Label）处理上，YouTube DNN 模型探索了两种策略，如图 3-18 所示。

1）序列中随机取一个视频作为预测 Label，即随机留一（Random Holdout）法。

2）将序列中最后一个视频作为训练目标，即 Next-Item Recommendation 方法。

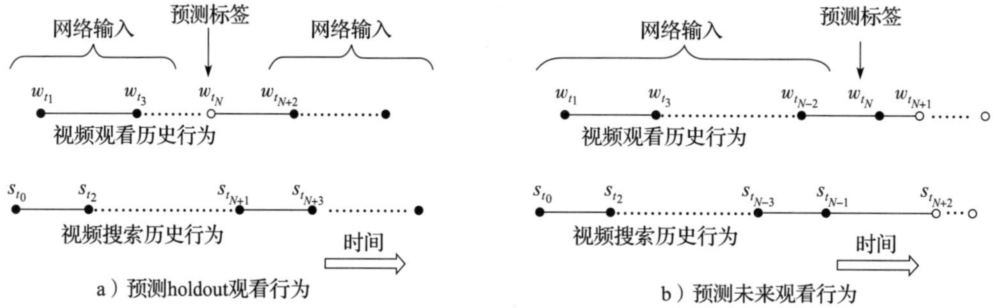

图 3-18 YouTube DNN 中的标签策略对比

显然第 2 种方法更加符合用户的心智，第 1 种方法通常用在传统的协同过滤中，模型学习的是共现概率，理论上存在泄露将来信息（Future Information Leakage）的问题，且容易忽略不对称的消费模式（Asymmetric Consumption Pattern）。所谓“不对称的消费模式”，用一个简单的例子来解释就是：人们通常会为一部手机而专门去买合适的充电器，而不会因为一个充电器而专门去买合适的手机。

4. Softmax 层策略

如图 3-15 所示，在模型的表示层输出用户向量之后，离线训练和在线服务两部分会做不同处理。

(1) 离线训练部分

模型训练时，用户向量进入Softmax层，与视频向量交互后，通过Softmax操作得到概率分布，但原始的YouTube DNN召回模型是一个超大规模的多分类问题。假设视频库里有100万个视频，对每个样本，用户向量就需要与100万个视频向量做内积，再做100万个exp操作才能计算一次Softmax结果，这显然带来了巨大的计算量。这个和Word2vec的问题如出一辙，但YouTube DNN采用了不同的解决方法：Sampled Softmax。它通过全局的随机采样作为负样本，结合当前的正样本来得到一个全量视频库的子集，通过对子集计算logits的方法来加速计算Softmax。

(2) 在线服务部分

在线召回时，用户向量需要与所有视频进行内积操作，然后才能计算Top N的最偏好视频。通常情况下，用户的偏好会实时发生变化，而视频的属性特征基本是持久不变的，所以为了加速计算，视频侧的向量通过离线训练后会存储在Faiss等ANN索引中，而用户向量则通过模型实时计算。每一次推荐请求时，都会根据实时预测的用户向量从ANN索引中查询得到Top N的视频作为召回结果。

3.3.3 DSSM

对于DSSM[9]（Deep Structured Semantic Model），因其网络结构的形状通常又被称为双塔模型，它由微软研究院在2013年发表的论文*Learning Deep Structured Semantic Models for Web Search using Clickthrough Data*中提出，其核心思想是利用深度神经网络把文本表示成低维稠密的语义向量，并利用向量相似度量方法解决NLP领域的语义相似问题。

1. DSSM结构

对于DSSM的建模思路，以信息检索任务为例：基于搜索引擎的海量曝光点击日志，将Query与点击的文档（Document）通过各自独立的多层神经网络表示为向量，用余弦值表示两者的语义相似度，再通过最大化相似度训练得到语义相似度模型。

DSSM的整体结构如图3-19所示，其中，Q代表Query；D_i表示第i个Document；k表示千，30k和500k分别表示原始输入层和词Hash层的词空间大小。DSSM结构可以分为输入层、表示层、匹配层三层。

(1) 输入层

输入层的工作是把句子中的词映射到同一个向量空间里并输出到表示层。对英文和中文的输入内容，一般分别采用词Hash和字向量的映射方法。以英文单词“cake”为例，在tri-gram下会被切分为如下形式：

#ca，cak，ake，ke#

其中，“#”为统一的开始符和结束符，切分后的字母组合会被token化处理来作为特征序列。对比单词粒度的切分方法，词Hash不仅可以极大地压缩向量空间，还可以增加模型的泛化能力，原因是单词中的连续字母组合往往包含了英文中通用的前后缀和词根，使得模型能在不同的单词间学到相似的语义信息。但词Hash需要注意的是Hash冲突（“冲突”是指至少有两个单词的n-gram向量完全相同），向量空间压缩得越小，冲突越大，所以综合考虑，一般采用

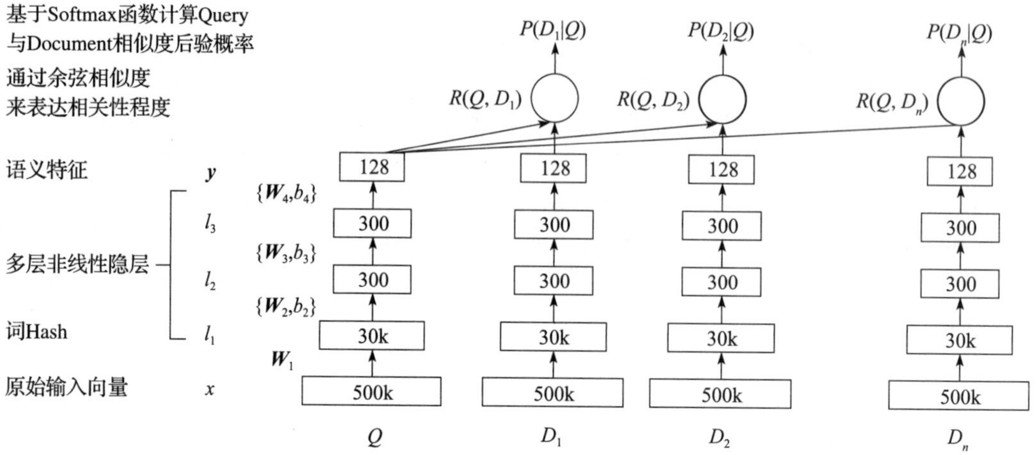

图 3-19　DSSM 的整体结构

tri-gram 即 3 个字母的切分方法。对于中文，我们采用字向量的方法（即每个字为一个 token，单独编码），这样可以减少对分词和领域知识的依赖，同时提高模型的泛化能力。

（2）表示层

DSSM 的表示层采用词袋模型（Bag of words，BOW）的方法，因此特征的序列信息被忽略。表示层是一个含有多个隐层的神经网络，如图 3-19 的多层非线性隐层部分所示，用 $\boldsymbol{W}_i$、$\boldsymbol{b}_i$ 分别表示第 i 个隐层的权值矩阵和 Bias 项：

$$\boldsymbol{l}_1=\boldsymbol{W}_1\boldsymbol{x} \tag{3-47}$$

$$\boldsymbol{l}_i=f(\boldsymbol{W}_i\boldsymbol{l}_{i-1}+\boldsymbol{b}_i),\quad i=2,\cdots,N-1 \tag{3-48}$$

$$\boldsymbol{y}=f(\boldsymbol{W}_N\boldsymbol{l}_{N-1}+\boldsymbol{b}_N) \tag{3-49}$$

式中，$\boldsymbol{x}$ 代表文本经过输入层处理的特征 Id。式（3-47）代表对输入特征 Id 的 Embedding 编码。式（3-48）代表第 i 个隐层的输出 $\boldsymbol{l}_i$。式（3-49）代表最后一个隐层，也就是表示层的最终输出。所有隐层的激活函数使用 tanh 函数：

$$f(x)=\frac{1-\mathrm{e}^{-2x}}{1+\mathrm{e}^{-2x}} \tag{3-50}$$

表示层的输出 $\boldsymbol{y}$ 是一个代表 Query 和 Document 的语义向量。

（3）匹配层

Query 和 Document 的相似程度 logits 值可以用两个向量的余弦距离来计算：

$$R(Q,D)=\cos(\boldsymbol{y}_Q,\boldsymbol{y}_D)=\frac{\boldsymbol{y}_Q^{\mathrm{T}}\boldsymbol{y}_D}{\|\boldsymbol{y}_Q\|\ \|\boldsymbol{y}_D\|} \tag{3-51}$$

因此，在匹配层，我们通过 Softmax 运算把 Query 与正样本 Document 的相似度表达为一个 Query 条件下的后验概率：

$$P(D^+\mid Q)=\frac{\exp(\gamma R(Q,D^+))}{\sum_{D'\in D}\exp(\gamma R(Q,D'))} \tag{3-52}$$

我们把每一条搜索点击日志中的 Document 作为对应 Query 下的正样本，记为 D^+，同时随机抽取少量其他 Query 的正样本 Document 作为当前 Query 的负样本，正负样本集合记为 D'，γ 为 Softmax 的平滑因子，D 为整个样本空间。

模型的目标为通过极大似然估计最小化损失函数 $L(\Lambda)$：

$$L(\Lambda) = -\log \prod_{(Q,D^+)} P(D^+ \mid Q) \tag{3-53}$$

模型通过随机梯度下降（SGD）收敛得到各层的参数 $\{W_i,\ b_i\}$，最终把表示层输出作为 Query 和 Document 的语义向量表达。

2. DSSM 在推荐召回阶段的应用

DSSM 在 NLP 的语义相似任务中追求的是 Query 与候选 Document 之间匹配度的偏序关系，而不是相似度分值所代表的物理意义，这点和推荐场景的用户物品偏好匹配非常相似，因此 DSSM 被自然而然地引入推荐领域中。

在推荐召回算法的 DSSM 建模中，用户塔和物品塔输入相应的特征，通过各自独立的 DNN 得到向量表示，并利用余弦相似度等方法来刻画用户对物品的偏好度。如图 3-20 所示，推荐召回中的 DSSM 同样可以分为三层：输入层、表示层、匹配层。

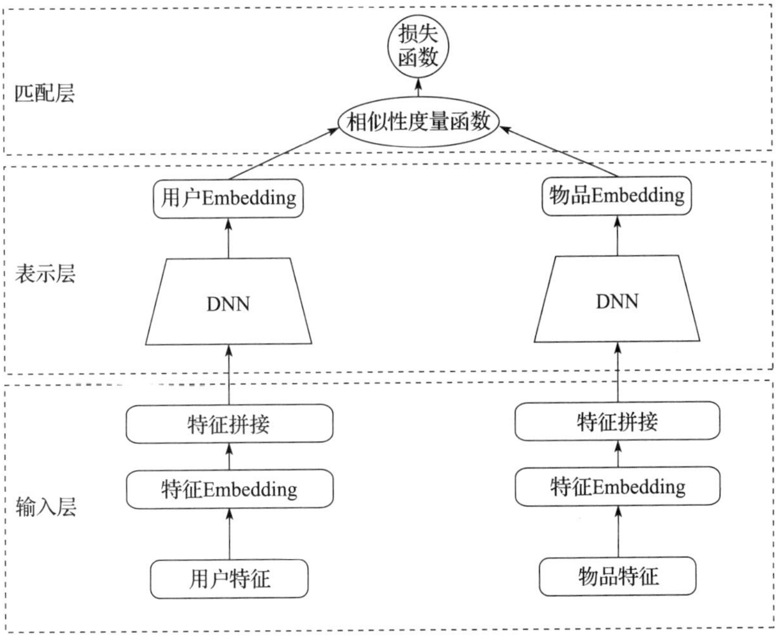

图 3-20 推荐召回中的 DSSM 结构

输入层统一处理用户塔和物品塔的各类特征，这些特征主要包括用户和物品 Id、属性特征等，可以根据业务实际情况做不同处理后进行特征拼接。如图 3-20 所示，用户特征和物品特征在表示层经过各自的 DNN 转化成了固定维度的语义向量。两个向量在匹配层通过相似性度量函数得到的结果进入 Softmax，再和真实标签计算损失函数，并通过随机梯度下降等方法训练模型。

如图 3-21 所示，与 YouTube DNN 的召回模型一样，DSSM 可以借助 ANN 索引进行离线物品向量更新，在线服务时，根据用户实时特征预测用户向量，再通过 ANN 得到 Top N 相似的物品并作为召回结果。

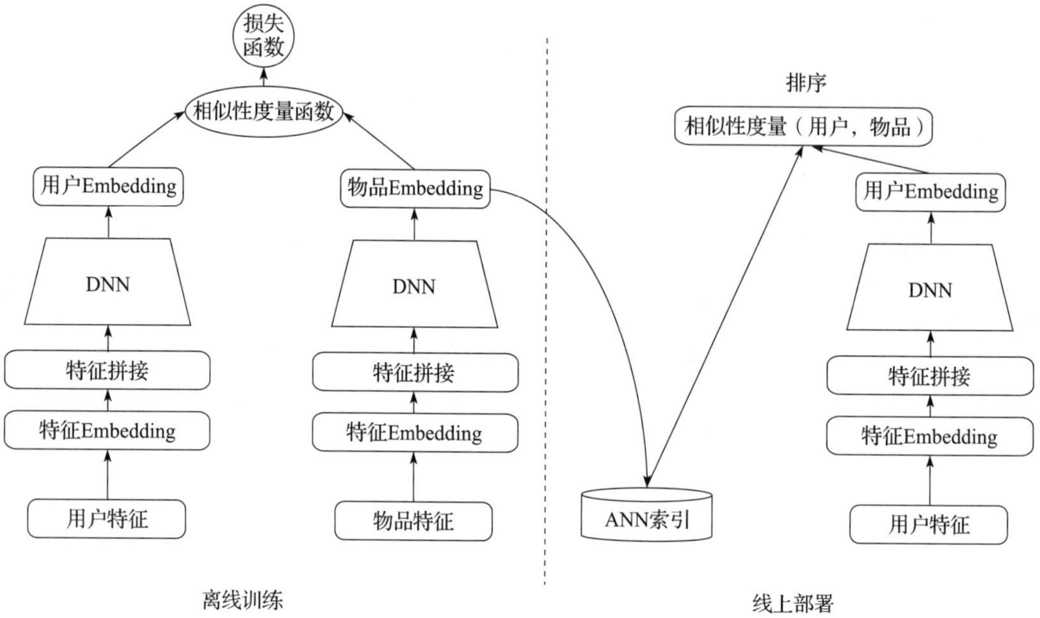

图 3-21　DSSM 的离线训练和线上部署

从上面的介绍中，我们发现，DSSM 本质上只是一种通用的算法框架，而不是固定的模型结构，在样本构造、输入特征处理、表示层结构、匹配层度量方法、Loss 构造等方面都衍生出不同的方法。下面举例介绍两个比较经典的衍生模型。

（1）Multi-View DSSM

Multi-View DSSM 来源于论文 *A Multi-View Deep Learning Approach for Cross Domain User Modeling in Recommendation Systems*[10]，也称 MV-DNN，它将 DSSM 的“双塔”扩展为“多塔”，提出了一种 Multi-View Learning（跨域学习）的方法。在实际的业务中，一个综合性的信息流产品往往包含不同领域的内容，针对每个业务域的召回建模，可以用简单快捷的方式在各个域内各自独立建模，然后用不同域的用户向量去各自域内召回相关物品。这种方法存在一个明显的缺陷，有多少个域就要训练多少份模型和向量。这给模型维护和更新带来了额外的负担，而且对于小众的业务域，会因为数据稀疏，使得模型训练不充分而影响业务效果。Multi-View DSSM 的方法就是将多个业务域的数据通过跨域学习的方法联合训练一个深度网络，让每个域都能充分利用其他域的信息，起到 1+1>2 的效果。

Multi-View DSSM 的模型结构如图 3-22 所示，$\boldsymbol{x}_U$、$\boldsymbol{y}_U$ 分别表示用户 U 的特征输入和向量表达，$\boldsymbol{x}_N$、$\boldsymbol{y}_N$ 表示第 N 个样本中的物品特征输入和向量表达。在跨域的视图设计上，我们使用 v+1 个视图来表示用户和物品域，其中主视图 $\boldsymbol{X}_u$ 代表用户域，其他辅助视图（Auxiliary View）代表 v 个物品域，即 $\boldsymbol{X}_1,\cdots,\boldsymbol{X}_v$，每个域都有各自的输入，即 $\boldsymbol{X}_i \in \mathbb{R}^{d_i}$，并通过各自独立的映射函数 $f_i(\boldsymbol{X}_i,\boldsymbol{W}_i)$ 将 $\boldsymbol{X}_i$ 映射到共享的语义空间 $\boldsymbol{Y}_i$，即每个物品域的参数都是独立的。训

练集中包含了 N 个样本，第 j 个样本代表了用户域 $\boldsymbol{X}_u$ 的一个用户对业务域 $\boldsymbol{X}_{a,j}$ 的一个物品的交互行为，其中 a 代表了该物品对应的业务域在 v 个物品域中的索引，训练时一个样本只会有用户域和一个业务域的输入，剩下 $v-1$ 个域的输入均为 **0** 向量。算法学习的目标是用户向量和所有业务域输出向量在语义空间相似度的和最大化：

$$p=\arg\max_{\boldsymbol{W}_u,\boldsymbol{W}_1,\cdots,\boldsymbol{W}_v}\sum_{j=1}^{N}\frac{e^{\alpha_a\cos(\boldsymbol{Y}_u,\boldsymbol{Y}_{a,j})}}{\sum_{X'\in\mathbb{R}^{d_a}}e^{\alpha\cos(\boldsymbol{Y}_u,f_a(\boldsymbol{X}',\boldsymbol{W}_a))}} \tag{3-54}$$

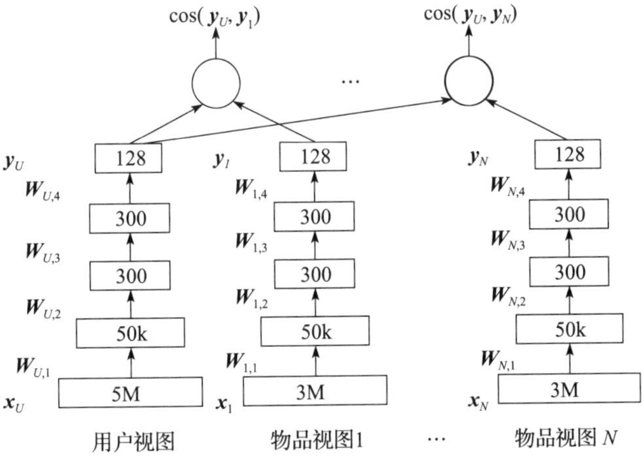

图 3-22　Multi-View DSSM 的模型结构

Multi-View DSSM 利用多个跨域数据来学习一个更充分的用户向量表达，同时可以将在数据丰富的业务域训练到的信息传导到数据稀疏的业务域，在一定程度上缓解业务域冷启动问题。模型还具有非常好的扩展性，在现有训练充分的模型上新增一个业务域时，只需要在保持现有参数的基础上新增一个新的物品塔，由于用户域模型已经融合了来自其他领域的知识，已经具备了较好的用户兴趣表达，因此会比直接重新开始训练一个双塔模型收敛得更快更好。

（2）Google 基于采样修正的双塔模型

论文 *Sampling-Bias-Corrected Neural Modeling for Large Corpus Item Recommendations*[11] 从工业实践的角度出发，提出了在大规模的用户实时行为流式数据构建的样本中，用双塔模型对用户和物品进行建模时的一个算法上的创新点：In-batch Softmax（Batch 内计算 Softmax 值）。

In-batch Softmax 的提出背景是在训练召回模型的样本选择中，因为 Batch 内热门物品的出现概率远大于长尾物品，因此如果我们直接在 Batch 内采用固定的概率进行采样，就会让热门物品完全主导模型的参数更新方向，进而导致出现样本选择偏置（Sample Selection Bias）的问题，所以论文提出了通过用物品的热度值修正 Softmax 来对热门物品样本进行降权的方法。模型首先对用户和物品的向量内积进行平滑处理：

$$s^c(\boldsymbol{x}_i,\boldsymbol{y}_j)=s(\boldsymbol{x}_i,\boldsymbol{y}_j)-\log(P_j) \tag{3-55}$$

式中，$\boldsymbol{x}_i$、$\boldsymbol{y}_j$ 分别为用户和物品的向量；$s(*,*)$ 为内积函数，P_j 是在每个 Batch 中随机采样到物品 j 的概率，所以，模型用一个采样的概率作为物品的热度值对相似度的 logits 做了平滑修正，热门物品的热度越大，对相似度的贡献被打压得越多。修正后的 In-batch Softmax 函数如下：

$$P_B^c(\boldsymbol{y}_i \mid \boldsymbol{x}_i, \boldsymbol{\theta}) = \frac{e^{s^c(\boldsymbol{x}_i, \boldsymbol{y}_i)}}{e^{s^c(\boldsymbol{x}_i, \boldsymbol{y}_i)} + \sum_{j \in [B], j \neq i} e^{s^c(\boldsymbol{x}_i, \boldsymbol{y}_j)}} \tag{3-56}$$

相应的损失函数：

$$L_B(\boldsymbol{\theta}) := -\frac{1}{|B|} \sum_{i \in [B]} r_i \log P_B^c(\boldsymbol{y}_i \mid \boldsymbol{x}_i; \boldsymbol{\theta}) \tag{3-57}$$

式中，B 为 Batch 内的样本集合；r_i 表示业务定义的样本权重。这个方法需要解决的一个前置问题是，如何在动态的流式数据中计算每个 Batch 里物品出现的概率，也就是式（3-55）中的 P_j 值。

基于论文中提出的流数据频率估计（Streaming Frequency Estimation）方法定义两个大小为 H 的数组，即 A、B，用来保存物品相关概率的信息，同时用 Hash 函数 h 把物品 Id 映射为数组 A 和 B 的元素位置值。这个方法的初衷与 NLP 任务的词 Hash 一致，物品的数量在理论上没有上限，所以需要一个合适大小的空间来平衡对物品 Id 存储空间的压缩和 Hash 冲突问题。

$A[h(x)]$ 表示物品 x 上次被采样到的时刻，$B[h(x)]$ 记录物品 x 采样的预估频度（这里频度的意思是每过多少步可以被采样到一次）。

当在第 t 步物品 x 被采样到时，迭代更新 A、B 的值：

$$B[h(x)] = (1-\alpha)B[h(x)] + \alpha(t - A[h(x)]) \tag{3-58}$$

$$A[h(x)] = t \tag{3-59}$$

上述更新机制可以看作以 α 为固定的学习率，以 $(t-A[h(y)])-B[h(y)]$ 为残差，用随机梯度下降（SGD）来学习物品 x 在样本中“可以多久被采样到一次”这个变量的期望值。通过上式更新后，每个 batch 中物品 x 出现的概率为 $1/B[h(y)]$。

最终模型结构如图 3-23 所示。

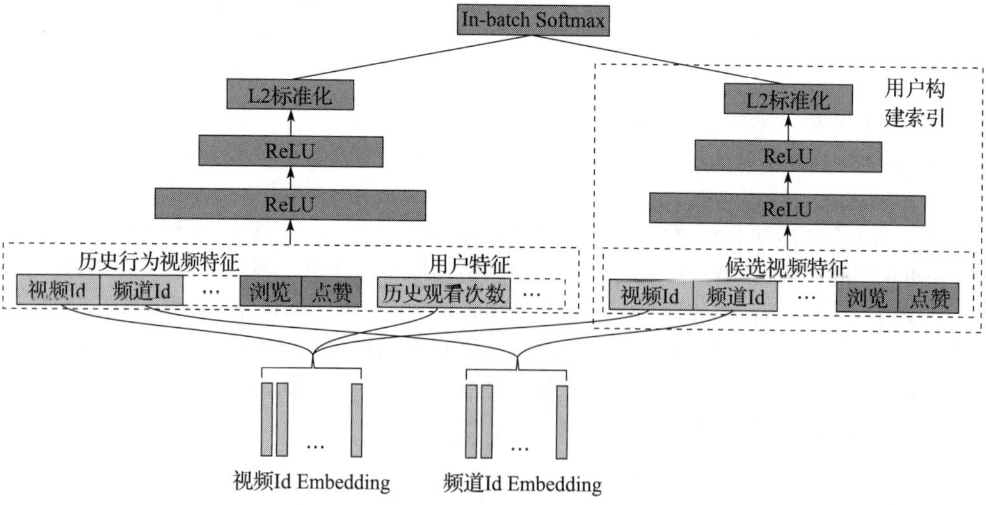

图 3-23　基于采样修正的双塔模型结构

3.4 基于图模型的召回建模

3.4.1 SimRank

SimRank[12] 是一种利用图的拓扑结构来衡量节点相似度的模型，最早在 2002 年由 MIT 实验室的 Glen Jeh 和 Jennifer Widom 教授提出。SimRank 的核心思想是，在一张图中，与相似节点分别有连接关系的两个节点同样具有相似性。这个核心理论简洁直观的图模型适用于所有能抽象为节点连接关系的业务问题，包括个性化推荐算法。

1. SimRank 的算法推导

如图 3-24 所示，推荐算法的评分矩阵所代表的用户和物品交互关系可以抽象为一张二部图：用户、物品分别为二部图节点集合中的两个独立子集，子集的内部没有连接关系，而任意一条边的两个端点一定分别来自两个子集，一条边代表一个用户对一个物品的交互行为。基于 SimRank 算法的思想，两个用户相似，可以推导出与这两个用户交互过的物品也相似；同理，两个物品相似，也可以推导出与交互过这两个物品的用户也相似。这种相似关系的不断传导最终可以收敛得到任意两个节点的相似度值。

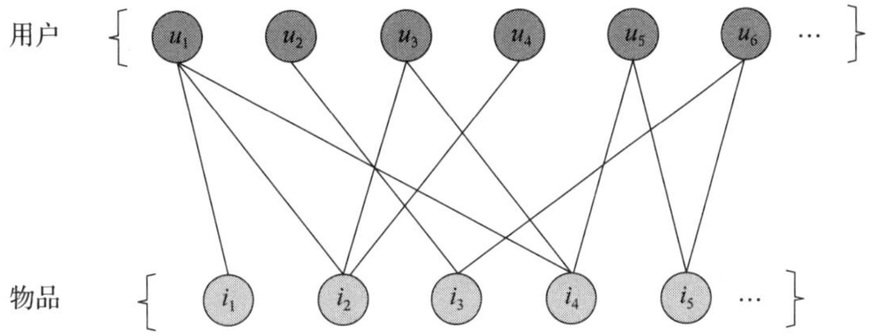

图 3-24　用户和物品交互关系抽象出的二部图

我们用数学的语言来描述上述的相似关系，定义一个二部图 $G(V,E)$，其中 V 是节点集合，E 是边集合，对任意节点 $a \in V$，用 $I(a)$ 来表示 V 中与它有连接关系的点集合，则 $a \in V$，$b \in V$ 两个节点的相似度可以用 $I(a)$ 的所有节点和 $I(b)$ 中的所有节点的两两相似度加权和表示：

$$s(a,b)=\frac{C}{|I(a)||I(b)|}\sum_{i=1}^{|I(a)|}\sum_{j=1}^{|I(b)|}s(I_i(a),I_j(b)) \tag{3-60}$$

式中，参数 $C \in (0,1)$ 是一个阻尼系数，一般取 $[0.6,0.8]$ 之间的常量；$\frac{1}{|I(a)||I(b)|}$是惩罚因子，起到了平滑处理节点相似性的重要作用，假设在电商平台中 a 是非常热门的商品，被大部分的用户购买，如果没有$\frac{C}{|I(a)||I(b)|}$，就会导致 a 与其他大量商品都有较高的相似度。直观的理解是，热门商品比较“百搭”，导致连接边数多，所以$\frac{C}{|I(a)||I(b)|}$起到了利用节点的近邻个数来作为打压热门的惩罚项的作用。

为了保证相似度运算在二部图定义域内的完整性，我们还需要考虑另外3种特殊的情况。

1）节点和自己的相似度，我们定义 $s(a,a)=1$。

2）$I(a)$、$I(b)$ 中至少有一个为空集，即 a、b 中的某一个点是孤立点，不与其他点发生任何连接关系，此时相似度 $s(a,b)=0$。从这点可以得到一个重要结论：SimRank 对新用户和新物品没有泛化能力。

3）$I(a)$、$I(b)$ 都不为空，但两者的交集为空集，此时相似度 $s(a,b)=0$。

基于上述3点，在二部图的定义域内，完整的节点相似度计算公式如下：

$$s(a,b)=\begin{cases}1 & a=b\\ \dfrac{C}{|I(a)||I(b)|}\sum\limits_{i=1}^{|I(a)|}\sum\limits_{j=1}^{|I(b)|}s(I_i(a),I_j(b)) & a\neq b,I(a)\neq\emptyset,I(b)\neq\emptyset\\ 0 & \text{其他}\end{cases}\tag{3-61}$$

从上式中我们也发现，SimRank 中的节点相似度需要通过多轮迭代逐步收敛的方法来计算，但在实际的工程实现中，我们很少采用遍历节点代入式（3-61）进行每一轮的迭代，因为这种方式下每一轮的节点相似度计算采用的是串行方法，时间和空间开销都很大，且很难利用 Hadoop、Spark 等分布式引擎的优势，因此，我们把每一轮的大量节点间相似度数值计算转换为整体的矩阵运算。

首先，我们从矩阵计算的视角重新推导 SimRank，对于式（3-61）中 $a\neq b$，$I(a)\neq\emptyset$，$I(a)\neq\emptyset$ 的情况，先进行一步公式变换：

$$s(a,b)=\frac{C}{|I(a)||I(b)|}\sum_{i=1}^{|I(a)|}\sum_{j=1}^{|I(b)|}s(I_i(a),I_j(b))=\frac{C}{|I(a)||I(b)|}\sum_{i=1}^{n}\sum_{j=1}^{n}P_{ia}s(a,b)P_{jb}\tag{3-62}$$

式中，P_{ia} 为关联边的权重，如果节点 i 和 a 之间存在一条边则为1，否则为0；n 为二部图总节点数，这一步将相似度求和范围从与 a、b 关联的节点变为所有节点，式（3-62）中的 $s(I_i(a),I_j(b))$ 也变为更一般的形式 $s(a,b)$。注意，此时等式右边的 $s(a,b)$ 代表的是上一轮迭代的结果。我们继续做一步等价变换：将 $\dfrac{1}{|I(a)||I(b)|}$ 移到连加运算符号的里面，这相当于对边权重 P_{ia} 和 P_{jb} 各自做了归一化，那么相似度公式变换为如下形式：

$$s(a,b)=C\sum_{i=1}^{n}\sum_{j=1}^{n}\left(\frac{P_{ia}}{\sum\limits_{k}P_{ka}}\right)s(a,b)\left(\frac{P_{jb}}{\sum\limits_{k}P_{kb}}\right)\tag{3-63}$$

基于式（3-63），我们很容易切换到矩阵运算的视角来表示节点相似度，可以表达为如下形式：

$$\boldsymbol{S}=C\cdot(\boldsymbol{W}^{\mathrm{T}}\boldsymbol{S}\boldsymbol{W})\tag{3-64}$$

式中，$\boldsymbol{S}$ 为相似度矩阵，元素 $S_{i,j}$ 表示节点 i 和 j 的相似度，$S_{i,j}=1$；$\boldsymbol{W}$ 是将边权重值归一化后的邻接矩阵，也叫转移概率矩阵，它的任意一个列向量 $\boldsymbol{W}_j$ 中的元素代表节点 j 与其他所有节点的转移概率，如果节点 i 与 j 存在连边，则 $W_{i,j}=\dfrac{1}{|I(j)|}$，否则 $W_{i,j}=0$。

同时，由于节点和自己的相似度为1，即 $\boldsymbol{S}$ 对角线上的值都必须为1，而式（3-64）中的 $C\boldsymbol{W}^{\mathrm{T}}\boldsymbol{S}\boldsymbol{W}$ 对角线上的值为阻尼系数 C，因此我们需要在式（3-64）的基础上再做一次处理，即完整的 SimRank 相似矩阵度计算公式如下：

$$S=C\cdot(W^{T}SW)+(1-C)\cdot I_n \tag{3-65}$$

式中，I_n 为 n 维单位矩阵。我们根据式（3-65）对矩阵 S 进行多轮的计算迭代，最终收敛得到稳定的结果。

SimRank 输出的相似度矩阵代表了用户之间、物品之间的相似性，以及用户和物品之间的偏好度，我们基于这些数据可以进行个性化的推荐。同时，在利用 SimRank 进行个性化推荐的实践过程中，我们也发现在面对各种复杂的业务问题时，SimRank 会出现一些缺陷，因此业界也逐渐衍生出了很多针对性的改进方法，其中，SimRank++是比较常见的一种。

2. SimRank++算法

在介绍 SimRank++算法之前，我们先通过一个物品相似关系计算的具体例子来描述 SimRank 存在的缺陷。

图 3-25 为用户对物品的购买关系二部图。

在图 3-25 中，连边上的数字代表购买次数，我们用 SimRank 分别计算 s(香蕉,苹果）和 s(草莓,牙刷)，设阻尼系数 $C=0.8$，迭代过程见表 3-2。

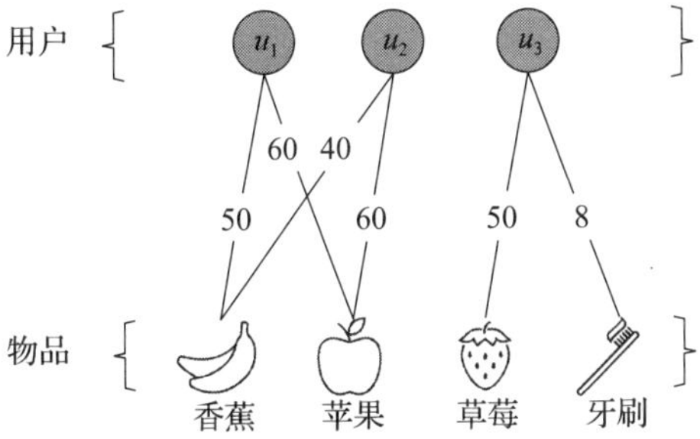

图 3-25　用户与商品的购买关系二部图

表 3-2　SimRank++算法迭代过程

迭代轮数	s(香蕉,苹果)	s(草莓,牙刷)
1	0.4	0.8
2	0.56	0.8
3	0.624	0.8
4	0.6496	0.8
5	0.65984	0.8
6	0.663936	0.8
7	0.6655744	0.8

从表 3-2 中我们可以看到，经过多次迭代，“香蕉”和“苹果”的相似度仍然小于“草莓”和“牙刷”，但这个结果明显不符合我们的直观理解。从图 3-25 中可以看到，对“香蕉”和“苹果”共同购买的用户规模要大于“草莓”和“牙刷”，也就是“香蕉”和“苹果”的相似度关系置信度更高。同时，用户对不同物品的购买次数也存在较大差异，即“边”的可靠性也是不同的。

因此，基于上述原因的考虑，SimRank++对 SimRank 主要做了两点改进：考虑了节点相似度的证据（Evidence），优化了边的权值度量方法。

（1）节点相似度的证据（Evidence）

在 SimRank 中，我们为了消除节点相似度计算中热门物品引起的偏差，直接将相似度值除以每个物品各自的对外连边数（即热度）进行修正，但仅仅这么做还不够全面，这里还忽略了另一个信息：两个节点共同连接的节点越多，相似度越置信。因此，SimRank++利用共同相连的节点数，在公式中新增一个证据因子作为相似度的补偿，证据因子的定义如下：

$$\text{evidence}(a,b)=\sum_{i=1}^{|I(a)\cap I(b)|}\frac{1}{2^{i}} \tag{3-66}$$

注意，式（3-66）的证据因子与式（3-60）的惩罚因子$\frac{1}{|I(a)||I(b)|}$并不矛盾，惩罚因子是用节点 a、b 的各自对外总连边数 $|I(a)|$、$|I(b)|$ 去惩罚热门节点的对相似度过大的贡献，而证据因子是用 $|I(a)\cap I(b)|$ 去补偿整体的相似度。对比热门物品 a 来说，$|I(a)|$ 必定很大，但 $|I(a)\cap I(b)|$ 则不一定大。

在每一轮迭代过程中，对 SimRank 计算出来的节点相似度用证据因子进行修正，即乘以对应的证据值，得到当前轮的相似度值：

$$s_{\text{evidence}}(a,b)=\text{evidence}(a,b)\cdot s(a,b) \tag{3-67}$$

（2）边的权值度量优化

SimRank 中，我们对于边的权重归一化，简单地使用了连边数量的倒数，也就是不同边不存在权重的差异，而 SimRank++则在构建转移概率矩阵 $\boldsymbol{W}$ 时会考虑边的不同权重。因此，在公式 $\boldsymbol{S}=C\cdot(\boldsymbol{W}^{\mathrm{T}}\boldsymbol{S}\boldsymbol{W})+(1-C)\cdot\boldsymbol{I}_n$ 中，重新定义 $\boldsymbol{W}$ 矩阵：

$$W_{i,j}=\begin{cases}\dfrac{w(i,j)}{\sum\limits_{k\in I(j)}w(k,j)}\cdot \mathrm{e}^{-\text{variance}(i)} & i\in I(j)\\ 0,i\notin I(j) & i\neq j\\ 1-\sum\limits_{k\in I(j)}W_{k,j} & i=j\end{cases} \tag{3-68}$$

式中，$w(i,j)$ 代表节点 i 和 j 的连边权重；$\mathrm{e}^{-\text{variance}(i)}$ 表示节点 i 转出的所有边权重的方差；通过 $W_{i,j}=1-\sum\limits_{k\in I(j)}W_{k,j}$ 来保证每一列的和为 1。在图 3-25 的例子中，用户 u_3 购买“草莓”和“牙刷”的次数方差较大，所以 u_3 对整体的相似度贡献应该进行一定的降权。

综上所述，融合了相似度证据因子和边权重的 SimRank++里，相似度矩阵 $\boldsymbol{S}$ 定义如下：

$$\boldsymbol{S}=C\cdot((\boldsymbol{W}^{\mathrm{T}}\boldsymbol{S}\boldsymbol{W})\odot\boldsymbol{M})+(1-C)\cdot\boldsymbol{I}_n \tag{3-69}$$

式中，$\boldsymbol{M}$ 为相似度证据因子的补偿矩阵：

$$M_{i,j}=\begin{cases}1 & i=j\\ 0 & |I(i)\cap I(j)|=0\\ \sum\limits_{k=1}^{|I(i)\cap I(j)|}\dfrac{1}{2^k} & \text{其他}\end{cases} \tag{3-70}$$

3. SimRank 的工程实践

由于 SimRank 系列算法涉及大量的矩阵乘法运算，在实际的业务环境中，往往因为用户和物品的海量规模而使计算开销巨大，这也使得 SimRank 的应用广度不如协同过滤。但我们可以通过大数据平台的算力进行优化加速，比如通过 Hadoop、Spark 等将矩阵运算并行化，或者通过矩阵乘法的近似求解来解决工程效率问题，那么 SimRank 就能更好地发挥业务价值，相比于协同过滤这种将用户物品交互作为二维表格的算法，SimRank 通过非线性的图结构能挖掘更多的隐含信息，通过用户和物品的高阶相关性挖掘，使模型有更强的表达能力。

3.4.2　DeepWalk

自从 Word2vec 的思想在推荐领域得到广泛应用之后，无论是在学术界还是在工业界，大家都逐渐形成了一个共识：万物皆可向量化。也就是与任何实体相关的数据都可以通过某一种建模方法作为特征提取器来得到低维稠密向量，作为实体的语义表示（Representation）。因此，除了 Item2vec 和其他同样基于 Word2vec 直接衍生出来的 Doc2vec、Struct2vec 等算法，还衍生出了基于图结构的各种图嵌入（Graph Embedding）算法，DeepWalk[13] 就是 Graph Embedding 中早期的代表。

1. DeepWalk 算法思想及流程

Graph Embedding 算法的基本出发点是，基于大量物品行为序列数据，我们可以得到一张二维的图（Graph），在图中，每一条边及权重所代表的物品相似关系都是基于全量样本计算得到的，因此物品的相似关系更加稳固，也更能反映实际场景下的复杂关系，因此以图作为输入比直接用一维的行为序列训练 Embedding 有更好的模型效果。

作为 Graph Embedding 的一种方法，DeepWalk 通过对复杂的连接关系建模来学习图中的节点向量。其朴素的思想是，两个节点在图中的距离越近，它们的向量也越相似。但二维图的数据结构无法直接输给神经网络学习，所以算法先通过对图的采样，将节点之间的连接关系变成序列关系，DeepWalk 里的采样方法通过随机游走（Random Walk）得到一系列的节点序列，然后用 Word2vec 中的 Skip-gram 和 Hierarchical Softmax 的方法对序列进行建模。

DeepWalk 的流程如图 3-26 所示，每一步的核心工作如下。

1）数据预处理：基于业务场景下的消费行为路径分析和理解，对用户行为会话（Session）数据进行合理的分割、截断、清洗，得到物品行为序列。

2）图构建：基于行为序列全量样本构建物品的有向图。

3）图采样：使用随机游走（Random Walk）的方法对图中节点进行采样，得到节点序列样本，显然这部分是 DeepWalk 的核心工作，采样的质量直接决定了模型的效果。

4）向量学习：使用 Skip-gram 和 Hierarchical Softmax 对序列数据进行建模，学习物品节点的向量表达。

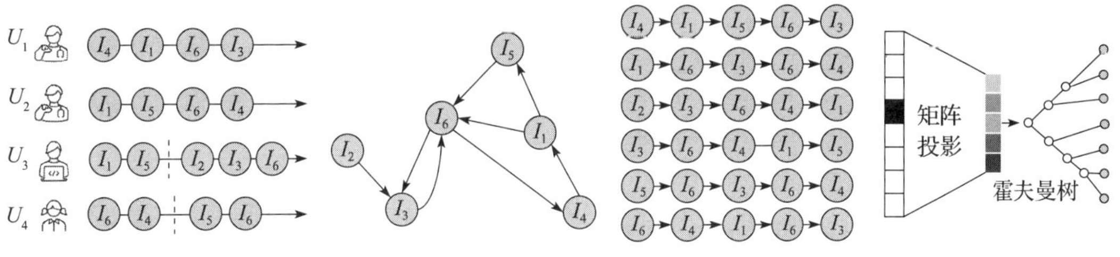

图 3-26 DeepWalk 算法流程

2. 随机游走（Random Walk）

Random Walk 是一种路径搜索算法，并且可重复访问节点，也就是每一次节点跳转都是独立的行为，与之前经历的节点无关。在每一轮游走中，从起始节点开始，从其邻居节点集合中随机采样来作为下一个节点，重复此动作，直到序列长度满足预设的条件。

在每一轮游走中，起始节点的选择方法通常有两种，一种是全局随机采样，另一种是根据物品节点的热度进行带权重采样。

Random Walk 是一种无规则约束的游走算法，每一次节点的跳转都是一次随机采样的过程，既不考虑连边的权重，也不考虑游走节点之间的高阶关系。这种方法思想简洁，容易落地实施，但理论不够严谨，也忽略了很多有价值的信息，因此在 Graph Embedding 算法的发展过程中也衍生出了很多改进算法，比如 LINE、Node2vec 等。

3.4.3 LINE

LINE（Large-scale Information Network Embedding）[14] 是另一种 Graph Embedding 的方法，但它不同于 DeepWalk 通过路径随机游走进行采样后的建模，而是直接对图结构中的节点进行一阶相似度（First-order Proximity）和二阶相似度（Second-order Proximity）的建模。对比 DeepWalk，LINE 能更好地利用节点之间的关系强度和关系方向扩展出来的信息来挖掘更多的高阶特征，学到的节点向量更加准确。

一阶相似度是指任意两个节点之间如果存在连边，则边权重越大，节点的相似度越高，如果不存在连边，则相似度为 0。二阶相似度是指每个节点都有一个相连的节点集合作为它的上下文，而两个节点的上下文节点分布越相似，则二阶相似度越高。所以，从这两者的定义我们很容易看出区别，一阶相似度高的两个节点必定存在连边，而二阶相似度高的两个节点则可以不存在连边。因此，一阶相似度体现的是图的局部结构特征，而二阶相似度可以缓解数据稀疏的问题，让不相连的节点间也能计算相似度，更能体现对图的全局结构特征的挖掘。如图 3-27 所示，节点 6 和 7 体现的是一阶相似性，而节点 5 和 6 则体现了二阶相似性。

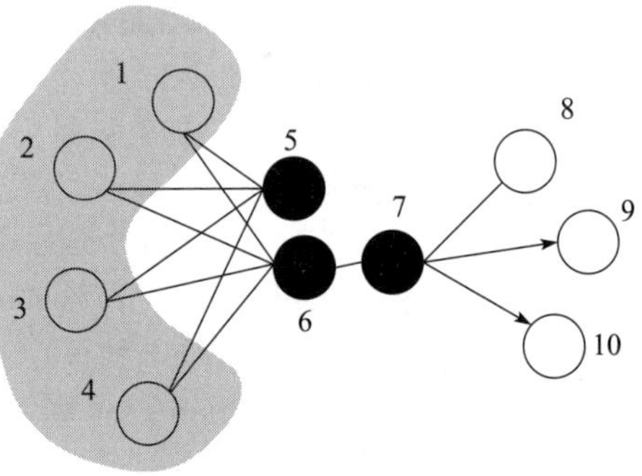

图 3-27 节点的一阶相似度和二阶相似度

下面分别介绍基于一阶和二阶相似度的建模方法。

1. 基于一阶相似度的 LINE 模型

给定图 $G(V,E)$，V 为节点集合，E 为边集合，节点 $v_i \in V$，我们用 $\boldsymbol{u}_i$ 表示 v_i 对应的向量，图中任意两个节点 v_i、v_j 的联合概率分布定义如下：

$$P_1(v_i,v_j)=\frac{1}{1+\exp(-\boldsymbol{u}_i^T \cdot \boldsymbol{u}_j)} \tag{3-71}$$

用机器学习的语言来描述，就是以向量内积为 logits、以 Sigmoid 为映射函数的节点相似度量。同时，模型训练的目标，也就是 v_i、v_j 的联合概率，经验分布如下：

$$\hat{P}_1(v_i,v_j)=\frac{w_{i,j}}{W} \tag{3-72}$$

式中，$w_{i,j}$ 表示节点 v_i 和 v_j 之间的边权重；$W=\sum_{(i,j)\in E} w_{i,j}$ 是所有边权重的和。训练目标可以理解为图中两个节点之间的相似程度。当 v_i,v_j 不存在连边时，相似度为 0；当存在连边时，相似度等于边权重归一化。因此，模型的优化目标可以定位为两者的交叉熵损失函数最小化：

$$O_1=-\sum_{(i,j)\in E} w_{i,j}\log P_1(v_i,v_j) \tag{3-73}$$

一般情况下，两个分布的差异最小化，我们的直觉是使它们的 KL 散度最小化，我们对 $\hat{P}_1$、P_1 的 KL 散度按定义进行拆解：

$$D_{KL}(\hat{P}_1 \| P_1) = H(\hat{P}_1, P_1) - H(\hat{P}_1) \tag{3-74}$$

式中，$H(\hat{P}_1, P_1)$ 为两者的交叉熵；$H(\hat{P}_1)$ 为 $\hat{P}_1$ 的信息熵。我们知道，在确定的样本集中，$H(\hat{P}_1)$ 是一个常量，因此 KL 散度的最小化等价于交叉熵的最小化。$H(\hat{P}_1, P_1) = -\sum_{(i,j)\in E} \frac{w_{i,j}}{W} \log P_1(v_i, v_j)$。同样，在确定的样本集中，$W$ 是一个常量，所以最终目标函数转换为式（3-73）。

最终，我们通过最小化 O_1 来训练得到每个节点的向量表示。

2. 基于二阶相似度的 LINE 模型

不同于一阶相似度只适用于无向图，二阶相似度同时适用于有向图和无向图。在二阶相似度定义下，图中的每个节点都有两个“身份”，一个是中心节点，另一个是作为其他中心节点的上下文节点。对于节点 v_i，我们用 $\boldsymbol{u}_i$ 表示它作为中心节点时的向量，用 $\boldsymbol{u}'_i$ 表示它作为其他中心节点的上下文节点时的向量，这两个向量独立训练，互不共享。对于每条有向边 (i,j)，我们将中心节点 v_i 生成上下文节点 v_j 的定义如下：

$$P_2(v_j \mid v_i) = \frac{\exp(\boldsymbol{u'}_j^{\mathrm{T}} \cdot \boldsymbol{u}_i)}{\sum_{k=1}^{|V|} \boldsymbol{u'}_k^{\mathrm{T}} \cdot \boldsymbol{u}_i} \tag{3-75}$$

式中，V 是图中所有节点的集合。式（3-75）反映节点 v_i 在生成其上下文的条件概率。同时，我们将相应的经验概率（也就是模型训练）的目标定义为如下形式：

$$\hat{P}_2(v_j \mid v_i) = \frac{w_{i,j}}{d_i} \tag{3-76}$$

式中，d_i 是所有从节点 v_i 出去的边的权重和。我们希望节点 v_i 生成 v_j 的概率尽量地接近从 v_i 到 v_j 的边权重占所有 v_i 出边权重的比例。所以，优化的目标函数如下：

$$O_2 = -\sum_{(i,j)\in E} \lambda_i \frac{w_{i,j}}{d_i} \log P_2(v_j \mid v_i) \tag{3-77}$$

式（3-77）所表达的是一个带权重的交叉熵损失函数，其中，$\boldsymbol{\lambda}_i$ 为权重参数，代表的是每一条样本的中心节点的重要程度，希望模型训练时更多地关注重要性高的节点。这里我们用节点的出边权重和作为节点的重要性表达，也就是 $\boldsymbol{\lambda}_i = d_i$，那么式（3-77）可以进一步化简：

$$O_2 = -\sum_{(i,j)\in E} w_{i,j} \log P_2(v_j \mid v_i) \tag{3-78}$$

最终，模型通过最小化 O_2 学习节点的向量表示。模型训练完成后，每个节点都有两个向量，即中心节点向量和上下文节点向量，我们可以根据实际业务效果使用其中的一个，或者将两个拼接后使用。

3. LINE 模型的应用和优化

LINE 中关于一阶相似度和二阶相似度的模型，在实际应用中可以作为独立的模型各自训练、各自应用，也可以用多目标联合训练的方式在底层共享基础特征，在高层分解成多个分支（Tower）的任务。

在模型输出结果的应用上，我们可以根据一阶相似性和二阶相似性的不同特点，结合业务需要进行应用。比如，我们希望算法多召回一些关联性高的内容，则可以利用一阶相似度模型进行召回；如果希望召回一些多样性的，则可以利用二阶相似度模型进行召回，并根据实际业务效果调整两种召回的比重。

另外，二阶相似度模型还存在一个计算性能的问题，Softmax 的分母计算需要遍历所有节点，这点与我们在 Word2vec 中遇到的问题一样，因此可以采用同样的 Negative Sampling 的方法，以中心节点到实际上下文节点为正样本，对每条正样本随机抽样 K 个节点作为噪声节点，将 Softmax 转化为 Sigmoid 的二分类问题。我们希望中心节点到实际上下文节点的生成概率尽量接近 1，中心节点到噪声节点的生成概率尽量接近 0，因此针对每条边的目标函数可以定义如下：

$$\log\sigma(\boldsymbol{u}'^{\mathrm{T}}_j \cdot \boldsymbol{u}_i) + \sum_{i=1}^{K} E_{v_n \sim P_n(v)}[-\log(\boldsymbol{u}^{\mathrm{T}}_n \cdot \boldsymbol{u}_i)] \tag{3-79}$$

式中，$\sigma(\cdot)$ 为 Sigmoid 函数；式（3-79）的前半部分是对中心节点到实际上下文节点的生成概率进行建模，后半部分是对中心节点到噪声节点的生成概率进行建模；K 表示负采样的边数目，n 为全量节点数。

3.4.4 Node2vec

Node2vec[15] 模型可以看作 DeepWalk 的一个增强版，它采用宽度和深度优先结合的游走方式进行节点采样。相比于 DeepWalk，Node2vec 更加注重对图的同质性（Homophily）和结构性（Structural Equivalence）的信息挖掘。

给定图 $G(V,E)$，V 为节点集合，E 为边集合，节点 $u \in V$，$Ns(u)$ 为 u 的邻近节点集合，那么 Node2vec 的似然函数可以表达为对每个节点预测其邻近节点集合的概率：

$$\prod_{u \in V} \mathrm{P}(Ns(u) \mid u) \tag{3-80}$$

式中，$\mathrm{P}(\cdot \mid \cdot)$ 为条件概率的表达。基于条件独立性的假设前提，邻近节点集合的概率可以表达为集合中每个节点的概率乘积，所以似然函数可以进一步转化为：

$$\prod_{u \in V} \prod_{n_i \in Ns(u)} \mathrm{P}(n_i \mid u) \tag{3-81}$$

我们用节点向量内积的 Softmax 形式来表达上述 $\mathrm{P}(* \mid *)$ 的节点来预测其邻近节点的概率，则最终似然函数如下：

$$\prod_{u \in V} \prod_{n_i \in Ns(u)} \frac{\exp(f(n_i) \cdot f(u))}{\sum_{v \in V} \exp(f(v) \cdot f(u))} \tag{3-82}$$

式中，$f(\cdot)$ 为将节点映射到向量的函数。观察式（3-82），我们会发现 Node2vec 的似然函数和 Word2vec 的 Skip-gram 如出一辙。事实上，如果我们将当前节点作为“中心词”，将邻近节点作为“上下文词”，Node2vec 确实可以表达为一个用中心词预测上下文词的建模方法。

需要注意的是，这里的节点和其邻近节点的向量映射用了同一个函数 $f(*)$，也就是共享同一个的 Embedding Lookup Table，这与 LINE 以及 Word2vec 不一样，但我们具体落地时可以根据数据的实际情况和业务效果选择共享 Embedding 还是不共享 Embedding。另外，这里的 $Ns(u)$ 并不是指节点 u 的直接相连的节点集合，而是以 u 为起始节点通过游走算法得到的节点集合，这也是 Nod2vec 算法的核心部分。

所以 Node2vec 的建模可以拆解为两个关键步骤。

1）利用游走算法得到节点 u 的邻近节点集合 $Ns(u)$。

2）用 Skip-gram 训练模型，即最大化式（3-82）中的似然函数。

在介绍 Node2vec 的游走算法之前，首先简单介绍图的同质性和结构性的基本概念。

“同质性”是指节点在图中的距离越近，相似度越高，如图 3-28 所示，节点 u 与 s_4 的相似度应高于与 s_5 的相似度，节点 s_4 与 s_5 的相似度应高于与 s_6 的相似度，以此类推。

“结构性”是指上下文结构相似的节点也相似，图 3-28 中，节点 u 和 s_6 都是各自邻域的中心节点，而 s_8 不是，因此节点 u 和 s_6 的相似度应该高于与 s_8 的相似度。

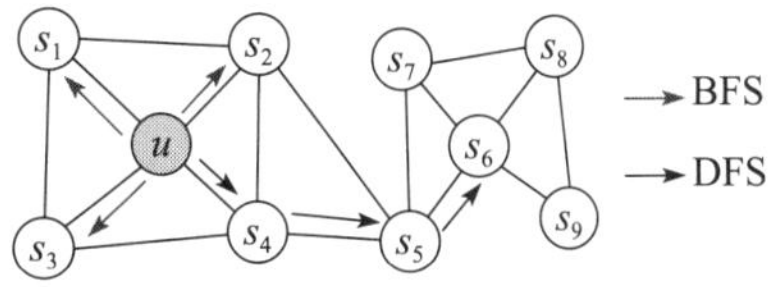

图 3-28 宽度优先搜索（BFS）和深度优先搜索（DFS）示意图

为了使模型在挖掘图的同质性和结构性两个方面能够同时兼顾，Node2vec 采用结合了宽度优先搜索（Breadth-First Search，BFS）和深度优先搜索（Depth-First Search，DFS）的节点游走算法来进行两者的平衡和调控。

基于深度优先搜索的游走倾向于通过节点的多次跳转，尽量游走到更远的节点上，相当于对图进行了一次深度扫描来挖掘全貌（Macro-view）信息，尽量多地去探索哪些节点之间是有连边的，因此，深度优先搜索擅长学习图的同质性。

基于宽度优先搜索的游走倾向于在某个节点的邻域节点内来回跳转，更容易发现以该节点为中心的一阶及二阶“子图”，挖掘图中的局部微观结构（Microscopic View）信息。所以，宽度优先搜索擅长学习图的结构性。

有了宽度优先搜索和深度优先搜索的概念，再来介绍 Node2vec 的游走算法会更加清晰。不同于 Random Walk 中节点跳转的随机性，Node2vec 对节点跳转采用了一个更加复杂的三阶关系，即每次跳转不仅需要考虑当前节点和下个节点的连边权重大小，还需要考虑上个节点与下个节点的实际距离。

我们将图 3-29 的节点跳转总结为公式来表达，在图 $G(V,E)$ 中，在完成上一步从节点 t 转到了节点 v 后，下一步从节点 v 跳转到节点 x 的概率如下：

$$P(c_i=x \mid c_{i-1}=v)=\begin{cases}\dfrac{\pi_{vx}}{Z} & (v,x)\in E\\ 0 & \text{其他}\end{cases} \tag{3-83}$$

式中，Z 为归一化因子；在节点 v 和 x 之间存在连边的情况下，π_{vx} 是它们之间的未归一化的跳转概率。跳转概率的定义由两部分的乘积构成：$\pi_{vx}=\alpha_{pq}(t,x)\cdot\omega_{vx}$，分别是节点 v 和 x 之间边权重 ω_{vx}，以及由超参数 p 和 q 控制的函数 $\alpha_{pq}(t,x)$。$\alpha_{pq}(t,x)$ 的定义如下：

$$\alpha_{pq}(t,x)=\begin{cases}\dfrac{1}{p} & d_{tx}=0\\ 1 & d_{tx}=1\\ \dfrac{1}{q} & d_{tx}=2\end{cases} \tag{3-84}$$

式中，d_{tx} 指的是节点 t 到 x 的距离，由定义可知，$d_{tx} \in \{0,1,2\}$；参数 p 作用于 $d_{tx}=0$ 的情况，也就是从当前节点 v 又跳回了上一步的节点 t，所以被称为返回参数（Return Parameter），p 越小，走回上一步节点的可能性越大，模型就会更注重挖掘节点周围的微观局部结构，即表达图的结构性。

参数 q 控制着游走是倾向于向内的局部结构还是向外的整体结构的探索，如果 q 比较大，则会让“宽度优先”占了上风，游走则偏向于向内的局部结构探索，q 变小，则容易游走到远处节点，所以被称为进出参数（In-out Parameter）。q 越小，模型越能挖掘图的同质性。

当参数 p、q 均为 1，且忽略连边权重的情况下，Node2vec 退化为 DeepWalk。

图 3-29 描述了当从节点 t 跳转到达节点 v 后，在接下来的下一步跳转中有 5 个候选节点：t、x、x_1、x_2、x_3。基于跳转概率的定义，计算得到：$P(t \mid v)=\frac{\omega_{vx}}{Z}\cdot\frac{1}{p}$，$P(x_1 \mid v)=\frac{\omega_{vx}}{Z}$，$P(x_2 \mid v)=P(x_3 \mid v)=P(x \mid v)=\frac{\omega_{vx}}{Z}\cdot\frac{1}{q}$，我们可以根据超参数和边权重的实际情况，选择 $P(*\mid v)$ 最大的节点作为下一步跳转节点。

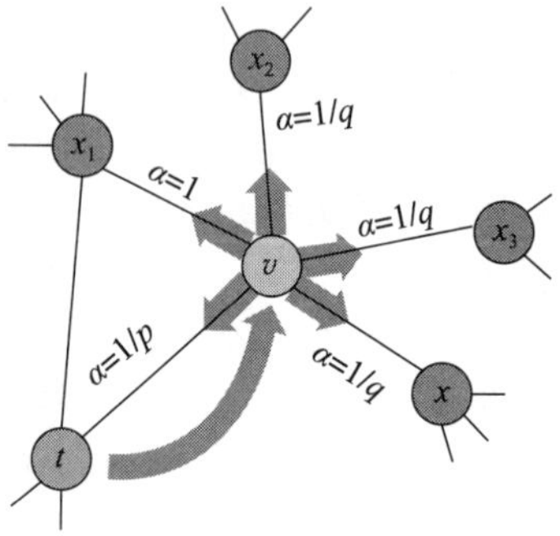

图 3-29 Node2vec 的跳转概率

通过上述方式采样完节点后，Node2vec 算法剩下的步骤就和 DeepWalk 如出一辙了，都是用 Skip-gram 去学习节点的向量。

Node2vec 这种对挖掘同质性和结构性可控可调的优势也可以在论文的效果数据可视化中进一步体现，如图 3-30 所示。图 3-30a 中，在 $p=1$，$q=0.5$ 的参数下，“深度优先”占主导，结果看上去像是基于距离做了一次聚类，所以是同质性的体现。图 3-30b 中，在 $p=1$，$q=2$ 的参数下，“宽度优先”占主导，图中同颜色的节并不一定有连边但却在结构上有一定程度的相似性。在实际训练模型时，同样也可以将模型输出的节点向量降为二维后，打印观察可视化效果，以检验我们对同质性和结构性的平衡及调整是否达到预期。

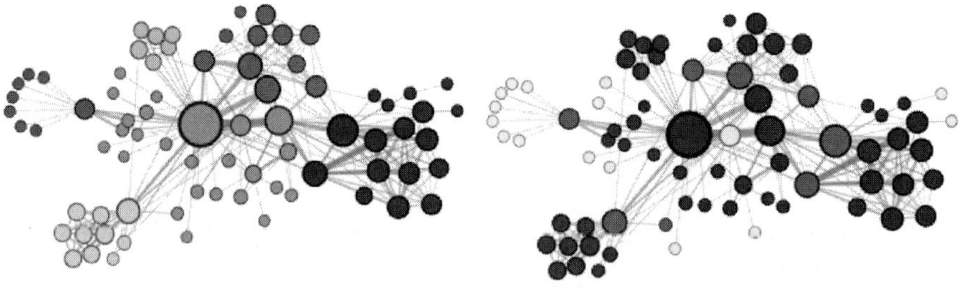

a）“深度优先”为主（p=1，q=0.5） b）“宽度优先”为主（p=1，q=2）

图 3-30 Node2vec 效果可视化（详见彩插）

在推荐场景中基于行为序列构建的物品同构图，我们用 Node2vec 来挖掘它的同质性和结构性信息也具有很强的业务可解释性。同质性高的物品在电商场景中可能是同款或者具有搭配效果的商品，在视频场景中可能是同类型的电影，因此，强调“同质性”目标训练的向量非常适合我们基于用户历史行为召回相似物品或相关物品，可以保证推荐的准确性。而结构性相同的物品往往在某些场景下具有一定的语义相关性，比如，电商场景里，巧克力和电影票没有直接的相似性，但是都可以作为节日的礼物。因此，强化“结构性”训练的向量在基于用户偏好召回的多样性上可以有不错的发挥空间。所以，“同质性”和“结构性”信息的挖掘在推荐算法中都是非常重要的基于高阶特征的建模方法，由于 Node2vec 具备的这种灵活性，我们可以直接把不同超参下 Node2vec 生成的不同版本的向量作为召回的多个路由使用，也可以把它们作为预训练的高阶特征应用到排序模型。

3.4.5　EGES

Graph Embedding 的方法在很多情况下能够比直接基于用户交互行为的物品序列训练的向量表征有更好的效果，这是因为基于图采样的序列隐含了很多高阶的相似关系。这些高阶信息给模型训练带来了更多的增益，但存在的一个问题，如果物品节点在图中是孤立的点（比如新品），那它就很难被游走算法采样到，也无法与其他节点建立一阶关系和二阶关系。如果物品的行为信息过于稀疏，那么高阶的相似信息置信度就会很低，给模型学习带来了很大噪声，这就是 Graph Embedding 中存在的冷启动问题。

GES（Graph Embedding with Side）和 EGES（Enhanced Graph Embedding with Side）[16] 算法尝试从 Side Information 的角度来解决冷启动问题。Side Information 指用户和物品附属的一系列属性信息，它们常常以标签的形式存在，比如，商品的品牌、型号，电影的导演、主演，音乐的词曲作者、歌手等。通常把 Side Information 简称为 Side Info，它对物品冷启动问题的解决主要体现在两点。

1）在物品同构图的生成方法上，我们可以同时考虑用户行为的共现度和 Side Info 的相似性，即边的存在和其权重大小可以由用户行为共现度和 Side Info 的相似度共同决定。比如，同品牌、同类别的不同产品之间天然存在一定的相似性，这样新品在图中就不再是孤立点，可以被游走算法采样到。

2）在节点的特征表达上，我们对图游走进行采样得到序列，在序列中的每个物品都有对应的一组 Side Info 特征，所以在 GES 和 EGES 中参与模型训练的不仅是物品的 Id 特征，还包括了 Side Info 特征，最终物品的向量表征由 Id 向量和对应的各个 Side Info 的向量融合而成，GES 和 EGES 在融合方法上略有差异，GES 中采用平均池化（Average Pooling）对所有的向量求均值：

$$\boldsymbol{H}_v=\frac{1}{n+1}\sum_{s=0}^{n}\boldsymbol{W}_v^s \tag{3-85}$$

式中，$\boldsymbol{H}_v$ 是物品 v 融合后最终的向量；$\boldsymbol{W}$ 表示所有物品 Id 和 Side Info 的 Id 特征在 Skip-gram 中神经网络隐层的参数矩阵，我们把 $\boldsymbol{W}_v^0$ 表示为物品 v 的 Id 向量，$\boldsymbol{W}_v^s$ 表示物品 v 的第 s 个 Side Info 的向量。在这种融合方式下，物品 Id 向量和 Side Info 的向量具有相同的维度，且在同一个向量空间中。但在实际的业务中，往往物品的 Id 会比 Side Info 具有更大的参数空间，比如一个电商平台可以有几千万的商品，但只有几万个品牌、几十个品类，所以把物品 Id 向量和 Side Info 的向量设为相同的维度不一定合适，我们也可以采用 Side Info 来设置较小的维度，通过 Average Pooling 后再通过一层全连接层与物品 Id 向量融合：

$$\boldsymbol{H}_v = \boldsymbol{W}'^{\mathrm{T}}\left[\boldsymbol{W}_v^0, \frac{1}{n}\sum_{s=1}^{n}\boldsymbol{W}_v^s\right] + \boldsymbol{b} \tag{3-86}$$

式中，$\boldsymbol{W}'^{\mathrm{T}}$ 和 $\boldsymbol{b}$ 分别表示全连接层的参数矩阵和偏置项。GES 通过这种简单的融合方法让 Side Info 参与到了物品的向量学习中来，从而使具有相近 Side Info 的物品可以在向量空间内更加接近。同时因为 Side Info 的加入，相当于在特征中增加了相关领域知识，向量隐含的信息更加精准和丰富。

EGES 在 GES 的基础上对向量融合方式做了改进，不再是 Average Pooling 操作，而是加权平均的方法。它的出发点是，不同的 Side Info 特征对业务的贡献度天然是不一样的，比如，一件衣服的品牌、款式对购买转化的影响要远大于尺寸型号，一部电影中的主角对人气的影响要远大于配角。所以，EGES 希望通过加入权重参数让模型学习这种特征的重要性差异，因此用了一个加权平均层（Weighted Average Layer）来融合的 Side Info：

$$\boldsymbol{H}_v = \frac{\sum_{j=0}^{n} \mathrm{e}^{a_v^j}\boldsymbol{W}_v^j}{\sum_{j=0}^{n} \mathrm{e}^{a_v^j}} \tag{3-87}$$

我们用 a_v^s 表示加权平均层的参数矩阵中物品 v 的第 s 个 Side Info 特征的参数，用 a_v^0 表示物品 Id 的参数，具体参与运算的权重，我们不直接使用 a_v^s，而是用 $\mathrm{e}^{a_v^s}$ 代替，好处是可以保证每个特征权重大于 0，便于运算，同时通过指数化来放大特征权重之间的差异，使得重要的权重能更好地凸显。

EGES 算法框架如图 3-31 所示。

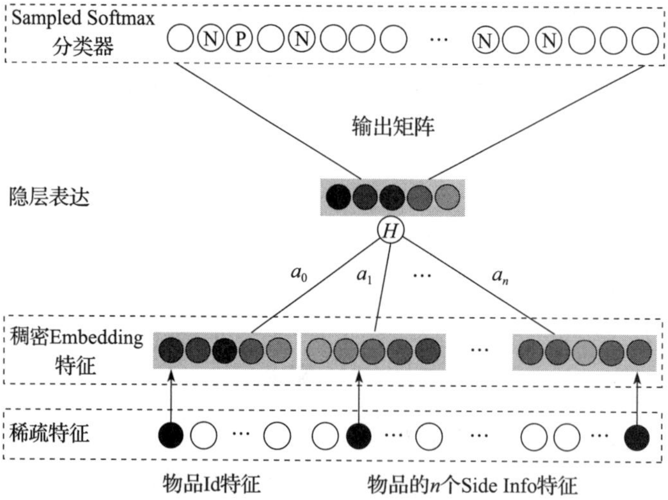

图 3-31 EGES 的算法框架

EGES 在通过加权平均的方法融合物品 Id 和 Side Info 特征后，接下来的模型结构与 DeepWalk 基本一致，仍然套用 Skip-gram 加 Negative Sampling 的方法。图 3-31 中，稀疏特征层输入的物品 Id 及 Side Info 在稠密 Embedding 特征层转化为向量，并在隐层表达处进行加权融合，因此进入输出层的不是直接的物品向量，而是向量组的加权和，所以 EGES 把这种方式定义为 Weighted Skip-gram。

综合来看，EGES 就是考虑了 Side Info 特征及其权重的一个 DeepWalk 进阶版，通过 Side Info 的加入，提升了物品向量的表征能力，也在一定程度上缓解了物品冷启动问题。

3.5 用户行为序列召回建模

我们已经了解了召回算法的几个不同技术路线和核心方法，现在我们再切回到业务建模的视角，重新审视下召回阶段的关键目标：用户兴趣建模。

用户兴趣建模是指通过用户的历史行为序列以及相关的属性特征来精准而全面地捕捉用户意图，并将用户意图和物品映射到一个统一的向量空间进行表征。因此用户兴趣建模的核心是如何更好地利用用户长期和短期的历史行为，学习一个时序维度上的模型（Pattern）来预测后续感兴趣的物品，即用户行为序列建模。

传统推荐算法（如矩阵分解、传统图模型等）立足于物品之间的共现关系（或者抽象为节点之间的邻接关系）进行建模，“时序”在这些模型里只是作为一个隐含的信息被利用（如共现关系和节点邻接关系的计算中会考虑时间衰减的因素）。但在行为序列建模中，时序是作为一个显式的强制约束体现在模型中的，即严格按照样本发生的 t 时刻及之前的数据进行训练，来预测 $t+1$ 时刻的偏好，这是行为序列建模与传统推荐算法最大的区别。

在兴趣表达上，通常，用户的兴趣点往往不是单一的和聚焦的，只用一个兴趣向量来表达也有很大局限性，因此在用户行为序列建模的各种方法中，也有多峰兴趣表征学习的解法。

3.5.1 序列建模的通用算法模块

我们在用户行为序列建模中首要解决的技术问题是，如何处理行为序列并得到序列中抽取的高阶特征来挖掘用户兴趣，通常有以下几种处理方法。

1）忽略行为序列中的时序属性，将它看作一个没有先后关系的物品集合，利用 Sum、Max、Average Pooling 以及 CNN 和 Attention 等方法进行特征抽取。

2）保留用户行为的时序属性，利用专门的序列模型进行处理，如 LSTM、GRU 等各种 RNN 模型。在这种方法中，用户兴趣在时序上的变化信号作为一种影响因子被模型保留。

3）显式地将行为序列中的位置进行编码，用 Transformer 等方法进行处理。这种方法中，时序作为一个显式的特征参与建模。

下面逐一介绍上述三类方法中涉及的且在当前阶段被广泛应用的各种序列模型及其核心概念。

1. Pooling

Pooling 方法应用了连续词袋模型（CBOW）的思想，将用户历史行为序列中的每个交互物品都作为独立的输入特征，并通过 Sum、Max、Average Pooling 等方法来进行兴趣的抽取。通常，Pooling 方法能够高效地对用户的主干兴趣进行建模。如图 3-32 所示，YouTube DNN 的召回模型就是典型的 Pooling 方法的应用，用户的观看视频、搜索行为序列经过 Average Pooling 后直接拼接，进入后续的算法模块，这种建模方法接入简单、模型训练的算力消耗小，但缺点是没有考虑物品在序列中的权重大小和偏序关系对用户消费决策的影响。

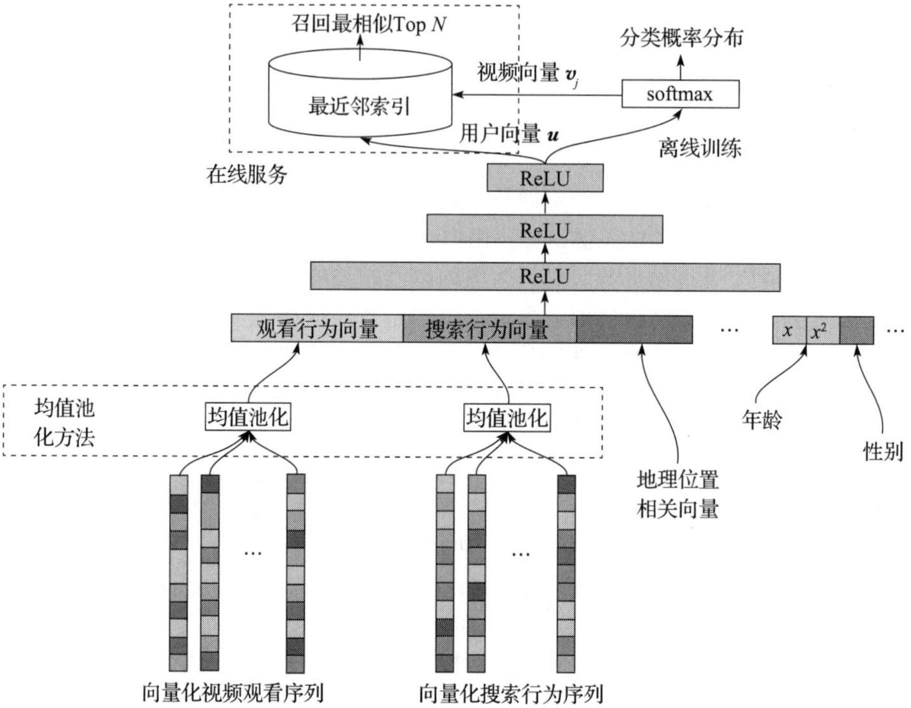

图 3-32　YouTube DNN 召回模型结构

2. CNN

Pooling 方法将序列中的所有物品都放在同等重要的地位去抽取全局的用户兴趣，这种方式只能抽取用户的主干兴趣，同时会忽略很多隐含的细节信息，因此衍生出了各种从不同角度的优化方法，卷积神经网络（Convolution Neural Network，CNN）就是其中一种。CNN 对用户行为序列的兴趣抽取，来源于图像算法里通过滑动卷积的方式对局部关键特征进行捕获以及图像的局部特征平移不变性的思想。如果把用户的历史行为序列看作一张一维的“图”，那么在这张“图”中，我们发现会存在着一些局部的连续行为类似于图像中的局部关键特征，比如用户在过去一天内连续观看了《雍正王朝》《康熙王朝》等相关的视频，那么模型根据这个局部信息可以发现用户对相关历史背景的古装正剧感兴趣。在 CNN 方法中，我们可以借鉴 TextCNN[17] 对文本句子序列的建模方法，通过其卷积的感受野来捕获行为序列局部信息蕴含的用户兴趣信号。

通常，CNN、Pooling、全连接层三者会协同配合来完成兴趣提取，其中，CNN 负责提取局部信息，Pooling 负责提取全局信息，最后通过一个全连接层将用户兴趣向量缩放成需要的维度大小。

如图 3-33 所示，在 TextCNN 的算法框架中，首先将用户行为序列映射成词向量，一维的行为序列转换成一个 $n \times k$ 的二维矩阵（n 为序列长度，k 为词向量维度）。然后在二维矩阵上进行卷积操作，卷积的宽度要和特征向量的维度一致，因为在卷积参与运算的过程中，序列中的物品作为最小颗粒度的特征，需要保证其特征信息的不可分割，同时需要使用不同高度的多个卷积核，目的是通过卷积核的尺寸差异提取不同感受野的局部信息。卷积的输出再通过 Pooling 操作进行降维，提取全局信息。最后，各 Pooling 层的输出拼接在一起，输入到全连接层，最终输出设定大小的用户兴趣向量。

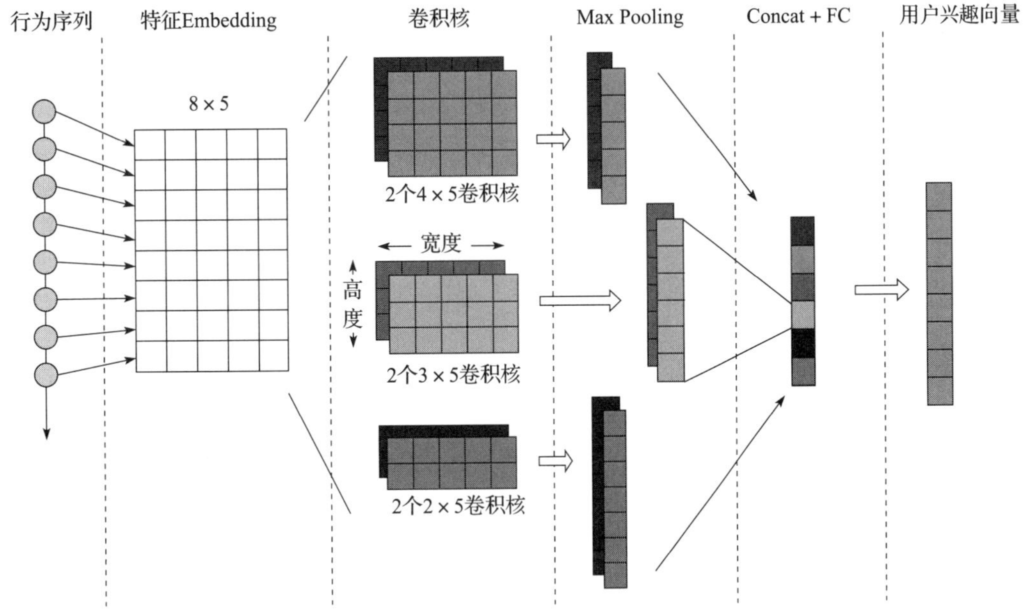

图 3-33 基于 CNN 的用户兴趣建模

3. Attention

Attention（注意力）机制模型是另一种序列建模的方法，它的建模思想最早来源于 NLP 领域，在 Encoder-Decoder 框架下的文本处理任务中，人们发现每个输入的词对最终解码输出的句子的重要性是不一样的，而显式地基于词的重要性进行建模能有效提升任务效果，这就是 Attention 的初衷。推广到推荐建模中，我们把物品比作文本处理任务中的词，用户的兴趣向量比作解码输出的句子，那么同样的，用户历史行为序列中的每一个物品对最终的用户兴趣表征的影响权重应该是不一样的，因此我们也可以利用 Attention 来提升兴趣建模的效果。

按照注意力机制中相似度量的对象不同，模型可以从多个角度对序列的权重进行建模，一般可以分为 Target Attention、User Attention、Context Attention 等。以 Target Attention 为例，模型的结构如图 3-34 所示。

注意力机制中，我们用 $\boldsymbol{Q}$、$\boldsymbol{K}$ 和 $\boldsymbol{V}$ 分别代表 Query（查询）、Key（键）和 Value（值），其中，$\boldsymbol{Q}$ 代表查询向量，在 Target Attention 中指的是 Targeted 物品的向量；$\boldsymbol{K}$ 代表接收向量的序列，用来与查询向量交互获得权重信息；$\boldsymbol{Q}$ 代表内容向量的序列，用来加权求和获得最终输出。Target Attention 中，$\boldsymbol{K}$ 和 $\boldsymbol{V}$ 都代表用户行为序列中的物品向量，我们用 $\boldsymbol{K}=[\boldsymbol{K}_1,\cdots,\boldsymbol{K}_N]$ 和 $\boldsymbol{V}=[\boldsymbol{V}_1,\cdots,\boldsymbol{V}_N]$ 来表示，其中 $\boldsymbol{K}_i$ 和 $\boldsymbol{V}_i$ 均表示用户行为序列中第 i 个物品向量。Target Attention 的核心思想是利用 Targeted 物品的信息对用户行为序列进行编码来获得用户兴趣向

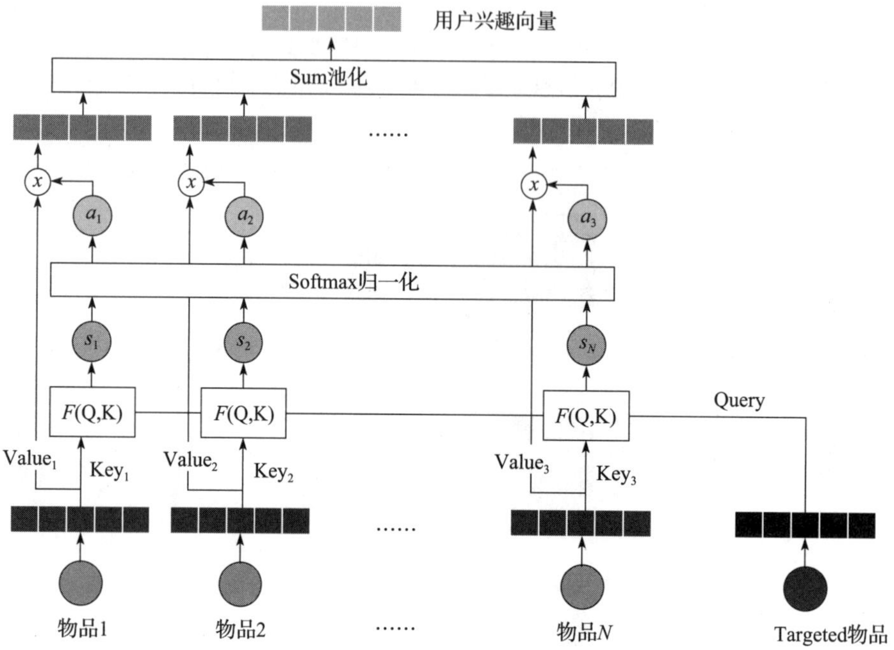

图 3-34 Target Attention 模型结构

量。因此，我们首先定义函数 F 来获得 $\boldsymbol{Q}$ 和 $\boldsymbol{K}$ 之间的交互信息（即 Targeted 物品和行为序列中物品的相似性），一般的注意力机制里有多种定义方式，如内积、余弦相似度或者 MLP 网络，以内积为例：

$$F(\boldsymbol{Q},\boldsymbol{K}_i)=\boldsymbol{Q}^{\mathrm{T}}\cdot\boldsymbol{K}_i=S_1 \tag{3-88}$$

接着，使用 Softmax 函数对相似度进行归一化，好处是可以将所有物品的相似性结果转换成和为 1 的概率分布，作为对 Value 加权求和时的权重，同时 Softmax 操作还可以加强权重之间的差异，凸显重要特征：

$$a_i=\frac{\mathrm{e}^{S_i}}{\sum_{j=1}^{N}\mathrm{e}^{S_j}} \tag{3-89}$$

最终将权重乘回原始向量，并通过 Sum 池化的操作得到用户兴趣向量：

$$\boldsymbol{E}_u=\sum_i a_i\cdot V_i \tag{3-90}$$

通常，Target Attention 的方法无法直接应用到召回侧模型中，原因是用户和召回物品特征过早地交互会使得用户兴趣向量无法独立计算，并通过在线计算最近邻的方式召回物品，但我们可以把这个建模的思想延伸到 User Attention，将 User Profile 特征和行为序列进行 Attention 操作，以此作为权重对序列中的物品加权求和，它所表达的业务含义是：不同的用户在消费决策上会有不同的特点，比如，某些用户容易被商品的款式和颜色吸引，某些容易被商品的功能吸引，某些用户偏向于精挑细选地选品，而某些用户偏向冲动消费，因此，不同 User Profile 下的行为序列能被挖掘出不同的兴趣点。同样，我们也可以从 context（上下文）的视角挖掘用户消费决策的差异，比如，工作日白天，用户往往只能利用碎片化的时间观看时长较短的视频，而在晚上大段的空闲时间下，用户倾向于观看时长较长的直播，那么我们可以用 Context Attention 进行用户行为序列的建模。

4. RNN

在 CNN 和 Attention 方法中，时序仍然作为隐含的信息存在，而循环神经网络（Recurrent Neural Network，RNN）则是一种更加直观地刻画兴趣随着时间演化过程的建模方法。在 RNN 的方法中，我们可以直接使用 LSTM/GRU 从行为序列的连续信号中抽取用户的兴趣表达，也可以与 Attention 等方法结合，让用户兴趣的演化在特征交互下凸显重要信号、弱化噪声信号。

以 GRU[18] 为例，如图 3-35 所示，将用户行为序列作为输入，通过 Embedding 编码层映射为向量，接着通过一层或者多层的 GRU 挖掘用户的兴趣演化，最终以最后一层的最后一个 GRU 单元输出的向量 $h_t(N)$ 作为用户的兴趣表达。

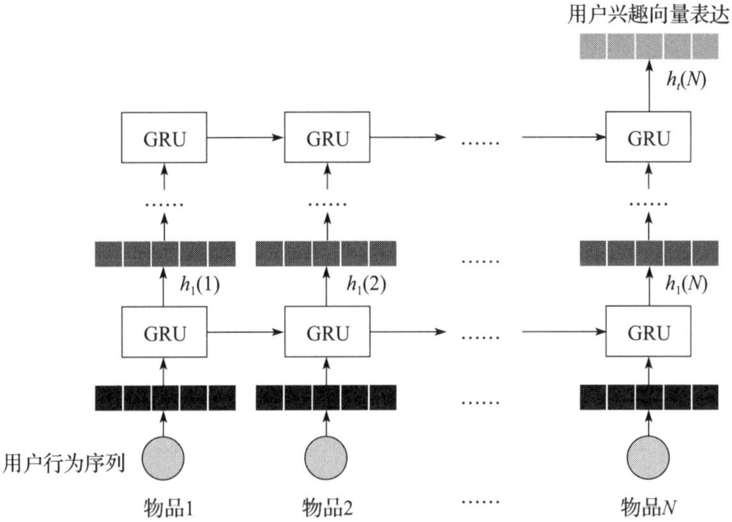

图 3-35　GRU 行为序列建模

如图 3-36 所示，GRU 对用户兴趣演化的信号捕捉能力体现在每个 GRU 单元的结构特点上：

每个 GRU 单元的输入为前一时刻隐层 h_{t-1} 和当前时刻的输入 x_t，分别表示用户前一时刻的兴趣向量和当前时刻的交互物品特征。GRU 单元的输出则是由 Reset 门和 Update 门协同控制的，基于前一时刻输出和当前时刻输入到下一层的信息传递。Reset 门（r_t）和 Update 门（u_t）的定义如下：

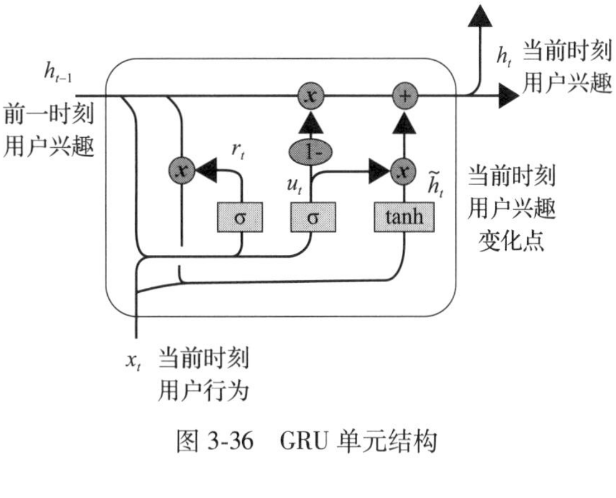

图 3-36　GRU 单元结构

$$r_t=\sigma(W_r\cdot[h_{t-1},x_t]) \tag{3-91}$$

$$u_t=\sigma(W_u\cdot[h_{t-1},x_t]) \tag{3-92}$$

式中，Reset 门（r_t）用来计算隐层 $\widetilde{h}_t$，代表的业务含义是用户在当前时刻兴趣的变化点（新信号），它由前一时刻的兴趣表达及当前行为物品通过 Reset 门控制决定：

$$\widetilde{h}_t=\tanh \boldsymbol{W}\cdot[r_t\cdot h_{t-1},x_t] \tag{3-93}$$

Update 门（u_t）用来计算当前时刻输出的兴趣向量，并控制当前兴趣有多少来自上一时刻的兴趣，有多少来自这一时刻的变化点：

$$h_t=(1-u_t)\cdot h_{t-1}+u_t\cdot\widetilde{h}_t \tag{3-94}$$

最终，用户当前时刻的兴趣向量输出为 h_t。

在基础的 LSTM/GRU 方法之上，我们同样可以借鉴 Target Attention 的思路，显式地学习在用户兴趣随着时序演化的过程中每个时刻的兴趣对最终的兴趣表达的不同权重的影响，典型算法有深度兴趣进化网络（Deep Interest Evolution Network，DIEN）[19]，其模型结构如图 3-37 所示，网络结构的核心部分是通过用户行为序列输入层（Behavior Layer）、兴趣抽取层（Interest Extractor Layer）、兴趣进化层（Interest Evolving Layer）来学习得到用户的最终兴趣表达。

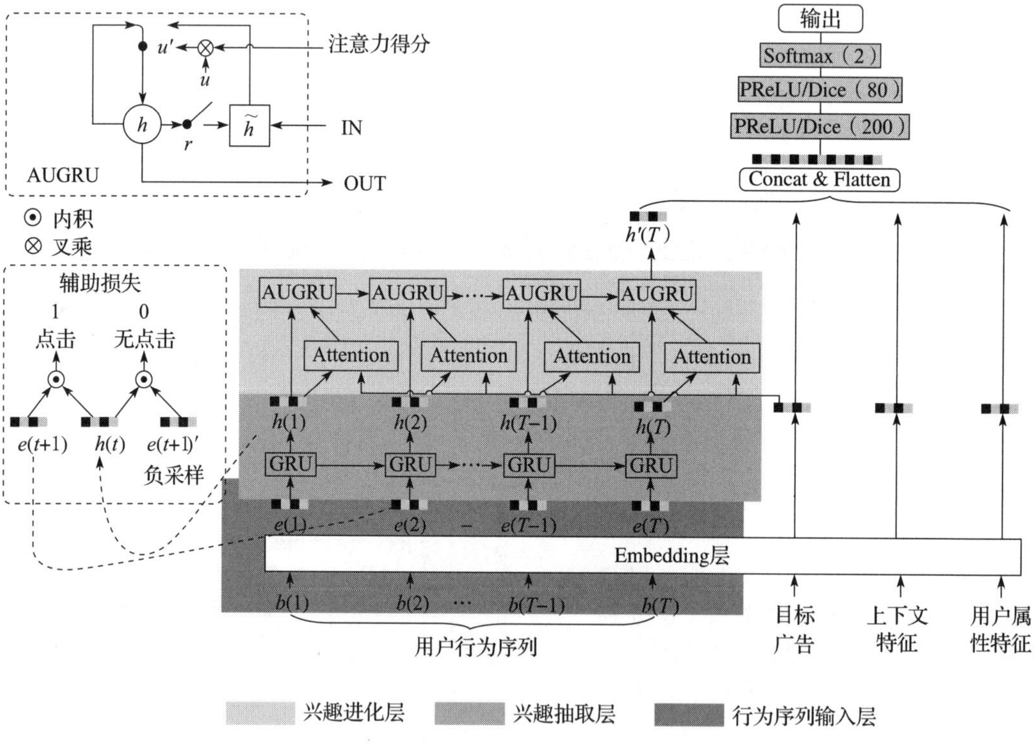

图 3-37　DIEN 模型结构（详见彩插）

最终基于 DIEN 的输出作为用户兴趣向量表达，如我们在 Target Attention 里提到的一样，过早的用户与目标物品的交互，使得 DIEN 无法直接应用到召回层，但我们一样可以把这种建模思想衍生到 User Attention 和 Context Attention，让用户画像信息和上下文信息代替目标物品与行为序列进行交互。

5. Transformer

Self-Attention（自注意力）机制是指 Attention 计算需要的 Query、Key、Value 全部来自序列内部。它是另一种注意力建模的方法。利用 Self-Attention，我们可以更好地解决行为序列中的降噪和长依赖的问题。

当用户行为存在一定的随意性或者表达了多个意图时容易对兴趣学习带来噪声，此时需要降噪。长依赖是指用户当前行为可能会受到很久以前行为的不同程度的影响。图 3-38 体现了 Self-Attention 在处理这两个问题时的优势，显示了 Self-Attention、Target Attention 和 RNN 对行为序列处理的对比。RNN 在处理当前时刻信息时会与"门控"机制下传递过来的历史信息结合，历史信息容易被弱化和遗忘；Target Attention 只会与 Targeted 物品结合，只会处理与 Targeted 物品相关的历史信息；而 Self-Attention 则是显式地与整个序列中的所有物品结合，让模型充分了解序列中不同物品之间的相关性，以此达到更加直接地进行降噪和解决长依赖问题。

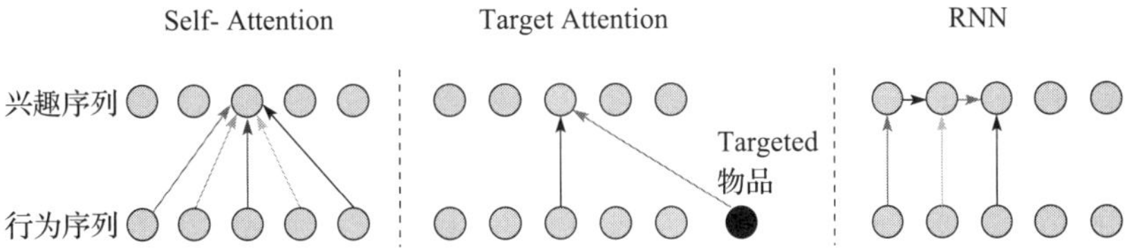

图 3-38　Self-Attention、Target Attention、RNN 对行为序列处理的对比

对 Self-Attention 的建模思想最广泛和最体系化的方法就是 Transformer[20] 模型。Transformer 是 Google 在论文 *Attention is all you need* 中提出的，最早用来解决 NLP 任务中的 Sequence to Sequence 问题（如机器翻译、问答等）的算法框架。如图 3-39 所示，Transformer 由两部分组成：编码器（Encoder）和解码器（Decoder），编码器由 6 个 Block（块）组成，每个 Block 都包含多头注意力机制（Multi-Head Attention）、前馈神经网络（Feed-Forward Network，FFN）、残差模块、层标准化（Layer Normalization）。同样，解码器也由 6 个 Block 组成，每个 Block 的组成除了和编码器一样的组件之外，增加了一个 Masked Multi-Head Attention。

用户行为序列建模中对 Transformer 的利用通常是使用它的编码器（Encoder）部分，通过编码器将用户行为序列转换为兴趣向量表达。

在序列属性的挖掘上，Transformer 为了更好地学习时序信息，在输入特征中增加了基于位置编码的特征向量 Positional Encoding，具体的方法如下：

$$\mathrm{PE}(pos,2i)=\sin\left(\frac{pos}{10000^{\frac{2i}{d_{\text{model}}}}}\right) \tag{3-95}$$

$$\mathrm{PE}(pos,2i+1)=\cos\left(\frac{pos}{10000^{\frac{2i}{d_{\text{model}}}}}\right) \tag{3-96}$$

上述两个公式分别代表 Positional Encoding 向量偶数位和奇数位的元素值计算方法，其中

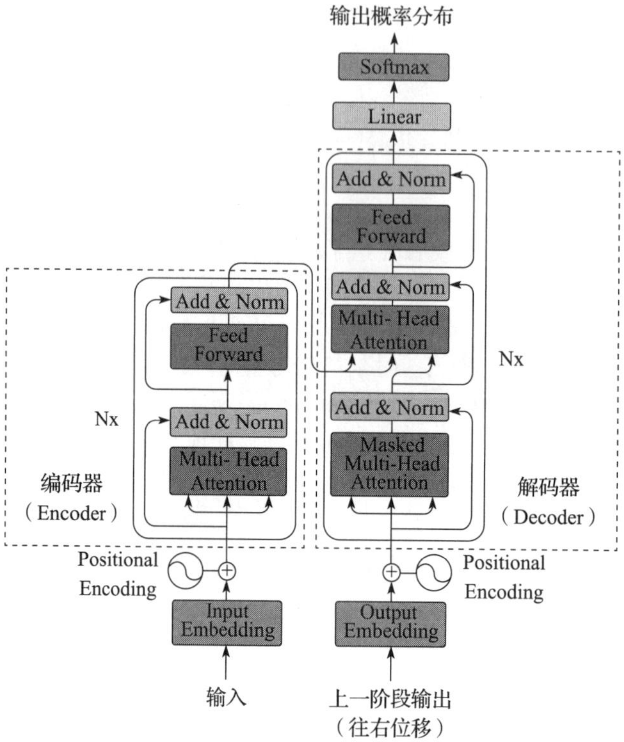

图 3-39 Transformer 的模型结构

$i \in \left\{0,1,2,\cdots,\frac{d_{model}}{2}\right\}$，$pos$ 代表物品向量在序列中的位置，d_{model} 代表物品向量的维度。这种编码方式称为相对位置编码，它的目标不是学习“位置”的绝对物理意义，而是体现同一个物品在不同位置的差异性，以及体现每个物品和自己前后物品的相对次序而采用的一种有界周期性函数的方法。位置编码完成后，序列中的每个物品都会得到一个固定的位置向量，与物品向量相加后进入序列模型。物品编码与位置编码的组合如图 3-40 所示。

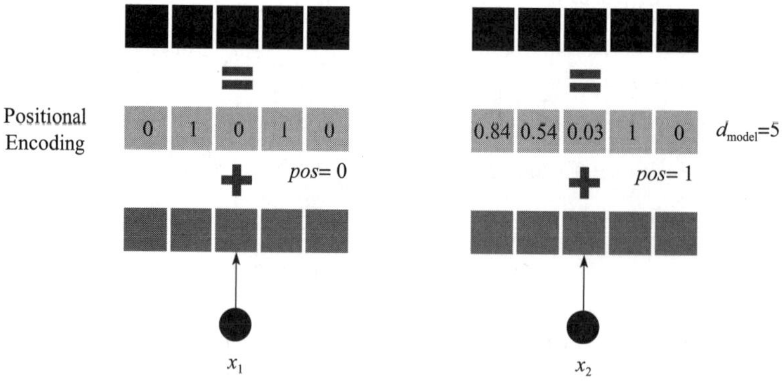

图 3-40 物品编码与位置编码的组合

另一种同样被业界经常采用的方法是绝对位置编码，我们对序列中的每个位置给予一个独立的特征 Id，并随机初始化一个向量，位置向量和物品向量相加后作为新的物品向量输入网络，最后通过模型端到端地学习位置向量。

Transformer 中的核心组件 Multi-Head Attention 是指多头（Multi-Head）自注意力（Self-Attention）网络，一个头（Head）表示在一个独立的表征子空间下学习 Self-Attention 网络参数，头的个数是可调节的超参数，代表模型往几个不同的方向学习用户兴趣。在每一个 Self-Attention 网络中，我们对 $\boldsymbol{Q}$ 和 $\boldsymbol{K}$ 的乘积进行平滑及 Softmax 归一化处理，再对 $\boldsymbol{V}$ 加权求和：

$$\text{Attention}(\boldsymbol{Q},\boldsymbol{K},\boldsymbol{V})=\text{Softmax}\left(\frac{\boldsymbol{Q}\boldsymbol{K}^{\mathrm{T}}}{\sqrt{d_k}}\right)\boldsymbol{V} \tag{3-97}$$

式中，$\sqrt{d_k}$ 为 $\boldsymbol{Q}$ 和 $\boldsymbol{K}$ 的维度大小的平方根，是模型的超参数，目的是对 $\boldsymbol{Q}$ 和 $\boldsymbol{K}$ 的相关性得分的一种平滑，防止向量维度过大而影响相关性得分，让梯度更稳定，实际应用中可以根据业务数据的情况使用其他值。

为了方便运算，我们不再以向量的视角，而是以矩阵视角来表达 Attention 的计算过程。我们将用户行为序列视为一个二维矩阵 $\boldsymbol{E}\in\mathbb{R}^{n\times d_{\text{model}}}$，其中，$n$ 为行为序列长度，d_{model} 为物品向量的维度。Attention 的 Head 数为 h，对第 i 个 Head 分别有 $\boldsymbol{Q}$、$\boldsymbol{K}$、$\boldsymbol{V}$ 的参数矩阵 $\boldsymbol{W}_i^{\boldsymbol{Q}}\in\mathbb{R}^{d_{\text{model}}\times d_k}$、$\boldsymbol{W}_i^{\boldsymbol{K}}\in\mathbb{R}^{d_{\text{model}}\times d_k}$、$\boldsymbol{W}_i^{\boldsymbol{V}}\in\mathbb{R}^{d_{\text{model}}\times d_v}$，参数矩阵与行为序列矩阵 $\boldsymbol{E}$ 相乘后得到 $\boldsymbol{Q}$、$\boldsymbol{K}$、$\boldsymbol{V}$ 矩阵：$\boldsymbol{E}\boldsymbol{W}_i^{Q}=\boldsymbol{Q}$、$\boldsymbol{E}\boldsymbol{W}_i^{\boldsymbol{K}}=\boldsymbol{K}$、$\boldsymbol{E}\boldsymbol{W}_i^{\boldsymbol{V}}=\boldsymbol{V}$，其中，$d_k$ 为矩阵 $\boldsymbol{Q}$、$\boldsymbol{K}$ 的列数；d_v 为矩阵 $\boldsymbol{V}$ 的列数，因为 $\boldsymbol{Q}$ 和 $\boldsymbol{K}$ 的转置需要相乘来计算相关性分数，所以两者的列数必须一致，而 $\boldsymbol{V}$ 的列数决定了最终 head_i 矩阵的列数，代表了以多少维的数据来表达 Attention 运算结果。因此有第 i 个 Head 的 Attention 计算结果：

$$\text{head}_i=\text{Attention}(\boldsymbol{E}\boldsymbol{W}_i^{\boldsymbol{Q}},\boldsymbol{E}\boldsymbol{W}_i^{\boldsymbol{K}},\boldsymbol{E}\boldsymbol{W}_i^{\boldsymbol{V}}) \tag{3-98}$$

最终 Multi-Head Attention 的结果为所有 head_i 的组合：

$$\text{Multi-Head}(\boldsymbol{E})=\text{Concat}(\text{head}_1,\cdots,\text{head}_h)\boldsymbol{W}^o,\quad \boldsymbol{W}^o\in\mathbb{R}^{h\cdot d_v\times d_{\text{model}}} \tag{3-99}$$

Multi-Head Attention 的运算过程如图 3-41 所示。

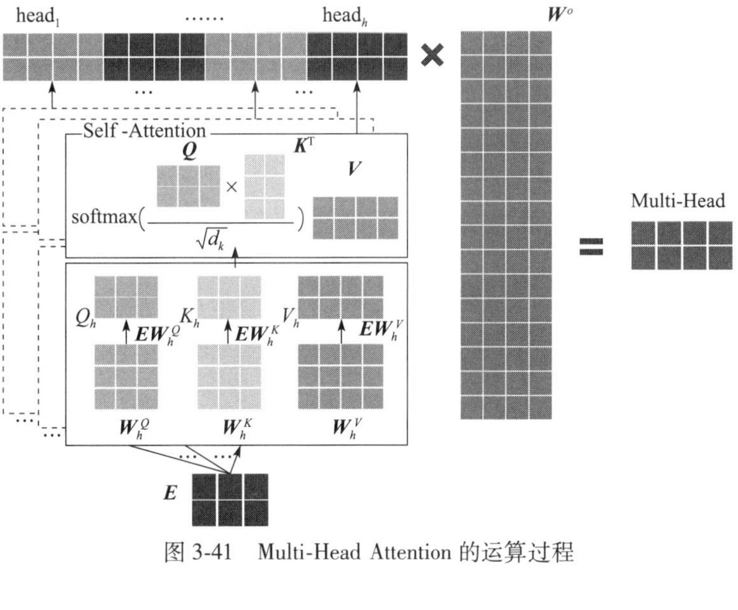

图 3-41　Multi-Head Attention 的运算过程

标准的 Transformer 编码器里还包含了残差模块、Layer Normalization 和前馈神经网络，所以 Transformer 编码器的完整表达如下：

$$\boldsymbol{S}=\text{LayerNorm}(\boldsymbol{E}+\text{MultiHead}(\boldsymbol{E})) \tag{3-100}$$

$$\boldsymbol{Z}=\text{LayerNorm}(\boldsymbol{S}+\text{FNN}(\boldsymbol{S})) \tag{3-101}$$

最终，$\boldsymbol{Z}$ 为经过 Transformer 编码之后的用户兴趣向量表达。在召回侧的建模中，我们通常会把 Transformer 作为一个独立的模块使用，如图 3-42 所示。

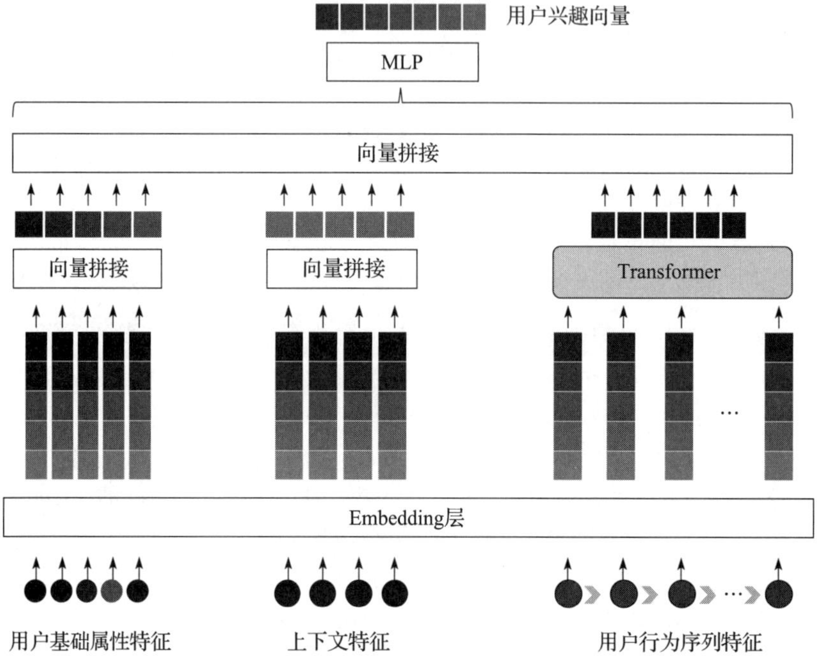

图 3-42　Transformer 编码器作为独立模块的应用

3.5.2 用户多兴趣建模

对于在信息流产品中有丰富行为的活跃用户群体，他们的兴趣偏好常常呈多样性。多个兴趣之间可能存在一定的信息重叠，也可能完全不相关，因此单一兴趣向量建模无法准确、完整地表达用户偏好，更合理的方法是，模型可以基于实际行为序列中包含的信息量自适应地输出兴趣向量个数。

同时，在利用历史行为序列时，不同时间跨度上的行为对兴趣建模的影响也很不一样，通常，用户的长期兴趣会比较稳定，但短期兴趣容易受上下文环境的影响。

因此，从用户兴趣向量表达的角度出发，我们可以有两个方面的优化。

1）基于历史行为的多兴趣抽取。

2）基于长期和短期行为的兴趣融合。

1. 多兴趣抽取

用户的多兴趣抽取建模，有点像在向量空间中对用户行为进行聚类得到 k 个簇心的过程，事实上，业界对这个问题的解法大部分都是基于这个思路的。以论文 *Multi-Interest Network with Dynamic Routing for Recommendation at Tmall*[21] 为例，文中提出的 MIND 模型就是利用了胶囊网络中的动态路由（Dynamic Routing）算法自动学习用户的兴趣划分，而胶囊网络实际上就是一种“软聚类”的方法。

如图 3-43 所示，MIND 首先在模型的输入层通过 Embedding 及 Pooling 层将用户历史交互物品序列及其 Side Info 转换成向量序列，接着在核心部分的多兴趣抽取层（Multi-Interest Extractor Layer）使用胶囊网络（Capsule Network）将用户行为聚类，输出兴趣胶囊（Interest Capsules），并与用户 profile 等特征进行拼接，经过多层全连接网络，得到最终的用户多兴趣向量。在最后的标签感知 Attention 层与 Targeted（目标）物品交互进入损失函数的学习。

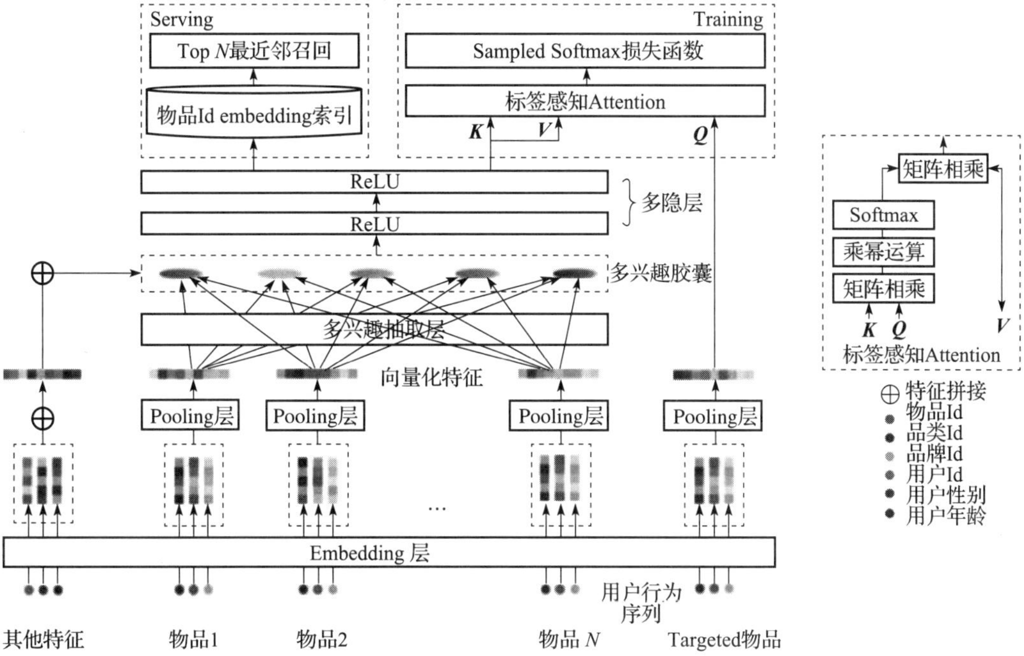

图 3-43　MIND 的模型结构

下面详细介绍胶囊网络在多兴趣建模中是如何工作的。

（1）基于胶囊网络的兴趣聚类

在模型的多兴趣抽取层，我们以用户行为序列 $\{\boldsymbol{e}_1,\boldsymbol{e}_2,\boldsymbol{e}_3\}$ 转换为兴趣向量 $\{\boldsymbol{u}_1,\boldsymbol{u}_2\}$ 为例子，具体介绍胶囊网络的计算迭代过程。

如图 3-44 所示，用户行为序列 $\{\boldsymbol{e}_1,\boldsymbol{e}_2,\boldsymbol{e}_3\}$ 经过一层共享的线性映射 S 得到浅层胶囊 $\{\boldsymbol{e}'_1,\boldsymbol{e}'_2,\boldsymbol{e}'_3\}$，浅层胶囊再经过动态地权重分配（$w_{ij}$ 参数），得到第二层胶囊 $\{z_1,z_2\}$，第二层胶囊代表了用户多兴趣表达的雏形，具体计算方法是按不同的权重对行为序列进行加权求和 $z_j=\sum_{i=1}^{3} w_{ij}\,\boldsymbol{e}'_i$。第二层胶囊经过 squash 函数后得到深层胶囊 $\{\boldsymbol{u}_1,\boldsymbol{u}_2\}$，$\boldsymbol{u}_j=\mathrm{squash}(z_j)$，作为胶囊网络输出的用户多兴趣向量。

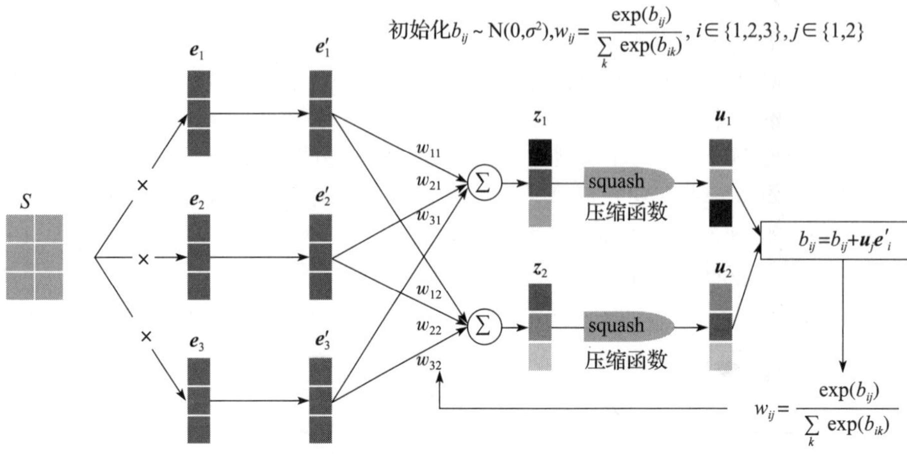

图 3-44 胶囊网络的计算迭代过程

其中，squash 函数的作用是对上一层胶囊进行 $u_j=\frac{\|z_j\|^2}{1+\|z_j\|^2}\frac{z_j}{\|z_j\|}$ 操作，利用 $\frac{z_j}{\|z_j\|}$ 将兴趣向量的模长压缩到［0,1］之间，通过 $\frac{\|z_j\|^2}{1+\|z_j\|^2}$ 对兴趣向量模长进行一定的缩放，起到更快趋向于 1 或者 0 的作用。每一轮迭代完成后，参数都进行如下更新：

$$b_{ij}=b_{ij}+u_je'_i \tag{3-102}$$

$$w_{ij}=\frac{\exp(b_{ij})}{\sum_k \exp(b_{ik})} \tag{3-103}$$

参数的更新逻辑遵循如下的方法：用兴趣向量 u_j 和浅层胶囊 e'_i 的内积累加来更新 b_{ij}，再用 b_{ij} 的归一化值更新相应的动态路由权重值 w_{ij}。从这里可以看到，浅层胶囊 e'_i 与兴趣向量 u_j 的内积越大，在下一轮迭代中，它对 u_j 的贡献权重就越大。

如图 3-45 所示，我们再从“聚类算法”的视角来观察胶囊网络的更新迭代逻辑，$\{\cdots,e'_i,\cdots\}$ 是空间上的点集合，u_j 是聚类结果的簇心，但在动态路由的算法中，e'_i 不会只从属于某一个簇，而是通过动态权重将自己的“能量”分配给所有的簇心，所以属于一种“软聚类”的方法。如果某个兴趣向量 u_j 离某一部分的 e'_i 比较近，那么在迭代过程中从这部分点中分配到的能量会越来越多，离这部分点的距离也会越来越近。同时，在 squash 函数的作用下，向量 u_j 的模长会逐渐趋近于 1。反之，如果兴趣向量离大部分的 e'_i 都很远，那么被分配的能量也会越来越少，离大部分的 e'_i 也会越来越远，模长也会趋向于 0。所以，在最终输出的深层胶囊中，我们用胶

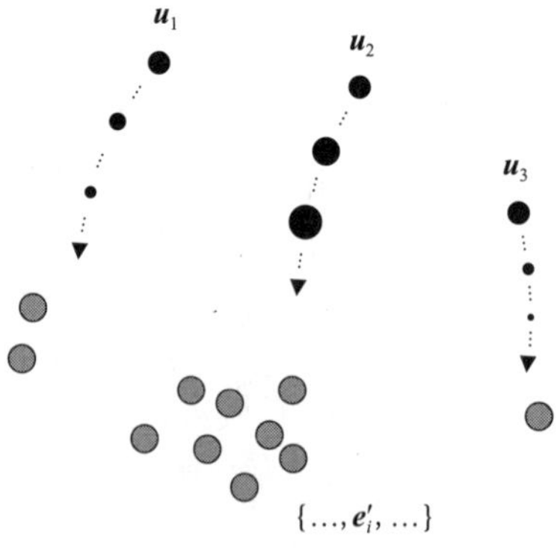

图 3-45 “聚类算法”视角的用户兴趣向量更新

囊向量的模长代表兴趣的概率，而向量的方向代表兴趣的细节信息。

需要注意的是，胶囊网络中的动态路由参数 b_{ij} 并不采用神经网络的反向传播进行更新，而是通过 $b_{ij}=b_{ij}+\boldsymbol{u}_j\boldsymbol{e}'_i$ 的方法进行迭代更新，这也是胶囊网络的动态路由算法的核心。

胶囊网络[22] 是在 2017 年由 Hinton 提出的，最初是用来解决图像算法中底层局部特征在高阶特征中的空间关系，比如，我们不能认为将“一双眼睛、一个鼻子、一张嘴巴、一个轮廓”这些局部特征任意堆叠起来得到一张“脸”的图像，因为这些局部特征之间还需要符合某种空间上的位置关系。同样，在用户兴趣抽取这个业务问题上，行为序列中包含了很多局部细节性的特征，我们希望可以挖掘这些底层特征在更高阶的特征空间中的联系性，得到更抽象的兴趣表达，比如，用户在 feed 流中观看了一系列探险、户外露营、体育赛事相关的视频，背后可能隐含了对运动、旅游以及感官刺激类的内容偏好，这些高阶、抽象的兴趣挖掘，我们期望可以通过胶囊网络实现。

（2）多兴趣处理

回到 MIND 模型的介绍，除了胶囊网络对多兴趣抽取的核心内容，还有几个细节性的问题需要理解，比如，如何自适应地输出用户的兴趣个数。在 MIND 中采用了一种根据用户行为序列长度定义兴趣个数的简单方法：

$$K'_u=\max(1,\min(K,\log_2(|\mathcal{L}_u|)))\tag{3-104}$$

式中，K 为预先设定的超参数；$|\mathcal{L}_u|$ 为用户行为序列长度。实际上，结合我们刚才介绍的深层胶囊的模长代表兴趣置信度的概念，也可以根据兴趣的置信度对胶囊网络的个数进行动态调整，只保留模长较大的兴趣向量。

在最后的 Loss 阶段，我们发现要预测的 label 只有一个，但输出的兴趣却有 K'_u 个。在双塔模型的框架下，会有 K'_u 个内积，所以 MIND 采用了 Label-aware Attention 的方法，将 K'_u 个兴趣向量合并为一个后再与 Targeted 物品进行内积操作。合并的方法是用 Targeted 物品向量作为 Query，将 K'_u 个兴趣向量作为 Key 和 Value 进行加权求和：

$$v_u=\text{Attention}(\boldsymbol{e}_i,\boldsymbol{V}_u,\boldsymbol{V}_u)=\boldsymbol{V}_u\text{Softmax}(\text{pow}(\boldsymbol{V}_u^{\mathrm{T}}\boldsymbol{e}_i,p))\tag{3-105}$$

式中，$\boldsymbol{e}_i$ 为 Targeted 物品的向量；$\boldsymbol{V}_u$ 为多兴趣向量拼接的矩阵。MIND 在 Label-aware Attention 增加了 pow（ * ,p） 函数，表示对输入进行 p 次方运算，其目的是放大或缩小相似程度。具体是放大还是缩小，需要结合业务的实际情况调整参数 p。当 p 设为大于 1 的常量时，表示放大兴趣之间的差异，使得与 Targeted 物品更接近的兴趣向量能得到更大的回传梯度，模型收敛得更快；当 p 小于 0 时，表示缩小兴趣之间的差异，兴趣向量的回传梯度趋于平均，收敛会相对减速。从业务效果看，当 p 大于 1 时容易训练出差异更大、某个兴趣准确度更高的情况；而 p 接近 0 时，则会出现整体兴趣向量接近用户的主干兴趣、整体准确率更高的情况。

Label-aware Attention 的方法在技术上体现的技巧是，既通过向量的融合解决了预测的 Label 无法与用户兴趣对齐的问题，同时，因为线上服务阶段用的是融合之前的多兴趣向量，所以不存在用户与物品过早交互的问题，不影响召回阶段的使用。

事实上，我们从实践中发现，MIDN 中的 Label-aware Attention 并不是唯一的多兴趣处理方法，另一种多兴趣向量的处理方法是从兴趣的独立性角度出发，期望多兴趣向量在模型训练过程中能够各自往不同的方向收敛，兴趣之间形成更合理的区隔度。在这种情况下，我们认为每一条样本的 Label 只跟一个兴趣向量有关，因此我们的处理方法如图 3-46 所示。

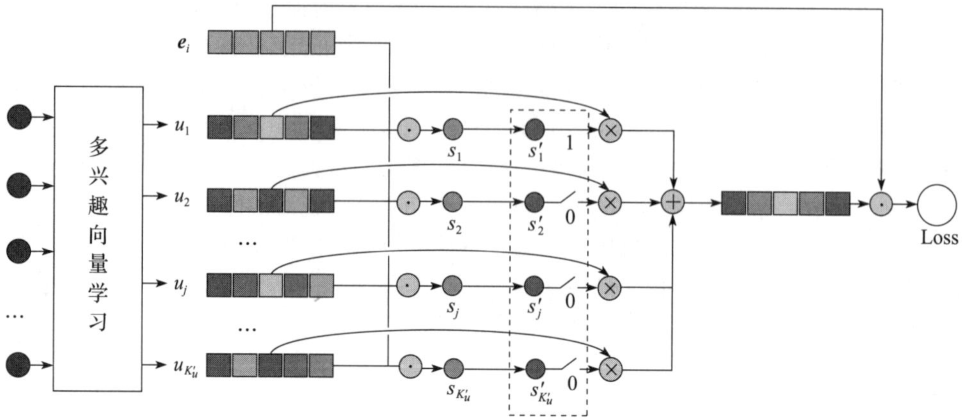

图 3-46　用户多兴趣向量处理

对兴趣向量和 Targeted 物品进行内积 $s_j=\boldsymbol{e}_i\cdot u_j$ 操作后，不再是 Softmax，而是设置了一个门控机制：

$$s'_j=\begin{cases}1 & s_j=\max\{s_1,\cdots,s_j,\cdots,s_{K'_u}\}\\0 & 其他\end{cases} \tag{3-106}$$

在这个门控机制下，只有内积最大的兴趣向量才会进入下一步并与 Targeted 物品进行交互，因此神经网络的反向传播只会在内积最大的向量中进行，其他向量的更新梯度均被置为 0。因此，用户 u 当前的兴趣向量融合输出为 $v_u=\sum_{j=1}^{K'_u}s'_j u_j$，对目标物品的交互概率为：

$$\mathrm{P}(i\mid u)=\mathrm{P}(\boldsymbol{e}_i\mid \boldsymbol{v}_u)=\frac{\exp(\boldsymbol{v}_u\cdot\boldsymbol{e}_i)}{\sum_{j\in \mathrm{I}}\exp(\boldsymbol{v}_u\cdot\boldsymbol{e}_i)} \tag{3-107}$$

目标函数：

$$L=\sum_{(u,i)\in\mathcal{D}}\log\mathrm{P}(i\mid u) \tag{3-108}$$

上述兴趣向量融合处理的方法体现了一种 Mask（掩码）机制，只有与 Targeted 物品内积最大的向量对应的 $\boldsymbol{s}'_j$ 才为 1，其他均为 0，即 $\boldsymbol{v}_u$ 等于跟 Targeted 物品内积最大的兴趣向量，其他兴趣向量在模型参数更新时，权重均为 0。

最终，我们通过模型输出自适应个数的用户兴趣向量，线上预测时，基于用户不同的兴趣向量，各自从物品向量的 ANN 索引中召回 Top N 个物品，融合之后作为兴趣召回的结果。

2. 长短期兴趣融合

如果用户的多兴趣抽取建模是从用户兴趣的表达层面进行思考，那么长短期兴趣的融合则是从兴趣形成的内因角度考虑的建模方法，用户在当前时刻的兴趣通常会同时受到短期和长期行为的影响，但影响的程度和维度会有所差异。比如，某一位日常偏好低价品、喜欢用优惠券的节俭型消费者，在当前时刻会因为某种需要正在选购一个高端商品，但在选购的过程中，他仍然会保留日常的购物决策习惯，尽可能地找到可以使用更多折扣和优惠券的商家进行购买，这就是短期和长期偏好对当前时刻兴趣表达的不同影响。

下面以论文 *Sequential Deep Matching Model for Online Large-scale Recommender System*[23] 为例介绍长短期兴趣融合建模的基本方法。

在论文提出的 SDM 模型中，如图 3-47 所示，显式地将用户的短期和长期行为分开建模，其中 $\boldsymbol{s}_t^u$ 为用户当前时刻基于短期行为输出的兴趣向量，$\boldsymbol{p}^u$ 为长期行为训练的兴趣向量，两者通过融合门（fusion gate）融合输出最终的兴趣向量表达 $\boldsymbol{o}_t^u$。

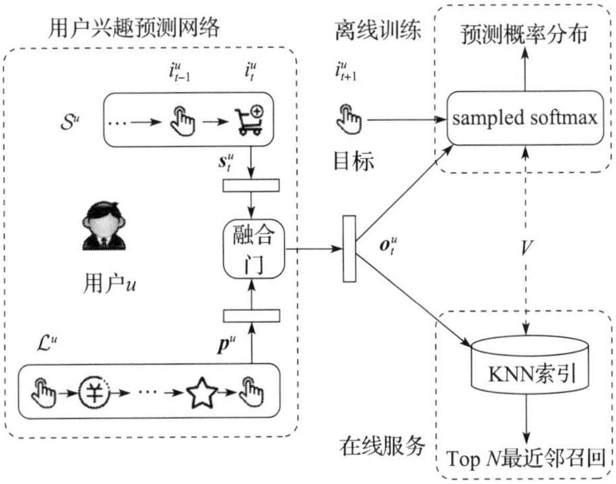

图 3-47　长短期兴趣融合模型

在用户的短期行为兴趣建模上，通过 LSTM 层、Multi-Head Self-Attention 层、User Attention 层，从三个方面捕获用户在最近一个会话（Session）中的兴趣信号，模型如图 3-48 所示。

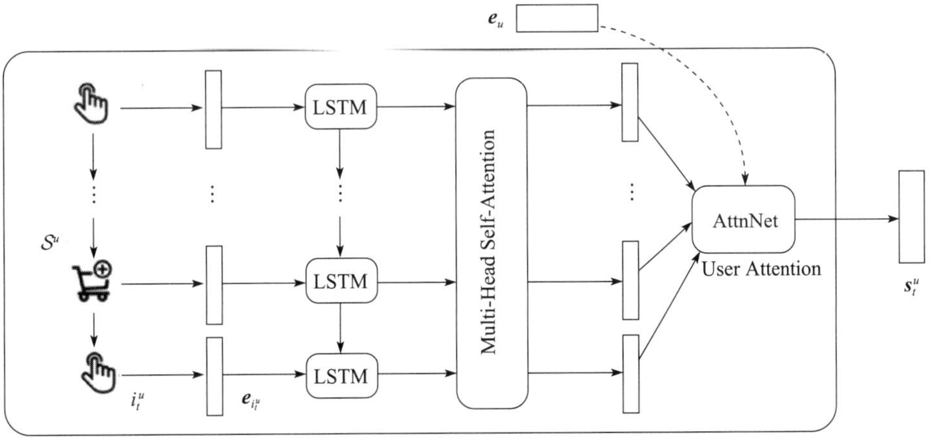

图 3-48　短期行为兴趣模型

首先，通过 LSTM 层挖掘用户会话中兴趣的演化。这里以消费者在电商的购物路径做类比，通常购物决策是从广泛地选品、比价到逐步聚焦到某几个品牌、价位，最终做出购买决策的过程，我们希望 LSTM 能捕获决策过程中细节信号的变化。用户 u 在 t 时刻的交互物品 i 的原始稀疏特征为 i_t^u，经过 Embedding 层得到 $\boldsymbol{e}_{i_t}^u$ 向量，那么基于 LSTM，用户 u 在 t 时刻的兴趣向量可以通过如下公式进行建模：

$$\boldsymbol{in}_t^u=\sigma(\boldsymbol{W}_{in}^1\boldsymbol{e}_{i_t}^u+\boldsymbol{W}_{in}^2\boldsymbol{h}_{t-1}^u+b_{in}) \tag{3-109}$$

$$\boldsymbol{f}_t^u=\sigma(\boldsymbol{W}_f^1\boldsymbol{e}_{i_t}^u+\boldsymbol{W}_f^2\boldsymbol{h}_{t-1}^u+b_f) \tag{3-110}$$

$$\boldsymbol{o}_t^u=\sigma(\boldsymbol{W}_o^1\boldsymbol{e}_{i_t}^u+\boldsymbol{W}_o^2\boldsymbol{h}_{t-1}^u+b_o) \tag{3-111}$$

$$\boldsymbol{c}_t^u=\boldsymbol{f}_t^u\boldsymbol{c}_{t-1}^u+\boldsymbol{in}_t^u\tanh(\boldsymbol{W}_c^1\boldsymbol{e}_{i_t}^u+\boldsymbol{W}_c^2\boldsymbol{h}_{t-1}^u+b_c) \tag{3-112}$$

$$\boldsymbol{h}_t^u=\boldsymbol{o}_t^u\tanh(\boldsymbol{c}_t^u) \tag{3-113}$$

式中，$\boldsymbol{in}_t^u$、$\boldsymbol{f}_t^u$、$\boldsymbol{o}_t^u$ 分别为输入门、遗忘门、输出门；$\boldsymbol{h}_t^u$ 为 t 时刻 LSTM 单元输出，即 t 时刻的用户兴趣向量。

接着，我们通过增加 Multi-Head Self-Attention 层，对 LSTM 层的输出 $\boldsymbol{X}^u=[h_1^u,\cdots,h_t^u]$，即对用户在每个时刻的兴趣向量进行降噪处理：

$$\mathbf{head}_i^u=\text{Attention}(\boldsymbol{W}_i^Q\boldsymbol{X}^u,\boldsymbol{W}_i^K\boldsymbol{X}^u,\boldsymbol{W}_i^V\boldsymbol{X}^u) \tag{3-114}$$

$$\hat{\boldsymbol{X}}^u=\boldsymbol{W}^O\text{concat}(\mathbf{head}_1^u,\cdots,\mathbf{head}_h^u)=[\hat{\boldsymbol{h}}_1^u,\cdots,\hat{\boldsymbol{h}}_t^u] \tag{3-115}$$

另外，我们在 Target Attention 中也介绍过，不同类型的消费者对物品的不同细节会有不同的敏感度，比如有些消费者更看重品牌，有些消费者则更看中性价比，在视频消费中，有些用户容易被明星吸引，有些用户则更容易被故事情节吸引，因此将用户属性特征与行为进行 User Attention，能为模型带来的信息增益如下：

$$a_k=\frac{\exp(\hat{\boldsymbol{h}}_k^{u\,\mathrm{T}}\boldsymbol{e}_u)}{\sum_{j=1}^{t}\exp(\hat{\boldsymbol{h}}_j^{u\,\mathrm{T}}\boldsymbol{e}_u)} \tag{3-116}$$

$$\boldsymbol{s}_t^u=\sum_{k=1}^{t}a_k\hat{\boldsymbol{h}}_k^u \tag{3-117}$$

式中，$\boldsymbol{e}_u$ 代表用户属性的特征向量；$\boldsymbol{s}_t^u$ 为用户 u 最终的短期兴趣输出。

模型对长期兴趣的处理有所差异，长期行为兴趣模型如图 3-49 所示。对历史交互物品 Id 及相关 Side Info 特征，不同于 EGES 里通过 Pooling 方式融合为一个向量，而是各自构建独立的序列，并各自与用户属性特征进行 User Attention 操作（即图 3-49 中的 AttnNet 模块），得到独立的输出结果：

$$a_k=\frac{\exp(\boldsymbol{g}_k^{u\,\mathrm{T}}\boldsymbol{e}_u)}{\sum_{j=1}^{|L_f^u|}\exp(\boldsymbol{g}_j^{u\,\mathrm{T}}\boldsymbol{e}_u)} \tag{3-118}$$

$$\boldsymbol{z}_f^u=\sum_{k=1}^{|L_f^u|}a_k\boldsymbol{g}_k^u \tag{3-119}$$

式中，$\boldsymbol{L}_f^u$ 为特征 f 的长期行为序列；$\boldsymbol{g}^u$ 为对应的向量序列；$\boldsymbol{z}_f^u$ 为特征 f 与用户属性特征 $\boldsymbol{e}_u$ 进行 Attention 后的结果，最终将所有特征拼接后经过一层 MLP 输出长期行为向量：

$$\boldsymbol{p}^u=\tanh(\boldsymbol{W}^p(\text{concat}(\boldsymbol{z}_f^u\,|f\in F))+b) \tag{3-120}$$

基于短期和长期兴趣，模型构造了 fusion gate，通过门机制对 $\boldsymbol{e}_u$、$\boldsymbol{s}_t^u$ 和 $\boldsymbol{p}^u$ 进行融合：

$$G_t^u = \text{sigmoid}(\boldsymbol{W}^1\boldsymbol{e}_u + \boldsymbol{W}^2\boldsymbol{s}_t^u + \boldsymbol{W}^3\boldsymbol{p}^u + b) \tag{3-121}$$

$$\boldsymbol{o}_t^u = (1 - G_t^u) \odot \boldsymbol{p}^u + G_t^u \odot \boldsymbol{s}_t^u \tag{3-122}$$

式中，G_t^u 决定了长短期兴趣的贡献度；$\boldsymbol{o}_t^u$ 为用户最终的兴趣输出。

事实上，我们在兴趣建模时，常常需要同时考虑用户的长期和短期行为中同时存在多兴趣的情况，不同的短期兴趣会受到长期兴趣的不同程度的影响。因此，我们可以综合本节的建模思路，在 SDM 里的长短期兴趣模块中，各自应用胶囊网络构建多兴趣表达，然后对各自构建的长期多兴趣和短期多兴趣，通过 Attention 的方式进行融合，最终产出多兴趣，每一个兴趣均来自短期和长期的多兴趣的不同权重的融合，具体建模细节可以综合本节内容进行思考。

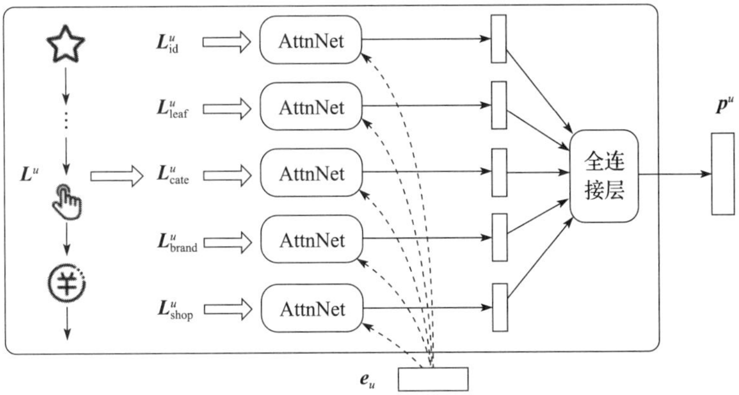

图 3-49　长期行为兴趣模型

3.5.3　序列建模总结

综合本节内容，用户行为序列召回建模的方法可以统一抽象为如下的范式：以双塔模型为基本框架，对用户塔应用序列建模方法，用户塔和物品塔通过交互层的相似性度量进行 Loss 的优化，行为序列建模统一算法框架如图 3-50 所示。

对用户塔进行序列建模时，首先，在特征输入层需要进行相关特征的预处理，包括用户行为会话的划分策略，以及基于前期的数据分析工作确定加入哪些用户属性及上下文相关的 Side Info 特征。

在特征编码层，可以选择是否对序列的位置信息进行编码，然后作为独立特征参与到模型中，即 Positional Encoding，通常有绝对位置编码和相对位置编码两种，通过位置编码加强用户行为的偏序关系对兴趣抽取的影响。

特征组合层的重点工作是对 Side Info 特征进行处理，一般我们将物品 Id 和相应的 Side Info 进行 Average Pooling 操作，然后作为完整的物品特征向量进入下一层模型，也可以将 Side Info 和物品 Id 并列为独立的序列使用。

兴趣编码层是序列建模的最核心部分，本节介绍了一系列建模的方法，包括利用 Pooling 挖掘关键兴趣、基于 CNN 挖掘局部连续特征、基于 GRU 挖掘兴趣在时序上的演进、基于胶囊网络抽取用户多峰兴趣等，这些方法之间并不存在绝对衡量标准上的优劣关系，我们需要根据业务的实际情况找到最合适的方法。

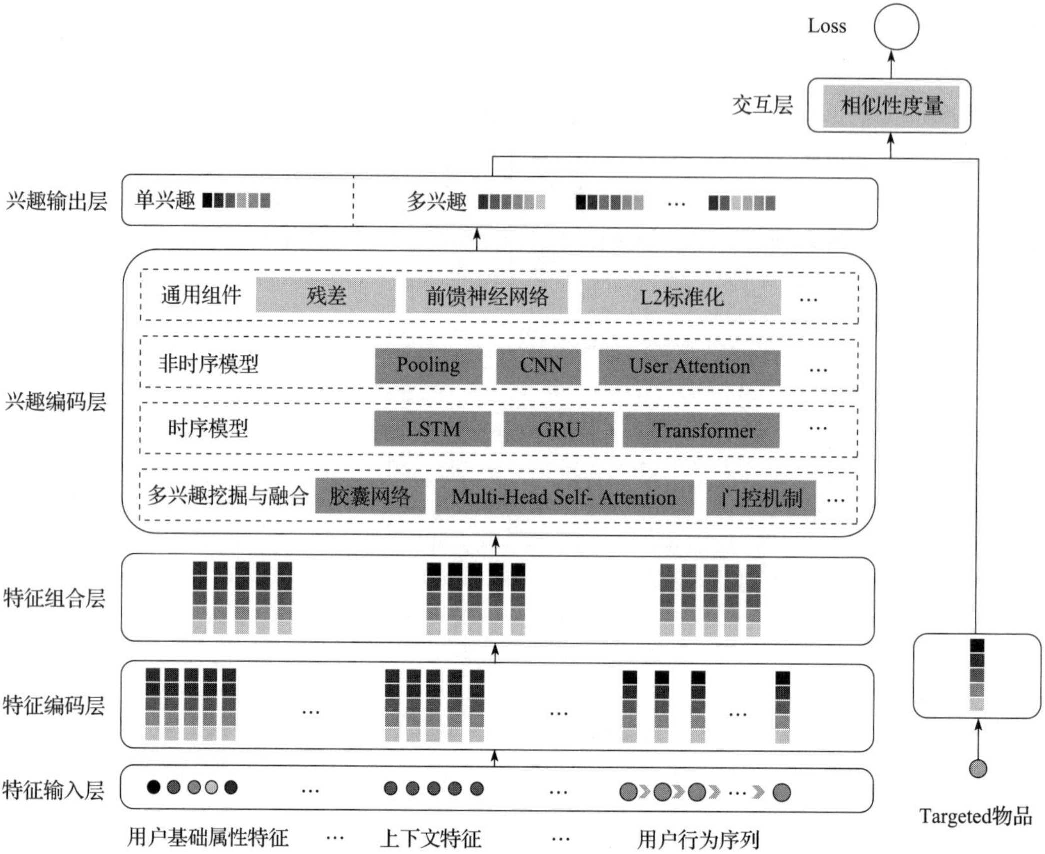

图 3-50 行为序列建模统一算法框架

基于过去的实践经验，在兴趣编码层中，我们还会增加残差模块及一定的 MLP 层来增加模型的学习能力，同时会对输出向量进行 L2 标准化以加快模型收敛的速度。

在兴趣输出层，模型会输出用户的单个或者多个兴趣向量。在训练阶段，兴趣向量会输入交互层，与 Targeted 物品交互后再和样本的 Label 进行 Loss 的优化。在 Serving 阶段，兴趣输出层的输出直接作为实时产出的用户兴趣表达。

在交互层，用户塔和物品塔的输出通过余弦或者内积运算后与样本的 Label 进行 Loss 优化，如果用户塔输出的是多兴趣向量，那么还需要进行预处理，我们可以通过多兴趣向量和 Targeted 物品进行 Attention，然后加权求和，得到唯一的向量再与物品塔向量进行交互，也可以采用 Mask 的方法，每次多兴趣中只与 Targeted 物品内积最大的向量进行梯度更新，其他的向量都被 Mask 掉。

以上便是用户行为序列建模的整体算法框架。随着深度学习的建模方法更加深入业务细节，行为序列建模在推荐系统中已成为召回算法优化的一个重要方向，对比传统的基于评分矩阵的 i2i 类的召回算法，行为序列建模能充分利用在时序上“用户兴趣变化及演进”的动态特征，更符合用户消费行为的决策过程，也更加具有实际的业务意义。

3.6 本章小结

本章对召回阶段的算法进行了系统性的介绍，在推荐系统的演进过程中，最早应用个性化推荐的电商平台随着业务发展，以及用户和物品爆炸式的增长，单一的协同过滤推荐很难在多样性和精准度上同时满足需求，于是，以协同过滤为主导的召回算法和以 LR 为主导的排序算法被解耦并拆解为两个串行的独立阶段各自发展。

召回算法对应的英文术语为 Matching，很形象地说明了它的核心作用：从全量的物品池中匹配用户的兴趣偏好内容，输送给排序模型，生成推荐列表。因此，召回算法的质量直接决定了整个推荐系统业务效果的天花板。

为了更快速、准确、全面地匹配用户兴趣偏好内容，也出于工程效率的考虑，召回算法被进一步优化为多路并行的策略。对比搜索，推荐的召回因为没有用户需求的显式表达，所以通常需要从用户画像、短中长期行为去设计召回的路由，每一路都从各自不同的维度尽可能地召回更多正确的结果。在技术上，协同过滤也发展出了 i2i、u2i、i2i2i、tag2i 等一系列方法，通常这些不同的协同过滤方法在不同的业务场景下会有各自的侧重点。

在召回算法持续发展的过程中，为解决传统协同过滤算法头部效应过于明显、稀疏数据处理能力弱、缺乏泛化能力的问题，矩阵分解的思想被引入推荐建模中，它基于协同过滤的共现矩阵将用户和物品投影到同个隐向量空间，并使用隐向量来表达用户偏好和物品属性。在随后的阶段中，矩阵分解作为高阶版本的协同过滤技术成为主流推荐召回算法而被广泛采用。

在协同过滤和矩阵分解中，用户和物品的交互行为被抽象成了二维的评分矩阵，这种建模方式限制了对高阶交互关系的信息挖掘，于是，基于用户和物品交互行为构建图、基于图挖掘高阶相关性的方法被提出，如 Simrank、Swing 等。

矩阵分解同时也是深度学习推广到推荐算法领域最早期的优化切入点，因为随着业务场景复杂化，用户和物品交互行为的复杂度和丰富度进一步提升，应用矩阵分解进行个性化推荐的缺陷被人们看得越来越清楚，它的性能受限于以“内积”作为交互函数，因为内积这种对隐向量的线性运算不足以捕捉复杂的偏好信息，因此以 NCF 为代表的深度学习矩阵分解方法尝试采用非线性的多层神经网络来代替内积计算，在深度学习的早期阶段成了一个非常有效的创新。

矩阵分解的核心思想是用隐向量来表达用户和物品，这里已经包含了向量化建模的思想，但协同过滤和矩阵分解都没有考虑用户、物品和上下文本身的特征。随着 Embedding 技术的发展，召回技术也开始朝着模型化 Embedding 的方向演进。

模型化 Embedding 方法有两个重要的技术方向，一个是从 Item2vec 延伸的语义向量表示学习方法，另一个是以图为基础的代表节点空间相似性的向量学习方法。

Item2vec 将用户交互物品序列作为语料训练 Word2vec 模型。在实际建模中，它既可以将行为序列中的物品作为“中心词”，模仿 Word2vec 通过滑动窗口得到“上下文词”并作为正样本，也可以将行为序列视为集合，通过集合中的物品共现关系构建正样本。接着通过 Negative Sampling 等方式构建负样本，并最终通过极大似然估计的方法训练物品 Embedding。

Graph Embedding 的思路是以交互行为为边构建的物品图为语料训练物品向量，训练的方法通常分两类：一类以各种游走算法为基础，利用游走策略从图中对物品序列进行采样，并以此为语料利用 Word2vec 进行训练；另一类以图卷积为基础进行向量的训练。

以用户历史交互物品作为 trigger 进行的向量化召回，通常只能命中用户的局部兴趣（或者阶段性兴趣），而持续强化用户的局部兴趣容易形成推荐的信息茧房，因此我们需要对用户兴趣偏好的全貌有足够的建模能力，因此也延伸出了向量化用户兴趣的建模方式，并诞生了当前阶段应用最广泛的双塔模型。

双塔模型通常以预测用户下一个交互物品（Next Item Recommendation）为学习目标，这点与用户从选品到转化的消费决策过程非常吻合，并且因为双塔模型的相似度表达简洁直观，线上快速 Serving 的方式与召回场景海量候选池的特点和低延迟的要求高度契合，截至当前，双塔模型及基于它的各种改进算法仍然是工业界推荐系统召回模型的不二选择。

召回阶段的双塔模型改进方法通常有两种，一种是优化特征输入层的信号传递质量，另一种是优化双塔内部网络结构。

优化特征输入层的信号传递质量的方法是对特征进行信号强度的差异化建模，输入的特征不再以词袋模型（Bag of Words，BOW）的方式“平等”地交给多层神经网络进行处理，而是通过一层特定的网络（如 SENet）来专门训练特征对最终兴趣匹配度的重要性，通过特征重要性来差异化信号传递，避免强势特征在训练过程中被噪声污染和损耗。

优化双塔内部网络结构的方法是在用户侧引入行为序列建模的方法。所谓的行为序列建模，是指在构建用户兴趣向量时，以用户行为序列为核心特征，以用户画像、物品画像信息为辅助特征，充分考虑兴趣在时序上的变化，比如，通过 Pooling 方法挖掘用户主干兴趣，通过 CNN 方法挖掘行为中的局部特征，通过 RNN 方法挖掘用户兴趣的演进，通过 Attention 方法挖掘历史交互物品之间、交互物品与用户画像特征之间的相关性。用户在实际场景中往往表现出兴趣的多样性，因此也延伸出一些对用户多兴趣的建模方法，比如 MIND、胶囊网络等。

参考文献

[1] GOLDBERG D，NICHOLS D，OKI B M，et al. Using collaborative filtering to weave an information tapestry [J]. Communications of the ACM，1992，35（12）：61-70.

[2] YANG X，ZHU Y，ZHANG Y，et al. Large scale product graph construction for recommendation in e-commerce [EB/OL].（2020-10-22）[2022-01-05]. https://arxiv.org/abs/2010.05525.

[3] CLINE A K，DHILLON I S. Computation of the singular value decomposition [M] //Handbook of Linear Algebra. New York：Chapman and Hall/CRC，2006.

[4] KOREN Y，BELL R，VOLINSKY C. Matrix factorization techniques for recommender systems [J]. Computer，2009，42（8）：30-37.

[5] HE X，LIAO L，ZHANG H，et al. Neural collaborative filtering [C] //Proceedings of the 26th International Conference on World Wide Web. Republic and Canton of Geneva：International World Wide Web Conferences Steering Committee 2017：173-182.

[6] MIKOLOV T，CHEN K，Corrado G，et al. Efficient estimation of word representations in vector space [J].（2013-01-16）[2021-10-05]. https://arxiv.org/abs/1301.3781.

[7] BARKAN O，KOENIGSTEIN N. Item2vec：neural item embedding for collaborative filtering [C] //2016 IEEE 26th International Workshop on Machine Learning for Signal Processing（MLSP）. Manhattan：IEEE，2016：1-6.

[8] COVINGTON P, ADAMS J, SARGIN E. Deep neural networks for YouTube recommendations [C] //Proceedings of the 10th ACM Conference on Recommender Systems. New York: Association for Computing Machinery, 2016: 191-198.

[9] HUANG P S, HE X, GAO J, et al. Learning deep structured semantic models for web search using clickthrough data [C] //Proceedings of the 22nd ACM International Conference on Information & Knowledge Management. New York: Association for Computing Machinery, 2013: 2333-2338.

[10] ELKAHKY A M, SONG Y, HE X. A multi-view deep learning approach for cross domain user modeling in recommendation systems [C] //Proceedings of the 24th International Conference on World Wide Web. New York: Association for Computing Machinery, 2015: 278-288.

[11] YI X, YANG J, HONG L, et al. Sampling-bias-corrected neural modeling for large corpus item recommendations [C] //Proceedings of the 13th ACM Conference on Recommender Systems. New York: Association for Computing Machinery, 2019: 269-277.

[12] JEH G, WIDOM J. Simrank: a measure of structural-context similarity [C] //Proceedings of the 8th ACM SIGKDD International Conference on Knowledge Discovery and Data Mining. 2002: 538-543.

[13] PEROZZI B, AL-RFOU R, SKIENA S. Deepwalk: Online learning of social representations [C] //Proceedings of the 20th ACM SIGKDD International Conference on Knowledge Discovery and Data Mining. New York: Association for Computing Machinery, 2014: 701-710.

[14] TANG J, QU M, WANG M, et al. Line: Large-scale information network Embedding [C] //Proceedings of the 24th International Conference on World Wide Web. New York: Association for Computing Machinery, 2015: 1067-1077.

[15] GROVER A, LESKOVEC J. node2vec: Scalable feature learning for networks [C] //Proceedings of the 22nd ACM SIGKDD International Conference on Knowledge Discovery and Data Mining. New York: Association for Computing Machinery, 2016: 855-864.

[16] WANG J, HUANG P, Zhao H, et al. Billion-scale commodity embedding for e-commerce recommendation in alibaba [C] //Proceedings of the 24th ACM SIGKDD International Conference on Knowledge Discovery & Data Mining. New York: Association for Computing Machinery, 2018: 839-848.

[17] YOON Kim. Convolutional Neural Networks for Sentence Classification [C] //Proceedings of the 2014 Conference on Empirical Methods in Natural Language Processing (EMNLP). Doha: Association for Computional Linguistics, 2014.

[18] CHO K, VAN MERRIËNBOER B, GULCEHRE C, et al. Learning phrase representations using RNN encoder-decoder for statistical machine translation [C] //Proceedings of the 2014 Conference on Empirical Methods in Natural Language Processing (EMNLP). Doha: Association for Computional Linguistics, 2014.

[19] ZHOU G, MOU N, FAN Y, et al. Deep interest evolution network for click-through rate prediction [C] //Proceedings of the AAAI Conference on Artificial Intelligence. New York: Association for Computing Machinery, 2019, 33 (01): 5941-5948.

[20] VASWANI A, SHAZEER N, PARMAR N, et al. Attention is all you need [J]. Advances in Neural Information Processing Systems. 2017, 30.

[21] LI C, LIU Z, WU M, et al. Multi-interest network with dynamic routing for recommendation at Tmall [C] //Proceedings of the 28th ACM International Conference on Information and Knowledge Management. New York: Association for Computing Machinery, 2019: 2615-2623.

[22] SABOUR S, FROSST N, HINTON G E. Dynamic routing between capsules [J]. Advances in Neural Information Processing Systems, 2017, 30.

[23] LV F, JIN T, YU C, et al. SDM: Sequential deep matching model for online large-scale recommender system [C] //Proceedings of the 28th ACM International Conference on Information and Knowledge Management. New York: Association for Computing Machinery, 2019: 2635-2643.

[24] JEAN S, CHO K, Memisevic R, et al. On using very large target vocabulary for neural machine translation [EB/OL]. (2014-12-05)[2021-11-15]. https://arxiv. org/abs/1412. 2007.

[25] JOHNSON J, DOUZE M, JÉGOU H. Billion-scale similarity search with gpus [J]. IEEE Transactions on Big Data. 2021, 7 (3): 535-547.

[26] VAN DER MAATEN L, HINTON G. Visualizing data using t-SNE [J]. Journal of Machine Learning Research. 2008, 9 (11).

CHAPTER 4

第4章 粗排算法

粗排阶段的算法介于召回和精排之间，在推荐链路中起着承先启后的作用。在通常的大型推荐系统里，各召回路由召回的物品总量可以达到“万”的量级，粗排的作用是精排之前的内容预筛选，将万级别的召回物品量过滤至几百到上千的量级，为精排模型减轻负担的同时尽量不损失线上效果，因此，粗排算法的定位天然就是一个算力消耗和排序精准度权衡（Trade Off）的建模问题。

4.1 粗排的定位和重要性思考

粗排在推荐算法的各阶段模型中，并不是必需的选项，长期以来在工业界的落地实践中受到的关注度和技术发展程度也远不如召回和精排算法，粗排夹在召回跟精排之间。通常随着推荐系统的发展，我们希望通过提升召回物品的丰富度来增加排序和重排模块的探索空间（或者随着业务的发展，业务域的扩大，以及时效性要求、生态建设等业务目标的多样化使得召回路由自然而然地持续扩大），而增加的召回量如果直接落到精排上就会限制精排往复杂网络、海量参数方向的发展，所以才发展了粗排来承担预筛选的工作。因此，相比于精排，粗排的定位是计算开销，而对比召回，粗排的定位是排序能力，但粗排的排序能力与精排有所区别，粗排强调的不是头部的排序能力，而是中长尾的排序能力，也就是说，粗排模型最高分的物品可以不是精排模型最高分的物品，但粗排中低分的物品必须是精排的低分物品，因为粗排强调的是通过预筛选把“最不靠谱”的物品过滤掉后，把头部物品的挖掘工作留给“高精尖”的精排模型。

目前主流的粗排建模技术方案，按照它与召回和精排模型之间的联系紧密度，可以分为两个方向。

1）第一个方向是把粗排当成“后召回”阶段的召回物品统一融合截断方法的延伸，多路召回模型里，在每一路都是独立的建模方法，因此，不同召回模型的打分往往不具有可比性，在这种情况下推荐系统怎么合理分配每一路的召回数量，各路召回融合、去重后如何截断呢？所以，这条技术路线里粗排最大的意义在于构建统一的度量标准来客观评判每一个召回物品的预期效果。常用的方式是，通过简单模型或者浅层的神经网络来作为打分函数对召回后的融合结果进行截断。总体来说，这条技术路线最大的优点是模型简单、算力消耗小、上线灵活，缺点是模型的表达能力有限，效果优化容易陷入瓶颈。

2）第二个方向是从排序模型的定位出发，把粗排当成精排的简化和压缩版本，它的建模目标与精排保持一致，并通过知识蒸馏等方法，将精排模型中的优质特征、复杂网络结构拟合出一个简化版，这类方法的好处是模型的表达能力强，且精、粗排一致性和联动性好。但同时它的缺点也比较明显，相对于第一个方向中的简单模型，它的算力消耗会成倍增加。因此，这个方向的关键问题是如何在有限的算力下尽可能地增强模型表达能力。

粗排算法在通过增加复杂度来提升模型表达能力方面也经历了多个阶段的发展历程。

1）第一个阶段是以物品质量分、热度分、流行度预测等模型为代表的非个性化离线评估方法，这个阶段的建模方法基本是以数据挖掘、统计归纳为主要技术手段，给物品构建一套系统、完整的评价指标体系并归纳总结为一个综合性的指标来作为量化评判的标准，其模型的主要特点是离线、静态、非个性化。

2）第二个阶段是以 LR、GBDT 为典型代表的传统机器学习 CTR 预估模型，其模型特点非常符合粗排的定位：同时兼顾了一定的个性化表达能力和较小的算力消耗。尤其是 LR，还能通过简洁的 FTRL 算法框架很便捷地落地实施在线学习的能力，对比第一阶段的模型是一个质的飞跃。

3）第三个阶段过渡到了深度学习模型的主场，包括基于向量内积的双塔模型等一系列迭代优化算法，以及基于复杂精排大模型的各自的知识蒸馏方法，这两个方向也是目前粗排建模应用最广泛的方法。

综上所述，在实践中不管采用哪种建模方法，粗排在推荐中扮演的角色始终是精排的预筛选，所以我们需要注意的是，粗排优化目标理论上应该和精排保持一致，这样才能保证精排从粗排返回的结果中选出的 Top N 一定是结果最优的，也就是精、粗排一致性。

在本章中，我们将详细介绍粗排建模主要方法的核心概念和相关理论知识。

4.2 前深度学习时代的粗排

前深度学习时代的粗排，通常以多路召回结果的统一融合截断方法为主要技术定位，所以会选择以某一个关键业务指标作为算法优化目标进行（个性化或者非个性化的）建模，最后用模型的预测打分分数对召回结果进行排序和截断，选取 Top N 送往精排阶段。

4.2.1 非个性化离线评估模型

以非个性化离线评估模型作为粗排算法，是指电商、视频、资讯等 APP 都会为平台上所有的物品构建一个统一、全面的评估指标体系，来作为物品的质量好坏或者受欢迎程度的衡量标准。物品离线评估模型的建模角度，可以是以多维度离线指标评估物品的质量分，可以是通过用户与物品的交互频次及时间衰减来体现的动态热度分，也可以是基于历史数据预测未来人气值的预测模型。

需要注意的是，一个合理的物品离线评估模型通常并不仅仅只适用于推荐系统，也可以作为搜索引擎排序、数据化运营等其他场景中的物品基础分值，满足业务对物品的排序、筛选、过滤的需求，所以为了模型性能及与推荐系统解耦的综合考虑，通常是独立建模、离线更新的机制，更新频度可以是小时级的更新，也可以是 $T+1$ 的隔天更新。离线评估模型的优势是极大节省了线上预测的算力消耗，部署、更新机制灵活，但缺点是对业务变化的感知滞后，内容冷启动能力弱，评分缺乏个性化。

1. 物品质量分模型

物品质量分模型是一种基于多维指标综合评定物品质量的模型，它体现的是物品在平台市场中的商业价值以及对消费者的需求满足程度。质量分通常采用的建模方法是通过合理的业务规则和专家经验，基于数据挖掘的方法构建一个物品评定的标准化分数，来作为推荐、搜索场景里通用的过滤、排序的基础分值。出于对质量评判标准的健壮性和稳定性考量，一个物品的质量分必须在一定的频率和幅度下更新，既不应该在短时间内发生剧烈波动，也不能像用户画像里的静态标签一样在一段时间内一成不变，一般会采用 $T+1$ 更新的机制。所以，物品质量分通常必须符合两个重要的特性。

1）健壮性。质量分代表的是物品的综合质量，因此不允许通过只增加单一或者极少数几个指标持续地线性增长，否则质量分模型容易被“攻击”，比如电商场景里通过“刷单”“刷好评”来提升质量分的作弊行为。

2）保序性。在保证健壮性的基础上，物品的质量分要有足够的区分度和排序性，高分和低分的物品在人气、转化率等与质量正相关的关键指标上要有足够显著的差异。

质量分的建模流程可以概括为三个关键步骤。

1）基于当前业务场景的特点，分析并确认质量分的相关影响因子。我们以电商场景为例来说明影响因子的确认过程，商品质量的好坏通常会体现在售前、售中、售后三个阶段的业务表现上（Business Performance），并且质量分影响因子会同时作用于产品的消费体验和平台治理两个方面。消费体验方面的影响因子通常是指售前的人气、售中的转化效果、售后的满意度，而平台治理方面的影响因子通常是指售前的合规性以及售后的评价体系等。因此，综合上述两个方面的多种因素，我们最终定义了转化效果、商品属性、商品售后、店铺人气、店铺服务 5 个影响因子，作为质量分的 5 个评判维度，同时，对每个评判维度都展开定义了相关的关键指标，见表 4-1。

表 4-1 质量分影响因子

评判维度	关键指标
转化效果分	点击率、下单转化率、购买 UV、客单价
商品属性分	标题合规、图片合规、图像像素分
商品售后分	好评率、退款率
店铺人气分	店铺销量、粉丝数
店铺服务分	店铺好评率、店铺退款率

2）指标的数据预处理。原始数据中通常会存在一定的噪声，无法直接用于指标统计，不同评判维度下的不同指标之间也存在量纲上的差异，因此我们需要一些基础性的数据预处理工作来解决这两个方面的问题。这里我们可以借鉴和采用协同过滤数据预处理中的相关技术方法，包括指标降噪、内部归一、时间衰减处理等。同时，针对冷门物品样本量不足引起的点击率等比率类指标的置信度低的情况，可以采用相关的校准方法。这两部分数据处理方法我们会在第 8 章详细介绍。合理的关键指标预处理是最终质量分模型的评判客观性的重要基础，同时，指标的降噪、归一、时间衰减等处理可以有效地避免因“刷单”“刷好评”等作弊行为引起质量分的异常增长，保障质量分的健壮性。

3）定义不同关键指标的权重，将评判指标体系融合为最终的商品质量分，这一步的关键点是如何量化定义指标权重，我们同样可以参考第 8 章中协同过滤算法的多维度反馈行为融合的权重定义方法。其中一种是主观赋权法，从业务专家的视角出发，基于过往的实践经验，直接对每个指标赋予合理的权重，在主观赋权法里，也可以更进一步地干预数据预处理的逻辑，使之更符合实践经验。在表 4-2 的例子中，我们基于某个电商平台的业务现状，对相关的转化类、人气类指标进行分层分档处理，对合规性、满意度指标直接制定阈值进行分段处理，对每个档位、每个分段给予合理的分值，并结合关键负向指标设定适当的惩罚项，最终形成了一个基于主观赋权法的专家模型。

表 4-2 基于主观赋权法的质量分

评判维度	分数	指标
转化效果分	30	对转化相关指标进行分档，分 10 档，每档累积增加 3 分
商品属性分	20	标题或图片不合规各扣 10 分，图像像素低扣 5 分
商品售后分	10	好评率低于 90%或退款率高于 20%扣 5 分
店铺人气分	20	对人群相关指标进行综合分档，分 10 档，每档累积增加 2 分
店铺服务分	20	好评率低于 90%或退款率高于 20%扣 5 分
总分	100	累加上述 5 分项分数 标题和图片均不合规，再扣 20 分 店铺好评率低于 80%，退款率高于 30%，再扣 10 分

主观赋权法的好处是可解释性好、落地实施简单、充分贴近当前业务现状，缺点是对人工规则的依赖性强，模型的迭代升级不够灵活。借鉴协同过滤中多维度反馈行为的融合方法，我们还可以采用 AHP、熵权法等方法，具体请读者参考第 8 章。

2. 物品热度分模型

质量分模型通常在电商领域应用较多，而在新闻、资讯、视频等内容消费场景，我们更倾向于使用内容的“热度”作为推荐、搜索排序的内容质量打分模型。内容的热度代表当前受欢迎的程度，也就是“人气值”，在信息流产品中常见的产品形态，如微博的热搜榜、百度的热搜词、论坛帖子排序都是典型的热度分模型的应用。

热度分的建模思想最初来源于热力学中的牛顿冷却定律，在定律所描述的物理现象中，将一杯热水放在常温环境里，随着时间的推移，热水会向温度更低的环境持续传递热量，热水与环境的温差越大，热量传递速度越快，随着水温和环境温度的逐步接近，热量传递速度逐步减慢，直至二者的温度达到平衡。所以，牛顿冷却定律定义了水在自然冷却的过程中，温度与时间的函数关系：

$$T_t = H + (T_0 - H) \cdot e^{-\alpha \cdot (t - t_0)} \tag{4-1}$$

式中，T_t 代表 t 时刻的水温；T_0 代表水的初始温度；H 代表室温；α 代表冷却系数；$t-t_0$ 代表 t 时刻距初始时刻 t_0 的时间差。冷却定律所描述的物理现象很像一个信息流的资讯内容从发布到最后被遗忘的热度变化过程，但有所不同的是，资讯内容的热度变化比热水冷却多了一个变量：用户的阅读、评论、转发等交互行为会在一段时间内继续推高内容的热度，相当于对杯子继续加热的动作。所以，资讯内容热度在时间线上的变化过程如图 4-1 所示。

因此，我们借鉴牛顿冷却定律的公式，对信息流产品中的物品在时刻上的热度变化，用迭代公式表示：

$$T_{t+1}=T_t \cdot \mathrm{e}^{-\alpha \cdot \Delta t}+\Delta T \qquad (4\text{-}2)$$

式中，T_t、T_{t+1} 分别表示物品在 t 和 $t+1$ 时刻的热度；α 代表冷却系数；Δt 代表从 t 到 $t+1$ 时刻的时间差（根据业务场景自身的特点可以是天数或者小时数）；ΔT 表示从 t 到 $t+1$ 时间段内用户交互行为带来的热度提升值。所以每一个时刻的变化量，都是热度值分数在冷却系数作用下的衰减和用户交互带来的热度提升的叠加作用，当新物品发布后，部分高质量物品短时间内用户交互带来的热度提升远超过“自然冷却”的衰减作用，物品热度分持续上升，一段时间后，用户交互量下降，“自然冷却”作用占了主导作用，物品的热度持续下降。

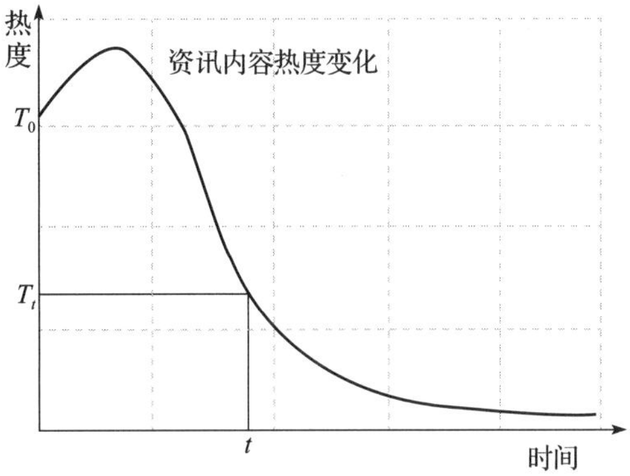

图 4-1　资讯内容热度在时间线上的变化

这里有几个重要的概念需要展开详细介绍。

1）T_0：物品初始热度值。

2）ΔT：Δt 时间内用户交互行为贡献的热度分提升值。

3）α：冷却系数。

初始热度值 T_0，是指一个物品新发布后，系统给它的一个热度分初始值，新物品以这个初始值与其他物品竞争流量。为了给新物品足够的展示机会，通常会有两种方式进行初始热度的赋值。一种是以内容创作者本身的热度和所属话题（品类）的平均热度作为先验知识，通常会采用这两部分的加权平均，另一种是产品运营人员通过人工手段调整基于先验知识的热度值来运作营造 ·些热点爆款内容，类似论坛中的贴子置顶操作。

用户交互贡献值 ΔT，是 t 到 $t+1$ 时刻所有与物品发生过的交互行为给物品带来的热度和人气提升，通常会结合平台本身的业务特点，考虑多种交互行为并分配权重后融合为整体热度贡献值，不同行为的权重值大小设定必然会和该类行为跟产品的核心业务指标相关程度有关。由于 APP 产品类型的差异，核心指标的定义也会所有侧重，对资讯类 APP 来说，追求的是内容的消费和互动频度，所以点赞、转发、评论是最重要的交互行为；对视频类 APP，追求的是消费的深度和时长，因此完播、评论和发弹幕行为更加重要；而对新闻类 APP 来说，追求的是内容传播的广度，因此消费人数、转发次数是核心指标。具体设置权重值的大小时，可以直接用上一节提到的主观赋权法和 AHP 方法，并结合 A/B 测试不断去迭代调整。

冷却系数 α，是指热度的衰减系数，α 越大热度衰减越快。我们可以根据业务的实际需要来定义，如图 4-2 所示，假设初始热度值为 100，在没有用户交互的情况下，期望 15 天后变为 1，则可推算得出 α 为 0.307，即图中橙色曲线，如果想要加快热度衰减的速度则可以增大该值，否则减小该值。

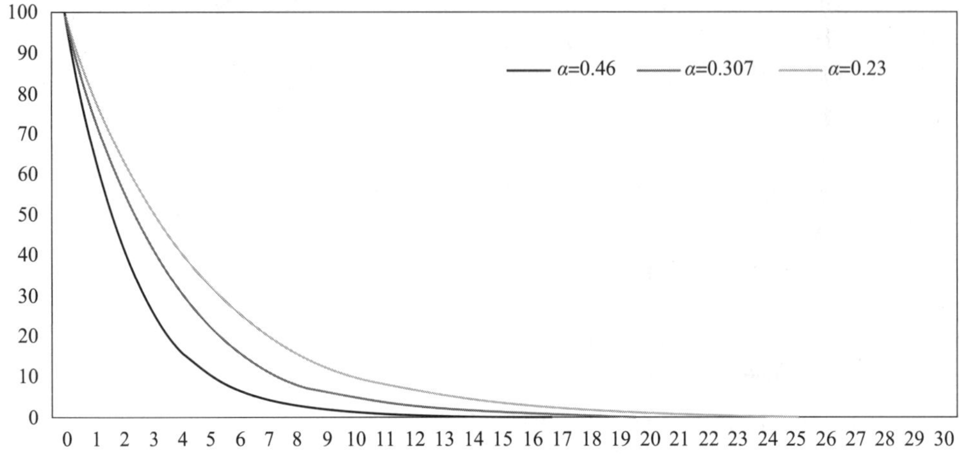

图 4-2　不同 α 系数的衰减速度对比（详见彩插）

3. 人气预测模型

合理的物品质量分和热度分模型具备稳定性好、业务可解释性强的优点，但它们同属于基于后验数据的统计归纳方法，相关的业务统计指标一般需要累积一段时间才能有比较高的置信度，因此质量分和热度分模型对新品都不太友好。为了解决这个问题，作为质量分和热度分模型的进阶版本，我们通常会采用趋势预测的机器学习和深度学习模型，利用物品的物理属性特征以及一小段观察期内的指标表现预测未来的人气值。

以电商场景的商品人气预测模型为例，建模过程通常包含以下四个关键步骤。

1）特征工程。首先，分析和确定影响商品售卖人气的各维度的因子，我们可以拆分为四个方面。

- 商品的物理属性：品牌、品类、型号、商家、价格等。
- 商品人气的先验特征：基于历史累积数据的，反映品类、商家的整体人气的相关特征。
- 商品的关键业务指标近期表现：曝光、浏览、收藏、加购、购买等。同时定义指标观测周期：1 天、3 天、7 天、14 天、30 天等。
- 上下文特征：所处季节、月份、是否换季阶段、是否有大促活动等。

2）目标定义。确认人气分目标，即将模型需要学习的目标定义为样本 Label，比如电商的人气分模型可以用后续一周的销量作为目标，但“销量”是个没有理论上界的值，直接拟合的准确率低，而且一个连续型无上界的值很难作为一个标准化的分数灵活使用。因此，我们将建模的目标从销量预测转化为对高销量的概率预测，先定义一个销量阈值作为基准值，然后通过一个二分类模型来学习商品一周销量可以超过这个基准值的概率，所以对模型目标的定义相当于用一个阶跃函数对销量进行了硬性的转化，这样的目标我们称为 Hard Target（硬目标），但 Hard Target 对基准值附近的样本不够友好（略高和略低的销量分别被归为正负样本，但实际中的差距却很小），因此我们可以进一步采用 Soft Target（软目标）的方式。

设样本 i 的实际销量为 S_i，预设的人气值的基准销量为 S_0，将模型目标转换为 Soft Target 的方法见表 4-3，我们构建 Soft Target 转化函数 $f(S_i)$ 对 S_i 进行转换。

表 4-3　商品人气预测目标的 Soft Target 转化

条件	样本标签	Hard Target	Soft Target 转化函数 $f(S_i)$
$S_i \geqslant S_0$	正样本	1	$f(S_i)=\dfrac{1}{1+e^{-\frac{S_i-S_0}{T}}}\cdot\dfrac{S_i}{S_i+0.001}$
$S_i<S_0$	负样本	0	

在表 4-3 中，T 为温度超参数，满足 $T>0$，T 越大，软化的效果越好，当 T 趋近于 0 时，Soft Target 趋近于 Hard Target。

我们对 Soft Target 转化函数后的样本标签进行可视化，如图 4-3 所示，可以看到“软化”后的结果是呈 S 型的曲线。转化函数借鉴了 Sigmoid 函数的思想，当销量趋近于 S_0 时，Soft Target 的变化率增大，这使得回传的梯度变大，模型能更好地学习销量基准值附近的样本差异；当销量接近 0 或者远离 S_0 时，Soft Target 趋近于 0 或者 1，变化率减小，梯度衰减，模型的参数更新变慢，这也符合商品人气的实际情况；当销量接近 0 时，表示商品的人气接近 0，1~2 次的成交对人气几乎没有影响；当销量非常大时，表示人气很好，但过大的销量可能来自数据或者业务的异常状况，通过 Soft Target 转化函数刚好可以平滑处理。

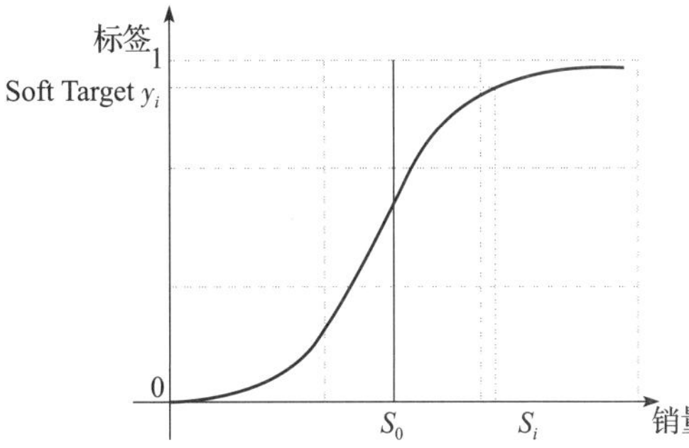

图 4-3　商品销量与人气预测目标的关系

3）样本构造。基于上述特征及目标，我们进行样本的构造。基于历史数据随机抽样一些时间点作为样本的观测时间点，从观测时间点回溯固定的一段时间作为指标的观测期，在观测期内统计指标值，同时，以观测时间点接下来的一周作为目标观测期，以目标观测期销量 Soft Target 作为训练目标。如图 4-4 所示，随着样本观测时间点的不同，时间窗口跟着移动，保证样本的分布尽可能覆盖更多的时间周期。

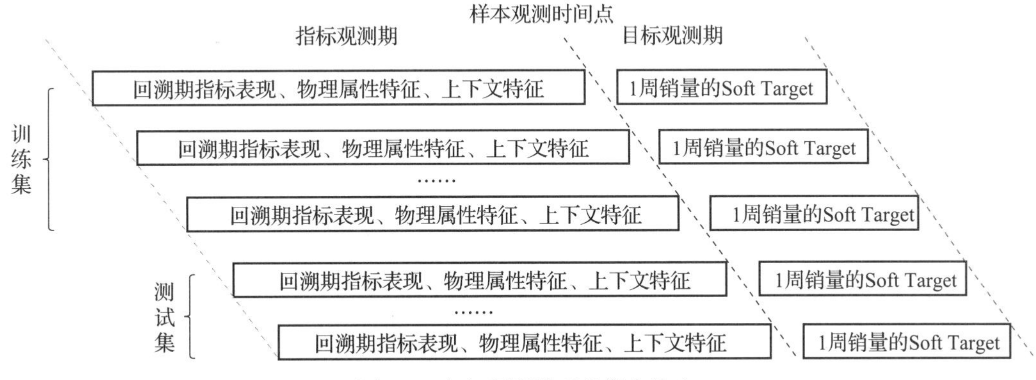

图 4-4　人气预测模型的样本构造

如图 4-4 所示，我们基于多个样本观测时间点进行抽样以尽量接近样本的真实分布，同时注意所有的特征必须严格从样本观测时间点往前回溯，防止目标观测周期内的指标进入特征观测期，造成“标签泄露”的问题。最终将构造完成的样本按一定比例拆分成训练集和测试集。

4）模型训练。完成样本构造后，我们进行模型训练，通常采用多层神经网络及深度学习的各种模型进行建模，并以交叉熵损失函数作为优化目标：

$$L = -\sum_{j=0}^{1} q_j \log p_j \tag{4-3}$$

式中，q_j 为模型的 Soft Target；p_j 为相应的预测值。

最终构造完成的人气分预测模型在业务上的解释为：以当前时间为观测点基于商品历史的业务表现、本身的物理属性、当前的上下文特征预测未来 1 周有高销量的概率。

4.2.2 浅层个性化模型

推荐算法的浅层个性化模型是指以逻辑回归（Logistics Regression，LR）为代表的广义线性模型和以梯度提升决策树（GBDT）为代表的树模型。

在早期的个性化推荐和广告排序的 CTR 预估问题中，LR 因其模型简单且有较好的表达能力、业务侧的可解释性强、工程侧易于实施并行化和在线更新等优点而被广泛使用。但在推荐算法随后的持续发展中，由于线性模型的局限性，无法直接处理特征和目标之间的非线性关系，严重依赖特征工程中的业务经验进行人工规则下的特征非线性转换，因此又演变出了以 GBDT 为代表的树模型。对比 LR，GBDT 模型能够学习高阶非线性的特征组合，表达能力更进一步，但模型结构依然简洁，在线预测的算力消耗小，一段时间内成为推荐算法的标配。

在浅层个性化模型这条技术路线发展的过程中，还衍生出了 XGBoost[1]、Light GBM 等 GBDT 的进阶版，以及综合了 GBDT 和 LR 优点的 GBDT+LR 模型。

时至今日，LR 和 GBDT 依然是很多推荐系统精排的基准模型，同时也在很多场景中被作为粗排模型使用。

LR 和 GBDT 各自的内容我们在下一章精排模型中会有详细介绍，本小节以 GBDT+LR 的模型融合为例介绍粗排的浅层个性化模型。

GBDT+LR[2] 是 2014 年 Facebook 提出的一种 CTR 预估模型，它利用 GBDT 进行高阶特征提取和自动化的特征工程，再以 GBDT 产出的叶子节点作为特征用 LR 进行模型训练。

在 GBDT 中，每个树的生成过程、每一次的节点分裂，都包含了特征的选择、组合、交叉以及连续特征的离散化操作，而最终多棵子树、多层节点的树结构代表了以训练目标的“残差”为优化方向的对原始特征的信息提取。我们发现，当训练目标改变（比如从 CTR 预估变成 CVR 预估），或者样本分布发生变化时，GBDT 的特征提取结果也会跟着发生很大变化，这与传统的特征工程有很大的区别。在传统的特征工程中，我们通常首先通过聚类等方法发现特征的孤立点或者异常数据，再用平滑（Smooth）或者截断（Clip）的方法处理异常数据，在此基础上，用人工先验知识，或者基本的统计方法如等距、等频分桶进行离散化后再对特征进行编码。传统特征工程方法都是基于特征数据和样本分布进行的建模，而在 GBDT+LR 中采用带监督目标的模型训练的方式进行特征工程，可以使特征的提取更加有针对性，有利于下一阶段的 LR 模型训练时更好地拟合目标。

GBDT+LR 模型可以定义为如图 4-5 所示的两段式的级联式模型，首先进行 GBDT 的部分，训练目标与 LR 部分一致。图 4-5 所示的例子中，训练完成的 GBDT 模型由两棵子树构成，每棵树的深度为 4，LR 训练前先用上一步的 GBDT 模型进行特征转换，样本 x 遍历两棵树后，落到了两个叶子节点上，对所有叶子节点统一进行 One-hot 编码（落在节点上为 1，否则为 0），得到该样本对应的 LR 模型输入特征。图 4-5 中，左树有 4 个叶子节点，右树有 6 个叶子节点，最终的特征即为 10 维的 One-hot 向量。对于样本 x，假设它分别落在左树节点 A 和右树节点 J，所以 GBDT 输出的特征编码为［1,0,0,0,0,0,0,0,0,1］。最终转换完成的特征进入 LR 中进行模型训练。从树结构中我们也可以看到叶子节点 A、J 都是各自根节点经历 3 次分裂后收敛得到的，表示 3 阶的特征交叉，而节点 C 经历了 2 次分裂，表示 2 阶特征交叉，节点 D 只经历了 1 次分裂，表示某个特征的离散化，因此我们通过 GBDT 可以得到特征的任意阶组合交叉，如此强的特征组合和交叉能力在人工特征交叉时是难以实现的。

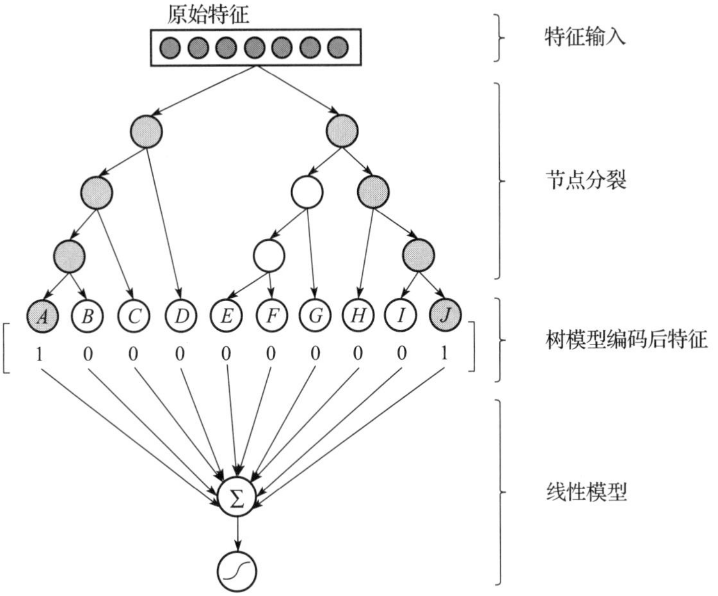

图 4-5　GBDT+LR 模型结构

预测阶段的 GBDT+LR 模型，会用原始特征先进行 GBDT 模型的预测，得到编码后的特征，再进入 LR 模型进行预测。

理论上 GBDT 作为特征选择和高阶特征提取的方法也可以用其他树模型代替，比如单棵的决策树或者随机森林（Random Forest）等，但在实践中，之所以选择 GBDT 主要还是希望充分利用集成（Ensemble）模型和提升（Boosting）算法的优势。首先，单棵树的学习能力有限，不足以挖掘大量特征下的组合和交叉信息，而对比随机森林（Random Forest），GBDT 的优势在于，前面的子树学习的是在多数样本上的准确性，先保证模型训练在大方向上不走偏，后面的每一个子树都在递进地学习前面最后一棵树存在的“残差”。这里的“残差”并不仅仅是指预测值与真实值之间的差值，按照 GBDT 中的定义也可以表示损失函数的负梯度在当前模型的值，即 GBDT 每一轮的训练目标。GBDT 的优化求解过程以“残差”为目标，一步步接近最优解。基于这个原理，GBDT 在作为特征提取器的任务中，优先选择在多数样本上有区分度的特征及组合，再针对少数样本学习选取特征，从主到次的方法思路更加合理。

关于 GBDT 模型相关的算法理论，我们在下一章精排模型的内容中会有更详细的介绍，以帮助读者更好地理解。

需要注意的是，在实际的应用中，我们发现如果直接将粗排模型所有的特征输入给 GBDT，做完特征提取后再输入给 LR 做模型训练，通常很难得到非常好的效果，甚至会出现效果略差于直接使用 LR 的情况，其主要原因是在实际的业务场景中，存在大量高维稀疏的 Id 类特征，这类特征在 GBDT 中比在 LR 更容易导致过拟合，而产生过拟合的主要原因是 LR 的正则化是作用在每个参数的权重上的，而 GBDT 的正则化是作用在每棵子树的叶子节点数、深度以及学习率上的，对高维 Id 类特征来说，只需要一次分裂就可以把样本区分开，相当于对叶子节点个数和深度的正则化失去了作用。所以，通常在粗排模型中，我们会先剔除高维 Id 类特征后，只留下连续型特征及非高维稀疏的 Categorical（类别型）特征进行 GBDT 训练，然后 GBDT 进行特征转换之后得到的离散向量和训练数据的原特征离散化后一起作为 LR 的输入。

GBDT+LR 是传统机器学习模型作为独立的特征提取器的开端，它第一次在工业界实现了特征工程的模型化、自动化，在深度学习已完全代替传统机器学习模型的今天，GBDT 作为一种特征提取器依然在很多业务场景中发挥着重要作用。

4.3 深度粗排模型的重要方法

4.3.1 基于向量内积的双塔模型

我们在上一章中详细介绍了以 DSSM 为代表的双塔模型在召回阶段算法中的重要作用，实际上，双塔模型因其模型简洁、业务效果有保障、上线部署高效等优势，不仅是召回阶段的利器，同样也是目前应用最广泛的粗排模型。

1. 双塔模型的优势及主要问题

双塔模型在粗排阶段的优势体现在计算召回后的物品集合粗排分时，只需要实时计算一次用户向量，再和集合中的每个物品各自计算内积（或余弦相似度）便可以得到整体的粗排打分结果。

为了最优化线上的打分效率，在工程实施时，我们通常将训练完成的双塔模型针对物品离线完成向量计算，并存储在专门的 ANN 索引或者本地存储中，线上服务时，用加载的用户塔模型实时计算用户向量，再通过索引服务获取物品集合的向量后进行相应的粗排打分。

但这种策略在粗排阶段会存在一个缺陷：在最近一次的物品向量离线计算任务之后新上架的物品在索引中是缺失的，因而无法对这部分新品进行粗排打分，这是双塔模型在粗排应用中的特殊之处，在召回阶段我们完全可以忽略这种情况，因为可以有其他的召回路由专门用来召回新品作为双塔模型的补充，但在粗排阶段一旦无法对新品打分，那么新品就永远无法出现在推荐列表里。针对这个问题，一般的解决方法是，在线上服务，会同时加载用户和物品塔的模型，当索引中无法获取到物品向量时，再用物品塔模型进行向量的实时预测，来保证所有的物品都能取到向量特征。

基于向量内积的粗排模型相比之前的离线和浅层个性化的模型，在表达能力上有了显著的提升，同时因为内积计算简洁高效，也节省了线上打分的算力消耗，所以兼具算法和工程的优点，这也让双塔模型成了应用最广泛的粗排解决方案。

但传统双塔模型的优势同时也是一把双刃剑——匹配层的内积操作是整个模型中唯一一处体现用户和物品特征交叉的模块，这是限制模型表达能力再进一步提升的最大瓶颈，主要原因是，在“内积”这种双线性（Bi-linear）运算方式下，实际上我们将用户和物品向量与训练目标之间的相关性简化为了一种线性关系，因而无法构建复杂的网络去抽取用户和物品的高阶交叉特征来表达用户和物品之间的非线性相关性。

为解决传统双塔模型表达能力有限的问题，通常会有两个方向的优化：对子网络内部结构中的表示层进行优化、在双塔的匹配层中加入更多高阶特征交叉。

2. 序列建模优化用户塔网络

通过优化用户塔内部的表示层网络结构来提升模型表达能力，我们的直觉是如何更好地利用用户相关的行为序列特征、画像特征、上下文特征来表达用户兴趣。在上一章中介绍的用户行为序列建模是一个非常契合的解决方案，通过 Pooling 挖掘用户主干兴趣，通过 CNN 挖掘局部连续特征，通过 GRU 挖掘用户兴趣在时序上的演进，在召回阶段的各种序列建模方式同样能帮助粗排模型找到更好的用户兴趣表征方法。

经过用户行为序列建模优化和改造后的双塔模型结构如图 4-6 所示，用户塔的特征拼接和表示层 DNN 结构被替换为行为序列模型，最终由行为序列模型输出的向量作为用户的兴趣表征。

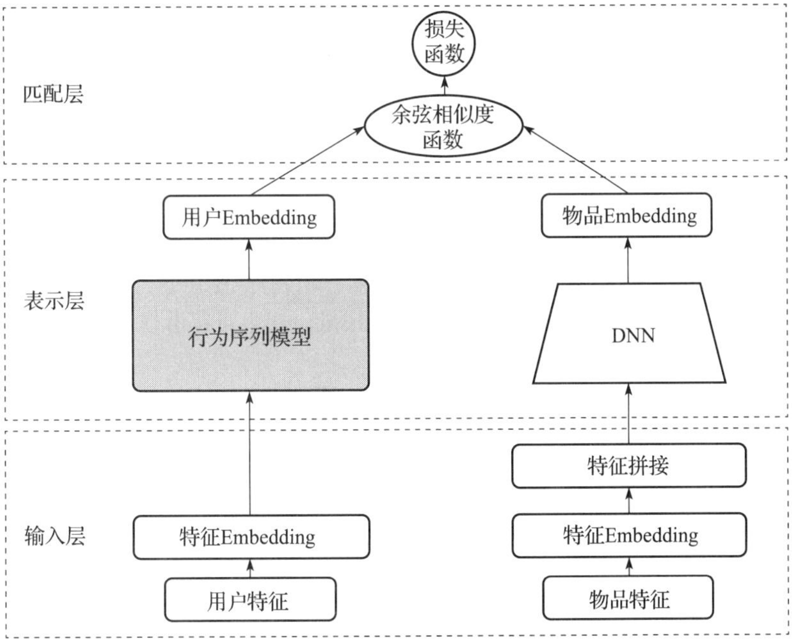

图 4-6 行为序列建模优化用户向量表征

3. SENet 挖掘物品特征重要性

用户行为序列模型仅仅从时序信息挖掘的角度优化了用户塔的建模，而以物品 Id 和相关

Side Info 为主要输入特征的物品塔同样是重要的优化点，在原始的物品塔表示层中，这些特征作为同等重要的地位进入模型，在后续多层 DNN 的非线性变换中，这些底层的特征信号逐渐被模糊化，在高阶特征中互相交融。这当中存在的问题是，不同的 Side Info 特征在偏好学习中的重要性是不一样的，有些特征起着决定性的作用，有些则是弱相关的关系，有些甚至可能存在一定的噪声，如果不加区分地一起加入模型，那么在表示层 DNN 的高阶特征中不可避免地就会存在噪声信号，影响物品塔表征的准确性。因此针对这个问题，我们在物品塔中构建一个独立的模块，专门用来学习各个底层特征的重要性，让这些特征带着权重进入 DNN，这样在表示层学习中，相当于先对输入特征进行一次筛选，重要特征以更高的权重参与到非线性变换中，同时抑制了高阶特征中的噪声信号。

这里要介绍的 Squeeze-and-Excitation Networks（SENet）[3] 就是一种从注意力机制的角度学习特征权重的模型，它起源于图像算法，是关于图像通道注意力建模的早期方法，它的核心思想是通过网络学习每个特征通道的重要程度，然后用这个重要程度给每个特征通道赋予权重，从而使网络从全局信息出发来选择性地加强有价值的特征并且抑制和打压无用特征，使模型达到更好的效果。

如图 4-7 所示，在图像算法中，SENet 的输入是一个 $H×W×C$ 的三维张量特征，其中 C 为通道个数。SENet 的建模过程可以拆解为三个阶段：Squeeze（压缩）、Excitation（激励）和 Scale（尺寸调节）。

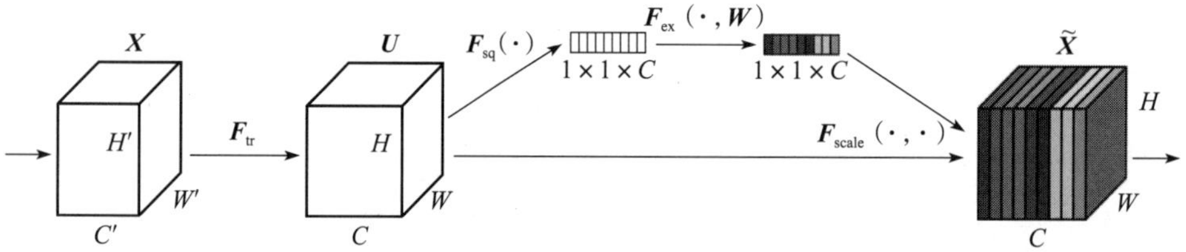

图 4-7　SENet 在图像算法中的模型结构

1）Squeeze 阶段的工作是对输入特征进行压缩，对每个通道进行全局平均池化（Global Average Pooling）的操作，并输出大小为 $1×1×C$ 的张量，这也可以看作一个长度为 C 的向量 $\boldsymbol{z}$，其中 $\boldsymbol{z}$ 的第 c 个元素如下：

$$z_c=F_{sq}(\boldsymbol{u}_c)=\frac{1}{W\times H}\sum_{i=1}^{W}\sum_{j=1}^{H}\boldsymbol{u}_c(i,j) \tag{4-4}$$

式中，$\boldsymbol{u}_c$ 表示原始的三维特征张量，通道 $C=c$ 部分的矩阵。

2）在 Excitation 阶段，引入了两层 MLP 网络，最终仍然输出大小为 C 的向量，代表每个通道的权重：

$$\boldsymbol{s}=F_{ex}(\boldsymbol{z},\boldsymbol{W})=\sigma(\boldsymbol{W}_2\delta(\boldsymbol{W}_1\boldsymbol{z})) \tag{4-5}$$

这两层 MLP 在模型中有着各自不同的作用，第一层 MLP：$\delta(\boldsymbol{W}_1\boldsymbol{z})$ 的作用是进行通道之间的特征交叉，δ 为非线性激活函数，一般为 ReLU。而第二层 MLP：$\sigma(\boldsymbol{W}_2 *)$ 的作用是将网络的输出 Rescale（调整尺寸）到合适的大小，并用 Sigmoid 函数将权重值保持在 [0,1] 之间。这里之所以用 Sigmoid 而不是 Softmax，是因为我们需要计算的是每个通道各自的权重，而每个通道的权重需要根据训练目标的损失函数回传梯度时各自独立去更新，最后的结果可能有多个通道的重要性都非常高，彼此之间并没有非此即彼的关系，所以不需要 Softmax 去加强权重之间的差异，这类似于文本分类中的多标签预测问题。

3）在 Scale 阶段，将权重向量与原始特征相乘，得到带权重的特征，其中第 c 个通道的带权重的特征为原始特征中第 c 个通道对应的矩阵每个元素乘以权重向量 $\boldsymbol{s}$ 中的第 c 个元素：

$$\widetilde{x}_c = F_{\text{scale}}(\boldsymbol{u}_c, \boldsymbol{s}_c) = \boldsymbol{s}_c \boldsymbol{u}_c \tag{4-6}$$

接着，我们将 SENet 迁移到双塔模型中，通过 SENet 计算物品塔中底层特征的权重。首先，我们从图像三维张量特征的视角转换到粗排模型样本特征的二维视角：$n \times k$，每个样本 n 个特征，每个特征为 k 维向量。在 Squeeze 阶段，我们依然用全局平均池化的操作，对每个特征的 k 维向量进行压缩，输出一个 n 维的向量，该向量的第 i 个元素表示对第 i 个特征的向量求均值：

$$z_i = F_{\text{sq}}(\boldsymbol{v}_i) = \frac{1}{k} \sum_{t=1}^{k} \boldsymbol{v}_i^t \tag{4-7}$$

式中，$\boldsymbol{v}_i$ 表示第 i 个特征对应的 k 维向量。

将 Squeeze 阶段输出的 n 维向量 $\boldsymbol{z}$ 输入到 Excitation 阶段，Excitation 依然由两层 MLP 构成：

$$\boldsymbol{s} = F_{\text{ex}}(\boldsymbol{z}, \boldsymbol{W}) = \sigma(\boldsymbol{W}_2 \delta(\boldsymbol{W}_1 \boldsymbol{z})) \tag{4-8}$$

第一层 MLP 通过一个任意尺寸的网络实现特征交叉（任意尺寸是指 $\boldsymbol{W}_1$ 在行维度上与向量 $\boldsymbol{z}$ 一致，但列维度大小是模型的超参数），第二层 MLP 保证输出的权重向量的尺寸能和原始特征在 Element-wise 层面进行运算，并通过 Sigmoid 将权重值保持在［0，1］之间。权重向量 $\boldsymbol{s}$ 的第 i 个元素 $\boldsymbol{s}_i$ 表示第 i 个特征的权重，在 Scale 阶段把 $\boldsymbol{s}_i$ 乘回到对应的特征向量就完成了对特征重要性加权的操作。SENet 的模型结构如图 4-8 所示。

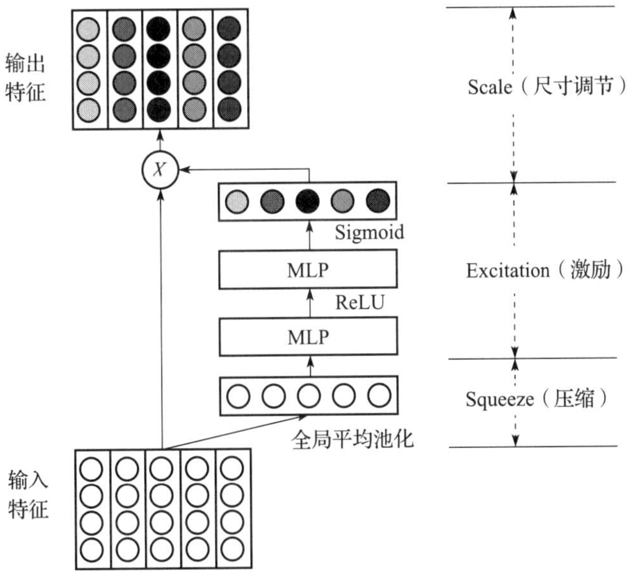

图 4-8　SENet 在粗排算法中的模型结构

我们在上一个双塔模型的基础上，对物品塔增加 SENet 网络后的模型结构如图 4-9 所示。SENet 提供了一种通过注意力机制提取特征权重，并提升用户和物品交互信息质量的方式来优化算法的方法，这样能继续保持双塔模型的工程效率，业务效果也会有一定幅度的提升。

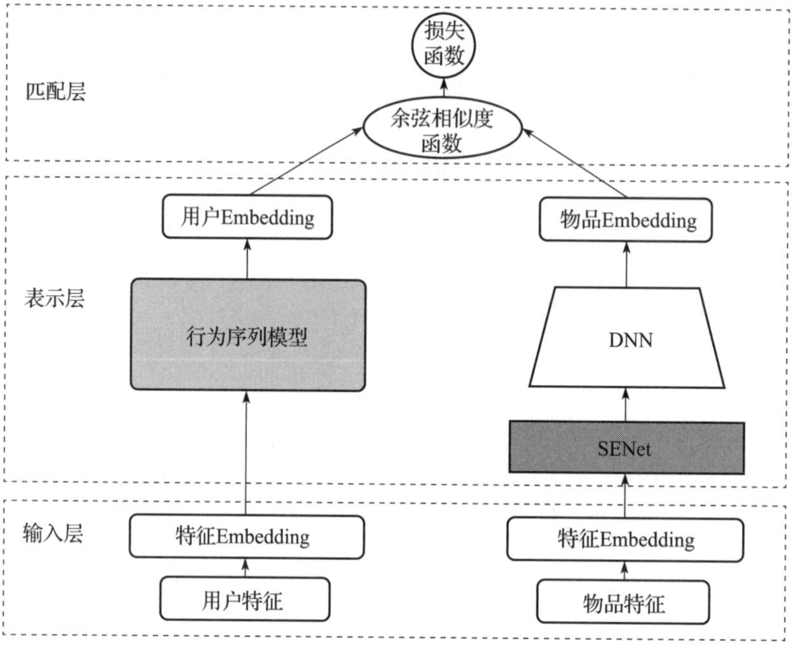

图 4-9 SENet 在双塔模型中的位置

4. Wide & Deep 引入特征交叉

上述用户行为序列建模和 SENet 模型的共同之处是在用户和物品塔内部子网络各自挖掘更深层更高阶的信息的同时，两塔之间仍然保持独立性，所以仍然没有改变双塔模型的匹配层过于“单薄”的根本特点，提升幅度往往有限。在本小节中，我们介绍一种彻底打破这个根本特点、增加匹配层模型复杂度的方法，改变用户和物品只在最后一层有线性交互的现状，基于 Wide & Deep[4] 的方法加入两者的特征交叉，也就是我们在双塔之外，再引入一路新的特征输入，即用户和物品的人工交叉特征。

双塔模型增加 Wide & Deep 的网络结构如图 4-10 所示，我们用表示层输出的用户和物品向量的元素积（Element-wise Product）结果作为 Deep 部分的输入，用交叉特征作为 Wide 部分的输入，假设 x 为用户特征，y 为物品特征，z 为用户物品的人工交叉特征，$\boldsymbol{u}(x,\theta)$ 为用户塔表示层输出向量，$\boldsymbol{v}(y,\theta)$ 为物品塔表示层输出向量，那么原始的双塔模型表示层之后，匹配层中内积计算 $s(x,y)=\langle \boldsymbol{u}(x,\theta),\boldsymbol{v}(y,\theta)\rangle$ 得到 logits 再进入 Softmax 运算的模型结构，变成了：

$$r(x,y,z)=\boldsymbol{\sigma}(\boldsymbol{W}_{\text{wide}}^{\mathrm{T}}[z]+\boldsymbol{W}_{\text{deep}}^{\mathrm{T}}[\boldsymbol{u}(x,\theta)\odot\boldsymbol{v}(y,\theta)]+b) \tag{4-9}$$

在 Wide & Deep 优化双塔模型的方法里，特征交叉只是体现在 Wide 部分，对非线性的相关性偏好学习能力体现在人工交叉特征的质量上，实际上，我们还可以继续在 Deep 部分进行进一步的优化，比如，可以通过 NCF 优化矩阵分解的方法，也可以对用户和物品向量采用更加复杂的网络结构，但在增加模型复杂度的同时，我们仍然要回归到粗排模型的初衷，也就是模型复杂度和算力消耗的平衡。

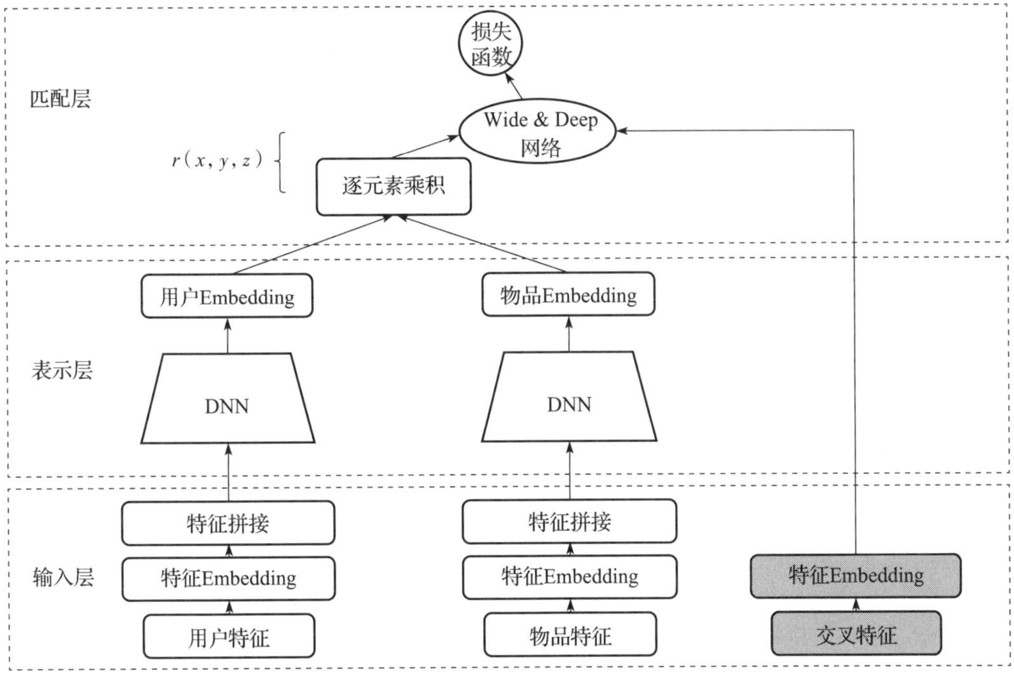

图 4-10 Wide & Deep 优化双塔模型

4.3.2 基于精排模型的知识蒸馏

粗排模型的另一个技术方向是从精排模型出发，通过知识蒸馏，将精排大模型（Cumbersome Model）精简为轻量级模型后被粗排使用。

知识蒸馏的核心思想来自 2015 年 Hinton 发表的论文 *Distilling the Knowledge in a Neural Network*[5]。它的主要思路是利用教师模型（Teacher Network）的预测结果作为先验知识，以先验知识作为软目标（Soft Target），指导学生模型（Student Network）的训练，将学习能力强的复杂教师模型中的知识（Knowledge）迁移到小规模浅层网络构成的简单学生模型。“教师→学生”模型的命名方式非常形象，“教师”的优点是知识底蕴强、判断力精准，但缺点是执行成本高，所以可以指导一个“学生”来应对日常的繁杂工作，“学生”的判断力精准度不如“教师”，但优点是反应敏捷、运行成本低，因此由“学生”来应对日常大量的简单工作，把少量“高精尖”的核心工作留给“教师”是一种最佳搭配的合作方式。

需要注意的是，知识蒸馏并不是一种具体的模型结构，而是一种通用的算法框架，也就是说在“教师→学生”的模型里，并不限定两者使用什么样的模型结构和输入特征类型，只要符合将复杂结构的大模型中的知识迁移到另一个轻量级模型上的训练目标，并以大模型的预测结果指导和约束轻量级模型优化方向的机制都可以称为知识蒸馏。知识蒸馏也不仅限于推荐算法，它在图像分类、目标检测等领域也有着广泛的应用。

在推荐算法粗排阶段的知识蒸馏应用中，按照被蒸馏的对象，通常可以分为两种：模型蒸馏（Model Distillation）和特征蒸馏（Feature Distillation）。

1. 模型蒸馏

模型蒸馏的核心目标是让学生模型通过教师模型的指导，具有更强的泛化能力，这种泛化能力的提升可以通过在学生模型的目标函数中，增加以教师模型预测结果的概率分布为目标的损失函数来实现。这种建模方法我们也可以理解为，模型蒸馏中，教师模型为学生模型提供了正则化的约束，这种正则化使得学习模型具有更好的泛化能力。

在样本数据集里，我们把 One-hot 编码下的目标标签称为 Hard Target，在教师模型本身的训练过程中，Softmax 层的输出可以认为是基于 Hard Target 的概率向量，通常向量中的正确类别的概率接近 1，而非正确类别的概率接近 0，在参数的梯度更新和模型的收敛过程中，非正确类别的概率会不断地缩小，直到模型训练完成，我们会发现，如图 4-11 所示，对于一个样本的最终预测结果，Softmax 输出的类别概率向量中非正确类别的概率值虽然都接近 0，但不同类别的概率值之间仍然会有一定的差异，我们认为这种差异代表了模型在样本中学习到的一种隐含的业务知识：类别基于预测概率值的偏序关系代表样本真实类别和每个非真实类别之间相似程度的差异大小。在图 4-11 中，猫、老虎、飞机作为三种不同的类别，显然，猫和老虎的相似度要远大于猫和飞机的相似程度。教师模型的表达能力越强，类别预测值大小的偏序关系应该越接近实际类别之间的相似程度差异大小。因此，一个强大的教师模型的 Softmax 输出可以比 One-hot 编码的 Hard Target 包含更多的信息量，所以以教师模型预测结果的概率分布为学习目标可以提升模型的泛化能力。

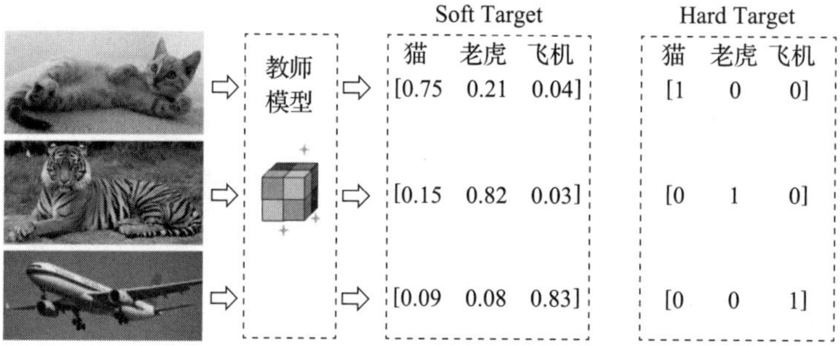

图 4-11　模型的 Soft Target 和 Hard Target

在模型蒸馏的算法框架中，我们将教师模型 Softmax 输出的类别概率向量作为学生模型的其中一个学习目标，为区别于 Hard Target 的目标，我们称之为 Soft Target（或者 Soft Label，软目标），具体的公式如下：

$$q_i = \frac{\exp\left(\frac{z_i}{T}\right)}{\sum_j \exp\left(\frac{z_j}{T}\right)} \tag{4-10}$$

式中，q_i 代表第 i 个类别的 Soft Target 值；z_i 为教师模型的第 i 个类别的 logits 值；T 为温度参数，当 $T=1$ 时，就是标准的 Softmax 函数。一般我们令 $T>1$，得到更加平滑软化的 Soft Target，T 越大，类别之间的概率分值差距越小，目标“软化”的程度越高，模型越关注非正确类别标签所携带的信息。需要注意的是，如果 T 设置过小（过于接近 1）就会使 Soft Target 接近

Hard Target，模型就会偏向于学习正确类别和非正确类别之间的差异性，而忽略非正确类别之间的差异程度，这部分的模型学习就等同于对 Hard Target 的学习，对 Soft Target 的学习也就失去了意义。

针对 Soft Target 的学习目标，待训练的学生模型，在原始的以 Hard Target 为目标的损失函数之外，又多了一个基于 Soft Target 的交叉熵损失函数：

$$L_{soft} = -\sum_i q_i \log p_i \tag{4-11}$$

式中，q_i 为教师模型输出第 i 个类别的 Soft Target；p_i 为学生模型输出的 Soft Output，需要注意的是，p_i 的 Softmax 函数需要作用在与 Soft Target 一致的温度参数 T 条件下：

$$p_i = \frac{\exp\left(\frac{v_i}{T}\right)}{\sum_j \exp\left(\frac{v_j}{T}\right)} \tag{4-12}$$

式中，v_i 表示学生模型的第 i 个类别的 logits 值。

因此，综合来看，如图 4-12 所示，学生模型的训练实际上是从一个单任务学习（Single Task Learning）变成了一个多任务学习（Multi Task Learning）的任务，L_{soft} 与针对 Hard Target 的损失函数 L_{hard} 组合构成了学生模型的完整的损失函数：

$$L_{student} = (1-\lambda) \cdot L_{hard} + \lambda \cdot T^2 \cdot L_{soft} \tag{4-13}$$

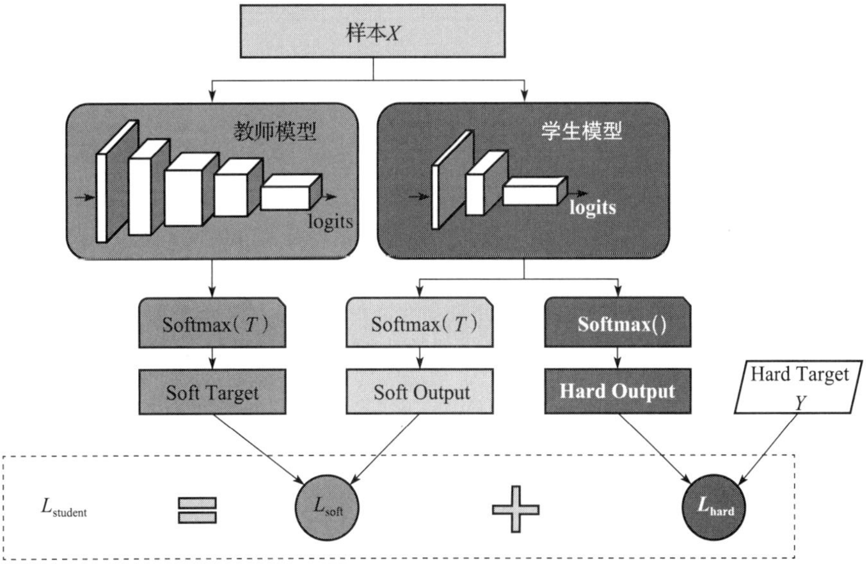

图 4-12 模型蒸馏的算法框架

从图 4-12 中可以看到，训练阶段的学生模型使用同一个 logits 值参与 L_{soft} 和 L_{hard} 中的运算，区别是参与 L_{soft} 运算之前会在 Softmax 中加入温度参数，L_{hard} 部分则直接进行 Softmax 运算，而在模型预测阶段，学生模型直接使用 L_{hard} 的打分输出。因此，我们也可以这么理解模型蒸馏：先在训练阶段通过“升温”来得到教师模型的知识，接着在预测阶段在常温下利用得到的知识进行打分，这个过程很形象地表达了“蒸馏”的作用。

我们再从风险函数也就是模型预测能力的角度来看待模型蒸馏，可以将 L_{hard} 部分看作经验风险，$L_{student}$ 整体看作结构风险，对比 L_{hard} 多出来的 L_{soft} 部分可以看作正则项，也就是说 L_{soft} 通过 Soft Target 来让学生模型避免过分相信 Hard Target 而导致过拟合问题，这也就是本小节开头介绍的，教师模型通过为学生模型提供正则项约束来提升学生模型泛化能力的概念。

需要注意的是，在模型蒸馏的整体损失函数中考虑两个子任务的损失函数的权重时，L_{soft} 部分的 logits 值和 Soft Target 都被除以了温度参数 T，这导致 L_{soft} 的回传梯度被缩小到 $1/T^2$，因此在设置损失函数权重时必须考虑 T^2 的影响，可以采用的方法是先对 L_{soft} 乘以 T^2 然后计算两项的加权和。

2. 特征蒸馏

特征蒸馏又称优势特征蒸馏（Privileged Feature Distillation，PFD）[6]，它与模型蒸馏都是对教师模型知识的压缩和提炼，区别在于压缩和提炼的具体方式与执行对象的不同。在模型蒸馏的方法里，教师和学生模型的输入特征基本是一致的，两者最大的差别在于模型复杂度不同，通过蒸馏的方法起到将教师模型压缩、精简的目的；而在优势特征蒸馏的方法里，教师和学生模型最大的差别在于输入特征的不同，顾名思义，教师模型里有很多学生模型所不具备（或者因各种原因无法获取的）的“优势特征”，而学生模型里只有常规特征，通过蒸馏的方法让学生模型学习优势特征的后验信息。

特征蒸馏和模型蒸馏两者各自的特点可以用图 4-13 来表达。

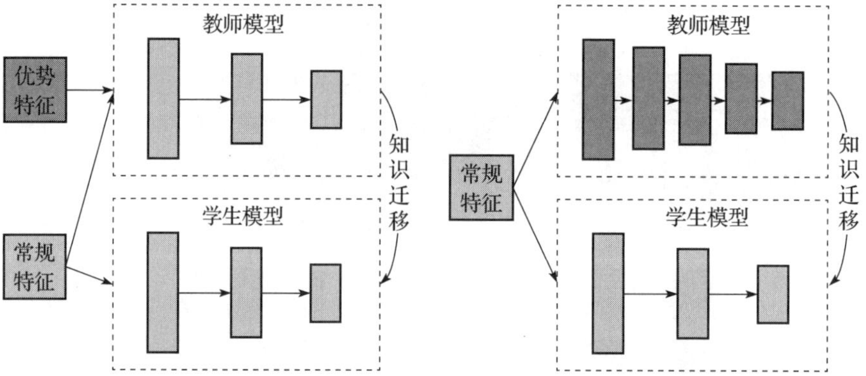

图 4-13　特征蒸馏和模型蒸馏的区别

在这里，我们先明确下什么样的特征是教师模型的“优势特征”。在建模精粗排模型的某些特定业务目标时，我们通过数据挖掘和离线的模型训练，都会发现存在一些特征，它们和预估目标强相关，在离线模型中有着其他特征无法比拟的高权重，但这些特征在线上预测时却没法参与实时计算。比如，在电商的 CVR 预估中，页面停留时长、商品图片的点击浏览次数等能代表用户在商品详情页面浏览深度的行为特征很明显与用户的购买意愿强相关，在短视频的分享、点赞概率预测中，用户对视频的观看时长也是个强信号特征。这些“优势特征”都是发生在目标物品曝光之后、转化之前的深度交互行为相关的特征，而推荐的线上打分预测到最终形成内容列表都需要在曝光之前完成，因此，这些优势特征无法在线上使用。

图 4-14 很好地表达了在转化率预估的建模中，线上预测和离线训练在特征获取上的差异：线上预测只能拿到打分那一刻 t_1 之前发生的行为特征（也就是常规特征），而样本落表时却能拿到曝光后 t_1 到 t_2 时刻发生的优势特征并可以被离线建模所用，为了保持严格的离在线一致性，我们不得不舍弃优势特征，但这些优势特征却又是用户偏好表达的强信号，并且我们从时间线上也可以看出，优势特征和转化标签之间并不存在"标签泄露"的问题，因此是合理且优质的特征。

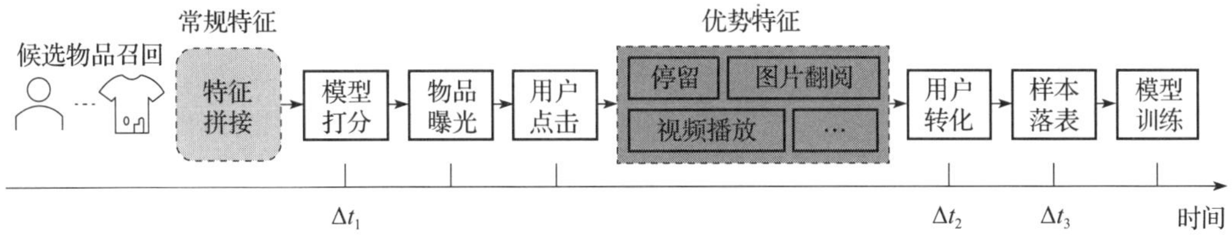

图 4-14 优势特征与常规特征的差异

这里再延伸介绍下"标签泄露"问题。标签泄露也叫特征穿越，是离线建模中的常见问题之一，通常是指建模的目标直接或间接地出现在样本特征中，两者之间存在等价转换或者因果推导的关系，相当于提前把"答案"透露给了模型，标签泄露通常是由于数据处理时将"未来信息"引入到特征中造成的。例如在某个电商场景中，用户购买一个商品后，会得到一种针对同类商品的优惠券，如果我们用这种特殊优惠券作为特征去建模购买行为就是一个典型的标签泄露问题。

根据"标签泄露"的定义，再结合图 4-14，我们很容易发现，用户深度交互行为对点击率预估来说是一种"未来信息"，但对转化率预估来说则是合理的"优势特征"。

另一种在传统双塔结构的粗排模型场景下的"优势特征"是指用户和物品之间的交叉特征（比如用户在过去一天内对待打分物品及相关品类的交互行为），内积计算的双塔模型里，交叉特征无法放在用户塔或者物品塔中，因此无法作为常规特征使用。

为了在严格保证离在线一致性的同时，尽量多地利用和吸收优势特征的强信号信息和知识，在论文 *Privileged Features Distillation at Taobao Recommendations* 中提出了优势特征蒸馏方法。

在 PFD 方法中，学生模型和教师模型在模型结构上保持一致，而教师模型额外增加了相关的优势特征的输入，因此本身在准确率上比学生模型更高，再通过将教师模型蒸馏出的知识，即教师模型的输出传递给学生模型，可以辅助学生模型训练并进一步提升准确率。在线上预测时，只部署学生模型，因为只依赖常规特征，所以很好地保证了离在线一致性。

在 PFD 模型中，目标函数可以抽象为如下公式：

$$\min_{\boldsymbol{W}_s}(1-\lambda)L_s(y,f(X;\boldsymbol{W}_s))+\lambda L_d(f(X,X^*;\boldsymbol{W}_t),f(X;\boldsymbol{W}_s)) \tag{4-14}$$

式中，X 表示常规特征；X^* 表示优势特征；y 表示训练目标；$f(X,X^*;\boldsymbol{W}_t)$ 表示教师模型的打分函数；$f(X;\boldsymbol{W}_s)$ 表示学生模型的打分函数；L_s、L_d 分别表示学生模型和蒸馏模型的损失函数。一般情况下，教师模型需要预先训练完成后再参与到蒸馏模型中，但两段式的模型训练方法在实际实施中不够便捷，因此我们将教师模型的训练目标函数也融合到蒸馏模型的训练中，用如下的目标函数来表达：

$$\min_{W_s,w_t}(1-\lambda)^* L_s(y,f(X;\boldsymbol{W}_s))+\lambda L_d(f(X,X^*;\boldsymbol{W}_t),f(X;\boldsymbol{W}_s))+L_t(y,f(X,X^*;\boldsymbol{W}_t)) \quad (4\text{-}15)$$

式中，$L_t(y,f(X,X^*;\boldsymbol{W}_t))$ 为新加入的教师模型损失函数。教师模型和学生模型协同训练时需要注意以下两点。

1）在模型训练的初期，教师模型还处于欠拟合的情况下，会使损失函数第二部分 $\lambda L_d(f(X,X^*;\boldsymbol{W}_t),f(X;\boldsymbol{W}_s))$ 处于非常不稳定的状态，解决的方法是在初始阶段动态地将 λ 设为 0（如算法 PFD 模型参数更新流程所示，第 k 次迭代之前），待教师模型训练充分后再设置为大于 0 的固定值。

2）在 $\lambda>0$ 的情况下，蒸馏模型损失函数 $L_d(\cdot)$ 的优化只更新学生模型的网络参数，而对教师模型不做梯度回传，这表示只能由教师来指导学生，而不是学生指导教师，也不能互相影响。

算法　PFD 模型参数更新流程

0：训练集 $\{x_i,y_i\}_{i=1}^N$，蒸馏模型损失函数权重 λ，迭代次数 k，学习率 η
1：初始化：随机初始化模型参数 $\boldsymbol{W}_s,\boldsymbol{W}_t,i\leftarrow 0$
2：**while** not converged **do** #退出机制为模型参数 $\boldsymbol{W}_s$，$\boldsymbol{W}_t$ 收敛
3：　**if** $i<k$ **then**
4：　　基于 Hard Target 目标更新学生模型参数 $\boldsymbol{W}_s$：

$$\boldsymbol{W}_s\leftarrow\boldsymbol{W}_s-\eta\nabla_{W_s}L_s$$

5：　**else**
6：　　结合 Hard Target 和 Soft Target 目标更新学生模型参数 $\boldsymbol{W}_s$：

$$\boldsymbol{W}_s\leftarrow\boldsymbol{W}_s-\eta\nabla_{W_s}\{(1-\lambda)L_s+\lambda L_d\}$$

7：　**end if**
8：　更新教师模型参数：

$$\boldsymbol{W}_t\leftarrow\boldsymbol{W}_t-\eta\nabla_{W_t}L_t$$

9：　$i\leftarrow i+1$
10：**end while**
11：**输出**：$(\boldsymbol{W}_s,\boldsymbol{W}_t)$

3. 模型蒸馏和优势特征蒸馏的结合

在实际业务场景中的粗排建模，我们通常会将模型蒸馏和优势特征蒸馏的方法进行融合以获得更优的效果。图 4-15 为通用的模型训练和线上部署的架构。在模型蒸馏的设计上，基于平衡算力和效果的考虑，我们以 CTR 预估的精排模型作为教师模型，作为学生模型的粗排，在选择用户和物品双塔的基础上增加少量精简后的人工特征交叉，并通过 Wide & Deep 模型来适当增加模型的表达能力。同时，在特征蒸馏的设计上，我们将输入特征拆解为 4 个部分：用户特征 X^u、物品特征 X^i、重要性高且线上计算方便的少量交叉特征 X^c、剩下所有交叉特征及上下文特征 X^*，X^u，X^i，X^c 作为基础特征进入学生模型，X^* 作为优势特征只进入教师模型。学生模型的目标是结合来自用户点击的 Hard Target 以及来自教师模型的 Soft Target 的多任

务学习，训练完成后线上只部署学生模型，其中物品向量为离线计算，用户向量和交叉特征 X^c 为实时计算，线上通过 Wide & Deep 模型实时完成粗排打分。

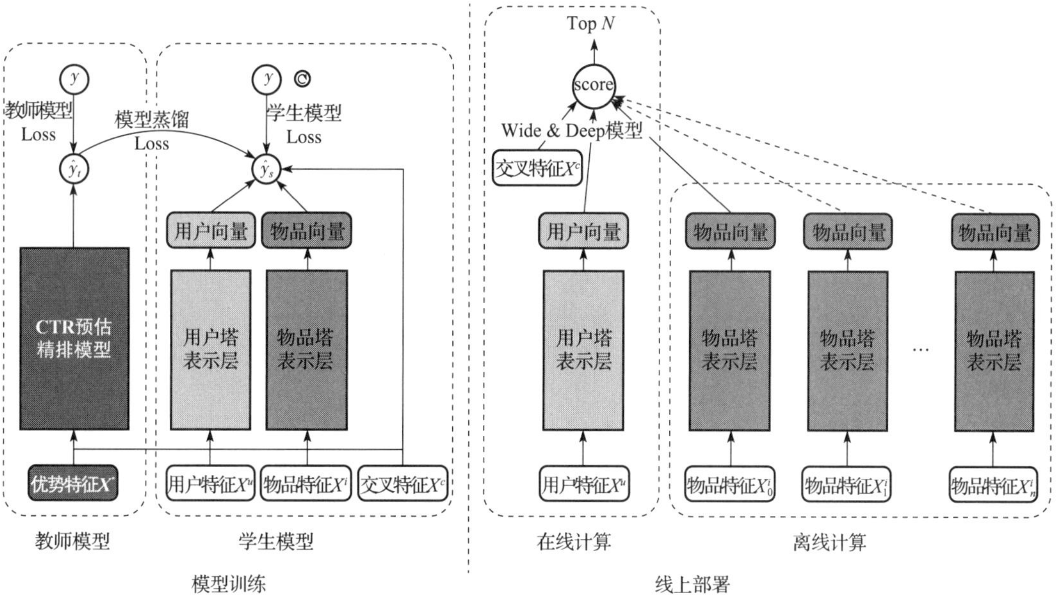

图 4-15 模型训练和线上部署的架构

4.3.3 COLD 粗排架构

COLD[7] 粗排架构是对传统粗排建模的一种重构和优化，融入了更多精排模型的思想，通过特征交叉和全连接层提升模型的复杂度，在增强表达能力的同时，又通过特征的重要性筛选和针对性的工程优化来兼顾模型的轻便性和算力消耗，是一次算法结合工程的创新性实践，因此我们将它作为单独的一节来介绍。

1. COLD 的算法架构

对于 COLD（Computing power cost-aware Online and Lightweight Deep pre-ranking system），从名称中可以看出，它是在优化算力成本基础上的轻量级深度模型，模型结构如图 4-16 所示。

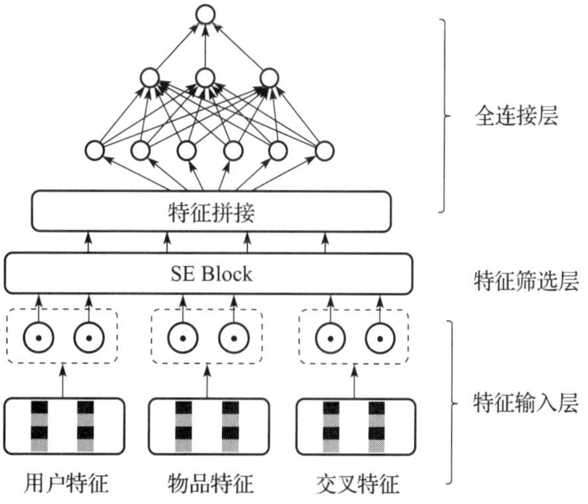

图 4-16 COLD 模型结构

COLD 有灵活的算法框架，我们可以根据实际的算力消耗，并结合业务产出效果的对比情况来动态地调整模型结构。

图 4-16 中，模型的最核心部分是全连接层，我们可以灵活地调整它的网络结构，根据模型的效果和计算性能决定是否加入以及加入多少个交叉特征，控制全连接的层数和神经元个数。

其次，我们还可以通过特征的重要性筛选来控制模型的复杂度，也就是算法框架中的特征筛选层：SE Block。SE Block 借鉴了 SENet 的思想，通过 Squeeze 和 Excitation 网络来计算每个特征的重要性，在 Squeeze 阶段，通过一层全连接和 Sigmoid 激活函数将输入的每一个特征的向量压缩为一个实数，作为该特征的重要性得分：

$$\boldsymbol{s}=\sigma(\boldsymbol{W}[\boldsymbol{e}_1,\cdots,\boldsymbol{e}_i,\cdots,\boldsymbol{e}_m]+b) \tag{4-16}$$

式中，$\boldsymbol{e}_i$ 为第 i 个特征对应的 Embedding 向量；$\boldsymbol{s}$ 为 m 维向量，第 i 个元素代表第 i 个特征的重要性得分。需要注意的是，原始的 SENet 采用的是全局平均池化的方式来得到特征的重要性，也就是用特征向量的元素平均值作为该特征的重要性得分，而这里采用了全连接层加激活函数的方法，也就是用一个专门的逻辑回归模型来计算特征向量的重要性得分。将 $\boldsymbol{s}$ 乘回到原始的特征矩阵，就得到了加权之后的特征，作为后续计算的输入。

SE Block 的特征筛选功能体现在得到特征的重要性得分之后，我们可以根据重要性的排序来选择 Top k 个特征，将剩余的特征丢弃。Top k 的选择上，我们可以根据 AUC、GAUC 等效果指标以及 QPS 和 RT 等算力消耗的相关指标进行综合对比，同时参考我们将在第 8 章介绍的特征重要性分析方法，最终的 k 个特征作为 COLD 最终使用的特征进行模型训练和在线预测。

2. COLD 的工程优化

除了模型层面的优化之外，COLD 的最大特色是同时在工程层面进行了很多细致有效的加速计算的优化工作。

（1）打分和特征计算的并行化

粗排的 point-wise 建模使得对物品的打分都是相互独立的，因此我们可以把一次推荐请求的打分物品集合拆分成多个，进行打分工作的并行化，每个请求都只跟相应的一部分物品进行交互，特征计算时通过多线程提效，模型网络计算通过 GPU 加速，最后把打分结果融合到一起。

（2）物品特征的列式计算方法

通常我们对一个 batch（批）内的物品进行特征计算时，不同类型的特征和源数据往往存储在不同的 Cache（缓存）里，或者需要以不同的算子进行组合特征的计算，因此如果以“行”的方式（也就是每个样本进行一次独立计算）对每个物品各自进行特征计算，就会出现以不同的 key（键）不断地访问同一个存储或者反复用同一个算子以不同的入参进行计算的情况，从而带来一定的计算资源冗余，因此我们可以优化为“批处理”的方式，对 batch 的每一列即所有物品的每一个特征进行一次性计算，特别是组合特征，可以通过单指令多数据流（Single Instruction Multiple Data，SIMD）的方式优化计算效率。列式计算与行式计算的差异如图 4-17 所示。

（3）利用低精度的 GPU 加速

COLD 的另一个工程优化点是利用 NVIDIA 的 Turning 架构特点（该架构在相对低精度的 Float16 和 Int8 上进行了矩阵运算的性能加速）来提升网络计算的速度。但 Float16 的取值范围

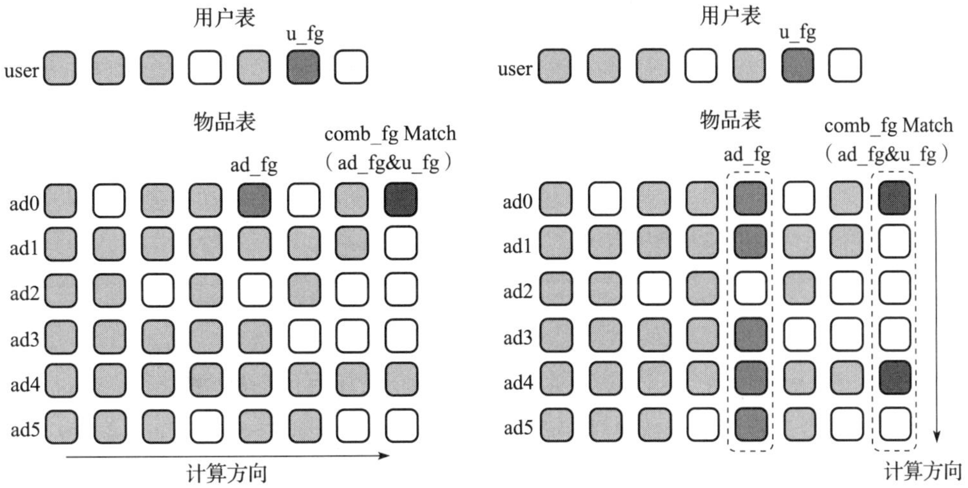

a）基于行的特征计算　　b）基于列的特征计算

图 4-17　列式计算与行式计算的差异

不满足网络计算的 Sum Pooling、Batch Normalization 等操作的精度要求，比较合理的方法是先对输入层的特征值用 log 函数进行平滑处理，但直接使用 log 函数无法处理负值，也无法平滑 [−1,1] 之间的值，因此设计了一个分段平滑函数：

$$\text{linear}_{\log(x)}=\begin{cases}-\log(-x)-1 & x<-1\\ x & -1\leqslant x\leqslant 1\\ \log(x)+1 & x>1\end{cases}\tag{4-17}$$

$\text{linear}_{\log(x)}$ 函数可以将 Float32 的数值转换到一个合适的范围，保持在 Float16 的边界之内，因此 COLD 将它作为特征输入后的第一层处理逻辑来约束模型参数的范围。在落地实践时，对比保持参数精度为 Float32 的情况，发现 $\text{linear}_{\log(x)}$ 函数对模型的训练效果并没有负向影响，而 CUDA Kernel（核）的运行性能却因为使用了 Float16 有了显著提升。同时为了优化 Kernel 的启动，在介绍 COLD 的论文中又提到了配合使用 MPS（Multi-Process Service）来解决 Kernel 启动的系统开销，在这两项工程优化措施的叠加助力下，最终的每秒查询率（Queries Per Second，QPS）有了接近两倍的提升。

3. COLD 的业务效果

如图 4-18 所示，从离线效果的对比来看，无论是在 GAUC 上还是 Recall 的指标上，COLD 都明显优于传统双塔模型，同时可以达到接近复杂的精排模型 DIEN 的效果。

算法	GAUC	Recall
Vector-Product based DNN Model	0.6232	88%
COLD	0.6391	96%
DIEN	0.6511	100%

图 4-18　COLD 算法离线效果

综上所述，COLD 并没有使用独创性的模型结构以及很复杂的工程优化方法，但它的创新点在于提供了一种非常灵活的建模方法，并且同时从算法和工程的双重视角来实现模型表达能力和算力消耗的平衡，因此也为业界提供了一种更加宽阔的技术视野。

4.4 粗排建模的重要问题

4.4.1 样本选择策略

粗排模型在线上打分时，针对各路召回的融合结果，取 Top N 的打分结果进入后续链路的环节，物品最终曝光后，用户的反馈行为会进入日志系统，成为模型迭代优化的样本。对于粗排的样本策略，我们的直觉是将用户实际是否有点击或者转化行为分别作为正负样本进行模型训练。这种方法复用了精排模型的样本策略，好处是在工程上可以复用技术和资源的链路，节省样本开发成本。但它存在的最大缺陷是，造成了粗排模型的训练样本和打分样本在分布上的不一致，因为最终在信息流中被曝光的物品仅是粗排阶段打分集合的一小部分，但这一小部分并不是随机抽样的，而是经过了精排和重排模块排序和过滤后得到的。如果我们拿这部分样本直接进行模型训练，则违背了机器学习中独立同分布（Independently Identical Distribution，IID）的假设前提。

概括来说，从整体的样本空间中以某种特定的业务逻辑只选取一个较小的子集作为训练样本，从而引起模型偏差的问题，我们称之为样本选择偏置（Sample Selection Bias，SSB）。事实上，在推荐全链路的各个环节中存在着各种各样的偏置（Bias），我们将在第 9 章进行系统性的介绍，本节仅从粗排模型建模的角度介绍如何更加合理地构造样本。

图 4-19 很好地表达了候选物品集合经历推荐算法的各个阶段后的变化情况，粗排 Top N 中的物品才会进入精排，精排 Top K 中的物品才会进入重排，重排 Top M 的物品才会真正曝光，因此最终推荐系统曝光的物品都是“优中选优”的能代表用户偏好兴趣且符合相关业务逻辑的物品集合，所以与真实完整的样本空间相比，曝光的物品只是“冰山一角”。

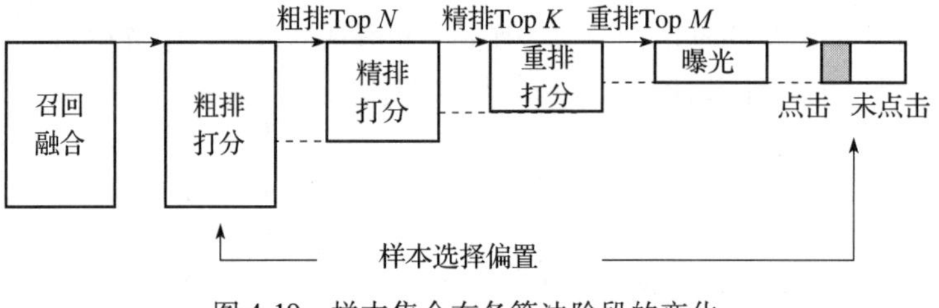

图 4-19 样本集合在各算法阶段的变化

但在现实的业务场景里，我们无法做到让曝光样本和真实样本的分布保持一致的情况。为了消除曝光样本的分布偏差，就得从召回物品中随机选择进行曝光，这个是业务目标不允许的，实际上也无法真正做到分布的一致性。所以要解决模型的样本选择偏置问题，我们需要采用一些“人工合成”的样本策略，让一部分没曝光过的样本扮演真实负样本的角色，使得训练样本可以尽量地还原真实的样本分布。

在样本选择策略中，我们拆解成正样本和负样本两部分进行介绍，两者有着各自不同的侧重点。

1. 正样本选择

正样本选择的核心问题是样本的“会话窗口”和“时间窗口”的设置，以及正样本标签与物品曝光的归因条件。假设我们的建模目标是点击，如果用户在信息流的某次曝光中并没

有点击物品 X，但随后又通过某个的关键词搜索到了 X 并且点击了，那么上一次信息流中 X 的曝光样本算不算正样本？一般情况下，合理的判断方法是，如果点击和曝光发生在同一个会话中，并且是在设定的时间窗口内，则算正样本，否则如果跨越了会话或者超过了时间窗口，我们认为用户点击物品的上下文和兴趣已经发生了变化，那么本次的点击不能归到上一次曝光。

在归因策略上，通常一次点击行为只能归因到最近一次的曝光。假设用户看到了物品 A 后没有点击，接着又看到了物品 B、C，再返回去找到 A 之后点击，这里的物品 A 实际曝光了两次，但只有最后一次才是正样本，这背后的判断依据是，用户在以“看到物品 B 和 C”作为上下文的条件下，对物品 A 的反馈是正向的，在第一次曝光 A 时，因为没有 B、C 作为上下文，用户的反馈是负向的。这个正向反馈的归因逻辑跟用户在电商场景中的购物决策很像，很多时候，用户并没有明确的“好货”的标准，好货通常是通过商品之间的价格、品牌、售后评价等对比出来的。因此，这个归因逻辑比较符合用户真实的消费心理，可以推广到所有的推荐建模场景。

而对时间窗口大小的设定既是业务问题又是工程问题，CTR 和 CVR 为预估目标的时间窗口就会有很大的区别。在某些情况下，CVR 还会有跨天延迟反馈的问题。同时，在视频推荐场景中，以完播率为目标的时间窗口还必须考虑全站视频的整体时长分布。从工程角度看，如果时间窗口设得太长，就会出现样本堆积，影响模型更新速度，也给系统带来了负担，但如果设得太短，就会增加遗漏正样本的概率。

另一种粗排模型正样本的离线选择方法是直接使用精排模型的 Top N 作为正样本（或者作为上面方法的补充）。这种方法也可以认为是样本层面的一种知识蒸馏，而且还能在优化目标上与精排模型对齐，方便后续的精粗排联合优化。

综上所述，不管哪种样本选择策略，正样本的核心目标始终是如何准确地表达“用户喜欢什么”。但存在的另一个问题是，用户的行为容易受到流行度的影响（这实际上也是一种偏置问题）。所以，为了粗排模型不被少量的热门物品“带偏”，在正样本的选取中可以适当地对热门物品进行降采样，以增加长尾物品在参数更新中的“话语权”，提升模型的个性化能力。具体的方法是针对每个样本根据物品的热门程度设置采样率：

$$P_{+}=\left(\sqrt{\frac{z(w_i)}{0.001}}+1\right)\frac{0.001}{z(w_i)} \tag{4-18}$$

式中，$z(w_i)$ 为第 i 个物品的曝光占比，实际应用中也可以是任何能代表物品热度的指标。

2. 负样本选择

负样本选择的核心问题是如何完整地表达“用户不喜欢什么”。通常，我们将负样本按照与正样本区隔程度的大小分为三种类型，即 Easy Negative、Hard Negative、Popular Negative，通过这三种类型的样本配比来保证用户负面偏好表达的完整性。

(1) Easy Negative

通常，在一个综合性的信息流产品里，如果内容高度丰富，那么用户的兴趣往往非常聚焦，因此我们随机地从内容池抽样一些内容大概率会和用户的兴趣相去甚远，这种抽样的方式我们称为全局随机负采样。因为全局负采样得到的负样本和正样本的差异较大，很容易让模型学到区分度，模型收敛快，所以这类负样本我们称为 Easy Negative。

(2) Hard Negative

Easy Negative 的负样本策略无法学习到用户偏好表达上细粒度的微观信息，为了增加样本的信息含量，提升模型的学习能力，训练样本中还必须存在与 Easy Negative 相反的 Hard Negative。从字面意思看，Hard Negative 是指那些与正样本长得比较像、模型比较难区分的负样本，可能与用户兴趣有一定相关性，但又有所区别。具体的 Hard Negative 的定义需要结合业务的实际情况，通常有如下 3 种方法。

1）利用业务的先验知识进行构造。物品在所属品类上可以按业务知识进行分级分类，例如树状结构的多级分类，在综合性的电商平台通常可以包含 4 个层级总共 1 万多个叶子品类，那么与正样本同属一个一级品类但不同叶子品类下的物品对应的样本，如果刚好用户没有点击过，则可以作为 Hard Negative。

2）基于“曝光未点击”的二次筛选。通常，比较准确的“曝光未点击”负样本的筛选方法是“Above Click”，即信息流中被点击物品上方位置的其他未点击物品，因为在“曝光未点击”的物品中，我们通常无法区分用户到底是因为不喜欢没点击还是没注意到而忽略了，而点击物品上方的“曝光未点击”物品被忽略的概率较低，因此作为负样本的置信度更高。

3）利用模型构造。我们将上一轮粗排模型打分为 Top N 但在精排打分中处于中尾部且未被推荐的物品，作为下一轮粗排的负样本，这种方法相当于以精排模型为指导，识别粗排的 Bad Case 作为优化目标，可以更好地让粗排与精排保持一致，学习精排模型认为的用户“没那么偏好”的样本信息。

(3) Popular Negative

虽然我们在正样本选择时已经做了一定的热门降权，但实际上正样本中仍然会有大量热门物品存在。如果我们继续加大对热门的降权，则很容易使正样本偏离真实的分布。而在对应的负样本中，在全局随机负采样方法下，往往存在大量未曝光物品，所以正负样本之间存在很大的热度差异。为了不让模型误认为热度是目标预估的关键因素而忽略了对个性化偏好的学习，我们还会增加一路基于热度的负采样进行“对冲”，我们称之为 Popular Negative。具体的实现方法可以是在全局负采样中对热门负样本进行一定的加权，加权的方法可以参照 Word2vec 里的负采样方法：

$$P_- = \frac{n(w_i)^\alpha}{\sum_j n(w_j)^\alpha} \tag{4-19}$$

式中，$n(w_i)$ 为第 i 个物品的曝光次数；α 一般取 0.75，可以根据实际效果进行调节。

另一种 Popular Negative 的实现方法是采用 Batch 内随机负采样的方法，这个方法的实质是给定用户，在同个 Batch 内的所有其他用户的正样本里进行随机选择来作为该用户的负样本，因为实际的 Batch 中往往热门物品出现的概率会更高，所以相当于是增加热门物品作为负样本的概率。Popular Negative 的样本区分难度通常介于 Easy Negative 和 Hard Negative 之间，它所隐含的信息是，越流行的物品越容易推荐给用户，但如果这个用户还没点击过或者看过，那么很大概率上是因为该物品和他的兴趣不匹配。

以上是 3 类负样本的定义，这 3 类负样本在实际的训练集和测试集中通常是以 Easy Negative 为主，以 Hard Negative 和 Popular Negative 为辅的配比关系。三者在训练中承担着不同的角色：Easy Negative 保证模型能学到用户粗粒度的偏好，在大方向上不走偏；Hard Negative 保证模型能学到细粒度的用户偏好；Popular Negative 保证模型不过度关注物品的热度。

我们希望人工合成的样本能尽量接近样本的真实分布，而对粗排模型来说，真实的样本分布就是多路召回的融合结果，那么对照各召回路由的内容，3 类负样本中的 Popular Negative 可以对应热门召回策略，Hard Negative 可以对应 i2i、用户兴趣召回等相关性较高的召回策略，Easy Negative 是为了开阔模型的“视野”，可以对应召回中的 E&E 等策略，通过这 3 类负样本的配比来达到拟合真实样本空间分布、完整地表达“用户不喜欢什么”的目的。

3. 粗排与召回模型的采样对比

我们在上一章介绍召回侧的 DSSM 模型时，提到了 Google 的双塔模型对热门物品进行降权的方法，但在本节中，在同样可以应用双塔模型的粗排建模中，我们却提出要在负采样中对热门物品进行加权，这似乎是存在矛盾的。但仔细分析后我们就会知道，在召回和粗排模型中针对热门物品的不同处理方法有其各自的合理性和必要性。

首先，召回和粗排模型的真实样本空间有着很大的区别。召回打分面向的是全量物品，因此必须在样本中兼顾热门和中长尾物品的比例，而在 Google 双塔模型的 Batch 内采样方法中，热门物品占了很大的样本比例，因此必须对其降权。粗排打分面向的是召回输出的内容集合，此时热门和中长尾物品的比例已经发生了很大改变，热门物品占了较大的比重，因此训练样本的构造也必须契合这种变化。

其次，召回和粗排模型的业务目的也有所区别。召回的目的是短时间内预估海量候选，从各个角度召回用户可能偏好的物品集合，因此召回建模的目标是在粗粒度上识别用户偏好。在样本选择上，Easy Negative 基本可以满足需求，但粗排的模型需要对用户的细粒度偏好有更好的学习能力，因此，在样本里必须搭配 Easy Negative、Hard Negative。同时，因为召回的内容里有一定比例的热门物品，因此增加 Popular Negative 的负样本是为了让模型加强对热门物品中用户偏好的识别，而不是让“热度”本身成为识别用户偏好的主要因素。

4. 总结

通常，在实际的业务环境中，对于如何构造合理的正负样本的问题，无论是在正样本的选取策略、负样本各类型的具体配比以及正负样本的比例上，都不存在普适的标准答案。很多时候，我们需要基于业务场景本身的特征和数据分析洞察，并且通过离线和在线的效果评估、不断实验来持续改进，才能找到适合实际场景的样本选择方法。

4.4.2 粗精排一致性校验

粗排存在的意义是作为后召回阶段的粗筛功能，从召回的输出结果中快速筛选优质的物品集合给精排模型，这样被粗排过滤掉的那部分物品就无须再进行精排打分，以此提升推荐链路的整体效率。而所谓的“粗精排一致性”，是指我们希望被粗排过滤的物品大概率也会被精排模型打上低分，否则如果两者不一致，就会出现精排认为的优质物品被粗排提前过滤的情况，推荐的最终效果就会大打折扣。因此，保障“粗精排一致性”是粗排模型优化的重要目标。

但实际的情况是，粗排模型在特征选择、模型结构、样本分布上都和精排模型有着较大的差别，因此粗排和精排之间天然存在着不一致性。随着信息流产品的功能模块、用户和内容规模的持续发展，推荐系统更加复杂，召回规模不断扩大，这种不一致性还会持续增加。

在这种天然的不一致下，我们通常有多种方式来提升粗精排一致性，主要的手段就是深度粗排模型的建模方法。

1）通过特征权重学习、特征交叉等方法重构双塔模型，提升复杂度，在性能上接近精排。

2）通过知识蒸馏的方法让精排指导粗排，让粗排模型多一条接近精排的优化路线。

当我们通过上述方法完成粗排模型的优化后，还需要有量化的指标来校验、评估粗精排一致性的提升情况。

一种量化的指标是以精排分作为目标计算粗排分的 AUC，首先将精排打分结果转化为正负样本标签，具体可以采用 0.5 或者样本打分集合的中位数作为阈值，大于阈值的作为精排正样本，其余作为精排负样本，然后计算粗排打分对精排正负样本的 AUC 值：

$$\text{PRAUC}=\frac{\sum_{i\in S}\text{rank}_i-\frac{M(1+M)}{2}}{M\times N} \tag{4-20}$$

式中，精排打分转化为标签后，M 为正样本数；N 为负样本数；S 为正样本的集合；样本 i 的粗排分排序值为 rank_i。PRAUC 就是粗排模型对精排打分样本的偏序关系的拟合程度，分数越高，表示粗排对精排拟合得越好。

另一个量化的指标是精排 Top M 在粗排中的 Hit Rate（命中率）：

$$\text{HR@}N=\frac{|\text{粗排 Top } N|\cap|\text{精排 Top } M|}{|\text{精排 Top } M|} \tag{4-21}$$

式中，M 和 N 的值根据实际情况确定，其中，精排 Top M 代表精排的高分物品，粗排 Top N 代表粗排需要输出给精排的物品数，因此 HR@N 的含义是在精排高分物品里被粗排命中的比例，比例越高，两者的一致性越好。

PRAUC 和 Hit Rate 在整体上都可以用来衡量粗精排一致性的好坏程度，但在具体的含义上两者有所区别，PRAUC 的定义比 Hit Rate 更加严格，我们以图 4-20 所示的内容为例来解释两个指标之间的差异。

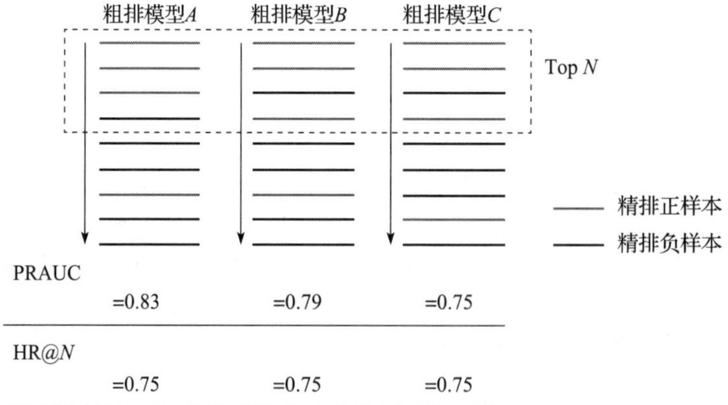

图 4-20　PRAUC 与 Hit Rate 在粗排中的区别（详见彩插）

如图 4-20 所示，3 个不同的粗排模型 A、B、C 应用在被同一个精排模型打分的样本集中，从3个模型的排序结果看，A、B、C 的 HR@ N 指标相同，都是 0.75，在 Top N 中都误判了一条精排负样本（我们以某一个阈值来区分精排打分，高于这个阈值的为精排正样本，否则为精排负样本），但在 PRAUC 指标上 $A>B>C$，因为 B、C 模型里被打高分的精排负样本和被打低分的精排正样本在顺序上错得更加离谱。但从粗排模型在推荐中承担的功能和存在的意义来看，粗排将 Top N 的结果输出给精排，只需要保证输出结果尽量包含更多的精排高分结果就可以了，而 Top N 内部本身的排序以及粗排过滤剩下的样本内部排序的合理性并不会影响推荐的最终效果，也不影响粗排在推荐链路中的作用，所以上述3个粗排模型在推荐效果上是完全一致的，因此我们认为计算更加简便的 HR@ N 指标更符合业务实际需求。当然，这两个指标本身并不是割裂的，提升 PRAUC 必然会带来 HR@ N 的提升，但 PRAUC 的定义更严格，提升指标会需要复杂度更高的模型，而粗排本身追求的是效率和准确性的平衡，因此在粗精排一致性这个目标上通常会偏向使用更简单的 HR@ N 指标。

基于 HR@ N 的模型效果分析方法中，我们还可以根据业务实际情况在不同的粒度进行评估。比如，在每个用户身上计算 HR@ N，再将所有用户的加权和作为整体的 HR@ N 值，因为实际推荐中，推荐系统是对每个用户的每一次推荐进行粗排打分和过滤的，所以我们希望模型能更多地提升用户内部的排序性，而不过多关注用户之间的打分差异（这类似 GAUC 指标对 AUC 的补充）。

另外，我们还可以在粗排的模型训练过程中实时地在 Batch 内计算 HR@ N，这样可以动态地观测精粗排一致性，便于模型调优。

4.5 本章小结

随着信息流产品形态、功能模块的不断丰富，以及用户、内容规模的持续扩大，粗排模型在信息流的整个推荐链路中变得越来越重要。在本章的内容中，我们沿着粗排模型的演进历程进行了详细的介绍。

不同于精排模型始终如一地沿着 CTR、CVR 等目标持续优化，粗排模型的建模目标在演进的历程中发生了多次迭代更新，从最初的人工规则策略和静态模型中，对物品的质量分、热度、人气值等的预测和评判，强调挖掘物品的综合质量评判标准，到 LR、GBDT 的浅层模型阶段，挖掘用户和物品之间的相关性、偏好度，强调提升模型的个性化表达能力和实时预测能力，再到当前阶段强调的精粗排一致性要求。

但粗排模型受限于打分性能的约束，始终是精度与性能之间平衡和取舍的结果，这个定位就决定了它的模型结构和特征内容天然地比精排模型更加精简。在这种限制条件下，粗排模型走出了一条独特的发展之路：以双塔为基准的算法框架，在充分发挥双塔模型优势的基础上，尝试通过行为序列建模更好地表达用户兴趣、通过注意力机制等方法挖掘特征重要性、通过特征交叉及多层 MLP 增加非线性表达能力、通过知识蒸馏尽可能地逼近精排模型。

本章是对粗排模型在当前阶段应用实践的阶段性总结。当前，业界对粗排模型的大量探索优化仍在持续进行中，如何更好地让粗排与召回、精排进行全链路联动建模，如何突破粗排模型的局限，如何平衡模型性能与业务效果，都是值得进一步探索和挖掘的技术方向。

参考文献

[1] CHEN T, GUESTRIN C. Xgboost: A scalable tree boosting system [C] //Proceedings of the 22nd ACM

SIGKDD International Conference on Knowledge Discovery and Data Mining. New York: Association for Computing Machinery, 2016: 785-794.

[2] HE X, PAN J, JIN O, et al. Practical lessons from predicting clicks on ads at facebook [C] //Proceedings of the 8th International Workshop on Data Mining for Online Advertising. New York: Association for Computing Machinery, 2014: 1-9.

[3] HU J, SHEN L, SUN G. Squeeze-and-excitation networks [C] //Proceedings of the IEEE Conference on Computer Vision and Pattern Recognition. Salt Lake City: IEEE, 2018: 7132-7141.

[4] CHENG H T, KOC L, Harmsen J, et al. Wide & deep learning for recommender systems [C] //Proceedings of the 1st Workshop on Deep Learning for Recommender Systems. New York: Association for Computing Machinery, 2016: 7-10.

[5] HINTON G, VINYALS O, Dean J. Distilling the knowledge in a neural network [EB/OL]. (2015-03-09)[2021-12-03]. https://arxiv. arg/abs/1503. 02531.

[6] XU C, LI Q, GE J, et al. Privileged features distillation at Taobao recommendations [C] //Proceedings of the 26th ACM SIGKDD International Conference on Knowledge Discovery & Data Mining. New York: Association for Computing Machinery, 2020: 2590-2598.

[7] WANG Z, ZHAO L, JIANG B, et al. Cold: Towards the next generation of pre-ranking system [EB/OL]. (2020-07-31)[2022-12-05]. https://arxiv. org/abs/2007. 16122.

[8] WILSON E B. Probable inference, the law of succession, and statistical inference [J]. Journal of the American Statistical Association, 1927, 22 (158): 209-212.

CHAPTER 5

第 5 章

精排算法

前面两章介绍了推荐的召回和粗排模块，本章继续介绍推荐算法下一阶段的重要模块：精排。从字面意思理解，精排是指需要根据用户的基础属性、历史行为和上下文环境状态等信息对候选物品实现精准的打分排序。本章首先分析精排算法的核心目标和概要，接下来介绍常用的精排算法，包含经典的机器学习和深度学习算法。同时，结合信息流场景下的特定业务目标，即推荐的高实时性要求和业务目标多样性，针对性地介绍在线学习和多任务学习算法。

5.1 精排算法的核心目标和概要

在推荐算法的整体框架中，精排结构图如图 5-1 所示，其中，$O(10)$ 和 $O(100)$ 是指在大型的推荐系统中，精排的输入和输出的物品数量级一般为十和百。

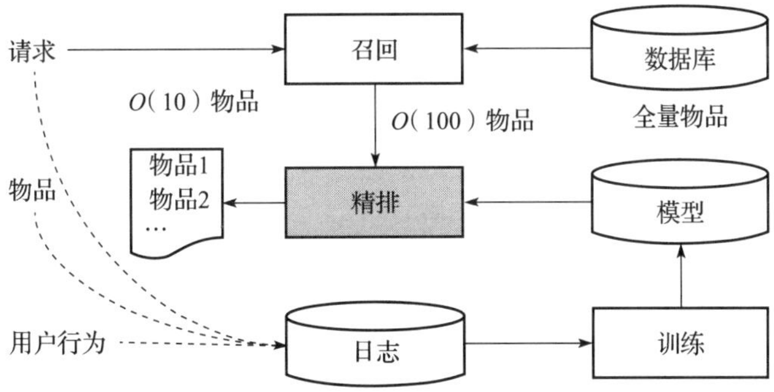

图 5-1 精排结构图

精排算法在过去的演进历程中，其发展趋势主要包含复杂度和时效性两个方面：从简单到复杂，从离线到实时。

复杂度方面经历了从浅层线性到深层非线性的发展，从早期线性的逻辑回归（Logistic

Regression，LR）和因子分解机[1]（Factorization Machine，FM），到非线性的梯度提升决策树[2]（Gradient Boosting Decision Tree，GBDT），再到深层非线性的深度神经网络（Deep Neural Network，DNN）算法。除了模型结构方面的迭代，随着信息流场景的业务形态演进，和关键业务指标关系密切的建模目标也越来越多，精排模型逐渐地从单任务学习向多任务学习发展。近年来，随着推荐场景逐渐多元化，工业界在多任务学习上的探索实践也越来越多。

时效性方面，早期的模型通常离线训练，按天更新。离线训练的情况下，难以及时地响应用户的兴趣变化。为了更好地提升用户体验，精排模型逐渐地演变为小时级更新和实时更新。在线学习算法是支持模型实时更新的一个重要技术手段，通常用于实时的 LR、FM 以及某些 DNN 中的 LR 部分。

接下来首先介绍前深度学习时代的典型精排算法，然后介绍深度学习中的典型精排算法。在精排算法之后，我们以经典的 FTRL[3]（Follow the Regularized Leader）为例阐述在线学习算法的重要概念和实际应用。最后介绍和精排模型相关的特征工程和模型校准。

5.2　前深度学习时代的精排算法

在深度学习兴起之前，LR、FM 和 GBDT 是工业界应用最广泛的三种精排算法。三种算法各自有着不同的优点，下面逐一进行详细介绍。

5.2.1　LR

LR 虽然称为回归，但实际上是一个二分类模型。在推荐场景中通常用于预测一个概率值，来表示用户点击商品的概率或者用户对视频的点赞率等业务目标。在深度学习兴起以前，LR 的使用非常广泛，被称为“万金油”算法。不管哪个业务场景，只要基于一定的业务和数据理解，适当做特征工程，配上 LR 之后都能取得较好的效果。LR 的主要特点是简单高效、可解释性好。本部分首先介绍 LR 的基础原理，接下来介绍工业实践中训练大规模 LR 模型的算法库 LibLinear[4]。

（1）LR 基本原理

我们用函数 $f(x,\theta)$（后面简写为 $f(x)$）表示样本 x 被预测为正样本的概率 $P(y=1 \mid x)$，则 x 被预测为负样本的概率为 $P(y=0 \mid x)=1-f(x)$，把它们合并到一个式子中，即为 $P(y \mid x)=(f(x))^{y}(1-f(x))^{1-y}$。对于给定的数据集 $X=\{\boldsymbol{x}_1,\boldsymbol{x}_2,\cdots,\boldsymbol{x}_n\}$ 和 $Y=\{y_1,y_2,\cdots,y_n\}$，对模型参数 $\boldsymbol{\theta}$ 进行极大似然估计可以得到如下的似然函数：

$$L(\boldsymbol{\theta})=\prod_{i=1}^{n}P(y_i \mid \boldsymbol{x}_i)=\prod_{i=1}^{n}(f(\boldsymbol{x}_i))^{y_i}(1-f(\boldsymbol{x}_i))^{1-y_i} \tag{5-1}$$

该公式在形式上为连乘，对其取 log 后得到：

$$\log L(\boldsymbol{\theta})=\sum_{i=1}^{n}(y_i\log(f(\boldsymbol{x}_i))+(1-y_i)\log(1-f(\boldsymbol{x}_i))) \tag{5-2}$$

最大化上面的似然估计结果可以得到最大可能符合数据分布的模型参数 $\boldsymbol{\theta}$，机器学习中通常按照最小化的方式求解，为此对上式做进一步的转换：

$$J(\boldsymbol{\theta})=-\frac{1}{n}\sum_{i=1}^{n}(y_i\log(f(\boldsymbol{x}_i))+(1-y_i)\log(1-f(\boldsymbol{x}_i))) \tag{5-3}$$

上面从二分类的概率定义出发，通过极大似然估计逐步推导出 LR 的损失函数。损失函数中，$f(\boldsymbol{x}_i)$ 通常定义为 Sigmoid 函数：

$$f(\boldsymbol{x}_i)=\frac{1}{1+e^{-\boldsymbol{\theta}^{\mathrm{T}}\boldsymbol{x}_i}} \tag{5-4}$$

Sigmoid 函数曲线如图 5-2 所示，值域为［0,1］。

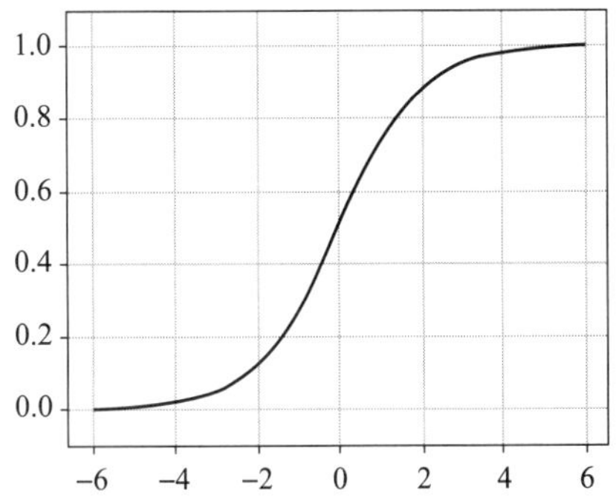

图 5-2　Sigmoid 函数曲线

接下来对 Sigmoid 函数求导，并逐步推导出模型参数 $\boldsymbol{\theta}$ 的梯度。

$$\begin{aligned}\frac{\partial f(\boldsymbol{x}_i)}{\partial\theta_j}&=-\frac{1}{(1+e^{-\boldsymbol{\theta}^{\mathrm{T}}\boldsymbol{x}_i})^2}e^{-\boldsymbol{\theta}^{\mathrm{T}}\boldsymbol{x}_i}x_{ij}\\&=-\frac{1+e^{-\boldsymbol{\theta}^{\mathrm{T}}\boldsymbol{x}_i}-1}{(1+e^{-\boldsymbol{\theta}^{\mathrm{T}}\boldsymbol{x}_i})^2}x_{ij}\\&=-x_{ij}\frac{1}{1+e^{-\boldsymbol{\theta}^{\mathrm{T}}\boldsymbol{x}_i}}\left(1-\frac{1}{1+e^{-\boldsymbol{\theta}^{\mathrm{T}}\boldsymbol{x}_i}}\right)\\&=-x_{ij}f(\boldsymbol{x}_i)(1-f(\boldsymbol{x}_i))\end{aligned} \tag{5-5}$$

$$\begin{aligned}\frac{\partial J(\boldsymbol{\theta})}{\partial\theta_j}&=-\frac{1}{n}\sum_{i=1}^{n}\left(y_i\frac{1}{f(\boldsymbol{x}_i)}\frac{\partial f(\boldsymbol{x}_i)}{\partial\theta_j}+(1-y_i)\frac{1}{1-f(\boldsymbol{x}_i)}\frac{\partial f(\boldsymbol{x}_i)}{\partial\theta_j}\right)\\&=-\frac{1}{n}\sum_{i=1}^{n}\left(y_i\frac{1}{f(\boldsymbol{x}_i)}-(1-y_i)\frac{1}{1-f(\boldsymbol{x}_i)}\right)\frac{\partial f(\boldsymbol{x}_i)}{\partial\theta_j}\\&=-\frac{1}{n}\sum_{i=1}^{n}\left(\frac{y_i-f(\boldsymbol{x}_i)}{f(\boldsymbol{x}_i)(1-f(\boldsymbol{x}_i))}\right)-x_{ij}f(\boldsymbol{x}_i)(1-f(\boldsymbol{x}_i))\\&=\frac{1}{n}\sum_{i=1}^{n}(y_i-f(\boldsymbol{x}_i))x_{ij}\end{aligned} \tag{5-6}$$

理解了 LR 相关的基础知识之后，下面继续介绍工业界的大规模 LR 实践。

（2）大规模训练：LibLinear

LibLinear 中集成了多个大规模线性算法，包括支持向量机（Support Vector Machine，SVM）、支持向量回归（Support Vector Regression，SVR）和 LR 等，同时结合了 L1 或者 L2 正则，这里主要关注 LR 的部分。LR 的基本原理比较简单，实际使用中主要关注参数优化的环节，LibLinear 中采用置信域牛顿法来学习大规模的 LR 参数。相比于随机梯度下降等一阶优化算法，二阶牛顿法引入了目标函数的二阶导数，进一步考虑了梯度的变化情况，可以更好地选择参数优化的方向，从而加快收敛速度。对于 L2 正则约束的 LR，LibLinear 中定义的目标函数如下：

$$\min_{\boldsymbol{w}} f(\boldsymbol{w})=\frac{1}{2}\boldsymbol{w}^{\mathrm{T}}\boldsymbol{w}+C\sum_{i=1}^{l}\log(1+e^{-y_i\boldsymbol{w}^{\mathrm{T}}\boldsymbol{x}_i}) \tag{5-7}$$

参数 $\boldsymbol{w}$ 的一阶导数和二阶导数的 Hessian 矩阵分别如下：

$$\nabla f(\boldsymbol{w})=\boldsymbol{w}+C\sum_{i=1}^{l}(\sigma(y_i\boldsymbol{w}^{\mathrm{T}}\boldsymbol{x}_i)-1)y_i\boldsymbol{x}_i \tag{5-8}$$

$$\nabla^2 f(\boldsymbol{w})=\boldsymbol{\mathcal{J}}+C\boldsymbol{X}^{\mathrm{T}}\boldsymbol{D}\boldsymbol{X} \tag{5-9}$$

式中，$\boldsymbol{\mathcal{J}}$为单位矩阵；$\sigma()$ 为 Sigmoid 函数；对角矩阵 $\boldsymbol{D}$ 如下：

$$\boldsymbol{D}_{ii}=\sigma(y_i\boldsymbol{w}^{\mathrm{T}}\boldsymbol{x}_i)(1-\sigma(y_i\boldsymbol{w}^{\mathrm{T}}\boldsymbol{x}_i)) \tag{5-10}$$

Hessian 矩阵是正定的，所以$\nabla^2 f(\boldsymbol{w}^k)$ 是可逆的，可以按照简单的牛顿法更新参数：

$$\boldsymbol{w}^{k+1}=\boldsymbol{w}^k+\boldsymbol{s}^k \tag{5-11}$$

式中，k 为迭代次数；$\boldsymbol{s}^k$ 为牛顿方向。常用的求解方法如下：

$$\nabla^2 f(\boldsymbol{w}^k)\boldsymbol{s}^k=-\nabla f(\boldsymbol{w}^k) \tag{5-12}$$

然而，如果直接按照牛顿法更新参数会存在如下两个问题。

1）$\{\boldsymbol{w}^k\}$ 的序列可能不会收敛到最优解，并且式（5-7）中的目标函数值也不能保证是逐渐下降的。

2）虽然 $\boldsymbol{X}\in\mathbb{R}^{l\times n}$ 是比较稀疏的，但是 Hessian 矩阵中的 $\boldsymbol{X}^{\mathrm{T}}\boldsymbol{D}\boldsymbol{X}\in\mathbb{R}^{n\times n}$ 为规模很大（实际业务中，n 至少是 10 万的量级）的稠密矩阵。采用普通的牛顿法求解需要存储这个稠密矩阵并求矩阵的逆，在实际中可行性很低。

为了解决第一个问题，可以采用置信域的方式，设计目标值下降评估的同时调整牛顿方向的前进幅度。对于第二个问题，可以利用共轭梯度来求解（共轭梯度常用于求解 $\boldsymbol{A}\boldsymbol{x}=\boldsymbol{b}$），在求解过程中主要的操作为 Hessian 矩阵和向量的计算：

$$\nabla^2 f(\boldsymbol{w})\boldsymbol{s}=(\boldsymbol{\mathcal{J}}+C\boldsymbol{X}^{\mathrm{T}}\boldsymbol{D}\boldsymbol{X})\boldsymbol{s}=\boldsymbol{s}+C\cdot\boldsymbol{X}^{\mathrm{T}}(\boldsymbol{D}\boldsymbol{X}_s) \tag{5-13}$$

在 $\boldsymbol{X}$ 为稀疏矩阵的情况下，可以在不保存 Hessian 矩阵$\nabla^2 f(\boldsymbol{w}^k)$ 的情况下进行高效的计算。下面给出置信域牛顿法求解 LR 的细节。

在第 k 轮参数迭代中，当前参数为 $\boldsymbol{w}^k$，置信区域的大小为 Δ_k，根据共轭梯度求解的标准形式可以反推出当前问题的二次型模型：

$$q_k(\boldsymbol{s})=\nabla f(\boldsymbol{w}^k)^{\mathrm{T}}\boldsymbol{s}+\frac{1}{2}\boldsymbol{s}^{\mathrm{T}}\nabla^2 f(\boldsymbol{w}^k)\boldsymbol{s} \tag{5-14}$$

式中，$q_k(\boldsymbol{s})$ 从泰勒展开的角度来看近似于 $f(\boldsymbol{w}^k+\boldsymbol{s})-f(\boldsymbol{w}^k)$。接下来，需要找到牛顿方向 $\boldsymbol{s}^k$，在满足 $\|\boldsymbol{s}^k\|<\Delta_k$ 的情况下最小化 $q_k(\boldsymbol{s})$。接下来计算二次模型预估下降和真实下降的比值：

$$\rho_k=\frac{f(\boldsymbol{w}^k+\boldsymbol{s}^k)-f(\boldsymbol{w}^k)}{q_k(\boldsymbol{s}^k)} \tag{5-15}$$

如果比值 ρ_k 大于阈值，说明近似预估求解到的牛顿方向是置信的：

$$\boldsymbol{w}^{k+1}=\begin{cases}\boldsymbol{w}^k+\boldsymbol{s}^k, & \text{如果 } \rho_k>\eta_0\\ \boldsymbol{w}^k, & \text{如果 } \rho_k\leqslant\eta_0\end{cases} \tag{5-16}$$

式中，$\eta_0>0$，是一个预先设置好的超参数。置信域大小 Δ_k 的更新规则如下：

$$\begin{cases}\Delta_{k+1}\in[\sigma_1\min\{\|\boldsymbol{s}^k\|,\Delta_k\},\sigma_2\Delta_k] & \text{如果 } \rho_k\leqslant\eta_1\\ \Delta_{k+1}\in[\sigma_1\Delta_k,\sigma_3\Delta_k] & \text{如果 } \rho_k\in(\eta_1,\eta_2)\\ \Delta_{k+1}\in[\Delta_k,\sigma_3\Delta_k] & \text{如果 } \rho_k\geqslant\eta_2\end{cases} \tag{5-17}$$

式中，$\eta_1<\eta_2<1$，$\sigma_1<\sigma_2<1<\sigma_3$，均为大于 0 的超参。整体求解流程包含一个外循环和一个内循环，外循环的部分如下。

算法 5-1 置信域算法

0：给定 $\boldsymbol{w}^0$

1：for $k=0$，1，…（外循环迭代次数）

2：　如果$\nabla f(\boldsymbol{w}^k)=0$，停止

3：　找到置信域子问题的一个近似解 $\boldsymbol{s}^k$

$$\min_{s} q_k(\boldsymbol{s}) \text{ subject to } \|\boldsymbol{s}\| \leqslant \Delta_k$$

4：　根据式（5-15）计算 ρ_k

5：　根据式（5-16）更新 $\boldsymbol{w}^{k+1}$

6：　根据式（5-17）获得 Δ_{k+1}

内循环的部分对应共轭梯度的求解部分：

算法 5-2 共轭梯度求解置信域子问题

0：给定 $\xi_k<1$，$\Delta_k>0$，令$\bar{\boldsymbol{s}}^0=\boldsymbol{0}$，$\boldsymbol{r}^0=-\nabla f(\boldsymbol{w}^k)$，$\boldsymbol{d}^0=\boldsymbol{r}^0$

1：for $i=0,1,\cdots$（内循环迭代次数）

2：　如果$\|\boldsymbol{r}^i\|=\|\nabla f(\boldsymbol{w}^k)+\nabla^2 f(\boldsymbol{w})\bar{\boldsymbol{s}}^i\|\leqslant\xi_k\|\nabla f(\boldsymbol{w}^k)\|$

　　　然后输出 $\boldsymbol{s}^k=\bar{\boldsymbol{s}}^i$，并停止

3：　$\alpha_i=\|\boldsymbol{r}^i\|^2/((\boldsymbol{d}^i)^{\mathrm{T}}\nabla^2 f(\boldsymbol{w}^k)\boldsymbol{d}^i)$

4：　$\bar{\boldsymbol{s}}^{i+1}=\bar{\boldsymbol{s}}^i+\alpha_i\boldsymbol{d}^i$

5：　如果$\|\bar{\boldsymbol{s}}^{i+1}\|\geqslant\Delta_k$，则计算 τ 以满足$\|\bar{\boldsymbol{s}}^i+\tau\boldsymbol{d}^i\|=\Delta_k$

　　输出 $\boldsymbol{s}^k=\bar{\boldsymbol{s}}^i+\tau\boldsymbol{d}^i$，并停止

6：　$\boldsymbol{r}^{i+1}=\boldsymbol{r}^i-\alpha_i\nabla^2 f(\boldsymbol{w}^k)\boldsymbol{d}^i$

7：　$\beta_i=\|\boldsymbol{r}^{i+1}\|^2/\|\boldsymbol{r}^i\|^2$

8：　$\boldsymbol{d}^{i+1}=\boldsymbol{r}^{i+1}+\beta_i\boldsymbol{d}^i$

实际使用中可以选择多核版本的 LibLinear，也可以使用 Spark 版本的 LibLinear，都可以支持百万级的样本和特征。

5.2.2 FM

FM 可以看成特征交叉方向上的 LR 进阶版本，本小节首先介绍 FM 的相关基础，然后介绍 FM 的升级算法 FFM[5]。

（1）FM 基础：处理稀疏、大规模场景

FM 是推荐领域中一个比较全能的算法，既可以用于排序，也可以用于召回，相关的扩展算法也比较多。这里首先看一下二阶 FM 的计算公式：

$$\hat{y}(\boldsymbol{x}):=w_0+\sum_{i=1}^{n}w_i x_i+\sum_{i=1}^{n-1}\sum_{j=i+1}^{n}\langle\boldsymbol{v}_i,\boldsymbol{v}_j\rangle x_i x_j \tag{5-18}$$

式中，w_0 是全局的偏置；w_i 表示特征 x_i 的权重；用 $\boldsymbol{v}_i$ 和 $\boldsymbol{v}_j$ 的内积来表示 x_i 和 x_j 之间的相关性权重 w_{ij}。值得注意的是，FM 没有直接学习 w_{ij}，而是学习 x_i 和 x_j 对应的向量 $\boldsymbol{v}_i$ 和 $\boldsymbol{v}_j$。从矩

阵的角度来看，就是做了一个常用的正定矩阵分解 $\boldsymbol{W}=\boldsymbol{V}\boldsymbol{V}^{\mathrm{T}}$。分解的维度越大，学习复杂相关性的能力越强。

FM 从分解的角度来学习变量之间的相关性，这种分解方式使得 FM 可以更好地应对高维稀疏的情况。比如 x_i 和 x_j 联合出现的情况很少出现，甚至没有出现过，如果直接学习 w_{ij}，那么没有办法获得一个合理的预估值，但是通过分解学习到的 $\boldsymbol{v}_i$ 和 $\boldsymbol{v}_j$ 可以通过间接学习的方式获得更优的预估值。表 5-1 给出了一个具体的示例，第 3、4 列中的“+”和“-”表示正负样本的数目，第 1、2 列表示相关的特征。可以看到，“ESPN”和“Adidas”联合出现的样本只有一条，如果直接学习两者的相关性权重 $w_{\mathrm{ESPN,Adidas}}$，那么其置信程度是比较低的。如果采用 FM 的方式，那么由于 Nike 和 Adidas 与 Vogue 和 NBC 的交互情况类似，模型可以间接地学习到 Nike 和 Adidas 的隐向量是相似的，进而可以推出相关性权重 $w_{\mathrm{ESPN,Adidas}}$ 和 $w_{\mathrm{ESPN,Nike}}$ 也是大概率相似的，这样计算出来的权重相比容易受噪声影响的样本训练出来的权重置信度更高。

表 5-1　稀疏推荐场景的样本示例

媒体	广告主	正样本数目	负样本数目
ESPN	Nike	+80	-20
ESPN	Gucci	+10	-90
ESPN	Adidas	+0	-1
Vogue	Nike	+15	-85
Vogue	Gucci	+90	-10
Vogue	Adidas	+10	-90
NBC	Nike	+85	-15
NBC	Gucci	+0	-0
NBC	Adidas	+90	-10

除此之外，采用矩阵分解的方式还可以极大地减少参数量。当直接学习 w_{ij} 时，参数量为 n^2，分解后的二次项的参数量仅为 kn，其中 k 是远小于 n 的。

按照式（5-18）中的定义直接计算，复杂度是 $O(n^2)$，实际应用中是无法扩展到大规模场景的。为此，FM 中的二阶项可以做如下改写：

$$
\begin{aligned}
\sum_{i=1}^{n}\sum_{j=i+1}^{n}\langle \boldsymbol{v}_i,\boldsymbol{v}_j\rangle x_i x_j &= \frac{1}{2}\sum_{i=1}^{n}\sum_{j=1}^{n}\langle \boldsymbol{v}_i,\boldsymbol{v}_j\rangle x_i x_j - \frac{1}{2}\sum_{i=1}^{n}\langle \boldsymbol{v}_i,\boldsymbol{v}_i\rangle x_i x_i \\
&= \frac{1}{2}\sum_{i=1}^{n}\sum_{j=1}^{n}\sum_{f=1}^{k} v_{i,f}v_{j,f}x_i x_j - \sum_{i=1}^{n}\sum_{f=1}^{k} v_{i,f}v_{i,f}x_i x_i \\
&= \frac{1}{2}\sum_{f=1}^{k}\left(\left(\sum_{i=1}^{n} v_{i,f}x_i\right)\left(\sum_{j=1}^{n} v_{j,f}x_j\right) - \sum_{i=1}^{n} v_{i,f}^2 x_i^2\right) \\
&= \frac{1}{2}\sum_{f=1}^{k}\left(\left(\sum_{i=1}^{n} v_{i,f}x_i\right)^2 - \sum_{i=1}^{n} v_{i,f}^2 x_i^2\right)
\end{aligned}
\tag{5-19}
$$

这里简单介绍推导的逻辑。改写之前，j 的起始值从 $i+1$ 开始，改写的第一步把 j 的起始值置为 1，这会导致二次项 $\langle \boldsymbol{v}_i,\ \boldsymbol{v}_i\rangle x_i x_i$ 的冗余，所以后面把冗余项再减去。第二步将向量的内积计算展开为 k 维的累加。第三步将 k 维的计算提到外面，这一步的推导稍微有点复杂，读者可以从求和的元素个数上体会，其中的逻辑类似于：

$$
\begin{aligned}
\sum_{i=1}^{2}\sum_{j=1}^{2} a_i b_j &= a_1 b_1 + a_1 b_2 + a_2 b_1 + a_2 b_2 \\
&= (a_1 + a_2)(b_1 + b_2) \\
&= \sum_{i=1}^{2} a_i \sum_{j=1}^{2} b_j
\end{aligned}
\tag{5-20}
$$

最后一步将两个值相等的项合并。最终从改写后的公式中可以看到计算复杂度不再是指数级的增长，更新后 FM 的复杂度为 $O(kn)$，并且在实际的推荐场景中，用户侧和物品侧的特征都比较稀疏，所以 FM 算法的在线推理效率是非常高的。

FM 用于召回的思想从上面的推导中也可以体现。在召回时，我们会分别计算用户向量和物品向量，然后计算用户向量和物品向量的相似度。如果公式中的 $\boldsymbol{a}_i$ 表示用户侧第 i 个特征的隐向量，$\boldsymbol{b}_i$ 表示物品侧第 i 个特征的隐向量，则其最终的相关性得分可以表示用户特征向量 $\boldsymbol{U}_i$ 做 Sum Pooling 之后的向量和物品特征向量 $\boldsymbol{I}_i$ 做 Sum Pooling 之后的向量的内积，如图 5-3 所示。

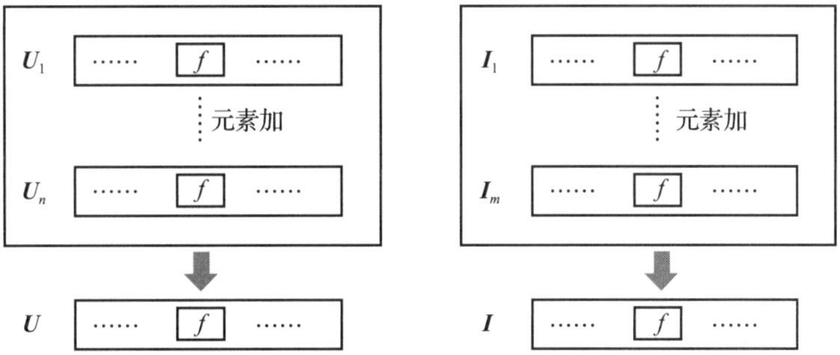

图 5-3　FM 召回的向量计算方法

图 5-3 中，f 表示一个元素。

因此，我们可以在离线阶段将更新频率较低的物品特征做 Sum Pooling，并保存在 Faiss 等向量检索引擎中。在线阶段，实时地计算用户侧的特征表示，然后在 Faiss 中做实时的近似检索，从而召回和用户相关性高的物品。整个过程如图 5-4 所示。

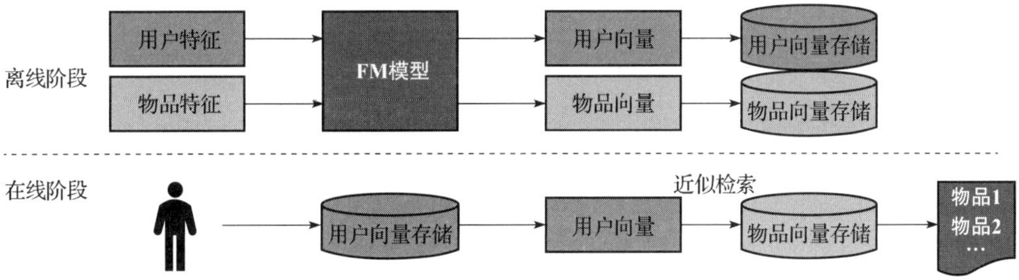

图 5-4　FM 召回的离线阶段流程和在线阶段流程

细心的读者可以注意到这里仅考虑了用户特征和物品特征的交叉，没有考虑用户特征内的交叉以及物品特征内的交叉。前者对于一次用户请求来说，仅作为偏置，不影响最终检索出来的物品结果。后者可以通过 Pooling 向量的维度扩展来实现，在隐向量的维度之外单独增加一维表示物品的偏置，其中可以包含二阶交叉的部分。不过一般情况下，物品特征内的交叉对于最终的检索结果影响不大，可以结合实际的情况判断是否需要省略。

（2）FFM 算法

FFM 是 FM 的升级版本，最初由 Yu-Chin Juan 等人提出，在 Criteo、Avazu、Outbrain 和

RecSys 2015 等多个点击率预估的竞赛中取得了 Top 3 的优秀成绩。FFM 在 FM 的基础上引入了域的概念，特征间交叉需要选择对应域的隐向量，其定义如下：

$$\hat{y}(x) := \omega_0 + \sum_{i=1}^{n} w_i x_i + \sum_{i=1}^{n-1} \sum_{j=i+1}^{n} \langle \boldsymbol{v}_{i,f_j}, \boldsymbol{v}_{j,f_i} \rangle x_i x_j \tag{5-21}$$

式中，f_j 表示第 j 个特征所属的域。如果将特征分为 f 个域，则每一个特征对应的隐向量参数量为 fk，其参数量为 FM 的 f 倍。FFM 和 FM 的对比示意如图 5-5 所示。

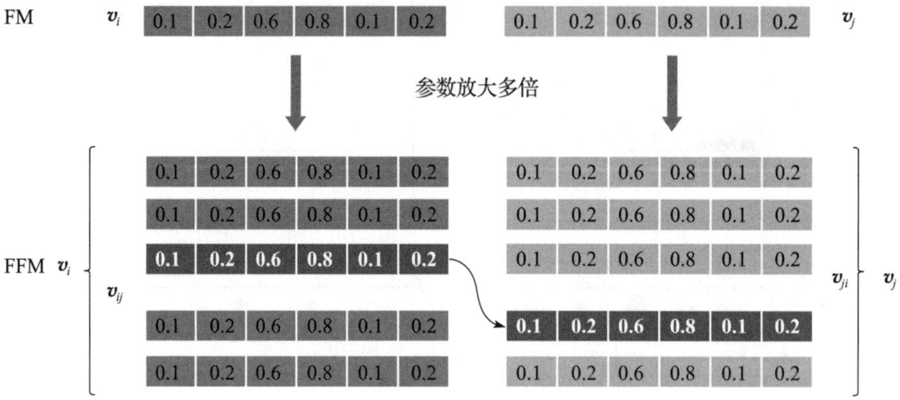

图 5-5　FFM 和 FM 的对比示意图

FM 中，特征 i 和其他所有特征交互的时候均使用同一隐向量 $\boldsymbol{v}_i$，也就是在同一个隐空间中建模特征之间的相关性。这种方式存在一定的局限性，不能很好地建模不同交叉之间的区别和联系。FFM 将特征划分为不同的域，交叉的时候使用不同的隐向量，刻画特征的粒度更细，可以较好地降低相关性低的域之间的相互影响，更准确地建模不同域的分布特性。FFM 的核心思想源于个性化标签推荐的 PITF[7] 算法。PITF 中按照用户、物品和标签 3 个维度进行独立分解，FFM 中做了更具一般性的扩展，同时做了更全面的理论分析和工程优化。

FFM 对于效果的提升是符合预期的，它的缺点也比较明显，参数增多后其存储开销和收敛速度都面临一定的问题。官方开源了一个高效的 C++实现，其中省去了常数项和一阶项：

$$\hat{y}(\boldsymbol{v}, \boldsymbol{x}) := \sum_{i=1}^{n-1} \sum_{j=i+1}^{n} \langle \boldsymbol{v}_{i,f_j}, \boldsymbol{v}_{j,f_i} \rangle x_i x_j \tag{5-22}$$

损失函数包含参数的正则项和 log 损失：

$$L = L_{reg} + L_{err} = \frac{\lambda}{2} \|\boldsymbol{v}\|_2^2 + \sum_{i=1}^{m} \log(1+\exp(-y \cdot \hat{y}(\boldsymbol{v}, \boldsymbol{x}))) \tag{5-23}$$

参数的梯度如下：

$$g_{i,f_j} = \lambda \cdot \boldsymbol{v}_{i,f_j} + \frac{\partial L_{err}}{\partial \hat{y}} \cdot \boldsymbol{v}_{j,f_i} \cdot x_i x_j \tag{5-24}$$

式中，$\frac{\partial L_{err}}{\partial \hat{y}} = \frac{-y}{1+\exp(\hat{y})}$。得到参数的梯度后，按照 Adagrad[8] 的方式更新模型参数：

$$(G_{i,f_j})_d = (G_{i,f_j})_d + (g_{i,f_j})_d^2 \tag{5-25}$$

$$(\boldsymbol{v}_{i,f_j})_d=(\boldsymbol{v}_{i,f_j})_d-\frac{\eta}{\sqrt{(G_{i,f_j})_d}}(g_{i,f_j})_d \tag{5-26}$$

式中，η 为初始学习率；$v\in[0,1/\sqrt{k}]$；梯度累计 G 初始化为 1，避免 $1/\sqrt{(G_{i,f_j})_d}$ 取值过大。Adagrad 方法中，参数可以自适应地更新，在训练的初期更新幅度比较大，随着训练次数的增加，参数逐渐收敛，相应的更新幅度逐渐减小。对于低频的参数，虽然更新的次数比较少，但依然可以获得较大的更新，因此 Adagrad 方法比较适合大规模的稀疏业务场景。相关的分析中可以发现 Adagrad 相比普通的 SGD 收敛速度更快。FFM 整体的训练流程如下。

算法 5-3 利用 Adagrad 训练 FFM 算法

0：令 $\boldsymbol{G}\in\mathbb{R}^{n\times f\times k}$ 为全 1 矩阵
1：for $t=1, 2, 3, \cdots, m$ do
2：　采样数据 (y, x)
3：　计算 $\frac{\partial L_{err}}{\partial \hat{y}}$
4：　for $i=1, \cdots, n-1$ do
5：　　for $j=i+1, \cdots, n$ do
6：　　　计算 g_{i,f_j} 和 g_{j,f_i}
7：　　for $d=1, \cdots, k$ do
8：　　　更新累计的梯度
9：　　　更新模型参数

除了优化方法的加速，官方实现（https://github.com/ycjuan/libffm）中还给出了一些工程上的效率优化。

1）FFM 采用在线学习的方式更新模型参数，为了加快训练速度可以做样本间的并行（算法中第一行对应的循环）。采用 OpenMP 技术充分发挥多核 CPU 的利用率，较大程度地提高训练速度。从图 5-6 中可以看到多线程的加速比，最大的加速比在 3.5 倍左右。线程数增加到 8 以后，由于同一内存的访问等待等原因，加速效果不再提升。

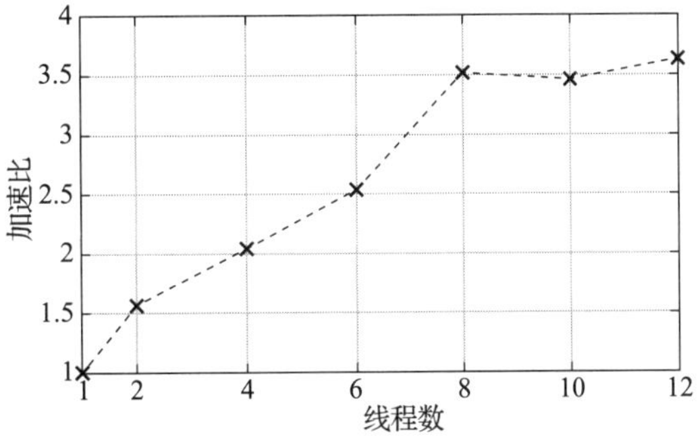

图 5-6 不同线程数下的加速情况

2）算法 5-3 中，第 4 和第 5 行对应两个较大的循环，实际中仅需计算非 0 项即可。

3）算法 5-3 中第 7 行的循环，官方实现中采用 SSE3 指令集来提高向量的计算速度。

整体来看，这些训练速度的优化不仅只针对 FFM，进行其他的算法优化时也同样适用。虽然这些优化的效果比较明显，但是实际应用中 FFM 仍然存在内存开销大以及速度慢的问题。新浪微博的算法团队从模型结构的角度改进了 FFM，提出了参数量更少的双线性 FFM（Bilinear-FFM），其定义如下：

$$\hat{y}(x) := w_0 + \sum_{i=1}^{n} w_i x_i + \sum_{i=1}^{n-1} \sum_{j=i+1}^{n} \boldsymbol{v}_i \boldsymbol{W} \boldsymbol{v}_j x_i x_j \tag{5-27}$$

Bilinear-FFM 中的隐向量和 FM 中的一样，每一个特征仅学习一个向量表示，不过在计算相关性的时候增加了一个参数矩阵 $\boldsymbol{W}$。新增的参数矩阵 $\boldsymbol{W}$ 可以有多种类型。

1）所有特征交叉共享同一个 $\boldsymbol{W}$，新增的参数量仅为 $k \cdot k$。

2）每一个域的特征共享一个 $\boldsymbol{W}$，新增的参数量为 $f \cdot k \cdot k$。

3）不同域的特征交叉对应一个 $\boldsymbol{W}$，新增的参数量为 $f \cdot f \cdot k \cdot k$。

实际中可以根据效果选择合适的矩阵生成类型。Criteo 和 Avazu 两个数据集的实验中可以发现：Bilinear-FFM 结合层归一化的效果基本上和 FFM 持平，而参数量仅为 FFM 的 2.6%。

FM 及其衍生算法在工业界的应用十分广泛。场景方面，除了用于推荐中的召回和排序，也可以用于搜索排序。在搜索场景中可以像 Ranking SVM[9] 一样结合 pair-wise 的训练，也可以结合具有明确物理意义的 Lambda 思想[10]。在一些实时性要求高的场景，也可以结合 FTRL 优化算法使用。

5.2.3 GBDT

GBDT 算法在深度学习兴起之前也有广泛的使用，比如说搜索场景的排序，以及我们在粗排算法中介绍过的生成非线性高阶特征作为 LR 排序模型的输入等。GBDT 在回归任务中的一般计算流程如图 5-7 所示。GBDT 包含了多轮的预测，每一轮都采用回归树计算预测值，然后将目标值和预测值的残差作为下一轮的目标值，重复这个过程多次，直到模型收敛。

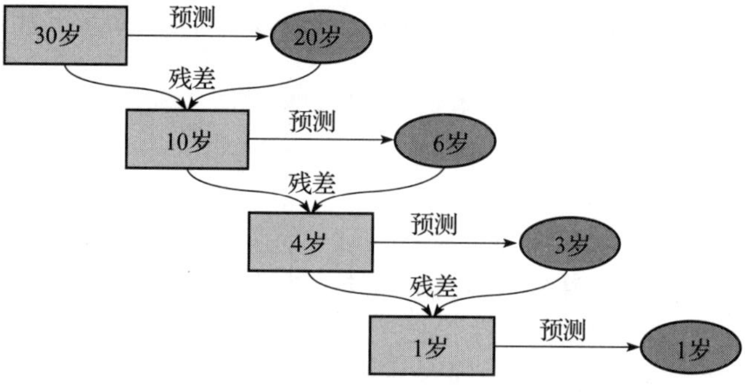

图 5-7　GBDT 在回归任务中的一般计算流程

从 GBDT 的算法名字的英文全称 Gradient Boosting Decision Tree 中可以看出该算法涉及几个重要概念。

1）决策树（Decision Tree）。决策树分为分类树和回归树，GBDT 中使用的是回归树。在回归树的生成过程中，在非叶子节点中划分数据集，直到树的深度达到一定阈值或者当前数据个数小于阈值，叶子节点的预测值一般为节点数据的均值。预测的时候，从根节点开始按照生成阶段划分数据的原则逐步寻找到叶子节点，样本的预测值为叶子节点的预测值。

2）提升（Boosting）。提升算法通常将多个较弱的模型组合起来来得到一个强模型。简单的模型组合起来可以得到更加复杂的模型，带来更多正向的效果。模型组合的形式一般为线性加法。

3）梯度（Gradient）。对于 Boosting 拟合的目标来说，GBDT 通常拟合残差或者梯度，这两种情况的处理逻辑大致相似。逐渐累加的残差不难理解，逐渐累加的梯度类似于机器学习中的参数更新，这里需要转换观念，把预测值当作参数就方便理解了。残差的损失一般采用均方差，这种方式对于分类任务来说不友好。而按照梯度来求解的话，可以同时适用于分类和回归任务，更具一般性。

GBDT 的算法流程如下。

算法 5-4　GBDT 算法流程

输入：训练集 $\{x_i, y_i\}_{i=1}^{N}$，模型学习率 α

0：初始化弱分类器：

$$f_0(x) = \underset{\gamma}{\operatorname{argmin}} \sum_{i=1}^{n} L(y_i, \gamma)$$

1：**for** $t=1,\cdots,T$ **do**

2：　**for** $i=1,\cdots,N$ **do**

3：　　选取每一个样本计算其负梯度：

$$\widetilde{y}_i = -\left[\frac{\partial L(y_i, f(x_i))}{\partial f(x_i)}\right]_{f(x)=f_{t-1}(x)}$$

4：　**end for**

5：　以负梯度为目标，训练第 t 轮的弱分类器：

$$\omega^* = \underset{\omega}{\operatorname{argmin}} \sum_{i=1}^{N} L(\widetilde{y}_i, h_t(x_i;\omega))$$

6：　通过线性搜索找到最佳步长：

$$\rho^* = \underset{\rho}{\operatorname{argmin}} \sum_{i=1}^{N} L(\widetilde{y}_i, f_{t-1}(x) + \rho h_t(x_i;\omega^*))$$

7：　$f_t \leftarrow \alpha\rho^* h_t(x;\omega^*)$

8：　$f_t(x) \leftarrow f_{t-1}(x) + f_t$

9：　$F(x) \leftarrow f_t(x)$

10：**end for**

11：输出：$F(x)$

其中，y_i 为真实值，$\widetilde{y}_i$ 为负梯度，$f_t(x)$ 为第 t 轮的预测模型，$F(x)$ 为最终的预测模型。

在 GBDT 的整体流程上，首先初始化，计算负梯度（残差），然后构建回归树来拟合目标梯度，更新预测值，最终得到综合多个回归树的强模型。

对于一个多分类问题，GBDT 通常为每一个类别分别构建多个回归树，在预测的时候计算预测样本在多个类别上的回归累计值，然后做 Softmax 运算（多个类别上的指数变换求总和，然后将不同指数变换除以总和归一化到 0~1），从而得到不同类别上的概率。

5.3　深度精排算法

2012 年，深度学习在图像识别领域取得了显著的效果提升，并在接下来的几年席卷了包括推荐算法在内的机器学习的各个研究方向。

本节重点介绍在推荐算法的排序模型中应用最广泛的几个经典的深度学习算法：兼具记忆和泛化能力的 Wide & Deep[11]、将 FM 和深度学习结合的 DeepFM[12]、引入注意力机制的深度兴趣网络[13]（Deep Interest Network，DIN）、建模兴趣变化的深度兴趣演进网络[14]（Deep Interest Evolution Network，DIEN）、会话级兴趣建模的深度会话兴趣网络[15]（Deep Session Interest Network，DSIN）、长序列条件下基于检索的兴趣建模[16]（Search-based Interest Modeling，SIM）。其中，Wide & Deep 和 DeepFM 结合了深度隐式交叉和传统显式交叉的方法，而 DIN、DIEN、DSIN 和 SIM 几个序列学习算法致力于挖掘用户历史行为的价值，接下来对这些算法做详细的介绍。

5.3.1 Wide & Deep

Wide & Deep 是 Google 在 2016 年提出的 CTR 预估建模方法，在工业界的应用非常广泛，也是很多业务尝试从传统机器学习转向用深度学习进行推荐建模时首先采用的算法，其模型结构如图 5-8 所示。Wide & Deep 算法的核心优势是包含了具有记忆能力的 Wide 部分和具有泛化能力的 Deep 部分。所谓记忆能力和泛化能力，是推荐模型的两个核心能力，其中记忆能力是根本，需要从用户的行为日志中记忆物品的热门程度、用户的行为模式特点，以及用户和物品的关联等。对于日志中没有出现过的特征关联关系就需要泛化能力了，泛化能力可以有效防止推荐越推越窄，提高推荐的多样性，对于一些新物品的冷启动也是有益的。Wide & Deep 从结构设计上保证了兼具这两种重要的能力。

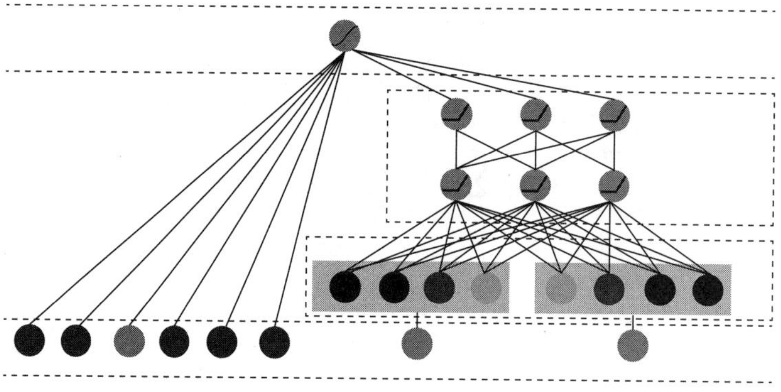

图 5-8 Wide & Deep 的模型结构

Wide & Deep 中的 Wide 部分（图 5-8 左侧部分）是一个 FTRL 优化的 LR，Deep 部分（图 5-8 右侧部分）是 Adagrad 优化的多层 MLP。注意，这里用了两种不同的优化器，Wide 部分采用 FTRL 优化的原因可以从工程实现的角度来理解。Wide 部分的输入特征为用户已安装的 APP 和曝光 APP 的交叉，APP 的量级最少百万，这个交叉特征的规模很大。采用 FTRL 优化可以获得更好的稀疏性，在笔者的实践中，FTRL 优化的模型导出的参数量大概是总参数量的三分之一，这对于模型的线上服务是非常友好的。Deep 部分的优化器除了 Adagrad 外还可以尝试 Adam[17]，具体选择哪种优化器可以结合离线模型评估指标和在线 A/B 测试的效果。

Wide & Deep 在 Google APP 推荐场景的实践模型如图 5-9 所示。

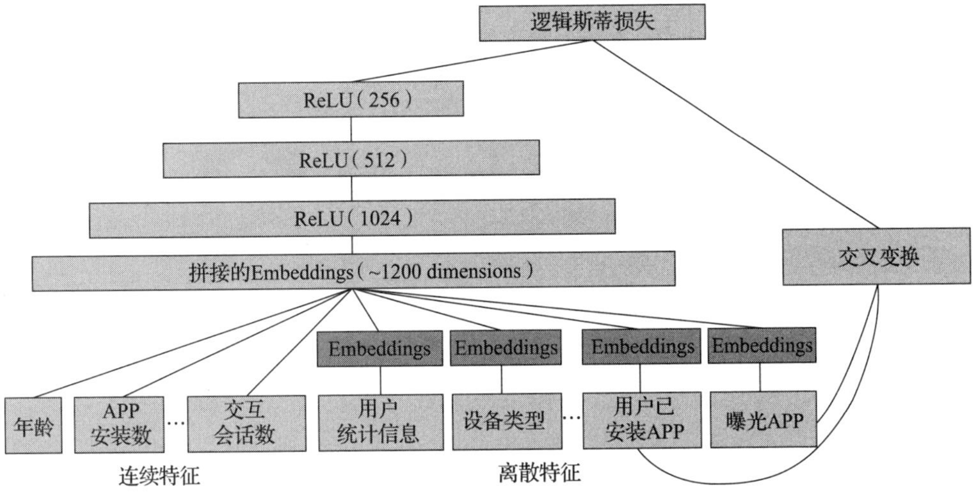

图 5-9　Wide & Deep 在 Google APP 推荐场景的实践模型

5.3.2　DeepFM

DeepFM 可以看作 FM 算法的 deep 版本，和 Wide & Deep 相比，主要是把 Wide 部分中的 LR 升级为 FM，可以减少 LR 训练所需要的人工特征工程的工作量。DeepFM 的模型结构如图 5-10 所示，其中，FM 的二阶项和 Deep 部分共享 Embedding，通过共享可以提高 DeepFM 的训练效率。

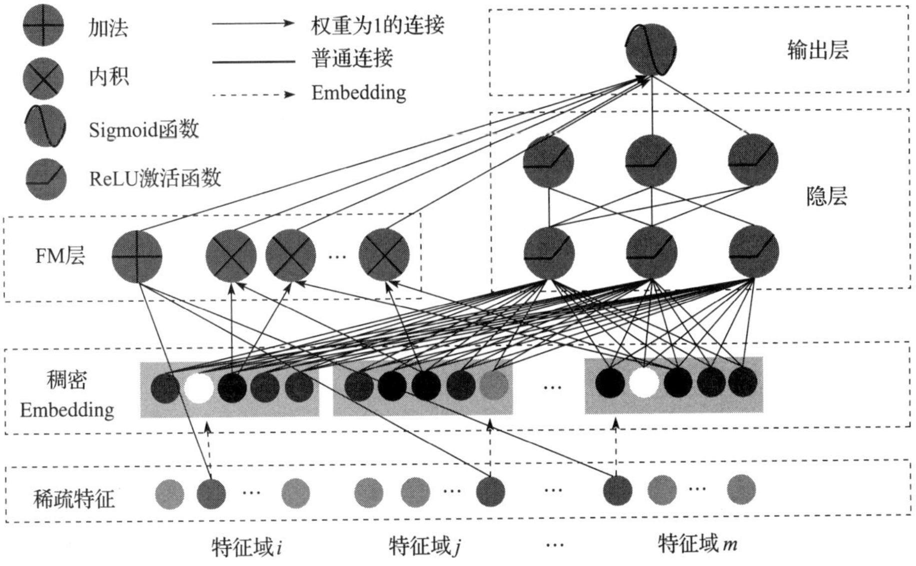

图 5-10　DeepFM 的模型结构

DeepFM 的模型结构中还有一个有趣的特点，FM 中的隐向量被当作输入 Embedding 层的参数参与训练，如图 5-11 所示。如果业务从 FM 算法升级为 DeepFM，则可以将 FM 算法中长期训练学习到的隐向量赋给这部分参数来作为初始化，从而加快 DeepFM 的收敛速度，提高模型的迭代效率。

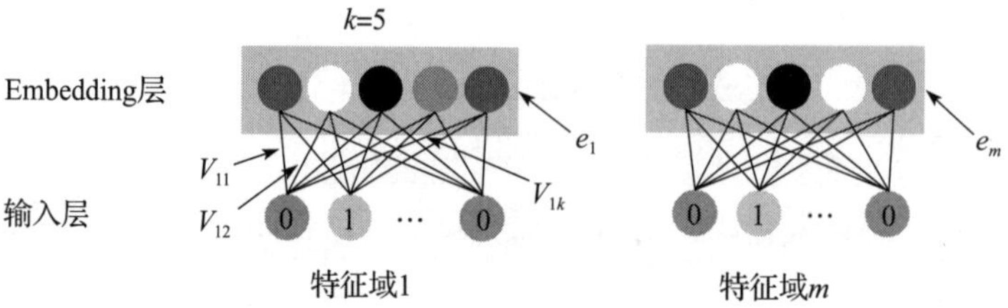

图 5-11 FM 的隐向量和 Embedding 层的参数的关系

5.3.3 DIN

广告的点击率预估是信息流产品商业化推荐场景中的一个重要任务，同时，广告的精排模型也能通用于各类其他推荐场景。早期基于深度学习的点击率预估模型通常采用 Embedding & MLP 的方式，典型的 Embedding & MLP 结构如图 5-12 所示。在 Embedding 层将大规模的稀疏特征映射到低维向量，然后将不同特征的 Embedding 拼接起来送入后面的多层 MLP。广告点击预估模型使用的特征通常包含用户基础属性（画像）特征、用户行为、候选广告和上下文特征等。其中，用户行为特征中的各种商品可以直接表示用户的不同兴趣，对于匹配候选广告的作用比较大，在模型中通常是简单地把行为中多个商品的 Embedding 求和。无论候选广告是什么，求和方式得到的 Embedding 都是一样的，这对于匹配用户和候选广告不太友好。这种不友

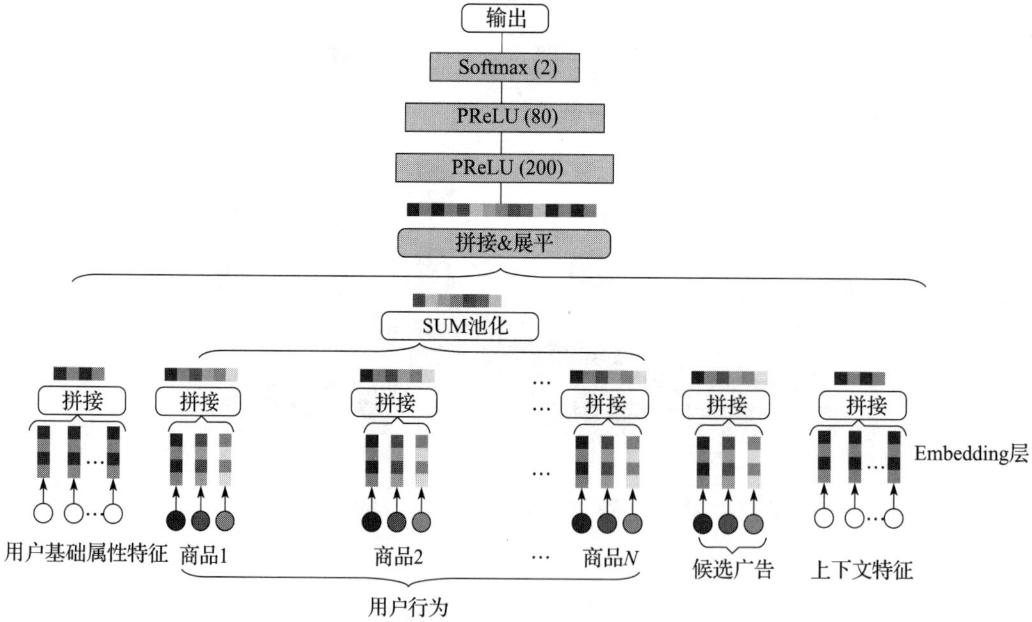

图 5-12 典型的 Embedding & MLP 结构

好类似于平时朋友们一起聚餐，点菜的人问其他人吃这个怎么样、吃那个怎么样，然后朋友们都说“随便”，最后点菜人仅能依据有限的信息“随便”点了。对于点菜来说，更友好的方式是，对于每一个菜，大家都有一个明确的兴趣倾向程度，这样负责点菜的人可以快速准确地帮大家安排好。同理，在筛选不同候选广告的时候，用户侧如果可以有不同的表达，那么模型可以更有效地做出排序。DIN 模型的主要思想正是如此。

DIN 的模型结构如图 5-13 所示，用户的行为兴趣 Embedding 不是直接求和，而是根据候选广告做一个加权求和：

$$\boldsymbol{e}_u(A)=f(\boldsymbol{e}_A,\boldsymbol{e}_1,\boldsymbol{e}_2,\cdots,\boldsymbol{e}_H)=\sum_{j=1}^{H}g(\boldsymbol{e}_A,\boldsymbol{e}_j)\boldsymbol{e}_j=\sum_{j=1}^{H}w_j\boldsymbol{e}_j \tag{5-28}$$

式中，$\boldsymbol{e}_1,\boldsymbol{e}_2,\cdots,\boldsymbol{e}_H$ 是用户行为列表中的 Embedding；H 为用户行为列表的长度；$\boldsymbol{e}_A$ 是候选广告的 Embedding；g 是一个前馈神经网络，如图 5-13 右上方所示，输入的两个 Embedding 会做进一步处理（即计算 Embedding 之间的外积），之后拼接起来，送入全连接层。DIN 的这种加权求和的方式和神经网络语言翻译中的注意力机制类似，不同的是其他方法中通常满足 $\sum w_j=1$，DIN 中移除了这个限制，去掉了 Softmax 归一化的操作来保留兴趣表示的强度。

除了 Embedding 部分的创新，DIN 还有一些训练技术上的贡献。

(1) Data Adaptive Activation Function

PReLU 是一种常用的激活函数：

$$f(s)=\begin{cases}s, & \text{如果 } s>0\\ as, & \text{如果 } s\leqslant 0\end{cases}=p(s)s+(1-p(s))as \tag{5-29}$$

式中，s 为激活函数的输入；$p(s)=I(s>0)$ 可指示函数来处理正、负两种情况。PReLU 函数在 0 点有一个突变，这种方式可能不适合不同的数据分布。考虑到这个问题，DIN 中提出了适配数据分布的激活函数 Dice：

$$f(s)=p(s)s+(1-p(s))as,\quad p(s)=\frac{1}{1+\mathrm{e}^{-\frac{s-\mathrm{E}[s]}{\sqrt{\mathrm{Var}[s]+\epsilon}}}} \tag{5-30}$$

两个函数的曲线如图 5-14 所示。训练阶段为当前 Batch 的均值和方差，预测阶段为已训练数据的滑动平均，这一点类似于 Batch Normalization。ϵ 为一个极小的常数。当均值和方差等于 0 时，Dice 退化为 PReLU。相比 PReLU，Dice 可以看作更具一般性的激活函数。

(2) Mini-batch Aware Regularization

DIN 的实验中观察到了明显的过拟合现象，如图 5-15 所示。观察图中的绿线可以发现，第一轮迭代后训练损失有明显的下降，但是测试损失有明显的上升。为了解决这个问题，可以采用常用 Drop Out 和正则化方式来防止过拟合。如果采用标准的 L2 正则，则需要在每一个 Batch 更新的时候对所有的参数做权重衰减，这对于动辄亿级参数的大规模稀疏推荐场景来说是非常耗时的，在实践中不可行。比较可行的做法是只对当前 Batch 出现的参数做 L2 正则。这里会牵扯到一个问题，参数的覆盖率或者频度是有高低之分的，如果对当前 Batch 出现的参数按照标准 L2 正则的梯度衰减，那么对于更新频率更高的参数是不利的，为此 DIN 中给出了 Batch 内做近似 L2 正则的方式。

模型的参数集中在 Embedding 部分，定义 $\boldsymbol{W}\in\mathbb{R}^{D\times K}$ 来表示 Embedding 字典，D 为 Embedding 的维度，K 为字典的大小。将参数 $\boldsymbol{W}$ 上的 L2 正则按照样本展开：

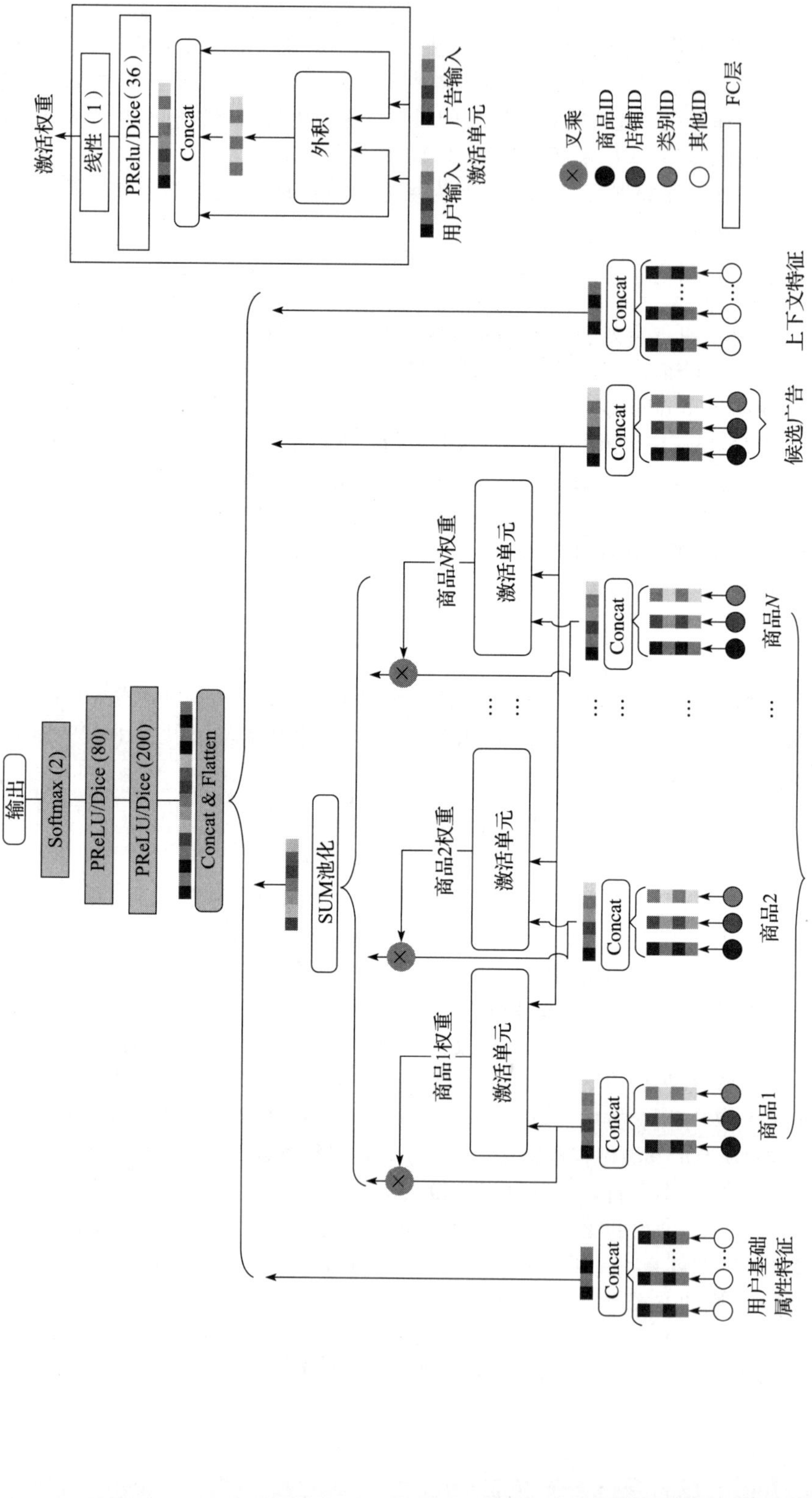

图5-13 DIN的模型结构

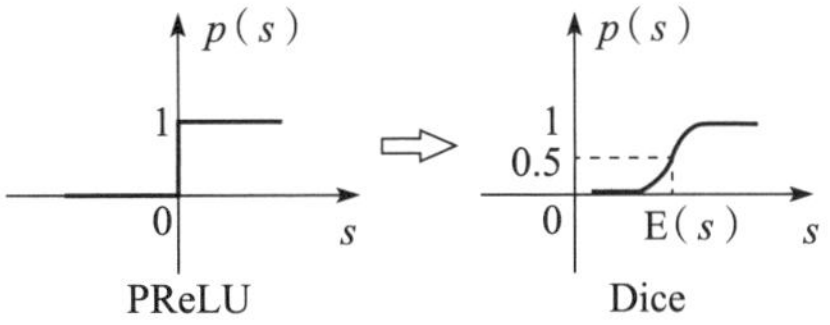

图 5-14　激活函数 PReLU 和 Dice 的曲线

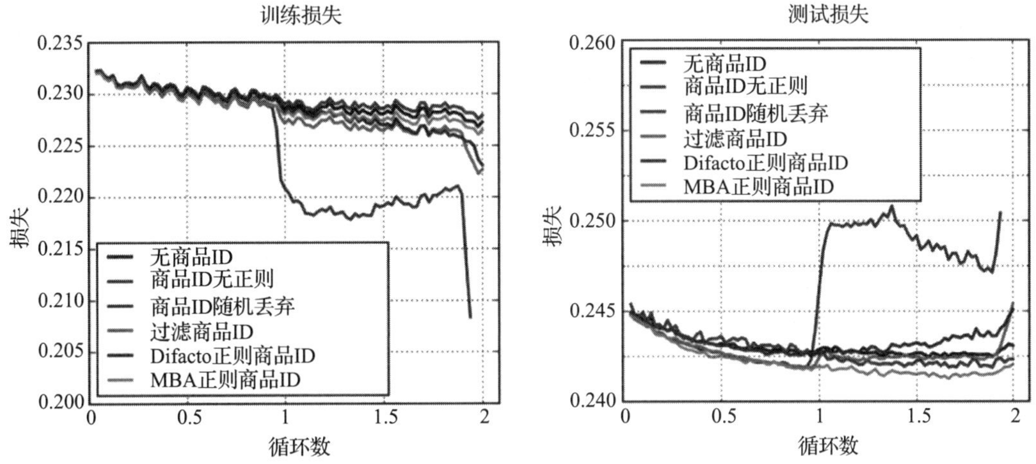

图 5-15　不同正则化方式的训练和测试误差（详见彩插）

$$L_2(\boldsymbol{W})=\|\boldsymbol{W}\|_2^2=\sum_{j=1}^{K}\|\boldsymbol{w}_j\|_2^2=\sum_{(x,y)\in S}\sum_{j=1}^{K}\frac{I(x_j\neq 0)}{n_j}\|\boldsymbol{w}_j\|_2^2 \tag{5-31}$$

式中，$\boldsymbol{w}_j\in\mathbb{R}^D$，表示第 j 个 Embedding 向量；$I(x_j\neq 0)$ 表示特征 Id j 是否属于样本 x；n_j 表示特征 Id j 在所有样本中出现的次数。式（5-31）可以进一步转换成 Batch 的形式：

$$L_2(\boldsymbol{W})=\sum_{j=1}^{K}\sum_{m=1}^{B}\sum_{(x,y)\in B_m}\frac{I(x_j\neq 0)}{n_j}\|\boldsymbol{w}_j\|_2^2 \tag{5-32}$$

式中，B 表示 Batch 的个数；B_m 表示第 m 个 Batch。令 $a_{mj}=\max_{(x,y)\in B_m} I(x_j\neq 0)$，表示 Batch B_m 中是否至少有一个样本包含特征 j，式（5-32）可以做进一步的近似：

$$L_2(\boldsymbol{W})=\sum_{j=1}^{K}\sum_{m=1}^{B}\frac{a_{mj}}{n_j}\|\boldsymbol{w}_j\|_2^2 \tag{5-33}$$

通过式（5-33）可以得到基于 Batch 更新的 L2 正则损失。对于第 m 个 Batch 来说，第 j 个 Embedding 的梯度如下：

$$\boldsymbol{w}_j\leftarrow\boldsymbol{w}_j-\eta\left[\frac{1}{|B_m|}\sum_{(x,y)\in B_m}\frac{\partial L(p(x),y)}{\partial\boldsymbol{w}_j}+\lambda\frac{a_{mj}}{n_j}\boldsymbol{w}_j\right] \tag{5-34}$$

按照这种方式，仅需要更新当前 batch 包含的参数，其中的参数 n_j 可以控制不同频度参数的衰减程度。这种近似的 L2 正则方式在效果上要超过 Drop Out 和增加特征准入等避免过拟合的方式，如图 5-15 所示。

5.3.4 DIEN

我们在基于用户行为进行兴趣建模的时候很容易发现，行为对兴趣的反应存在很明显的时间上的衰减，离当前时间点越近的行为在模型中发挥的作用越强，说明用户的兴趣在时序上不断发生变化，因此，DIN 模型的作者在 DIN 建模思想的基础上加入 RNN 相关模型来优化用户的兴趣建模，感知用户行为时序上的动态兴趣变化，提出了新的 DIEN 算法。

DIEN 的结构如图 5-16 所示，在设计上致力于捕获用户的兴趣描述和建模兴趣的演进过程，总体结构包含 3 个部分。

1）首先，对用户行为序列、目标广告、环境和用户的基础属性等特征做 Embedding。

2）在兴趣提取层提取用户行为背后的潜在兴趣表达，并在兴趣演进层建模和目标广告相关的兴趣变化。

3）最终的兴趣表达和其他特征的 Embedding 拼接起来送入 MLP。

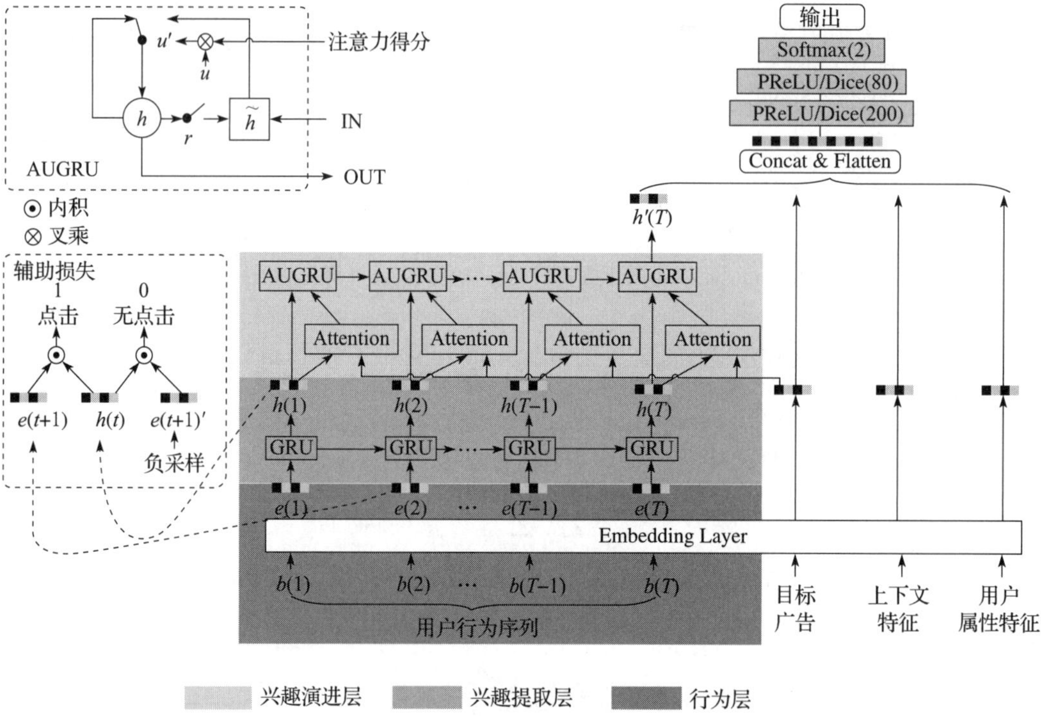

图 5-16 DIEN 算法的模型结构（详见彩插）

DIEN 的核心模块为兴趣提取层和兴趣演进层，下面给出这两层的详细设计。

（1）兴趣提取层（Interest Extractor Layer）

在电商平台中，用户的行为是其潜在兴趣的载体，这种潜在兴趣会随着用户行为的变化而变化。相比于其他方法中直接用用户行为来表示兴趣，DIEN 中的兴趣提取层从用户的序列化行为中提取到一系列的兴趣状态。

用户在电商平台上的行为是丰富的，即使在一小段时间内产生的行为序列，也都是很长的。为了平衡效果和效率，DIEN 中采用 GRU[18] 来学习不同的兴趣状态。GRU 可以克服 RNN 中的梯度消失问题，速度比 LSTM[19] 更快，更适合当前的问题，其公式定义如下：

$$\boldsymbol{u}_t=\sigma(\boldsymbol{W}^u\boldsymbol{i}_t+\boldsymbol{U}^u\boldsymbol{h}_{t-1}+\boldsymbol{b}^u) \tag{5-35}$$

$$\boldsymbol{r}_t=\sigma(\boldsymbol{W}^r\boldsymbol{i}_t+\boldsymbol{U}^r\boldsymbol{h}_{t-1}+\boldsymbol{b}^r) \tag{5-36}$$

$$\widetilde{\boldsymbol{h}}_t=\tanh(\boldsymbol{W}^h\boldsymbol{i}_t+\boldsymbol{r}_t\circ\boldsymbol{U}^h\boldsymbol{h}_{t-1}+\boldsymbol{b}^h) \tag{5-37}$$

$$\boldsymbol{h}_t=(1-\boldsymbol{u}_t)\circ\boldsymbol{h}_{t-1}+\boldsymbol{u}_t\circ\widetilde{\boldsymbol{h}}_t \tag{5-38}$$

式中，$\sigma()$ 为 Sigmoid 激活函数；$\circ$为元素乘；$\boldsymbol{W}^u$、$\boldsymbol{W}^r$、$\boldsymbol{W}^h\in\mathbb{R}^{n_H\times n_I}$；$\boldsymbol{U}^u$、$\boldsymbol{U}^r$、$\boldsymbol{U}^h\in\mathbb{R}^{n_H\times n_H}$，$n_H$ 为隐层的维度，n_I 为输入的维度；$\boldsymbol{i}_t$ 表示 GRU 的 t 时刻的输入；$\boldsymbol{h}_t$ 为 t 时刻的输出。

类似于残差网络中要解决的问题，GRU 存在前面的时刻训练得不如后面时刻充分的问题，这些不充分训练的输出还会作为下一个兴趣演进层 GRU 的输入，对模型的效果会有一定的影响。为了解决这个问题，DIEN 增加了一个辅助的损失函数来进一步约束每一个时刻的输出。辅助的损失函数类似于 Word2vec[20] 算法的训练方式，构造一个三元组为 $\boldsymbol{h}_t$、$\boldsymbol{e}_b^i[t+1]$、$\hat{\boldsymbol{e}}_b^i[t+1]$，其中 $\boldsymbol{h}_t$ 为 t 时刻的输出，$\boldsymbol{e}_b^i[t+1]$ 为下一个时刻用户行为物品对应的 Embedding，$\hat{\boldsymbol{e}}_b^i[t+1]$ 为随机采样的负样本，损失函数定义如下：

$$L_{aux}=-\frac{1}{N}\left(\sum_{i=1}^{N}\sum_t\log\sigma(\boldsymbol{h}_t,\boldsymbol{e}_b^i[t+1])+\log(1-\sigma(\boldsymbol{h}_t,\hat{\boldsymbol{e}}_b^i[t+1]))\right) \tag{5-39}$$

总体来说，我们希望通过增加这个辅助损失，让用户当前时刻的兴趣 $\boldsymbol{h}_t$ 更能体现在下一时刻的兴趣 $\boldsymbol{e}_b^i[t+1]$ 中，让 GRU 每一时刻的输出更具表达能力，缓解长序列建模中的梯度回传问题。除了这些之外，辅助损失还给 Embedding 层施加了额外的监督信号，从而获取更好的 Embedding 表示。

（2）兴趣演进层（Interest Evolving Layer）

兴趣提取层中基于用户的序列行为提取了多个兴趣状态，接下来兴趣演进层需要结合这些状态和目标广告生成最终的用户兴趣表示。用户的兴趣行为是多样的，环境和内在等因素都会导致用户在电商平台上的行为兴趣发生变化。比如说用户正在浏览手机等电子产品，突然看到一件感兴趣的衣服，可能就会转而研究衣服类商品，也有可能想起家里的日用品少了转去找相关的商品。所以兴趣提取层中的多个状态可能是兴趣分散的，在演进层需要根据目标广告聚焦到相关的状态，并减少不相关状态对于最终结果的影响。其中，兴趣状态和目标广告的关系可以按照如下的 Attention 方式构建：

$$a_t=\frac{\exp(\boldsymbol{h}_t\boldsymbol{W}\boldsymbol{e}_a)}{\sum_{j=1}^{T}\exp(\boldsymbol{h}_j\boldsymbol{W}\boldsymbol{e}_a)} \tag{5-40}$$

式中，$\boldsymbol{e}_a$ 是目标广告的 Embedding；$\boldsymbol{W}\in\mathbb{R}^{n_H\times n_A}$，$n_H$ 是隐状态的维度，n_A 为目标广告 Embedding 的维度。接下来，减少不相关状态的影响需要利用上面的 Attention 分数，DIEN 中提出了 3 种方法来消除这些影响。

第一种方式是 AIGRU，用 Attention 分数来约束输入：

$$\boldsymbol{i}'_t=a_t\boldsymbol{h}_t \tag{5-41}$$

式中，$\boldsymbol{h}_t$ 为兴趣提取层输出的兴趣状态；$\boldsymbol{i}'_t$ 为兴趣演进层的输入。极端情况下 $a_t=0$，兴趣状态也被置为 0。然而 AIGRU 的效果并不理想，因为 0 输入也会给下一时刻的输出产生影响。

第二种方式是 AGRU，借鉴了 QA 问答中的思想来修改 GRU 的结构，用 a_t 替代 GRU 中的更新门：

$$\boldsymbol{h}_t' = (1-a_t)\boldsymbol{h}_{t-1}' + a_t \widetilde{\boldsymbol{h}}_t' \tag{5-42}$$

这种方式显式地赋予 GRU 更新门一个物理含义，即遗忘和记忆的程度取决于相关性的大小，有较好的可解释性。不过这里需要注意到 a_t 仅为一个标量，$\boldsymbol{h}_{t-1}'$ 和 $\widetilde{\boldsymbol{h}}_t'$ 这两个隐层状态均为向量，直接用标量 a_t 代替向量 $\boldsymbol{u}_t$ 容易损失不同维度的信息。因此 DIEN 基于 AGRU 提出了第三种方式 AUGRU：

$$\widetilde{\boldsymbol{u}}_t' = a_t \boldsymbol{u}_t' \tag{5-43}$$

$$\boldsymbol{h}_t' = (1-\widetilde{\boldsymbol{u}}_t') \circ \boldsymbol{h}_{t-1}' + \widetilde{\boldsymbol{u}}_t' \circ \widetilde{\boldsymbol{h}}_t' \tag{5-44}$$

式中，$\boldsymbol{u}_t'$ 为原始更新门对应的门控向量；$\widetilde{\boldsymbol{u}}_t'$ 为 a_t 约束的门控向量；$\circ$ 表示向量之间的元素积。AUGRU 结合了 GRU 本身控制遗忘和记忆的能力，很好地降低不相关状态的影响，从而更好地建模和目标广告相关的兴趣表示。

整体上来看，DIEN 引入了两层的 GRU 来建模兴趣变化，取得了较好的效果，但是真正在实际场景中推全，相比其他模型有一定难度。GRU 的计算是整个网络的效率瓶颈，为此需要综合 GRU kernel 并行、模型压缩、合并请求最大化 GPU 的效率等 3 方面的技术来落地，对于在线服务架构能力具有一定的挑战性。

5.3.5 DSIN

DSIN 算法整体上和 DIN、DIEN 类似，结构上沿用 Embedding & MLP 的形式，都着眼于在 MLP 前充分挖掘用户对目标广告的兴趣表示。相比其他两个算法，DSIN 算法的不同点在于针对用户行为按照时间排序做会话级的分割和处理，这一点是其他点击率预估模型容易忽略的。DSIN 的作者观察到用户行为分解到会话级后经常呈现出会话内同构、会话间异构的特点。如图 5-17 所示，按照 30min 的间隔对某个用户的行为进行分解。用户在第一个会话中关注长裤，在下一个会话中关注美甲，在最后一个会话中转去浏览外套。用户行为在会话级呈现的特点可以作为建模用户兴趣的一个很好的先验。

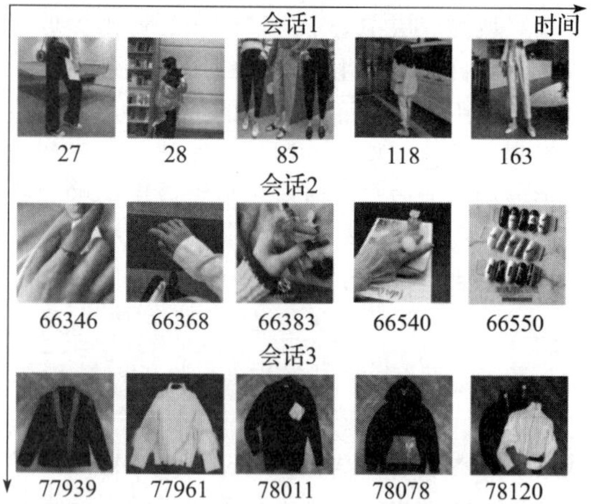

图 5-17 用户在电商场景上的会话序列

受到这个启发，DSIN 首先将用户行为序列划分为多个会话序列，接下来利用 Self-Attention[21] 网络和偏置编码学习每一个会话的表示。Self-Attention 网络可以捕获会话内用户行为子序列的交互关系。这些用户会话和用户行为一样，都呈现序列化的关系，为此 DSIN 利用双向的 LSTM 学习会话间兴趣的交互和演进。最后利用兴趣激活单元进行针对目标广告的会话级兴趣建模。DSIN 算法的模型结构如图 5-18 所示。下面对于 DSIN 的模型结构做详细的阐述。

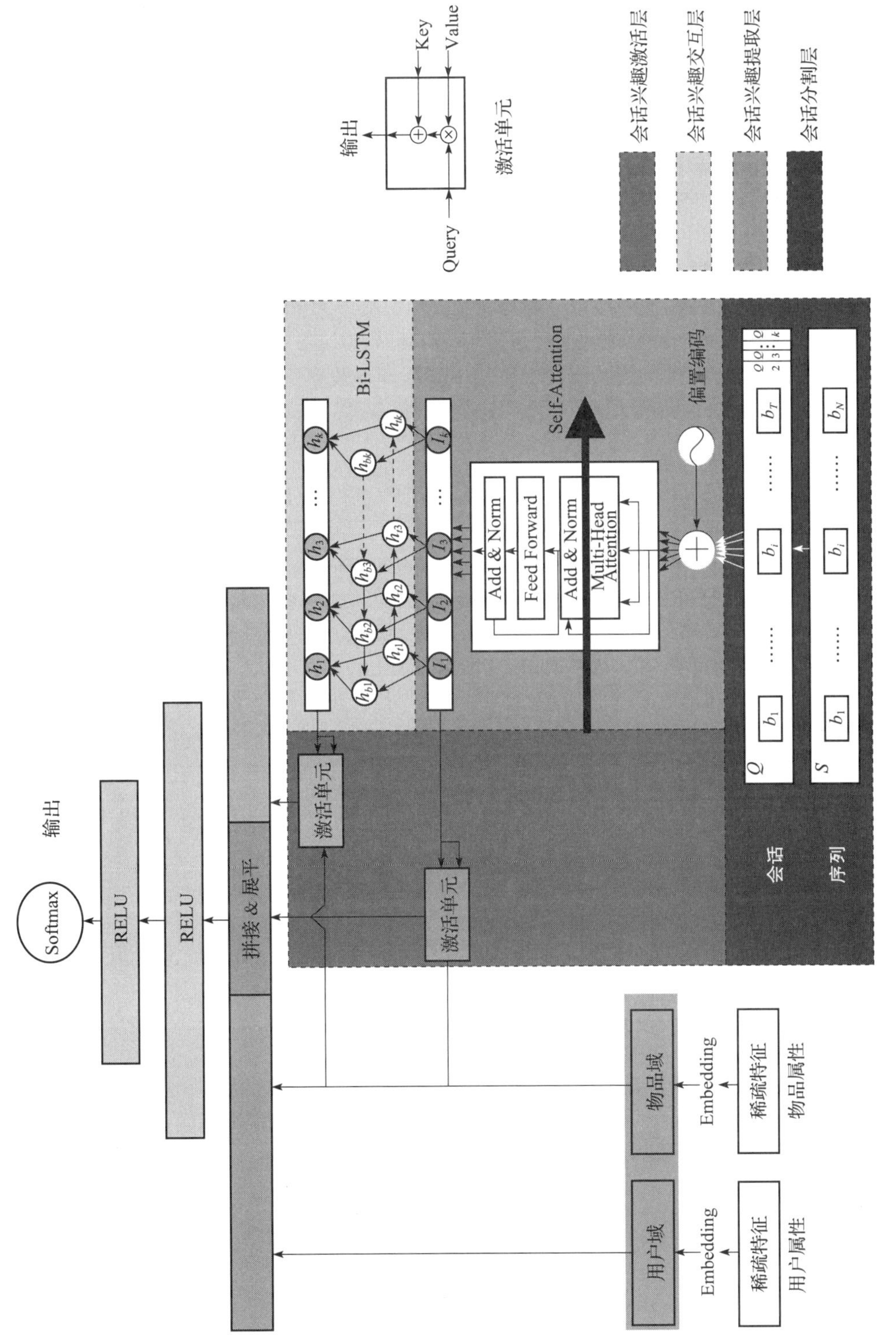

图 5-18　DSIN算法的模型结构（详见彩插）

(1) 会话分割层 (Session Division Layer)

会话分割层将用户行为序列切分为多个会话。对于用户的行为序列，其定义为 $\boldsymbol{S}=[\boldsymbol{b}_1, \boldsymbol{b}_2,\cdots,\boldsymbol{b}_N]\in\mathbb{R}^{N\times d_{model}}$，其中 N 为用户行为序列的长度，d_{model} 为 Embedding 的维度，$\boldsymbol{b}_i$ 为第 i 个用户行为的 Embedding 向量。切分后的多个会话用 $\boldsymbol{Q}$ 表示，第 k 个会话 $\boldsymbol{Q}_k=[\boldsymbol{b}_1,\boldsymbol{b}_2,\cdots,\boldsymbol{b}_T]\in\mathbb{R}^{T\times d_{model}}$，其中 T 表示会话中保留的行为个数，$\boldsymbol{b}_i$ 为会话中第 i 个用户行为的 Embedding 向量。行为序列中，如果两个相邻行为的时间间隔超过半个小时，那么这两个行为会划分到不同的会话中。

(2) 会话兴趣提取层 (Session Interest Extractor Layer)

长度为 N 的行为序列在上一层被分割为 k 个会话，接下来需要从每一个长度为 T 的会话中提取出兴趣表示。处理这种序列数据通常采用 LSTM、GRU、Self-Attention 等结构，DIEN 的兴趣提取层中采用 GRU 抽象兴趣状态，本算法中采用计算效率更高的 Self-Attention 结构。为了记录会话内和会话间的偏置信息，DSIN 中在位置编码的基础上引入了偏置编码 $\boldsymbol{BE}\in\mathbb{R}^{K\times T\times d_{model}}$，其中每一个元素定义如下：

$$\boldsymbol{BE}_{(k,t,c)}=\boldsymbol{w}_k^K+\boldsymbol{w}_t^T+\boldsymbol{w}_c^C \tag{5-45}$$

式中，$\boldsymbol{w}^K\in\mathbb{R}^K$ 是会话的偏置，k 为会话的索引；$\boldsymbol{w}^T\in\mathbb{R}^T$ 是会话内的位置偏置；t 为会话内行为的索引；$\boldsymbol{w}^C\in\mathbb{R}^{d_{model}}$，是行为 Embedding 的偏置；$c$ 为 Embedding 内的索引。引入偏置后，会话序列表示更新为 $\boldsymbol{Q}=\boldsymbol{Q}+\boldsymbol{BE}$，并送入 Self-Attention 结构，进一步抽象会话的兴趣表示 $[I_1, I_2,\cdots,I_k]$。

(3) 会话兴趣交互层 (Session Interest Interacting Layer)

和 DIEN 在会话兴趣提取层之后引入兴趣演进层类似，DSIN 在提取到每一个会话的兴趣表示之后引入会话相互作用层来综合多个会话的兴趣表示，进一步抽象动态兴趣。对于会话内的行为序列，DSIN 采用 Self-Attention 结构，但是在建模会话间的序列表示时却采用双向的 LSTM 结构，这里可能是基于效果调试的结果。单向 LSTM 记忆单元的计算过程如下：

$$\boldsymbol{i}_t=\sigma(\boldsymbol{W}_{xi}\boldsymbol{I}_t+\boldsymbol{W}_{hi}\boldsymbol{h}_{t-1}+\boldsymbol{W}_{ci}\boldsymbol{c}_{t-1}+\boldsymbol{b}_i) \tag{5-46}$$

$$\boldsymbol{f}_t=\sigma(\boldsymbol{W}_{xf}\boldsymbol{I}_t+\boldsymbol{W}_{hf}\boldsymbol{h}_{t-1}+\boldsymbol{W}_{cf}\boldsymbol{c}_{t-1}+\boldsymbol{b}_f) \tag{5-47}$$

$$\boldsymbol{c}_t=\boldsymbol{f}_t\boldsymbol{c}_{t-1}+\boldsymbol{i}_t\tanh(\boldsymbol{W}_{xc}I_t+\boldsymbol{W}_{hc}\boldsymbol{h}_{t-1}+\boldsymbol{b}_c) \tag{5-48}$$

$$\boldsymbol{o}_t=\sigma(\boldsymbol{W}_{xo}\boldsymbol{I}_t+\boldsymbol{W}_{ho}\boldsymbol{h}_{t-1}+\boldsymbol{W}_{co}\boldsymbol{c}_{t-1}+\boldsymbol{b}_o) \tag{5-49}$$

$$\boldsymbol{h}_t=\boldsymbol{o}_t\tanh(\boldsymbol{c}_t) \tag{5-50}$$

执行两次单向 LSTM 之后可以合并得到最终的输出。

(4) 会话兴趣激活层 (Session Interest Activating Layer)

可以发现，DSIN 到目前为止仍没有构建兴趣表示和目标广告的关联。DIEN 中在兴趣演进层加入了对于目标广告的 Attention，单独构建了兴趣激活层来处理和目标广告相关的兴趣学习。兴趣提取层和兴趣激活层的计算如下：

$$a_k^I=\frac{\exp(\boldsymbol{I}_k\boldsymbol{W}^I\boldsymbol{X}^I)}{\sum_k^K\exp(\boldsymbol{I}_k\boldsymbol{W}^I\boldsymbol{X}^I)} \tag{5-51}$$

$$\boldsymbol{U}^I=\sum_k^K a_k^I\boldsymbol{I}_k \tag{5-52}$$

式中，$X^I \in \mathbb{R}^{N_i \times d_{model}}$ 表示目标广告的向量表示；W^I 为参数矩阵；U^I 为 I_k 的加权和。兴趣交互层和兴趣激活层也有类似的计算逻辑。

5.3.6 SIM

DIN、DIEN、DSIN 等模型通常都基于用户近期行为的建模，如果将用户行为的观察期拉长到整个生命周期，则可以得到几千甚至上万长度的行为序列，那么是否可以利用超长的行为序列挖掘更多反映用户兴趣的有价值的信息呢？基于这个方向的探索，阿里提出了一套基于搜索范式的超长用户行为建模方法——SIM 模型。SIM 的模型结构如图 5-19 所示，整体上采用了级联的两阶段建模策略，第一阶段为一般检索，第二阶段为精确检索和兴趣捕捉。本小节首先介绍两个阶段的模型结构设计，然后给出线上的部署方法。

1. SIM 两阶段建模

（1）第一阶段：GSU 模块

GSU（General Search Unit）从原始的超长期行为序列中检索出和候选物品相关的子序列，子序列的长度通常远小于原始序列的长度。同时长期行为序列中的大量破坏兴趣建模的噪声也可以在第一阶段得到过滤。

给定一个候选物品，长期序列中一般只有一部分物品对于建模用户兴趣是有价值的。给定用户行为序列 $\boldsymbol{B}=[b_1, b_2, \cdots, b_T]$，其中 b_i 是第 i 个用户行为，T 为用户行为序列的长度。GSU 需要计算 b_i 和候选物品的相关性得分 r_i，并选择其中的 Top k 个物品构成子序列 $\boldsymbol{B}^*$。相关性得分 r_i 的计算方式有两种：硬检索和软检索。

硬检索的公式如下：

$$r_i=\operatorname{sign}(C_i=C_a) \tag{5-53}$$

式中，C_i 为第 i 个物品的类别；C_a 为候选物品的类别。硬检索的方式从长期行为序列中筛选出相同类别的物品组成子序列。

软检索的方式定义如下：

$$r_i=(\boldsymbol{W}_b\boldsymbol{e}_i)\odot(\boldsymbol{W}_a\boldsymbol{e}_a) \tag{5-54}$$

式中，$\boldsymbol{e}_i$ 和 $\boldsymbol{e}_a$ 分别表示第 i 个物品和候选物品的 Embedding 向量；$\boldsymbol{W}_b$ 和 $\boldsymbol{W}_a$ 为相应的参数；$\odot$表示内积。软检索本质上是一种向量的近邻检索，业内已经有很成熟的方案，比如 ALSH[22] 等算法，这些方法可以高效地从万级物品中筛选出百级的相关物品。SIM 中构建了一个单独的辅助网络来学习软检索中所需的参数，如图 5-19 左侧所示。虽然序列特征的 Embedding 在两个阶段的训练都需要，不过考虑两个阶段学习的差异性，SIM 中额外增加了一个辅助网络。辅助网络中，用户行为兴趣 $\boldsymbol{U}_r$ 的计算方式和 DIN 中类似，形式更为简单一些：

$$\boldsymbol{U}_r=\sum_{i=1}^{T} r_i\boldsymbol{e}_i \tag{5-55}$$

接下来 $\boldsymbol{U}_r$ 和 $\boldsymbol{e}_a$ 拼接起来送入后面的 MLP 中。值得注意的是，辅助网络中输入的长期行为是有长度限制的，超出阈值的序列需要做随机采样，尽可能保持和原始序列同分布。

相比软检索，硬检索的实现更简单，不需要额外构建辅助网络，是一种非参的检索方式，工程实现的难度较低。

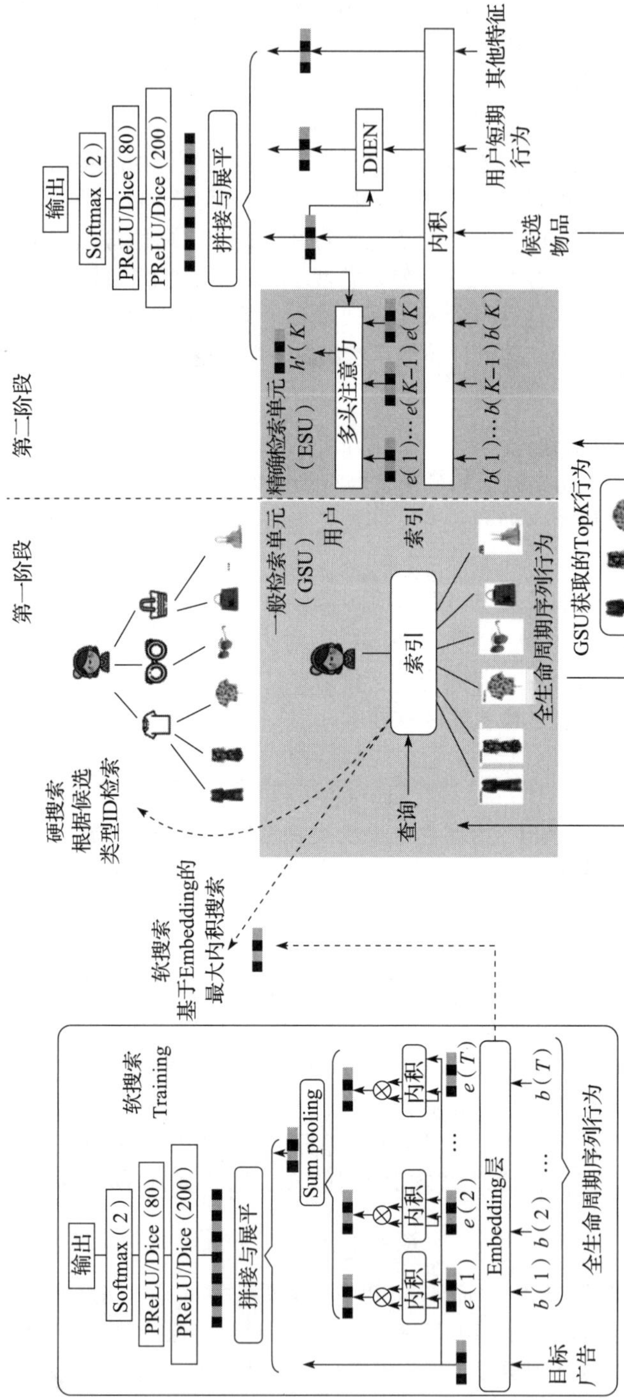

图5-19 SIM的模型结构

(2) 第二阶段：ESU 模块

ESU（Exact Search Unit）从上一阶段返回的子序列中挖掘用户的精准兴趣。由于子序列长度已经在前一阶段降到百级，所以这里可以尝试一些更加复杂的模型结构，比如 DIN 或 DIEN。ESU 中结合长短期行为序列建模用户兴趣，其中短期行为序列采用 DIEN 的结构，这里不再详细说明。对于上一阶段返回的长期行为序列采用 Multi-Head 的结构，并考虑了序列中不同行为距离当前的时间间隔，通常间隔很久的行为对于当前兴趣建模的贡献相对低一些。$\boldsymbol{B}^*$ 中序列的 Embedding 为 $\boldsymbol{E}^*=[\boldsymbol{E}_1^*,\boldsymbol{E}_2^*,\cdots,\boldsymbol{E}_K^*]$，其时间间隔 $\boldsymbol{D}=[\Delta_1,\Delta_2,\cdots,\Delta_K]$，对应的 Embedding 为 $\boldsymbol{E}_t=[\boldsymbol{e}_1^t,\boldsymbol{e}_2^t,\cdots,\boldsymbol{e}_K^t]$。单个行为的 Embedding 结合了这两个部分：$z_j=\text{concat}(\boldsymbol{e}_j^*,\boldsymbol{e}_j^t)$。接下来利用 Multi-Head 建模用户的多样兴趣：

$$att_{\text{score}}^i=\text{softmax}(\boldsymbol{W}_{bi}\boldsymbol{z}_b\odot\boldsymbol{W}_{ai}\boldsymbol{e}_a) \tag{5-56}$$

$$\boldsymbol{head}_i=att_{\text{score}}^i\boldsymbol{z}_b \tag{5-57}$$

式中，att_{score}^i 表示第 i 个注意力分数；$\boldsymbol{head}_i$ 是第 i 个 Head 的向量表示。基于长期行为序列学习到的用户兴趣为 $\boldsymbol{U}_{lt}=(\boldsymbol{head}_1,\cdots,\boldsymbol{head}_q)$。

2. SIM 线上部署

推荐系统中精排阶段的资源消耗和响应时间通常是整个链路中最大的。在精排阶段增加对于长期序列的学习对于线上的存储和计算具有很大的挑战。相比于传统的精排模型，SIM 中增加了第一个阶段的处理，并提出了硬检索和软检索两种方式。对于线上部署来说，硬检索的方式相对来说更容易一些。为了支持硬检索，可以增加一个高性能的 kv 存储，在请求打分之前先查询相关的行为子序列，对于存储资源有一定的消耗。如果要支持软检索，则需要把辅助网络训练出来的 Embedding 向量定期导出，并在计算第二阶段前利用近邻检索筛选 Top k，在工程实现上相比硬检索更复杂一些。在离线分析中，SIM 的作者发现软检索方式的效果更好一些，不过其 Top k 的返回结果和硬检索的结果基本一致。权衡效果、效率和资源几个方面后，SIM 选择了硬检索的方式部署到线上，如图 5-20 所示。

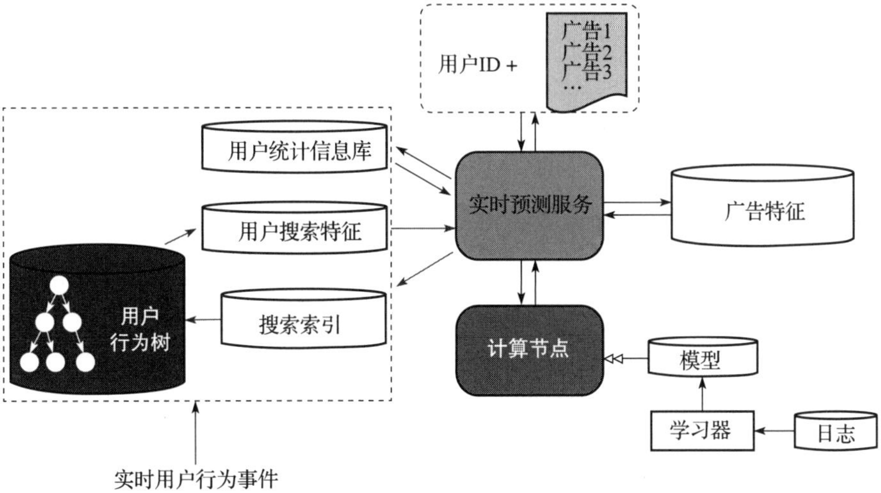

图 5-20 工业级展示广告系统的实时点击率预测系统（详见彩插）

图中红色箭头对应 SIM 中的硬检索部分。线上构建了一个分布式的 kv 存储用户行为树来保存用户的长期行为，它是一个多层的 kv 存储。第一层的查询 Key 为用户 Id，第二层的查询 Key 为物品的类别 Id，叶子中的 Value 包含了用户在某一类别的行为序列。用户行为树所需的存储为几十 TB，更新频率的要求不高，可以提前部署好。线上预测的时候，预测服务根据候选物品的类别和用户 Id 从分布式存储中实时地取出用户的行为子序列。

5.4 在线学习

过去传统基于 Batch 的机器学习中，通常在计算全量样本的梯度之后再更新模型的参数，并重复上面的过程，直到模型收敛，比如 ImageNet 的图像分类任务、采用 LibLinear LR 训练的点击率预估模型等都是这样的。而在线学习（Online Learning），顾名思义就是指在线处理的样本通常是实时地一条条传过来的，也称为流式样本，流式样本被处理后，模型立即更新（也就是随机梯度下降的优化方法），每一条样本仅训练一次。这种更新方式使得在线学习可以实时地感知用户的兴趣变化，提高模型的在线效果。在本节的内容中，我们先介绍在线学习相关的基础知识，然后重点介绍在线学习的集大成算法 FTRL（Follow the Regularized Leader）。

5.4.1 在线学习的基本概念

由于一条样本仅处理一次，对于在线学习来说需要做到“one pass，never regret（只训一次，永不后悔）”。除了“不后悔”，在线学习中还致力于解决稀疏性的问题。稀疏解在泛化性、可解释性、效率等方面具有较好的优势，很多机器学习算法都在追求稀疏解。基于 Batch 的机器学习通常沿着全局梯度进行下降，结合 L1 正则比较容易获得稀疏解。如图 5-21 所示，L1 正则以菱形的约束条件去探索最优解，容易在坐标轴的位置找到最优解，也就是图中 $\omega_2=0$。

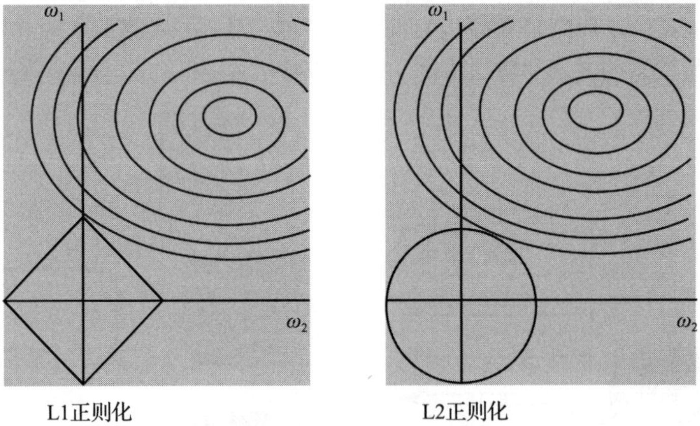

图 5-21 L1 正则和 L2 正则的稀疏性对比

由于 L1 正则在 0 处不可导，因此需要采用次梯度去计算 L1 正则项的梯度，其对于参数的更新方式如下：

$$\boldsymbol{W}^{(t+1)}=\boldsymbol{W}^{(t)}-\eta^{(t)}G^{(t)}-\eta^{(t)}\lambda\operatorname{sgn}(\boldsymbol{W}^{(t)}) \tag{5-58}$$

式中，$\eta^{(t)}$ 为学习率；λ 为正则项的系数；sgn 为符号函数。当 $\lambda>|G^{(t)}|$ 的时候，$\boldsymbol{W}^{(t)}$ 的最优

解为 0。然而，在线学习采用随机梯度下降方法，即使配合 L1 正则也难以获得稀疏解。Langford[23] 等人提出使用截断梯度的方法来进一步提高稀疏性，其参数的更新方式如下：

$$\boldsymbol{W}^{(t+1)}=T_1(\boldsymbol{W}^{(t)}-\eta^{(t)}\boldsymbol{G}^{(t)},\eta^{(t)}\lambda^{(t)},\theta) \tag{5-59}$$

$$T_1(v_i,\alpha,\theta)=\begin{cases}\max(0,v_i-\alpha) & \text{如果 } v_i\in[0,\theta]\\ \min(0,v_i+\alpha) & \text{如果 } v_i\in[-\theta,0]\\ v_i & \text{其他}\end{cases} \tag{5-60}$$

式中，$v_i=\boldsymbol{W}^{(t)}-\eta^{(t)}\boldsymbol{G}^{(t)}$，表示一个标准的随机梯度下降更新后的参数。如果 $v_i\in[0,\alpha]$，则 $\boldsymbol{W}^{(t+1)}=0$；如果 $v_i\in[\alpha,\theta]$，则 $\boldsymbol{W}^{(t+1)}=v_i-\alpha$。$v_i$ 为负值的时候也是类似的处理逻辑。整体上来看，截断梯度法在参数权重接近 0 的时候会直接置为 0，从而提高稀疏性。

除了 L1 正则和梯度截断这两种简单的方法，Duchi 等人[24] 提出了 FOBOS 算法，将权重的更新拆分为两步，首先按照标准的随机梯度下降更新参数，然后在更新后参数的周围寻找稀疏解：

$$\boldsymbol{W}^{\left(t+\frac{1}{2}\right)}=\boldsymbol{W}^{(t)}-\eta^{(t)}\boldsymbol{G}^{(t)} \tag{5-61}$$

$$\boldsymbol{W}^{(t+1)}=\underset{\boldsymbol{W}}{\operatorname{argmin}}\left\{\frac{1}{2}\left\|\boldsymbol{W}-\boldsymbol{W}^{\left(t+\frac{1}{2}\right)}\right\|^2+\eta^{\left(t+\frac{1}{2}\right)}\Psi(\boldsymbol{W})\right\} \tag{5-62}$$

微软的 Xiao 等人[25] 提出了使用正则对偶平均 RDA 的方法来提高稀疏性：

$$\boldsymbol{W}^{(t+1)}=\underset{\boldsymbol{W}}{\operatorname{argmin}}\left\{\frac{1}{t}\sum_{r=1}^{t}\langle\boldsymbol{G}^{(r)},\boldsymbol{W}\rangle+\Psi(\boldsymbol{W})+\frac{\beta^{(t)}}{t}h(\boldsymbol{W})\right\} \tag{5-63}$$

式中，$\langle\boldsymbol{G}^{(r)},\boldsymbol{W}\rangle$ 表示梯度的累计平均值；$\Psi(\boldsymbol{W})$ 为 L1 正则项；$h(\boldsymbol{W})$ 是一个凸函数，通常定义为 L2 正则项。

5.4.2 在线学习算法框架：FTRL

谷歌于 2010 年提出的 FTRL 算法结合了 FOBOS 和 RDA 的优点，可以更好地应对参数的稀疏性要求和“不后悔”的更新策略，是在线学习领域中应用最广泛的算法。下面详细介绍 FTRL 算法的细节。

FTRL 中，权重的参数更新方式如下：

$$\boldsymbol{W}^{(t+1)}=\underset{\boldsymbol{W}}{\operatorname{argmin}}\left\{\boldsymbol{G}^{(1:t)}\cdot\boldsymbol{W}+\lambda_1\|\boldsymbol{W}\|_1+\lambda_2\frac{1}{2}\|\boldsymbol{W}\|_2^2+\frac{1}{2}\sum_{s=1}^{t}\sigma^{(s)}\|\boldsymbol{W}-\boldsymbol{W}^{(s)}\|_2^2\right\} \tag{5-64}$$

式中，$\boldsymbol{G}^{(1:t)}$ 表示 t 时刻的累积梯度。

对最后一项展开并去掉常数项，可以得到：

$$\boldsymbol{W}^{(t+1)}=\underset{\boldsymbol{W}}{\operatorname{argmin}}\left\{\boldsymbol{Z}^{(t)}\cdot\boldsymbol{W}+\lambda_1\|\boldsymbol{W}\|_1+\frac{1}{2}\left(\lambda_2+\sum_{s=1}^{t}\sigma^{(s)}\right)\|\boldsymbol{W}\|_2^2\right\} \tag{5-65}$$

式中，$\boldsymbol{Z}^{(t)}=\boldsymbol{G}^{(1:t)}-\sum_{s=1}^{t}\sigma^{(s)}\boldsymbol{W}^{(s)}$。这个公式难以直接求得解析解，不过由于公式中的各个维度相对独立，可以把 $\boldsymbol{W}^{(t+1)}$ 的计算拆解到每一个子维度上：

$$w_i^{(t+1)}=\underset{w_i}{\operatorname{argmin}}\left\{z_i^{(t)}\cdot w_i+\lambda_1|w_i|+\frac{1}{2}\left(\lambda_2+\sum_{s=1}^{t}\sigma^{(s)}\right)w_i^2\right\} \tag{5-66}$$

L1 正则项在 0 处不可导，假设 w_i^* 是其最优解，则 $|w_i|$ 对 w_i 的次导数如下：

$$\partial|w_i^*|=\begin{cases}(-1,1) & 如果\ w_i^*=0\\ 1 & 如果\ w_i^*>0\\ -1 & 如果\ w_i^*<0\end{cases} \tag{5-67}$$

对式（5-66）求导得：

$$z_i^{(t)}+\lambda_1\partial|w_i^*|+\left(\lambda_2+\sum_{s=1}^{t}\sigma^{(s)}\right)w_i^*=0 \tag{5-68}$$

假设 $w_i^*<0$，则按照导数为 0 求得 $w_i^*=-\left(\lambda_2+\sum_{s=1}^{t}\sigma^{(s)}\right)^{-1}(z_i^{(t)}-\lambda_1)$，为满足前面的假设条件，由于$\left(\lambda_2+\sum_{s=1}^{t}\sigma^{(s)}\right)>0$，所以（$z_i^{(t)}-\lambda_1$）需要大于 0，也就是 $z_i^{(t)}>\lambda_1>0$。

假设 $w_i^*>0$，则按照导数为 0 求得 $w_i^*=-\left(\lambda_2+\sum_{s=1}^{t}\sigma^{(s)}\right)^{-1}(z_i^{(t)}+\lambda_1)$，为满足假设条件，需要 $z_i^{(t)}<-\lambda_1<0$。

假设 $w_i^*=0$，则推出 $z_i^{(t)}+\lambda_1\partial|w_i^*|=0$，为使得这个等式成立，$-z_i^{(t)}/\lambda_1$需要属于 $[-1,1]$，即 $\left|\frac{z_i^{(t)}}{\lambda_1}\right|<1$，也就是 $|z_i^{(t)}|<\lambda_1$。

综合以上 3 个先假设后验证的推理方式，可以得到 FTRL 参数的最终求解方式：

$$w_i^*=\begin{cases}0 & 如果\ |z_i^{(t)}|<\lambda_1\\ -\left(\lambda_2+\sum_{s=1}^{t}\sigma^{(s)}\right)^{-1}(z_i^{(t)}-\lambda_1\operatorname{sgn}(z_i^{(t)})) & 其他\end{cases} \tag{5-69}$$

式中，$\sum_{s=1}^{t}\sigma^{(s)}=\frac{1}{\eta_i^t}$，$\eta_i^t$ 表示每一个维度上的学习率。

$$\eta_i^t=\frac{\alpha}{\beta+\sqrt{\sum_{s=1}^{t}(g_i^{(s)})^2}} \tag{5-70}$$

式中，α 和 β 为超参；学习率的分母中还包含梯度的累积平方，这表示 FTRL 中每一个维度的学习率都是不同且动态更新的，梯度越大的维度其更新的速度越快；公式中的多处求和在实际处理中只需要增量计算即可。下面进一步给出 FTRL 的算法流程。

算法 5-5　FTRL 的算法流程

0：输入：参数 $\alpha,\beta,\lambda_1,\lambda_2$

1：初始化 $z_i=0$，$n_i=0$

2：for $t=1,2,\cdots,T$ do

3：　提取特征向量 x_t，令 $I=\{i\mid x_i\neq 0\}$

4：　for $i\in I$ 计算

$$w_i^*=\begin{cases}0 & 如果\ |z_i^{(t)}|<\lambda_1\\ -\left(\lambda_2+\frac{\beta+\sqrt{n_i}}{\alpha}\right)^{-1}(z_i^{(t)}-\lambda_1\operatorname{sgn}(z_i^{(t)})) & 其他\end{cases}$$

5: 预测 p_t
6: for $i \in I$ do
7: $g_i=(p_t-y_t)x_i$
8: $\sigma_i=\frac{1}{\alpha}(\sqrt{n_i+g_i^2}-\sqrt{n_i})$
9: $z_i=z_i+g_i-\sigma_i w_{t,i}$
10: $n_i=n_i+g_i^2$
11: end for
12: end for

表5-2比较了FTRL、RDA和FOBOS等几种算法的相对非0参数个数和相对AUCLoss（1-AUC），结果表明FTRL的稀疏性和效果都是最好的。

表5-2 几个在线学习算法的稀疏性和效果

方法	非0	AUCLoss
FTRL	基准	基准
RDA	+3%	0.6%
FOBOS	+38%	0.0%
OGD-COUNT	+216%	0.0%

FTRL在工程实现中对于训练阶段的内存也做了一些优化。

（1）特征准入

实际业务场景的样本通常包含了大量的稀疏特征。如果所有的特征都进入模型训练，那么对于内存的开销是很大的。为此需要增加特征准入的机制，可以尝试泊松准入。对于模型中没有的新特征，会以一定的概率进入模型参与训练。对于模型已经存在的特征，正常更新参数即可。也可以尝试使用布隆过滤器来检测特征出现的频次是否低于指定的阈值，只有达到阈值的特征才能参与训练。当然布隆过滤器也是概率模型，存在出现频次小于阈值但是进入训练的可能性。表5-3中比较了布隆和泊松两种特征准入的方式，可以看到它们对于节约内存是非常有效的，同时对于效果的折损也不是特别大。目前的一些推荐业务中通常采用布隆过滤的方式。

表5-3 特征准入的效果对比

方法	内存节约	AUCLoss
布隆（$n=2$）	66%	0.008%
布隆（$n=1$）	55%	0.003%
泊松（$p=0.03$）	60%	0.020%
泊松（$p=0.1$）	40%	0.006%

（2）特征编码

模型参数通常采用float32来表示，表示的范围相对来说比较大。然而，分析模型参数可以发现，大部分的参数都处于［-2,2］这个区间。因此模型参数可以尝试更少的比特编码，比如q2.13编码，小数点左边用2个比特位，小数点右边用13个比特位，还有1个比特位表示符号，总共16个比特来表示一个值。相关的实验中可以看到，q2.13编码相比float64，可以显著节约内存，同时对于效果几乎没有损害。

（3）训练相似的模型

建好模型之后通常需要做一些超参的寻优操作，不同超参的模型之间有很多相似的地方。这些不同模型在相同维度的某些信息是可以共享的，比如每一个模型中的学习率变量n_i是可以跨模型共享的。对于某一维特征来说，它出现在N个负样本和P个正样本中，其概率$p=P/(N+P)$。如果采用逻辑回归，正样本对于参数的梯度为$p-1$，负样本的梯度为p，则需要累计的梯度平方可以近似为：

$$\begin{aligned}\sum g_{t,i}^2 &= \sum_{\text{postive}} (1-p_t)^2 + \sum_{\text{negtive}} p_t^2 \\ &\approx P\left(1-\frac{P}{N+P}\right)^2 + N\left(\frac{P}{N+P}\right)^2 \\ &= \frac{PN}{N+P}\end{aligned} \tag{5-71}$$

通过这种方式，不同的模型不需要维护独立的$\sum g_{t,i}^2$，仅需要共享 N 和 P 即可。通过跨模型的共享可以降低整体的内存使用。这种跨模型共享的机制比较有意思，不过依赖于具体的训练架构，实际使用中由于模型稳定性等原因可能比较难落地。

5.5 多任务学习

在信息流产品中，近几年因为业务的发展，内容形态逐渐多元化，用户和信息流内容的交互行为越来越丰富，因此，与推荐核心指标关系密切的精排模型也呈现多元化优化目标的趋势。比如，在新闻、短视频等信息流产品中，通常有观看、点赞、评论、分享和关注等行为，用户在这些行为上的活跃度从多个维度体现了产品的用户体验，因此都是信息流产品所需要提升的业务目标。为此，精排模型需要同时考虑优化多个行为目标。最简单的做法是为每个目标训练一个模型，然而这种方式的缺点也很明显。

1）训练和预测的资源开销都是线性增长的，从成本的角度来说可能不可接受。

2）难以充分利用不同行为之间的相关性进一步提高效果，尤其对一些稀疏的行为目标不友好。

3）每一个目标都独立训练，增加特征等优化的方法需要逐个模型验证效果，整体的开发效率也很低。

多任务学习在一个模型中同时建模多个优化目标，希望通过共享参数来学习到更好的特征表示，在尽可能多的任务上都能有正向的效果，可以较好地解决单任务学习存在的问题。图 5-22 中给出一种最直接的多任务学习建模方法——Shared Bottom，所有的任务共享底层的参数，然后在上层增加任务独立的 Tower 分支结构，并获取相应任务的输出。

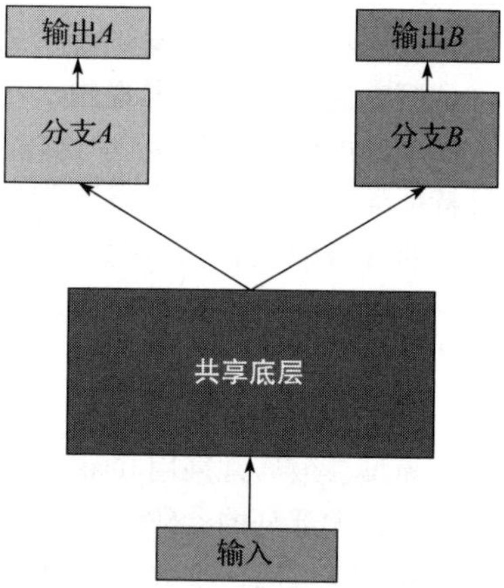

图 5-22 Shared Bottom 算法的一般结构

然而，这种直接共享底层参数的建模方法并不是最好的选择，它的共享方式不一定能带来 1+1>2 的效果，模型的学习效果容易受到任务之间关系紧密度的影响，比如将几个关系很小的任务放到一起训练，可能会出现在参数的更新上相互冲突的情况，导致多个任务都没有训练好。因此，多任务学习需要妥善处理任务之间的相关性，尽可能地提高信息共享带来的收益。

在本节内容中，我们将详细地介绍几个在工业界取得显著效果的多任务学习算法：多门控混合专家[26]（Multi-gate Mixture-of-Experts，MMoE）算法、全样本空间的多任务建模[27]（Entire Space Multi-Task Model，ESMM）算法、递进分层萃取[28]（Progressive Layered Extraction，PLE）

算法、多维度层级（Multi-Faceted Hierarchical，MFH）算法[29] 和混合虚拟核专家[30]（Mixture of Virtual-Kernel Experts，MVKE）算法。

5.5.1 MMoE

一些相关的算法研究工作表明，多任务学习通过正则化或者迁移学习等方法可以在每一个任务中均获得超过单任务学习的效果。然而在工业界实践中，这样理想化的效果并不容易达成，因为多任务学习算法容易受到业务数据分布差异、多任务之间关系等因素的影响，多任务之间差异引起的内在冲突对于其中的某一个或者某几个任务都可能带来负向的效果，这种情况对于 Shared Bottom 这种共享方式来说尤其严重。Shared Bottom 模型大部分的参数都在 Bottom 部分，如果两个样本量差异很大的任务（比如信息流内容的观看和点赞行为预估）放在一起训练，则会导致 Bottom 部分倾向于样本数量多的任务，进而导致稀疏的任务被稠密的任务带偏。

为了缓解任务间差异导致的冲突，更好地建模任务间的相关性，Google 提出了经典的多任务学习算法 MMoE，其结构如图 5-23 所示。

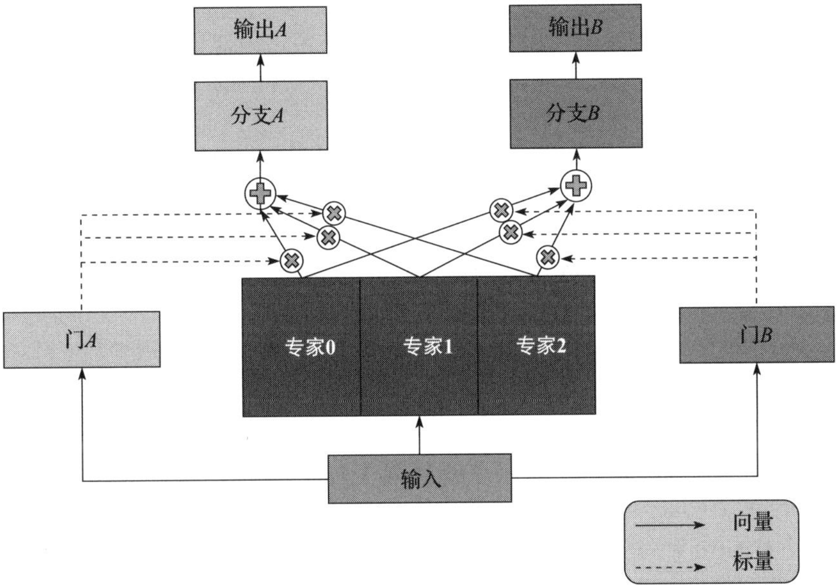

图 5-23　MMoE 算法的模型结构

和 Shared Bottom 相比，MMoE 替换了任务间共享的 Bottom 部分。将输入（Input）接入任务间共享的多个专家网络和任务间独立的 Gate 网络，Tower 部分的输入是专家网络输出的加权和：

$$f^k(x)=\sum_{i=1}^{n} g^k(x)_i f_i(x) \tag{5-72}$$

式中，$f_i(x)$ 是第 i 个专家的网络；$g^k(x)_i$ 是相应专家网络的权重。这部分结构的特点主要包括 Mixture-of-Experts（MoE）和任务独立的 Gate。MoE 将多个不同的专家网络做加权融合，是一种常用的融合思想。值得注意的是，MMoE 为每一个任务都增加了独立的 Gate 网络。基于输入得到的 Gate 网络可以为每一个任务“选择”一部分专家网络，Gate 网络简单地定义为：

$$g^k(x)=\text{softmax}(\boldsymbol{W}_{gk}x) \tag{5-73}$$

Gate 网络的约束为多任务学习的参数共享提供了一种灵活、弹性的方式。这种弹性的共享方式使得 MMoE 可以为每一任务分别学习 Gate，并通过 Gate 之间的区别来捕获任务之间的差异。Share Bottom 可以看作所有 Gate 输出均为一个常量的 MMoE，缺乏建模任务之间复杂关系的能力。相比于 Shared Bottom，MMoE 可以在不显著增加参数的情况下更好地建模任务之间的不同。

5.5.2 ESMM

在电商场景中，存在非常典型的呈漏斗形状的购物路径转化关系：用户打开 APP 后看到推荐展示的商品信息流，接下来根据个人兴趣选择了某个商品并点击进入详情页，在综合考虑质量、价格等因素后即可支付完成交易，整个交易转化的路径包含展示（曝光）→点击→交易（转化）。

对于传统的转化率预估模型，在训练阶段通常仅采用点击部分的样本，但是预测阶段需要预估包含点击样本在内的所有待曝光样本，这种训练和预测的不一致就是样本的选择偏置问题，我们在上一章中已经介绍了粗排建模的样本选择偏置问题，在精排的转化率预估建模中同样也存在这个问题，如图 5-24 所示。样本的选择偏置会降低模型的泛化能力。另外，用户在电商 APP 上点击之后的购买行为通常非常稀疏，仅采用点击部分的样本，除了存在样本选择偏置的问题，还会影响可训练的样本数量，也就会引起数据的稀疏问题。

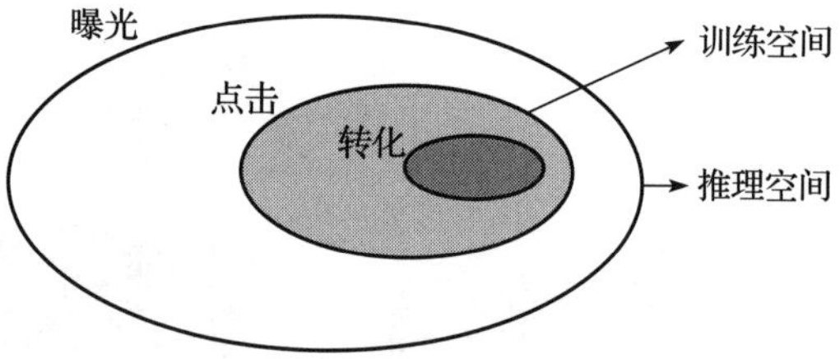

图 5-24　传统转化率预估场景的样本选择偏置

为了解决传统 CVR 算法中存在的样本选择偏置和数据稀疏问题，淘宝技术团队提出了 ESMM 算法，它有以下几个创新点。

1）在整个样本空间中建模 CVR 预估，让训练和预测的样本分布保持一致，从而消除样本选择偏置。

2）借助样本稠密任务辅助稀疏任务的特征表示学习，进而缓解因样本数据稀疏导致的训练不充分。

这里定义训练集 $S=\{(x_i,y_i\to z_i)\}\mid_{i=1}^{N}$，其中 x_i 表示特征，y_i 表示是否点击，z_i 表示是否转化。CVR 预估概率定义为 $p\text{CVR}=p(z=1\mid y=1,x)$。为了建模 CVR，ESMM 中引入了 CTR 和 CTCVR 两个辅助任务，CTR 预估概率为 $p\text{CTR}=p(y=1\mid x)$，CTCVR 预估概率为 $p\text{CTCVR}=p(z=1,y=1\mid x)$。给定特征 x，这些预估概率之间存在如下的关系：

$$p(y=1,z=1\mid x)=p(y=1\mid x)\cdot p(z=1\mid y=1,x) \tag{5-74}$$

即，CTCVR 等于 CTR 和 CVR 的乘积：$p\text{CTCVR}=p\text{CTR}\cdot p\text{CVR}$。

ESMM 的模型结构如图 5-25 所示。ESMM 包含两个结构基本相同的子网络，这两个子网络都采用常用的 Embedding & MLP 结构，左边的子网络为主要的 CVR 任务，右边的子网络为辅助的 CTCVR 和 CTR 任务。两个子网络共享底层的 Embedding Table。相比于 CVR 任务，CTR 任务的样本更多，底层共享的 Embedding 可以借助 CTR 任务训练得更加充分，从而缓解 CVR 任务的数据稀疏问题。两个子网络的 MLP 之后分别输出 pCTR 和 pCVR，做点积之后得到 pCTCVR。ESMM 的损失函数如下：

$$L(\boldsymbol{\theta}_{\text{cvr}},\boldsymbol{\theta}_{\text{ctr}})=\sum_{i=1}^{N} l(y_i,f(x_i,\boldsymbol{\theta}_{\text{ctr}}))+l(y_i \,\&\, z_i,f(x_i,\boldsymbol{\theta}_{\text{ctr}})\cdot f(x_i,\boldsymbol{\theta}_{\text{cvr}})) \tag{5-75}$$

式中，$\boldsymbol{\theta}_{\text{ctr}}$ 和 $\boldsymbol{\theta}_{\text{cvr}}$ 表示 CTR 和 CVR 两个子网络的参数；$l()$ 表示交叉熵损失函数。在网络结构和损失函数中都可以清晰地看到 ESMM 对于曝光、点击、转化这样一个序列行为的建模。pCVR 可以看作 CTR 和 CTCVR 两个任务的中间产物，并且这个中间产物是通过全量样本训练出来的，从而消除传统 CVR 任务中的样本选择偏置，更好地提高 CVR 预估的泛化能力。

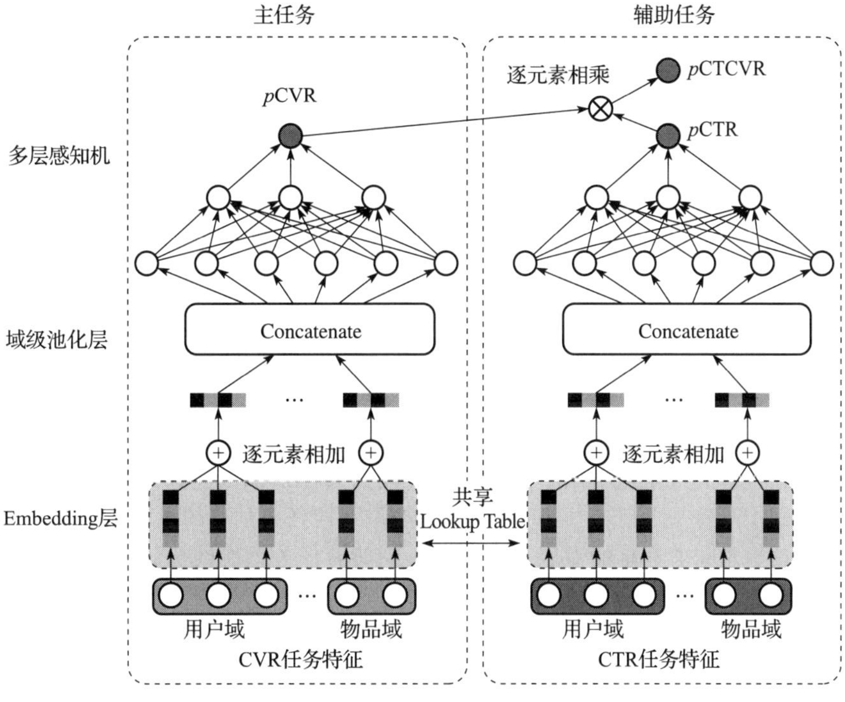

图 5-25 ESMM 的模型结构

ESMM 从业务场景的特点出发，将 CVR 建模从单任务学习扩展为多任务学习，并借助多任务学习中常用的特征表示共享，很好地解决了训练和预测不一致的样本选择偏置和 CVR 任务中的数据稀疏问题，是机器学习技术在实际业务场景落地中很好的示范。

5.5.3 PLE

PLE 的作者在实践中发现，现有的多任务学习方法通常可以在部分任务上有正向收益，但是在另外一部分任务上是负向的，提升了部分指标的同时降低了另一部分指标，也就是所谓的跷跷板现象。图 5-26 给出了不同多任务学习算法和单任务学习算法在完播率（View Completion Ratio，VCR）和播放率（View Through Ratio，VTR）两个视频推荐任务上的效果对比情况。Hard Sharing 和 Cross-Stitch[31] 方法在 VCR 任务中的效果和单任务学习基本持平，但是在 VTR 任务中明显负向。Sluice Network[32] 和 Asymmetric Sharing 在 VTR 任务中显著正向，但是在 VCR 任务中显著负向。通过这两个算法的情况，我们可以明显观察到跷跷板现象的存在。

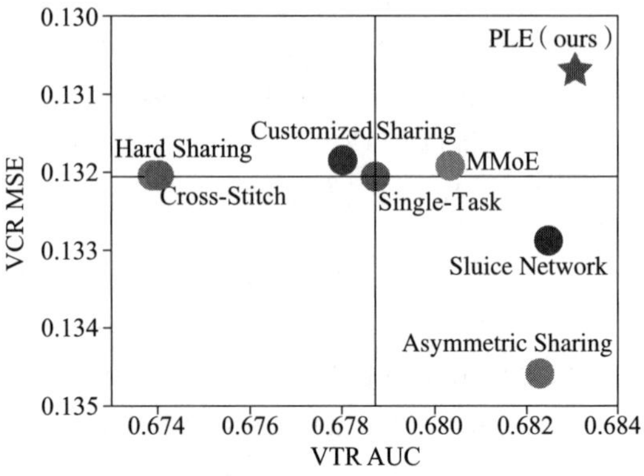

图 5-26　不同多任务学习算法和单任务学习算法在两个任务上的效果对比

Cross-Stitch、Sluice Network 等方法在模型设计思想上都忽视了跷跷板问题。MMoE 基于样本输入生成的门控网络来融合不同的专家网络，可以在一定程度上建模任务间的差异性，效果比其他几个多任务学习方法更好。虽然多个专家网络的融合权重有一些不同，但是由于专家网络是在所有任务共享的，这使得 MMoE 仍然难以同时建模差异较大的任务，仍可能对某些任务带来负向效果，而且 MMoE 还忽略了专家之间的不同和关联，这也限制了联合优化所带来的效果提升。PLE 的提出主要是为了解决多任务学习中的跷跷板现象，其核心思想包括：

1）将专家网络分为任务共享的和任务独立的两种，通过这种方式在共享部分特征表达的基础上更好地建模任务之间的不同。

2）引入多层的专家和门控网络来获取更抽象的表示。

PLE 的作者首先设计了一种新颖的 CGC 模型来建模不同的任务表示，其结构如图 5-27 所示，该模型底层是多个专家网络，上层是任务独立的 Tower 结构。专家网络分任务共享的和任务独立的两种，共享的专家网络用于学习任务之间的共性知识，任务独立的专家网络用于学习任务特有的知识。每一个任务的 Tower 网络都获取相应任务独享的专家网络输出和共享的专家网络输出，这也意味着共享的专家网络可以影响所有任务，而任务独立的专家网络仅能影响自己对应的任务。CGC 中，两种专家网络通过一个门控网络来做加权融合，门控网络的结构为一个单层 Softmax 激活的前向网络，第 k 个任务门控网络的输出如下：

$$\boldsymbol{g}^k(\boldsymbol{x})=w^k(\boldsymbol{x})\boldsymbol{s}^k(\boldsymbol{x}) \tag{5-76}$$

式中，$\boldsymbol{x}$ 是输入层表示，$w^k(\boldsymbol{x})$ 为专家网络之间的加权系数：

$$w^k(\boldsymbol{x})=\text{Softmax}(\boldsymbol{W}_g^k(\boldsymbol{x})) \tag{5-77}$$

式中，$\boldsymbol{W}_g^k\in\mathbb{R}^{(m_k+m_s)\times d}$ 为参数矩阵，m_k 和 m_s 分别表示第 k 个任务独享的专家网络个数和所有任务共享的专家网络个数，d 表示专家网络输出的维度。

式（5-76）中，$\boldsymbol{s}^k(\boldsymbol{x})$ 包含了多个专家网络的输出：

$$\boldsymbol{s}^k(\boldsymbol{x})=[E_{(k,1)}^{\mathrm{T}},E_{(k,2)}^{\mathrm{T}},\cdots,E_{(k,m_k)}^{\mathrm{T}},E_{(s,1)}^{\mathrm{T}},E_{(s,2)}^{\mathrm{T}},\cdots,E_{(s,m_s)}^{\mathrm{T}}]^{\mathrm{T}} \tag{5-78}$$

和 MMoE 相比，CGC 模块中移除了一个任务与其他任务独享的专家网络之间的关系，这种设计可以降低专家网络之间的干扰，更专注于各自类型专家知识的学习。

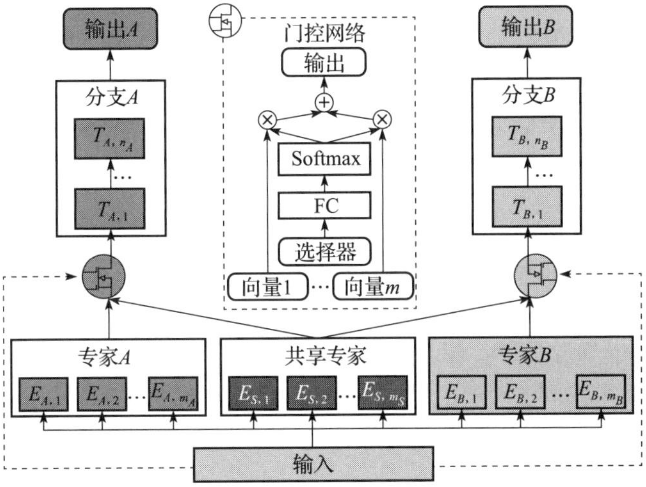

图 5-27 CGC 的模型结构

和神经网络中增加网络深度的设计类似，PLE 在 CGC 的基础上做了层级扩展来进一步提取深度语义，完整的 PLE 模型结构如图 5-28 所示。

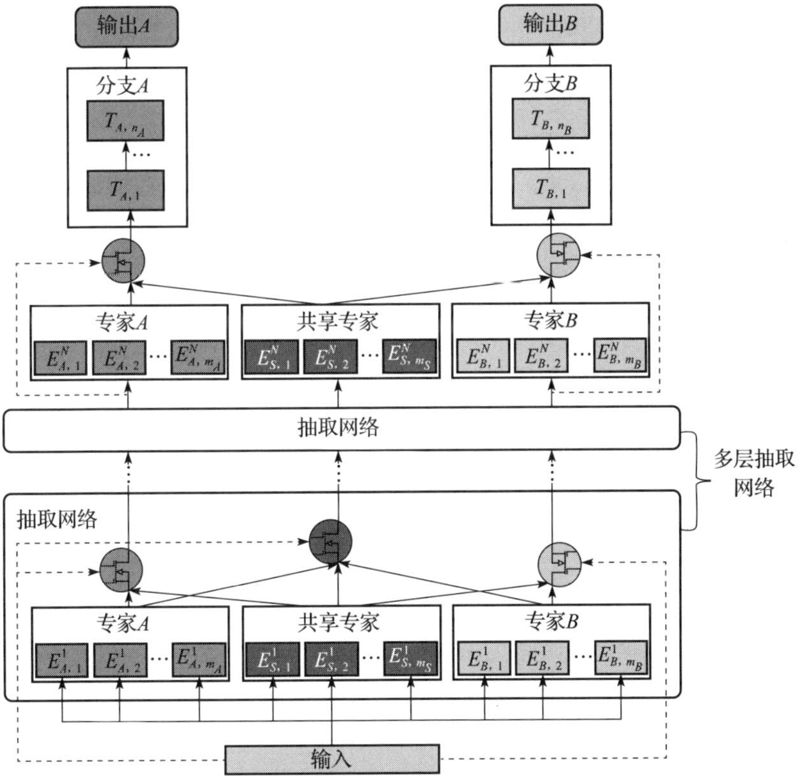

图 5-28 PLE 模型结构

PLE 模型中，输入之后是多层的 Extraction Network，接下来的结构就是前面提及的 CGC，可以看到 Extraction Network 和 CGC 的核心部分基本是一致的。CGC 中门控网络的个数等于任务的个数，Extraction Network 中除了对应任务的门控网络外，还有一个共享的门控网络，它的输入包含当前层所有的专家网络。高层 Extraction Network 的输入不是原始的输入，而是包含更抽象语义的底层 Extraction Network 的门控融合输出。PLE 中门控网络的输出和 CGC 中基本一致：

$$\boldsymbol{g}^{k,j}(x)=w^{k,j}\boldsymbol{g}^{k,j-1}(x)\boldsymbol{S}^{k,j}(x) \tag{5-79}$$

式中，$w^{k,j}$ 为第 k 个任务的加权函数，加权函数的输入为前一个 Extraction Network 的输出 $\boldsymbol{g}^{k,j-1}(x)$；$\boldsymbol{S}^{k,j}(x)$ 对应任务所需要的专家网络输入。从路由的角度来看，MMoE 中的专家网络和各任务 Tower 之间的路由是全连接式的，即每一个专家都会影响所有的任务。PLE 利用多层级的专家和门控网络来获取更深层次的抽象语义，底层的特征表示渐进式地聚合和路由到高层特征表示，可以更加有效、弹性地处理任务之间的差异性和共性，进而提高模型在每一个任务上的泛化能力。

除了模型结构的设计，PLE 中还强调了联合训练、独立采样的损失计算。换句话说，如果一条样本仅满足某个或者某几个任务的 Label 定义，那么这条样本在其余不满足的任务上的损失应该为 0。

PLE 算法从实践中遇到的跷跷板问题出发，在专家网络的功能上引入任务间共享和任务间独立的理念，并通过渐进式聚合和路由，显著改善了多任务联合训练中难以同时在所有任务中取得正向效果的问题。目前，PLE 已经在腾讯的多个信息流推荐场景取得了显著的效果。

5.5.4 MFH

相比其他信息流产品，TikTok、微信视频号等沉浸式短视频信息流中的用户互动行为更加丰富多样，通常包含了完播、快滑、点赞、评论、分享、关注等，这些行为从不同的角度反映了用户的兴趣偏好和产品黏性。因此，为了更好地建模用户的兴趣偏好，短视频推荐精排模型通常采用多任务学习的方式，尽可能准确地预测用户的每个类型的行为，接下来利用融合模型来给出整体的偏好度。

对精排建模带来的困扰是，相比于其他信息流场景，沉浸式短视频场景中多任务学习需要建模的目标任务数更多，并且如果用更细的粒度去区分人群或者内容资源新热程度等因素，那么多任务学习需要建模的任务数就会有一个笛卡儿积形式的增长。比如，在短视频场景中，在用户播放行为上经常需要建模 3 个任务目标：播放完成度（Cmpl）、是否完播（Finish）、是否快滑（Skip），其中播放完成度是一个回归任务：

$$y_{\text{cmpl}}=\frac{\text{Watch time}}{\text{Video length}} \tag{5-80}$$

式中，$y_{\text{cmpl}}\in[0,\infty]$；Watch time 和 Video length 分别表示用户播放时长和视频本身的时长。

完播（Finish）任务为二分类任务，预测用户完整看完一个视频的概率：

$$y_{\text{finish}}=\begin{cases}1 & \text{如果 Watch time} \geqslant \text{Video length}\\ 0 & \text{其他}\end{cases} \tag{5-81}$$

快滑（Skip）和完播的任务定义类似：

$$y_{\text{skip}}=\begin{cases}1 & \text{如果 Watch time} \leqslant c \\ 0 & \text{其他}\end{cases} \tag{5-82}$$

上面列举了 Cmpl、Finish、Skip 3 个任务目标来刻画用户播放行为这个维度，对于人群活跃度这个维度也可以进一步细分为新用户（New）、低活跃（Low-activity）和高活跃（High-activity）3个。为了更精细地建模这两个维度，将其交叉组合，可以得到 9 个目标任务：New&Cmpl、New&Finish、New&Skip、Low-activity&Cmpl、Low-activity&Finish、Low-activity&Skip、High-activity&Cmpl、High-activtity&Finish、High-activity&Skip。为了建模 9 个目标任务，最直接的方法是在基线模型的底部共享层上增加多个分支任务，独立地构建 9 个 Tower 网络，如图 5-29 所示。然而我们在实践中多次尝试表明，仅仅做任务的朴素横向扩展，模型效果并没有明显的变化，只是减少了训练的资源。随着模型建模维度的进一步细化，任务数显著增加，进而带来了新的挑战。当前的多任务学习方法缺少在这个方向上的探索。为了更好地解决这种存在多种维度、维度内细化、维度间组合的多任务学习问题，腾讯微视算法团队提出了一种新颖的多维层次化多任务学习模型：MFH。

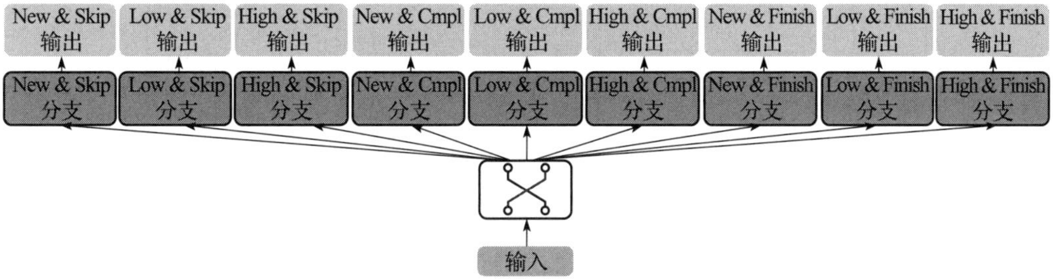

图 5-29 建模 9 个任务的最直接方式

MFH 首先从一个新的视角来分析多任务学习的模型结构，分为微观和宏观两个层级结构。为了阐述多任务学习的中微观结构，MFH 定义了深度模型中的一个新的概念：Switcher。图 5-30 所示为 Switcher 子模型结构，Switcher 抽象为一种多分支输出的结构。其中，Switcher 的输入可以是任意类型的表示，比如拼接后的 Embedding 或网络的中间层输出。Switcher 的输出可以作为上层模块的输入。从图 5-30 中可以看出，一些多任务学习结构（比如 Shared-bottom、MMoE 和 PLE）可以看作不同类型的 Switcher。当前的多任务学习主要集中在 Switcher 结构上的创新，从微观的层次上提升多个任务协同训练的效果。

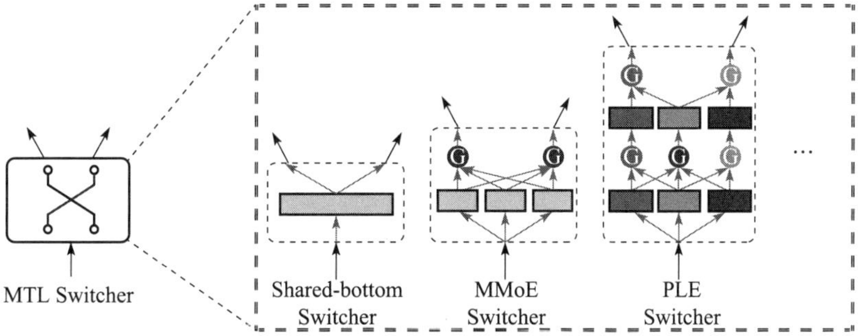

图 5-30 Switcher 子模型结构

MFH的作者还尝试了一种层次化的多任务模型H-MTL，H-MTL模型结构如图5-31所示。利用2层的树结构来建模用户播放行为和人群活跃度2个维度的层次关系。第0层（Level 0）中，基于原始输入，利用一个Switcher学习用户播放行为维度的3个细粒度表示，并连接到3个MLP结构中。第1层中，将前一层学习到的各个行为表示分别接入一个Switcher，更进一步学习各个播放行为下不同用户群的抽象表示，将当前层Switcher的输出分别送到9个任务的独享Tower，从而获得最终的输出。相比于朴素横向扩展的建模方式，H-MTL采用树状结构实现了相关任务的层级间共享，避免了从原始输入直接产生9个分支输出。一般情况下，H-MTL结构中，树的深度为需要建模的维度数，维度间的不同排列可以得到不同的树结构。在这个例子中，可以先抽象出不同用户群的表示，再进一步抽象人群和播放行为组合后的表示。

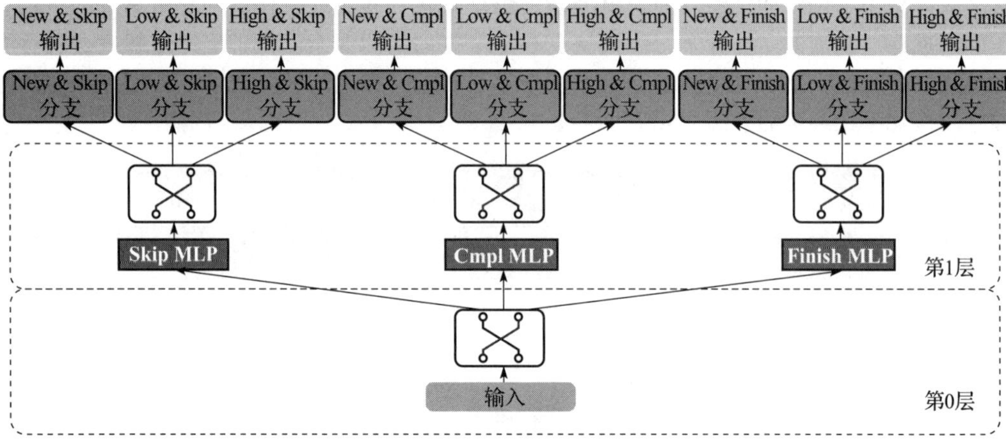

图5-31　H-MTL模型结构

H-MTL中，维度间的建模是有先后顺序的，如果不同维度的细化程度差异大，那么网络的树形结构也会有较大的差异。选择最优的树形结构是耗时的，为此MFH的作者提出了更加全面的MFH网络，MFH算法的模型结构如图5-32所示。第0层的Switcher网络先抽象出2个维度的综合表示，输出接入2个维度对应的MLP。从第1层开始对每一个维度进行细粒度的建模，每一个子结构都和H-MTL中的结构类似。MFH的1、2层可以看作2个H-MTL网络的结合体。对于上层的Tower部分来说，在第2层可以得到2个不同路径的抽象提取，任务可以从网络左边抽象播放行为，然后按照用户分群细化，也可以从网络右边抽象用户分群，再细化播放行为，这两个路径的输出都会连接到相应的Tower网络。

MFH在离线评测和在线评测中均取得了最好的效果，并且在一些细分方向上的优势更加明显，如对于新用户和新物品的预测更加准确。MFH在腾讯的短视频精排场景上已经有成功应用。

5.5.5 MVKE

MVKE算法的提出来自于腾讯的广告算法业务，其系统框架如图5-33所示。广告请求到来后进入定向匹配阶段，系统根据用户的属性标签从百万级的广告库中拉取万级的候选集。接下来进入粗排和精排阶段，以挑选最匹配用户的广告。

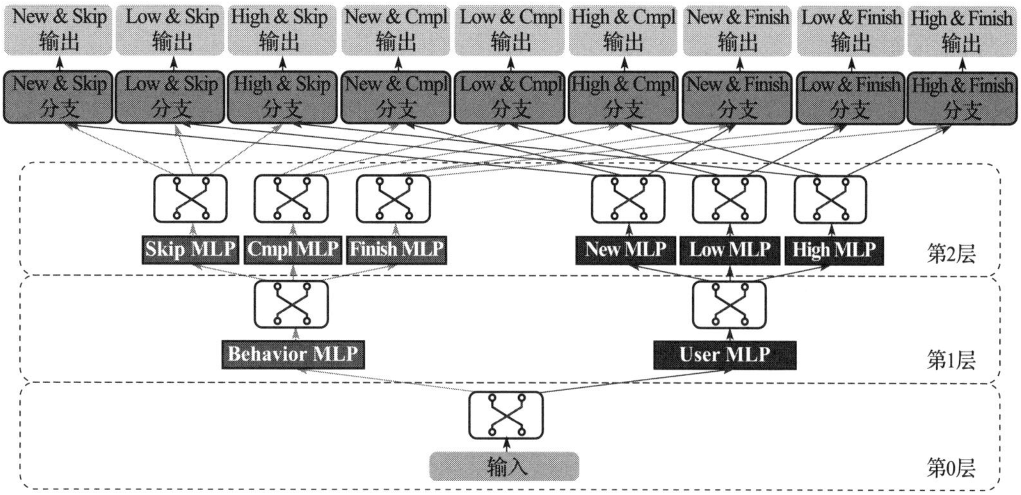

图 5-32 MFH 算法的模型结构

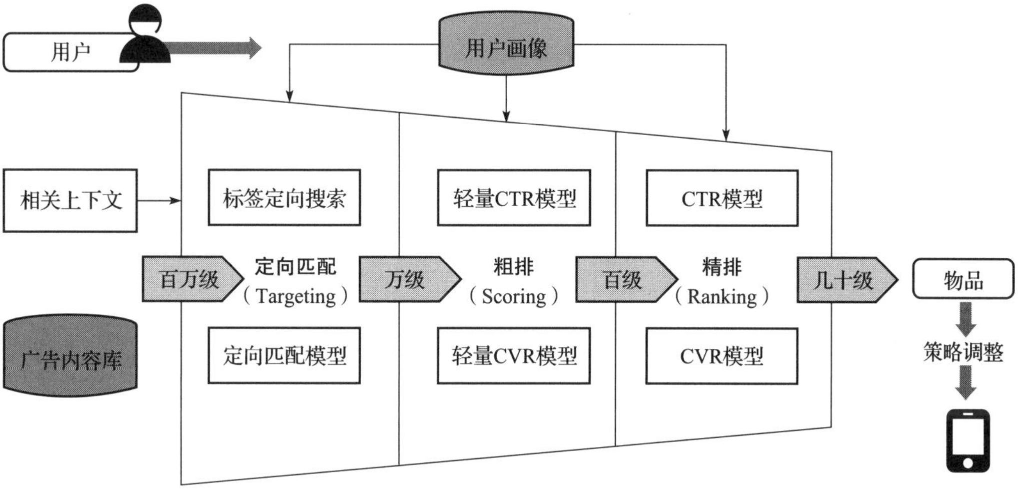

图 5-33 工业级在线广告算法业务的系统框架

属性标签在广告算法中扮演了重要的角色，MVKE 算法致力于挖掘用户的兴趣标签。其中的主要挑战在于用户的兴趣偏好在不同的品类主题和行为动作上是多维度的，如图 5-34 所示，主题方面通常包含运动、汽车、旅游等，动作方面通常包含点击和转化。用户的标签分析需要建模这两个正交的维度来学习多维度的兴趣表示。

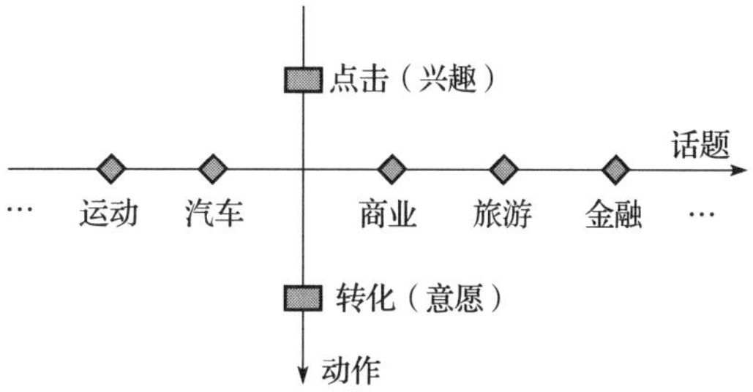

图 5-34 用户建模的两个正交维度

下面首先给出问题描述，然后介绍单

任务 MVKE 的模型结构和多任务扩展，最后做复杂度分析。

（1）问题描述

给定用户集合$\mathcal{U}$，其中每一个用户 $u \in \mathcal{U}$ 的偏好标签集合为 $\mathcal{T}_u(u)$，用户点击过的广告物品集合为 $\mathcal{C}(u)$，转化的广告物品集合为 $\mathcal{V}(u)$。同时，广告物品集合为 $\mathcal{A}$，其中每一个广告物品 $a \in \mathcal{A}$ 的标签集合为 $\mathcal{T}_a(a)$。在线广告中包含两个重要的任务：广告理解和用户分析。显然，广告理解的目标是构建 $\mathcal{T}_a(u)$，用户分析的目标是构建 $\mathcal{T}_u(u)$，当前算法着眼于用户分析。下面给出几个主要概念。

1）用户兴趣标注。如果用户经常点击一个类别的广告，则可以认为用户对这个类别感兴趣，从而打上这个类别的标签。给定用户的点击广告集合 $\mathcal{C}(u)$ 和广告标签集合 $\mathcal{T}_a(a)$，用户兴趣标注的目标为构建用户的兴趣标签集合 $\mathcal{T}_u^{\mathcal{C}}(u)$。

2）用户意愿标注。和用户兴趣标注类似，如果用户经常转化某个类别的广告，则可以标注用户的意愿为该类别。给定用户的转化广告集合 $\mathcal{V}(u)$ 和广告标签集合 $\mathcal{T}_a(a)$，用户意愿标注的目标为构建用户的意愿标签集合 $\mathcal{T}_u^{\mathcal{V}}(u)$。

3）用户标注。给定点击集合 $\mathcal{C}(u)$、转化集合 $\mathcal{V}(u)$ 和广告标签 $\mathcal{T}_a(a)$，用户标注的目标为构建 $\mathcal{T}_u(u)$。

（2）单任务 MVKE 的模型结构

单任务的 MVKE 模型结构如图 5-35 所示，包含用户塔和物品塔，其中物品塔的结构和传统方法相同。MVKE 和传统方法的主要不同为用户塔内的结构优化以及增加了两塔之间的连接。VKE 在相对应的虚拟核帮助下集中于学习用户在一个方面的偏好，VKE 的建模要保持彼此之间的差别，提高多样性。VKG 是一个基于标签的注意力门控，可以将多个 VKE 的输出按照其与标签的相关性加权融合。下面介绍 VKE 和 VKG 的实现细节。

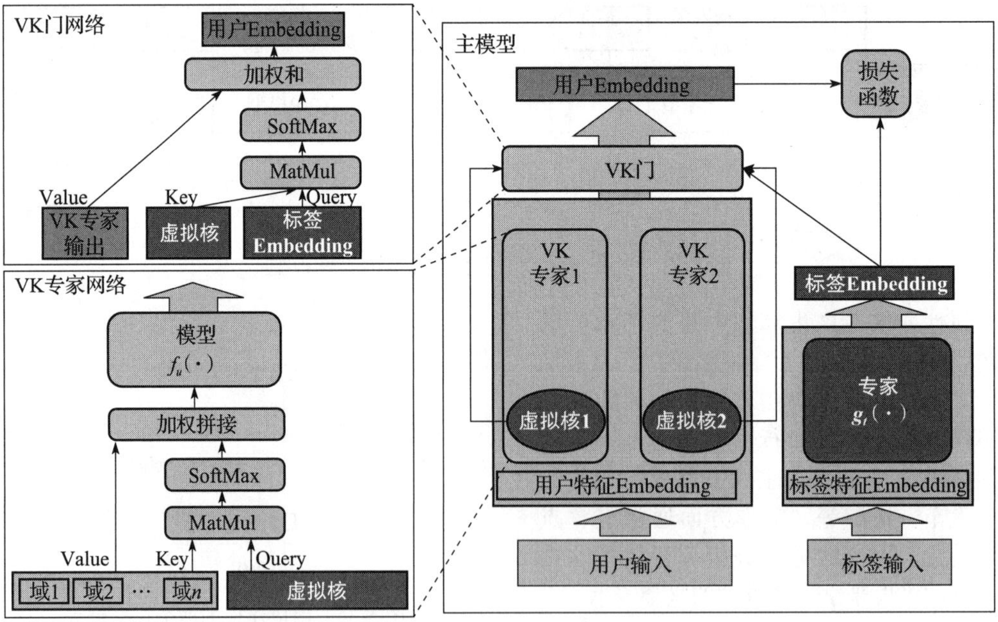

图 5-35 单任务的 MVKE 模型结构

用户塔包含多个 VKE，所有的 VKE 共享下面的 Embedding 层。VKE 内部采用（Query、Key、Value）形式的注意力机制。第 k 个 VKE 内的虚拟核表示为 $\boldsymbol{W}_{\mathrm{VK}}^{k}$。虚拟核是可训练的变量，并作为 VKE 注意力机制的输入"Query"。"Key"和"Value"都是用户的 Embedding 表示 $\boldsymbol{E}_{uf_i}$。首先对于原始的 Query 等输入做非线性变换：

$$\boldsymbol{Q}=\sigma(\boldsymbol{W}_{Q}^{\mathrm{T}}\boldsymbol{W}_{\mathrm{VK}}^{k}+\boldsymbol{b}_{Q}) \tag{5-83}$$

$$\boldsymbol{K}=\sigma(\boldsymbol{W}_{K}^{\mathrm{T}}\boldsymbol{E}_{uf_i}+\boldsymbol{b}_{K}) \tag{5-84}$$

$$\boldsymbol{V}=\sigma(\boldsymbol{W}_{V}^{\mathrm{T}}\boldsymbol{E}_{uf_i}+\boldsymbol{b}_{V}) \tag{5-85}$$

式中，σ 为激活函数；$\boldsymbol{W}$ 和 $\boldsymbol{b}$ 为线性层的权重和偏置。

首先计算虚拟核和底层 Embedding 的注意力输出：

$$\boldsymbol{C}_{\mathrm{VKE}}^{k}=\mathrm{softmax}\left(\frac{\boldsymbol{Q}\boldsymbol{K}^{\mathrm{T}}}{\sqrt{d_k}}\right)\cdot\boldsymbol{V} \tag{5-86}$$

接下来，对于 $\boldsymbol{C}_{\mathrm{VKE}}^{k}$，可以简单地做 Sum Pooling 操作，也可以叠加一些其他更复杂的交互结构，比如 DeepFM、xDeepFM[33]，VKE 的输出 $\boldsymbol{E}_{u_i}^{k}$ 定义如下：

$$\boldsymbol{E}_{u_i}^{k}=f_{u}^{k}(\boldsymbol{C}_{\mathrm{VKE}}^{k}) \tag{5-87}$$

可以注意到，目前为止，VKE 仍然没有体现出和标签的相关性，需要引入标签的特征表示，也就是需要将物品塔抽取的表示连接到用户塔。VKE 和标签之间的关联是通过基于注意力机制的 VKG 实现的。VKG 中仍然采用（Query、Key、Value）形式的注意力实现方式，其中，Query 为标签表示 $\boldsymbol{E}_{T_i}$，Key 为所有的虚拟核 $\boldsymbol{W}_{\mathrm{VK}}$，Value 为多个 VKE 的输出 $\boldsymbol{E}_{u_i}$。最终用户塔获取的表示定义如下：

$$\sum_{k}\mathrm{softmax}\left(\frac{\boldsymbol{Q}_{\mathrm{VKG}}\boldsymbol{K}_{\mathrm{VKG}}^{\mathrm{T}}}{\sqrt{d_k}}\right)\cdot\boldsymbol{V}_{\mathrm{VKG}} \tag{5-88}$$

式中，$\boldsymbol{Q}_{\mathrm{VKG}}$、$\boldsymbol{K}_{\mathrm{VKG}}$ 和 $\boldsymbol{V}_{\mathrm{VKG}}$ 为 Query、Key 和 Value 的相应非线性变换。

回顾整体的结构可以发现，虚拟核在 MVKE 中扮演了非常重要的角色，其优势包含 3 个方面的内容。

1）在 VKG 中关联了标签表示，赋予了虚拟核具体的含义，从而使得 VKE 可以刻画用户的标签偏好。用户偏好是多方面的，不同的虚拟核可以从不同的层面刻画用户表示。

2）虚拟核通过标签向量的注意力建模获得了具体的含义，虚拟核之间的区别得到了明确地定义，从而保证了 VKE 之间的差异性。这是 MMoE、PLE 等模型所不具备的特点。

3）传统双塔模型中两个塔特征之间的交互是不充分的。虚拟核是用户特征和标签特征建立关联的桥梁，可以提高用户表示的学习。

（3）多任务扩展

多任务扩展的 MVKE 结构如图 5-36 所示。标签塔包含多个专家网络，分别对应不同的任务，输出不同的标签表示。用户塔方面，下面的 VKE 部分包含任务独享的 VKE 和共享的 VKE，上面的 VKG 部分包含对应不同任务的 VKG。独享加共享的设计方式和 PLE 中的目标相同，可以通过任务共享学习更具泛化能力的通用表示，同时更好地建模任务间的差异。在线广告场景中存在序列化的行为模式，即"曝光=>点击=>转化"，MVKE 的实践中，层次更深的转化具有更多的 VKE。

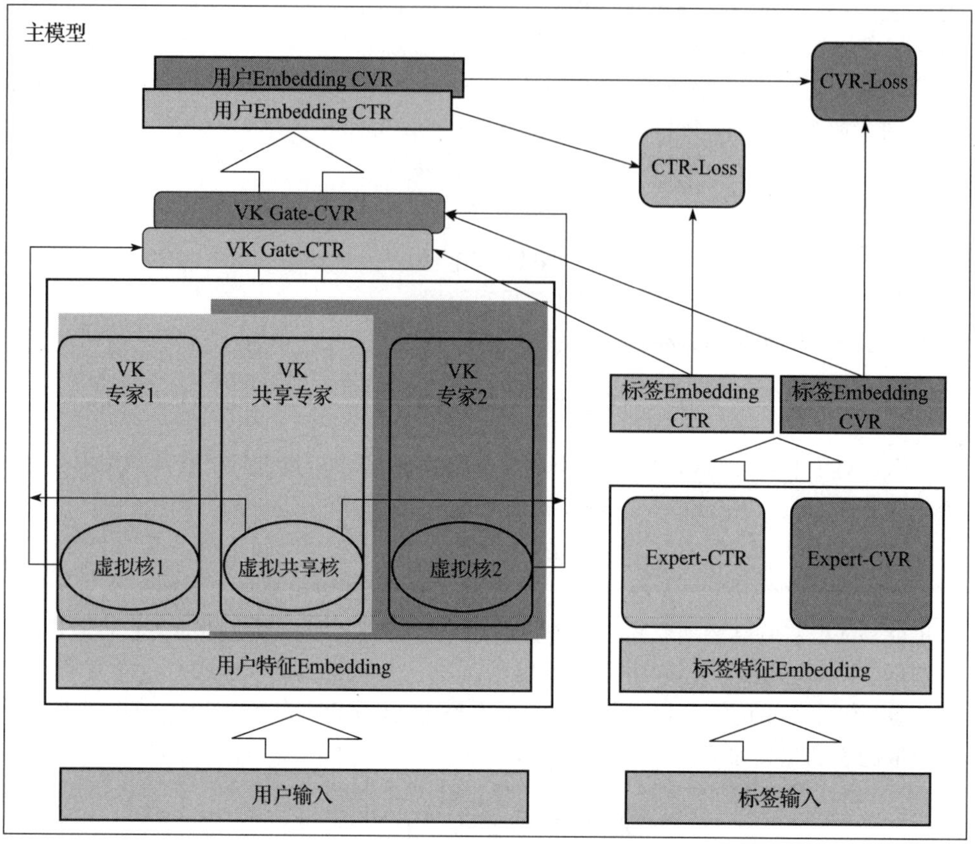

图 5-36　多任务扩展的 MVKE 结构

整体的损失函数定义如下：

$$\mathcal{L}_{\mathrm{MTL}}=\mathcal{L}_{\mathrm{ctr}}+\mathcal{L}_{\mathrm{cvr}} \tag{5-89}$$

其中：

$$\begin{aligned}\mathcal{L}_{\mathrm{ctr}}&=\mathcal{L}(y_{\mathrm{ctr}},m(\{f_u^k\}_{k\in K_s\cup K_{\mathrm{ctr}}})\cdot g_t^{\mathrm{ctr}})\\&=\mathcal{L}(y_{\mathrm{ctr}},m(\{f_u^k\}_{k\in K_s\cup K_{\mathrm{ctr}}})\cdot g_t^{\mathrm{ctr}}(\mathcal{T},\boldsymbol{\Theta}_t^{\mathrm{ctr}}))\end{aligned} \tag{5-90}$$

$$\begin{aligned}\mathcal{L}_{\mathrm{cvr}}&=\mathcal{L}(y_{\mathrm{cvr}},m(\{f_u^k\}_{k\in K_s\cup K_{\mathrm{cvr}}})\cdot g_t^{\mathrm{cvr}})\\&=\mathcal{L}(y_{\mathrm{cvr}},m(\{f_u^k\}_{k\in K_s\cup K_{\mathrm{cvr}}})\cdot g_t^{\mathrm{cvr}}(\mathcal{T},\boldsymbol{\Theta}_t^{\mathrm{cvr}}))\end{aligned} \tag{5-91}$$

式中，$m()$ 表示多个 VKE 的结合映射；$\boldsymbol{\Theta}$ 为模型参数；K_s 表示任务间共享的 VKE 集合；K_{ctr} 和 K_{cvr} 分别表示任务独享的 VKE 集合。上面给出点击和转化结合的两个任务场景。实际使用中，MVKE 可以很容易地扩展成更多的任务建模。

（4）复杂度分析

表 5-4 中给出了 MVKE 相关的复杂度对比。双塔模型预测向量表示的过程是塔间并行的，包含了所有 $|\mathcal{U}|$ 个用户和 $|\mathcal{T}|$ 个标签。预测完用户向量和标签向量后，可以非常快速地利用向量点积计算 $|\mathcal{U}|\cdot|\mathcal{T}|$ 个用户标签对的相关性得分，最终为每一个用户选择相关性得分高

的几个标签。对于用户标注任务来说，预测任务的最大瓶颈为网络的前向推理。双塔模型可以将复杂度从 $O(|\mathcal{U}| \cdot |\mathcal{T}|)$ 降低到 $O(|\mathcal{U}| + |\mathcal{T}|)$，在 $|\mathcal{U}| \gg |\mathcal{T}|$ 的情况下可以近似为 $O(|\mathcal{U}|)$。

对于 MVKE，由于增加了双塔之间的连接，用户向量是依赖标签向量的，所以不能单独计算最终的用户向量。但是，中间结果 VKE 输出是没有这个限制的，这部分输出结合虚拟核和标签向量的注意力权重可以得到最终的用户向量。因此在 MVKE 的预测阶段，所有用户的 VKE 输出、标签向量、标签向量和虚拟核的注意力权重都先存储下来。计算得分时，先用注意力权重和 VKE 输出生成用户向量，然后计算向量点积。在牺牲存储的条件下，MVKE 的整体时间复杂度也可以达到 $O(|\mathcal{U}|)$。MVKE 中虽然额外增加了 VKG，但是仍然具有效率高的优势。

表 5-4　MVKE 相关的复杂度对比

方法	时间复杂度	空间复杂度	实际时间
单塔	$O(\lvert\mathcal{U}\rvert \cdot \lvert\mathcal{T}\rvert)$	$O(1)$	不少于 60 天
双塔	$O(\lvert\mathcal{U}\rvert)$	$O(\lvert\mathcal{U}\rvert)$	3~4 小时
MVKE	$O(\lvert\mathcal{U}\rvert)$	$O(k \cdot \lvert\mathcal{U}\rvert)$	3~4 小时

在 MVKE 的相关实验中可以发现以下两点。

1）如图 5-37 所示，MMoE 和 CGC 两个多任务学习算法相比单任务学习算法的基线有一点提升。基于 MVKE 算法，不管是单任务学习还是多任务学习，均优于 MMoE 和 CGC。整体来看，多任务学习的 MVKE 效果最好。MVKE 在实际应用中也取得了显著的商业收益。

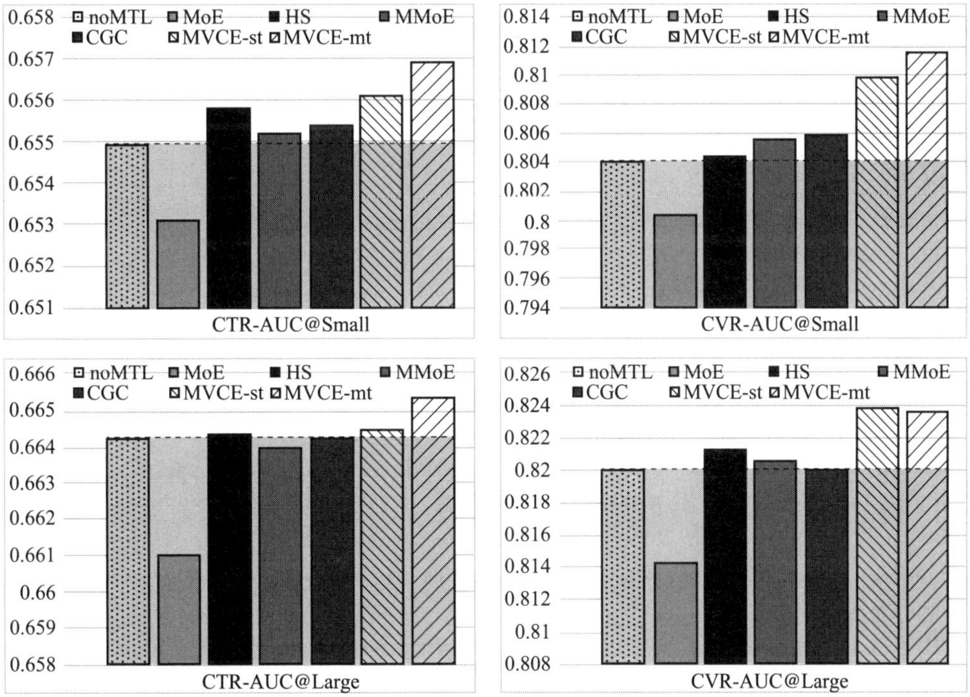

图 5-37　MMoE 和 CGC 两个多任务学习算法与单任务学习算法的效果对比

2）VKE 专家数的实验效果对比如图 5-38 所示，模型效果一般是随着专家数先增加后降低，峰值在 7 处取得。

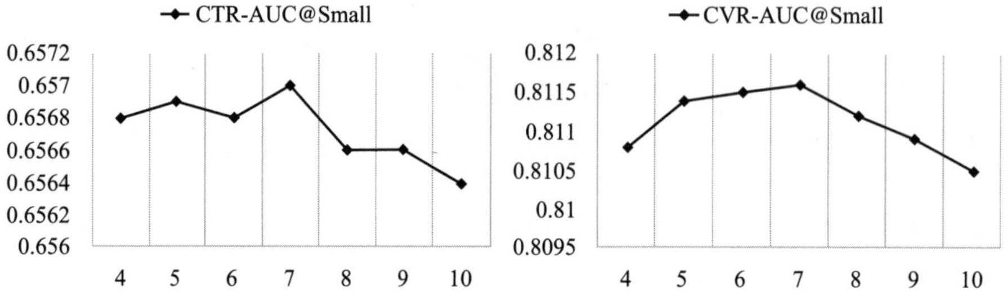

图 5-38　VKE 专家数的实验效果对比

5.6　本章小结

本章系统地介绍了推荐中精排阶段的算法，其整体演进的趋势经历了从传统的机器学习模型到深度模型、从离线更新到实时更新，算法的复杂度越来越高，时效性越来越好，可以更精准、更实时地捕捉用户的复杂兴趣和兴趣变化。

在传统机器学习模型的 LR 和 FM 阶段，精排建模主要关注基于业务理解之上的特征工程，以及在海量特征和流式数据下如何更高效地实施在线学习等优化方法。

在深度学习早期阶段，精排建模转向关注通过构建合理的模型网络结构来帮助特征表示间的交叉，挖掘更高阶的特征表达，衍生出了特征向量的内积、外积、MLP 等交叉方法，后面逐渐聚焦于以交互行为 Id 序列为特征输入的兴趣建模方法（DIN、DIEN 等）。同时，随着信息流产品的内容形态的多样化，精排任务的优化目标也不断丰富，衍生出了多任务建模（MMoE、MFH 等）这个当前精排模型的重要技术方向。

参考文献

[1] RENDLE S. Factorization machines [C] //2010 IEEE International conference on data mining. Sydney: IEEE, 2010: 995-1000.

[2] FRIEDMAN J H. Greedy function approximation: a gradient boosting machine [J]. Annals of Statistics, 2001: 1189-1232.

[3] MCMAHAN H B, HOLT G, SCULLEY D, et al. Ad click prediction: a view from the trenches [C] // Proceedings of the 19th ACM SIGKDD International Conference on Knowledge Discovery and Data Mining. New York: Association for Computing Machinery 2013: 1222-1230.

[4] FAN R E, CHANG K W, HSIEH C J, et al. LIBLINEAR: A library for large linear classification [J]. the Journal of Machine Learning Research, 2008, 9: 1871-1874.

[5] JUAN Y, ZHUANG Y, CHIN W S, et al. Field-aware factorization machines for CTR prediction [C] // Proceedings of the 10th ACM Conference on Recommender Systems. New York: Association for Computing Machinery, 2016: 43-50.

[6] JOHNSON J, DOUZE M, JÉGOU H. Billion-scale similarity search with gpus [J]. IEEE Transactions on Big Data, 2019, 7 (3): 535-547.

[7] RENDLE S, SCHMIDT-THIEME L. Pairwise interaction tensor factorization for personalized tag recommen-

dation [C] //Proceedings of the 3rd ACM International Conference on Web Search and Data Mining. New York: Association for Computing Machinery, 2010: 81-90.
[8] DUCHI J, HAZAN E, SINGER Y. Adaptive subgradient methods for online learning and stochastic optimization [J]. Journal of Machine Learning Research, 2011, 12 (7).
[9] JOACHIMS T. Optimizing search engines using clickthrough data [C] //Proceedings of the eighth ACM SIGKDD International Conference on Knowledge Discovery and Data Mining. New York: Association for Computing Machinery, 2002: 133-142.
[10] YUAN F, GUO G, JOSE J M, et al. Lambdafm: learning optimal ranking with factorization machines using lambda surrogates [C] //Proceedings of the 25th ACM International on Conference on Information and Knowledge Management. New York: Association for Computing Machinery, 2016: 227-236.
[11] CHENG H T, KOC L, HARMSEN J, et al. Wide & deep learning for recommender systems [C] //Proceedings of the 1st Workshop on Deep Learning for Recommender Systems. New York: Association for Computing Machinery, 2016: 7-10.
[12] GUO H, TANG R, YE Y, et al. DeepFM: a factorization-machine based neural network for CTR prediction [EB/OL]. (2017-03-13)[2022-01-12]. https://arxiv.org/abs/1703.04247.
[13] ZHOU G, ZHU X, SONG C, et al. Deep interest network for click-through rate prediction [C] //Proceedings of the 24th ACM SIGKDD International Conference on Knowledge Discovery & Data Mining. New York: Association for Computing Machinery, 2018: 1059-1068.
[14] ZHOU G, MOU N, FAN Y, et al. Deep interest evolution network for click-through rate prediction [C] //Proceedings of the AAAI Conference on Artificial Intelligence. 2019, 33 (01): 5941-5948.
[15] FENG Y, LV F, SHEN W, et al. Deep session interest network for click-through rate prediction [EB/OL]. (2019-05-16)[2021-10-12]. https://arxiv.org/abs/1905.06482.
[16] PI Q, ZHOU G, ZHANG Y, et al. Search-based user interest modeling with lifelong sequential behavior data for click-through rate prediction [C] //Proceedings of the 29th ACM International Conference on Information & Knowledge Management. New York: Association for Computing Machinery, 2020: 2685-2692.
[17] KINGMA D P, BA J. Adam: A method for stochastic optimization [EB/OL]. (2014-12-22)[2022-05-05]. https://arxiv.org/abs/1412.6980.
[18] CHO K, VAN MERRIËNBOER B, GULCEHRE C, et al. Learning phrase representations using RNN encoder-decoder for statistical machine translation [EB/OL]. (2014-07-03)[2021-03-29]. https://arxiv.org/abs/1406.1078.
[19] HOCHREITER S, SCHMIDHUBER J. Long short-term memory [J]. Neural computation, 1997, 9 (8): 1735-1780.
[20] MIKOLOV T, CHEN K, CORRADO G, et al. Efficient estimation of word representations in vector space [EB/OL]. (2013-01-16)[2021-07-28]. https://arxiv.org/abs/1301.3781.
[21] VASWANI A, SHAZEER N, PARMAR N, et al. Attention is all you need [J]. Advances in Neural Information Processing Systems, 2017, 30.
[22] SHRIVASTAVA A, LI P. Asymmetric LSH (ALSH) for sublinear time maximum inner product search (MIPS) [J]. Advances in Neural Information Processing Systems, 2014, 27.
[23] LANGFORD J, LI L, ZHANG T. Sparse Online Learning via Truncated Gradient [J]. Journal of Machine Learning Research, 2009, 10 (3).
[24] DUCHI J, SINGER Y. Efficient online and batch learning using forward backward splitting [J]. Journal

of Machine Learning Research, 2009, 10: 2899-2934.

[25] XIAO L. Dual averaging method for regularized stochastic learning and online optimization [J]. Advances in Neural Information Processing Systems, 2009, 22.

[26] MA J, ZHAO Z, YI X, et al. Modeling task relationships in multi-task learning with multi-gate mixture-of-experts [C] //Proceedings of the 24th ACM SIGKDD International Conference on Knowledge Discovery & Data Mining. New York: Association for Computing Machinery, 2018: 1930-1939.

[27] MA X, ZHAO L, HUANG G, et al. Entire space multi-task model: An effective approach for estimating post-click conversion rate [C] //The 41st International ACM SIGIR Conference on Research & Development in Information Retrieval. New York: Association for Computing Machinery, 2018: 1137-1140.

[28] TANG H, LIU J, ZHAO M, et al. Progressive layered extraction (ple): A novel multi-task learning (mtl) model for personalized recommendations [C] //Fourteenth ACM Conference on Recommender Systems. New York: Association for Computing Machinery, 2020: 269-278.

[29] LIU J, LI X, AN B, et al. Multi-faceted hierarchical multi-task learning for recommender systems [C] //Proceedings of the 31st ACM International Conference on Information & Knowledge Management. New York: Association for Computing Machinery, 2022: 3332 - 3341.

[30] XU Z, ZHAO M, LIU L, et al. Mixture of virtual-kernel experts for multi-objective user profile modeling [EB/OL]. (2021-06-21)[2022-05-05]. https://arxiv.org/abs/2106.07356.

[31] MISRA I, SHRIVASTAVA A, GUPTA A, et al. Cross-stitch networks for multi-task learning [C] //Proceedings of the IEEE Conference on Computer Vision and Pattern Recognition. San Juan: IEEE, 2016: 3994-4003.

[32] RUDER S, BINGEL J, AUGENSTEIN I, et al. Sluice networks: Learning what to share between loosely related tasks [EB/OL]. (2017-05-23)[2022-12-06]. https://arxiv.org/abs/1705.08142.

[33] LIAN J, ZHOU X, ZHANG F, et al. xdeepfm: Combining explicit and implicit feature interactions for recommender systems [C] //Proceedings of the 24th ACM SIGKDD International Conference on Knowledge Discovery & Data Mining. New York: Association for Computing Machinery, 2018: 1754-1763.

[34] HUANG T, ZHANG Z, ZHANG J. FiBiNET: combining feature importance and bilinear feature interaction for click-through rate prediction [C] //Proceedings of the 13th ACM Conference on Recommender Systems. New York: Association for Computing Machinery, 2019: 169-177.

CHAPTER6

第6章

多目标融合算法

我们在前一章中介绍了精排阶段的各种算法，其中的一个重要方向是在较为复杂的业务场景下的多任务学习算法，尤其是在短视频信息流推荐中，多任务学习已成为标准的建模范式。多任务学习的特点是同时建模多个和业务核心指标相关的精排目标，所以在预测阶段需要同时预估多个目标的得分。但最终模型的排序只有一个，因此如何融合多个目标的得分使业务效果最大化是精排之后的重要环节。本章首先分析多目标的意义，然后介绍搜索融合参数的启发式方法和贝叶斯优化，最后介绍学习融合参数的进化策略（Evolution Strategy，ES）和强化学习。

6.1 多目标融合的意义

在一些实际场景中，产品的核心业务目标往往是一些比较宏观的指标，直接进行建模有很大的难度。以短视频信息流产品为例，业务目标通常是用户当天的人均播放总时长，这个目标的反馈延迟很大（要等这一天过完之后才能得到完整的样本），所以无法在流式数据的环境中被实时更新的精排模型当作学习目标。能被精排模型建模优化的目标通常是能够较快得到反馈的信息，比如用户单次观看视频的播放时长、点赞概率、评论概率等，这些信息一般在数 s、最多数 min 就能有反馈信号。在一般的业务理解中，这些短时间能反馈的信息往往都跟业务核心目标有一定的相关性。

所以，为了优化产品的核心业务目标，业界较常用的办法是，用多任务学习方法对多个短时反馈的目标进行建模，再用某种公式或模型将多个模型预测分融合成一个最终的排序，而且这个最终排序的目标通常就是核心业务目标。这就是多目标融合建模的由来。

6.2 启发式多目标融合

本节首先介绍常用的 Grid Search（网格搜索），然后介绍 Random Search（随机搜索），最后给出启发式参数搜索的简单实践。

6.2.1 Grid Search

Grid Search 是一种常用的穷举搜参方法，很多学术论文中的超参都是通过这种方式得到的。假设有 m 个参数，每一个参数的取值可能性为 k 个，Grid Search 需要遍历 k^m 个参数组合，计算出相应的评价指标从而挑选效果最好的参数。由于搜参空间是指数级的，需要消耗的计算资源也是指数级的，非常耗时，因此通常应用于小规模的数据集和少量参数的情况。

下面给出了基于 Scikit-learn[1] 实现的 Grid Search 的示例，代码中首先加载了公开数据集 wine，然后将数据集随机划分为训练集和预测集。代码中调用相关的 API，实现了 Grid Search 的功能并输出了搜参的执行时间、最优的参数以及测试集上的效果，后面会与其他的搜参方法进行比较。

```
from sklearn.datasets import load_wine
from sklearn.model_selection import train_test_split
from sklearn.model_selection import GridSearchCV
from sklearn.model_selection import RandomizedSearchCV
from scipy.stats import uniform
from sklearn.svm import SVC
import time

wine = load_wine()
x_train, x_test, y_train, y_test = \
train_test_split(wine.data, wine.target, random_state=0)
```

```
#Grid Search
svc = SVC()
parameters ={'kernel': ('linear', 'rbf', 'poly', 'sigmoid'),
             'C': [1, 2, 3],
             'gamma': [0.1, 0.2, 0.3, 0.4]}
grid = GridSearchCV(svc, parameters)
start = time.time()
grid.fit(x_train, y_train)
end = time.time()
print('time spent for Grid Search: {}'.format(end-start))
print(grid.best_params_)
print(grid.score(x_test, y_test))
```

其输出如下：

time spent for Grid Search：10.506231784820557

{'C'：1，'gamma'：0.1，'kernel'：'linear'}

0.9777777777777777

6.2.2 Random Search

Random Search 也是一种使用广泛的搜参方法，它在参数空间中采用随机采样参数来代替 Grid Search 中的暴力搜索。对于连续型参数，Random Search 可以基于数据分布进行采样，搜参空间具有一定的随机性，这个是 Grid Search 不具有的，它的搜参空间在执行搜索前已经预先定义好了。下面的代码实现了 Random Search，基本逻辑和之前的 Grid Search 一致。注意这里额外配置了一个参数 n_ iter 表示搜索的最大次数，通常可以根据程序的执行效率设置一个耗时可接受的值。

```
# Random Search
svc = SVC()
parameters ={'kernel':('linear', 'rbf', 'poly', 'sigmoid'),
             'C': uniform(loc=0, scale=3),
             'gamma': uniform(loc=0.1, scale=0.3)}
rand = RandomizedSearchCV(svc, parameters, n_iter=20)
start = time.time()
rand.fit(x_train, y_train)
end = time.time()
print('time spent forRandom Search: {}'.format(end-start))
print(rand.best_params_)
print(rand.score(x_test, y_test))
```

其输出如下：

time spent forRandom Search：4.029550552368164

{'C'：1.4605465854352895，'gamma'：0.12425151247415915，'kernel'：'linear'}

0.9777777777777777

对比输出结果来看，在上面的例子中，Grid Search 和 Random Search 在测试集上的效果基本一致，但是 Random Search 需要的搜索次数更少，相应的执行时间也更短一些。

6.2.3 搜参实践

前文给出了 Grid Search 和 Random Search 的基本原理及示例分析，它们的执行流程基本是一致的，在实际场景中都可以尝试。接下来继续探讨这两种方式在推荐精排多目标融合场景中的使用。

离线搜参的整体流程如图 6-1 所示，下面详细说明其中的关键环节。

1）日志落盘：将多目标融合的现场信息全部落盘，其中包含当前的物品列表和相应的多目标精排打分，曝光物品的用户消费行为，以及多目标融合之后的推荐策略所需的相关信息。

2）参数生成：为防止新生成的参数变化过大对推荐系统产生负面影响，参数的生成一般参考对照组的设置，在对照组的邻域内利用 Grid Search 或者 Random Search 获得。

3）离线模拟：离线阶段调整融合参数之后，可以得到新的融合得分，基于融合得分排序后的物品列表仅是推荐系统的中间结果。为了得到最终展示给用户的物品列表需要模拟融合之后的推荐策略，比如多样性打散等重排序算法。

4）参数评估：评估过程是离线的，不涉及真实的用户交互，需要设计合理的计算方法以及充分利用已落盘的信息。一种可行的方法是假设精排得分足够准确，计算最终物品列表的加权得分来评估参数：

$$\text{score} = \sum_{i=1}^{k} f(w_k, s_k) \tag{6-1}$$

式中，w_k 为第 k 个目标的加权参数；s_k 为第 k 个目标的得分；f 为加权函数。w_k 的设置需要结合业务先验和加权函数给出初始值，并结合后续的在线实验结果反复调试。函数 f 可以是乘法、除法（对应负反馈目标）和 max 等方法。参数评估是离线搜索的核心，需要反复探索以尽可能地对齐在线的效果。

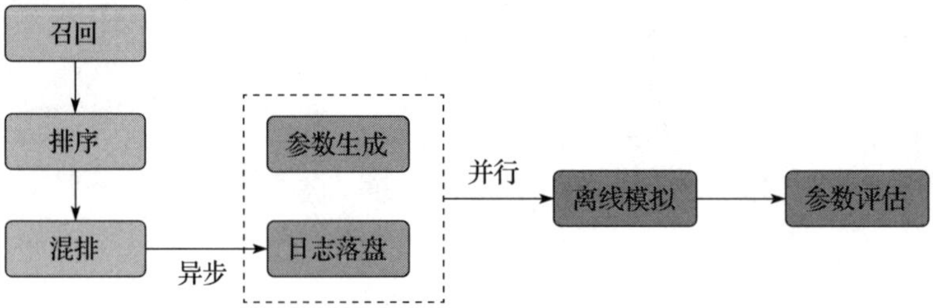

图 6-1　离线搜参流程

总的来说，离线搜索相比人工拍定参数的方式前进了一步，但是依然存在两个问题。

1）每一次参数搜索都是独立的，已搜索的结果对于后续的搜索方向没有指导作用。

2）存在离、在线不一致的固有问题，如果强行对齐做在线的效果评估，则对用户的体验会有一定的伤害。

不管是 Grid Search 还是 Random Search，所需的搜索次数都很多，对下一次搜索方向的效果也无法预期，而且对于用户的体验损害较大，不适合做在线评测。因此，在改进方向上，我们希望利用已有的搜索结果来指导下一次搜索方向以加快迭代效率，同时，也希望通过在线的搜索提高业务迭代的效率。为了实现这个目标，可以继续尝试另一种在线的贝叶斯搜参方法，在下一节中，我们将对它的原理和在线实践进行详细介绍。

6.3 贝叶斯优化

带着上一节遗留的离线搜参的固有问题，本节继续介绍另一种搜参算法：贝叶斯优化方法[2]。贝叶斯优化是一种黑盒优化方法，它将寻找最优参数的问题定义如下：

$$\boldsymbol{x}^* = \underset{x}{\operatorname{argmin}} f(\boldsymbol{x}) \tag{6-2}$$

式中，$\boldsymbol{x}$ 为参数向量；$f(\boldsymbol{x})$ 为参数作用下的在线业务效果，f 代表推荐系统对于用户行为的影响，其形式非常复杂、难以直接定义，并且获取真实评估的代价非常大。贝叶斯优化对于这种类型的问题是一个非常适用的解决方案，目前已经在各个领域获得了广泛的应用。

贝叶斯优化的主要思想是根据已有的样本数据获取一定的先验，预估一下可能是极值的样本点，获取真实评估结果，并不断重复该过程。相比 Grid Search 或者 Random Search，贝叶斯优化中下一次的参数探索是具有目标性的，能够极大地提高参数搜索的效果。

贝叶斯优化算法的流程如下。首先，最大化采集函数 α 从当前集合 D_n 中选择下一个有潜力的样本点 x_{n+1}，潜力的评估依赖概率代理模型和采集函数。接下来获取点 x_{n+1} 对应的真实值 y_{n+1}。然后将新增的样本加入集合 D_{n+1}，更新概率代理模型。

```
for n = 1, 2, ⋯ do
    select new x_{n+1} by optimizing acquisition function α
            x_{n+1} = argmaxα(x;D_n)
    query objective function to obtain y_{n+1}
    augment data D_{n+1} = {D_n, (x_{n+1}, y_{n+1})}
    update statistical model
End for
```

上述优化过程中包含了贝叶斯优化的两个重要概念。

1）概率代理模型。顾名思义，概率代理模型用于代理难以建模的目标函数，逼近真实的 f，在优化过程中持续更新以获得更准确的真实值预估。常用的概率代理模型有高斯过程[3]、随机森林[4]、深度神经网络等。

2）采集函数。基于概率代理模型的结果采集下一次探索的参数向量 $\boldsymbol{x}$。

6.3.1 概率代理模型

已知数据集 $X=\{x_i \mid i=1,\cdots,n\}$，$Y=\{y_i \mid i=1,\cdots,n\}$，其中 x_i 为样本点，y_i 为对应的目标输出。概率代理模型负责对新的输入 X_* 预测其目标值 Y_*。

对于上面的预测问题，机器学习中的通常做法是定义一个 LR 或者神经网络等模型来将目标函数参数化。高斯过程同样也可以用来解决这个问题，不同点在于它是把目标函数建模成非参数的模型，学习函数的分布情况。这使得高斯过程可以用于黑盒优化，并且能模拟预测的不确定性。

这里先从一维高斯分布出发简单阐述高斯过程的概念。下面给出了一维高斯分布、多维高斯分布和高斯过程的定义：

$$x \sim N(\mu,\sigma^2) \tag{6-3}$$

$$\boldsymbol{x} \sim N(\boldsymbol{\mu},\boldsymbol{\Sigma}) \tag{6-4}$$

$$f(\boldsymbol{x}) \sim \mathrm{GP}(\boldsymbol{m}(\boldsymbol{x}),\boldsymbol{k}(\boldsymbol{x},\boldsymbol{x})) \tag{6-5}$$

一维变量服从一维高斯分布，多维变量服从多维联合高斯分布。高斯过程是一组随机变量，连续域（时间或者空间）上的每个点都与一个高斯分布的随机变量关联，其分布是连续域上无限个随机变量的联合分布。函数可以理解为连续域上的无限维变量，从这个角度可以认为函数服从高斯过程，如图 6-2 所示，每条曲线表示高斯过程的一次采样，多条曲线由多次随机采样产生。

图 6-3 中给出了高斯过程拟合函数的示例，来帮助理解上面所说的函数服从高斯过程。实线为目标函数（sin 函数），实线上的圆点为该目标函数上采样的 6 个点。虚线为高斯过程回归的预估曲线，从图中可以看出，该预估曲线的拟合还是比较准确的。灰色的区域表示高斯

回归在当前样本点的预估方差，用于描述预测值的置信程度。从图中可以观察到，在采样更密集的区域，方差更小，高斯过程回归的准确性更高。

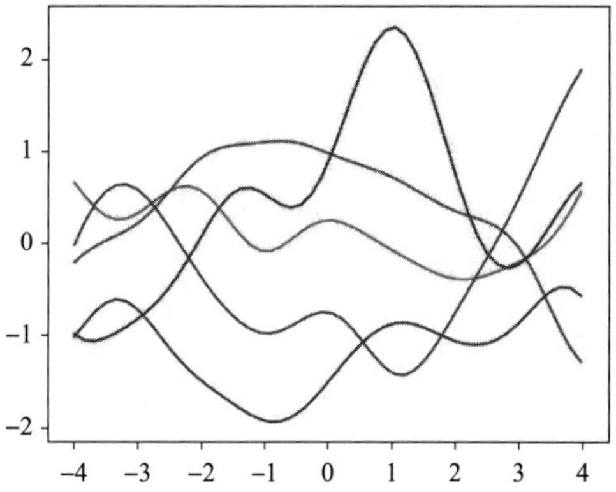

图 6-2 高斯过程采样的函数曲线示例

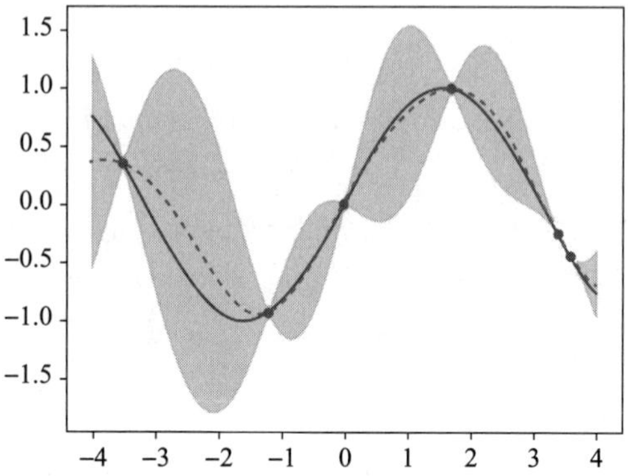

图 6-3 高斯过程拟合函数的示例（详见彩插）

可以看到高斯过程是一个有效的概率代理模型，其计算均值和方差的逻辑如下：

$$\overline{\boldsymbol{Y}_*}=k(\boldsymbol{X}_*,\boldsymbol{X})(k(\boldsymbol{X},\boldsymbol{X})+\sigma\boldsymbol{I})^{-1}\boldsymbol{Y} \tag{6-6}$$

$$\operatorname{cov}(\boldsymbol{Y}_*)=k(\boldsymbol{X}_*,\boldsymbol{X}_*)-k(\boldsymbol{X}_*,\boldsymbol{X})(k(\boldsymbol{X},\boldsymbol{X})+\sigma\boldsymbol{I})^{-1}k(\boldsymbol{X},\boldsymbol{X}_*) \tag{6-7}$$

式中，k 为核函数；$\overline{\boldsymbol{Y}_*}$为预测值 $\boldsymbol{Y}_*$ 的均值；$\boldsymbol{Y}_*$ 的方差为协方差矩阵的对角线。

本节主要介绍基于高斯过程的概率代理模型，下面将进一步介绍采集函数。

6.3.2 采集函数

采集函数的目标为寻找潜在的最优解。对于已评估样本的附近区域，高斯过程回归的预估值方差较小，则探索意义较小，远离已评估样本的区域方差较大，具有较高的探索价值。采集函数需要充分利用已评估的信息，并引入一定的探索能力，权衡利用和探索以挖掘潜在的最优解。常用的采集函数有以下几种形式。

（1）置信区间上限[5]（Upper Confidence Bound，UCB）

UCB 策略在推荐场景的应用比较广泛，其定义形式如下：

$$\mathrm{UCB}(x)=u(x)+\beta\sigma(x) \tag{6-8}$$

式中，$u(x)$ 和 $\sigma(x)$ 分别为高斯过程回归预测的均值和方差；超参数 β 用于调节 UCB 策略的探索能力，β 越大策略越倾向于探索。

（2）提升概率[6]（Probability of Improvement，PI）

PI 策略的定义如下：

$$\mathrm{PI}(x)=\mathrm{CDF}\left(\frac{u(x)-f(x^+)-\xi}{\sigma(x)}\right) \tag{6-9}$$

式中，$u(x)$ 和 $\sigma(x)$ 分别表示 x 处的均值和方差；f 表示待学习的黑盒函数，$f(x^+)$ 表示当前能够给出的最大值；ξ 用于调节 PI 策略的探索能力，趋近于 0 时策略收敛于当前的最大值。PI 策略利用 Z-score 标准化的方式，对样本点进行归一化以服从标准正态分布（高斯分布），并结合累积分布计算样本点高于当前最大值的概率。

(3) 提升期望[7] **(Expected Improvement，EI)**

EI 策略的定义如下：

$$\mathrm{EI}(x)=(u(x)-f(x^+)-\xi)\cdot \mathrm{CDF}\left(\frac{u(x)-f(x^+)-\xi}{\sigma(x)}\right)+\sigma(x)\cdot \mathrm{PDF}\left(\frac{u(x)-f(x^+)-\xi}{\sigma(x)}\right) \tag{6-10}$$

式中，$u(x)$ 等函数和 PI 策略中一致；EI 策略中额外增加了一个概率密度函数。相比提升概率策略，提升期望策略可以进一步衡量未知样本点比当前最大值大多少。

上面介绍了 3 种采集函数，UCB 的含义直接、计算简单，提升概率的含义也比较明确，提升期望的逻辑相对复杂。实际应用中可以分析数据的均值和方差大小，根据效果选择使用。

6.3.3 贝叶斯搜参实践

在真实业务场景中落地实施贝叶斯搜参的流程如图 6-4 所示。首先初始化多组参数，初始参数的生成可以参考业务的先验知识，也可以借助离线的 Grid Search 或者 Random Search 结果。接下来上线 A/B 实验，获取这些参数对应的真实业务效果。A/B 实验的周期和流量占比要保证真实业务效果是置信的。然后用这些真实样本更新概率代理模型。最后，基于概率代理模型的预估结果，采集函数给出下一次探索的多组参数。重复上面的过程，直到找到最优的一组参数后推全实验。

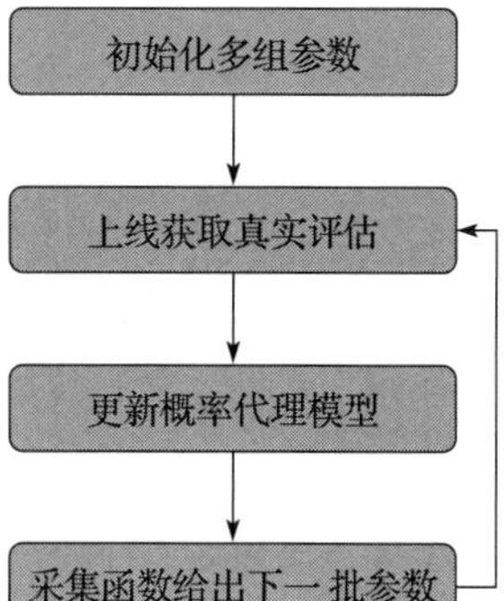

图 6-4　贝叶斯搜参的流程

相比于 Grid Search，贝叶斯优化方法的优势是可以充分利用已有的真实数据，调参的效率更高，这也使得贝叶斯优化可以从离线评估转为在线评估，较好地降低了调参过程中对于用户体验效果的损害。然而，不管是 Grid Search 还是贝叶斯优化，即便可以拆分不同的用户群分别搜参也仍然缺乏对用户的个性化建模，这也是我们在后面介绍的其他算法中可以重点优化的方向。

6.4 进化策略

本节介绍另外一种参数的学习方法：进化策略。进化策略是进化类算法的一种经典模型。实际上，机器学习中的很多算法都源于生物学上的启发，比如，神经网络中的节点和激活等来源于人体的神经元。进化算法的提出主要受到达尔文进化论的影响，利用优胜劣汰的思想来不断地演进和淘汰，直到寻找到最优的参数。当前的进化算法主要包括：遗传算法、遗传规划、进化策略和进化规则。本节首先介绍遗传算法和进化策略的基本原理，然后介绍基于进化策略算法的多目标融合实践。

6.4.1 进化算法的相关概念

1. 遗传算法

遗传算法，顾名思义该算法涉及一个群体逐代遗传演进的过程，初始化一个群体后，按照自然法则优胜劣汰，群体中的个体间通过交叉配对的方式繁衍下一代，上一代的 DNA 组合变异后生成下一代的 DNA，新一代的群体按照优胜劣汰的规则继续循环下去。整个过程遵循适者生存的自然法则，使得新的群体能够更加适应自然环境。图 6-5 是人类演进的过程，可以看到人类逐渐地学会站立行走来提前观察危险，并利用工具保护自己和打猎。遗传的迭代演进使得人类更加适应自然环境。图 6-6 中给出了遗传算法求解的一般流程。

图 6-5　人类群体的遗传演进过程

下面结合一个 sin 函数极值求解的例子来介绍一种简单的遗传算法，由于篇幅有限这里仅给出一些关键的逻辑。遗传算法中 DNA 通常采用二进制的编码，在计算函数值前需要将二进制的 DNA 编码转换为浮点数。fitness 衡量了个体的优劣，在本例中对应函数值的相对大小。select 函数根据个体的优劣淘汰一部分个体，可以按照概率优先选择好的个体，也可以按照比例末位淘汰，不过末位淘汰的方式有可能会损失一定的探索性。接下来从筛选后的新群体中进行交叉配对，从父母的 DNA 中分别取出一部分组合成孩子的 DNA。变异阶段按照一定的概率改变组合后的 DNA 编码，持续整个过程直到遗传了一定的次数。上述过程中的 DNA 编码也可以采用浮点数的形式，相应的交叉配对和变异方式也要做适配。

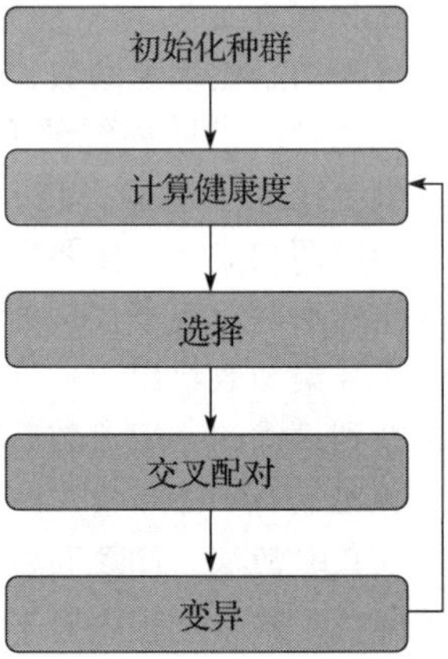

图 6-6　遗传算法求解的一般流程

```
pop = np.random.randint(2, size=(POP_SIZE, DNA_SIZE))
for _ in range(N_GENERATIONS):
    fitness = np.sin(translateDNA(pop)) + 1.0
    pop_new = select(pop, fitness)
    pop = []
    for parent in pop_new:
        child = crossover(parent, pop_new)
        child = mutate(child)
        pop.append(child)
```

2. 简单进化策略

在遗传算法提出的差不多同一时期，Rechenberg[8] 提出了进化策略的方法，两种算法的思想很相近，主要的区别在于子代的生成方式上，遗传算法中通常为交叉配对和变异，进化策略中生成子代一般不涉及交叉配对的操作。本节首先介绍两种简单的进化策略以了解相关的概念，在下一节重点介绍实践中的进化策略方法。

这里首先介绍一种进化策略的简单形式——“(1+1)-ES”，其求解思路为，随机初始化待学习参数，接下来生成一个新的参数（变异强度或者噪声方差固定），然后比较 2 个参数的优劣程度，如果新参数更好就会替换老参数。(1+1)-ES 的算法名字中，前一个 1 表示 1 个父代，后一个 1 个表示 1 个子代，其中的“+”如果换为“vs”（也就是对比）可能更符合这个算法的思想。下面给出了（1+1)-ES 求解 sin 函数极值的过程。

```
parent = np.random.rand(1) × 5
for _ in range(N_GENERATIONS):
    noise = np.random.rand(1)
    kid = parent + sigma × noise
    if np.sin(parent) < np.sin(kid):
        parent = kid
```

我们从（1+1)-ES 中可以看到，求解过程中变异强度是固定的，比较容易陷入局部最优的情况。为了解决这个问题，可以动态地调整变异强度，调整方案可以参考 1/5 成功规则。如果变异成功的概率大于 1/5，可以认为当前解距离最优解比较远，这个时候需要扩大变异强度，反之则缩小变异强度。

上面对于（1+1)-ES 算法名称的解释可能会让大家很自然地联想到一种更具一般意义的算法定义“(μ+λ)-ES”，其中 μ 表示父代的数量，λ 表示子代的数量，其求解思路为，初始化 μ 个父代，接下来根据父代变异出 λ 个子代，然后合并父代和子代，并从中选择最好的 μ 个作为下一个父代。除了使用父代和子代的合集，也可以只使用子代，这种方式称为（μ,λ)-ES，两种方法的对比如图 6-7 所示。

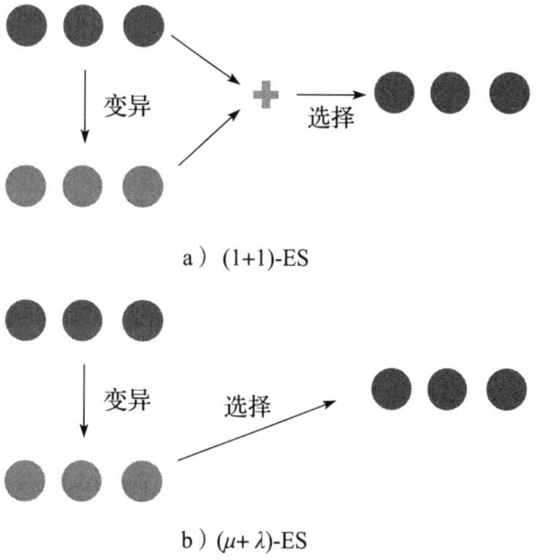

图 6-7 （1+1)-ES 和（μ+λ)-ES 的对比（详见彩插）

3. CMA-ES

在简单的进化策略算法中我们注意到，子代的变异方式为增加高斯噪声，而高斯噪声的强度通常为一个固定值，无论当前的取值距离最优值有多远，变异强度都是一样的，这种固定的方式对于优化来说不是最优的，理想的情况下当前取值距离最优值较远时，变异强度大一些可以加速收敛，当前取值距离最优值较近时，变异强度小一些可以细粒度地探寻最优值。从另外一个角度看，如果变异涉及的维度比较多，不同维度上的变异强度也应当有一定的差异，并且支持动态的调整。CMA-ES 的提出主要是为了实现这种自适应的变异强度。

为了实现自适应的变异，CMA-ES 算法动态地调整了变异对应的高斯分布。高斯分布可以由协方差矩阵确定，CMA-ES 算法在优化的过程中不断地更新协方差矩阵，其计算流程如算法 6-1 所示。

算法 6-1　CMA-ES 算法

0：输入：$t=0$，$u^{(0)} \in \mathbb{R}^{(n)}$，$\boldsymbol{C}^{(0)}=\boldsymbol{I}$，$\boldsymbol{p}_c^{(0)}=\boldsymbol{p}_\sigma^{(0)}=\boldsymbol{0}$

α_μ，α_σ，α_{cp}，α_{c1} 和 $\alpha_{c\lambda}$ 为学习率

1：执行，只要没达到停止的标准：

2：　采样 $x_i^{(t+1)}=\boldsymbol{\mu}^{(t)}+\boldsymbol{\sigma}^{(t)}y_i$，其中 $y_i \sim \mathcal{N}(0,\boldsymbol{C}^{(t)})$

3：　选择效果最好的 $\boldsymbol{\lambda}$ 个样本 $x_i^{(t+1)}$

4：　$\boldsymbol{\mu}^{(t+1)}=\boldsymbol{\mu}^{(t)}+\alpha_\mu \dfrac{1}{\boldsymbol{\lambda}}\sum_{i=1}^{\lambda}(x_i^{(t+1)}-\boldsymbol{\mu}^{(t)})$

5：　$\boldsymbol{p}_\sigma^{(t+1)}=(1-\alpha_\sigma)\boldsymbol{p}_\sigma^{(t)}+\sqrt{\alpha_\sigma(2-\alpha_\sigma)\lambda}\,\boldsymbol{C}^{(t)^{-\frac{1}{2}}}\dfrac{\boldsymbol{\mu}^{(t+1)}-\boldsymbol{\mu}^{(t)}}{\boldsymbol{\sigma}^{(t)}}$

6：　$\boldsymbol{\sigma}^{(t+1)}=\boldsymbol{\sigma}^{(t)}\exp\left(\dfrac{\alpha_\sigma}{d_\sigma}\left(\dfrac{\|\boldsymbol{p}_\sigma^{(t+1)}\|}{\mathbb{E}\|\mathcal{N}(0,I)\|}-1\right)\right)$

7：　$\boldsymbol{p}_c^{(t+1)}=(1-\alpha_{cp})\boldsymbol{p}_c^{(t)}+\sqrt{\alpha_{cp}(2-\alpha_{cp})\lambda}\dfrac{\boldsymbol{\mu}^{(t+1)}-\boldsymbol{\mu}^{(t)}}{\boldsymbol{\sigma}^{(t)}}$

8：　$\boldsymbol{C}^{(t+1)}=(1-\alpha_{c1})\boldsymbol{C}^{(t)}+\alpha_{c1}\boldsymbol{p}_c^{(t+1)}\boldsymbol{p}_c^{(t+1)^{\mathrm{T}}}$

9：　$\boldsymbol{C}^{(t+1)}=(1-\alpha_{c\lambda}-\alpha_{c1})\boldsymbol{C}^{(t)}+\alpha_{c1}\boldsymbol{p}_c^{(t+1)}\boldsymbol{p}_c^{(t+1)^{\mathrm{T}}}+\alpha_{c\lambda}\dfrac{1}{\boldsymbol{\lambda}}\sum_{i=1}^{\lambda}\boldsymbol{y}_i^{(t+1)}\boldsymbol{y}_i^{(t+1)^{\mathrm{T}}}$

10：　$t=t+1$

11：返回 $\boldsymbol{\mu}^{(t)}$，$\boldsymbol{\sigma}^{(t)}$ 和 $\boldsymbol{C}^{(t)}$

CMA-ES 算法可以自适应地调整变异强度，速度和效果都有提升。相比于普通进化策略算法主要在样本点的探索上更有优势，并且可以叠加其他优化使用，比如下面要介绍的 OpenAI ES 算法。

4. OpenAI ES

本小节介绍另外一种进化策略算法：OpenAI ES[9]。OpenAI ES 和之前的进化类方法整体类似，同样包含了变异和评估的迭代过程，不过 OpenAI ES 中增加了参数化的模型，可以构建 DNN 等模型结构，因此可以像精排模型一样实现个性化的建模，并且持续地优化特征和模型结构。不过 OpenAI ES 的模型参数学习不是基于 Adam 等梯度优化器的，而是以变异的实现方式增加参数的扰动，模型参数向着效果提高的方向更新，计算过程定义如下。

Input: learning rate α, noise standard deviation $\boldsymbol{\sigma}$, policy paramters $\boldsymbol{\theta}_0$

For $t=0,1,2,\cdots$ do

　Sample $\varepsilon_i \sim N(0,\boldsymbol{I})$

　Compute returns $F_i=F(\theta_t+\sigma\varepsilon_i)$

　Set $\theta_{t+1}\leftarrow\theta_t+\alpha\dfrac{1}{n\sigma}\sum_{j=1}^{n}F_j\varepsilon_j$

End for

其中，$\boldsymbol{I}$是单位矩阵。

在上面的过程中我们可以看到，参数更新过程中需要扰动后的全部参数，如果采用直接的方法，样本中需要包含全部的参数，对于样本落盘来说是一笔不小的开销，而且难以实现分布式的参数更新。为了解决这个问题，OpenAI ES 的样本仅需要包含参数扰动的种子，根据种子可以重构出扰动后的全部参数。并行化方面，集群中的每一个 Worker（工作节点）独立地评估扰动后的效果，采用 All-reduce 的方式同步效果，然后在每一个 Worker 上重构并更新参数，详细的处理过程如下。

```
Input: learning rate α, noise standard deviation σ, policy paramters θ_0
Initialize: n workers with known random seeds, and initial paramters θ_0
For t=0,1,2,··· do
    For each worker i=1,···,n do
        Sample ε_i~N(0,I)
        Compute returns F_i=F(θ_t+σε_i)
    End for
    Send all scalar returns F_j to each other
    For each worker i=1,···,n do
        Reconstrut all pertuibations ε_j using known random seeds
        Set θ_{t+1}←θ_t+α (1/(nσ)) Σ_{j=1}^{n} F_j ε_j
    End for
End for
```

对于上一节求解 sin 函数极值的问题，下面给出了基于进化策略的求解方法。

```
alpha = 0.001
npop = 100
sigma = 0.1
w = np.random.rand(1) × 5
for _ in range(N_GENERATIONS):
    noise = np.random.randn(npop, 1)
    wp = w + sigma × noise
    R = np.sin(wp) + 1.0
    A = (R - np.mean(R))/np.std(R)
    w = w + alpha/(npop × sigma) × np.dot(noise.T, A)
```

图6-8中给出了一个 OpenAI ES 优化的可视化示例，在二维空间中寻找极值。不同的颜色对应不同的奖励，红色对应的奖励高，蓝色对应的奖励低。图中白色的点代表参数在某一次迭代中的状态，黑色的点为白色点扰动后的样本点，箭头的方向表示参数优化的方向。从图中可以看出随着 OpenAI ES 的优化，参数逐渐收敛到全局最优。

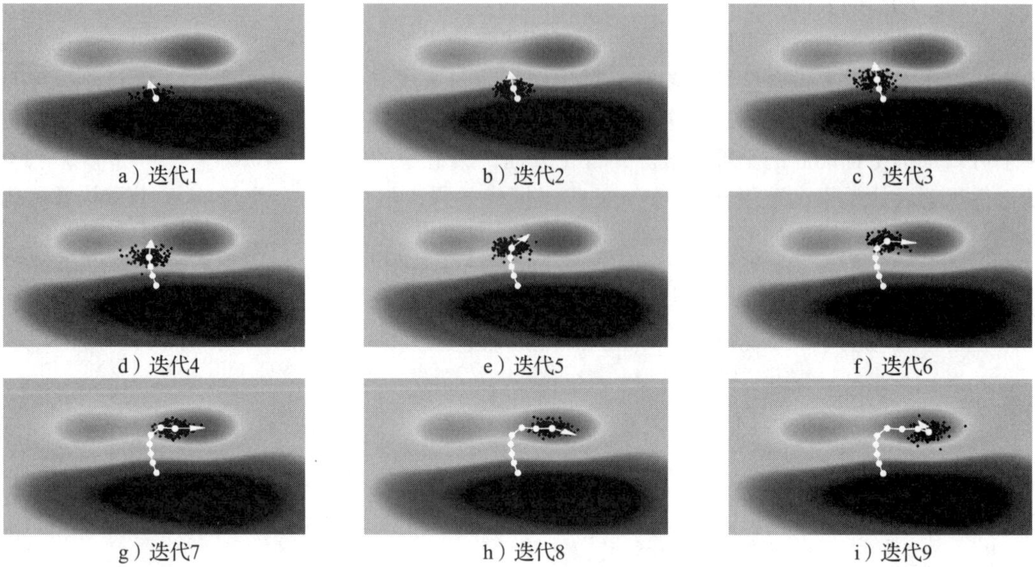

图 6-8 OpenAI ES 优化的示例一（详见彩插）

图 6-9 中给出了另外一个示例，其参数初始化在图中的左侧区域。可以看到经过多轮迭代后参数收敛到一个局部最优解，并没有达到预期的全局最优解。对于这种情况可以适当增加参数扰动的强度，提高探索能力以跨越局部最优的区域。

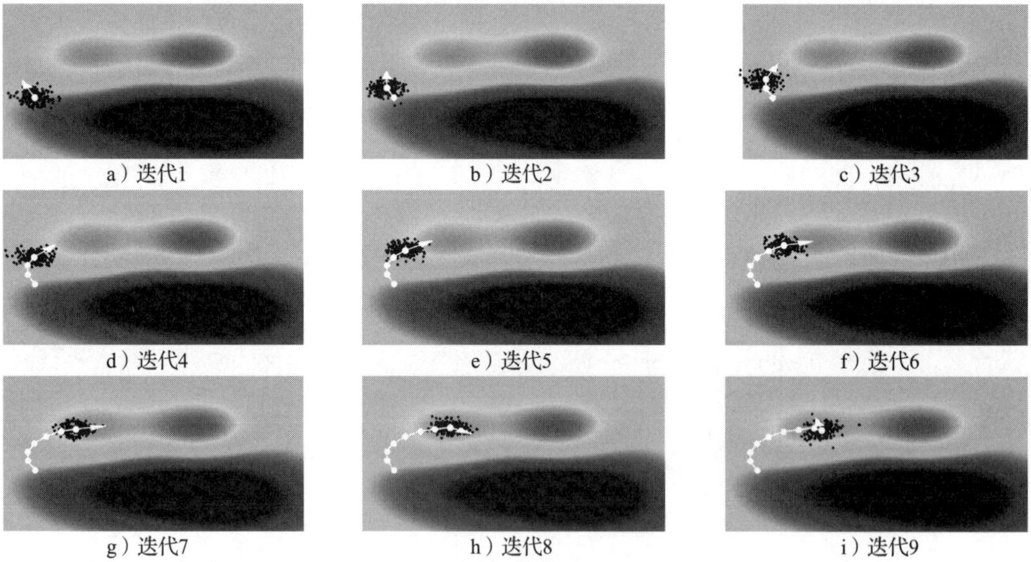

图 6-9 OpenAI ES 优化的示例二（详见彩插）

综上所述，相比于其他算法，OpenAI ES 的优势主要体现在：

1）不需要参数的反向传播。ES 仅需要按照相应的策略执行前向计算，不需要计算梯度回传。因此 ES 一次参数更新对应的计算量更少，在很多实践中可以取得 2~3 倍的训练加速。由于不涉及梯度计算，一些与梯度有关的问题，比如说梯度爆炸和梯度消失也不需要考虑。而且对于模型结构和参数类型也没有严格的要求，ES 可以探索的空间更大，包括引入二进制网络等不可导的神经网络，也可以使用更复杂的网络连接，不局限于普通的全连接、残差连接等。

2）高度的并行化。Tensorflow、Pytorch 等很多机器学习框架在训练强化学习模型时需要非常多的参数通信，大量的通信开销会限制算法的并发效率，为此，业界已经有了一些探索工作尝试提高通信效率，但是仍然不能很好地解决这里的问题。然而 ES 算法中仅需要在 Worker 之间通信少量的标量，相比于深度学习中动辄几百万的参数少了很多。ES 算法中每一个 Worker 和随机种子是对应的，可以在一个 Worker 的本地去重构其他 Worker 的噪声扰动，因此 Worker 之间仅需要通信每一个扰动对应的奖励即可。相关的实验数据表明，随着 CPU 核数的增加，ES 算法的计算速度是线性增加的。

3）更高的鲁棒性。深度学习中的一些超参数对于结果的影响是比较大的，参数尺度的变化会得到差异非常大的结果。ES 中可以一定程度地规避参数的调优。

4）结构化的探索。相比一些 RL 算法（尤其是策略梯度算法），它们通常采用随机策略的方式初始化，经常表现为长时间的随机抖动。这种影响在采用 Epsilon-Greedy 策略的 Q-learning 算法中得到了缓解，其中的 max 操作可以让代理在一段时间内执行一致性的操作（例如一直向右移动等）。和 Q-learning 类似，ES 算法使用确定性的策略按照一定的方向进行探索，可以较好地避免长时间的随机抖动。

6.4.2　基于 OpenAI ES 的进化策略实践

与贝叶斯优化相比，进化策略进一步地考虑了用户的个性化。在多目标搜参实践中的基本思路如下：输入用户侧特征，对参数加入不同的高斯噪声扰动，计算多目标的融合权重及其对应的奖励，接下来向着奖励大的方向更新。整体流程如图 6-10 所示。

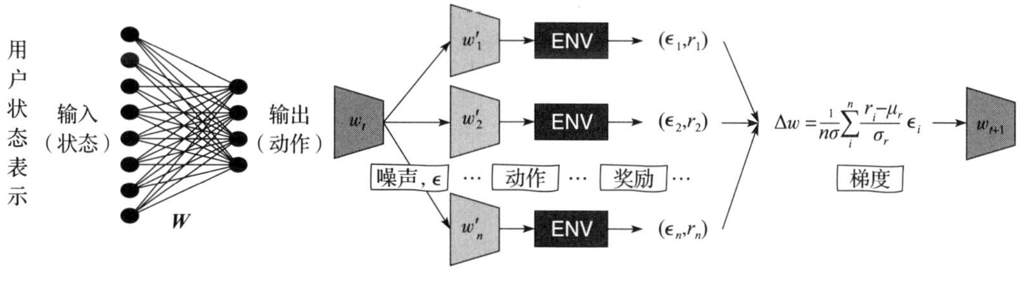

图 6-10　OpenAI ES 搜参流程示例

整个算法的流程包含在线预测和离线训练两个阶段。

1）在线阶段从特征服务中获取用户侧所需的基础属性、环境和实时兴趣等特征。接下来将特征输入 FM 或者神经网络等参数化模型，模型结构和特征的选择依赖于推荐架构的基础能力，需要平衡效果和效率。不论选择哪种模型，接下来在模型参数上施加一个高斯噪声，计算新的融合权重并将新的下发列表展示给用户。然后将用户的消费行为、所用到的特征以及扰动种子等信息落盘以供离线阶段训练使用。如果业务场景的流量规模相对较大，仅需一小部分的探索流量就可以完成在线阶段的预测和样本采集。

2）离线阶段首先给出消费行为对应的奖励，并按照公式更新参数及推送新模型上线。相比精排场景，这里的模型和特征通常为轻量级的。除了模型效果的调优，离线训练模块还需要关注参数的稳定性问题，如果参数出现剧烈的变化容易造成推荐效果的较大波动。为此，可以限制参数更新的力度，同时在模型上线前计算检查参数的变化程度，如果超出安全阈值则拒绝本次上线。

总体上看，ES 算法是一种轻量级的个性化搜参方法，可以根据用户行为兴趣以及线上分布的变化而做出自适应的调整，灵活性和实时性更好。除此之外，相比贝叶斯优化，ES 算法的可优化空间更大，可以像普通的机器学习模型一样优化样本、特征和模型，拓展能力更强。然而 ES 算法对于多目标融合来说不是完美的，多目标融合的目的是建模用户的体验，提升用户的长期活跃度和留存度，而 ES 算法仍然缺乏在长期价值方面的优化。针对长期价值的问题，多目标融合中可以引入强化学习的方法来更进一步地优化。

6.5 强化学习

强化学习[10] 是受行为心理学启发的一个新兴的机器学习领域，近年来受到了广泛的关注，也在控制论、信息论、博弈论、运筹学等许多科学领域得到了深入的研究，强化学习和深度学习的结合在很多方面取得了超过人类性能的表现。

科技公司 DeepMind 在 2013 年提出利用深度强化学习算法[11] 玩 Atari 游戏，基于游戏画面学习操作方法，并在一次游戏比赛中击败了人类。2016 年 3 月，DeepMind 提出的 AlphaGo[12] 与围棋世界冠军、职业九段棋手李世石进行围棋人机大战，以 4 比 1 的总比分获胜。同年，腾讯开发了围棋 AI 绝艺，并在后续不断优化迭代，同年 11 月份和世界围棋大师柯洁打平。2017 年，绝艺在和世界冠军的比赛中仍然可以保持 90%的胜率。2018 年，腾讯的绝艺在计算机围棋大赛 UEC 中，从 30 个队伍里脱颖而出取得冠军。相比人类大脑的思考模式，采用强化学习的计算机围棋 AI 可以探索更多的策略，不断地试错积累经验并超过人类。强化学习已经成为机器学习领域实现通用人工智能的重要方向。

强化学习的基本建模中包含智能体（Agent）和环境（Environment），如图 6-11 所示，算法研究的核心是智能体如何在一个环境中获得最大化的收益。智能体可以根据环境的状态做出一定的动作（Action），动作施加于环境后，环境会产生状态的改变和相应的奖励（Reward）。智能体根据环境反馈的状态和奖励不断地调整动作策略，从而更好地适应环境取得更高的奖励。

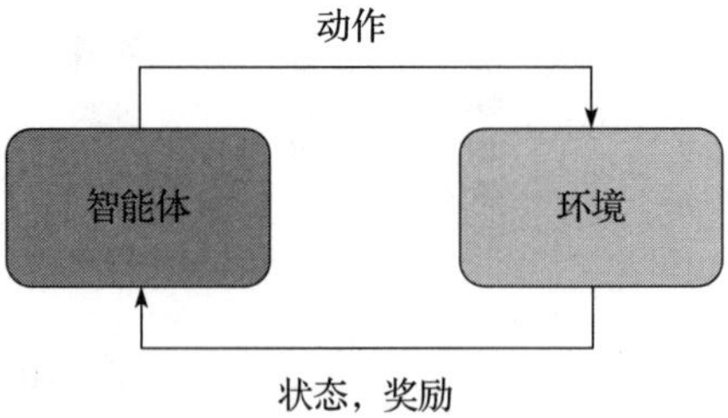

图 6-11 强化学习的基本建模

强化学习的交互过程我们可以用玩家打游戏来进行类比。比如，在塔防游戏中，玩家需要根据环境中敌人袭来的情况，选择合适的地方布置合适的防卫，布置防卫的操作即为强化学习中的“动作”；增加防卫之后敌人的数量会发生改变，对应着环境状态的改变；消灭敌人带来的得分就是奖励。我们将强化学习推广到推荐场景，那么，推荐系统可以看作智能体，推荐系统给出分发视频的策略表示动作，用户观看视频后的兴趣状态表示环境状态，用户群体的消费时长等业务指标表示奖励。从这个角度来看，利用强化学习进行推荐交互过程的建模是非常符合强化学习本身的建模逻辑的。

6.5.1　强化学习的核心概念

1. 马尔可夫过程

强化学习的交互过程中，环境的状态持续发生改变，建模过程中需要考虑状态之间的迁移和相互影响。然而在真实的环境中，状态之间的影响非常复杂，之前的多个状态都可能影响当前状态的改变，按照这种真实情况建模是很难的。我们利用马尔可夫性质假设状态之间的迁移仅需考虑相邻时刻之间的影响，可以将强化学习的环境建模简化。

马尔可夫过程是具备马尔可夫性质的随机过程。简单的随机过程中包含状态集合及转移概率。在此基础上增加强化学习中的奖励概念，扩展为马尔可夫奖励过程。强化学习中的奖励包含立即奖励和折扣奖励，折扣奖励考虑了当前的立即奖励对于未来的影响，可以体现长期的价值。除了奖励之外，强化学习中的状态转移和奖励还受到动作的影响。在马尔可夫奖励过程的基础上继续增加动作，可得到马尔可夫决策过程。智能体根据环境的状态来行动的方式称为策略，其定义如下：

$$\pi(a \mid s)=p(A_t=a \mid S_t=s) \tag{6-11}$$

式中，A_t 和 S_t 分别表示 t 时刻的动作 a 和状态 s。

强化学习的目标为优化策略来使得交互轨迹的期望回报最大化。马尔可夫决策过程中一个轨迹的发生概率如下：

$$p(\tau \mid \pi)=\rho_0(S_0)\prod_{t=0}^{T-1}p(S_{t+1} \mid S_t,A_t)\pi(A_t \mid S_t) \tag{6-12}$$

式中，τ 表示轨迹；ρ_0 为起始状态分布。策略 π 的期望回报定义如下：

$$J(\pi)=\mathbb{E}_{\tau\sim\pi}[R(\tau)] \tag{6-13}$$

式中，$\mathbb{E}$ 表示期望。基于策略 π，状态价值和动作价值可以定义如下：

$$v_\pi(s)=\mathbb{E}_{\tau\sim\pi}[R(\tau) \mid S_0=s] \tag{6-14}$$

$$q_\pi(s,a)=\mathbb{E}_{\tau\sim\pi}[R(\tau) \mid S_0=s,A_0=a] \tag{6-15}$$

基于动作价值，状态价值也可以定义为如下形式：

$$v_\pi(s)=\mathbb{E}_{a\sim\pi}[q_\pi(s,a)] \tag{6-16}$$

强化学习的建模过程中需要计算动作价值和状态价值，最简单的方法为穷举法，穷举所有可能的轨迹计算期望。当然这种穷举法在实际中通常是不可行的，为此贝尔曼方程对于价值函数的计算做了进一步的简化。

2. 贝尔曼方程

现实中的马尔可夫决策过程通常采用贝尔曼方程来求解。因此，式（6-14）可以改写为如下的形式：

$$v_\pi(s)=\mathbb{E}_{a\sim\pi(\cdot\mid S),s'\sim p(\cdot\mid S,a)}[R(\tau_{t:T}) \mid S_t=s] \tag{6-17}$$

式中，T 为轨迹的长度。接下来对 $R(\tau_{t:T})$ 展开得到：

$$v_\pi(s)=\mathbb{E}_{a\sim\pi(\cdot\mid S),s'\sim p(\cdot\mid S,a)}[R_t+\gamma R_{t+1}+\cdots+\gamma^T R_T \mid S_t=s] \tag{6-18}$$

式中，γ 为奖励折扣因子；R_t 表示 t 时刻的立即奖励。提取奖励因子后，式（6-18）可以进一步变换为如下形式：

$$\begin{aligned} v_\pi(s) &= \mathbb{E}_{a\sim\pi(\cdot|S),s'\sim p(\cdot|S,a)}\left[R_t+\gamma R(\tau_{t+1:T}) \mid S_t=s\right] \\ &= \mathbb{E}_{a\sim\pi(\cdot|S),s'\sim p(\cdot|S,a)}\left[R_t+\gamma v_\pi(S_{t+1}) \mid S_t=s\right] \end{aligned} \tag{6-19}$$

从贝尔曼方程的推导过程中可以看出动态规划的思想，当前状态的决策问题是下一状态决策的子问题。

3. 强化学习算法分类

本小节介绍对强化学习算法的一些分类方法，主要是为了帮助大家了解强化学习中的一些常用概念和常见算法。

（1）基于模型和无模型

根据是否对环境进行建模，可以将强化学习算法分为基于模型的方法和无模型的方法。基于模型的方法可以进一步分为给定模型和学习模型的方法，比如，围棋 AI 中由于围棋的规则已知，所以通常为给定模型，DeepMind 提出的 AlphaGo 就是给定模型的强化学习算法。一些模型通过变分自编码等学习环境模型。基于模型的方法可以预测环境的状态和奖励，更有利于智能体的决策。无模型的方法仅利用环境反馈的信息，不需要额外建模环境，更易于实现和训练。

（2）基于价值和基于策略

根据选择动作的方法，可以将强化学习算法分为基于价值的方法和基于策略的方法。简单来讲，基于价值的方法输出不同动作的价值，然后根据价值选择动作，典型的 DQN[13] 方法通常选择价值最大的动作。基于价值的方法有一个明显的问题就是难以应对高维的连续动作空间。

和基于价值的方法不同，基于策略的方法优化智能体的动作选择，加强高价值动作产生的概率。优化过程中可以使用基于梯度或无梯度的方法。

目前最常用的做法是同时结合价值和策略。比如说典型的 Actor-Critic[14]，其中 Actor 部分基于策略，Critic 部分基于价值。Actor 部分弥补了高维连续动作空间的建模能力，Critic 部分提高了基于策略方法的采样效率。

（3）回合更新和单步更新

强化学习中智能体和环境的交互是多轮的。围棋等游戏场景中通常是回合制的，比如说一局棋下完是一个回合，落一个子是一个单步操作。在推荐等场景中，从用户打开 APP 到离开 APP 的这段时间可以看作一个回合，用户浏览信息流产品过程中每次请求可以看作一个单步动作。智能体按照更新的粒度可以划分为回合更新和单步更新。回合更新的常见方法为蒙特卡洛方法，利用蒙特卡洛方法评估状态动作的价值时，需要对不同回合的结果做平均。单步更新，也称为单步时间差分学习（Temporal Difference，TD）。最基本的时间差分使用以下的更新方式：

$$v(S_t)=v(S_t)+\eta(R_{t+1}+\gamma v(S_{t+1})-v(S_t)) \tag{6-20}$$

在蒙特卡洛方法中，目标值需要在回合结束时获得。时间差分学习中目标值在每一步都可以获得。可以大致猜测单步的时间差分相比回合的蒙特卡洛收敛得会更快一些。常见的单步更新算法有 Sarsa[15] 和 Q-learning[16]。

(4) 在线策略和离线策略

根据训练过程中是否与环境交互，可以将强化学习算法分为在线策略（On-policy）和离线策略（Off-policy）算法。这里以学习打游戏为例，如果 A 通过看 B 打游戏来学习如何打游戏，这种就是离线策略方式。如果 A 一边打游戏一边调整自己的游戏策略，这种就是在线策略的方式。这里面涉及两个过程，一个是与环境的交互过程，一个是代理的学习过程。交互过程中使用的策略称为行为策略（Behavior Policy），学习过程中使用的策略称为目标策略（Target Policy）。行为策略和目标策略一致的话就是在线策略，反之则为离线策略。

常见的在线策略方法有 Sarsa，根据当前的策略选择动作与环境交互，然后使用环境反馈的奖励更新当前的策略，即行为策略和目标策略一致。常见的离线策略方法为 Q-learning，初始训练为经验积累的过程，增加随机性更有利，所以行为策略采用 ε-贪心方法。Q-learning 在更新阶段采用 max 操作取下一状态价值最大的动作。这里可以直观地看出 Q-learning 的行为策略与目标策略不一致。

6.5.2 强化学习的多目标融合实践

本节以 BatchRL-MTF[17] 方法为例，介绍强化学习在多目标融合场景的相关实践。基于强化学习的多目标融合框架的整体结构如图 6-12 所示，主要包含在线服务和离线训练两个阶段。

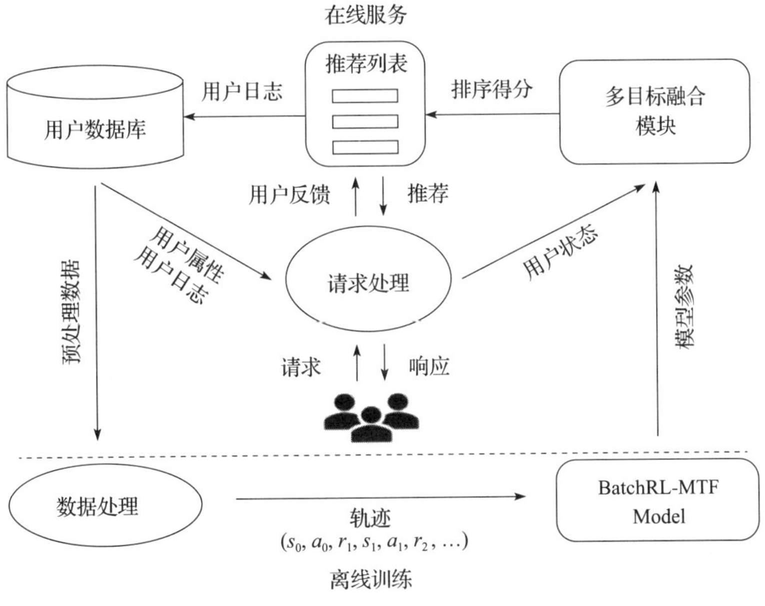

图 6-12　基于强化学习的多目标融合框架的整体结构

1）在线服务（Online Serving）阶段：用户请求（Request）发生之后，从用户数据库（User Database）中获取用户的基础属性（User Profile）和相关日志行为（User Logs）构造用户状态（User State），然后多目标融合模块（MTF Module）接收用户状态输出动作参数得到最终的排序得分（Ranking Score），生成下发的推荐列表（Recmd List）。接下来用户浏览之后给出相应的反馈（User Feedback）并上报到数据库中。

2）离线训练（Offline Training）阶段：数据处理（Data Processor）模块从数据库中获取近期的用户数据，包含用户基础属性和各种反馈数据，并将数据处理成序列化的结构数据：$\{\tau_i=(\boldsymbol{s}_i^{(0)},\boldsymbol{a}_i^{(0)},r_i^{(0)},\boldsymbol{s}_i^{(1)},\boldsymbol{a}_i^{(1)},r_i^{(1)},\cdots)\}$，其中，$s_i$ 表示用户的状态特征，a_i 表示融合的动作参数。每一个 τ_i 表示用户从进入到退出的一次完整交互，接下来将这些数据送入 BatchRL-MTF 模型训练。训练完成后，将模型参数（Model Parameters）推送到线上。

下面首先介绍一些相关的背景知识，然后阐述模型 BatchRL-MTF 的设计细节，接下来给出在线探索策略和一些实验的分析。

1. 相关背景知识

如图 6-13 所示，在短视频推荐场景中，用户进来后发送请求给推荐系统，推荐系统下发一个有序的物品列表 $i^{(t)}=(i_1^{(t)},i_2^{(t)},\cdots,i_n^{(t)})$ 展示给用户 u，然后从客户端上报的日志中获取用户对于这一次推荐的反馈 $v^{(t)}=(v_1^{(t)},v_2^{(t)},\cdots,v_m^{(t)})$，其中 $v_i^{(t)}$ 表示用户的某一个行为，比如说点赞、评论、分享和关注等。接下来重复上面的请求推荐、下发物品列表、获取用户反馈的过程直到用户退出。这个推荐过程是一个典型的强化学习交互场景，推荐系统可以看作智能体，推荐系统的排序策略为动作，用户的行为反馈为奖励，用户的特征为状态。整个推荐的会话周期内包含用户和推荐系统的多次交互。当前主流推荐系统对于物品列表的排序过程包含两个部分：多任务学习（MTL）模型预测用户在多个行为上的表现，比如播放完成度、点赞概率等；多任务融合（MTF）模型将前面 MTL 的多个输出融合为一个最终的排序得分。融合函数定义为f（o），其形式为对数求和：

$$f(o\mid\alpha)=\sum_{i}^{n}\alpha_i\log(o_i+\beta)\tag{6-21}$$

式中，α_i 和 o_i 分别为第 i 个行为的权重和得分；β 为基于先验知识设置的偏置常数。MTF 的目标是为每一个用户寻找最优的 α。

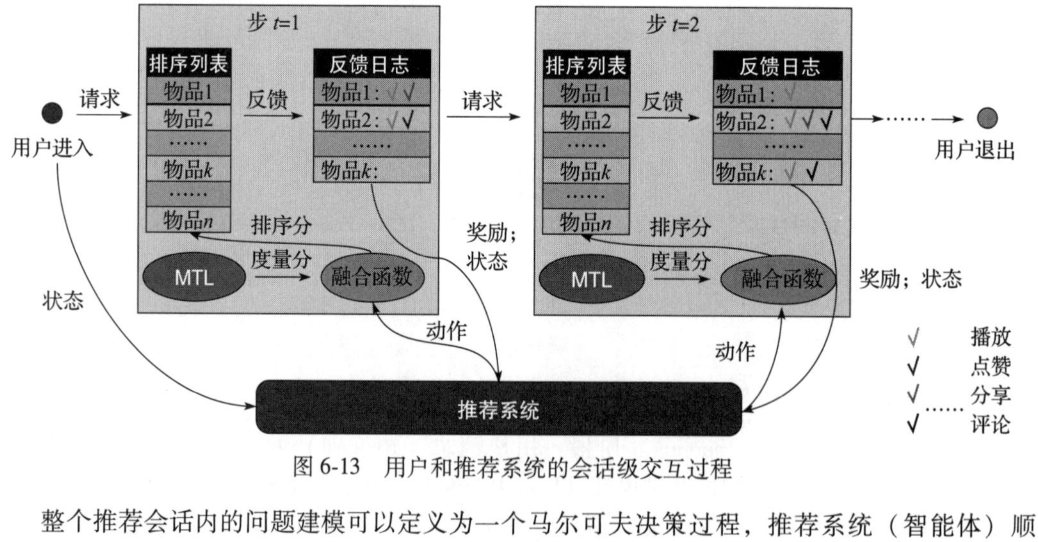

图 6-13　用户和推荐系统的会话级交互过程

整个推荐会话内的问题建模可以定义为一个马尔可夫决策过程，推荐系统（智能体）顺序向用户（环境）推荐物品来最大化会话内的累积奖励，这个马尔可夫决策过程包含 5 个元素（$\mathcal{S},\mathcal{A},\mathcal{P},\mathcal{R},\gamma$）。

1）状态空间 $\mathcal{S}$：用户状态的集合，包含了用户的基础属性（比如，年龄、性别、位置等）和用户的历史互动行为特征。

2）动作空间 $\mathcal{A}$：决定候选物品顺序的策略。在多目标融合问题中，动作表示融合参数 α。基于融合参数，推荐系统可以决定最终的排序列表。

3）奖励 $\mathcal{R}$：推荐系统根据用户状态 s_t 施加了动作 α_t，下发一个排序列表给用户，用户对于物品列表的消费行为定义为即时奖励。

4）转移概率 $\mathcal{P}$：转移概率 $p(s_{t+1})$。

5）折扣因子 γ:$\gamma\in[0,1]$。

2. 模型结构设计

BatchRL-MTF 模型设计的关键部分主要包含奖励函数以及两个关键的子网络——Actor 网络和 Critic 网络。

（1）奖励函数

BatchRL-MTF 算法着眼于优化会话内的用户满意度。构造一个准确衡量用户满意度的即时奖励函数 $r(\boldsymbol{s},\boldsymbol{a})$ 是非常重要的，它直接影响智能体的探索和学习方向。在短视频推荐场景中，用户满意度是多种用户反馈行为的综合体现，比如视频播放时长、是否完播、是否点赞、是否退出等均能反映用户的满意程度。BatchRL-MTF 算法的奖励函数综合考虑了用户的黏性和活跃程度两个方面，其定义如下：

$$r(\boldsymbol{s},\boldsymbol{a})=\sum_{j=1}^{k}\lambda_j\sum_{i=1}^{m_j}w_{ij}v_{ij} \tag{6-22}$$

式中，j 表示用户行为的类型；λ_j 为第 j 型用户行为的权重系数；m_j 表示第 j 型包含的行为数目；w_{ij} 表示行为 v_{ij} 的权重。权重系数的设置结合了不同行为在 APP 使用时长上的因果数据分析。

（2）Actor 网络

Actor 网络主要包含两个子网络：动作生成网络 $G_\theta(\boldsymbol{s},\boldsymbol{a})$ 和动作扰动网络 $P_\omega(\boldsymbol{s},\boldsymbol{a},\rho)$。其中 $G_\theta=\{E_{\theta_1},D_{\theta_2}\}$ 表示一个变分自编码器[18]，用于生成和训练样本集 $\mathcal{B}$ 同分布的候选动作集合。变分自编码器的引入可以较好地缓解外推误差[19] 的问题，进而提高模型的鲁棒性。G_θ 包含一个编码器 $E_{\theta_1}(z\mid\boldsymbol{s},\boldsymbol{a})$ 和一个解码器 $D_{\theta_2}(\boldsymbol{a}\mid\boldsymbol{s},z)$。其中编码部分 $E_{\theta_1}(z\mid\boldsymbol{s},\boldsymbol{a})$ 学习 $(\boldsymbol{s},\boldsymbol{a})\in\mathcal{B}$ 的潜在向量，该向量服从均值为 μ、标准差为 σ 的正态分布，并通过 KL 散度损失约束其近似于正态分布 $\mathcal{N}(0,1)$。解码部分 $D_{\theta_2}(\boldsymbol{a}\mid\boldsymbol{s},z)$ 基于编码部分输出的潜在向量 $z\sim\mathcal{N}(\mu,\sigma^2)$ 和用户状态表示 $\boldsymbol{s}$，输出和训练数据同分布的动作 $\hat{a}$。变分自编码的优化目标包含解码部分的重构损失和编码部分的 KL 损失：

$$\boldsymbol{\theta}\leftarrow\underset{\boldsymbol{\theta}}{\operatorname{argmin}}\sum_{(\boldsymbol{s},\boldsymbol{a})\in\mathcal{B}}(\boldsymbol{a}-G_\theta(\boldsymbol{s}))^2+\mathrm{KL}(E_\theta(z\mid\boldsymbol{s},\boldsymbol{a})\mid\mathcal{N}(0,1)) \tag{6-23}$$

式中，2 个正态分布的 KL 散度定义如下：

$$\mathrm{KL}(E_\theta(z\mid\boldsymbol{s},\boldsymbol{a})\mid\mathcal{N}(0,1))=-1.0+2\cdot\log\frac{1}{\sigma}+u^2+\sigma^2 \tag{6-24}$$

为了增强变分自编码输出动作的多样性，接下来进一步利用扰动网络 $P_\omega(\boldsymbol{s},\boldsymbol{a},\rho)$ 来调整动作。给定用户状态 $\boldsymbol{s}$，变分自编码的解码部分可以根据不同的正态分布采样输出多个动作

$\{\hat{\boldsymbol{a}}_i \sim G_\theta(\boldsymbol{s})\}_{i=1}^{n}$，同时扰动网络生成相同数目的扰动 $\boldsymbol{\xi}_i$ 叠加到动作$\hat{\boldsymbol{a}}_i$ 上。状态 $\boldsymbol{s}$ 下选择 Q 值最大的动作：

$$\pi(\boldsymbol{s}) = \underset{\hat{a}_i+\xi_i}{\operatorname{argmax}} Q(\boldsymbol{s}, \hat{\boldsymbol{a}}_i + \boldsymbol{\xi}_i) \tag{6-25}$$

最优动作的选择如图 6-14 所示。扰动网络的参数更新沿用 DDPG 中的方法：

$$\boldsymbol{\omega} \leftarrow \underset{\boldsymbol{\omega}}{\operatorname{argmax}} \sum_{\substack{s \in \mathcal{B} \\ \hat{a} \in G_\theta(s)}} Q(\boldsymbol{s}, \hat{\boldsymbol{a}} + P_\omega(\boldsymbol{s}, \hat{\boldsymbol{a}}, \rho)) \tag{6-26}$$

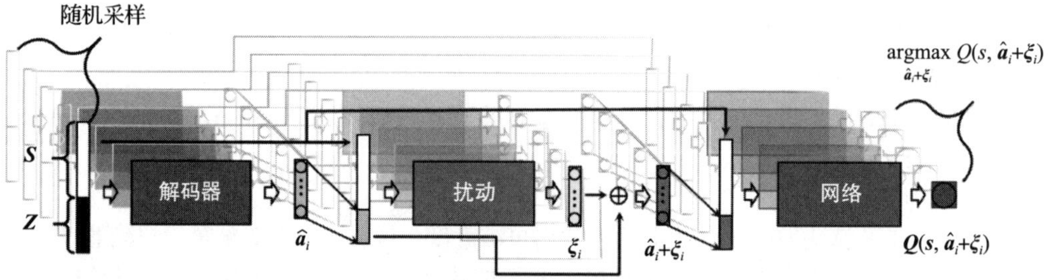

图 6-14　Batch-RL 的动作选择策略

(3) Critic 网络

Critic 网络用于评估在状态 $\boldsymbol{s}$ 下执行动作 $\boldsymbol{a}$ 的累积奖励 $Q_\varnothing$（$\boldsymbol{s}$，$\boldsymbol{a}$）。和常规方法一样，建立了 4 个子 Critic 网络，两个当前网络 $Q_{\varnothing_1}$ 和 $Q_{\varnothing_2}$，两个目标网络 $Q_{\varnothing_1'}$ 和 $Q_{\varnothing_2'}$。Critic 网络使用时间差分损失（TD-error）：

$$\varnothing_j \leftarrow \underset{\varnothing_j}{\operatorname{argmax}} \sum_{(s,a) \in \mathcal{B}} [y - Q_{\varnothing_j}(\boldsymbol{s}, \boldsymbol{a})]^2, j \in \{1,2\} \tag{6-27}$$

式中，y 表示学习目标，其定义如下：

$$y = r + \gamma \max_{a'} [\min_{j=1,2} Q_{\varnothing_j'}(\boldsymbol{s}', \boldsymbol{a}')] \tag{6-28}$$

式中，$\boldsymbol{a}'$为目标 Actor 网络中采样生成的：

$$\boldsymbol{a}' \in \{\hat{\boldsymbol{a}}_i + P_{\omega'}(\boldsymbol{s}', \hat{\boldsymbol{a}}_i, \rho), \hat{\boldsymbol{a}}_i \in G_\theta(\boldsymbol{s}')\}_{i=1}^{n} \tag{6-29}$$

式中，$\hat{\boldsymbol{a}}_i$ 表示变分自编码采样输出的动作；n 表示采样的动作数；$\boldsymbol{s}'$表示下一个时刻的用户状态。

离线训练的详细流程如算法 6-2 所示。首先根据用户的历史交互行为构建数据集 $\mathcal{B}$。为了提高样本使用率、加快收敛速度，训练过程中使用 Replay Buffer[20] 来保存历史数据，并从中采样 Mini-Batch 大小为 M 的样本，轮流地更新 G_θ、P_ω 和 $Q_\varnothing$ 等几个部分的网络参数。目标网络（包括目标 Actor 网络和目标 Critic 网络）每 L 轮更新一次来缓解过估计的问题。

算法 6-2　BatchRL-MTF 的离线训练

0：输入：样本数据集 $\mathcal{B}$，Mini-batch 大小 M，采样动作数 n
　扰动区间 ρ，目标网络的更新率 η_t，衰减因子 γ
　延迟更新步长 L，训练的迭代次数 EP
1：随机初始化生成网络 $G_\theta = \{E_{\theta_1}, D_{\theta_2}\}$，扰动网络 P_ω 和评价网络 $Q_\varnothing = \{Q_{\varnothing_1}, Q_{\varnothing_2}\}$ 参数分别为 $\theta, \omega, \varnothing$
2：初始化目标网络 $P_{\omega'}, Q_{\varnothing'} = \{Q_{\varnothing_1'}, Q_{\varnothing_2'}\}$ 的参数，$\omega' \leftarrow \omega$，$\varnothing_1' \leftarrow \varnothing_1$，$\varnothing_2' \leftarrow \varnothing_2$
3：for $1 \leqslant ep \leqslant EP$ do

从$\boldsymbol{B}$中随机采样 Mini-Batch 为 M 的四元组样本（$\boldsymbol{s},\boldsymbol{a},r,\boldsymbol{s}'$）

根据式（6-23）更新 G_θ

采样 n 个动作 $\{\hat{\boldsymbol{a}}_i \sim G_\theta(\boldsymbol{s}')\}_{i=1}^{n}$

生成 n 个扰动后的动作 $\{\hat{\boldsymbol{a}}_i + P_{\omega'}(\boldsymbol{s}',\hat{\boldsymbol{a}}_i,\rho)\}_{i=1}^{n}$

根据式（6-26）更新 P_ω

根据式（6-27）更新 $Q_\varnothing$

如果 $ep\%L==0$ 那么

　$\omega' \leftarrow \eta\omega + (1-\eta)\omega'$

　$\varnothing_i' \leftarrow \eta\varnothing_i + (1-\eta)\varnothing_i', i=1,2$

end for

3. 在线探索

虽然离线训练中通过变分自编码和扰动网络等手段缓解了外推误差的问题，然而这种方式对于最优动作的探索能力仍然是有限的。为了解决这个问题，在线阶段仍需要引入探索策略以寻找潜在的高奖励动作。

1）随机探索（Random Exploration）。智能体根据高斯分布随机采样一个动作和用户交互，不考虑先验知识。随机探索的探索空间更大，不容易陷入局部最优，不过难以保证探索动作的效果，对于用户体验的损害相对较大。

2）动作噪声探索（Action-Noise Exploration）。上面提到随机探索的效果难以保证，为了权衡效果和探索能力可以在公式输出的动作上增加高斯噪声：

$$\pi_b(\boldsymbol{s}) = \pi_t^*(\boldsymbol{s}) + \varepsilon, \quad \varepsilon \sim \mathcal{N}(0, 0.1) \tag{6-30}$$

式中，$\pi_b(\boldsymbol{s})$ 表示探索策略；$\pi_t^*(\boldsymbol{s})$ 为模型预测的最优策略。

在线实践的时候可以将上面两种探索策略结合起来，如图 6-15 所示，有两部分流量分别对应两种探索策略。虽然在线探索的方式对于用户体验有一定的损害，不过这部分探索流量的比例不高，整体的损害可控。针对这个问题，一些实践中采用了模拟器的方式生成训练数据，离线仿真用户的行为反馈。这种方式虽然不会影响用户体验，不过获取的行为反馈不太准确，存在一定的偏差。

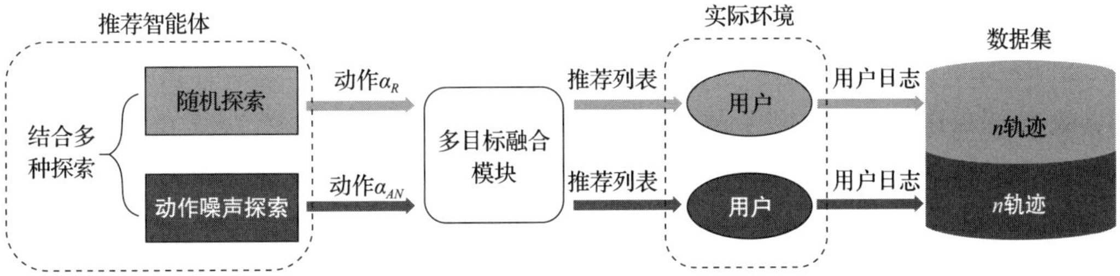

图 6-15　在线的探索策略方法

4. 实验分析

从基于强化学习搜参的相关实验中可以得到如下结论。

1）相比于贝叶斯优化和进化策略，基于强化学习的算法 BatchRL 和 CQL+SAC[21] 获得了更好的效果，在 APP 停留时长和正向互动率上都有显著的提高。

2）BatchRL-MTF 可以较好地解决外推误差的问题。图 6-16 中展示了多个强化学习算法在一些用户行为上的动作参数分布。数据本身所蕴含的动作在归一化到区间［-1,1］后的分布类似于正态分布。TD3[22] 算法输出的动作区间比较极端，基本不在这个区间范围内，因此其动作对应的 Q 值预估是不准确的，存在较大的外推误差问题。和 TD3 算法不同，CQL+SAC 和 BatchRL-MTF 输出的动作大体上符合数据本身所具有的特点，能够较好地克服外推误差的问题。

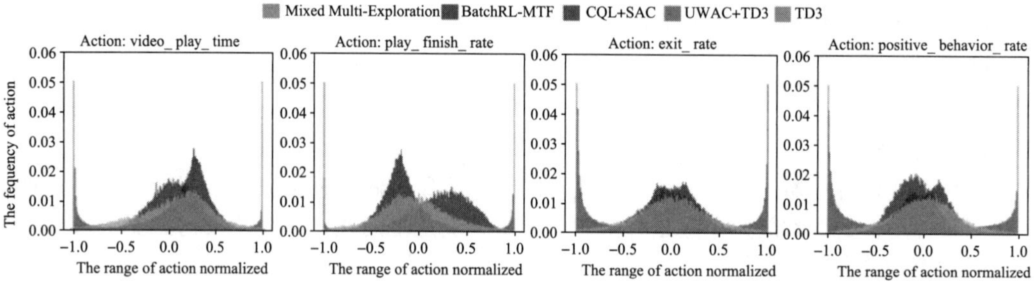

图 6-16　多个强化学习方法在 4 种类型上的动作分布（详见彩插）

6.6　本章小结

随着信息流产品的更新迭代，用户与内容的交互形式逐渐丰富和多样化，产品本身的业务目标也从单一核心指标提升转变为在宏观指标提升的基础上保障各种交互行为指标的全面提升，这也对推荐算法提出了更高的要求。在这种情况下，以各种交互行为为建模目标的多任务学习也在推荐场景中成为一种标准的精排模型范式，而多目标融合需要探索更好的融合方式以最大化产品的宏观业务目标。因此，多目标融合建模对于业务收益的贡献很大，是推荐系统中的重要环节。

多目标融合算法的演进过程从简单的随机搜索、网格搜索等启发式方法开始，到效率更高的贝叶斯优化，逐渐地演进为个性化的进化策略，以及更加关注长期价值的强化学习。启发式的方法适用于目标比较少的阶段，通常采用离线搜索的方式。贝叶斯优化可以克服离线搜参中的离、在线不一致问题，搜索效率也有显著的提高。进化策略更好地考虑了个性化融合，模型简单，稳定性也比较好。强化学习则更好地考虑长期收益，但在推荐场景具体的落地实践中，我们也发现在训练的稳定性方面还比较薄弱，在未来仍然有很大的探索空间。

参考文献

［1］PEDREGOSA F，VAROQUAUX G，GRAMFORT A，et al. Scikit-learn：machine learning in Python［J］. Journal of Machine Learning Research，2011，12：2825-2830.

［2］MOCKUS J. Bayesian approach to global optimization：theory and applications［M］. Berlin：Springer Science & Business Media，2012.

［3］SEEGER M. Gaussian processes for machine learning［J］. International Journal of Neural Systems，2004，14（02）：69-106.

[4] HO T K. Random decision forests [C] //Proceedings of 3rd international Conference on Document Analysis and Recognition. Montreal: IEEE, 1995, 1: 278-282.

[5] AUER P, CESA-BIANCHI N, FISCHER P. Finite-time analysis of the multiarmed bandit problem [J]. Machine Learning, 2002, 47 (2): 235-256.

[6] VIANA F, HAFTKA R. Surrogate-based optimization with parallel simulations using the probability of improvement [C] //13th AIAA/ISSMO Multidisciplinary Analysis Optimization Conference. Reston: AIAA, 2010: 9392.

[7] JONES D R, SCHONLAU M, WELCH W J. Efficient global optimization of expensive black-box functions [J]. Journal of Global Optimization, 1998, 13 (4): 455-492.

[8] RECHENBERG I. Evolutionsstrategien [M] //Simulationsmethoden in der Medizin und Biologie. Berlin: Springer, 1978: 83-114.

[9] SALIMANS T, HO J, CHEN X, et al. Evolution strategies as a scalable alternative to reinforcement learning [EB/OL]. (2017-03-10)[2021-11-18]. https://arxiv.org/abs/1703.03864.

[10] SUTTON R S, BARTO A G. Reinforcement learning: An introduction [M]. Cambridge: MIT press, 2018.

[11] MNIH V, KAVUKCUOGLU K, SILVER D, et al. Playing atari with deep reinforcement learning [EB/OL]. (2013-12-19)[2021-12-06]. https://arxiv.org/abs/1312.5602.

[12] SILVER D, HUANG A, MADDISON C J, et al. Mastering the game of Go with deep neural networks and tree search [J]. Nature, 2016, 529 (7587): 484-489.

[13] MNIH V, KAVUKCUOGLU K, SILVER D, et al. Human-level control through deep reinforcement learning [J]. Nature, 2015, 518 (7540): 529-533.

[14] SUTTON R S, MCALLESTER D, SINGH S, et al. Policy gradient methods for reinforcement learning with function approximation [J]. Advances in Neural Information Processing Systems, 1999, 12.

[15] RUMMERY G A, NIRANJAN M. On-line Q-learning using connectionist systems [M]. Cambridge, UK: University of Cambridge, Department of Engineering, 1994.

[16] WATKINS C J C H, DAYAN P. Q-learning [J]. Machine Learning, 1992, 8 (3): 279-292.

[17] ZHANG Q, LIU J, DAI Y, et al. Multi-task fusion via reinforcement learning for long-term user satisfaction in recommender systems [C] //Proceedings of the 28th ACM SIGKDD Conference on Knowledge Discovery and Data Mining. New York: Association for Computing Machinery, 2022: 4510 - 4520.

[18] KINGMA D P, WELLING M. Auto-encoding variational bayes [EB/OL]. (2013-12-20)[2022-12-18]. https://arxiv.org/abs/1312.6114.

[19] FUJIMOTO S, MEGER D, PRECUP D. Off-policy deep reinforcement learning without exploration [C] //International Conference on Machine Learning. PMLR, 2019: 2052-2062.

[20] SCHAUL T, QUAN J, ANTONOGLOU I, et al. Prioritized experience replay [EB/OL]. (2015-11-18)[2021-10-25]. https://arxiv.org/abs/1511.05952.

[21] KUMAR A, ZHOU A, TUCKER G, et al. Conservative q-learning for offline reinforcement learning [J]. Advances in Neural Information Processing Systems, 2020, 33: 1179-1191.

[22] FUJIMOTO S, HOOF H, MEGER D. Addressing function approximation error in actor-critic methods [C] //International Conference on Machine Learning. PMLR, 2018: 1587-1596.

CHAPTER7

第 7 章

重排算法

在推荐的整个链路中，用户的请求经过召回、粗排和精排之后，进入重排模块。重排算法在基于精排结果的多目标融合排序后，再以某些策略和算法对排序结果进行调整，并形成最终返回给用户的物品列表，重排阶段的算法是整个推荐算法中业务规则最重要的模块，也直接影响着用户体验和内容分发策略。本章首先分析重排算法的概要和目标，然后对相关的典型算法展开详细介绍。

7.1 重排算法概要及核心目标

重排算法通常从优化产品体验的目标出发，沿着多样性、时效性、实时性、内容调性等方向进行优化，这里涉及的知识内容相当丰富，不仅包括了算法建模，还包括了产品设计方面的理念。为突出重点，本章着重从多样性和实时性建模两个方面来展开介绍重排算法。

多样性方面，由于精排算法通常是按照特定目标优化的，精排返回的结果容易缺乏多样性，出现相似内容的聚集。比如，用户喜欢看足球视频，精排的推荐结果中可能会出现很多与足球相关的内容，频繁地向用户下发这类视频容易引起审美上的疲劳，造成不好的用户体验，因此需要算法来加强和保障结果的多样性。多样性算法的发展路线一般为固定规则法、启发式和 list-wise 建模。7.2 节和 7.3 节会重点介绍启发式和 list-wise 建模。

实时性方面，由于重排算法直接作用于最终的推荐结果，那么我们可以在重排算法中实时响应用户的兴趣变化，而不是等系统收集用户反馈后再通过样本去影响精排模型的参数更新。重排算法的实时性策略可以及时地激励用户的正向转化行为，同时规避用户的负向行为。随着客户端技术的发展，实时重排逐渐地从云侧延伸到端侧，走向端云协同的阶段。7.4 节会介绍两种较为前沿的端云协同重排算法。

7.2 多样性算法之启发式方法

当前在工业界应用最广泛的启发式多样性算法通常有如下三种：最大边缘相关性[1]（Maximal Marginal Relevance，MMR）、平均列表相关性[2]（Mean Listing Relevance，MLR）和行列式点过程[3]（Determinantal Point Process，DPP）。下面逐一进行详细介绍。

7.2.1 MMR

MMR 算法是重排多样性算法中的一种基本算法，在推荐和搜索领域都有一定的应用。下面基于文档排序的场景介绍 MMR 算法。MMR 将评估候选物品的计算指标定义如下。

$$\arg\max_{d_i \in (R\backslash S)} [\lambda \mathrm{Sim}_1(d_i,q)-(1-\lambda)\max_{d_j \in S}\mathrm{Sim}_2(d_i,d_j)] \tag{7-1}$$

式中，R 为待重排的文档集合；S 存储重排后的文档；$R\backslash S$ 为差集；d_i 和 d_j 为第 i 个和第 j 个文档；q 为查询 Query；Sim_1 计算查询 Query 和文档的相关性得分；Sim_2 计算文档间的相似性得分；λ 为权重参数，用于权衡相关性和相似性。MMR 算法包含了一个多轮的迭代过程，每轮从 $R\backslash S$ 挑选一个文档插入 S 中，每次挑选的时候都需要综合相关性得分和相似性得分。

表 7-1 MMR 示例数据

文档	和查询 Query 的相关性	文档类别	初始排序
d_1	0.9	类别 1	1
d_2	0.8	类别 1	2
d_3	0.7	类别 2	3
d_4	0.6	类别 2	4

表 7-1 中给出了一个具体的示例，总共包含 4 个文档，相同类别的文档间相似度为 1，不同类别的文档间相似度为 0，超参 λ 设置为 0.5。

其迭代过程如下：

1）初始情况下，$R=[d_1,d_2,d_3,d_4]$，$S=[\ ]$。由于 S 为空，仅需考虑第一部分的相关性得分，所以第一个添加到 S 的文档为 d_1。更新 $R\backslash S=[d_2,d_3,d_4]$，$S=[d_1]$。

2）计算文档 d_2 的 MMR 得分为 $0.5\times0.8-0.5\times1=-0.1$，接下来分别计算 d_3 和 d_4 的 MMR 得分为 $0.5\times0.7-0.5\times0=0.35$ 和 $0.5\times0.6-0.5\times0=0.3$。当前 MMR 得分最高的为 d_3，更新 $R\backslash S=[d_2,d_4]$，$S=[d_1,d_3]$。

3）计算文档 d_2 和 d_4 的 MMR 得分为 $0.5\times0.8-0.5\times1=-0.1$ 和 $0.5\times0.6-0.5\times1=-0.2$，当前 MMR 得分最高的为 d_2。把 d_2 和最后一个文档 d_4 插入 S 中，则 $S=[d_1,d_3,d_2,d_4]$。

上面的例子中，如果仅关注相关性得分，那么相同类别的文档会排在一起，MMR 算法以一种贪心的方式逐步生成序列，每一个新增都需要考虑其自身的相关性以及它和已生成序列的多样性。MMR 算法的逻辑简单明确，比较适合作为新场景的基准算法。

7.2.2 MLR

MMR 在序列生成过程中比较了不同物品加入前后的指标大小，实际上这个指标并没有从整体的、序列级的角度考虑相关性和多样性。如果从序列的角度出发，就需要考虑不同位置对于相关性的影响，以及如何更合理地衡量一个序列的多样性。Airbnb 的相关工作中提出了一种新的评价指标 MLR 来解决这两个问题，其定义如下：

$$\mathrm{MLR}(S)=\sum_{i=1}^{N}\left[(1-\lambda)c(i)P_Q(l_i)+\lambda\sum_{j<i}\frac{d(l_i,l_j)}{i}\right] \tag{7-2}$$

符号解释如下。

1）$S=\{l_1\cdots l_N\}$ 为有序的候选列表。

2）$P_Q(l_i)$ 为给定查询 Q 下的 l_i 被预订的概率，可以结合具体的业务进行调整。

3）$c(i)$ 为位置衰减函数。

4）$d(l_i, l_j)$ 为 l_i 和 l_j 的距离度量。

5）λ 为调节相关性和多样性平衡的超参数。

MLR 计算位置加权的相关性，这一点和 NDCG 等评价指标类似。同时在衡量多样性方法上，MLR 中利用求和的方式替代取最大值的方式，更符合实际场景中的复杂多样性。相比于 MMR 的指标，MLR 在设计上更合理，也更贴合真实的业务。值得注意的是，MLR 仅是一种权衡相关性和多样性的指标，实际求解的过程可以参考 MMR 中的贪心方式，也可以尝试其他优化方法。

7.2.3 DPP

DPP 算法近几年也被广泛应用于推荐的多样性混排，相比于前面介绍的两种启发式方法，DPP 算法的理论基础更深，它从行列式的角度建模相关性和多样性的权衡。

在介绍 DPP 算法前，我们首先来了解行列式的概念。对于矩阵 $\boldsymbol{A}=\begin{bmatrix} a & b \\ c & d \end{bmatrix}$，其行列式定义如下：

$$\det(\boldsymbol{A})=ad-bc \tag{7-3}$$

对于二阶矩阵来说，其行列式的几何意义为该矩阵内行向量所张成的平行四边形的面积，如图 7-1 所示。如果将二阶矩阵做维度扩展，那么行列式的几何意义定义为多面体的体积。为了简单起见，下面仍然按照二阶矩阵来说明。可以注意到，平行四边形的面积和向量之间的夹角有一定的关系，夹角越大，面积越大，换句话说，向量间的相似程度和行列式的值有关系。该原理放到推荐场景上来说，行列式可以用于刻画推荐结果序列的多样性，比如把矩阵 $\boldsymbol{A}$ 替换为物品之间的相似度矩阵 $\boldsymbol{S}=\begin{bmatrix} s_{11} & s_{12} \\ s_{21} & s_{22} \end{bmatrix}=\begin{bmatrix} 1.0 & s_{12} \\ s_{12} & 1.0 \end{bmatrix}$，则：

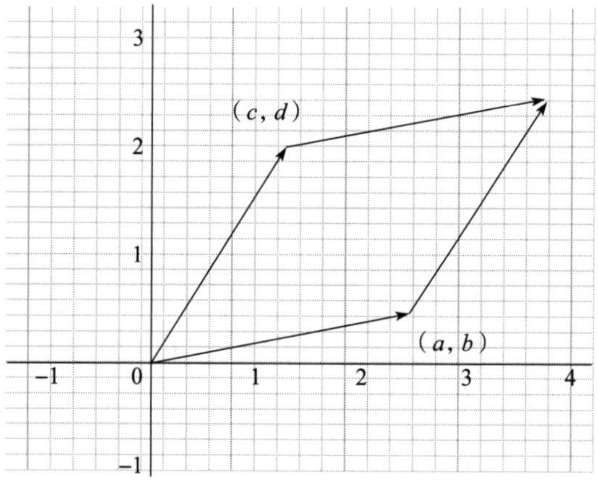

图 7-1　向量张成的平行四边形

$$\det(\boldsymbol{S})=1-s_{12}^2 \tag{7-4}$$

其中，s_{12} 越小，$\det(\boldsymbol{S})$ 越大，多样性越好。当然如果行列式仅能表达多样性，那么并不能满足推荐重排的需求。之前 MMR 和 MLR 的计算中都需要兼顾相关性和多样性。如果要用行列式进行多样性重排，则需要将相关性的定义引入矩阵中。下面结合实际的推荐场景进行说明。

给定一个用户 u，P_u 为候选物品集合。推荐系统需要从 P_u 中筛选出一个综合相关性和多样性的子集 R_u 给用户 u。物品 i 和用户的相关性得分为 r_i，物品 i 的向量表示为 $\boldsymbol{f}_i \in \mathbb{R}^D$，并且 $\|\boldsymbol{f}_i\|_2=1$。定义半正定矩阵 $\boldsymbol{L}$，它可以分解为 $\boldsymbol{L}=\boldsymbol{B}^{\mathrm{T}}\boldsymbol{B}$。$\boldsymbol{B}$ 中的每一个列向量都代表一个物品，$\boldsymbol{B}_i$ 可以表示为相关性得分 r_i 和向量 $\boldsymbol{f}_i$ 的乘积。矩阵 $\boldsymbol{L}$ 其中的元素如下：

$$L_{ij}=\langle \boldsymbol{B}_i,\boldsymbol{B}_j\rangle=\langle r_i\boldsymbol{f}_i,r_j\boldsymbol{f}_j\rangle=r_ir_j\langle \boldsymbol{f}_i,\boldsymbol{f}_j\rangle \tag{7-5}$$

式中，$\langle \boldsymbol{f}_i,\boldsymbol{f}_j\rangle$ 表示物品 i 和物品 j 的相似度 S_{ij}。矩阵 $\boldsymbol{L}$ 可以进一步重写为如下形式：

$$\boldsymbol{L}=\mathrm{Diag}(\boldsymbol{r}_u)\cdot\boldsymbol{S}\cdot\mathrm{Diag}(\boldsymbol{r}_u) \tag{7-6}$$

式中，$\mathrm{Diag}(\boldsymbol{r}_u)$ 为向量 $\boldsymbol{r}_u$ 的对角矩阵。

R_u 集合对应的矩阵 $\boldsymbol{L}$ 的行列式如下：

$$\det(\boldsymbol{L})=\det(\mathrm{Diag}(\boldsymbol{r}_u))\cdot\det(\boldsymbol{S}_{R_u})\cdot\det(\mathrm{Diag}(\boldsymbol{r}_u)) \tag{7-7}$$

取 log 对数后得到：

$$\log\det(\boldsymbol{L}_{R_u})=\sum_{i\in R_u}\log(\boldsymbol{r}_{u,i}^2)+\log\det(\boldsymbol{S}_{R_u}) \tag{7-8}$$

式（7-8）中包含了 $\sum_{i\in R_u}\log(\boldsymbol{r}_{u,i}^2)$ 和 $\log\det(\boldsymbol{S}_{R_u})$，后者可以直接表示多样性，前者就是需要引入的相关性，这样的形式和 MMR 以及 MLR 公式表达就很像了。公式可以衡量一个物品集合相关性和多样性的综合程度，和 MMR 中类似，可以采取贪心的策略逐步地生成展示给用户的物品集：

$$j=\arg\max_{i\in Z\backslash Y_g}\log(\det(\boldsymbol{L}_{Y_g\cup\{i\}}))-\log(\det(\boldsymbol{L}_{Y_g})) \tag{7-9}$$

式中，Y_g 表示已被选的物品集合；Z 为物品的全集；物品 j 为边际收益最大的下一个物品。这个生成的过程就是 DPP 的最大后验估计。直接计算行列式是很复杂的，时间复杂度为立方级。为此首先对 $\boldsymbol{L}_{Y_g}$ 做楚列斯基分解：

$$\boldsymbol{L}_{Y_g}=\boldsymbol{V}\boldsymbol{V}^{\mathrm{T}} \tag{7-10}$$

式中，$\boldsymbol{V}$ 为可逆的下三角矩阵。对于任意的 $i\in Z\backslash Y_g$，$\boldsymbol{L}_{Y_g\cup\{i\}}$ 可以表示为如下形式：

$$\boldsymbol{L}_{Y_g\cup\{i\}}=\begin{bmatrix}\boldsymbol{L}_{Y_g} & \boldsymbol{L}_{Y_g,i}\\ \boldsymbol{L}_{i,Y_g} & \boldsymbol{L}_{ii}\end{bmatrix}=\begin{bmatrix}\boldsymbol{V} & 0\\ \boldsymbol{c}_i & d_i\end{bmatrix}\begin{bmatrix}\boldsymbol{V} & 0\\ \boldsymbol{c}_i & d_i\end{bmatrix}^{\mathrm{T}} \tag{7-11}$$

式中，$\boldsymbol{c}_i$ 为行向量；d_i 为标量，并且满足：

$$\boldsymbol{V}_{\boldsymbol{c}_i}^{\mathrm{T}}=\boldsymbol{L}_{Y_g,i} \tag{7-12}$$

$$d_i^2=L_{ii}-\|\boldsymbol{c}_i\|_2^2 \tag{7-13}$$

根据公式还可以推导出：

$$\det(\boldsymbol{L}_{Y_g\cup\{i\}})=\det(\boldsymbol{V}\boldsymbol{V}^{\mathrm{T}})\cdot d_i^2=\det(\boldsymbol{L}_{Y_g})\cdot d_i^2 \tag{7-14}$$

则求解目标可以等价于：

$$j=\arg\max_{i\in \boldsymbol{Z}\backslash Y_g}\log(d_i^2) \tag{7-15}$$

如果求解出公式中的 j，则 $\boldsymbol{L}_{Y_g\cup\{j\}}$ 的楚列斯基分解表示为如下形式：

$$\boldsymbol{L}_{Y_g\cup\{j\}}=\begin{bmatrix}\boldsymbol{V} & 0\\ \boldsymbol{c}_j & d_j\end{bmatrix}\begin{bmatrix}\boldsymbol{V} & 0\\ \boldsymbol{c}_j & d_j\end{bmatrix}^{\mathrm{T}} \tag{7-16}$$

式中，$\boldsymbol{c}_j$ 和 d_j 在求解出 j 以前已经得到。对于任意一个物品 i，在被选择以前，它对应的行向量 $\boldsymbol{c}_i$ 和标量 d_i 都是可以增量求解的。定义 $\boldsymbol{c}_i'$ 和 d_i' 分别表示新的结果，则根据式（7-12）和式（7-16）可以得到：

$$\begin{bmatrix}\boldsymbol{V} & 0\\ \boldsymbol{c}_j & d_j\end{bmatrix}\boldsymbol{c}_i'^{\mathrm{T}}=\boldsymbol{L}_{Y_g\cup\{i\},i}=\begin{bmatrix}L_{Y_g,i}\\ L_{ji}\end{bmatrix} \tag{7-17}$$

对上式求解可以得到：

$$c_i' = \left[c_i \quad \frac{(L_{ji} - \langle c_j, c_i \rangle)}{d_j} \right] = [c_i \quad e_i] \tag{7-18}$$

$$d_i'^2 = L_{ii} - \| c_i' \|_2^2 = L_{ii} - \| c_i \|_2^2 - e_i^2 = d_i^2 - e_i^2 \tag{7-19}$$

至此完成了一个 DPP 优化后的推荐重排，完整的计算过程如算法 7-1 所示。

算法 7-1　快速贪心最大后验概率推理

0：输入：Kernel L，终止条件
1：初始化：$c_i=[\,]$，$d_i^2=L_{ii}$，$j=\arg\max_{i\in Z}\log(d_i^2)$，$Y_g=\{j\}$
2：while 未满足终止条件下
3：　for $i \in Z \setminus Y_g$ do
4：　　$e_i=(L_{ji}-\langle c_j,c_i\rangle)/d_j$
5：　　$c_i=[c_i e_i]$, $d_i^2=d_i^2-e_i^2$
6：　$j=\arg\max_{i\in Z\setminus Y_g}\log(d_i^2)$，$Y_g=Y_g\cup\{j\}$
7：返回 Y_g

可以注意到，式（7-8）中相关性和多样性的权衡是没有超参可以调节的，为此将其修改为如下形式：

$$\log \mathcal{P}(R_u) \propto \theta \cdot \sum_{i\in R_u} r_{u,i} + (1-\theta) \cdot \log\det(S_{R_u}) \tag{7-20}$$

式中，$\theta\in[0,1]$。修改后对应的矩阵如下：

$$L' = \mathrm{Diag}(\exp(\alpha r_u)) \cdot S \cdot \mathrm{Diag}(\exp(\alpha r_u)) \tag{7-21}$$

式中，$\alpha=\theta/(2(1-\theta))$，相应的边际收益更新如下：

$$\theta \cdot r_{u,i} + (1-\theta) \cdot (\log\det(S_{R_u\cup\{i\}}) - \log\det(S_{R_u})) \tag{7-22}$$

关于 DPP 算法还有一点需要注意的是 $S_{ij}\in[0,1]$，其中，0 表示物品间完全没有相似性，1 表示非常相似。但是 S_{ij} 如果为 f_i 和 f_j 的内积 $\langle f_i, f_j\rangle$，则是有可能引入负值的。为了保证非负性，可以采取如下的线性映射进行转换：

$$S_{ij} = \frac{1+\langle f_i, f_j\rangle}{2} = \left\langle \frac{1}{\sqrt{2}}\begin{bmatrix}1\\ f_i\end{bmatrix}, \frac{1}{\sqrt{2}}\begin{bmatrix}1\\ f_j\end{bmatrix} \right\rangle \in [0,1] \tag{7-23}$$

7.3 多样性算法之 list-wise 建模

本节内容主要介绍几种典型的 list-wise 多样性建模方法，它们大致可以分为两类。

1）相对简单的上下文信息重排模型：DLCM[4]（Deep Listwise Context Model）和 PRM[5]（Personalized Re-Ranking Model）。

2）序列生成与评估结合的重排模型：Seq2Slate[6]、GRN[7]（Generative Rerank Network）和 PRS[8]（Permutation Recommender System）。

7.3.1 DLCM

DLCM 着眼于对初始排序列表做进一步的修正，利用深度神经网络将局部排序上下文信息

引入排序学习（Learning To Rank，LTR）框架中。它的整体思想是利用循环神经网络从初始序列中学习局部排序的上下文信息，并基于局部信息对初始序列中的结果再次打分排序。

1. 问题定义

DLCM 基于搜索场景的业务问题构建问题描述。给定一个具体的查询 q，提取查询 q 下文档 d 的特征向量 $\boldsymbol{x}_{(q,d)}$。传统的 LTR 算法假设存在一个最优的全局排序函数 f，该函数可以准确地预测查询 q 和文档 d 的相关性得分，其损失函数的定义形式如下：

$$L=\sum_{q\in Q} l(\{y_{(q,d)},f(\boldsymbol{x}_{(q,d)})\mid d\in D\}) \tag{7-24}$$

式中，Q 是所有查询的集合；D 为所有候选文档的集合。然而这样训练得到的全局排序函数 f 通常没有考虑不同查询的局部特点。DLCM 在全局排序之后增加了局部的校准修正，新建上下文模型 $I(R_q,X_q)$ 来获取查询 q 的局部排序上下文信息，其中，查询 q 的初始排序结果 $R_q=\{d\text{sorted by } f(\boldsymbol{x}_{(q,d)})\}$，即根据 $f(\boldsymbol{x}_{(q,d)})$ 对 d 进行排序，$X_q=\{\boldsymbol{x}_{(q,d)}\mid d\in R_q\}$。引入局部上下文信息后，相应的损失函数定义形式如下：

$$L=\sum_{q\in Q} l(\{y_{(q,d)},\phi(\boldsymbol{x}_{(q,d)},I(R_q,X_q))\mid d\in D\}) \tag{7-25}$$

式中，ϕ 为打分函数，其输入包含特征向量 $\boldsymbol{x}_{(q,d)}$ 以及局部上下文模型的输出 $I(R_q,X_q)$。

为了更充分地利用局部排序上下文，模型 I 需要满足两个需求。首先，模型 I 需要能够直接处理标量。现有的很多 LTR 系统在这方面都是不足的，如果可以省略数据加工而直接处理标量，那么对于效率的提升是显著的。其次，上下文模型 I 需要充分利用初始排序列表中的位置信息。初始列表中的顺序是结果相关性的一个重要参考，忽略这部分信息会严重影响整个排序的效果。DLCM 算法的模型结构如图 7-2 所示。

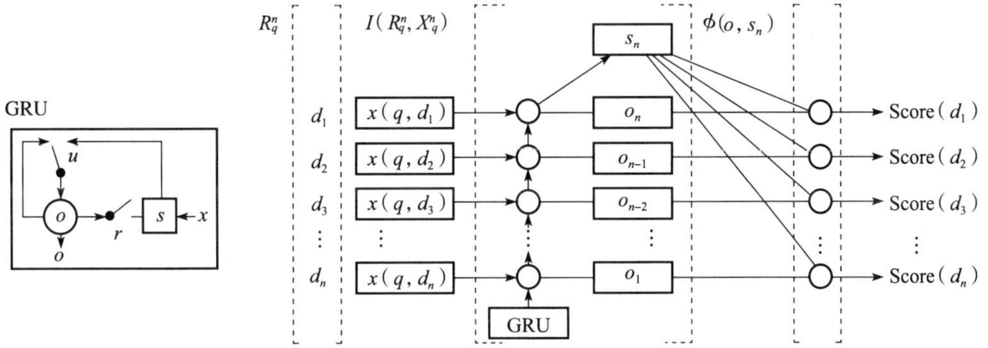

图 7-2　DLCM 算法的模型结构

2. 输入表示

DLCM 中使用的特征和全局排序阶段的特征基本一致，同样包括查询和文档的相关特征，不过，这些特征在送入局部上下文模型之前做了进一步的处理：

$$\boldsymbol{z}_i^{(0)}=\boldsymbol{x}(q,d_i) \tag{7-26}$$

$$\boldsymbol{z}_i^{(l)}=\text{elu}(\boldsymbol{W}_z^{(l-1)}\boldsymbol{z}_i^{(l-1)}+\boldsymbol{b}_z^{(l-1)}),\quad l=1,2 \tag{7-27}$$

式中，$\boldsymbol{W}_z^{(l-1)}$ 和 $\boldsymbol{b}_z^{(l-1)}$ 为参数；elu 是一个非线性激活函数：

$$\mathrm{elu}(x)=\begin{cases}x & \text{如果 } x>0\\ a(\exp(x)-1) & \text{如果 } x<0\end{cases}\tag{7-28}$$

DLCM 首先对原始输入做了非线性转换，连接了两层全连接层，得到 $\boldsymbol{z}_i^{(2)}$。接下来将 $\boldsymbol{z}_i^{(2)}$ 和原始输入 $\boldsymbol{x}(q,d_i)$ 拼接起来，得到新的特征向量 $\boldsymbol{x}'(q,d_i)$。这种做法类似于特征工程中对实数开根号的操作，可以调整输入特征的尺度，以便更有利于后续的特征表示学习。下文为了简便不再区分 $\boldsymbol{x}'(q,d_i)$ 和 $\boldsymbol{x}(q,d_i)$，均用 $\boldsymbol{x}(q,d_i)$ 来表示。

3. 局部上下文排序模型

给定全局排序函数 f 返回的前 n 个文档及其对应的特征向量 $X_q^n=\{\boldsymbol{x}_{(q,d)}\mid d\in R_q\}$，DLCM 中利用循环神经网络 GRU 提取局部编码信息。循环神经网络是处理序列数据的典型深度模型，一般包含输入序列、输出序列和隐状态 3 个部分。循环神经网络中，每次输入序列中的一个数据，更新隐状态并输出一个特征表示 o_i，最终的隐状态 s_n 可以认为包含了整个序列的编码信息。之所以选择循环神经网络，是因为除了能够处理序列数据之外，它也正好可以满足前面问题的描述部分对于局部上下文模型的要求。处理标量方面不必多说，循环神经网络天然地对位置或者顺序信息敏感。由于数据是一个接一个输入网络的，因此当前输入相比之前的输入对于网络状态的影响更大。而且从图 7-2 中可以看到，文档是按照全局排序从低到高送入循环神经网络的，这个顺序使得全局排序高的文档对隐状态的影响更大，隐含了局部上下文模型和全局排序模型的一致性。

DLCM 中的循环神经网络是单向的，然而在很多其他自然语言任务中，双向的循环神经网络往往效果更好。DLCM 中也尝试了双向的方式，但并没有取得效果上的实际收益，而且如果仅使用与全局排序不一致的反向方式，那么还会带来非常大的负向效果。因此，基于过去的实践经验，使用单向神经网络的 DLCM 更符合预期。

4. 局部打分函数设计

从图 7-2 的右侧可以看到，DLCM 得到 GRU 的输出之后，需要计算序列中每一个文档的得分。局部打分函数定义如下：

$$\boldsymbol{\phi}(o_{n+1-i},s_n)=\boldsymbol{V}_\phi(o_{n+1-i}\cdot\tanh(\boldsymbol{W}_\phi\cdot s_n+\boldsymbol{b}_\phi))\tag{7-29}$$

式中，$\boldsymbol{W}_\phi\in\mathbb{R}^{\alpha\times k\times\alpha}$；$\boldsymbol{b}_\phi\in\mathbb{R}^{\alpha\times k}$；$\boldsymbol{V}_\phi\in\mathbb{R}^{k}$。局部打分函数的形式有点类似于注意力机制。DLCM 的作者还尝试了一些更复杂的建模方式，比如多层的全连接等，不过都没有取得明显的收益。

5. 损失函数设计

DLCM 中尝试了两种现有的损失函数 ListMLE 和 SoftRank，并提出了一种新的损失函数 Attention Rank。

（1）ListMLE

ListMLE 将排序看作一个序列化的选择问题，在序列 $\pi_m^n=\{d_i\mid j\in[m,n]\}$ 中选择文档 d_i 的概率定义如下：

$$P(d_i\mid\pi_m^n)=\frac{\mathrm{e}^{S_i}}{\sum_{j=m}^{n}\mathrm{e}^{S_j}}\tag{7-30}$$

式中，S_i 和 S_j 分别表示文档 d_i 和 d_j 的局部排序得分。如果从初始序列开始逐次无放回地选择，则在给定局部得分的情况下观察到序列 R_q^n 的概率如下：

$$P(R_q^n \mid S)=\prod_{i=1}^{n} P(d_i \mid \pi_m^n) \tag{7-31}$$

接下来计算损失的时候就很直接了，优化目标就是最大化观察到真实标签序列的概率，也就是最小化下面的负对数：

$$l=-\log(P(R_q^* \mid S)) \tag{7-32}$$

(2) SoftRank

和 ListMLE 相比，SoftRank 可以直接优化评价指标，比如 NDCG 等。令 S_i 和 S_j 表示文档 d_i 和 d_j 的局部排序得分，SoftRank 假定文档 d_i 的真实打分 S'_i 服从正态分布 $N(S_i,\sigma_s^2)$，其中，方差 σ_s^2 为文档间共享的超参。基于这个假设，文档 d_i 得分大于文档 d_j 得分的概率如下：

$$\pi_{ij}=\Pr(S'_i-S'_j>0)=\int_0^{\infty} N(S \mid S_i-S_j,2\sigma_s^2)\,\mathrm{d}S \tag{7-33}$$

这里假定 2 个文档的正态分布是独立的，因此其线性组合仍然符合正态分布。得到 π_{ij} 后，可以按照文档插入的思路生成结果序列，比如说当前的序列中包含文档 d_j，接下来需要插入文档 d_i，则可以根据 π_{ij} 调整文档 d_j 的位置：

$$P_j^{(i)}(r)=P_j^{(i-1)}(r-1)\pi_{ij}+P_j^{(i-1)}(r)(1-\pi_{ij}) \tag{7-34}$$

式中，$P_j^{(i)}(r)$ 表示插入文档 d_i 后，文档 d_j 排在第 r 个位置的概率，$P_j^{(i-1)}(r-1)$ 和 $P_j^{(i-1)}(r)$ 的意义类似，因此可以得到文档排在位置 r 的概率 $P_j(r)$，接下来可以基于 $P_j(r)$ 定义损失函数：

$$l=1-\frac{1}{z}\sum_{j=1}^{n}(2^{y(q,d_j)}-1)\sum_{r=1}^{n}\eta(r)P_j(r) \tag{7-35}$$

式中，$\eta(r)$ 为位置权重，位置越靠前权重越大。该损失函数形式和 NDCG 类似，也同样要求相关性越高，预测得分越高。

(3) Attention Rank

受到注意力机制的启发，DLCM 中设计了一种新颖的损失函数 Attention Rank，将排序列表的评估看作注意力的分配过程。假设序列中文档所包含的信息是相互独立的，那么排序后的列表所包含的信息可以看作单一文档的信息累计。如果进一步假设文档的相关性得分等同它的信息量，那么最大化信息量的策略就是给相关的结果大的注意力权重，给不相关的结果小的注意力权重。Attention Rank 的思想为保持预测打分和真实标签在分配策略上的一致性。令 $y(q,d_i)$ 表示查询 q 下文档 d_i 的相关性标签，它在序列 R_q^n 上的分配策略如下：

$$a_i^y=\frac{\psi(y(q,d_i))}{\sum_{d_k\in R_q^n}\psi(y(q,d_k))} \tag{7-36}$$

式中，ψ 定义如下：

$$\psi(x)=\begin{cases}\mathrm{e}^x & x\geqslant 0\\ 0 & x<0\end{cases} \tag{7-37}$$

对于局部打分函数的预测得分，采用类似的计算方式得到 a_i^S，损失函数定义为 2 个注意力得分的交叉熵：

$$l(R_q^n) = -\sum_{d_i \in R_q^n} (a_i^y \log(a_i^S) + (1-a_i^y)\log(1-a_i^S)) \tag{7-38}$$

Attention Rank 不直接预测真实的相关性标签，而是专注在学习序列文档间的相对重要性。假设相关性等级分 1、2、3、4 级，两个查询的结果序列中，一个仅包含 3 级和 4 级的文档，另外一个序列仅包含 1 级和 2 级的文档。相比于第二个序列中的 1 级文档，Attention Rank 可能给第一个序列的 3 级文档分配更高的注意力权重，它建模的是相对值而不是绝对值。Attention Rank 的主要优点是简单高效，在基于 DLCM 的实验中，Attention Rank 的训练速度是 ListMLE 和 SoftRank 两种损失函数的 2~20 倍。

6. 实验效果分析

从 DLCM 的相关实验中可以发现如下结论。

1）重排算法不一定能够带来正向的收益。如果全局的排序算法比较弱，那么重排算法带来正向收益的可能性会比较大。全局排序在采用 LambdaMART 的情况下，只有 DLCM 的算法取得了正向的效果。

2）3 个损失函数中，SoftRank 和 Attention Rank 的效果最好。综合效果和效率两方面，Attention Rank 更好一些。

3）参数设置方面，Attention Rank 对于初始序列的长度不敏感，对于效果的提升是稳定的；原始数据拼接上全连接的抽象表示再送入 GRU 中学习，对于效果是有提升的，抽象表示的维度不宜太小和太大。

4）DLCM 更擅长将初始序列中的最相关结果排在前面。如图 7-3 所示，查询返回的文档相关性等级包括完美（perfect）、优秀（excellent）、好（good）和一般（fair）。DLCM 优化后的文档序列中，逆序对的比例得到了一定的减少，其中减少最多的是完美（perfect）等级的文档。

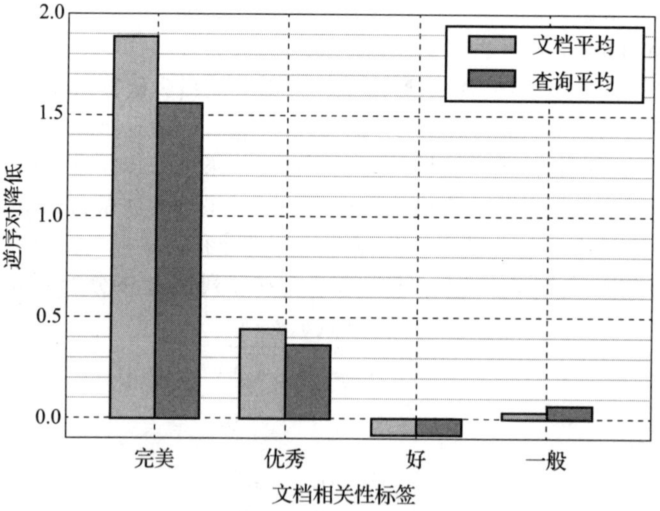

图 7-3　DLCM 在不同相关文档上的优化效果（详见彩插）

DLCM 算法基于局部排序的上下文信息优化了初始序列的排序，尽可能地将相关性等级高的文档排在前面。模型设计中没有考虑相似文档是否应该排在相近的位置，即排序的多样性问题。后续的工作可以沿着多样性的方向继续优化。

7.3.2 PRM

和 DLCM 一样，PRM 致力于对初始的排序序列进行修正，其主要的区别在模型结构设计上，PRM 中采用 Self-Attention 的方式学习局部上下文信息或者物品之间的相关影响。在损失函数方面也是类似的，不过用于推荐场景的 PRM 在损失函数的设计上相比用于搜索相关性场景的 DLCM 更简单一些。下面进一步介绍 PRM 算法的细节。

1. PRM 模型结构

PRM 的模型结构如图 7-4 所示，模型的输入为一个初始的物品列表，输出为修正顺序后的物品列表，结构中包含 3 个部分：输入层、编码层和输出层。

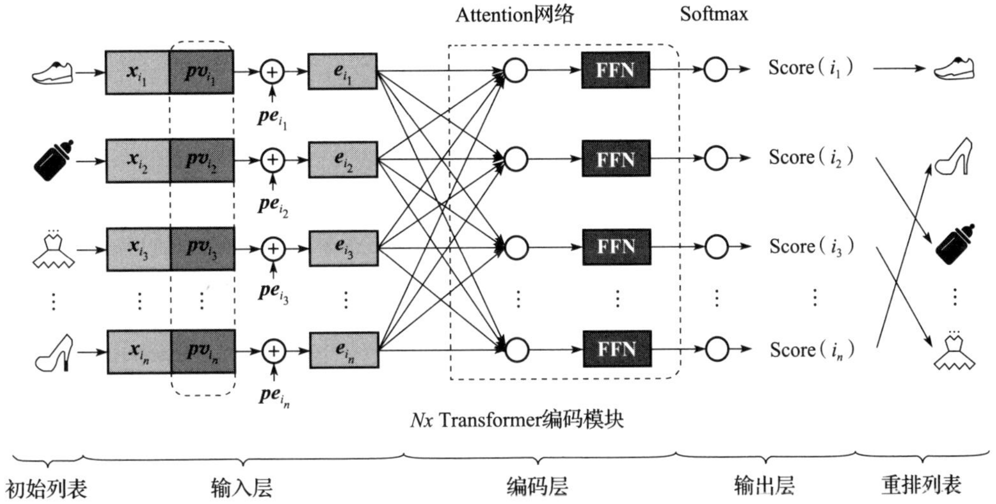

图 7-4 PRM 的模型结构

(1) 输入层

输入层的工作是准备好初始序列中所有物品的特征表示，以便于编码层的进一步学习。初始序列表示为 $S=[i_1,i_2,\cdots,i_n]$，其中，n 为序列的长度，通常为固定数值。$\boldsymbol{X}\in\mathbb{R}^{n\times d_{feature}}$ 表示对应序列的特征表示，每一行都对应序列中的一个物品。但仅仅使用这部分物品的特征表示来学习物品之间的相互关系是不充分的，因为物品之间的相关性是由用户当时的状态决定的。为此，需要在输入层加入用户的个性化表示。如图 7-4 所示，PRM 将上面的特征表示 $\boldsymbol{X}\in\mathbb{R}^{n\times d_{feature}}$ 和一个个性化的特征表示 $\boldsymbol{PV}\in\mathbb{R}^{n\times d_{pv}}$ 拼接起来，得到：

$$\boldsymbol{E}'=\begin{bmatrix}\boldsymbol{x}_{i_1};\boldsymbol{pv}_{i_1}\\ \boldsymbol{x}_{i_2};\boldsymbol{pv}_{i_2}\\ \vdots\\ \boldsymbol{x}_{i_n};\boldsymbol{pv}_{i_n}\end{bmatrix} \tag{7-39}$$

PV 由一个预训练的模型生成，其模型结构如图 7-5 所示。$\mathcal{H}_u$ 和 u 为用户侧特征输入，分别表示用户的历史行为和用户的基础属性（包括性别、年龄、消费级别等）。特征输入送入 MLP，输出物品的点击概率 $P(y_i \mid \mathcal{H}_u, u; \theta')$。Sigmoid 前一层的隐层表示作为个性化的表示 $\boldsymbol{pv}_i$。损失函数采用常用的交叉熵损失：

$$L = \sum_{i \in D} y_i \log(P(y_i \mid \mathcal{H}_u, u; \theta')) + (1-y_i)(1-P(y_i \mid \mathcal{H}_u, u; \theta')) \tag{7-40}$$

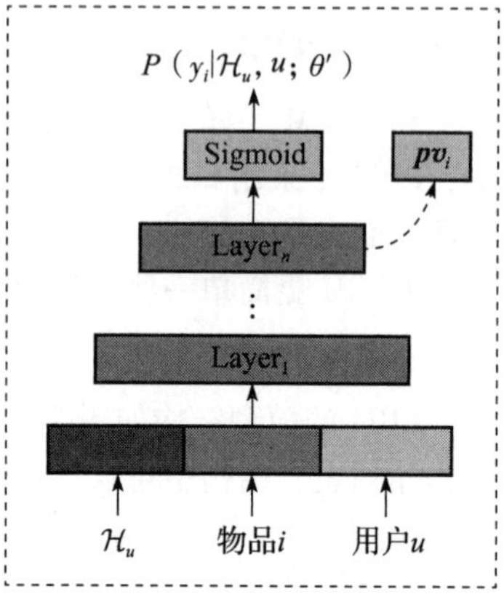

图 7-5　PRM 中个性化表示的预训练模型

式中，D 表示展示给用户的物品集合；θ' 表示预训练模型的参数。预训练的模型可以看作简化版的精排模型，结构设计上也可以选择 FM、FFM、DeepFM、DCN 等模型。当前的很多算法都倾向于端到端的训练方式，然而 PRM 在训练个性化特征表示的时候并没有这样。其中的主要考虑为 PRM 模型的定位是对初始序列的顺序进行校准，难以捕获点击场景中的一般个性化表示。

除了基础特征表示 **X** 和个性化特征表示 **PV**，输入层中还加入了位置信息的编码表示 **PE**。位置信息编码记录了初始列表中隐含的排序关系，可以进一步提高输入层的表达能力。**PE**、**PV** 和 **X** 的关系如下：

$$\boldsymbol{E}'' = \begin{bmatrix} \boldsymbol{x}_{i_1}; \boldsymbol{pv}_{i_1} \\ \boldsymbol{x}_{i_2}; \boldsymbol{pv}_{i_2} \\ \vdots \\ \boldsymbol{x}_{i_n}; \boldsymbol{pv}_{i_n} \end{bmatrix} + \begin{bmatrix} \boldsymbol{pe}_{i_1} \\ \boldsymbol{pe}_{i_2} \\ \vdots \\ \boldsymbol{pe}_{i_n} \end{bmatrix} \tag{7-41}$$

PRM 中的位置编码表示是参与训练学习的，在实验中相比固定不变的方式可以获得一定的正向效果。在送入编码层之前，特征表示 $\boldsymbol{E}''$ 先接入一个全连接层，将其投影到 d 维的隐空间：

$$\boldsymbol{E} = \boldsymbol{E}'' \boldsymbol{W}^E + \boldsymbol{b}^E \tag{7-42}$$

（2）编码层

编码层的目标是整合物品对之间的相互影响和其他的信息，包括用户的兴趣偏好以及初始物品序列隐含的排序关系。为了实现这个目标，PRM 中采用 Transformer 的编码结构，如图 7-6 所示。相比于其他 RNN 的序列化学习方法，Transformer 的结构更适合 PRM 当前解决的重排问题。Transformer 可以直接学习任意物品对之间的相互影响，并且不会像 RNN 一样考虑物品对在序列中的距离。对于距离较远的物品对，Transformer 仍然可以学习它们之间的相互作用。编码层包含了多个 Transformer 中编码结构，用来获取更加抽象的表示。

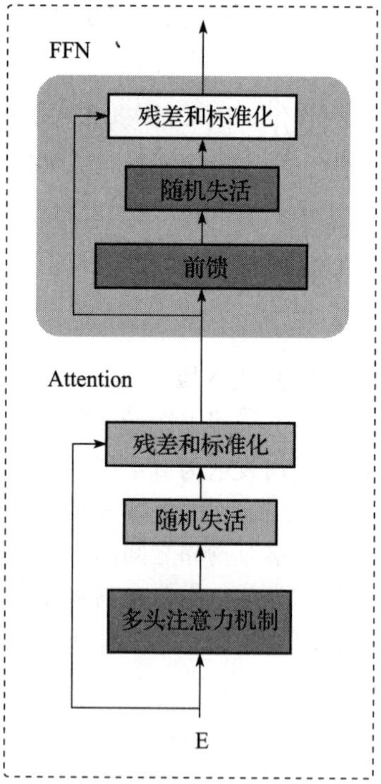

图 7-6　PRM 中的 Transformer 编码结构

(3) 输出层

输出层的任务是获取每一个物品的打分，结构形式比较简单，将编码层的特征表示接入一个全连接层和一个Softmax归一化层：

$$\text{Score}(i)=P(y_i \mid \boldsymbol{X},\boldsymbol{PV},\hat{\boldsymbol{\theta}})=\text{Softmax}(\boldsymbol{F}^{N_x}\boldsymbol{W}^F+\boldsymbol{b}^F) \tag{7-43}$$

式中，$\boldsymbol{F}^{N_x}$ 表示编码层的输出；$\boldsymbol{W}^F$ 和 $\boldsymbol{b}^F$ 表示输出层的训练参数；$P(y_i \mid \boldsymbol{X},\boldsymbol{PV},\hat{\boldsymbol{\theta}})$ 表示物品的点击概率。损失函数的定义如下：

$$L=-\sum_{r\in\mathcal{R}}\sum_{i\in S_r} y_i\log(P(y_i \mid \boldsymbol{X},\boldsymbol{PV},\hat{\boldsymbol{\theta}})) \tag{7-44}$$

式中，r 表示一次用户请求；$\mathcal{R}$ 表示用户请求的全集；S_r 表示初始物品序列；y_i 表示物品是否被点击；$\hat{\boldsymbol{\theta}}$ 为模型参数。

2. 实验效果分析

从PRM的相关实验中可以发现如下结论。

1）PRM的效果优于DLCM、SVMRank和LambdaMART。相比于DLCM，PRM的收益主要来源于Transformer结构的强大编码能力。Transformer结构可以更好地学习任意物品对的相互影响，并且不受物品间距离的影响，这一点是DLCM中GRU结构所不具有的特性。

2）Head的个数影响较小。Transformer中，通常Head的个数越多效果越好，因为可以在不同的子空间中学习交互关系。不过在PRM的重排实验中，Head的个数增加并没有带来显著的效果收益，在实践中常常将Head的个数置为1。

3）PRM模型中，如果去掉位置编码，效果会显著下降。初始序列的排序是非常重要的参考，这一点符合PRM仅用于校准、修正的定位。

4）个性化特征表示对于PRM效果的提升是显著的。个性化特征表示携带了用户偏好的一般性表示，利好物品相互作用的学习。

5）Self-Attention机制可以学习到一些有意义的注意力权重，这一点和预期是一致的。从图7-7中可以看到，相同类别间的影响更大一些，比如男士鞋对女士鞋的影响比对计算机的影响更多。将物品按照价格分为7个等级后，也可以看到价格相近的物品间相互影响更大。

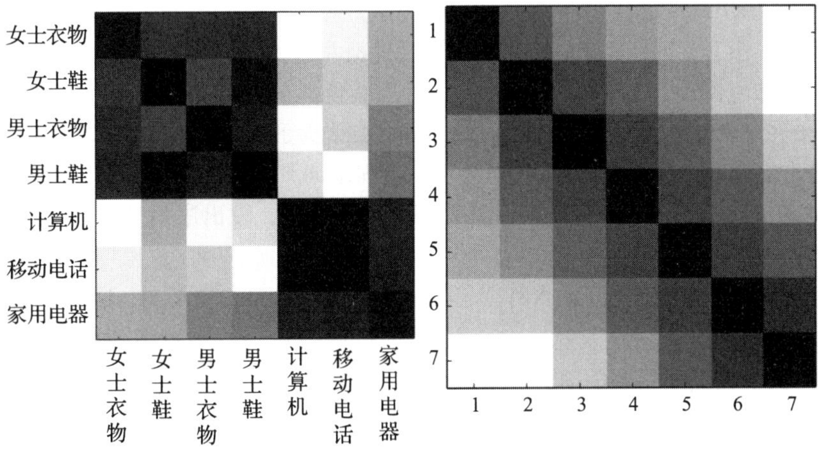

图7-7 类别间相互影响的可视化

7.3.3 Seq2Slate

与 PRM、DLCM 一样，Seq2Slate 的目标也是序列重排，但区别是 PRM 和 DLCM 中仅对局部信息进行编码，Seq2Slate 中则额外增加了一个序列解码阶段，可以根据已选物品逐步生成最终的输出序列，因此，PRM 和 DLCM 可以看作一步解码的 Seq2Slate。对比这 3 个算法在 list-wise 多样性建模中的贡献，可以认为 PRM 和 DLCM 的主要贡献为编码部分的结构设计和调优。Seq2Slate 的主要贡献是提出了一种编码解码结合的序列重排框架，Seq2Slate 对于编码网络和解码网络的模型结构关注不多。除了框架方面，Seq2Slate 还给出了不同的训练方法。下面对 Seq2Slate 的细节进行介绍。

1. Seq2Slate 的模型结构及优化方法

(1) 问题描述

排序问题可以定义为在给定查询或者上下文的情况下生成物品集合的一个有序列表。假设集合中包含 n 个物品，每一个物品的特征向量为 $\boldsymbol{x}_i \in \mathbb{R}^m$。令 $\pi \in \Pi$ 表示集合中物品的一个排列，其中 $\pi_j \in \{1,2,\cdots,n\}$ 表示位置 j 处的物品，比如 5 个物品的一个排列 $\pi=(1,3,2,4,5)$。Seq2Slate 的目标是在给定输入 $\boldsymbol{x}$ 的情况下输出物品的一个最优排列。对于短视频推荐来说，“最优排列”意味着从候选视频集合中返回一个视频子序列给用户，以最大化用户对视频集合的整体满意度，提高用户的消费深度和黏性。

在 Seq2Slate 框架中，根据链式法则，给定输入的特征向量 $\boldsymbol{x}$，输出某一排列的概率为条件概率的乘积：

$$p(\pi \mid \boldsymbol{x})=\prod_{j=1}^{n} p(\pi_j \mid \pi_1,\cdots,\pi_{j-1},\boldsymbol{x}) \tag{7-45}$$

式中，$p(\pi_j \mid \pi_1,\cdots,\pi_{j-1},\boldsymbol{x})$ 表示在前 $j-1$ 个位置放置好的情况下将某一物品放置在第 j 个位置的概率。这个概率定义没有做任何位置间条件独立的假设，非常具有一般性，因此这种条件概率可以获取物品与排序列表中已排序物品间的高阶依赖关系，包括多样性、相似性以及一些其他难以定义的复杂关系。

Seq2Slate 采用 Pointer-Network 结构来学习条件概率（$\pi_j \mid \pi_1,\cdots,\pi_{j-1},\boldsymbol{x}$），如图 7-8 所示，包含两个循环神经网络：一个编码网络（左边浅蓝色部分）和一个解码网络（右边绿色部分），这两个网络的结构形式为 LSTM。Seq2Slate 在结构形式上和常见的 Seq2Seq 网络类似，只在解码输出部分有一些区别。Seq2Seq 计算一个固定词典大小的概率分布，输出其中的一个索引。然而在 Seq2Slate 中需要输出一个输入序列中的物品，输出序列和输入序列等长，并且这个序列的长度是可变的。

在第 i 步编码中，编码网络输入特征向量 $\boldsymbol{x}_i$ 输出一个 ρ 维的向量 $\boldsymbol{e}_i$，通过这种方式将输入序列 $\{\boldsymbol{x}_i\}_{i=1}^{n}$ 转换为潜在记忆状态序列 $\{\boldsymbol{e}_i\}_{i=1}^{n}$。这些潜在状态可以看作物品集合的一种隐式表示。在第 j 步解码中，解码网络输出一个 ρ 维向量 $\boldsymbol{d}_j$。接下来采用注意力机制基于当前的解码输出 $\boldsymbol{d}_j$ 和所有的编码输出 $\{\boldsymbol{e}_i\}_{i=1}^{n}$ 预测第 j 个输出序列中的物品：

$$s_i^j=\boldsymbol{v}^{\mathrm{T}}\tanh(\boldsymbol{W}_{enc}\cdot \boldsymbol{e}_i+\boldsymbol{W}_{dec}\cdot \boldsymbol{d}_j) \tag{7-46}$$

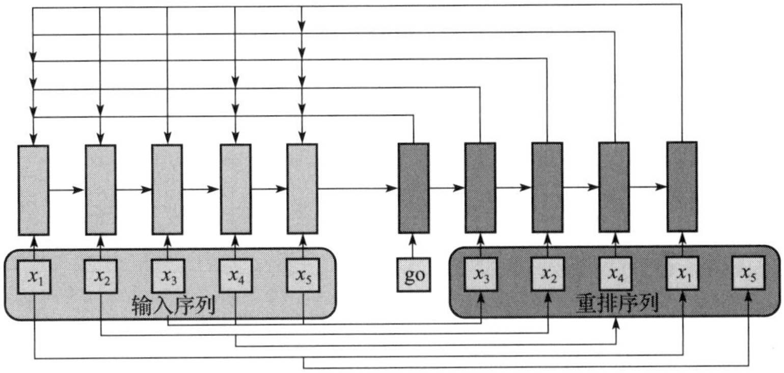

图 7-8 Seq2Slate 的计算流程（详见彩插）

$$p_\theta(\pi_j=i \mid \pi_1,\cdots,\pi_{j-1},\boldsymbol{x}) \equiv p_i^j=\begin{cases}\dfrac{e^{s_i^j}}{\sum\limits_{k\notin(\pi_1,\cdots,\pi_{j-1})} e^{s_k^j}} & \text{如果 } i\notin(\pi_1,\cdots,\pi_{j-1})\\ 0 & \text{如果 } i\in(\pi_1,\cdots,\pi_{j-1})\end{cases} \tag{7-47}$$

式中，$\boldsymbol{W}_{enc}$、$\boldsymbol{W}_{dec}\in\mathbb{R}^{\rho\times\rho}$；$\boldsymbol{v}\in\mathbb{R}^{\rho}$ 为模型参数；s_i^j 表示把物品 i 放在第 j 个位置的得分。选择概率 p_i^j 基于 s_i^j 在未选的物品集上做 Softmax 归一化，已经被选择物品的选择概率为 0。得到概率后可以按照贪心或者随机策略确定下一个物品，如图 7-8 中的红色箭头所示，比如选择了物品 3 之后按照上述的逻辑选择了下一个物品 2，接下来依次是物品 4、1 和 5。物品被选择后，其特征向量会作为解码网络下一步的输入。解码网络的初始输入“go”对应的特征也是一个 m 维的向量。

这个计算过程中可以注意到以下几点。

1）解码网络中，当前时刻的输出依赖于已经选择或者排序好的物品，比如，图 7-8 中选择物品 4 之后输出的潜在表示包含了 3、2、4 这 3 个物品的特征表示，这使得 Seq2Slate 可以处理物品之间的高阶交互关系。

2）预测下一个物品的概率计算中没有任何独立性的假设。如果模型预测的概率是准确的，那么物品序列可以包含多种交互关系，比如品类多样性和其他复杂的隐式交互关系。Seq2Slate 可以充分挖掘数据中蕴含的交互关系，不依赖于人工的先验，模型中交互关系的学习完全是数据导向的。

3）和 Seq2Seq 任务中的一样，预测阶段的复杂度较高，为 $O(n^2)$。为了降低复杂度，结合序列校准任务的特殊性，Seq2Slate 预测中尝试了 1 步解码，输出预测向量 $\boldsymbol{p}^1=p_\theta(\pi_1=\cdot \mid x)$ 之后按照概率大小排序，然后直接输出结果序列。

Seq2Slate 利用用户的点击行为日志来训练模型。相比于人工标注的相关性等级、排序等标签，用户的点击行为更容易采集。每一条训练样本都包含了一系列的物品特征向量 $\boldsymbol{x}=\{\boldsymbol{x}_1,\cdots,\boldsymbol{x}_n\}$ 和二值的用户反馈标签 $y=\{y_1,\cdots,y_n\}$，其中 $\boldsymbol{x}_i\in\mathbb{R}^m$，$y_i\in\{0,1\}$。Seq2Slate 的目标为优化公式 $p_\theta(\pi_j \mid \pi_1,\cdots,\pi_{j-1},\boldsymbol{x})$ 中的参数 θ 以保证好的排列 π 可以获得更高的概率。对于排列 π 和标签序列 y，可以用多种评价指标 $\mathcal{R}(\pi,y)$ 来评估效果，比如 MAP、

Precision@ N、NDCG 等。

在标准的 Seq2Seq 中，模型在确定输入序列的情况下最大化输出目标序列的似然。然而在基于训练日志的优化任务中能够获取的标签仅仅是弱监督的二值标签序列，而不是确定的目标序列。因此 Seq2Seq 中的训练方法不适用于 Seq2Slate。

（2）基于 REINFORCE 算法的模型训练

如果把评价指标 $\mathcal{R}(\pi,y)$ 看作强化学习中的奖励，那么 Seq2Slate 的优化可以参考强化学习中的一些方法。

Seq2Slate 的优化目标为最大化评价指标的期望：

$$\max_{\theta}\mathbb{E}_{\pi\sim p_{\theta}(\cdot|x)}[\mathcal{R}(\pi,y)] \tag{7-48}$$

可以采用策略梯度的方式并结合随机梯度上升来学习参数 θ。梯度的部分可以根据常用的 REINFORCE 更新方式：

$$\nabla_{\theta}\mathbb{E}_{\pi\sim p_{\theta}(\cdot|x)}[\mathcal{R}(\pi,y)]=\mathbb{E}_{\pi\sim p_{\theta}(\cdot|x)}[\mathcal{R}(\pi,y)\nabla_{\theta}\log p_{\theta}(\pi\mid \boldsymbol{x})] \tag{7-49}$$

上面的梯度公式按照蒙特卡洛采样近似后为如下形式：

$$\frac{1}{B}\sum_{k=1}^{B}(\mathcal{R}(\pi[k],y[k])-b_{\mathcal{R}}(x[k]))\nabla_{\theta}\log p_{\theta}(\pi[k]\mid x[k]) \tag{7-50}$$

式中，k 为 Batch 内的索引；B 为 Batch 的大小；$\pi[k]$ 为根据模型 p_{θ} 获取到的输出序列；$b_{\mathcal{R}}(x[k])$ 是基线算法的期望奖励。

（3）有监督的模型训练

像 REINFORCE 这样的策略梯度算法在训练方面是有一定挑战的，收敛速度会慢一些，而且效果也不太稳定。为了解决这个问题，Seq2Slate 中提出了另外一种有监督的训练方式。这种方式不需要像策略梯度算法一样按照整个序列更新模参数，可以按照步更新模型。

公式中为每一个物品分配了一个得分 s_i，为了简化，这里将位置坐标 j 省略。令 $s=(s_1,\cdots,s_n)$，单步损失函数 $\ell(s,y)$ 可以看作一个多标签的分类任务。对于 ℓ，可以选择常用的交叉熵和 Hinge 损失：

$$\ell(s,y)=-\sum_{i}\hat{y}_i\log p_i \tag{7-51}$$

$$\ell_{\text{Hinge}}(s,y)=\max\{0,1-\min_{i:y_i=1}s_i+\max_{j:y_j=0}s_j\} \tag{7-52}$$

式中，$\hat{y}_i=y_i\Big/\sum_j y_j$；$p_i$ 是 Softmax 归一化后的 s。直观来看，交叉熵损失函数的优化方向是为正样本分配更高的概率值（点击样本），Hinge 损失试图保证正样本中的概率比负样本的概率高。为了改善 Hinge 损失的收敛性，可以将其中的 max 和 min 替换为平滑的版本：

$$\text{smooth-max}(s;\gamma)=\frac{1}{\gamma}\log\sum_{i}e^{\gamma s_i} \tag{7-53}$$

$$\min_i(s_i)=-\max_i(-s_i) \tag{7-54}$$

max( ) 函数本身不可导，式（7-53）中，smooth-max( ) 函数为可导函数，可以近似表示 max( ) 函数。正如前面所提到的，Seq2Slate 和其他方法的主要区别为序列化的解码方式。如果简单地在每一步解码中采用公式的损失，同时重复使用同一个标签 y，那么损失对于输出结果的排列是不敏感的，比如，在序列的开始预测一个正样本和在序列的末尾预测一个正样本的损失是一样的。为此，在每一步解码中，损失函数 ℓ 中需要忽略已选择的物品，这样正确预测好标签后不会再引入新的损失。对于一个确定的排列 π，其序列损失如下：

$$\mathcal{L}_\pi(S,y)=\sum_{j=1}^{n} w_j \ell_{\pi<j}(\boldsymbol{s}^j,y) \tag{7-55}$$

式中，$S=\{\boldsymbol{s}^j\}_{j=1}^n$ 表示模型的预测得分，每一个 $\boldsymbol{s}^j=(s_1^j,\cdots,s_n^j)$ 都表示位置 j 处的物品得分向量；$\ell_{\pi<j}(\boldsymbol{s}^j,y)$ 仅依赖于 $\boldsymbol{s}^j$ 和 y 中索引不在 π_j 中的部分；w_j 为每一步的权重，用于突出序列中起始位置的重要性，这一点和人们的认知是一致的，可以设置为如下形式：

$$w_j=1/\log(j+1) \tag{7-56}$$

采用公式中的序列损失之后，优化目标如下：

$$\min_\theta \mathbb{E}_{\pi\sim p_\theta(\cdot|x)}[\mathcal{L}_\pi(\theta)] \tag{7-57}$$

其中：

$$\mathbb{E}_{\pi\sim p_\theta(\cdot|x)}[\mathcal{L}_\pi(\theta)]=\sum_\pi p_\theta(\pi\mid x)\mathcal{L}_\pi(\theta) \tag{7-58}$$

由于 $p_\theta(\pi\mid x)$ 和 $\mathcal{L}_\pi(\theta)$ 对于任意排列 π 都是可导的，所以期望损失也是处处可导的，其梯度定义如下：

$$\begin{aligned}\nabla_\theta\mathbb{E}_\pi[\mathcal{L}_\pi(\theta)]&=\nabla_\theta\sum_\pi p_\theta(\pi\mid x)\mathcal{L}_\pi(\theta)\\&=\sum_\pi[(\nabla_\theta p_\theta(\pi\mid x))\mathcal{L}_\pi(\theta)+p_\theta(\pi\mid x)(\nabla_\theta\mathcal{L}_\pi(\theta))]\\&=\mathbb{E}_{\pi\sim p_\theta(\cdot|x)}[\mathcal{L}_\pi(\theta)\cdot\nabla_\theta\log p_\theta(\pi\mid x)+\nabla_\theta\mathcal{L}_\pi(\theta)]\end{aligned} \tag{7-59}$$

按照采样近似后：

$$\approx\frac{1}{B}\sum_{k=1}^{B}[(\mathcal{L}_{\pi[k]}(S(\theta),y[k])-b_{\mathcal{L}}(x[k]))\nabla_\theta\log p_\theta(\pi[k]\mid x[k])+\nabla_\theta\mathcal{L}_{\pi[k]}(S(\theta),y[k])] \tag{7-60}$$

和 REINFORCE 训练方法不同，这里讨论的损失函数中没有直接引入评价指标。虽然不是直接优化特定的评价指标，但是上面的损失函数和评价指标的效果是一致的，也可以作为奖励函数。

（4）贪心策略优化模型训练

预测解码的时候，很多 Seq2Slate 任务采用贪心策略比采样策略的效果更好，因此可以联想到在训练的时候采用贪心策略可能也是有效果的。贪心策略在每一步选择概率 $p_\theta(\cdot\mid\pi_{<j},x)$ 最大的物品，输出的结果序列 π^* 满足 $\pi_j^*=\arg\max_i p_\theta(\pi_j=i\mid\pi_{<j}^*,x)$，公式中的损失函数简化为 $\mathcal{L}_{\pi^*}(\theta)$。

综上所述，训练阶段的 Seq2Slate 分别尝试了序列级优化的 REINFORCE 和单步级的有监督训练，策略方面也尝试了贪心策略和采样策略。

2. 实验效果分析

从 Seq2Slate[6] 论文中的相关实验中可以得出如下结论。

1）调整后的序列和调整前的序列差别不大，即重排模型在一定程度上保持了和上游排序模型的一致性。另外，Seq2Slate 还尝试将输入序列随机打散，即不依赖初始序列的顺序，在效果上会出现显著的下降。

2）有监督训练结合交叉熵损失函数可以获得最好的效果，采样策略和贪心策略的效果区别不大。相比于单步级的有监督训练，REINFORCE 的训练方式收敛需要 4 倍多的时间开销。

3）一步解码在复杂的真实场景中比序列化的多步解码要差一些，不过仍然可以取得较好的正向效果。它的训练耗时可以缩减到 1/4，预测耗时可以缩减到 1/3。预测架构服务能力不强的场景可以尝试一步解码的方式。

4）在改变物品的交互关系后，Seq2Slate 依然可以得到较好的效果。Seq2Slate 是一种数据驱动的算法，对数据的适应性和扩展性更好，不需要随着数据的改变而改变模型定义。

7.3.4 GRN

Seq2Slate 算法通过编码网络提取上下文环境影响下的物品表示，通过解码网络生成输出序列。和 Seq2Slate 算法类似，GRN 算法也包含了类似功能的实现。在建模局部上下文表示方面，GRN 中构建 Evaluator 网络提取初始序列的局部表示，并和 PRM、DLCM 等算法一样根据交互行为优化 Evaluator 网络。Evaluator 输出的交互行为概率可以作为输入序列的奖励评价，以此来指导后续的序列生成过程。在生成输出序列方面，GRN 构建 Generator 根据初始排序列表序列化地生成最终的排序列表，生成过程中也会考虑已选择物品的影响。Seq2Slate 算法中的编码网络和解码网络是同步优化的，GRN 中的编码网络和解码网络是分别训练的，Evaluator 网络训练好以后来指导 Generator 网络的学习。

可以注意到，在不考虑性能的情况下，GRN 算法中的 Evaluator 网络其实已经可以和 PRM、DLCM 算法一样完成重排的目标了，即用物品间相互影响下的交互行为概率来修正输入的排序列表。不过，GRN 认为这种贪心策略的重排并不是最优的。贪心的 list-wise 方法与 GRN 的对比如图 7-9 所示，输入序列中包含 4 个物品：i_1、i_2、i_3 和 i_4。上下文编码模型预测的交互概率分别为 0.4、0.1、0.2、0.3，按照贪心策略排序后得到 i_1，i_4、i_3 和 i_2。但是这个交互概率是在 i_1、i_2、i_3、i_4 的顺序下计算得到的，重新排序后局部上下文变了，交互概率也会变化，所以贪心策略得到的可能是次优解。GRN 中上下文编码模型不直接用于重排，而是扮演指导序列 Generator 的角色，重排后的序列由 Generator 根据已选的物品逐步生成。

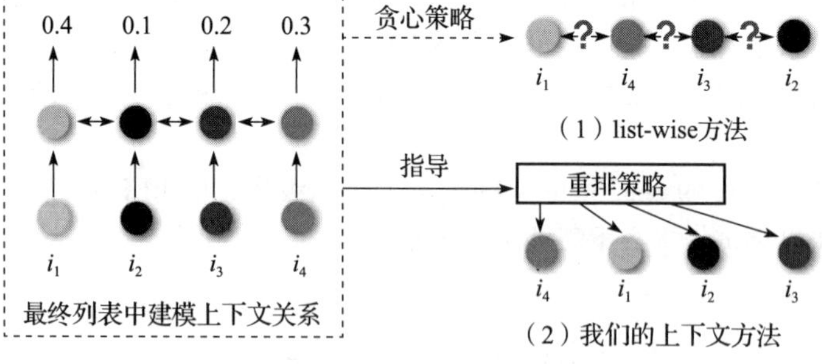

图 7-9 贪心的 list-wise 方法与 GRN 的对比

1. GRN 的模型结构和训练方法

下面详细地介绍 GRN 算法中 Evaluator 和 Generator 的结构设计和训练方式。

(1) Evaluator 网络

从上下文的角度来看，影响用户交互（是否点击、播放、购买等）的因素包括两个方面。

1）用户浏览过程中的兴趣和意愿的变化。一个物品的前后物品都有可能影响到用户的意愿。比如，电商 APP 信息流里的推荐商品，有可能前面出现的是广告，后面出现的是冷门商品，用户有可能比较了推荐上下文的所有商品才决定购买哪个商品。从这个例子可以看到，用户交互的演进有可能是双向的。

2）物品列表中不同物品之间的相互影响。比如性价比高的物品相比性价比低的物品更容易获得用户的青睐。

GRN 算法综合这两个方面的因素构建了 Evaluator 网络，模型结构如图 7-10 所示。

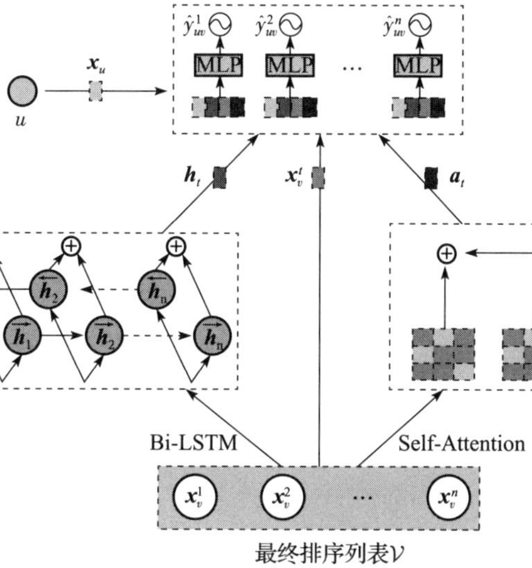

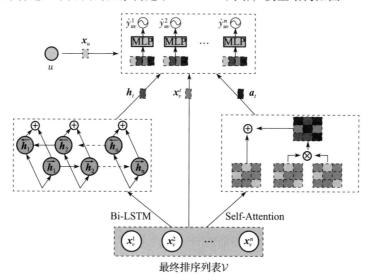

图 7-10 GRN 中的 Evaluator 模型结构（详见彩插）

基于上下文信息的商品交互概率如下：

$$E(\boldsymbol{x}_v^t \mid \boldsymbol{u},\mathcal{V};\boldsymbol{\Theta}^E) \tag{7-61}$$

式中，$\mathcal{V}$ 为最终的排序列表；$\boldsymbol{x}_v^t$ 为 $\mathcal{V}$ 中第 t 个物品的特征表示；$\boldsymbol{u}$ 为用户的特征表示；$\boldsymbol{\Theta}^E$ 为 Evaluator 的模型参数。

对于第一个因素，为了捕获双向的用户意愿演进，Evaluator 中使用了双向的 LSTM。第 t 个物品的隐状态输出为前向隐状态拼接上的反向隐状态：$\boldsymbol{h}_t=\overrightarrow{\boldsymbol{h}_t}\oplus\overleftarrow{\boldsymbol{h}_t}$。对于第二个因素，Evaluator 中利用 Self-Attention 的注意力机制来学习任意两个物品之间的相互影响，其输出为 a_t。Evaluator 综合上面两个输出以及基本的用户特征和物品特征计算出交互概率：

$$E(\boldsymbol{x}_v^t \mid \boldsymbol{u},\mathcal{V};\boldsymbol{\Theta}^E)=\sigma(f(f(f(\boldsymbol{x}_u\oplus\boldsymbol{x}_v^t\oplus\boldsymbol{h}_t\oplus a_t)))) \tag{7-62}$$

式中，$f(x)=\boldsymbol{W}x+\boldsymbol{b}$；$\sigma$ 为 Sigmoid 函数。显然，Evaluator 网络可以直接采用交叉熵损失函数来优化：

$$\mathcal{L}^E=-\frac{1}{N}\sum_{(u,\mathcal{V})\in D}\sum_{\boldsymbol{x}_v^t\in\mathcal{V}} y_{uv}^t\log\hat{y}_{uv}^t+(1-y_{uv}^t)\log(1-\log\hat{y}_{uv}^t)) \tag{7-63}$$

式中，D 为训练样本集合；$\hat{y}_{uv}^{t}=E(\boldsymbol{x}_{v}^{t}\mid u,\mathcal{V};\boldsymbol{\Theta}^{E})$；$y_{uv}^{t}\in\{0,1\}$。

(2) Generator 网络

Generator 网络的模型结构如图 7-11 所示，其目标是从初始的物品列表生成修正后的排序列表，定义如下：

$$G(u,C;\boldsymbol{\Theta}^{G}) \tag{7-64}$$

式中，C 为初始排序列表；u 为用户；$\boldsymbol{\Theta}^{G}$ 为 Generator 的模型参数。Generator 的每一步都从初始列表中选择一个物品，选择时需要比较不同待选物品和已选择物品以及用户的相关性。这个过程需要构建以下内容。

1）已选择物品的表示。已选择的物品是一个逐步增长的序列，常用的做法是利用循环神经网络建模，可以结合注意力机制。

2）计算待选物品、已选物品和用户三者之间的相关性得分，可以直接输入 MLP 中再接 Softmax 得到概率值。

下面给出 Generator 网络里面的具体实现方式。

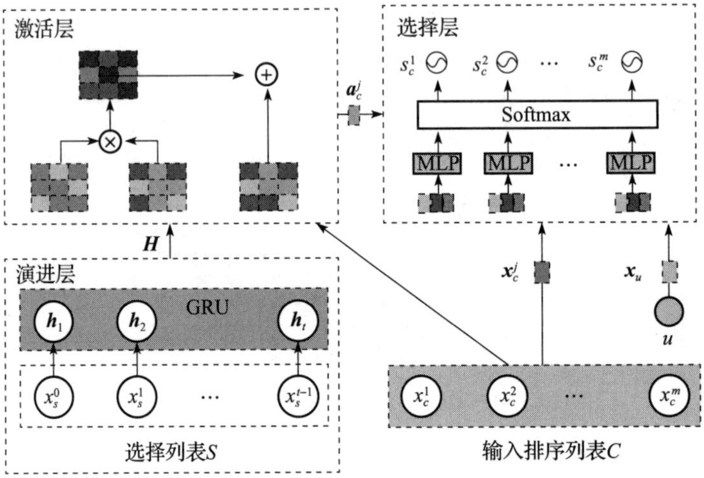

图 7-11　GRN 中的 Generator 模型结构（详见彩插）

已选择物品的表示采用较为高效的 GRU 结构来处理。令已选择物品序列为 $S=[x_s^0,x_s^1,\cdots,x_s^{t-1}]$，其隐状态的输出为 $\boldsymbol{H}=[\boldsymbol{h}_1,\boldsymbol{h}_2,\cdots,\boldsymbol{h}_t]$，GRU 内部的计算逻辑这里不再详细说明。序列 S 的整体表示可以直接使用 Sum Pooling 的方式生成，后面计算的得分是针对待选物品的，Generator 中利用注意力机制生成序列 S 的整体表示：

$$\boldsymbol{a}_{h}^{i}=\frac{\exp(\boldsymbol{h}_{i}\boldsymbol{W}\boldsymbol{x}_{c}^{j})}{\sum_{i=1}^{t}\exp(\boldsymbol{h}_{i}\boldsymbol{W}\boldsymbol{x}_{c}^{j})} \tag{7-65}$$

$$\boldsymbol{a}_{c}^{j}=\sum_{i=1}^{t}\boldsymbol{a}_{h}^{i}\boldsymbol{h}_{i} \tag{7-66}$$

式中，$\boldsymbol{x}_{c}^{j}$为初始列表中第 j 个物品（待选物品）的特征表示；$\boldsymbol{a}_{c}^{j}$ 为已选物品序列的整体表示。待选物品、已选物品序列和用户三者之间的相关性计算如下：

$$\widetilde{s}_c^j = f(f(f(\boldsymbol{x}_u \oplus \boldsymbol{x}_c^j \oplus \boldsymbol{a}_c^j))) \tag{7-67}$$

$$s_c^j = \frac{\exp(\widetilde{s}_c^j)}{\sum_j^m \exp(\widetilde{s}_c^j)} \tag{7-68}$$

式中，m 为初始序列 C 的大小；s_c^j 为归一化后的概率值。接下来从未进入 S 的物品中选择概率最大的：

$$G^t(u, C; \boldsymbol{\Theta}^G) = x_c^{\arg\max_j s_c^j}, \quad x_c^{\arg\max_j s_c^j} \notin S \tag{7-69}$$

重复上面的选择过程，直到生成的序列长度达到 n，生成策略和 Generator 生成的序列定义如下：

$$\pi = [G^1(u, C; \boldsymbol{\Theta}^G), \cdots, G^n(u, C; \boldsymbol{\Theta}^G)] \tag{7-70}$$

$$\mathcal{O} = [x_0^1, \cdots, x_0^n] \tag{7-71}$$

Generator 按照策略梯度的方式更新，可以直接利用 Evaluator 输出序列 $\mathcal{O}$ 中每一步选择的物品所能获得的奖励。不过，GRN 中提出了一种更为全面的奖励方式，该奖励包含下面两个部分。

1）Self Reward：顾名思义，表示序列中的物品在上下文影响下自身所能获得的奖励，对应 Evaluator 的预测输出，其定义如下：

$$r^{\text{self}}(x_0^t \mid u, \mathcal{O}) = E(x_0^t \mid u, \mathcal{O}; \boldsymbol{\Theta}^E) \tag{7-72}$$

2）Differential Reward：序列中的物品除了自身能够获得奖励外，对于其他物品的奖励也是有影响的。比如，买衣服时经常遇到这样的情况，买了某一件喜欢的衣服之后，为了搭好这件衣服，又买了好几件搭配的衣服，最初买的那件衣服对于整体价值的贡献就不只是它本身所具有的价值。和强化学习中关注长期奖励类似，GRN 在自身奖励之外还关注了单个物品对于整体奖励的影响：

$$r^{\text{diff}}(x_0^t \mid u, \mathcal{O}) = \sum_{x_0^i \in \mathcal{O}^-} E(x_0^i \mid u, \mathcal{O}; \boldsymbol{\Theta}^E) - \sum_{x_0^i \in \mathcal{O}^-} E(x_0^i \mid u, \mathcal{O}^-; \boldsymbol{\Theta}^E) \tag{7-73}$$

式中，序列 $\mathcal{O}^-$ 为 $\mathcal{O}$ 中移除 x_0^t 后的序列。将上面两个奖励合并之后可以得到第 t 个物品 x_0^t 为序列 $\mathcal{O}$ 所贡献的奖励：

$$\begin{aligned} r(x_0^t \mid u, \mathcal{O}) &= r^{\text{self}}(x_0^t \mid u, \mathcal{O}) + r^{\text{diff}}(x_0^t \mid u, \mathcal{O}) \\ &= E(x_0^t \mid u, \mathcal{O}; \boldsymbol{\Theta}^E) + \sum_{x_0^i \in \mathcal{O}^-} E(x_0^i \mid u, \mathcal{O}; \boldsymbol{\Theta}^E) - \sum_{x_0^i \in \mathcal{O}^-} E(x_0^i \mid u, \mathcal{O}^-; \boldsymbol{\Theta}^E) \\ &= \sum_{x_0^i \in \mathcal{O}} E(x_0^i \mid u, \mathcal{O}; \boldsymbol{\Theta}^E) - \sum_{x_0^i \in \mathcal{O}^-} E(x_0^i \mid u, \mathcal{O}^-; \boldsymbol{\Theta}^E) \end{aligned} \tag{7-74}$$

最后，按照策略梯度的方式优化如下的损失函数来更新 Generator 网络的参数：

$$\mathcal{L}^G = -\frac{1}{N} \sum_{(u,C) \in \mathbf{R}} \sum_{x_0^t \in \mathcal{O}} r(x_0^t \mid u, \mathcal{O}) \log s_c^j \tag{7-75}$$

（3）模型训练

GRN 需要训练的参数来自 Evaluator 和 Generator，其训练过程如图 7-12 所示。首先训练 Evaluator 的参数 $\boldsymbol{\Theta}^E$，直到模型收敛。接下来利用训练好的 Evaluator 去指导 Generator 训练。Generator 的训练过程包括序列生成和策略梯度更新两个环节，不断循环这个过程，直到

Generator 的效果收敛。更详细的计算过程如下。

算法 7-2 GRN 的训练过程

输入：交互数据集 $\mathcal{R}=\{(u,\mathcal{V},C,y)\}$；评估网络 $E(x_v^t \mid u,\mathcal{V};\boldsymbol{\Theta}^E)$；
　生成网络 $G(u,C;\boldsymbol{\Theta}^G)$
输出：模型参数 $\boldsymbol{\Theta}^E$ 和 $\boldsymbol{\Theta}^G$
//训练评估网络
当 $\boldsymbol{\Theta}^E$ 未收敛，则循环
　根据式（7-62）计算生成网络的预测值
　根据式（7-63）的损失优化 $\boldsymbol{\Theta}^E$
结束循环
//训练生成网络
当 $\boldsymbol{\Theta}^G$ 未收敛，则循环
　新的最终排序列表 $\mathcal{O}$;
　for $t=1,2,\cdots,n$ do:
　　根据式（7-65）~式（7-69）生成第 t 个物品 x_0^t
　　$\mathcal{O} \leftarrow \mathcal{O} \cup x_0^t$;
　end for
　根据式（7-72）~式（7-74）计算 $\mathcal{O}$ 中每一个物品的奖励
　根据式（7-75）中的损失优化生成器 $\boldsymbol{\Theta}^G$
结束循环

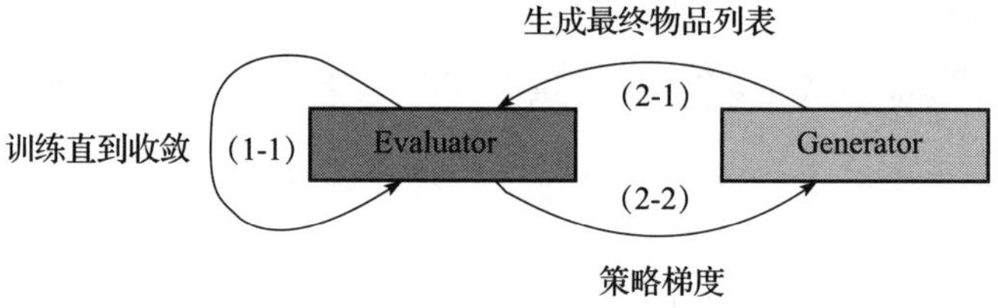

图 7-12　GRN 的训练过程

2. 实验效果分析

从 GRN 的相关实验可以看到：

1）在预测交互概率的任务上，GRN 中的 Evaluator 网络取得了最好的效果。整体上，建模局部上下文关系的算法比传统的 point-wise 算法效果更好。这也证明了用户的交互行为容易受到推荐上下文的影响。

2）在重排任务上，GRN 中的 Generator 网络获得了 SOTA 的效果。贪心策略和 Generator 的实例分析如图 7-13 所示。贪心策略连续推荐了 4 件上衣给用户，Generator 推荐了更多品类的衣服给用户，更容易激发用户的兴趣。

3）多个消融实验中证明了双向 LSTM、Self-Attention、SelfReward 和 DifferentialReward 等细节设计上的有效性。

图 7-13　实验结果分析：贪心策略对比 GRN 的 Generator 输出

7.3.5　PRS

PRS 模型从排列的角度审视推荐系统，主要是因为绝大多数的推荐系统在一次请求中返回给用户的结果均为一个物品序列，比如电商平台上一次给用户推荐多个商品，短视频中一次请求会下发一定数目的视频。当前的推荐系统通常都是按照排序打分选择排在前面的物品序列，也就是所谓的贪心策略。这里换个思路，也可以从一定数量的物品中选出几个物品组成一个序列，然后评估序列的好坏，选出最好的序列展示给用户。这种基于序列的方式能够自然地考虑序列内的相互影响，利用推荐多样性等因素，仅从单个序列的角度来看，比贪心策略的方式更优。

图 7-14 给出了电商场景中的案例对比，把 *A*、*B*、*C* 三个商品展示给用户，其中商品 *A* 比商品 *B* 更便宜一些。如果按照 *ABC* 的顺序推荐给用户，那么用户可能不会购买任何一个商品，但是按照 *BAC* 的顺序，把更贵的 *B* 排在便宜的 *A* 前面并推荐给用户，则可能会刺激用户的购买欲。猜测用户的内心活动有可能是"发现一个商品比刚才那个商品便宜，买这个"。对于推荐系统来说，*BAC* 的输出序列更好，不过 PRM、DLCM 等基于贪心策略的 list-wise 模型不一定能学习到这一点。对于一个初始序列 *BAC*，这些重排算法可能会因为用户购买了物品 *A* 而给出更高的得分，并按照贪心策略调整顺序生成 *ABC*，即一个推荐效果更差的序列。然而基于序列的方式可能会学到这样一种情况：用户购买了物品 *A*，在 *ABC* 和 *BAC* 两个序列中，物品 *A* 的得分都比其他物品高一些，但是在 *BAC* 序列中，物品 *A* 的得分更高一些，最终选择了整体最优的序列 *BAC*。

基于序列的方式具有很高的理论效果上限，不过这种建模方式对于推荐系统的挑战是非常大的。首先是求解空间上的剧烈膨胀，比如，从 100 个物品中选择 10 个组成一个序列，这个序列的候选数目非常大。其次，当前的推荐系统对于序列好坏的评估方法也比较缺乏，很

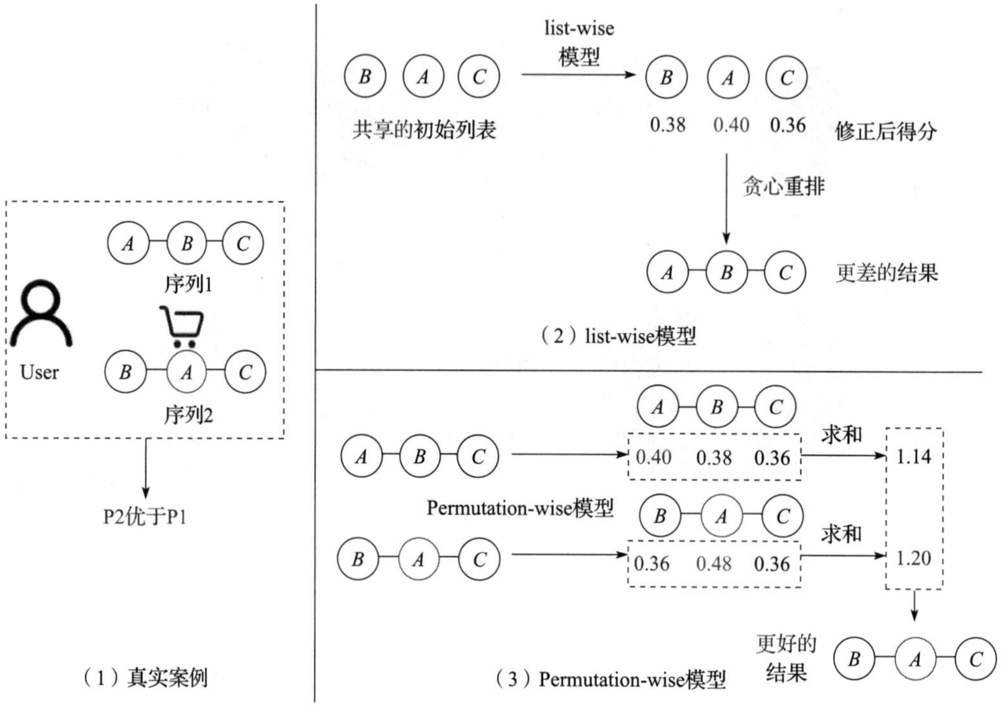

图 7-14 电商场景中的案例对比：list-wise 模型与 Permutation-wise 模型（详见彩插）

多研究仍然是基于贪心策略的。PRS 算法致力于实现序列最优的推荐重排，设计了序列匹配（PMatch）和序列排序（PRank）两个模块来解决上述的两个挑战。图 7-15 中对比了当前推荐系统和 PRS 重排方法。

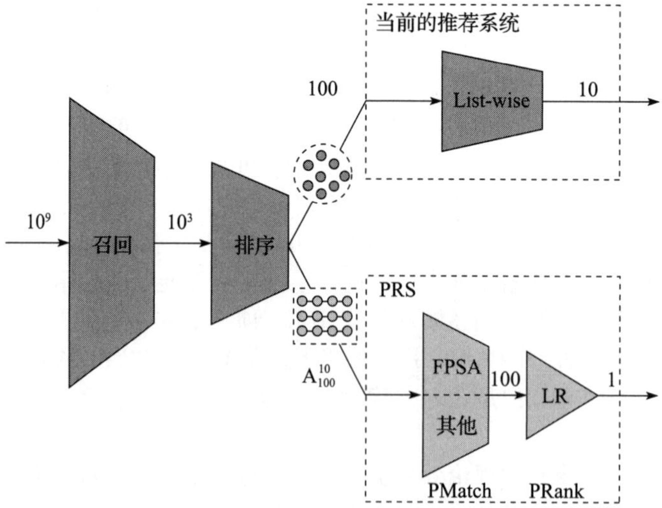

图 7-15 当前推荐系统和 PRS 的区别

1. PRS 模型结构设计

PRS 框架的整体结构如图 7-16 所示，左边为 PMatch 阶段，右边为 PRank 阶段。PMatch 阶段中，C 为上游排序（一般为 point-wise）后的列表，S 为 PMatch 阶段中输出的候选序列。可以同时部署多种算法并行地提取候选序列，最后将多个算法的结果合并。这个过程类似于推荐系统中的多路召回。PRS 中提出了一种快速序列检索方式 FPSA，后面会详细地展开描述。PRank 阶段的逻辑比较简单，针对每一个序列给出评价得分并取最优序列。下面分别给出 PMatch 和 PRank 的具体实现和设计方法。

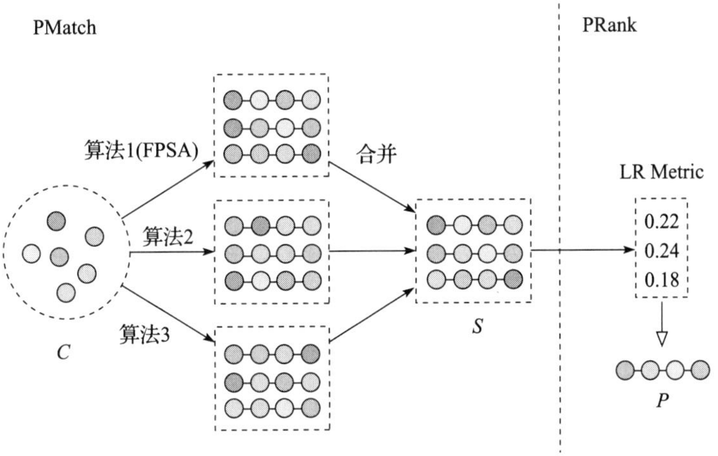

图 7-16　PRS 框架的整体结构（详见彩插）

（1）PMatch

PMatch 阶段需要快速从 C 中构建出一定数量的定长物品序列，这里可以采用启发式的搜索算法 Beam Search。每一次探索序列中的下一个物品时，都保留了一些可能的好序列，不断循环下去，直到序列的长度达到了指定的阈值。PMatch 中基于 Beam Search 提出了一种快速的序列生成算法 FPSA。接下来首先给出 FPSA 中序列的评价方法。

FPSA 对于序列的评价依赖于物品的点击率 $p_{c_i}^{\mathrm{CTR}}$ 和继续浏览率 $p_{c_i}^{\mathrm{NEXT}}$（即用户看完当前物品后继续浏览下一个物品，也可以称为不跳失率）。点击率和继续浏览率对应的价值分别为 r^{PV} 和 r^{IPV}，总的价值 r^{sum} 等于两部分价值的加权和：

$$r^{\mathrm{sum}}=\alpha \cdot r^{\mathrm{PV}}+\beta \cdot r^{\mathrm{IPV}} \tag{7-76}$$

在计算 r^{PV} 和 r^{IPV} 的时候需要考虑当前曝光率 p^{Expose}：

$$r^{\mathrm{PV}}+=p^{\mathrm{Expose}} \cdot p_{c_i}^{\mathrm{NEXT}} \tag{7-77}$$

$$r^{\mathrm{IPV}}+=p^{\mathrm{Expose}} \cdot p_{c_i}^{\mathrm{CTR}} \tag{7-78}$$

式中，p^{Expose} 的初始值为 1.0，迭代过程中以如下的方式更新：

$$p^{\mathrm{Expose}} \cdot =p_{c_i}^{\mathrm{NEXT}} \tag{7-79}$$

点击率和继续浏览率由两个 point-wise 的模型 $M^{\mathrm{CTR}}(v \mid u;\boldsymbol{\Theta}^{\mathrm{CTR}})$ 和 $M^{\mathrm{NEXT}}(v \mid u;\boldsymbol{\Theta}^{\mathrm{NEXT}})$ 输出得到，这两个模型的定义如下：

$$\hat{y}_t^{\mathrm{CTR}} = M^{\mathrm{CTR}}(v \mid u;\boldsymbol{\Theta}^{\mathrm{CTR}}) = \sigma(f(f(f(\boldsymbol{x}_v \oplus \boldsymbol{x}_u)))) \tag{7-80}$$

$$\hat{y}_t^{\mathrm{NEXT}} = M^{\mathrm{NEXT}}(v \mid u;\boldsymbol{\Theta}^{\mathrm{NEXT}}) = \sigma(f(f(f(\boldsymbol{x}_v \oplus \boldsymbol{x}_u)))) \tag{7-81}$$

式中，σ 为 Sigmoid 激活函数；$\boldsymbol{x}_v$ 和 $\boldsymbol{x}_u$ 分别表示物品和用户的特征表示；$\oplus$表示拼接操作；多层全连接 $f(x)=\mathrm{RELU}(Wx+b)$。两个模型均采用交叉熵损失函数进行优化：

$$\mathcal{L}^{\mathrm{CTR}} = -\frac{1}{N}\sum_{(u,\mathcal{V})\in\mathcal{R}}\sum_{x_v^t\in\mathcal{V}}(y_t^{\mathrm{CTR}}\log\hat{y}_t^{\mathrm{CTR}} + (1-y_t^{\mathrm{CTR}})\log(1-\hat{y}_t^{\mathrm{CTR}})) \tag{7-82}$$

$$\mathcal{L}^{\mathrm{NEXT}} = -\frac{1}{N}\sum_{(u,\mathcal{V})\in\mathcal{R}}\sum_{x_v^t\in\mathcal{V}}(y_t^{\mathrm{NEXT}}\log\hat{y}_t^{\mathrm{NEXT}} + (1-y_t^{\mathrm{NEXT}})\log(1-\hat{y}_t^{\mathrm{NEXT}})) \tag{7-83}$$

有了序列的评价方法之后，就可以根据 Beam Search 算法生成候选的序列。

图 7-17 所示为基于 Beam Search 的序列生成方法。假设物品集包含 4 个物品，每一个物品都已经计算好点击率和继续浏览率，Beam Search 中每次保留的候选集大小 k 设为 2。初始候选集为空，第一轮迭代中，4 个物品分别构成一个序列，对这 4 个序列分别计算奖励，选择 Top 2 的序列来构成候选集。第二轮迭代中以候选集中的序列出发，生成长度为 2 的 6 个序列，然后分别计算奖励，选择 Top 2 的序列作为新的候选集。不断循环下去，直到序列长度达到阈值。

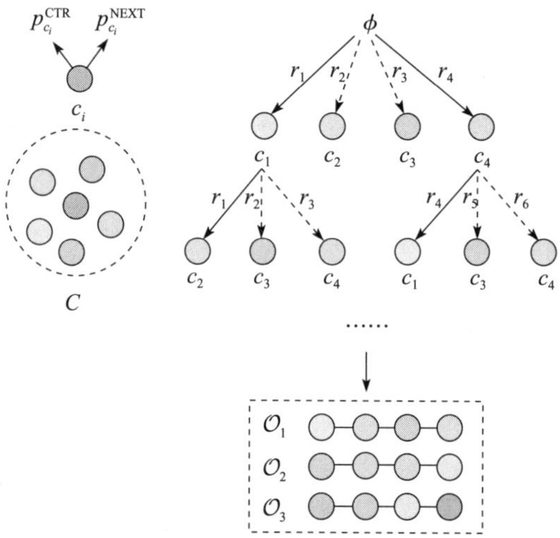

图 7-17 基于 Beam Search 的序列生成方法（详见彩插）

（2）PRank

PRank 阶段构建 DPWN（Deep Permutation-Wise Network）模型来学习序列的局部上下文排序信息，对 PMatch 返回的序列候选集进行打分。DPWN 的模型结构如图 7-18 所示，其中包含一个双向的 LSTM（Bi-LSTM），用于学习序列内的相互影响，一个多层的全连接网络可学习用户在上下文影响下对物品的点击概率：

$$M(\boldsymbol{x}_v^t \mid u,\mathcal{V};\boldsymbol{\Theta}^D) = \sigma(f(f(f(\boldsymbol{x}_u \oplus \boldsymbol{x}_v^t \oplus \boldsymbol{h}_t)))) \tag{7-84}$$

式中，$\boldsymbol{x}_u$ 和 $\boldsymbol{x}_v^t$ 分别为用户特征表示和物品的特征表示；$\boldsymbol{h}_t$ 为双向 LSTM 学习到的相互影响。DPWN 的损失函数为交叉熵：

$$\mathcal{L}^D = -\frac{1}{N}\sum_{(u,\mathcal{V})\in D}\sum_{x_v^t\in\mathcal{V}}(y_{uv}^t\log\hat{y}_{uv}^t + (1-y_{uv}^t)\log(1-\hat{y}_{uv}^t)) \tag{7-85}$$

式中，D 表示训练集合；$\hat{y}_{uv}^t = M(\boldsymbol{x}_v^t \mid u,\mathcal{V};\boldsymbol{\Theta}^D)$；$y_{uv}^t \in \{0,1\}$。序列的得分为单个物品得分的总和：

$$LR(\mathcal{O}_t) = \sum_{x_0^i\in\mathcal{O}_t} M(\boldsymbol{x}_0^i \mid u,\mathcal{O}_t) \tag{7-86}$$

在线预测阶段，序列得分最高的对应序列会展示给用户。

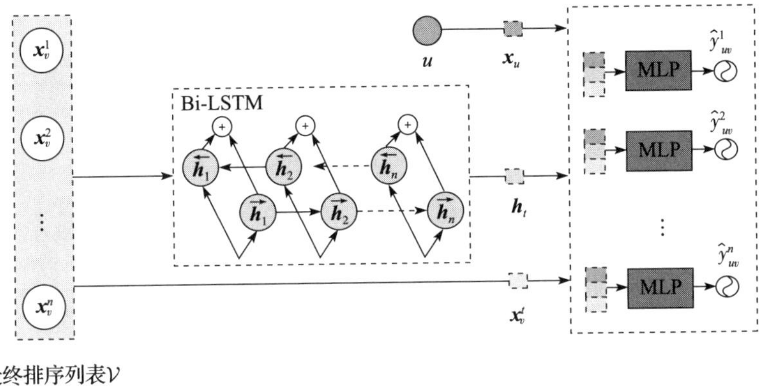

图 7-18　DPWN 的模型结构（详见彩插）

2. 结论

PRS 是一种新颖的重排算法，从序列最优的角度设计离线训练和在线推理。在序列生成阶段集中于解决效率问题，将物品的点击率和继续浏览率引入 Beam Search 的生成过程中。序列排序阶段和现有的重排算法 PRM、DLCM 等类似，建模思路基本一致，模型结构上的差异不大。

7.4　端云一体协同推荐

得益于手机等终端设备的性能提升，在强劲的 CPU 和 GPU 助力下，端上智能应用最近几年得到了蓬勃的发展：AR、VR、美颜、语音合成、推荐模型等被大量部署在客户端，极大地提升了 APP 的用户体验。

端上智能领域的两个主要技术研究方向为端上推理和端上训练。端上推理主要是将预训练的模型部署到终端上，通过执行前向计算来减少网络通信的延迟，实时地响应用户的行为变化。端上训练可以更敏锐地捕获用户的个性化兴趣，从而实现千人千模。相关的工作比较多，本节重点介绍 EdgeRec[9] 和 DCCL[10] 两个算法。

7.4.1　EdgeRec

如图 7-19 所示，绝大多数的瀑布流推荐场景都基于云到端的框架。登录 APP 或者用户在信息流中的滑动操作发生时，移动端会向云端服务器发送请求来获取新的展示内容。云端服务器接收到请求后，首先从存储用户行为的特征系统中拉取用户、物品和上下文等特征，然后送入召回、排序等模块，得到物品列表，返回给客户端并展示给用户。

虽然端云之间的请求响应延迟很低，通常是小于 1s，但是这种云到端的系统框架仍然有一定的局限性。

1）系统反馈延迟。移动端请求云端是有时间间隔的，随着用户的滑动，当前页的视频或者商品快展示结束时才会触发下一次请求。云端服务器对于两次请求中间用户的行为变化是不会响应的，只能等到下一次请求。

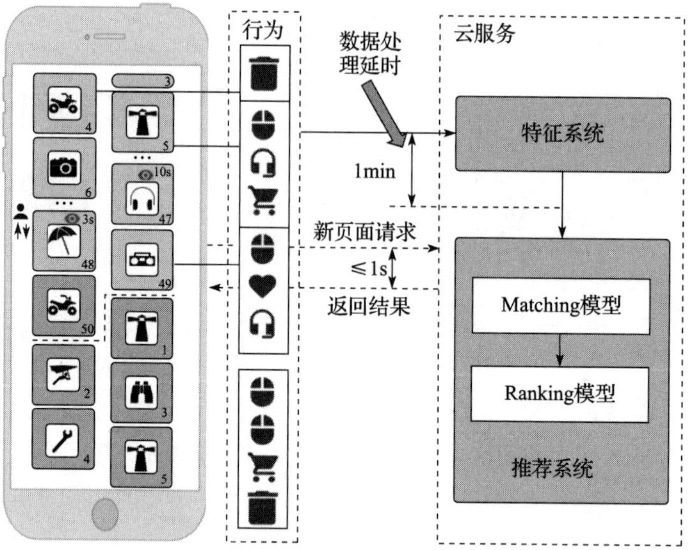

图 7-19　流行的端云协同瀑布流推荐系统框架（详见彩插）

2）用户感知延迟。如图 7-19 中的红色箭头部分所示，由于网络延迟等原因，用户在终端上的行为没有办法实时上报到云端服务器，需要耗时 1min 左右。这使得云端服务器没有办法根据用户的实时兴趣变化准确及时地做出响应。

综合上述两点，云推荐框架难以根据用户在终端上的实时兴趣变化动态调整推荐的结果，对于用户的体验是有损的。

因此，如果终端上可以执行推荐排序，那么用户的兴趣变化就可以得到实时响应，从而解决云推荐框架面临的问题。EdgeRec 提出了在移动端进行排序推理的方案，是端上推荐研究实践的先驱者。下面分别介绍 EdgeRec 的系统结构设计和算法设计。

1. 系统结构设计

EdgeRec 系统架构如图 7-20 所示。其中，左边部分（Client Services）部署在移动端，负责端上推荐；右边部分（Cloud Services）部署在云端，负责云服务推荐。从系统架构中我们可以看出，EdgeRec 的目标是和云推荐协作而不是取代它。

EdgeRec 包括了 4 个重点的模块：客户端本地（Client Native）、模型服务（Model Serving）、推荐系统（Recommender System）、离线训练（Offline Training）。下面详细介绍每个模块的设计和作用。

（1）Client Native 模块

Client Native（CN）模块首先负责请求云服务获取展示的内容，把云服务返回的候选物品及其特征缓存下来。CN 模块的请求包含初始化请求和常规请求，常规请求中获取的物品数更多以保证端上重排有较充分的候选空间。除了请求云服务器，CN 模块还负责收集用户对于曝光物品的实时行为，并根据一定的规则触发 Model Serving 预测。CN 模块收到端上 Model Serving 返回的结果后，实时调整移动端展示给用户的物品列表。

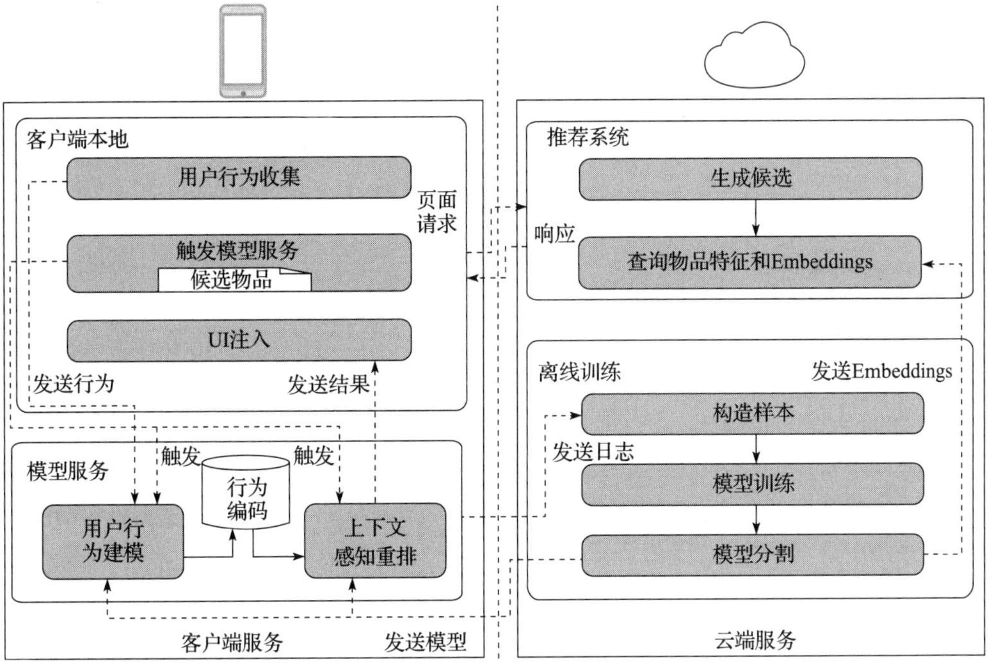

图 7-20　EdgeRec 系统架构

触发规则的设计是 CN 模块的关键环节。在设计触发机制前，需要明确端上推荐的定位，移动端的计算和存储能力相比云服务差距很大，因此端上推荐目前不能也无法取代云服务推荐的地位，它是推荐系统在移动端上的延伸和扩展，其主要的目的是协助云服务更及时地响应用户的实时行为。因此，在设计规则机制时，触发端上推荐的频率不会很高，同时 CN 模块需要尽可能地捕获用户的实时行为。EdgeRec 算法设计了如下 3 种触发机制。

1）用户点击了一个物品，属于稀疏的显著正向行为。

2）用户删除了一个物品，属于稀疏的显著负向行为。

3）连续曝光未点击，相比前两种行为，属于相对稠密的负向行为。

（2）Model Serving 模块

Model Serving（MS）模块是 EdgeRec 系统的核心部分。当被 CN 模块触发后，MS 模块首先从 CN 模块收集的用户行为和候选物品中抽取特征，然后利用神经网络模型建模用户的实时行为变化，对候选物品重新排序。最后，MS 模块将重排后的结果返回给 CN 模块，并把日志发送到云服务中。

在移动端部署模型进行预测打分是有很大的技术挑战性的。首先，推荐系统中的排序模型规模通常比较大，其中包含了大量稀疏 Id 类特征的 Embedding 向量。这里举例说明，假设商品的品牌个数为 150 万，每一个品牌 Id 用 40 维的 Embedding 向量表示，存储商品品牌的 Embedding 矩阵大小为 1500000×40。因此，仅从存储的角度来看，把整个模型部署到手机终端上也是不现实的。但我们同时也发现，虽然模型的参数很多，但端上模型推理时仅用了非常少的一部分参数。因此，一种可行的模型服务部署方案为移动端仅保留必需的参数，其余参数（如当前候选物品对应的参数）则存储到云服务，随着 CN 的请求下发到手机上，从而极大地降低端上所需的存储。云服务上存储的参数可以按照 kv 的形式存储，查询 Key 为物品 Id。其次，随着当前的排序模型越来越复杂，在云服务上的推理暂时还可以满足，但是在计算能力相对不足的移动端上可能会有较大的延迟，比如，DLCM、Seq2Slate 等重排模型中都包含时间复杂度高的循环神经网络。为了在移动端部署这样的循环神经网络模型，需要做一些异步推理，比如，在下一个行为到来前计算好当前的输入序列并存储在移动端上，这样下一个行为到来后不需要从序列开始推理。

（3）Recommender System 模块

Recommender System（RS）模块部署在云服务上，可以看作 EdgeRec 系统的一个召回模块，用来响应来自 CN 模块的请求把候选物品下发到手机上。除了提供候选物品，RS 还可以帮助 MS 模块分担模型存储和计算的压力。

（4）Offline Training 模块

Offline Training（OT）模块需要收集 MS 上报的日志并转换为可训练的样本。训练出模型后，需要提供模型拆分的能力，将大规模的稀疏参数单独存下来，以便于后面部署在云服务上。剩下的模型部署到移动端上并根据需要做进一步切分。

2. 算法设计

EdgeRec 搭建的目的是为信息流推荐场景提供实时重排。CN 模块的重排机制触发后，模型服务模块首先处理特征工程，然后基于神经网络模型 $\phi(\boldsymbol{x}_i, \boldsymbol{s}, C)$ 对 CN 传递过来的候选物品重新打分排序，其中，$\boldsymbol{x}_i$ 为物品特征，$\boldsymbol{s}$ 为局部排序上下文，C 为实时用户行为上下文。

（1）特征设计

当前的个性化搜索和推荐系统通常都需要大量建模用户行为来学习兴趣偏好，然而很多模型中仅考虑用户对于物品的正向行为反馈，很少考虑间接的负向行为反馈。虽然正向行为反馈更加明确，噪声也比较少，但是负向行为反馈也是非常重要的信息表达，尤其在信息流推荐场景，比如连续曝光了多个同类别的物品后，如果用户都没有正向行为，那么继续曝光同类别的物品，相应的点击率会显著下降。

除了很少考虑负向行为反馈之外，现有的主流方法只考虑物品的基础属性信息（品类和品牌等），很少系统地考虑用户对物品的多种“动作”。比如，用户点击了一个物品之后，马上添加购物车或者添加收藏等行为也反映了用户对物品的偏好。虽然用户不点击物品，但是用户在曝光物品上停留时间的长短也能在一定程度上反映用户的偏好程度，有时用户看了很长时间也没有点击，并不能完全说明用户不喜欢这个物品。

EdgeRec 的特征工程总结如图 7-21 所示。

如图 7-21 所示，EdgeRec 在特征设计上尽可能全面地覆盖各种用户行为，包括正向的、负向的、一系列的动作等。详细的设计如下。

1）主页物品曝光用户动作（Item Exposure User Action）特征。图 7-21 中的 e_1 和 e_2 描述物品曝光的时长和次数，$e_3 \sim e_5$ 描述了物品曝光过程中的滑动统计，e_6 和 e_7 描述了删除原因和曝光到现在的延迟。这部分特征拼接起来表示为 a_{IE}^{i}。

2）详情页物品用户动作（Item Page-View User Action）特征。d_1 为停留时长，$d_2 \sim d_{11}$ 为是否点击详情页的某一区域，d_{12} 为曝光延迟。详情页的特征拼接起来表示为 a_{IPV}^{i}。

变量	特征字段	特征描述	类型
e_1	exposure_duration	物品总曝光时长	Bucketize
e_2	exposure_count	物品总曝光次数	Bucketize
e_3	scroll_speed	物品滑屏速度	Bucketize
e_4	scroll_duration	物品滑屏占用曝光总时长	Bucketize
e_5	scroll_count	物品滑屏行为总次数	Bucketize
e_6	delete_reason	物品是否被长按后删除	One-hot
e_7	expose_decay	物品最后一次曝光距今时长	Bucketize
d_1	ipv_duration	物品详情浏览总时长	Bucketize
d_2	cart	加购物车	Binarize
d_3	buy	立即购买	Binarize
d_4	favorite	收藏	Binarize
d_5	comment	查看评价	Binarize
d_6	select_SKU	选择物品sku	Binarize
d_7	WDJ	咨询客服	Binarize
d_8	wangwang	点击客服按钮	Binarize
d_9	detail	浏览物品详情区块	Binarize
d_{10}	shop	浏览物品所在店铺	Binarize
d_{11}	recommendation	浏览个性化推荐区块	Binarize
d_{12}	ipv_decay	物品最后一次浏览距今时长	Bucketize
p_1	category	物品所属品类	Embedding
p_2	brand	物品所属品牌	Embedding
p_3	gender	物品适用性别	Embedding
p_4	price_level	物品所属价格段	Embedding
p_5	age_level	物品适用年龄段	Embedding
p_6	bc_type	物品bc类型	Embedding
p_7	scores	物品特征分数（如ctr/cvr分数等）	Raw

图 7-21 EdgeRec 的特征工程总结

3）物品特征。$p_1 \sim p_7$ 为基础排序模型学习的 Embedding 和打分，这 7 个特征拼接表示为 p^i。

图 7-22 所示为 EdgeRec 中的异构用户行为序列建模和上下文感知重排的行为注意力网络。

（2）异构用户行为序列建模

异构用户行为序列建模（Heterogeneous User Behavior Sequence Modeling，HUBSM）的目标是建模用户实时上下文，也就是 $\phi(\boldsymbol{x}_i, \boldsymbol{s}, C)$ 中的 C。异构主要是指特征空间中的不同，用户行为序列存在两方面的异构。

1）主页和详情页中的用户行为是不同的，稀疏程度也有很大的差异。

2）用户"动作"和物品属性也是不同的特征空间。HUBSM 中针对这两方面的异构做了单独的处理。图 7-22 中左边建模主页的用户行为序列，右边建模详情页的序列行为，每一个小场景内分别建模"动作"序列和物品序列，然后合并起来。所有的序列编码均采用 GRU 处理：

$$(\hat{\boldsymbol{X}}, \boldsymbol{s}) = \mathrm{GRU}(\boldsymbol{X}) \tag{7-87}$$

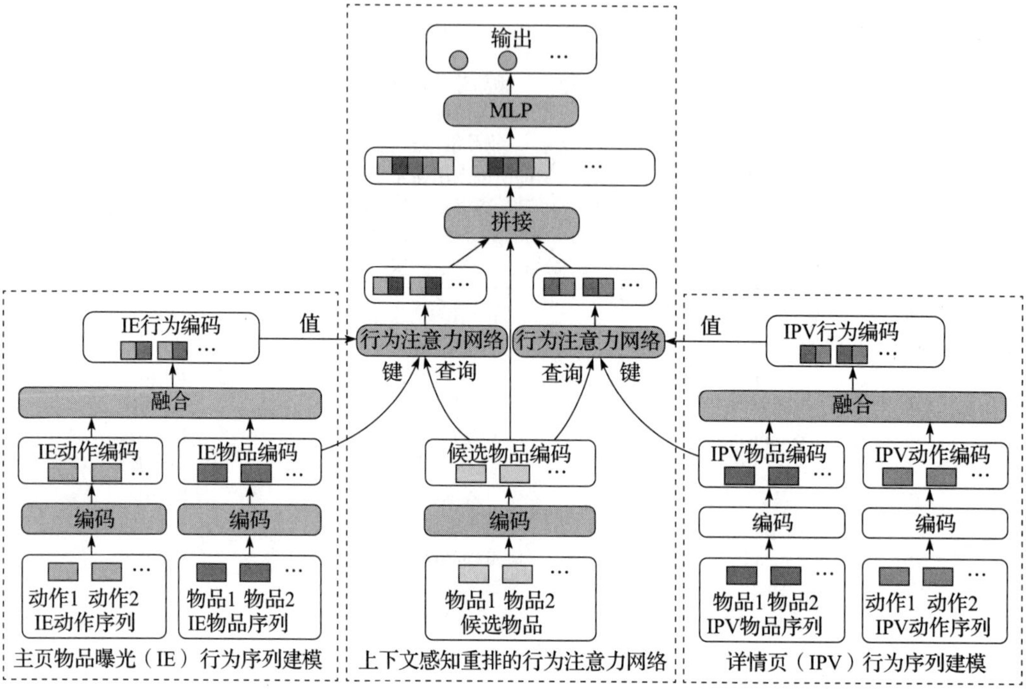

图 7-22 EdgeRec 中的异构用户行为序列建模和上下文感知重排的行为注意力网络（详见彩插）

式中，$\boldsymbol{X}=\{\boldsymbol{x}^i\}_{1\leqslant i\leqslant n}$ 表示输入序列特征；$\hat{\boldsymbol{X}}=\{\hat{\boldsymbol{x}}^i\}_{1\leqslant i\leqslant n}$ 表示输出的序列状态；$\boldsymbol{s}$ 为 GRU 的最终状态。合并方法为简单的拼接，对于 2 个输入 $\boldsymbol{X}=\{\boldsymbol{x}^i\}_{1\leqslant i\leqslant n}$ 和 $\boldsymbol{Y}=\{\boldsymbol{y}^i\}_{1\leqslant i\leqslant n}$，其拼接定义如下：

$$\boldsymbol{Z}=\mathrm{CONCAT}(\boldsymbol{X},\boldsymbol{Y}) \tag{7-88}$$

式中，$\boldsymbol{Z}=\{\boldsymbol{z}^i\}_{1\leqslant i\leqslant n}$。也可以采用其他更复杂的方法进行合并。根据 GRU 的定义，主页和详情页的定义如下：

$$(\hat{\boldsymbol{A}}_{\mathrm{IE}}=\{\hat{\boldsymbol{a}}^i_{\mathrm{IE}}\}_{1\leqslant i\leqslant m})=\mathrm{GRU}(\boldsymbol{A}_{\mathrm{IE}}) \tag{7-89}$$

$$(\hat{\boldsymbol{P}}_{\mathrm{IE}}=\{\hat{\boldsymbol{p}}^i_{\mathrm{IE}}\}_{1\leqslant i\leqslant m})=\mathrm{GRU}(\boldsymbol{P}_{\mathrm{IE}}) \tag{7-90}$$

$$\hat{\boldsymbol{B}}_{\mathrm{IE}}=\{\hat{\boldsymbol{b}}^i_{\mathrm{IE}}\}_{1\leqslant i\leqslant m}=\mathrm{CONCAT}(\hat{\boldsymbol{A}}_{\mathrm{IE}},\hat{\boldsymbol{P}}_{\mathrm{IE}}) \tag{7-91}$$

$$(\hat{\boldsymbol{A}}_{\mathrm{IPV}}=\{\hat{\boldsymbol{a}}^i_{\mathrm{IPV}}\}_{1\leqslant i\leqslant n})=\mathrm{GRU}(\boldsymbol{A}_{\mathrm{IPV}}) \tag{7-92}$$

$$(\hat{\boldsymbol{P}}_{\mathrm{IPV}}=\{\hat{\boldsymbol{p}}^i_{\mathrm{IPV}}\}_{1\leqslant i\leqslant n})=\mathrm{GRU}(\boldsymbol{P}_{\mathrm{IPV}}) \tag{7-93}$$

$$\hat{\boldsymbol{B}}_{\mathrm{IPV}}=\{\hat{\boldsymbol{b}}^i_{\mathrm{IPV}}\}_{1\leqslant i\leqslant n}=\mathrm{CONCAT}(\hat{\boldsymbol{A}}_{\mathrm{IPV}},\hat{\boldsymbol{P}}_{\mathrm{IPV}}) \tag{7-94}$$

式中，m 和 n 表示序列的最大长度，长度不足的序列补 0。

（3）上下文感知重排的行为注意力网络

候选的物品序列仍然采用 GRU 建模局部排序上下文，也就是 $\phi(\boldsymbol{x}_i,\boldsymbol{s},C)$ 中的 $\boldsymbol{s}$。云服务返回给移动端的候选物品序列定义为 $\boldsymbol{P}_{\mathrm{CND}}=\{\boldsymbol{p}^i_{\mathrm{CND}}\}_{1\leqslant i\leqslant k}$，GRU 建模的输出如下：

$$(\hat{\boldsymbol{P}}_{\mathrm{CND}}=\{\hat{\boldsymbol{p}}^i{}_{\mathrm{CND}}\}_{1\leqslant i\leqslant k},\boldsymbol{s})=\mathrm{GRU}(\boldsymbol{P}_{\mathrm{CND}}) \tag{7-95}$$

式中，$\hat{\boldsymbol{P}}_{\mathrm{CND}}$ 为序列输出；$\boldsymbol{s}$ 为局部排序上下文。和 DIN 方法一样，EdgeRec 中也构建了候选物品和上下文环境的注意力。令 $\hat{\boldsymbol{p}}^t{}_{\mathrm{CND}}$ 表示第 t 个物品的局部上下文表示，按照 Bahdanaud 等

人[11] 提出的注意力机制将其定义为 Query，$\hat{\boldsymbol{P}}_{\mathrm{IE}}$ 和 $\hat{\boldsymbol{P}}_{\mathrm{IPV}}$ 定义为 Key，$\hat{\boldsymbol{B}}_{\mathrm{IE}}$ 和 $\hat{\boldsymbol{B}}_{\mathrm{IPV}}$ 定义为 Value。对候选物品的注意力输出如下：

$$att_{\mathrm{IE}}^{tj}=\mathrm{softmax}(\boldsymbol{v}_1^{\mathrm{T}}\tanh(\boldsymbol{W}_1\hat{\boldsymbol{p}}_{\mathrm{CND}}^{t}+\boldsymbol{W}_2\hat{\boldsymbol{p}}_{\mathrm{IE}}^{j})),\quad 1\leqslant j\leqslant m \tag{7-96}$$

$$\boldsymbol{c}_{\mathrm{IE}}^{t}=\sum_{j=1}^{m}att_{\mathrm{IE}}^{tj}\hat{\boldsymbol{b}}_{\mathrm{IE}}^{j} \tag{7-97}$$

$$att_{\mathrm{IPV}}^{tj}=\mathrm{softmax}(\boldsymbol{v}_2^{\mathrm{T}}\tanh(\boldsymbol{W}_3\hat{\boldsymbol{p}}_{\mathrm{CND}}^{t}+\boldsymbol{W}_4\hat{\boldsymbol{p}}_{\mathrm{IPV}}^{j})),\quad 1\leqslant j\leqslant n \tag{7-98}$$

$$\boldsymbol{c}_{\mathrm{IPV}}^{t}=\sum_{j=1}^{n}att_{\mathrm{IPV}}^{tj}\hat{\boldsymbol{b}}_{\mathrm{IPV}}^{j} \tag{7-99}$$

式中，$\boldsymbol{W}_1$、$\boldsymbol{W}_2$、$\boldsymbol{W}_3$ 和 $\boldsymbol{W}_4$ 均为可训练的参数。最后将 $\boldsymbol{c}_{\mathrm{IE}}^{t}$、$\boldsymbol{c}_{\mathrm{IPV}}^{t}$、$\boldsymbol{s}$ 和 $\hat{\boldsymbol{p}}_{\mathrm{CND}}^{t}$ 送入多层的 MLP，根据交叉熵损失函数优化。

3. 实验效果分析

从 EdgeRec 的相关实验可以得到如下结论。

1）引入端重排 EdgeRec 之后，取得明显的正向收益。相关实验中证明了特征设计、HUB-SM 等模块的有效性。

2）引入端重排后，获取用户行为的延迟从 1min 减少到 300ms 以内，系统的响应时间从 1s 减少到 100ms，系统对用户的反馈次数从 3 次提高到 15 次，见表 7-2。

表 7-2　端重排引入前后的系统响应对比

指标	引入 EdgeRec 后	引入 EdgeRec 前
用户延迟时间	≤300ms	≤1min
系统响应时间	≤100ms	≤1s
系统反馈次数	15	3

EdgeRec 算法是端重排的一次重要尝试，在效果方面取得了明显的收益，而在效率方面，对于用户实时行为的响应延迟降低了很多，响应次数提高了很多，整体的系统设计具有一定的通用性，参考价值较高。

7.4.2　DCCL

DCCL（Device-Cloud Collaborative Learning for Recommendation）算法的出发点比较清晰，单独的云训练或者端训练都有一定的局限性，云服务的中心化模型一般最大化全局的收益，因此模型参数通常是有偏的，仅在云服务训练模型的话，长尾的样本容易被忽略。但如果仅在端上训练模型（On-device Learning），而在云上进行模型聚合，那么虽然能更好地捕捉用户行为信号，但在数据稀疏的情况下容易陷入局部最优。为此，可以基于中心模型在移动设备的本地样本上继续训练来增强中心模型的个性化建模能力，也就是以 DCCL 提出的“端云协同训练”的方式来同时利用云训练和端训练的优势，最终更好地提升推荐整体效果。

如果通过 EdgeRec，我们可以做到在端上部署模型，从而利用用户在端上的实时行为进行重排序，那么通过 DCCL 则更进一步做到了端上也参与模型训练，达到“千人千模”的效果。

1. DCCL 模型结构设计

DCCL 的整体结构如图 7-23 所示，包含云和移动端（图右部分）两个部分（图左部分）。云上主要学习中心模型，并把中心模型下发到移动端。端上在中心模型的基础上增加新的少量参数，进行更加个性化的建模，并把新增参数上报云上来重建移动端模型，进而指导中心模型的学习。云上学习为模型到模型的蒸馏算法 MoMoDistill，端上学习为适用于端上部署的模型微调算法 MetaPatch，下面对这两个部分做详细的说明。

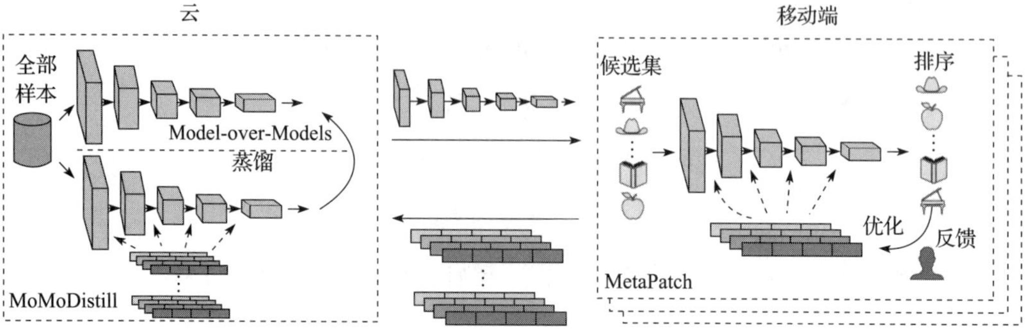

图 7-23　DCCL 的整体结构

（1）端上训练：MetaPatch

端云协同训练中，一种容易想到的端上训练方法为云服务下发预训练好的模型，端上根据本地样本微调（Finetune）整个模型的参数，再把参数的更新同步到云服务端。然而这种更新全量模型参数的方式，在大模型上对于存储和带宽的消耗比较大，不太适用于移动设备上训练大模型。另外，如果不微调全量模型参数，仅仅微调网络的部分层，那么在效果方面是受限的。端上训练需要一种效果和全量参数微调差不多的低成本训练方式。幸运的是，在之前的工作中已经找到了一种解决方案：Patch Learning。受到这些工作的启发，DCCL 在云端模型 f 的基础上插入了一些 Patch，实现端上的个性化训练，如图 7-24 所示。第 m 个设备上第 l 层加入 Patch 后的输出定义如下：

$$f_l^{(m)}(\cdot)=f_l(\cdot)+\underbrace{h_l^{(m)}(\cdot)}_{\text{Patch}}\circ f_l(\cdot) \tag{7-100}$$

式中，$f_l(\cdot)$ 为中心模型 f 第 l 层的输出；$h_l^{(m)}(\cdot)$ 为可训练的 patch 函数；$\circ$表示将之前函数的输出作为输入。引入 Patch 后的整体输出为原始输出加上 Patch 部分的输出。这种结构设计可以很容易地退化到原始中心化模型，比如，需要消除 Patch 部分影响的时候，可以在 Patch 部分增加一个门控等。Patch 的模型结构可以是各种各样的，DCCL 中没有做结构上的探索，而是采用了工作[12] 中相同的结构。

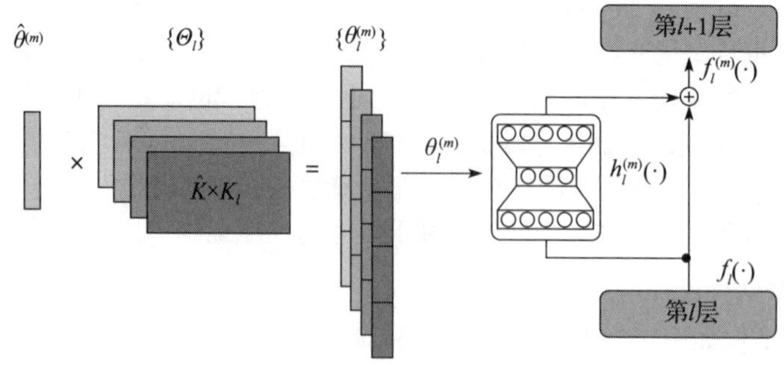

图 7-24　减少模型参数空间的 MetaPatch 方法（详见彩插）

引入 Patch 机制后，端上训练仅更新 Patch 部分对应的参数，相比更新全量的模型参数来说，对于资源的消耗降低了很多。然而一个新的问题是移动设备的本地样本数量稀少，难以充分训练这部分新增的 Patch 参数。为了解决这个问题，DCCL 中提出了一种新颖的方法 Meta-Patch 来减少 Patch 部分的参数空间。利用 Meta Learning 的方式来生成参数，通过共享全局的参数偏置来减少需要学习的参数，更加适合端上的个性化训练。假设每一个 Patch 的参数扁平化为向量后都表示为 $\theta_l^{(m)} \in \mathbb{R}^{K_l}$，可以做如下的分解：

$$\theta_l^{(m)} = \boldsymbol{\Theta}_l \cdot \hat{\theta}^{(m)} \tag{7-101}$$

式中，$\boldsymbol{\Theta}_l \in \mathbb{R}^{K_l \times \hat{K}}$ 为移动设备间共享的全局参数偏置（仅在云服务上更新，端上训练过程固定）；$\hat{\theta}^{(m)} \in \mathbb{R}^{\hat{K}}$ 用于生成 Patch 部分的参数，参与端上的训练和更新。在保持 $\sum_l K_l \gg \hat{K}$ 的情况下，$\hat{\theta}^{(m)}$ 部分的参数量相比 $\theta_l^{(m)}$ 来说可以降低很多。MetaPatch 方法如图 7-24 所示。利用移动设备进行本地样本训练时，其损失函数定义如下：

$$\min_{\hat{\theta}^{(m)}} \ell(y, \tilde{y}) \mid_{\tilde{y}=f^{(m)}(x)} \tag{7-102}$$

式中，ℓ 为交叉熵损失；$f^{(m)}(\cdot)=f_L^{(m)}(\cdot)\circ\cdots f_l^{(m)}(\cdot)\circ\cdots\circ f_1^{(m)}(\cdot)$ 表示最终的预测输出。优化公式中的损失可以训练 $\hat{\theta}^{(m)}$，全局参数偏置 $\boldsymbol{\Theta}_l$ 的优化在云服务上。

（2）云上训练：MoMoDistill

传统的云上训练遵循“model-over-data”的机制，从端上收集数据并按照如下的方式更新模型参数：

$$\min_{\boldsymbol{W}_f} \ell(y, \hat{y}) \mid_{\hat{y}=f(x)} \tag{7-103}$$

式中，$\boldsymbol{W}_f$ 是云上模型 f 的参数。然而这种云上的独立训练没有考虑端上参与训练的情况。DCCL 中提出了一种“model-over-model”的蒸馏方式来协同云端两部分的训练，如图 7-25 所示。DCCL 利用个性化建模更友好的端上模型来指导云上中心化模型 f 的训练：

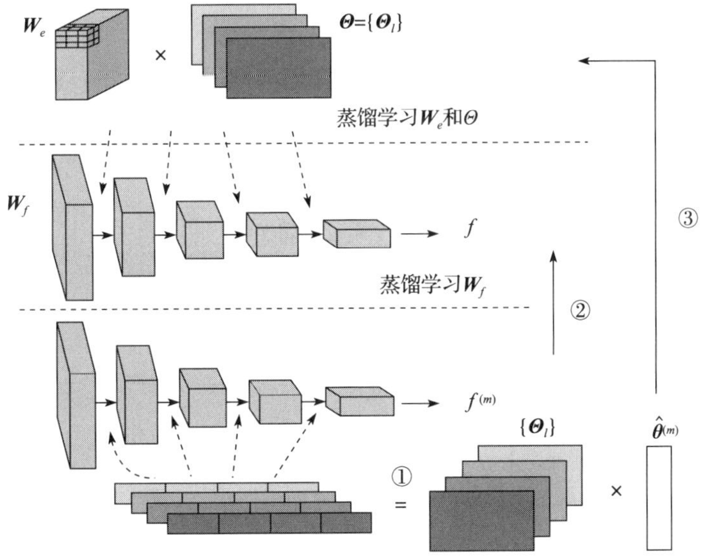

图 7-25　增强云端模型的 MoMoDistill 方法（详见彩插）

$$\min_{W_f} \ell(y,\hat{y})+\beta\mathrm{KL}(\widetilde{y},\hat{y})\ \Big|_{\hat{y}=f(x),\ \widetilde{y}=f^{(m)}(x)} \tag{7-104}$$

式中，超参 β 用于平衡模型蒸馏和 model-over-data 的学习。相比于式（7-103），式（7-104）中增加了云上模型预测和端上模型预测的 KL 散度来保持模型间的一致性。这个公式在原理上很容易理解，不过值得注意的是，这个公式在工程上的可操作性对于上一段内容中讨论的 Patch 机制有很大的依赖。对于第 m 个设备上采集的样本数据，优化上面的公式仅需要加载一次 MetaPatch 部分的少量参数，加载参数的过程可以像读取输入特征一样简单。如果端上训练采用全量模型参数微调的方式，那么云上训练的时候需要把每一个移动设备上的全量参数加载一次，这部分开销对于云上训练来说是难以接受的。

至此，整个云端协同训练的全链路流程已经可以基本跑起来了。在流程中，全局参数偏置 $\boldsymbol{\Theta}_l$（后面简化为 $\boldsymbol{\Theta}$）和中心模型参数 $\boldsymbol{W}_f$ 在云上更新，Patch 部分的参数 $\hat{\theta}^{(m)}$ 在端上更新。然而 DCCL 的实践中发现，将 $\boldsymbol{\Theta}$ 和 $\boldsymbol{W}_f$ 耦合在一起同时更新容易陷入局部最优，优化云上部分的参数 $\boldsymbol{W}_f$ 以提高云上预测的准确性，用于生成端上 Patch 的 $\boldsymbol{\Theta}$ 混在其中难以学习到正确的表达。因此，DCCL 中提出了一种递进的独立优化方法来分别学习每一部分的参数，首先按照式（7-104）学习参数 $\boldsymbol{W}_f$，然后根据学习到的 $\boldsymbol{W}_f$ 来进一步优化 $\boldsymbol{\Theta}$。

为了学习全局参数偏置 $\boldsymbol{\Theta}$，DCCL 中定义了一种云上 Patch 的生成方式，通过端上 Patch 生成和云上 Patch 生成的蒸馏来优化 $\boldsymbol{\Theta}$。给定数据集 $\{(x,y,u^{(I(x))},\hat{\theta}^{(I(x))})\}_{n=1,\cdots,N}$，其中用户侧基础属性特征表示 $u\subset x$，DCCL 中定义了一个辅助的编码网络：

$$U(\hat{\theta},u)=\boldsymbol{W}^{(1)}\tanh(\boldsymbol{W}^{(2)}\hat{\theta}+\boldsymbol{W}^{(3)}u) \tag{7-105}$$

式中，$\boldsymbol{W}^{(1)}\in\mathbb{R}^{\hat{K}_l\times\hat{K}_l}$；$\boldsymbol{W}^{(2)}\in\mathbb{R}^{\hat{K}_l\times\hat{K}_l}$；$\boldsymbol{W}^{(3)}\in\mathbb{R}^{\hat{K}_l\times d_u}$ 是投影矩阵，d_u 为用户基础属性特征的维度。这里用 W^e 来表示集合 $\{\boldsymbol{W}^{(1)},\boldsymbol{W}^{(2)},\boldsymbol{W}^{(3)}\}$。利用 $U(\hat{\theta},u)$ 代替 $\hat{\theta}$ 来模拟 Patch 的生成，可以得到一个新的代理端模型 $\hat{f}^{(m)}$（这个代理端模型不用于真实的端上 Patch 生成）。接下来利用真实的 $f^{(m)}$ 模型来指导 $\hat{f}^{(m)}$ 的学习：

$$\min_{(\boldsymbol{\Theta},\boldsymbol{W}_e)} \ell(y,\hat{y})+\beta\mathrm{KL}(\widetilde{y},\hat{y})\ \Big|_{\hat{y}=\hat{f}^{(m)}(x),\ \widetilde{y}=f^{(m)}(x)} \tag{7-106}$$

综上，云上训练包含两次知识蒸馏，第一次知识蒸馏用于学习中心模型的参数，第二次知识蒸馏用于学习 Patch 生成的全局参数偏置。

整个 DCCL 的协同训练过程如算法 7-3 所示。

算法 7-3　端云协同训练

0：预训练云模型 f，设置 $\hat{\theta}$ 为 0，根据式（7-106）学习全局参数偏置 Θ
1：在生命周期内执行：
2：　发送 f 和 Θ 至移动端
3：　用 MetaPatch 优化移动端参数（f，Θ）
4：　以 Batch 的形式积累本地样本
5：　根据式（7-102）执行端上的个性化优化
6：　如果时间大于阈值则上传 $f^{(m)}$
7：　否则继续执行 4
8：　收集所有的 Patch$\{\hat{\theta}^{(m)}\}$
9：　用 MoMoDistill 优化云端参数（$\{\hat{\theta}^{(m)}\}$）

10：　　根据式（7-104）优化云端模型 f

11：　　根据式（7-106）学习参数偏执 Θ

2. 实验效果分析

在实际业务中进行相关的实验后，可以得到如下的结论。

1）DCCL 可以在 DIN 模型的基础上获得更好的效果。消融实验中证明了端上微调 MetaPatch 和协同训练 MoMoDistill 的有效性。MetaPatch 对于长尾用户的效果提升更明显，如图 7-26 所示。在 MoMoDistill 协同间隔的实验中，2 天相比 3 天和 10 天的效果更好。协同频率高更有利于云端的效果提升，不过实际应用中也需要考虑效果和效率的平衡。

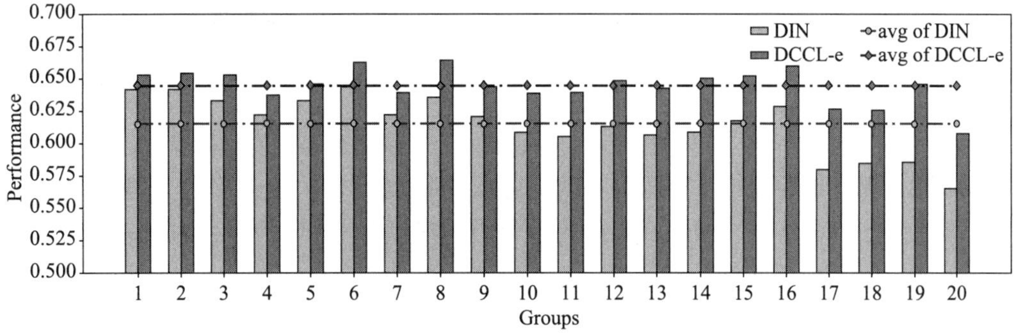

图 7-26　DCCL-e 和 DIN 在所有细分用户群上的推荐效果对比（详见彩插）

2）图 7-27 中给出了一个具体的案例分析，图的左边部分中，用户的历史搜索行为中包含了多个床，然而能够学习历史行为和候选物品关联的 DIN 模型仍然给用户推荐了一些相比床更热门的日常用品，比如毛巾和柜子等，这可以看到，中心模型的学习是有偏的，容易忽略长尾用户。为了独立评估 DCCL 两个模型各自的增益效果，论文中还进行了消融分析，对端上训练模块独立构建了 DCCL-e 模型，而 DCCL-m 模型则包含了端上训练和云上训练两部分。从图 7-27 的右边部分可以看到，仅做端上训练的 DCCL-e 中成功给用户筛选出了更符合其兴趣的物品，不过其中还是混杂了一些不符合其兴趣的热门物品，比如锅和沙发。DCCL-m 则通过对中心模型的进一步校准，可以更好地降低中心模型带来的热门效应，从这个案例中我们也发现 DCCL-m 比 DCCL-e 的效果更好。

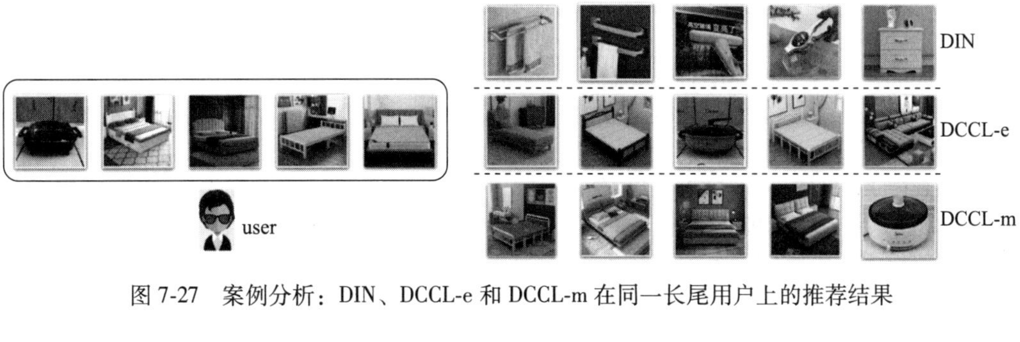

图 7-27　案例分析：DIN、DCCL-e 和 DCCL-m 在同一长尾用户上的推荐结果

7.5　本章小结

本章主要介绍推荐链路中的重排阶段建模。相比于精排阶段注重每个用户对每个候选物品的偏好建模，重排阶段进一步地调整精排返回的结果，更注重对物品之间的关联关系的建模，更好地考虑了推荐列表内的多样性、序列内的相互影响。同时，重排阶段也更注重如何更好地感知和响应用户的实时行为兴趣变化。因此，本章从重排模型的 3 个重点方向分别展开介绍。

1）内容多样性。内容多样性在用户体验尤其是疲劳度的控制上至关重要，同时，对全局的马太效应也可以进行改善。本章介绍了几个启发式的算法，包括 MMR、MLR、DPP 等。

2）序列内相关性。鉴于启发式的内容打散往往只能达到次优解，因此也衍生出了通过 list-wise 建模序列内相互影响的方法。近年来，Google、阿里、腾讯等公司在这方面的研究越来越多，DLCM、Seq2Slate 等 list-wise 算法以精排的 point-wise 结果为基础，求解序列的全局最优，提高推荐序列的整体收益。

3）实时行为响应。为了更好地响应用户的瞬时行为信号和兴趣变化，规避行为日志需要的网络传输开销，推荐重排逐渐从云端延伸到移动端，形成端云一体的协同推荐。本章以 EdgeRec 和 DCCL 为例，分别介绍了模型端上部署和端云协同训练的解决方案。

参考文献

[1] CARBONELL J, GOLDSTEIN J. The use of MMR, diversity-based reranking for reordering documents and producing summaries [C] //Proceedings of the 21st Annual International ACM SIGIR conference on Research and Development in Information Retrieval. New York: Association for Computing Machinery, 1998: 335-336.

[2] ABDOOL M, HALDAR M, RAMANATHAN P, et al. Managing diversity in Airbnb search [C] //Proceedings of the 26th ACM SIGKDD International Conference on Knowledge Discovery & Data Mining. New York: Association for Computing Machinery, 2020: 2952-2960.

[3] WILHELM M, RAMANATHAN A, BONOMO A, et al. Practical diversified recommendations on YouTube with determinantal point processes [C] //Proceedings of the 27th ACM International Conference on Information and Knowledge Management. New York: Association for Computing Machinery, 2018: 2165-2173.

[4] AI Q, BI K, GUO J, et al. Learning a deep listwise context model for ranking refinement [C] //The 41st International ACM SIGIR Conference on Research & Development in Information Retrieval. New York: Association for Computing Machinery, 2018: 135-144.

[5] PEI C, ZHANG Y, ZHANG YF, et al. Personalized re-ranking for recommendation [C] //Proceedings of the 13th ACM Conference on Recommender Systems. New York: Association for Computing Machinery, 2019: 3-11.

[6] BELLO I, KULKARNI S, JAIN S, et al. Seq2slate: re-ranking and slate optimization with RNNs [EB/OL]. (2018-10-04)[2022-09-16]. https://arxiv.org/abs/1810.02019.

[7] FENG Y, HU B, GONG Y, et al. GRN: generative rerank network for context-wise recommendation [EB/OL]. (2021-04-02)[2022-06-04]. https://arxiv.org/abs/2104.00860.

[8] FENG Y, GONG Y, SUN F, et al. Revisit recommender system in the permutation prospective [EB/OL].

(2021-02-24)[2022-07-01]. https://arxiv. org/abs/2102. 12057.

[9] GONG Y, JIANG Z, FENG Y, et al. EdgeRec: recommender system on edge in Mobile Taobao [C] // Proceedings of the 29th ACM International Conference on Information & Knowledge Management. New York: Association for Computing Machinery, 2020: 2477-2484.

[10] YAO J, WANG F, JIA K, et al. Device-cloud collaborative learning for recommendation [C] //Proceedings of the 27th ACM SIGKDD Conference on Knowledge Discovery & Data Mining. New York: Association for Computing Machinery, 2021: 3865-3874.

[11] BAHDANAU D, CHO K, BENGIO Y. Neural machine translation by jointly learning to align and translate [EB/OL]. (2014-09-01)[2022-03-29]. https://arxiv. org/abs/1409. 0473.

[12] HOULSBY N, GIURGIU A, JASTRZEBSKI S, et al. Parameter-efficient transfer learning for NLP [C] //International Conference on Machine Learning. PMLR, 2019: 02790-2799.

CHAPTER8

第 8 章

推荐建模中的数据预处理和模型后处理

本章重点介绍推荐建模中的数据预处理和模型后处理。数据预处理是指在建模之前，我们需要对模型的“原材料”进行一定的数据加工以符合模型输入的要求，比如构建评分矩阵时需要对多维度的反馈行为进行降噪、归一化、融合等操作，召回和排序模型中的特征工程也是重要且必需的建模前置工作。模型后处理是指通常排序模型的输出打分只具有偏序关系的意义，但某些场景下我们需要让排序分具有实际的物理意义，以便参与后续的业务运算，因此需要对模型输出进行合理的校准。本章将对上述内容逐一展开介绍。

8.1 评分矩阵构建

我们基于用户反馈行为构建评分矩阵。用户的反馈行为一般可以分为显式反馈和隐式反馈两类，显式反馈是指用户主动提供的对物品和内容喜好程度的打分，而隐式反馈是指用户在内容消费过程中留下的行为“足迹”。在信息流的推荐系统中，严格意义上的显式反馈非常稀缺，大量反馈都是用户对物品的交互行为（如，电商场景的点击、收藏、加购物车、购买，短视频场景的播放、点赞、快划、转发等），也就是隐式反馈。隐式反馈数据不能直接当作主动评分使用，因为它往往具有如下特点。

1）隐式反馈的维度多、量纲不同、数据完整性差异大。比如，点赞、收藏是布尔型变量，点击、购买是离散型的计数累加值，播放行为既可以表达为计数累加值的“次数”，也可以表达为连续型的“时长”；点击、收藏、购买，这 3 类代表用户对物品的不同交互“深度”的数据完整性往往在 3 个不同的量级上。

2）隐式反馈天然带有大量的噪声。如，单排和沉浸式的视频信息流里播放都是自动的，所以被动观看的行为就不能代表用户的主观偏好，还需要从视频播放的完成度上推断；用户主动点击的行为也往往带有一定的随意性或者误点等操作，需要结合页面的停留时长等后续相关行为进行分析判别。

3）隐式反馈中的指标值大小往往不等同于主动评分中的偏好程度（Preference），而只是反映了偏好的置信度（Confidence）。如，电商场景中，牙刷的购买频次远高于手机，仅仅因为牙刷是易耗品，复购周期较短，而手机是相对耐用的物品，复购周期较长，购买频次不能用来判断用户对两者的偏好度高低。

因此，基于大量隐式反馈的行为日志生成用户物品的评分矩阵时，需要做如下多个方面的数据预处理工作。

1. 隐式反馈数据预处理

(1) 指标减噪

推荐系统的隐式反馈数据中不可避免地存在数据的噪声，这些噪声的来源通常有 3 个方面：

1）因用户随意性或者误操作行为引起的数据异常，比如用户打开某个视频后一直循环播放导致播放时长过高。

2）前端埋点日志收集过程中的数据丢失引起的异常，比如，埋点往往基于用户主动触发的事件来确定行为日志的类型，但停留时长相关的日志收集在于没有唯一且明确的事件来表示停留的“结束”，因此容易引起埋点数据的丢失。

3）外部的机器人爬虫模拟内部用户行为产生的异常数据。

如果对隐式反馈数据不加修正地使用显然会引起模型的偏差，因此我们需要从数据中发现异常并合理地处理异常。

发现异常数据的方法通常有如下几种：

1）基于业务经验的异常发现。通常我们基于对业务的理解，对大部分的数据和指标都有一个合理范围的认知，比如，一个人观看视频的时长一天不可能超过 24h，APP 用户合理的年龄分布应该在 8~80 岁等，如果出现大幅超过认知范围的数据，则可以判定为异常值。

2）基于技术手段的异常发现。我们结合风控规则、反欺诈模型可以识别机器人的爬虫行为、电商的刷单行为等，这部分数据属于非正常用户产生的非正常反馈行为，也不是推荐算法的研究对象。

3）基于数据分布的异常发现。异常数据通常是那些占总样本量比重很小，但与正常值偏离很大的特征值，通常我们称之为“离群点”。我们可以基于聚类算法检测数据的离群点，比如 DBSCAN 和孤立森林（Isolation Forests）都是比较常见的异常值检测方法。

4）基于统计规则的异常发现。对于服从正态分布的指标值，我们用 σ 代表标准差，μ 代表均值，可以得到如图 8-1 所示的概率密度函数。从概率密度函数中，可以得到指标值的概率分布遵循 3σ 原则：该指标有 99.74%的概率分布在（$\mu-3\sigma,\mu+3\sigma$）之间。也就是说，超过这个范围的数值概率分布不到 0.3%，属于极个别的小概率事件。基于这个原则，我们可以把超过（$\mu-3\sigma,\mu+3\sigma$）范围的数据归为异常数据。

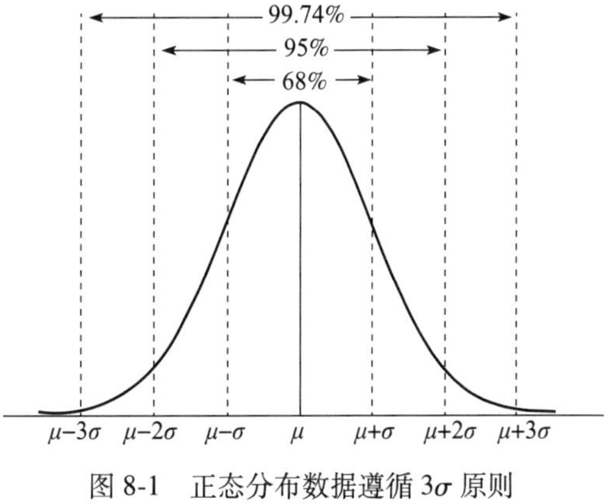

图 8-1　正态分布数据遵循 3σ 原则

需要注意的是，异常数据并不完全等同于脏数据，比如，电商场景中个别用户远超正常范围的大量购买行为，可能是出于某个目的而进行的交易，确实是真实的行为，不属于脏数据，甚至对风控模型来说是一类优质的样本，但这样的用户行为已经跳出了推荐算法需要个性化建模的用户范畴，所以属于推荐建模中的异常数据和噪声，需要特别处理。处理异常数据的技术手段通常有三种：

1）剔除法。直接将异常数据对应的样本剔除，一般这种处理方法对应的是上述第二种原因产生的异常数据，因为爬虫、刷单行为等产生的样本本身就属于非正常样本，所以直接剔除不会对样本的真实分布造成影响，反而有利于模型的学习。

2）盖帽法。顾名思义，将指标的数值限定在一个固定的范围内，通常对于符合正态分布的指标，我们以（$\mu-3\sigma,\mu+3\sigma$）作为限定范围，对小于$\mu-3\sigma$的值赋予$\mu-3\sigma$，超过$\mu+3\sigma$的值赋予$\mu+3\sigma$。对不符合正态分布的指标，我们也可以采用百分位数作为限定范围，比如以第1个百分位数为下限，第99个百分位数为上限，进行盖帽法处理。

3）缺失值处理法。将异常值直接作为缺失值处理，参照下一节特征工程中的缺失值处理方法，用相关均值、中位数、众数等数值或者模型预测方法进行填充处理。

（2）指标内部归一

在将多维的交互行为指标融合为统一的评分前，我们必须解决一个问题，即指标的“内部归一”问题。上文提到隐式反馈的行为指标值只能代表偏好的置信度，不代表偏好的强度，主要是因为不同物品存在属性差异的情况，导致相同指标之间不具有可比性，比如，有电视剧A（共40集）、电视剧B（共20集）、电影C，用户全部观看完结后生成的观看日志里，A有40条，B有20条，C只有1条，这不代表用户对A的偏好度是C的40倍，是B的2倍，如果不解决指标内部的归一问题，不加处理地直接使用这份行为数据做协同过滤，最后就会出现电视剧内容的推荐度要远远大于电影的问题。一般情况下，我们可以对相同指标因为业务量级不同引起的差异进行指标转换统一量级，比如，上述视频APP中的行为，将播放行为次数归一化为播放完成度，看一集A代表完成1/40，看一集B代表完成1/20，看完C代表完成1。

（3）指标的时间衰减

历史和最近的行为对用户当前的兴趣偏好的反映程度是不一样的，这很容易理解，所以通常需要对反馈行为引入时间衰减机制。简单的做法是基于行为发生的时间点距今的天数对行为频次乘以指数系数：

$$e^{-\alpha\cdot\text{days}} \tag{8-1}$$

式中，α是冷却因子，指标的值越大变化就越明显；days是行为发生的时间点距今的天数。

2. 多维隐式反馈的融合

完成了指标内部归一后，就可以进行多维交互行为指标的融合，但不同类型的反馈行为同样存在“量纲”的差异，比如电商场景里，浏览行为的数量级天然大于收藏和加购物车，收藏和加购物车行为的数量级天然大于购买。对不同维度的指标进行加权融合通常有几种方法：基于业务专家视角的主观赋权法、AHP、基于统计方法的熵权法等。

（1）主观赋权法

主观赋权法是基于业务专家的经验和领域知识，直接对每个指标赋予固定的权重。比如，在电商场景中，我们通常将单次行为按不同类型直接给定一个固定的权重分：浏览记为1、收藏记为 2、加购物车记为 3、购买记为 5；在沉浸式体验的正向播放行为中，我们以播放时长 3s 作为阈值，3s 及以上记为正向播放为 1，否则记为 0。所以在上一步指标内部归一的基础上，我们可以用主观赋权法直接对指标进行融合，完成评分矩阵的构建。

(2) AHP

层次分析法（Analytic Hierarchy Process，AHP）与主观赋权法同样需要专家知识，但在 AHP 中，业务专家只决定了指标之间的重要性比值，并不直接指定权重的绝对数值，具体的权重值由 AHP 推导出。仍以电商场景为例，我们定义用户对物品的交互行为包括：浏览、收藏、加购物车、下单、支付 5 种类型，用户在这些行为上的指标分别为指标 1、指标 2、指标 3、指标 4、指标 5，AHP 输出的权重分别为 w_1、w_2、w_3、w_4、w_5。业务专家对 5 个指标的权重定义了 4 个约束条件。

1）“收藏”和“加购物车”的重要性是“浏览”的 3 倍。

2）“加购物车”的重要性是“收藏”的 1.6 倍。

3）“下单”和“支付”是“加购物车”和“收藏”的 2 倍，并且是“浏览”的 5 倍。

4）“支付”是“下单”的 1.2 倍。

基于上述约束条件的 AHP 的推导过程如下。

1）首先基于业务专家定义的重要性比值，得到判断矩阵：$\boldsymbol{A}=\begin{bmatrix} a_{11} & \cdots & a_{1j} & \cdots & a_{1n} \\ \vdots & & \vdots & & \vdots \\ a_{i1} & \cdots & a_{ij} & \cdots & a_{in} \\ \vdots & & \vdots & & \vdots \\ a_{n1} & \cdots & a_{nj} & \cdots & a_{nn} \end{bmatrix}=$ $\begin{bmatrix} 1 & 0.5 & 0.5 & 0.2 & 0.2 \\ 3 & 1 & 0.63 & 0.5 & 0.5 \\ 3 & 1.6 & 1 & 0.5 & 0.5 \\ 5 & 2 & 2 & 1 & 0.83 \\ 5 & 2 & 2 & 1.2 & 1 \end{bmatrix}$，满足 $a_{ii}=1$，$a_{ij}\cdot a_{ji}=1$，n 为指标个数。判断矩阵中的元素 a_{ij} 代表业务专家确定的指标 i 与指标 j 的重要性比值。

2）对判断矩阵 $\boldsymbol{A}$ 在列向量上归一化，计算得到归一化矩阵 $\boldsymbol{B}=$

$$\begin{bmatrix} \dfrac{a_{11}}{\sum_{i=1}^{n} a_{i1}} & \cdots & \dfrac{a_{1j}}{\sum_{i=1}^{n} a_{ij}} & \cdots & \dfrac{a_{1n}}{\sum_{i=1}^{n} a_{in}} \\ \vdots & & \vdots & & \vdots \\ \dfrac{a_{i1}}{\sum_{i=1}^{n} a_{i1}} & \cdots & \dfrac{a_{ij}}{\sum_{i=1}^{n} a_{ij}} & \cdots & \dfrac{a_{in}}{\sum_{i=1}^{n} a_{in}} \\ \vdots & & \vdots & & \vdots \\ \dfrac{a_{n1}}{\sum_{i=1}^{n} a_{i1}} & \cdots & \dfrac{a_{nj}}{\sum_{i=1}^{n} a_{ij}} & \cdots & \dfrac{a_{nn}}{\sum_{i=1}^{n} a_{in}} \end{bmatrix}=\begin{bmatrix} 0.06 & 0.07 & 0.08 & 0.06 & 0.07 \\ 0.18 & 0.14 & 0.10 & 0.15 & 0.16 \\ 0.18 & 0.23 & 0.16 & 0.15 & 0.16 \\ 0.29 & 0.28 & 0.33 & 0.29 & 0.27 \\ 0.29 & 0.28 & 0.33 & 0.35 & 0.33 \end{bmatrix}。$$

3）对矩阵 $\boldsymbol{B}$ 在行维度上求和，得到列向量 $\boldsymbol{V}=\begin{bmatrix}\sum_{i=1}^{n} b_{1i}\\ \sum_{i=1}^{n} b_{2i}\\ \vdots\\ \sum_{i=1}^{n} b_{ni}\end{bmatrix}=\begin{bmatrix}0.34\\0.73\\0.88\\1.47\\1.58\end{bmatrix}$。

4）对 $\boldsymbol{V}$ 做归一化得到 $\boldsymbol{P}=\begin{bmatrix}\dfrac{v_1}{\sum_{i=1}^{n} v_i}\\ \dfrac{v_2}{\sum_{i=1}^{n} v_i}\\ \vdots\\ \dfrac{v_n}{\sum_{i=1}^{n} v_i}\end{bmatrix}=\begin{bmatrix}0.07\\0.15\\0.18\\0.29\\0.32\end{bmatrix}$。

5）最终得到权重向量 $\boldsymbol{W}=\boldsymbol{P}^{\mathrm{T}}=[0.07\quad 0.15\quad 0.18\quad 0.29\quad 0.32]$。

6）计算评分矩阵 $\boldsymbol{R}$，其中，$\boldsymbol{R}$ 的第 i 行第 s 列的值 $R[i][s]$ 代表第 i 个用户对第 s 个物品的评分，假设第 i 个用户对第 s 个物品的原始交互行为为 $\boldsymbol{X}_s^i$，其中，$\boldsymbol{X}_s^i$ 为 k 维向量，代表 k 个类型的反馈行为（在本例中 $k=5$），则 $R[i][s]=\boldsymbol{X}_s^{i\,\mathrm{T}}\boldsymbol{W}$，即最终的评分值等于用户对物品的各种反馈行为值的带权重求和。

（3）熵权法

熵权法顾名思义就是利用指标自身的“熵值”来决定它的权重大小。熵是热力学中的一个物理概念，是体系混乱度或无序度的度量，熵越大表示系统越混乱、携带的信息越少，熵越小表示系统越有序、携带的信息越多。熵权法的计算步骤如下。

1）数据归一化。隐式反馈的数据在使用熵权法计算之前还需要先进行数据归一化处理，一般情况，可以是基于最大最小值的归一化，也可以是 z-score 归一化。设有 n 个用户，第 i 个用户的 k 个隐式反馈指标为 $X_i=\{x_{i1},x_{i2},\cdots,x_{ij},\cdots,x_{ik}\}$，归一化后的指标为 $Y_i=\{y_{i1},y_{i2},\cdots,y_{ij},\cdots,y_{ik}\}$，$y_{ij}=\dfrac{x_{ij}-\min(X_i)}{\max(X_i)-\min(X_i)}$。

2）计算各指标信息熵，指标 j 的信息熵为 $e_j=-\dfrac{1}{\ln n}\sum_{i=1}^{n} p_{ij}\ln p_{ij}$，其中，$p_{ij}=\dfrac{y_{ij}}{\sum_{i=1}^{n} y_{ij}}$。

3）确定各指标权重，指标 j 的权重为 $w_j=\dfrac{1-e_j}{\sum_{j=1}^{k}(1-e_j)}$。

4）计算评分矩阵 $\boldsymbol{R}$，其中，$\boldsymbol{R}$ 的第 i 行第 s 列的值 $R[i][s]$ 代表第 i 个用户对第 s 个物品的评分，假设第 i 个用户对第 s 个物品的原始交互行为为 $\boldsymbol{X}_s^i$，其中，$\boldsymbol{X}_s^i$ 为 k 维向量，代表 k 个类型的反馈行为，则 $R[i][s]=\boldsymbol{X}_s^{i\mathrm{T}}\boldsymbol{W}$，即最终的评分值等于用户对物品的各种反馈行为值的带权重求和。

上述每一种方法的原理都简洁明确、通俗易懂，但是否有效则需要根据业务场景的实际情况分析，并没有一个通用的标准答案，在我们过去的经验里，往往基于最简单的业务专家视角的主观赋权方法也能有比较好的效果。

通过上述步骤的数据预处理后，我们得到了完整的评分矩阵，为下一步的模型训练提供了结构化的样本。

8.2 特征工程

特征工程是对样本数据的工程处理过程，其目的是将原始数据转换为能直接被模型训练和预测使用的数据格式，同时，特征工程也包括了以更好地表达业务逻辑为目标的各种特征加工方法、特征的重要性评估等一系列工作。

俗话说“巧妇难为无米之炊”，而特征就是推荐算法的“米”，它决定了召回和排序算法所能达到的效果上限，尤其对于复杂的精排算法来说，特征的丰富度、有效性更为重要。特征工程同时也是一个比较复杂并且长期的实施过程。本节介绍特征工程方面的一些基础工作，首先介绍几种特征提取的方法，然后介绍特征重要性分析。

8.2.1 特征的提取与加工

特征的提取与加工是指对样本的特征数据进行工程化的处理转换，得到更具信息含量的规范化的特征数据，它是特征工程的核心部分。特征提取与加工工作通常包含特征离散化、缺失值处理、数据平滑、归一化与标准化等内容。我们在实践中发现，高质量的特征提取与加工，能够有效地帮助模型规避异常数据的影响，提升模型训练的质量，同时提高算法对未知样本的预测能力。

（1）连续特征离散化

特征离散化，也叫特征的分桶或者分箱（Binning），是指将连续型的特征值进行按区间划分后重新编码的处理。我们在建模过程中发现，一些连续型特征的取值大小变化对于模型拟合来说意义不大，但使用不当却可能带来一定的噪声。以“用户年龄”特征为例，该特征在推荐建模中通常用来体现不同年龄用户的兴趣差异，但是 18~22 岁的用户可能具有相同或者相似的兴趣偏好，如果把年龄的连续值直接送入模型可能会给出差异较大的结果，对于这部分的用户群体来说是不太合理的。为了解决这个问题，可以将用户的年龄分段离散化处理，用年龄段来刻画用户的兴趣，这样就能避免直接使用年龄值带来的问题。

特征的离散化对推荐建模的效果增益可以总结为如下几方面：

1）增加模型的鲁棒性：避免异常值、极端值对模型的负面影响。

2）增加模型的非线性表达能力：离散化后特征的不同取值可以作为独立的特征字段训练不同的重要性，并且离散化后的特征更加方便与其他特征进行交叉处理，进一步挖掘非线性表达能力。

3）提升模型的泛化能力：离散化后特征的取值更加稳定。

常用的离散化方式有：

1）等距离散，每一个区间的取值范围是相同的，适用于取值分布比较均匀的特征。

2）等频离散，对特征进行抽样统计以保证落在每一个区间的样本量是固定的。

3）基于模型的离散化，我们在第4章中介绍过GBDT等树模型可以按照样本所处叶子节点的编码对特征进一步离散化。

这三种方法，前两种属于无监督的离散化方法，第三种特征离散化的结果与样本的学习目标强相关，属于有监督的方法。

实际处理中，对于年龄这类特征可以根据具体场景中用户的行为表现统计出一个合理的离散方式。如果采用等距离散，也需要结合真实训练样本统计落在每一个区间的样本数是否差异过大，如果绝大多数样本都落在一个区间，那这个特征可能就没有效果了。对于等频离散，需要确认每一个区间的范围是否合理，如果特征取值随时间的变化比较大，在计算区间范围的时候需要抽样较长周期的数据。对于模型离散化，通常需要结合验证集选择适合的超参数。

（2）定性特征的One-hot编码

在特征加工中有一类特征的取值为类别的名称或者Id，我们称之为定性特征，比如，“性别”特征的取值分别为男、女、未知，在原始数据中被编码为1、0、-1，定性特征无法被模型直接使用，因为它们的编码值不具有数字的大小比较或者正负的业务意义，仅仅只是为了标记类别，因此我们会将它们先进行One-hot编码，用N个特征维度来对特征的N个类别进行编码，其中只有一个维度的值为1，其余均为0，比如，“男”编码为（1,0,0），“女”编码为（0,1,0），“未知”编码为（0,0,1）。

One-hot编码的好处和连续特征的离散化一样，增加了模型的非线性表达能力。同时，LR等线性模型中的One-hot编码特征能训练各自独立的权重值，具有一定的可解释性，深度学习中的One-hot编码特征很容易与参数矩阵相乘得到独立的Embedding参与模型网络的运算，这是深度学习模型训练的常规操作。

需要注意的是，我们对定性特征进行One-hot编码处理时并不需要对所有的类别都进行独立的编码，因为某些Id类特征很容易引起维度爆炸，所以需要根据样本的分布情况进行灵活处理。一般情况下，我们可以基于业务理解对过于稀疏的特征值进行人工归并处理，或者采用Hash方法对Id进行分桶，这么做的好处是编码后的特征取值更加稳定，可增加模型的泛化能力。

（3）缺失值填充

在处理特征的时候经常会遇到缺失值情况，比如，由于匿名登录或者未授权等原因系统获取不到用户的基础属性信息，某个作者的视频或者文章刚发布但是由于人工审核的延迟暂时缺少类别标签信息等。如果后续的训练算法不能处理特征缺失或者训练算法处理缺失的逻辑不符合预期的话，就需要在特征提取阶段做额外的数据处理。可以选择直接删除缺失特征的样本，也可以做缺失值的填充，我们一般采用的都是填充的方法。

常用的缺失值填充方法通常分两类。

1）数值填充。基于统计的方法，根据特征的分布情况结合业务经验确定一个填充值，包括填充默认值、均值、中位数、众数等。

2）模型预测填充。一般是指KNN算法，通过欧氏距离等算法确定与需要计算缺失值的

样本距离最近的 K 个样本，这样可以使用 K 个样本的相关特征值的加权平均或者用投票方法估计填充值。

每一种缺失值填充方式都有其适用的场景，实际使用时可以根据验证集上的效果或者结合一些辅助的业务信息来选择填充方式，比如，上面的例子中新发布视频如果没有类别标签信息，也可以直接把作者的类别标签赋给这个视频，这种简单的方式在实际业务中往往能取得不错的效果。

（4）特征平滑

特征平滑主要针对的是概率、比值类的统计特征，比如 CTR、好评率等。我们以 CTR 为例，在某些场景中曝光量很少的情况下，CTR 可能会出现“虚高”的情况，所以我们需要通过一些统计学方法对虚高的 CTR 指标进行修正，但需要注意的是，这里对 CTR 的修正不同于个性化广告排序中的 CTR 校准，广告排序中的 CTR 校准是为了消除下采样带来的预估值漂移，将 CTR 的预估值还原为具有物理意义的真实 CTR，并可以与广告出价相乘得到真实的 CPM（每千次曝光成本）值，而特征平滑中，是从样本数据量的角度进行 CTR 修正以提升指标的置信度，解决少量曝光下 CTR 可能存在虚高的问题。

这里介绍两种常用的特征平滑方法。

1）威尔逊（Wilson）区间平滑。

下面以 CTR 指标为例，并用表 8-1 中的示例数据来详细介绍威尔逊区间。

表 8-1　不同曝光量下的 CTR 值

物品	曝光量	点击数	CTR
A	1000	30	3%
B	300	9	3%
C	100	3	3%

我们可以看到，表 8-1 中 3 个物品的 CTR 同样都是 3%，但明显可以看出，CTR 的置信度应该是 $A>B>C$，因为 A 的曝光量最大，所反映的 CTR 理论上更加真实可靠。这也比较符合业务常识，通常曝光量很小的时候，物品获得少量点击就会使 CTR 迅速上升，而少量的曝光不点击的流量又会使 CTR 快速回落，但随着曝光量的增加，CTR 的上下波动范围逐渐变小，指标值趋于稳定，也就是说随着曝光量的增加，CTR 的稳定性和可靠性逐步提升。理论上，任何概率、比值类的指标都存在类似情况。

从统计学的角度，CTR 可以被看作一个满足二项分布的事件发生的概率。以表 8-1 中的物品 A 为例，我们把“1000 次曝光后统计 CTR 指标”作为一次独立的实验，表中的 3%代表了某一次实验的结果，真实的 CTR 应该是在 3%附近分布的。也就是说，真实的 CTR 值满足某个置信度下的置信区间（通常采用 95%的置信度），因此，我们引入“威尔逊区间”[1] 的概念来作为指标置信区间的计算方法。公式如下：

$$\frac{\hat{p}+\frac{z^2}{2n}}{1+\frac{z^2}{n}} \pm \frac{z}{1+\frac{z^2}{n}} \cdot \sqrt{\frac{\hat{p}(1-\hat{p})}{n}+\frac{z^2}{4n^2}} \tag{8-2}$$

式中，$\hat{p}$ 为 CTR 的某次实验的统计值；n 为总样本数，即实验中的曝光量；z 表示对应某个置信水平的 z 统计量，这是一个常数，一般情况下，在 95% 的置信水平下，z 统计量的值为 1.96。式（8-2）表示的是针对某次实验的统计值 $\hat{p}$，在一定置信水平下，对应真实值的区间分布。威尔逊置信区间的均值如下：

$$\frac{\hat{p}+\frac{z^2}{2n}}{1+\frac{z^2}{n}} \tag{8-3}$$

可以看到，当n足够大时，威尔逊区间的左右两边、均值都会趋近于$\hat{p}$，也就是实验次数足够多，统计值就会接近真实值。我们根据式（8-2）可以计算物品A、B、C的CTR置信区间，见表8-2。

表8-2 不同物品的CTR置信区间及CTR修正值

物品	曝光数	点击率	95%置信度的置信区间	修正后CTR
A	1000	3%	(0.0211,0.0425)	2.1%
B	300	3%	(0.0159,0.0560)	1.6%
C	100	3%	(0.0103,0.0845)	1.0%

我们在实际应用中会取置信区间的下界作为修正后的CTR。也就是A的修正后CTR为2.1%，B为1.6%，C为1.0%。这相当于给样本数不足的CTR进行一定的衰减降权。任何概率、比值类的指标都可以利用威尔逊区间公式进行指标的置信度修正。

2）贝叶斯平滑。

贝叶斯平滑在实际中使用也比较多，它也可以和威尔逊区间平滑一样进一步修正一些概率统计类的特征。这里仍以CTR为例，直接给出其公式定义：

$$p=\frac{m+a}{n+b} \tag{8-4}$$

式中，m为当前物品的点击次数；n为当前物品的曝光总次数；a和b为经验统计值，分别表示点击次数和曝光总次数，实际使用中可以尝试所属类别的所有物品的总点击次数和总曝光次数等。

相比威尔逊区间平滑，贝叶斯平滑的公式更加简单，但是需要调节其超参a和b。

（5）特征的归一化与标准化

如果特征平滑主要针对的是比率类的特征，那么归一化与标准化则针对的是绝对值类的特征。归一化和标准化的原因通常有两个。

1）不同特征之间由于计量单位的差异导致无法直接进行加权融合计算，同计量单位不同尺度的特征在融合时往往尺度大的特征影响较大，所以需要归一化或标准化的加工处理使得对每个特征可以同等看待。

2）模型训练中，如果不做特征处理，那么尺度较大的特征会主导梯度更新的方向，导致梯度在下降的方向上不断震荡，模型学习效率低下，而经归一化或标准化后的特征，在更新参数时，梯度下降的方向震荡更小，收敛更快。

①归一化。

$$x'=\frac{x-\bar{x}}{\max(x)-\min(x)} \tag{8-5}$$

式中，$\bar{x}$表示特征x在训练集中的均值；$\max(x)$、$\min(x)$分别代表最大值和最小值。归一化是将样本的特征值映射到［0,1］区间内，从式（8-5）中我们也发现，归一化容易受到最大值和最小值的异常数据影响，鲁棒性较差，所以通常会根据数据的实际分布情况对最大最小值做截断、对归一化值做平滑处理。

②**标准化。**

$$x'=\frac{x-\bar{x}}{\sigma} \tag{8-6}$$

式中，σ 表示特征 x 在训练集中的标准差。这种标准化处理后的值也叫 z-score，与归一化不同的是，标准化是将特征变量转换为均值为 0、标准差为 1 的标准正态分布。

归一化和标准化都是将特征变量进行压缩后平移的线性变换，都是为了消除量纲和尺度的差异的影响，使模型能更快收敛，我们具体在使用时可以根据实际的业务效果进行选择。

（6）特征交叉

特征交叉是指两个或者两个以上的特征在值空间之间进行交叉组合生成新的特征，以实现对样本空间的非线性划分，这种非线性划分又可以理解为将原始特征空间映射到更高维的空间，所以从这个角度理解，特征交叉的作用类似于机器学习中的核函数。

特征之间的二阶或者高阶交叉具有很强的业务意义，可以进一步精细化特征刻画的粒度，捕获特征和目标之间更复杂的关系，比如，性别、城市、职业组合在一起可以更细粒度地描述一个用户群体，将用户 Id 和物品的类别交叉起来可以直接刻画用户对于物品类别的相关性。

常用的特征交叉方法有内积交叉、阿达马积交叉和笛卡儿积交叉，这三种交叉方法从名字上直观地反映了各自的含义。

1）内积交叉顾名思义是指两个特征对应位置数值相乘后求和，如果这两个特征的类型是向量，就是一个求向量内积的运算，生成一个新的特征标量。

2）阿达马积交叉后新特征的个数，取决于交叉前特征之间能否匹配，因此这种交叉特征也称为 match 特征。

3）笛卡儿积交叉后新特征的个数等于交叉前每一个特征的取值个数的乘积，也就是各特征取值的穷举组合。

假设，特征 $\boldsymbol{X}=[x_1,x_2]$，特征 $\boldsymbol{Y}=[y_1,y_2]$，那么基于 $\boldsymbol{X}$，$\boldsymbol{Y}$ 的内积交叉特征 $\boldsymbol{Z}_1=[x_1\cdot y_1+x_2\cdot y_2]$，阿达马积交叉特征 $\boldsymbol{Z}_2=[x_1\cdot y_1,x_2\cdot y_2]$，笛卡儿积交叉特征 $\boldsymbol{Z}_3=[x_1\cdot y_1,x_1\cdot y_2,x_2\cdot y_1,x_2\cdot y_2]$。另外，如果特征本身是连续型的标量，我们一般会先进行离散化处理，再构造特征交叉。

我们在实践中发现，由于笛卡儿积能更加充分地对特征进行交叉，更好地挖掘特征间的共现关系，在推荐建模中的表现比内积和阿达马积更好，但笛卡儿积交叉更容易让特征规模增长过快（维度爆炸），同时也存在模型过拟合的风险。

图 8-2 以一个实际的例子对比了 3 种特征交叉的结果。我们对用户性别（男、女）和物品属性性别（物品适用的性别：男、女）进行特征交叉，内积交叉所表达的含义是构建“推荐物品是否符合当前用户性别”特征来建模目标；阿达马积交叉将这个特征拆分为二，分别从男性和女性各自的角度构建“推荐物品是否符合当前用户性别”特征，这样模型可以学习到在不同性别中的差异度，提升了非线性建模能力；而笛卡儿积交叉则对特征进行了更细粒度的拆解，让模型在阿达马积交叉的基础上更进一步学习“符合性别”和“不符合性别”对建模目标的影响差异，模型的非线性能力进一步提升。从这个例子中，我们可以很直观地理解为什么笛卡儿积交叉的表达能力最强。

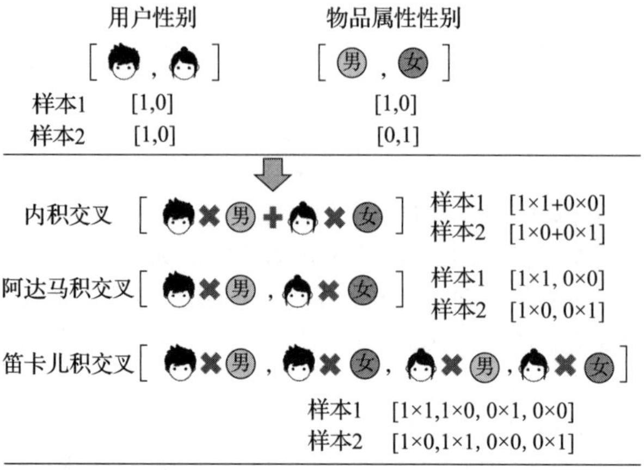

图 8-2 内积、阿达马积和笛卡儿积的对比示例

上述三种方法都属于人工特征交叉，在实际场景中会需要额外的开发工作来进行工程的自动化，同时也增加了后续的模型维护的工作量。而我们在深度学习的实践中也逐渐积累了更多特征工程的经验：模型可以帮助我们进行大量自动的特征交叉工作，比如 FM、DNN 等算法可以自动地学习特征之间的相关性，由此也衍生出了通过各种模型进行特征交叉的技术方向，尤其是在 DNN 算法方向上，诞生了 MLP 网络、Product 网络等特征交叉方法。

尽管模型针对特征交叉的能力很强，但是在特征工程中人工特征交叉工作依然是必不可少的。首先，FM 模型中通常都是二阶的交叉（二阶以上的 FM 对计算带来的开销无法承受），如果要学习更高阶的相关性就需要先借助人工特征交叉组合，再将交叉后的特征输入 FM 以得到高阶特征。其次，DNN 的特征交叉体现在神经网络能拟合一切函数的能力上，因此它对特征交叉的学习是隐式的、缺乏可解释性的，甚至有可能学习到一些奇怪的、泛化性差的特征相关性。因此，不管对于 FM、DNN，还是其他算法，显式地构建特征交叉都是非常有必要的工作。

8.2.2 特征重要性分析

特征重要性分析可以帮助我们在模型迭代优化的过程中，精简特征，提升效率，指导特征工程的优化方向，同时对模型的可解释性也有一定的帮助。特征重要性分析方法通常有两类，一类是我们称之为 Leave-one-out 的方式，即评估在训练好的模型中抑制一个特征对于模型效果的影响，计算抑制前后的效果变化情况，通常来说抑制后模型效果跌幅越大的特征越重要；另一类是直接通过信息熵等指标来衡量特征对目标预测能力的方法，特征对目标的预测能力越强，代表特征的重要性越高。

在 Leave-one-out 的方式中，常用的特征抑制方式有两种。

1）去掉特征，从样本中移除特征或者在读取后过滤。比如指定数据集中包含 3 个特征 A、B 和 C，首先以基于全部特征计算数据的评价指标作为基准，接下来依次去掉 A、B 和 C，计算更新后的评价指标，然后通过新指标和基准的差来衡量对应特征的重要性。这种方式简单直接，不过可以注意到每次评估一个特征的时候都保留了剩余的两个特征。其实也可以只保留一个特征，只要计算去掉前后的差即可，基于这种思想的更为复杂的方式就是 Shapley 算法，后面会详细介绍。

2）随机取值，分配一个随机值给当前特征。可以根据样本中特征取值的个数来决定随机的次数，随机的概率可以参考特征分布的情况，这样可以保持随机生成的分布和原始分布一致。随机取值还有另外一种实现方式，可以在 Batch 内做特征的随机打散，这种方式不需要统计特征的分布情况也可以保持特征分布的一致性。

直接计算特征对目标的预测能力的方法比较简单直接，而 Leave-one-out 的评估需要在模型训练之后增加单独的处理，整体的效率会低一些，实际中也有一些在训练阶段中就可以评估出重要性的方法。传统的 GBDT 方法通过计算节点分裂的收益来评估分裂特征的重要性。当前流行的深度学习中也有一些学习特征重要性的方法。

下面首先介绍 Leave-one-out 中的代表方法 Shapley[2] 算法，然后再介绍通过信息价值（Information Value，IV）来计算特征预测能力的方法，最后介绍深度学习方法的一些探索。

（1）Shapley

Shapley Value 是 Lloyd Shapley 在 1951 年提出的博弈论概念，最初用于解决团队中的贡献分配，其核心思想同样适用于特征重要性的分析。

仍以上面讨论的三个特征情况为例，Shapley 中综合考虑了所有可能的特征排列，见表 8-3，其中 $\{A,B\}$ 和 $\{B,A\}$ 对应的评价指标是一样的。

表 8-3　Shapley 评估重要性的过程示例

0 个特征	1 个特征	2 个特征	3 个特征
Ø	$\{A\}$	$\{A,B\}$	$\{A,B,C\}$
Ø	$\{A\}$	$\{A,C\}$	$\{A,C,B\}$
Ø	$\{B\}$	$\{B,A\}$	$\{B,A,C\}$
Ø	$\{B\}$	$\{B,C\}$	$\{B,C,A\}$
Ø	$\{C\}$	$\{C,A\}$	$\{C,A,B\}$
Ø	$\{C\}$	$\{C,B\}$	$\{C,B,A\}$

表中灰色的部分对应特征 A 的重要性的评估情形，比如从 3 个特征中删除 A 特征，或者从 2 个特征中删除 A 特征，最终特征 A 的重要性是 6 个排列中去掉 A 后的指标下降平均。更具一般性的定义如下：

$$\varphi_i(v)=\sum_{S\subseteq N\setminus\{i\}}\frac{|S|!(n-|S|-1)!}{n!}(v(S\cup\{i\})-v(S)) \tag{8-7}$$

式中，S 在本例中表示保留的特征集；$v(\cdot)$ 表示特征集对应的评价指标；$v(S\cup\{i\})-v(S)$ 表示第 i 个特征加入前后的指标差异；$\frac{|S|!(n-|S|-1)!}{n!}$为指标差异的权重。

需要说明的是，去掉特征最简单的形式是从全集中依次去掉单个特征，但 Shapley 方法除了基于全集还考虑了基于子集的情况，对特征重要性的评估更全面。假设人体日常需要 a、b 和 c 3 种维生素，当前有 4 种食物，有 3 种食物分别补充 a、b 和 c，还有 1 种食物可以同时补充 3 种维生素。如果每次从全集中去掉 1 种食物，剩下的 3 种食物都可以满足人体的日常需求，看不出每种食物的重要性区别，这对于可以直接满足人体所有需求的第 4 种食物来说是不公平的。除了挖掘“全能型”的特征之外，Shapley 算法还可以更加全面地评估特征之间的相互影响，对于一些“辅助型”的特征也比较友好。

然而从式（8-7）中可以注意到，Shapley 重要性的计算是指数级的，实际效率很低，难以扩展到大规模的数据集。为了解决这个问题，Strumbelj 等人[6] 提出利用蒙特卡洛采样方法近似求解 Shapley Value，主要思路为借助随机样本构造出两条新样本，一条包含指定特征，另外一条不包含指定特征，然后计算边际收益。随机生成的排列用于调节特征之间的相互影响。

该算法的完整流程如下所示。

算法 8-1　第 j 个特征 Shapley Value 的近似求解

0：选择样本 x
1：for m = 1,2,⋯,M do
2：　采样样本 z
3：　生成特征的随机排列 o
4：　按照排列 o 重排 x:$x_o=(x_{(1)},\cdots,x_{(j)},\cdots,x_{(p)})$
5：　按照排列 o 重排 z:$z_o=(z_{(1)},\cdots,z_{(j)},\cdots,z_{(p)})$
6：　构造两个新的样本：
　　包含特征 j:$x_{+j}=(x_{(1)},\cdots,x_{(j-1)},x_{(j)},z_{(j+1)},\cdots,z_{(p)})$
　　不包含特征 j:$x_{-j}=(x_{(1)},\cdots,x_{(j-1)},z_{(j)},z_{(j+1)},\cdots,z_{(p)})$
7：　计算边际贡献 $\emptyset_j^m=\hat{f}(x_{+j})-\hat{f}(x_{-j})$
8：取平均计算 Shapley Value：$\emptyset_j(x)=\frac{1}{M}\sum_{m=1}^{M}\emptyset_j^m$

目前 Shapley 采样在实际应用中已经有一些尝试，不需要太多的样本就可以计算出较为置信的特征重要性评估。

（2）信息价值

信息价值（Information Value，IV）通常用来衡量各个特征对模型训练目标的预测能力的差异，最初应用在金融领域，尤其是用于评分卡建模，因其可解释性较好，计算过程简洁，也逐步推广到了推荐建模中。

IV 使用的前提条件是所有特征必须经过离散化和缺失值填充，且最终的训练模型是个二分类的任务。要计算 IV 值必须先计算特征的证据权重（Weight of Evidence，WoE），WoE 的含义是特征的单个分桶（也就是离散化后的特征的某个取值）中负样本与全量负样本的比值和分桶的正样本与全量正样本的比值的差异，差异的绝对值越大，表示该特征分桶的样本区分度越大，如果差异为 0 则表示该特征分桶对样本没有区分能力：

$$\mathrm{WoE}_i=\ln\left(\frac{N_i/N_T}{P_i/P_T}\right)=\ln\left(\frac{N_i}{N_T}\right)-\ln\left(\frac{P_i}{P_T}\right) \tag{8-8}$$

式中，WoE_i 表示特征第 i 个分桶的 WoE 值；P_i、N_i 分别表示特征第 i 个分桶的样本里正负样本的数量；P_T、N_T 分别表示全量样本里正负样本的数量。

我们可以从贝叶斯的角度再理解下 WoE 的含义，用 X_i 表示特征 X 取值为第 i 个分桶的值，贝叶斯公式如下：

$$\begin{cases}P(Y=0\mid X_i)=\dfrac{P(X_i\mid Y=0)P(Y=0)}{P(X_i)}\\[2ex]P(Y=1\mid X_i)=\dfrac{P(X_i\mid Y=1)P(Y=1)}{P(X_i)}\end{cases} \tag{8-9}$$

那么，负样本预测的后验概率 Odds 可以表达为如下形式：

$$\frac{P(Y=0 \mid X_i)}{P(Y=1 \mid X_i)}=\frac{P(X_i \mid Y=0)P(Y=0)}{P(X_i \mid Y=1)P(Y=1)}=\frac{P(X_i \mid Y=0)}{P(X_i \mid Y=1)} * \frac{P(Y=0)}{P(Y=1)} \tag{8-10}$$

对式（8-10）两边求 ln(·) 可得：

$$\ln\left(\frac{P(Y=0 \mid X_i)}{P(Y=1 \mid X_i)}\right)=\ln\left(\frac{P(X_i \mid Y=0)}{P(X_i \mid Y=1)}\right)+\ln\left(\frac{P(Y=0)}{P(Y=1)}\right) \tag{8-11}$$

对式（8-11）中的概率用样本量占比来换算，可以进一步转化为：

$$\ln\left(\frac{N_i/(N_i+P_i)}{P_i/(N_i+P_i)}\right)=\ln\left(\frac{N_i/N_T}{P_i/P_T}\right)+\ln\left(\frac{N_T/(N_T+P_T)}{P_T/(N_T+P_T)}\right) \tag{8-12}$$

对分数进行化简后得到：

$$\ln\left(\frac{N_i}{P_i}\right)=\ln\left(\frac{N_i/N_T}{P_i/P_T}\right)+\ln\left(\frac{N_T}{P_T}\right) \tag{8-13}$$

式（8-13）的等式右边第一项就是 WoE 值，即：

$$\mathrm{WoE}_i=\ln\left(\frac{N_i/N_T}{P_i/P_T}\right)=\ln\left(\frac{N_i/P_i}{N_T/P_T}\right)=\ln\left(\frac{N_i}{P_i}\right)-\ln\left(\frac{N_T}{P_T}\right) \tag{8-14}$$

从式（8-14）中，我们可以从贝叶斯的角度，将 WoE 理解为特征样本的后验概率对先验认知的一种修正，修正幅度越大则表示这部分的样本价值越大，所以，这也是 WoE 的名字“证据权重”的由来。

IV 值由 WoE 值计算得到，公式如下：

$$\mathrm{IV}=\sum_{i=1}^{n}\left(\frac{N_i}{N_T}-\frac{P_i}{P_T}\right)\cdot \mathrm{WoE}_i \tag{8-15}$$

特征的 IV 值可以理解为对该特征所有分桶的 WoE 的加权和，其中，权重体现了该特征分桶的正负样本与全量的正负样本的分布差异。对比式（8-14）和式（8-15），我们可以看出 WoE 值可能为负，但 IV 值肯定为非负。一般认为，IV 值小于 0.1 则表示该特征对目标的预测能力较弱，大于 0.3 则表示特征对目标的预测能力很强。

（3）SENet-block

我们在第 4 章中介绍过通过 SENet 型来学习特征的权重，它通过注意力机制的思想显式地学习特征向量的权重，并利用权重对特征向量进行重新调整（Rescale），使每个特征可以根据针对训练目标的不同重要性以不同的权重参与网络计算。

因此，基于 SENet 的理论，我们很容易联想到模型学习的特征权重可以看作特征重要性的量化。实际应用中通常把 SENet 作为独立的 Block（模块）接入召回或者排序模型使用。我们发现 SENet-block 学习到的特征权重具有一定的可解释性，不过置信度相比 Shapley 算法要弱一些，不能完全参照 SENet-block 的权重删减特征，大家可以在具体的业务场景中尝试一下。

（4）基于梯度的重要性

梯度是机器学习中的常用概念，它指示了参数更新的方向。梯度除了用于参数更新之外，还有一些其他的用途，比如，生成自适应的损失权重和特征重要性等。关于特征重要性方面，比较容易想到特征 Embedding 对应的梯度，同等更新的情况下梯度越大的特征对于损失的影响越大，因此其重要性也相对越大。

在模型训练的过程中，可以计算每一个 Embedding 梯度的绝对值之和，然后计算平均值从而得到每一个对应特征的重要性。

综上所述，在上面给出的四种常用的特征重要性分析方法中，Shapley 算法的合理性更好，不过效率较低，IV 值的可解释性和计算效率相对更均衡一些，SENet-block 和基于梯度的方法都需要在训练阶段完成，基于梯度的方法通常是独立于模型结构的，更具有一般性。SENet-block 的方法会影响模型的结构，如果对于模型效果有提升的话可以引入进来评估特征的重要性。

除了上面提到的四种方法，还有一些 AutoML 方向的模型搜索方法[3] 也可以用于特征重要性评估，比如可以将模型子结构搜索的思想作用于特征的 Embedding 上，从而学习不同特征的重要性。

8.3　模型校准

信息流推荐场景中，排序模型的建模目标通常是点击和转化概率，但实际上最终模型预测的分数却往往不具备真正的“概率”含义，虽然这并不影响对物品的排序效果。但如果在某些特定业务目标下，我们需要让排序模型的打分具有“概率”的真正物理意义，以便利用其物理意义来控制对于下游的影响，则需要对模型打分进行一定的校准（Calibration）工作。

我们先通过以下两点的分析说明来理解排序模型打分不具备“概率”的真正物理意义的原因。

1）排序建模中最核心的优化过程可以理解为尽可能地将正负两类样本分开，因此很多模型，比如 GBDT 或者采用三元损失（Triplet Loss）的模型，它们输出的预测值只在偏序关系上是有意义的，但是却不能像 LR 那样表示一个直观的概率值。

2）排序模型的样本构建时，很多代表正样本的行为（如点击、购买）非常稀疏，因此，模型通常需要对负样本做一定的下采样以解决样本不平衡问题，这就导致排序模型学习的是有偏的概率。

上述两个原因导致推荐排序模型的打分可以相互比较，它们的“序”是准确的，但是它们本身的“值”没有什么明确的物理含义。

刚才也介绍过，在某些业务目的下，我们需要打分概率的物理含义来控制对于下游的影响，比如，排序之后的混排调权需要依据点击和转化的概率值来确定权重大小，广告场景中计算点击带来的收入也依赖于上游的点击概率值。因此，我们需要对排序模型的预估打分进行校准，来保证打分的“序”和“值”都是准确的。下面分别介绍普拉特校准[4]（Platt Calibration）、负采样校准[5] 和基于累积分布的校准。

（1）普拉特校准

为了像 LR 一样输出概率值，普拉特校准基于模型的输出 $f(x)$ 再训练一个 LR 模型。校准 LR 的样本形式为 $\{(f(x_i),y_i)\mid i=1,\cdots,n\}$，其中，$y_i$ 为真实的标签，样本的分布不经过上采样和下采样处理，严格和实际分布保持一致。校准 LR 的模型定义如下：

$$P(y=1\mid f(x))=\frac{1}{1+\exp(af(x)+b)} \tag{8-16}$$

式中，a 和 b 为模型参数。普拉特校准的思想简单直接，训练完校准 LR 后再对 $f(x)$ 做一次变换即可。

（2）负采样校准

虽然 LR 等二分类模型的预测分具备“概率”的物理意义，但因为负采样策略的原因使得概率值存在偏移的情况，因此同样需要进行校准，我们把这种情况称为负采样校准。

假定我们在建模时对正负样本采样遵循如下规则：正样本全部保留，负样本以 $r\in[0,1]$ 的采样率进行随机采样。设 p 为 LR 模型预估的概率，p^* 为校准后概率，负采样校准方法有以下两种。

1）对 Sigmoid 函数中的线性加权和部分增加额外的截距 ln（r）：

$$p^*=\frac{1}{1+\mathrm{e}^{-(\boldsymbol{\omega x}+\ln(r))}} \tag{8-17}$$

2）在 LR 模型预测概率 p 后，对其中的负样本概率按采样率做还原处理：

$$p^*=\frac{p}{p+\dfrac{1-p}{r}} \tag{8-18}$$

事实上，这两种方法是等价的，我们进行简单的推导说明。根据式（8-18）可得：

$$\frac{p^*}{1-p^*}=\frac{p}{1-p}\cdot r \tag{8-19}$$

对式（8-19）两边取 ln(·)：

$$\ln\left(\frac{p^*}{1-p^*}\right)=\ln\left(\frac{p}{1-p}\right)+\ln(r) \tag{8-20}$$

根据 LR 的性质，$\frac{p}{1-p}$代表概率的 odds（即事件发生和不发生概率比值），因此$\frac{p}{1-p}=\frac{\frac{1}{1+\mathrm{e}^{-\omega x}}}{1-\frac{1}{1+\mathrm{e}^{-\omega x}}}=\mathrm{e}^{\omega x}$，则对式（8-20）进一步转化得到：

$$\ln\left(\frac{p^*}{1-p^*}\right)=\boldsymbol{\omega x}+\ln(r) \tag{8-21}$$

对式（8-21）两边同时做 exp(·) 处理，并进一步化简，可得式（8-12），故式（8-17）和式（8-18）两种校准方式是等价的。图 8-3 给出了校准前后的对比，其中黑线是校准前的概率密度图（正负样本一比一），绿线是校准后的概率密度图（更接近真实值）。

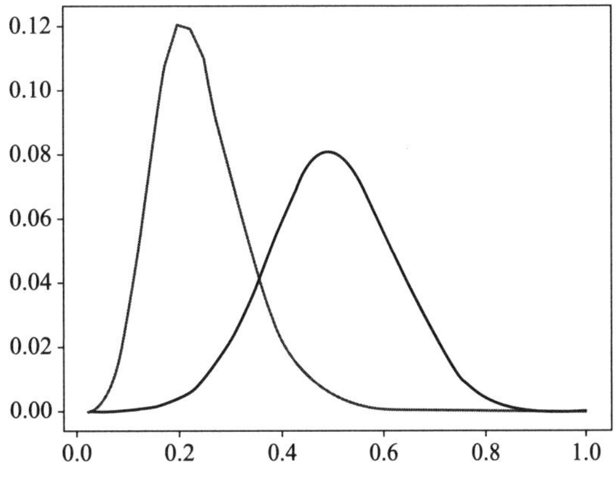

图 8-3　负采样校准前后的概率密度对比（详见彩插）

（3）基于累积分布的校准

对于二分类的 LR，打分校准还是比较容易的。但如果业务场景的迭代优化中需要将 LR 模型切换到 GBDT（或者二分类切回归），这个时候打分校准就会麻烦一些，但我们仍然可以采用一些其他策略。比如，对 LR 和 GBDT 分别统计其对应的概率累积分布（如图 8-4 所示），然后根据累积分布中的对应关系启发式地确定 LR 打分和 GBDT 打分的映射关系。

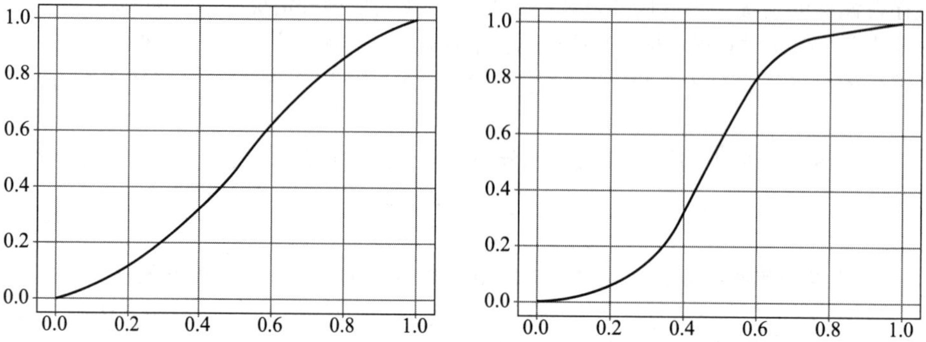

a）LR累积分布示意图　　b）GBDT累积分布示意图

图 8-4　LR 和 GBDT 的累积分布曲线

8.4　本章小结

本章介绍的内容属于推荐建模中偏“辅助性”的基础工作，这些辅助工作在实践中往往被一些算法工程师认为是缺少技术含量的“脏活累活”，但实际上这些工作却能直接决定模型的成败。机器学习领域一向有“Garbage in garbage out”（垃圾进，垃圾出）的公理，数据质量保障和模型训练之间存在相辅相成、良性循环的关系，而数据质量不仅包括了数据收集、加工的 ETL 阶段的工程质量，也包括了模型训练之前的去噪、归一等特征预处理和特征加工的数据质量。

举一个典型的负面例子，编者曾经在长视频推荐场景中犯过一个简单而低级的错误：连续剧被推荐的频次远高于电影。当时追根溯源地查找原因，发现问题出在特征工程阶段，连续剧因为内容集数和时长远超过电影，在通过播放时长、播放频次表达用户兴趣的强度上，两者不在一个数量级，因此如果不对时长特征做归一化，不对播放样本进行消偏处理，而是直接简单地进行特征离散化、统一采样样本后训练模型，就会使模型的优化方向完全被“连续剧”样本主导，从而使模型结果出现很大的偏差。推荐建模的实践中还有大量类似的例子，因此才需要算法工程师花大量的时间精力在特征工程和样本构造等“脏活累活”的工作中。本章针对特征工程抛砖引玉地介绍了指标减噪、多维度融合、离散化、平滑、重要性分析等数据预处理和特征提取加工的相关内容，帮助读者建立相关工作的基本框架和方法论。

此外，本章还介绍了模型校准的相关内容，帮助读者理解“概率”的物理意义，梳理推荐建模中排序模型的预测概率和真实概率之间的差异及其产生的原因和影响，更好地理解在推荐全链路中如何联动排序模型及下游的业务目标进行联合调参。

参考文献

[1] WILSON E B. Probable inference, the law of succession, and statistical inference [J]. Journal of the American Statistical Association, 1927, 22 (158): 209-212.

[2] SHAPLEY L S. Notes on the n-Person Game—II：The value of an n-person game [J]. Lloyd S Shapley, 1951.
[3] REN P, XIAO Y, CHANG X, et al. A comprehensive survey of neural architecture search：challenges and solutions [J]. ACM Computing Surveys (CSUR), 2021, 54 (4)：1-34.
[4] PLATT J. Probabilistic outputs for support vector machines and comparisons to regularized likelihood methods [J]. Advances in Large Margin Classifiers, 1999, 10 (3)：61-74.
[5] HE X, PAN J, JIN O, et al. Practical lessons from predicting clicks on ads at facebook [C] //Proceedings of the 8th International Workshop on Data Mining for Online Advertising. New York：Association for Computing Machinery, 2014：1-9.
[6] STRUMBELJ E, KONONENKO I. An efficient explanation of individual classifications using game theory [J]. Journal of Machine Learning Research, 2010, 11：1-18.

CHAPTER9

第 9 章

信息流推荐中的经典业务问题应对

信息流的发展和繁荣带来了用户和内容的规模性增长以及产品体验的大幅提升，但同时也衍生出了各种新的业务诉求，比如，如何同步优化短期的业务目标和长期的生态建设？如何平衡迎合用户当前需求和满足用户对未知的期待？如何在挖掘高质量内容的同时抑制全局的马太效应？本章将围绕这些业务诉求背后的信息茧房、冷启动、偏置、流量扶持等问题进行介绍。

9.1 关于信息茧房

“信息茧房[1]”的概念由桑斯坦教授于 2006 年提出，对推荐系统来说，在消费时长、GMV 等业务 KPI 压力下，对提升点击转化的极致追求，使得推荐建模过度强调基于用户历史行为数据推断未来偏好的学习能力，长此以往，用户的固有偏好被不断强化，使得用户仅能接触到当前感兴趣的相关内容，这如同置身于蚕茧中，对于广阔的全域信息缺乏更加丰富、完整的认识。以短视频信息流产品为例，对于一个游戏爱好者来说，推荐游戏相关的视频是非常符合业务逻辑的，然而如果一直大量推荐游戏而很少推荐其他内容，那么用户就摆脱不了游戏的茧房，长此以往很容易出现审美疲劳，进而导致用户活跃度下降甚至流失。

在信息爆炸的今天，推荐系统可以帮助用户更快速地筛选喜欢的内容，其核心工作在于构建用户和物品的相关性，选择符合用户兴趣偏好的优质内容。通过用户的内容消费行为，推荐系统可以快速地捕捉用户的兴趣偏好，强化用户的兴趣感知，从而刺激内容消费。推荐系统给用户获取信息提供了极大的便利，然而它也在一定程度上限制了用户获取信息时的视野。推荐交互的过程中，如果用户不能获取新的内容或者了解全局的内容分布，那么将一直处于有限的几个兴趣的循环中。

生活中可能遇到这样一种情况：一个短视频爱好者在刷了一段时间某 APP 后，感觉没什么新意，于是下载了另外一款 APP，使用新 APP 的时候感觉看到了不一样的新世界，但持续一段时间后，用户又再次出现了“没有令自己眼前一亮的内容”的疲劳感，于是再次切换、下载新的 APP。从上面的例子中可以看到一个用户主动突破信息茧房的过程：用户切换推荐系统获取了更多感兴趣的信息。然而这种切换操作对于切换前的业务场景来说就是严重的用户流失。

为了防止用户流失，推荐系统需要不断突破自身圈定的茧房，将尽可能多样化、新颖的内容分发给用户。对信息茧房的突破，首先可以通过产品形态上的改进帮助用户意识到茧房外的多元信息，比如，《华尔街日报》在 2016 年推出了红蓝双推的机制（Red Feed，Blue Feed），将 Facebook 上不同倾向的信息并列呈现给用户，创造更多元化的消费空间。

除了产品形态的改进，推荐策略上也可以在强化内容多样性（Diversity）和用户兴趣探索两个方向上进行优化。

（1）内容多样性

我们知道整个推荐链路是呈漏斗式的，因此，关于推荐策略在内容多样性上的优化，也需要贯穿整个推荐链路。通常，我们会在推荐链路的不同阶段采取综合性的策略，协同提升多样性。

1）召回的多样性优化策略。召回是推荐链路的起点，如果召回阶段的候选集本身不具备多样性，那么整个推荐链路的多样性优化空间就会很小。因此，我们可以从不同角度来提升召回内容的丰富度，如用户画像标签扩散、用户历史交互物品标签扩散、用户多兴趣学习、用户聚类后的群体热门内容等方法，通过多路召回保障多样性。

2）精排的多样性优化策略。精排模型通常很难直接将“多样性”指标作为建模目标，但是我们可以通过丰富用户、物品、上下文环境等特征来加强精排模型的个性化能力。个性化越强，模型参数越不容易被少量热门内容主导，也越容易学习到用户对长尾内容的偏好度，以此来间接提升模型多样性。

3）重排的多样性优化策略。重排模型的主策略可以利用 DPP 等启发式算法来进行推荐内容的打散，避免连续相似内容扎堆出现的情况，以此提升多样性。同时，可以在重排层尝试更多的多样性强规则：

- 去重机制，重复推荐过的物品不再进入推荐列表。
- 即时反馈机制，曝光未点击物品的相似物品在推荐内容中降权。
- 频控机制，控制同品类或相似物品在一定的时间窗口内的推荐总次数。

4）基于“探索”的多样性优化策略。另一种更激进的多样性优化策略是基于 E&E 方法，通过预留一部分流量来探索长尾物品的转化效果，“强行”增加长尾物品的推荐曝光量，有时候可能要牺牲一部分业务目标，LinUCB 就是一种模型化的 E&E 方法。基于“探索”的多样性优化策略，在具体实施时，我们可以作为一个召回路由融合到召回集合中，也可以更激进地作为重排侧的强插规则，信息流中每隔几刷出一个长尾物品。

上述多样性策略的整体优化方向是适当地降低头部效应、保持品类均衡、增加推荐内容的丰富度，从而有效地提高整体的分发效果。但需要注意的是，多样性不是一个确定的业务优化目标，而是一个启发式的调参优化过程，调参的过程兼顾用户侧的效果和平台侧对马太效应的抑制情况，同时，我们也会遇到多样性和准确性在某些场景中存在冲突的情况。比如，在电商场景中，我们经常会在重排侧使用的一个策略是，在满足所有算法和业务规则约束的基础上，对 CVR 高的物品进行适当的加权，这在推荐和搜索场景都被证明是一个非常简洁高效的提升物品购买转化的重排策略，但实际上，这个策略会加强对头部商品的分发，降低内容多样性。因此，我们在日常的推荐多样性优化中，必须在整体业务目标下全面考虑、合理取舍。

（2）用户兴趣探索

互联网时代的信息内容是海量的，比如短视频、新闻资讯等内容每天至少是亿级的增长，淘宝、京东等电商场景的商品规模也是以“亿”为量级的。但不管是主动搜索还是被动推荐，基于信息茧房的理论，用户能够获取的信息量十分有限。因此，通过用户兴趣探索，通过算法和策略帮助挖掘用户新的兴趣点，从内容新颖性、惊喜感的角度满足用户需求，也是突破信息茧房的一个重要技术方向。但需要注意的是，用户兴趣探索在某些情况下容易存在“摸着石头过河”的问题，存在一定的不确定性可能导致效果损失，因此需要有策略地进行探索。

1）用户方面，兴趣探索需要严格区别高活跃的老用户和新用户。老用户的行为丰富，容易进行基于现有兴趣进行扩散，但新用户行为稀疏，探索空间小、风险大，如果探索的内容不好，那么会很容易导致退出或者直接流失。

2）内容方面，需要选择有代表性的内容探索。比如品类上，可以选择具有一定接受广度的品类和一定流行度的内容进行人群扩散和分发。而具有争议、极端特点的内容一般不太适合用于探索。

针对推荐系统对新老用户的偏好理解、积累的画像标签丰富度等差异，我们需要对两类人群采用不同的兴趣探索的策略。

1）新用户兴趣探索。

新用户兴趣探索的核心目标是通过有效的探索策略快速识别用户兴趣。新用户的行为十分稀疏，基本的用户画像信息也有缺失，同时新用户的推荐试错成本比较高（用户一旦不感兴趣，就可能直接流失），所以兴趣探索的内容首先要保证在绝大多数人群中有足够的流行度和转化效率，防止长尾内容偏离用户兴趣太多，因此，新用户的召回算法通常选择热门召回作为保底。此外，召回算法中还可以增加承接上下文场景的内容，比如，如果新用户是从某个素材的广告投放跳转过来的，那么可以增加跟该素材有较大相关性的内容召回。上述两类召回可能仍然无法命中用户兴趣，需要进一步丰富推荐策略，我们可以再进一步地增加兴趣探索的多样性，探索更广阔的内容，比如，LinUCB 算法在长尾内容池中探索新用户的兴趣偏好。此外，利用 DropoutNet 算法帮助新用户学习 Embedding 也是一个有效的策略，有了更好的用户，Embedding 可以在新用户没有历史行为的情况下更好地召回相关内容。

2）老用户兴趣探索。

对于有丰富历史行为的老用户，推荐系统通常已经知道了用户的实时和中长期兴趣，但为了突破推荐内容的局限性，仍然需要去探索更多的可能。我们将物品全空间针对每个老用户分解成两个域：兴趣域和未知域。兴趣域表示用户有丰富行为的物品范围，而未知域则表示用户没有行为或者行为非常稀疏的物品范围。比如对于某电商用户，服饰、日用品是他的兴趣域，3C 产品是他的未知域。因此，老用户兴趣探索问题实际上就分解成了如何在用户的兴趣域里增加推荐多样性和如何在未知域里进行个性化推荐的问题。

1）针对第一个问题，我们可以尝试用户多兴趣建模。在第 3 章，我们介绍过利用 MIND 等模型学习用户的多峰兴趣。基于用户的多峰兴趣，我们首先可以保证在利用已有的历史和实时行为中尽量地挖掘兴趣的多样性。

2）针对第二个问题，我们可以有两种不同的解法：

- 把用户看作未知域里的新用户，用冷启动的方法求解，我们同样可以利用 LinUCB 算法，在用户从未涉及的相关内容中进行探索和利用，增加未知领域的内容命中用户兴趣的概率。
- 探索用户兴趣域和未知域之间的关系。这两个域之间可能存在某种意义上的“联系”，这种“联系”可能是一种显式的标签，也有可能是隐性的向量之间的相似关系。比如，电商场景中，用户经常喜欢购买明代相关的书籍，和他从没浏览过的明代瓷器之间存在年代元素的联系，那么理论上给用户推荐明代瓷器会比推荐现代瓷器有更好的效果。因此，我们可以借鉴 DropoutNet 算法，同时建模用户在兴趣域和未知域的兴趣向量，通过不同用户的兴趣域差异，用其他用户的兴趣域数据帮助该用户更好地学习未知域的兴趣表达。

综合上述两个方面，用户的兴趣探索是贯穿整个用户生命周期的兴趣建模工作，是信息流产品通过推荐系统承接新用户、挽留老用户的必要手段。

9.2 关于保量策略

商业化广告、产品运营干预下的推荐场景中存在一类“保量”的需求，比如，电商场景中，平台会跟某些商家签约，商家给予一定的折扣优惠，同时获得约定的曝光流量。在产品的转型时期，也会存在需要对特定类型的内容进行流量扶持的需求。这类需求的核心问题是如何给定准确的曝光量。

推荐系统可以根据一定的控制策略来保证确定大小的曝光量，避免曝光不足或者超量曝光的情况。PID[2]（Proportion Integration Differentiation）算法是控制理论中广泛使用的控制算法，它起源于 20 世纪 30 年代，最早应用于工业过程中的系统控制，后续推广到了互联网的流量控制中。PID 是一种根据控制对象输出反馈来进行校正的控制方式，从名字可以看出，它包括了比例（Proportion）、积分（Integration）和微分（Differentiation）三种算法控制，具体的定义如下：

$$U(t)=\mathrm{kp}\cdot \mathrm{err}(t)+\frac{1}{T_I}\int \mathrm{err}(t)\,\mathrm{d}t+\frac{T_D\mathrm{derr}(t)}{\mathrm{d}t} \tag{9-1}$$

式中，$\mathrm{err}(t)$ 表示目标值和当前值的差值；kp 为比例系数。$\mathrm{kp}\cdot\mathrm{err}(t)$ 这一比例项很直观，每一次都向着目标前进。然而比例项并不能保证达成既定目标，比如说逆水行舟，每一次努力前进 1m，同时又回撤 1m，这样会一直处于原地的状态。因此仅仅依赖比例控制是不够的，为了解决这个问题，PID 算法中增加了积分项$\frac{1}{T_I}\int \mathrm{err}(t)\,\mathrm{d}t$。积分项累积了若干次的误差，可以较好地弥补比例项的不足，更好地达成目标。比例项和积分项可以在一定程度上保证目标的达成，然而参数设置等原因可能导致类似梯度求解中的震荡。一个简单的解决方法是可以增加微分，通常 $\mathrm{err}(t)$ 是递减的，$\frac{T_D\mathrm{derr}(t)}{\mathrm{d}t}$为负可以防止超出目标。

基于 PID 算法的流量控制策略可以帮助推荐系统更好地达到控制保量的需求，在内容分发的“保量”场景中得到了广泛的应用。

9.3 内容与用户冷启动

冷启动是指在没有历史数据的前提下做个性化推荐，通常包括物品和用户的冷启动，它是推荐系统中的一个经典问题。有关冷启动的背景和业务解决方案在第 1 章中也有介绍，本节从技术的角度介绍几种典型的冷启动解决方案：DropoutNet[1]、MWUF[4]、LinUCB[5] 和 Cold & Warm Net[6]。

9.3.1 DropoutNet

对于新用户（物品），由于交互信息非常稀疏，推荐系统仅能利用有限的内容信息来寻找匹配的物品（用户）。比如，新物品方面能使用的信息可能只有类别、标签等简单的内容，新用户方面可能只能使用年龄、性别等基础画像内容。因此，在冷启动的场景下，推荐建模需要尽可能地通过内容信息来构建用户和物品的相关性，传统的协同过滤中也有利用内容来计算相关性的方法，但效果要比基于行为的协同过滤差很多，通常只能作为一种补充算法，因此，业界也衍生出了很多基于深度学习的协同内容和行为信息的冷启动建模方法，DropoutNet 就是其中一种。

1. DropoutNet 模型结构设计

DropoutNet 的核心思想是通过对模型输入中的非内容信息进行 Dropout（即随机失活）的方式来达到建模目标，其模型整体结构如图 9-1 所示。

DropoutNet 模型采用一个对称的双塔结构，用户 u 的输入表示为 U_u 和 $\Phi_u^{\mathcal{U}}$，物品 v 的输入表示为 V_v 和 $\Phi_v^{\mathcal{V}}$。$\Phi_u^{\mathcal{U}}$ 和 $\Phi_v^{\mathcal{V}}$ 为基础的内容信息，U_u 和 V_v 为基于其他方法学习到的用于衡量相关性的隐式表示。U_u 和 $\Phi_u^{\mathcal{U}}$ 分别输入相对应的深度结构 f_U 和 $f_{\Phi^{\mathcal{U}}}$，物品侧的 V_v 和 $\Phi_v^{\mathcal{V}}$ 也是类似的方式。对这两部分的表示分别建模，主要是为了处理一些复杂的内容信息，比如说图像的 RGB 三通道数据不容易直接和隐式表示拼接起来。这种方式使得 Dropout 模型中的 $f_{\Phi^{\mathcal{U}}}$ 和 $f_{\Phi^{\mathcal{V}}}$ 可以选择一些预训练好的模型。接下来经过 $f_{\mathcal{U}}$ 和 $f_{\mathcal{V}}$ 的变换后可以得到用户和物品的预测表示 $\hat{U}_u$ 和 $\hat{V}_v$，其相关性得分如下：

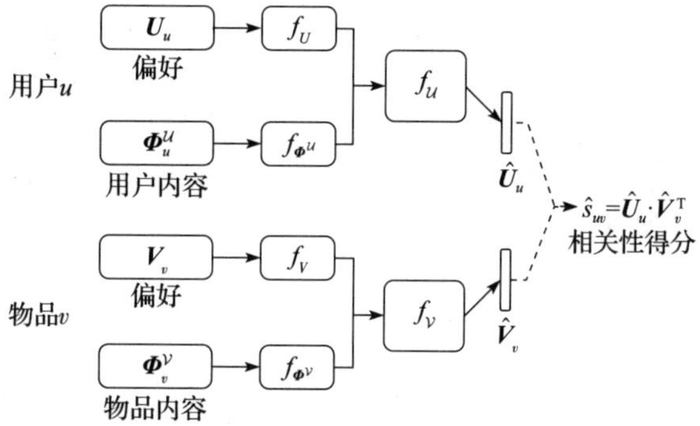

图 9-1　DropoutNet 模型结构

$$\hat{s}_{uv} = \hat{U}_u \hat{V}_v^{\mathrm{T}} \tag{9-2}$$

2. 模型训练方法（Training for Cold Start）

受降噪自编码算法的启发，DropoutNet 试图从 Dropout 后的输入中重新生成相关性得分。DropoutNet 不像降噪自编码一样重构原始输入，而是重构相关性得分。这种方式赋予了 DropoutNet 更好的灵活性，可以在新的隐空间中学习用户和物品的抽象表示。其优化目标为相关性得分的 L2 距离：

$$\mathcal{O}=\sum_{u,v}(U_uV_v^{\mathrm{T}}-f_{\mathcal{U}}(U_u,\Phi_u^{\mathcal{U}})f_{\mathcal{V}}(V_v,\Phi_v^{\mathcal{V}})^{\mathrm{T}})^2=\sum_{u,v}(U_uV_v^{\mathrm{T}}-\hat{U}_u\hat{V}_v^{\mathrm{T}})^2 \tag{9-3}$$

在冷启动问题中，U_u 和 V_v 均有可能缺失，DropoutNet 中通过 Dropout 的方式将其置为空。具体来说，在每一个 Mini-batch 的训练中，随机采样一部分用户和物品，将其非内容表示置为 0。对于这些缺失的样本，模型试图学习仅依赖内容信息的相关性表示：

$$\text{新用户冷启动}:\mathcal{O}_{uv}=(U_uV_v^{\mathrm{T}}-f_{\mathcal{U}}(0,\Phi_u^{\mathcal{U}})f_{\mathcal{V}}(V_v,\Phi_v^{\mathcal{V}})^{\mathrm{T}})^2 \tag{9-4}$$

$$\text{新物品冷启动}:\mathcal{O}_{uv}=(U_uV_v^{\mathrm{T}}-f_{\mathcal{U}}(U_u,\Phi_u^{\mathcal{U}})f_{\mathcal{V}}(0,\Phi_v^{\mathcal{V}})^{\mathrm{T}})^2 \tag{9-5}$$

“Dropout”的样本引导模型仅依赖内容信息学习相关性，非“Dropout”的样本会降低模型对于内容信息的依赖。DropoutNet 的模型设计是这两种极端情况的权衡。对于非冷启动的情况，可以保持和生成（U_u,V_v）模型的一致性，具有较好的准确性，同时保持对于冷启动情况的泛化能力。除了对于冷启动问题的定向解决，Dropout 还可以防止模型的过拟合，进一步地提高模型效果。

3. 线上推理（Inference）

按照上面的方法就可以训练模型，根据依赖的模型获取 U_u 和 V_v，执行前向推理来得到用户和物品的隐式表示 $\hat{U}_u$ 和 $\hat{V}_v$。理想情况下，这个过程会贯穿用户或物品的整个阶段：第一个阶段是零交互，第二个阶段只有稀疏的几个交互，第三个阶段是有一定数量的交互。对于 U_u 和 V_v 两个输入表示，第一个阶段没有什么可考虑的，其信息为空，第三个阶段也可以从依赖的模型中得到较为准确的表示。然而对于第二个阶段来说，依赖的模型可能还不能及时地输出一个准确的表示，用空表示可能也有一定的损失。

DropoutNet 对于这种情况做了单独处理，对于仅有几个交互行为的新用户，可以使用其交互过的物品表示用户：

$$U_u=\frac{1}{|\mathcal{V}(u)|}\sum_{v\in\mathcal{V}(u)}V_v \tag{9-6}$$

式中，$\mathcal{V}(u)$ 表示用户 u 最近交互过的物品集合。对于冷启动的物品，也可以采用类似的方式，对交互过的用户表示做一个平均处理。这种机制也同样适用于训练阶段，每一个 mini-batch 中，一部分样本的输入表示替换为这种平均的方式，训练过程中会控制这种平均变换和 Dropout 置 0 的比例。DropoutNet 的完整学习过程如算法 9-1 所示。

算法 9-1　DropoutNet 的完整学习过程

0：输入参数：$R,U,V,\Phi^{\mathcal{U}},\Phi^{\mathcal{V}}$
1：初始化用户模型 $f_{\mathcal{U}}$ 和物品模型 $f_{\mathcal{V}}$
2：重复如下的 DNN 优化直到收敛
3：　采样 mini-batch $B=\{(u_1,v_1),\cdots,(u_k,v_k)\}$
4：　对于每个 $(u,v)\in B$，循环
5：　　采用如下一种方式：
6：　　　1. 保持不变
7：　　　2. 用户 Dropout：$[U_u,\Phi_u^{\mathcal{U}}]\to[0,\Phi_u^{\mathcal{U}}]$
8：　　　3. 物品 Dropout：$[V_v,\Phi_v^{\mathcal{V}}]\to[0,\Phi_v^{\mathcal{V}}]$
9：　　　4. 用户变换：$[U_u,\Phi_u^{\mathcal{U}}]\to[\mathrm{mean}_{v\in\mathcal{V}_u}V_v,\Phi_u^{\mathcal{U}}]$

5. 物品变换：$[V_v, \Phi_v^{\mathcal{V}}] \rightarrow [\text{mean}_{u \in \mathcal{V}_v} U_u, \Phi_v^{\mathcal{V}}]$

结束循环

利用 B 更新 $f_{\mathcal{U}}$，$f_{\mathcal{V}}$

输出 $f_{\mathcal{U}}$，f_v

4. DropoutNet 实验分析

DropoutNet[1] 论文中进行了相关的实验分析，结果如图 9-2 所示，我们从中可以得到如下的结论。

1）如图 9-2 所示，DropoutNet 在非冷启动的实验中可以取得和基线方法相当的效果，在冷启动的实验中，相比最好的基线方法可以取得显著的提高。

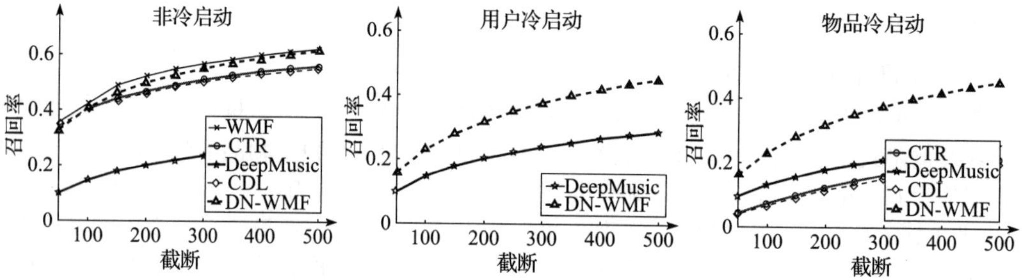

图 9-2 DropoutNet 的相关实验结果（详见彩插）

2）在基于 CiteUlike 的实验分析中，图 9-3 所示为 Dropout 率取值对于冷启动和非冷启动任务的影响。从中可以看到冷启动的效果和 Dropout 率的取值正相关。从非冷启动的实验中可以看到，在 Dropout 率到 0.7 时才有较为显著的下降。

3）如图 9-4 所示，式（9-6）中利用交互过的物品表示用户（DN-WMF）相比基线方法（WMF）可以获得更好的效果。

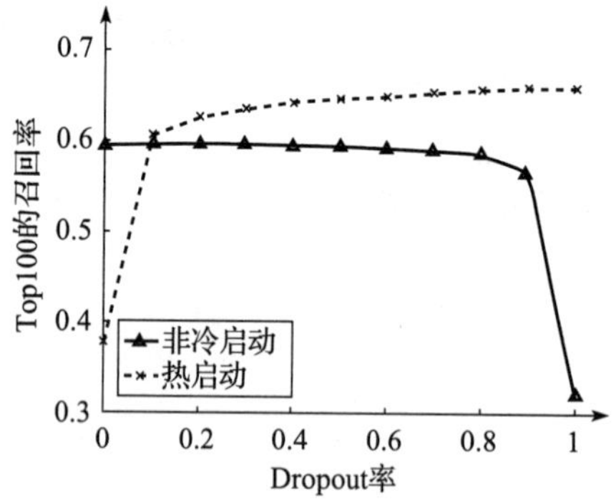

图 9-3 不同 Dropout 率对冷启动和非冷启动的影响

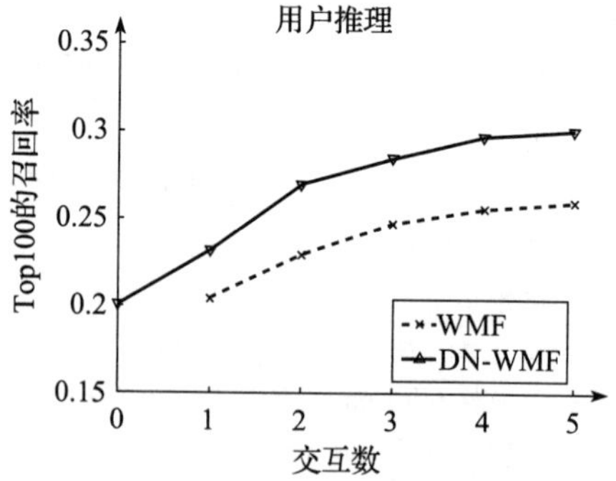

图 9-4 WMF 和 DN-WMF 的效果对比

9.3.2 MWUF

MWUF 算法集中于学习更好的新物品 ID Embedding 来提高物品冷启动的推荐准确性。对于冷启动物品 ID Embedding，通常采用随机的方式初始化，然后根据用户的交互行为逐步地优化，但处于冷启动阶段的物品交互行为通常很少，因此物品 ID Embedding 往往难以得到充分的训练，而且还容易被噪声样本带偏。MWUF 从初始化方式开始逐步地优化物品 ID Embedding 的学习，其模型结构如图 9-5 所示，主要改进为彩色部分对应的部分。下面对这几个部分的设计、训练方式做进一步的介绍。

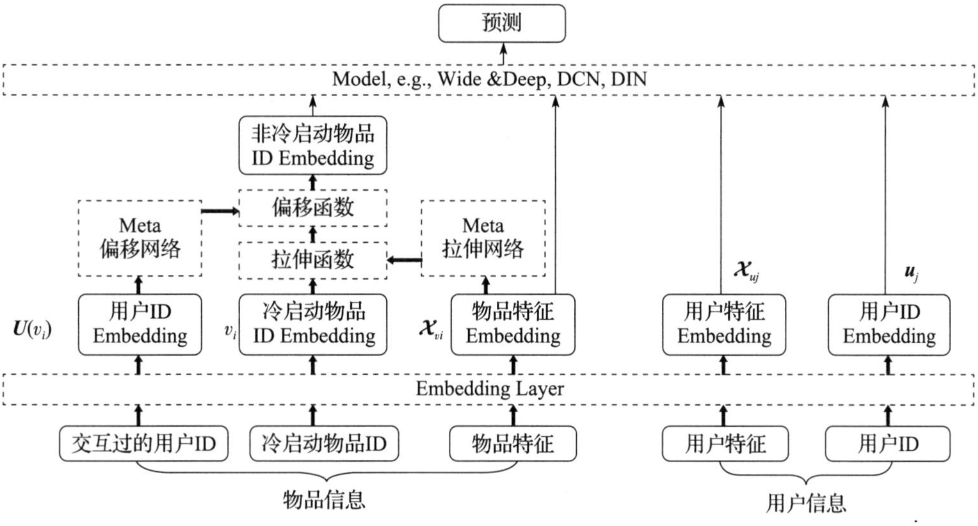

图 9-5　MWUF 算法的模型结构（详见彩插）

1. 模型核心结构设计

推荐系统中，Embedding 层对于模型效果的影响比较大，充分训练好的物品 ID Embedding 可以一定程度地提高推荐的效果。当新物品来了之后，其 Embedding 通常采用随机的方式初始化。由于是随机生成的，这个初始化的 Embedding 不能包含新物品的有效信息。对于新物品的推荐是不准确的，需要一种替代的初始化方式。MWUF 中提出利用已有物品的平均 Embedding 作为新物品 Embedding 的初始化方式。相比随机初始化，这种初始化方式的可解释性更好，更有利于快速地收敛。

论文[7] 中指出物品 ID 的 Embedding 在冷启动和非冷启动两个阶段的特征空间是不同的。热启动特征空间中，相似的物品在冷启动特征空间也是相似的，MWUF 中认为两个阶段的 Embedding 表示之间存在一定的关联。

有了通用的初始化方式，接下来为了得到每一个物品的 Embedding 表示，可以对通用表示做一定的变换。MWUF 中设计了一种比较常见的变换方式：拉伸（Scaling）+偏移（Shifting），其中，拉伸函数的输入为 ID 之外的物品特征，输出定义如下。

$$\tau_{v_i}^{\text{scale}} = h(X_{v_i}; w_{\text{scale}}), \quad \tau_{v_i}^{\text{scale}} \in \mathbb{R}^k \tag{9-7}$$

式中，$X_{v_i} = \{x_{v_i}^1, x_{v_i}^2, \cdots, x_{v_i}^n\}$ 表示物品 v_i 侧除了 ID 之外的特征 Embedding；w_{scale} 为网络 $h(\,)$ 的参数；k 为 Embedding 的维度。偏移函数的输入为最近和物品 v_i 交互过的用户 ID 的 Embedding 表示，其输出定义如下。

$$\tau_{v_i}^{\text{shift}}=g(\mathcal{G}(U(v_i));w_{\text{shift}}),\quad \tau_{v_i}^{\text{shift}}\in\mathbb{R}^k \tag{9-8}$$

综合拉伸和偏移的热启物品 ID 的 Embedding 表示如下。

$$v_i^{\text{warm}}=v_i\odot\tau_{v_i}^{\text{scale}}+\tau_{v_i}^{\text{shift}} \tag{9-9}$$

式中，符号⊙表示点乘。

2. 模型训练

MWUF 针对指定数据集的训练过程可以拆解为两步。第一步利用全量的数据训练一个基础的推荐模型，其参数包括 Embedding 部分的 ϕ 和其余的参数 θ。预训练的基础模型整体效果良好，但是对于冷启动物品来说不友好。第二步训练拉伸和偏移网络来优化冷启动物品 ID 的 Embedding 表示。为了防止对于非冷启动物品的影响，参数 ϕ 和 θ 是固定的。为了训练这两个网络，需要从样本中筛选数据按照时间戳排序，以模拟物品的冷启动过程。

预训练模型中物品 ID 的 Embedding 表示为 $\phi_{\text{id}}^{\text{old}}$，模型冷启动过程中物品 ID 的 Embedding 代表为 $\phi_{\text{id}}^{\text{new}}$。$\phi_{\text{id}}^{\text{new}}$ 中的 Embedding 代表 $\hat{v}$ 使用 $\phi_{\text{id}}^{\text{old}}$ 中的平均 Embedding 表示初始化。接下来根据冷启动 Embedding 表示可以计算出：

$$\hat{y}^{\text{cold}}=f(\hat{v}_i,X_{v_i},u_j,X_{u_j};\theta) \tag{9-10}$$

$$\hat{y}^{\text{warm}}=f(\hat{v}_i^{\text{warm}},X_{v_i},u_j,X_{u_j};\theta) \tag{9-11}$$

同时可以计算出预测值 $\hat{y}^{\text{cold}}$ 和 $\hat{y}^{\text{warm}}$ 对应的交叉熵损失 $\mathcal{L}^{\text{cold}}$ 和 $\mathcal{L}^{\text{warm}}$，然后根据 $\mathcal{L}^{\text{cold}}$ 和 $\mathcal{L}^{\text{warm}}$ 分别更新 $\phi_{\text{id}}^{\text{new}}$ 和拉伸偏移网络。

整体的训练流程如算法 9-2 所示。从中不难看出，基础模型和拉伸偏移网络的更新是独立的，MWUF 可以适配各种模型结构，比如 Wide & Deep、DCN 等。

算法 9-2　元学习非冷启动框架

0：输入：预训练模型 f_θ
1：输入：两个元网络 $h_{w_{\text{scale}}}$、$g_{w_{\text{shift}}}$
2：输入：物品 ID 的 Embedding 层 $\phi_{\text{id}}^{\text{new}}$
3：输入：按照时间戳排序的数据集 $\mathcal{D}$
4：　随机初始化 $h_{w_{\text{scale}}}$、$g_{w_{\text{shift}}}$
5：　循环直至收敛：
6：　　从 $\mathcal{D}$ 中采样 Batch 样本 $\mathcal{B}$
7：　　获取 $\mathcal{B}$ 中物品的冷启动 ID Embedding v
8：　　根据式（9-9）获取非冷启动 ID Embedding v^{warm}
9：　　利用 v 评估 $\mathcal{L}^{\text{cold}}$
10：　　最小化 $\mathcal{L}^{\text{cold}}$，更新 $\phi_{\text{id}}^{\text{new}}$
11：　　利用 v^{warm} 评估 $\mathcal{L}^{\text{warm}}$
12：　　最小化 $\mathcal{L}^{\text{warm}}$，更新 $h_{w_{\text{scale}}}$、$g_{w_{\text{shift}}}$
13：　结束循环

上面给出针对数据集的训练方式，MWUF 也可以扩展到业务中的在线训练场景。新物品来了之后采用通用的平均初始化。当用户和物品交互后，利用 $\mathcal{L}^{\text{cold}}$ 更新基础模型的 ϕ 和 θ，利

用 $\mathcal{L}^{\text{warm}}$ 更新拉伸偏移网络参数。显然，拉伸偏移网络的训练不影响基础模型的学习。在测试阶段，可以直接利用 v^{warm} 计算用户和物品的相关性得分。

9.3.3 LinUCB

本小节介绍 E&E 问题中比较典型的 LinUCB 算法，它在实践中被证明是一种解决用户和新物品冷启动问题的有效方法。

1. 算法背景简介

在介绍 LinUCB 算法之前，简单说明一下经典的 E&E 问题和多臂老虎机（Multi-armed Bandit，MAB）算法。

E&E 问题是内容分发中常见的一个问题，它涉及流量利用时的决策，是利用（Exploitation）已有的经验选择当前的最优策略，还是探索（Exploration）一些新的策略来获得未来可能的更大收益。E&E 中的“探索”和“利用”是相辅相成的，“探索”是为了更好地“利用”，“利用”是为了收益的最大化。

E&E 问题的解法有很多种，最简单直接的方法是对流量进行随机分配，一部分用来“探索”，一部分用来“利用”，但这种方法的效率很低，而多臂老虎机则是一种更加高效的解法。多臂老虎机是数学家们基于赌徒和赌场之间的博弈而总结得到的一个算法。对于一台有多个操控臂（Arm）的老虎机，赌徒每次都选择其中一个臂，老虎机会给出相应的奖励，但每个臂奖励的大小都呈未知的分布，赌徒需要根据之前尝试的经验选择合适的臂来实现奖励的最大化。这个过程中，赌徒需要利用已有的经验并结合一定的探索，尝试次数多的臂，其期望奖励相对稳定，可以保底，尝试次数少的臂不确定性更大，潜在的探索价值也更大一些。

多臂老虎机中臂的选择策略和推荐系统中的推荐策略很相似，比如，新闻推荐中，推荐系统可以看作赌徒，文章可以看作臂，用户的行为反馈可以看作老虎机的奖励，推荐系统需要根据已有的尝试给用户推荐最匹配的文章，这种方式在实践中被证明是一种针对新物品的有效的冷启动方法。相比于传统的多臂老虎机，新闻推荐中增加了一些上下文的信息，比如说用户和文章的特征等，而 LinUCB 就是一种结合上下文信息的多臂老虎机算法，也就是一种 Contextual bandit 算法。

2. LinUCB 的概念和推导

在 LinUCB 算法的理论中，当前臂的期望奖励和当前观察到的上下文特征呈线性关系，按照线性模型的建模策略，LinUCB 算法可以分为两种：线性不相交模型（Disjoint LinUCB）和混合线性模型（Hybrid LinUCB）。这两者的区别在于参数的独立性。在线性不相交模型中，不同臂的模型参数是独立的，而在混合线性模型中，每个臂的参数既有独立的部分，也有和其他臂共享的部分。因为参数独立性的差异，在优化求解的过程中，两者也遵循不同的解法。下面以线性不相交模型为例介绍基于 LinUCB 的推荐建模方法。

在第 t 轮交互中，当前用户表示为 u_t，候选物品集合为 $\mathcal{A}_t$，上下文信息表示为 $x_{t,a}$。当前推荐中选择 $a_t \in \mathcal{A}_t$ 给到用户，然后获取用户的反馈奖励 r_{t,a_t}。推荐系统需要根据 $(x_{t,a}, a_t, r_{t,a_t})$ 不断调整推荐策略。

在线性不相交模型中，我们定义选择物品 a 的期望奖励是上下文特征 $x_{t,a}$ 和未知权重向量 θ_a^* 的线性加权和：

$$E[r_{t,a} \mid x_{t,a}] = x_{t,a}^{\mathrm{T}} \theta_a^* \tag{9-12}$$

令 $D_a \in \mathbb{R}^{m \times d}$ 表示物品 a 相关的样本输入，每一行对应一次推荐的上下文信息。令 $b_a \in \mathbb{R}^m$ 表示相应的奖励，比如，表示用户是否点击文章等。接下来计算 L2 回归损失以学习参数 θ_a：

$$\begin{aligned} L(\theta_a) &= \| D_a\theta_a - b_a \|_2^2 + \lambda \| \theta_a \|_2^2 \\ &= (D_a\theta_a - b_a)^{\mathrm{T}}(D_a\theta_a - b_a) + \lambda\theta_a^{\mathrm{T}}\theta_a \\ &= \theta_a^{\mathrm{T}}D_a^{\mathrm{T}}D_a\theta_a - b_a^{\mathrm{T}}D_a\theta_a - \theta_a^{\mathrm{T}}D_a^{\mathrm{T}}b_a + b_a^{\mathrm{T}}b_a + \lambda\theta_a^{\mathrm{T}}\theta_a \end{aligned} \tag{9-13}$$

对 θ_a 求导数得：

$$\frac{\partial L(\theta_a)}{\partial \theta_a} = 2D_a^{\mathrm{T}}D_a\theta_a - 2D_a^{\mathrm{T}}b_a + 2\lambda\theta_a \tag{9-14}$$

令 $\frac{\partial L(\theta_a)}{\partial \theta_a} = 0$，可得 θ_a 的解析解：

$$\hat{\theta}_a = (D_a^{\mathrm{T}}D_a + \lambda \boldsymbol{I}_d)^{-1} D_a^{\mathrm{T}} b_a \tag{9-15}$$

式中，$\boldsymbol{I}_d$ 为 d 阶的单位矩阵。Walsh 等人在相关的研究工作[8] 中证明了：

$$\left| x_{t,a}^{\mathrm{T}}\hat{\theta}_a - E[r_{t,a} \mid x_{t,a}] \right| \leqslant \alpha \sqrt{x_{t,a}^{\mathrm{T}}(D_a^{\mathrm{T}}D_a + \boldsymbol{I}_d)^{-1}x_{t,a}} \tag{9-16}$$

式中，$\alpha = 1 + \sqrt{\ln(2/\delta)/2}$。这个不等式给出了推荐文章所能获得奖励的置信区间，则根据置信区间上界的推荐策略如下：

$$a_t = \underset{a \in \mathcal{A}_t}{\operatorname{argmax}} \left(x_{t,a}^{\mathrm{T}}\hat{\theta}_a + \alpha \sqrt{x_{t,a}^{\mathrm{T}} A_a^{-1} x_{t,a}} \right) \tag{9-17}$$

式中，$A_a = D_a^{\mathrm{T}}D_a + \boldsymbol{I}_d$。

LinUCB 的整体执行流程如算法 9-3 所示。

算法 9-3　LinUCB 算法（线性不相交模型实现）

```
输入：a ∈ ℝ+
  for t=1, 2, ⋯, T:
    获取所有文章的特征 a ∈ 𝒜_t, x_{t,a} ∈ ℝ^d
    对于每个 a ∈ 𝒜_t, 循环
      如果 a 是新的, 则
        初始化: A_a ← I_d
        初始化: b_a ← 0_{d×1}
    结束如果
    更新: θ̂_a ← A_a^{-1} b_a
    更新: p_{t,a} ← θ̂_a^T x_{t,a} + α sqrt(x_{t,a}^T A_a^{-1} x_{t,a})
    end for
  选择预期收益最大的文章 a_t = argmax_{a∈𝒜_t} p_{t,a}, 然后观测反馈 r_t
  更新: A_{a_t} ← A_{a_t} + x_{t,a_t} x_{t,a_t}^T
  更新: b_{a_t} ← b_{a_t} + r_t x_{t,a_t}
结束循环
```

9.3.4　Cold & Warm Net

推荐系统对新用户或者冷启动用户建模时，因为交互行为少，导致缺乏充足的特征和样本数据来训练模型。通常的解决方案是引入老用户（也就是活跃用户）的样本来辅助建模。不过，通常新老用户之间的行为差异很大，如图 9-6 所示，这些差异主要包含三个方面：

1）样本量方面，新用户或者冷启动用户相对老用户少很多。

2）特征方面，建模新用户仅能依赖一些用户的基础属性。相比老用户，缺乏表征用户兴趣的交互行为。

3）行为方面，相比老用户，新用户的正向行为更少。

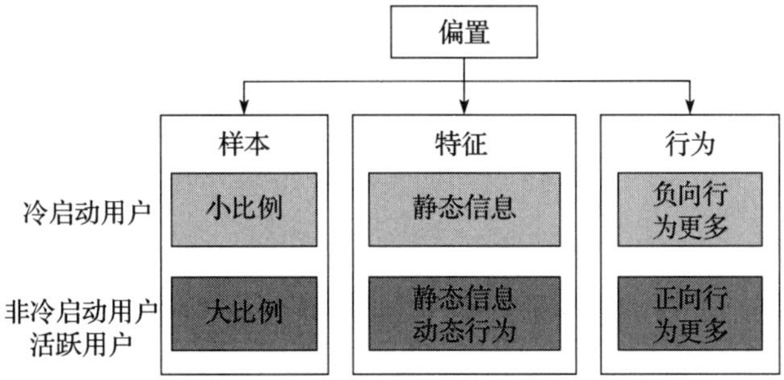

图 9-6　新老用户的行为差异对比

同时，对冷启动用户建模时需要注意防止被老用户带偏，因此需要尽可能地从老用户数据中挖掘有价值的信息。Cold & Warm Net 模型着眼于通过如下方法来解决这个问题。

1）将特征分成不同的类型，有针对性地送入冷启动专家网络和非冷启动专家网络来学习不同的用户表示，并通过门控网络结合两个部分的输出。

2）为了缓解冷启动专家的欠拟合，引入动态的知识蒸馏进一步提高冷启动专家的效果。

3）通过互信息筛选出和交互行为相关度高的特征作为输入，利用偏置网络学习冷启动用户的行为偏置。

下面对 Cold & Warm Net 算法细节做详细的说明。

如图 9-7 所示，Cold & Warm Net 模型结构包含两个子网络：原始 Cold & Warm 网络和偏置网络，前者用于度量用户和物品的相似度，后者负责学习冷启动用户的行为偏置。模型的输入特征包括用户特征 X_u、物品特征 X_i 和偏置特征 X_b。用户特征可以细分为静态的用户基础属性 X_{up}、动态的用户动作特征 X_{ud} 和用户分群特征 X_{ug}。偏置网络的结构比较简单，结构上为一个多层的 MLP，并输出一个偏置得分 $y_{\text{bias\_score}}$。原始 Cold & Warm 网络的结构相对复杂一些，其目标为抽象用户表示和物品表示，计算用户和物品的相关性得分：

$$y_{\text{sim\_score}}=\frac{E_u \cdot E_i}{\|E_u\|\ \|E_i\|} \tag{9-18}$$

模型的最终输出如下：

$$y=y_{\text{sim\_score}}+y_{\text{bias\_score}} \tag{9-19}$$

下面对网络的几个模块做详细的介绍。

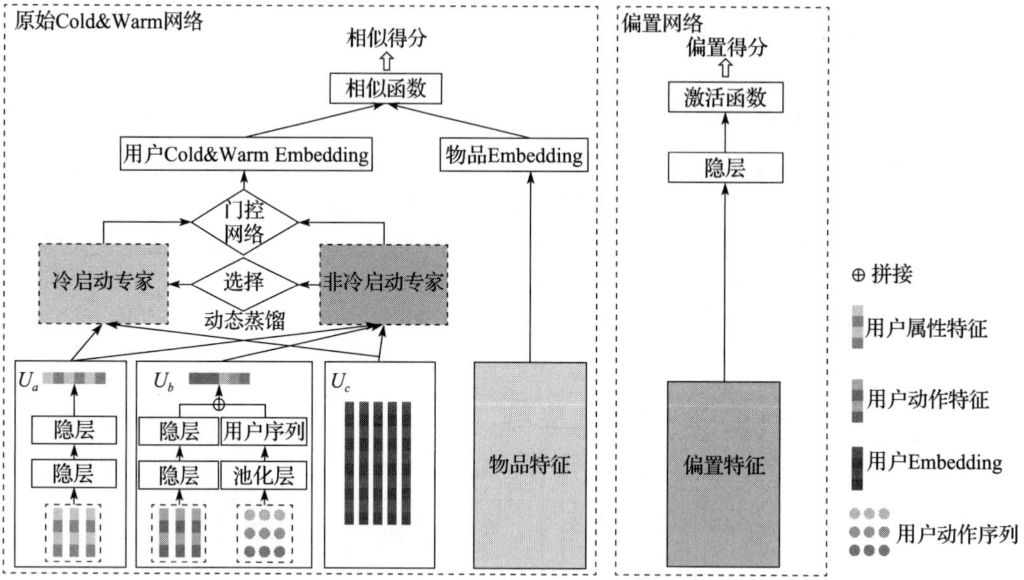

图 9-7 Cold & Warm 算法的模型结构（详见彩插）

（1）特征分隔模块（Feature division module）

为了更好地建模冷启动用户和非冷启动用户的异同，特征分隔模块将用户特征划分为不同的类型，包含 U_a、U_b 和 U_c3 个部分，其中，U_a 部分输出用户基础属性的静态信息表示 $E(X_{up})$，这部分表示为上层的冷启动专家网络和非冷启动专家网络共用。U_b 部分输出用户的动态表示 $E(X_{ud})$，主要建模实时信息和用户的近期序列行为。冷启动用户的动态表示非常稀疏，为了防止干扰这部分表示仅输出到非冷启动专家网络。U_c 部分为预训练好的用户分群信息 $E(X_{ug})$，这部分预训练表示可以缓解冷启动用户的特征稀疏问题，给冷启动用户的特征表示提供很好的先验。除了利好冷启动用户，这部分表示也可以作为非冷启动用户的补充信息。

（2）冷热用户 Embedding 模块（User Cold & Warm Embedding Layer）

上面的模块为用户建模提供了必要的基础信息，图 9-8 进一步地抽象出用户表示，主要包含两个专家网络。其中冷启动专家网络的输入为 U_a 部分的用户基础属性和 U_c 部分的用户分群信息。由于冷启动用户的抽象表示主要依赖用户的基础属性，冷启动专家网络根据用户分群信息从中提取出符合用户群特点的静态表示：

$$E_{\text{cold}}^{a}=\text{softmax}\left(\frac{E(X_{ug})E(X_{up})^{\mathrm{T}}}{\sqrt{d}}\right)E(X_{up}) \tag{9-20}$$

式中，$\sqrt{d}$ 为缩放因子，用来避免异常大的内积值。冷启动专家网络主要为了完善用户静态信息的表达，其整体输出如下：

$$E_{\text{cold}}=\text{CONCAT}(E(X_{up}),E_{\text{cold}}^{a}) \tag{9-21}$$

热启动专家网络的输入包含了所有的用户侧信息 U_a、U_b 和 U_c。和冷启动专家网络类似，热启动专家网络根据用户分群信息进一步提高动态信息的抽象提取：

$$E_{\text{warm}}^{a}=\text{softmax}\left(\frac{E(X_{ug})E(X_{ud})^{\text{T}}}{\sqrt{d}}\right)E(X_{ud}) \tag{9-22}$$

$$E_{\text{warm}}=\text{CONCAT}(E(X_{ud}),E_{\text{warm}}^{a}) \tag{9-23}$$

式中，CONCAT 表示拼接操作。

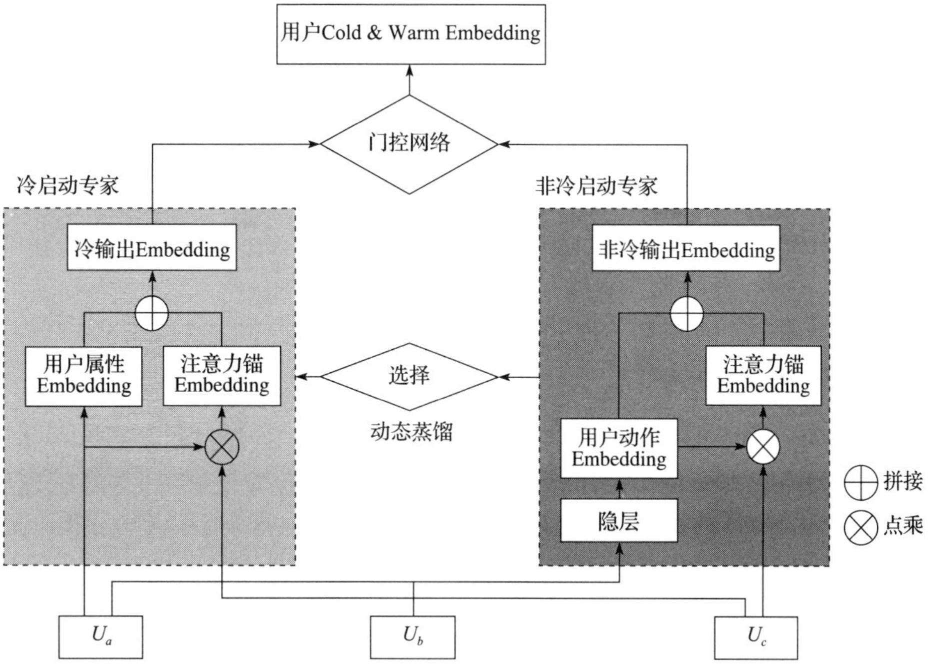

图 9-8 用户的 Cold & Warm Embedding 层

接下来，一个门控网络根据用户的状态特征（登录状态、兴趣丰富程度和会话数目等）生成冷启动专家网络和热启动专家网络的权重参数：

$$W_{\text{cold}},W_{\text{warm}}=f(X_{us}) \tag{9-24}$$

式中，f 是一个 MLP。当前模块的整体输出如下：

$$E_u=W_{\text{cold}}\cdot E_{\text{cold}}+W_{\text{warm}}\cdot E_{\text{warm}} \tag{9-25}$$

（3）动态知识蒸馏模块（Dynamic Knowledge Distillation）

从前一个模块中可以看到模型结构中包含了冷启动专家网络和非冷启动专家网络，不过由于 Cold & Warm Net 主要解决冷启动用户的优化问题，因此更关注于冷启动专家网络的效果。为了评估每一个专家网络的效果，直接用其输出和物品表示计算相似度：

$$y_{\text{cold\_score}}=\frac{E_{\text{cold}}\cdot E_i}{\|E_{\text{cold}}\|\,\|E_i\|} \tag{9-26}$$

$$y_{\text{warm\_score}}=\frac{E_{\text{warm}}\cdot E_i}{\|E_{\text{warm}}\|\,\|E_i\|} \tag{9-27}$$

从相关的实验中可以观察到冷启动专家网络存在一定的欠拟合，如图 9-9 所示。为了解决冷启动专家网络欠拟合的问题，Cold & Warm Net 中引入了动态信息的知识蒸馏，利用非冷启动专家网络来指导冷启动专家网络的学习。对于每一条样本分别计算冷启动专家和非冷启动专家的交叉熵损失 $L(\hat{y}_i^c,y_i)$ 和 $L(\hat{y}_i^w,y_i)$，如果冷启动专家的损失更小的话，仅计算冷启动专家的交叉熵损失，反之则需要学习非冷启动专家的表示，流程如算法 9-4 所示。

算法 9-4　动态知识蒸馏

```
For 每一个 batch 的样本 do
    计算交叉熵损失 L(ŷ_i^c, y_i) 和 L(ŷ_i^w, y_i)
    if L(ŷ_i^c, y_i) ≤ L(ŷ_i^w, y_i) then
        L_d = a · L(ŷ_i^c, y_i)
    else
        L_d = b · L(ŷ_i^w, y_i)
    end
end
```

引入知识蒸馏后的损失函数如下：

$$L=-\frac{1}{N}\sum_{i=1}^{N}\left(y_i\log\hat{y}_i+(1-y_i)\log(1-\hat{y}_i)\right)+\alpha L_d \tag{9-28}$$

式中，α 为超参数，用于控制知识蒸馏的强度；L_d 的计算参考算法 9-4 中的定义。

（4）偏置网络（Bias Net）模块

偏置网络用于建模冷启动用户的行为偏置。其输入特征 X_b 为根据互信息筛选出来的特征：

$$I(X_u;Y)=\sum_{x\in X_u}\sum_{y\in Y}p(x,y)\log\frac{p(x,y)}{p(x)p(y)} \tag{9-29}$$

式中，Y 为互动等用户行为。偏置网络的输出 $y_{\text{bias\_ score}}$ 定义如下：

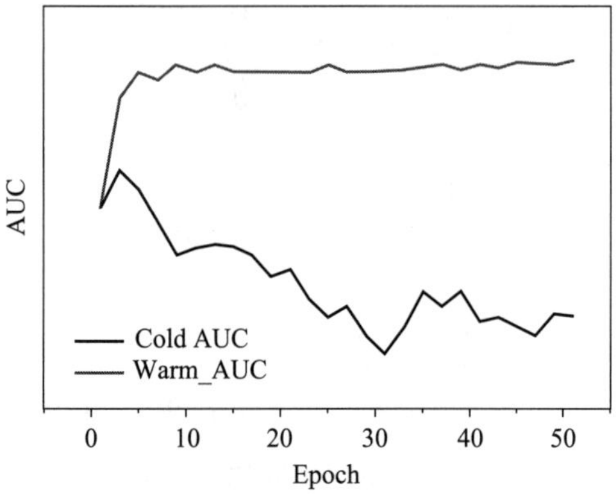

图 9-9　冷启动和非冷启动任务的效果变化趋势（详见彩插）

$$y_{\text{bias\_score}}=\tanh(\boldsymbol{W}_{\text{bias}}^{\mathrm{T}}\boldsymbol{X}_b+\boldsymbol{b}) \tag{9-30}$$

从 Cold & Warm Net 的相关实验中可以发现如下结论。

1）相关的数据集上，Cold & Warm Net 在全体用户和冷启动用户上均取得了较好的效果，超过 Mind、YoutubeDNN 等算法。

2）消融实验中证明了动态知识蒸馏和偏置网络的有效性。引入蒸馏后冷启动专家网络的 AUC 提升明显，训练 AUC 从 0. 577 提高到了 0. 8772，测试 AUC 从 0. 5675 提高到了 0. 7384。

9. 4　偏置与消偏

本节着重介绍建模中的另一个经典问题：偏置（Bias）与消偏（Debias）。所谓偏置，通常是指算法基于数据集学习的期望与真实结果之间的偏离程度。我们在实践中发现，推荐系统中的各种偏置问题广泛存在，比如位置偏置，用户在搜索引擎中通常只浏览排在前面的结果，再比如推荐系统通常偏向于热门，对一些优质的长尾内容不友好。如果忽略这些固有存在的偏置问题，盲目地去拟合有偏的数据，那么很容易导致线下评估与线上效果的巨大差异，也容易给用户推荐不感兴趣的结果或者加剧马太效应，进而影响用户体验。分析偏置、解决偏置是推荐系统优化的重要技术方向，也是伴随着信息流产品和推荐系统整个生命周期的研究课题。本节首先分析一些常见的偏置，然后介绍几种消偏的解决方案。

9.4.1　偏置分析

论文 *Bias and debias in recommender system*[9] 对偏置问题做了详细的分析总结。这里先回顾偏置发生的上下文环境，即推荐系统的交互流程，如图 9-10a 所示，推荐系统把 Top-N 的结果下发给用户，然后收集用户和推荐系统交互的行为日志存储在数据库中，接下来基于数据学习策略继续作用于下一次的推荐，这个过程构成了一个反馈的循环。在整个反馈循环的过程中，如图 9-10b 所示，偏置问题存在于其中的多个环节，并且还能够随着这个循环过程被不断加强放大。

1）在数据收集环节存在多种类型的数据偏置，包含用户选择偏置（User-selection Bias）、曝光偏置（Exposure Bias）、群体一致性偏置（Conformity Bias）和位置偏置（Position Bias）。

2）在模型训练环节，特征工程、建模、模型参数学习实际上也存在着广义上的偏置问题，我们称之为归纳偏置（Inductive Bias）。比如，“将某个连续型特征离散化为 3 个分桶”就是典型的特征工程中的归纳偏置，它将某一些不同的特征值归纳到了一类，内部之间实际上存在一定的差异；“构建一个线性模型进行销量预测”则是建模中的归纳偏置，因为实际的销量和输入特征之间可能不是线性关系，但我们用了一个简化的线性模型去拟合。但需要注意的是，归纳偏置不一定会带来问题，如果通过归纳偏置给模型带来了更好的泛化能力，那么它就是一种有效的先验知识。

3）在推荐结果的展示环节，也同样存在流行度偏置（Popularity Bias）和不公平（Unfairness）现象。用户通常更容易接受流行度更高的内容，比如，我们在电商 APP 上购物时，倾向于挑选好评多的商品就是流行度偏置的体现。

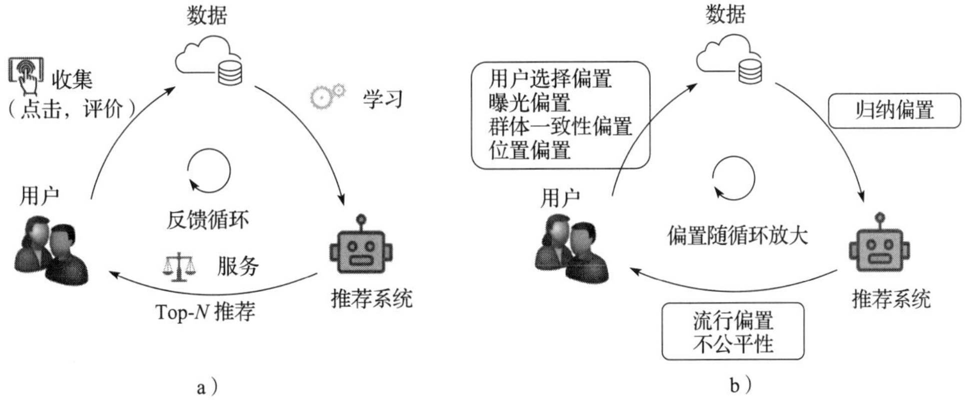

图 9-10　推荐的循环过程，以及不同阶段存在的偏置

我们在实践中发现，对推荐算法负面影响最大的通常是数据偏置和推荐结果中的流行度

偏置。数据偏置问题严重时，往往训练数据的分布和预测数据的分布很不一致（如图 9-11a 所示），而这种不一致会导致模型训练的偏移，如图 9-11b 所示，红色曲线表示测试的风险函数，蓝色曲线表示训练的风险函数，两者存在明显鸿沟。

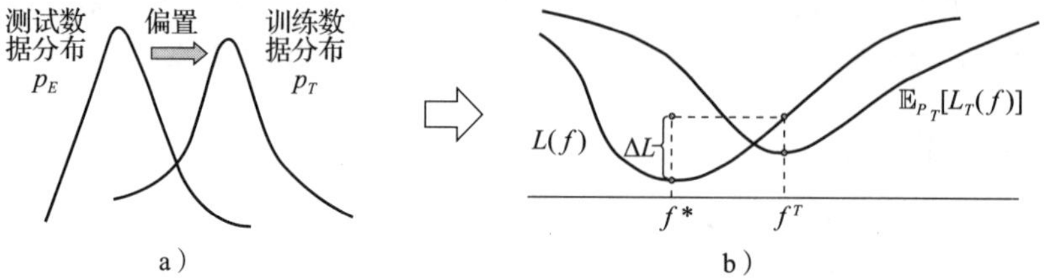

图 9-11 数据偏置的说明和它对于模型训练的负向影响（详见彩插）

下面再对推荐算法负面影响较大的几种偏置类型进行展开描述。

1）**用户选择偏置**。在信息流的推荐场景中，理论上任意的物品都存在被用户选择和消费的可能，但这种可能性并不是随机分布的，而是依赖于用户个体的选择，这就导致我们的样本分布是有偏的。下面举几个实际例子帮助读者加深理解：通常，电商 APP 的评价内容中最多的就是好评和差评，人们倾向于对自己满意或不满意的购物体验进行评价；新闻资讯中，经常会出现夸张标题来引导用户点击。从这两个例子中我们可以看到，基于用户评价反馈统计的好、中、差评分布，并不等同于全量商品实际的好、中、差评分布，基于用户点击的新闻资讯内容类型分布，也不等同于全量新闻资讯内容的类型分布。而这种因用户自身的选择倾向导致的样本不能反映总体的某些特征分布，进而导致模型的预估有偏的现象就是用户选择偏置，Marlin 等人的工作[10] 中对用户选择偏置进行了详细的分析和论证，读者可以进一步学习、理解。

2）**曝光偏置**。推荐系统曝光给每个用户的物品仅仅只是全量物品池中非常小的一部分，其余未曝光的物品就像只露出一个角的冰山在水下存在的庞大体量，但这部分物品却不一定表示用户的负向兴趣倾向。一般而言，未曝光物品跟用户之间的相关性关系有两种情况：物品和用户的兴趣不匹配；因为浏览习惯等原因，用户感知不到物品的存在。因此未曝光物品中实际是存在大量用户感兴趣的物品的。这种情况使得推荐系统难以准确、全面地了解用户的兴趣全貌，我们称之为曝光偏置。曝光偏置产生的原因包含以下几个方面：模型基于曝光点击和未点击样本的迭代优化不断强化曝光产生的偏差；推荐算法根据用户的朋友圈层、地理信息等群体标签强匹配的推荐结果局限了用户的“视野”；流行的物品更容易触达用户，长尾物品得到的曝光机会有限，这种曝光机会的差异在模型迭代中被不断固化。因此，对推荐建模来说，CVR 建模中的未点击的样本、CTR 建模中的未曝光样本，就是典型的曝光偏置的实际例子。

3）**群体一致性偏置**。用户倾向于和同群体的人做出相同的表现，尤其是在需要做出选择和反馈的情况下，容易和群体中的大多数人保持一致，也就是“从众心理”。比如，微信的朋友圈中，用户可能因为朋友点赞而点开某一个视频或者新闻，电影推荐网站中，用户选择观看某个电影，可能是因为其他人给出了一个较高的评分。然而用户跟随其他人所做出的行为可能并不符合他真实的兴趣，甚至有的时候用户为了防止自己显得另类，也有可能做出违反初衷的选择。这种因从众心理引起的用户行为偏差，我们将其定义为群体一致性偏置。

4）**位置偏置**。由于行为习惯等原因，用户参与交互的物品通常处于推荐结果的头部位置。位置偏置是实际业务场景中广泛存在的问题。比如广告系统中，广告的位置具有很大的影响，展示的位置越好，越容易获得用户的点击，为此很多广告主需要投入更多的费用来获取更好的投放位置。搜索引擎中，用户通常仅浏览头部的检索结果，基本不会翻页或者持续下滑来浏览后面的结果。在这些场景中，用户和某个物品的交互可能仅仅是因为该物品的位置更靠前一些，交互行为不能很好地体现用户和物品的相关性。由于位置偏置导致用户的交互数据并不能真实地反映用户喜好。

5）**流行度偏置**。流行度高的热门物品通常在推荐结果中能得到更高的推荐打分，这来源于数据偏置在模型训练中的加强，比如，热门物品的正样本在数据量上远大于长尾物品，那么模型的梯度更新无形中就让热门物品占了主导。而用户往往偏向于消费流行度高的物品，这一过程又进一步让热门物品的正样本数量得到了增加。

上述这些偏置问题都会导致模型学习到有偏的预估，并作用于推荐系统的下一次推荐，这会导致推荐系统新一轮的推荐结果存在更大的偏置，从而陷入了一个恶性的循环。为了尽可能地实现无偏预估，提高用户体验，需要有针对性地消除反馈循环中的各种偏置。

9.4.2　消偏：用户选择偏置

用户选择偏置产生的本质原因是数据缺失不是随机的。因此，一种直接的消偏做法是给缺失的数据赋予一个伪标签，以此来保证可观测到的数据分布 $p(U,I \mid S=1)$ 可以趋近于理想分布 $p(U,I)$。论文 *Training and testing of recommender systems on data missing not at random*[11] 中提出了一种简单的策略，直接用一个特定的值 r_0 来表示缺失数据的标签，并优化如下的目标函数：

$$L=\sum_{u\in U,i\in I} W_{ui}(r_{ui}^{o\&i}-\hat{r}_{ui})^2 \tag{9-31}$$

式中，$r_{ui}^{o\&i}$ 表示观测到的或者缺失填充的标签；$\hat{r}_{ui}$ 表示预测值；W_{ui} 用于降低缺失数据对于模型的影响。然而，这种启发式的方式，会由于缺失值不准确而导致推荐效果不好。一些方法中尝试基于模型的方式来生成缺失标签，对于用户选择偏置来说是一个比较有前途的方向。

倾向分[12]（Propensity Score）也是消除选择偏置的一种常用手段。简单来说，这类方法通常利用倾向分对样本进行加权：

$$L=\frac{1}{|U\|I|}\sum_{(u,i):s_{ui}=1}\frac{\delta(\hat{r}_{ui},r_{ui}^{o})}{\rho_{ui}} \tag{9-32}$$

式中，$\rho_{ui}=p(s_{ui}=1)$ 表示样本被观测到的概率，仅在标准的优化目标上增加了一个权重项。由于倾向分的引入，式（9-32）可以看作真实损失的无偏估计。

缺失标签填充和倾向分都存在一定的局限性，Wang 等人[13] 基于这两种方式提出了一种更加鲁棒的方式：

$$L=\frac{1}{|U\|I|}\sum_{u\in U,i\in I}\delta(\hat{r}_{ui},r_{ui}^{i})+\frac{s_{ui}(\delta(\hat{r}_{ui},r_{ui}^{i})-\delta(\hat{r}_{ui},r_{ui}^{o}))}{\rho_{ui}} \tag{9-33}$$

式中，r_{ui}^{i} 表示某一个用户物品对的缺失填充标签。该方法在效果上更好一些，然而实际应用中仍然需要寻找准确的倾向分和缺失标签。

9.4.3　消偏：曝光偏置

为了解决曝光偏置问题，一些方法直接将所有未曝光的样本看作负例，并指定不同的置信度。这类方法的优化目标可以总结如下：

$$L=\sum_{u\in U,i\in I} W_{ui}\delta(\hat{r}_{ui},s_{ui}) \tag{9-34}$$

式中，s_{ui} 表示用户 u 和物品 i 是否有点击等交互行为；W_{ui} 表示置信度，是影响模型效果的关键超参数。简单的启发式方法中[14]，当 $s_{ui}=1$ 时有 $W_{ui}=1$，当 $s_{ui}=0$ 时有 $W_{ui}=c(0<c<1)$，未曝光的样本相对来说不太可信，所以分配了一个较小的值。复杂一些的启发式方法可以根据用户的活跃度[15]或者物品的流行度[16]来指定置信度。除了启发式的权重，还有一类采样的方法可以达到类似的效果，例如，召回和粗排算法中[17][18]经常采用的随机负采样的方式建模未曝光样本。

还有一种建模未曝光的策略是构建曝光模型来学习物品曝光给用户的概率。EXMF[19]中引入了曝光变量，并根据伯努利分布建模不明确的反馈：

$$e_{ui}\sim \text{Bernoulli}(\eta_{ui}) \tag{9-35}$$

$$s_{ui}\mid e_{ui}=1\sim \text{Bernoulli}(\hat{r}_{ui}) \tag{9-36}$$

$$s_{ui}\mid e_{ui}=0\sim \delta_0 \tag{9-37}$$

式中，e_{ui} 表示物品 i 是否曝光给用户 u；δ_0 表示 $p(s_{ui}=0\mid e_{ui}=0)=1$（可以用一个较小值的伯努利分布近似）；$\eta_{ui}$ 表示曝光的先验概率。

9.4.4 消偏：群体一致性偏置

用户的选择容易受到群体效应的影响，因“从众心理”的本能而使得反馈行为容易出现群体一致性的偏置。业界对群体一致性偏置的研究相对较少，本小节仅做简单的介绍。Liu 等人[20]引入了三个重要特征（c_{ui}、a_{ui}、d_{ui}）来构建预测模型，其中，c_{ui} 表示用户评价前物品已具有的评价数，a_{ui} 表示平均评价，d_{ui} 是评价分布。最终的预测由于 XGBoost 模型获得：

$$\hat{r}_{ui}=\text{xgb}(\{(1-\omega)\cdot t_{ui}+\omega\cdot a_{ui},c_{ui},a_{ui},d_{ui}\},\Theta_{\text{xgb}}) \tag{9-38}$$

式中，t_{ui} 表示基础推荐模型的预测；ω 用于控制群体一致性的强度；$\omega=1$ 表示用户的评价完全基于群体效应。

9.4.5 消偏：位置偏置

位置偏置是推荐场景最常见的偏置问题之一，尤其是在信息流产品中，因为用户习惯的差异，信息流的头部和深度下滑位置的流量差异巨大，位置偏置问题突出。业界对位置偏置的相关研究也比较多，本小节介绍几种常用的位置消偏方法。

1. 引入曝光概率建模

在一些搜索、广告和推荐等业务场景中，为了消除位置偏差，在点击率建模中加入了曝光位置因素的影响。以搜索为例，如图 9-12 所示，我们从早期微软的搜索引擎的广告数据分析中观察到，位置靠后的广告点击率会出现显著的下降[21]。这里的下降可以解释为靠后的位置难以获取用户的注意。基于这个观察，可以定义广告是否被点击依赖于广告被看到的概率（即曝光概率）以及被看到时的点击概率：

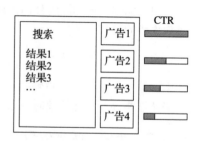

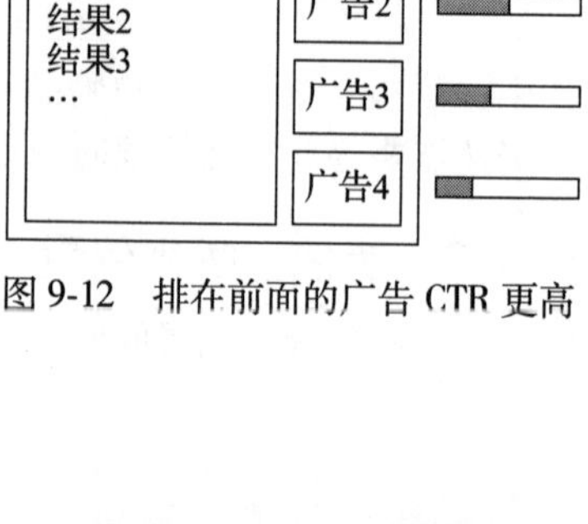

图 9-12　排在前面的广告 CTR 更高

$$P(C=1 \mid u,i,p)=P(C=1 \mid u,i,E=1) \cdot P(E=1 \mid q) \tag{9-39}$$

式中，C、E 分别表示是否点击和是否被看到；u，i，p 分别表示用户、物品和位置。这种建模方式可以更准确地预估广告的点击概率。

2. 引入“位置”特征

既然物品的位置跟用户的点击、转化强相关，那么从特征工程的角度考虑，我们是否可以通过把位置信息作为特征来解决这个偏置问题。论文 *Model ensemble for click prediction in bing search ads*[22] 中尝试直接把位置作为特征引入模型中，其结构如图 9-13 所示。离线训练模型的时候增加了位置特征，位置特征中记录了物品的真实展示位置。不过这种方式带来的问题是在线预测的时候也需要包含位置信息的输入，但和离线训练不同，在线预测的过程是期望用模型的打分来决定物品的顺序（位置），而不是先固定物品位置再进行打分。因此，为了解决位置信息缺失的问题，一种简单方式是采用贪心算法的思想，从排序列表的头部开始，逐个位置地计算最优的物品，其时间复杂度为 $O(lnT)$，其中 l 为排序列表的长度，n 为候选物品的个数，T 为单次预测的推理延迟。然而这种暴力求解的方式对于低延迟的在线服务来说是不可接受的。

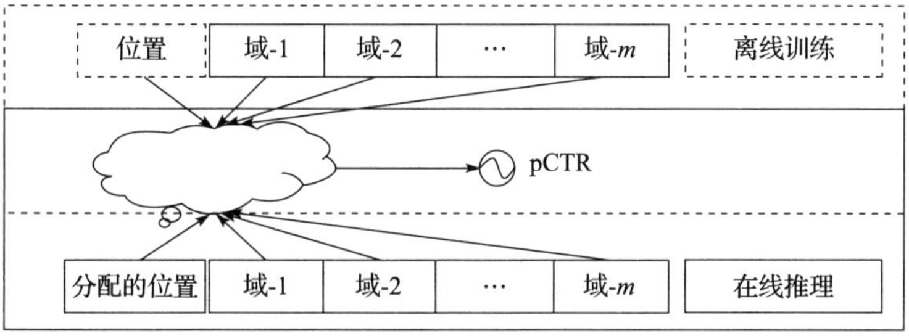

图 9-13　位置作为特征引入模型

为了降低在线服务的响应延迟，也可以为所有候选物品指定位置信息的默认值。然而不同的默认值可能带来不同的排序结果。为了选择合适的默认值，可以采用在线评估和离线评估两种方式。在线评估时代价相对较高，离线评估的准确性稍差。指定位置默认值的方式比较简洁，但在泛化能力上还比较欠缺。

3. 增加偏置子网络

（1）PAL 算法

我们沿着将位置信息加入模型训练的思路继续迭代优化，Guo 等人[23] 尝试省略推理阶段的缺失位置填充，提出了 PAL 算法，其整体结构如图 9-14 所示。PAL 算法可以看作图 9-13 中的算法的 deep 版本，其整体的模型结构设计基于这样的假设：用户是否点击依赖于是否看到物品，以及看到物品后是否点击。位置信息特征被用于看到物品概率 ProbSeen 的建模，其他特征信息用于点击率 pCTR 的建模。概率 ProbSeen 和 pCTR 的乘积为 bCTR，表示位置影响下的点击率。离线训练阶段需要输入真实的位置信息，在线预测阶段仅需部署图 9-14 中右下角的子网络，预测和位置信息无关的 pCTR 即可。PAL 算法的损失函数定义如下：

$$L(\theta_{\mathrm{ps}},\theta_{\mathrm{pCTR}})=\frac{1}{N}\sum_{i=1}^{N} l(y_i,\mathrm{bCTR}_i)=\frac{1}{N}\sum_{i=1}^{N} l(y_i,\mathrm{ProbSeen}_i \cdot \mathrm{pCTR}_i) \tag{9-40}$$

式中，θ_{ps} 和 θ_{pCTR} 分别表示两个子网络的参数；$l(\cdot)$ 为交叉熵损失函数。采用随机梯度下降更新模型的方式时，其参数更新如下：

$$\theta_{ps}=\theta_{ps}-\eta\frac{1}{N}\sum_{i=1}^{N}(bCTR_i-y_i)\cdot pCTR_i\cdot\frac{\partial ProbSeen_i}{\partial\theta_{ps}} \tag{9-41}$$

$$\theta_{pCTR}=\theta_{pCTR}-\eta\frac{1}{N}\sum_{i=1}^{N}(bCTR_i-y_i)\cdot ProbSeen_i\cdot\frac{\partial pCTR_i}{\partial\theta_{pCTR}} \tag{9-42}$$

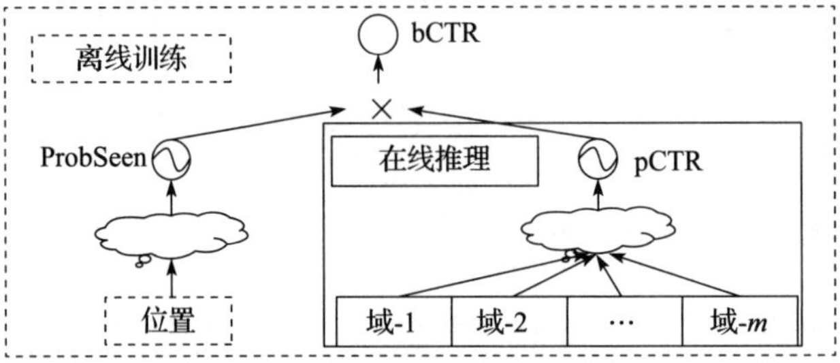

图 9-14　PAL 算法的整体结构

（2）YouTube 位置消偏建模

PAL 模型通过一种乘积的方式预测位置影响下的点击率，而 YouTube 的论文 *Recommending what video to watch next：a multitask ranking system*[24] 中采用了另一种求和的方式建模位置偏置，其整体结构如图 9-15 所示，左边部分为主要的 MMoE 网络，右边部分的“浅层分支”为建模位置偏置的子网络。位置子网络的输入为位置相关的特征和设备信息等其他特征。之所以增加设备信息特征，主要是因为不同的设备可能具有不同的位置偏置（在 iOS、安卓以及不同设备厂商的手机里，同个 APP 的产品视觉形态可能有所差异，因此将这些相关特征都加入位置子网络中）。输入层之后接入一个简单的网络，把子网络的输出和 MMoE 主网络的输出加起来，并通过 Sigmoid 函数激活得到最终的预测概率。训练阶段使用所有的位置信息，并引入 10%的 Dropout 来防止过拟合。预测阶段，位置特征按照缺失处理。

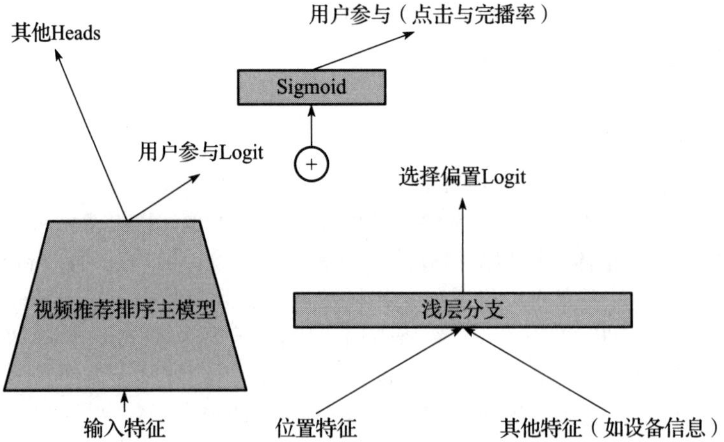

图 9-15　YouTube 模型中增加浅层子网络建模位置偏置的整体结构

图 9-16 展示了位置子网络学习到的偏差，可以看到位置越靠后对于交互概率的降低效果越明显，新增的位置子网络可以成功地帮助 MMoE 主网络消除一些位置偏置。

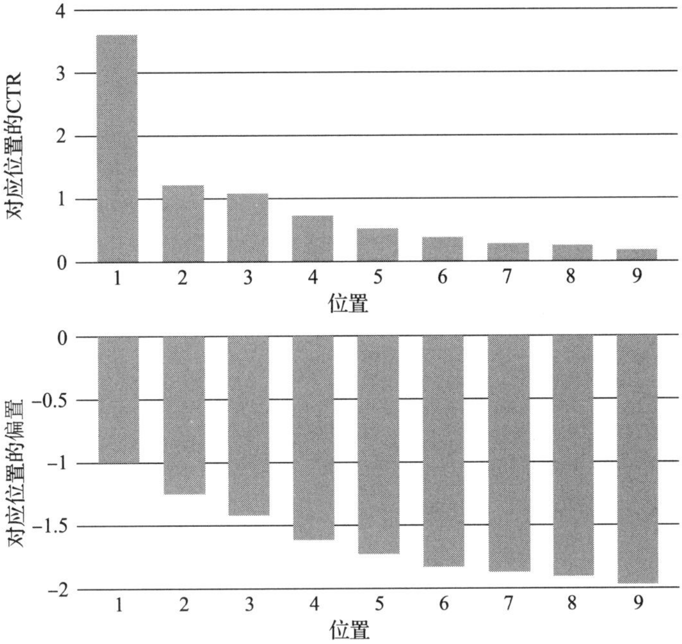

图 9-16　模型学习到的位置偏置对比

9.4.6　消偏：流行度偏置

流行度偏置也是推荐系统中的常见问题，它对推荐算法的效果影响仅次于位置偏置。本小节介绍几种流行度偏置的消除方法。

（1）ESAM 模型

绝大多数的排序模型仅使用曝光的物品来学习特征表示，但却需要在包含曝光和未曝光的全体物品空间中进行排序，这对于未能获得一定量曝光的长尾物品来说，就会出现缺乏充足数据来学习到较好的特征表示的问题。

图 9-17a 分析了公开的 CIKM Cup 2016 数据集，可以看到展示物品中的 82.7%为热门物品，未展示物品中的 85.2%为长尾物品，因此，在展示物品仅占了全量物品的一小部分的情况下，训练数据仅为全量样本空间的一小部分。从图 9-17b 可以看到，由于样本选择偏置的存在，模型对于热门物品的预估效果明显优于长尾物品，也就是说，对于样本量充足的物品，排序模型可以学习到较为准确的特征表示；然而对于长尾物品来说，排序模型学习的特征表示是不准确的，这就导致了长尾物品和热门物品的特征表示分布是不一致的。对于全空间的物品来说，客观的特征表示分布理论上是需要一致性的，不能因为展示不均而导致其特征表示分布不一致。

针对上述分布不一致的问题，ESAM 算法[7] 从领域自适应的角度出发，将展示物品看作源领域，将未展示物品看作目标领域，构建领域间属性相关性的一致性，以消除分布的不一

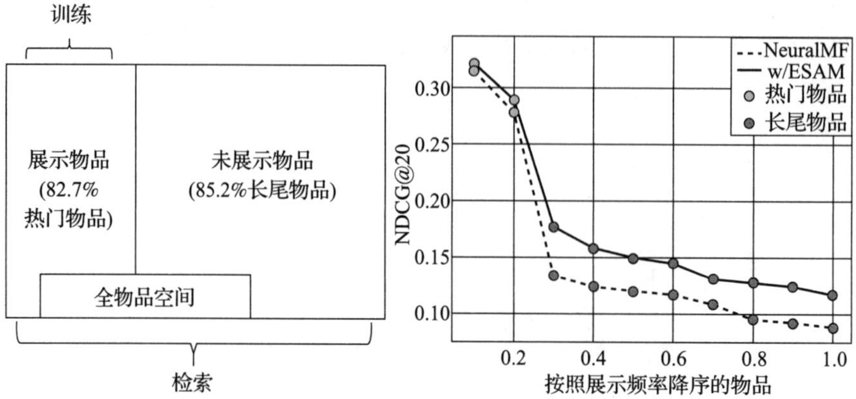

a）样本选择偏置　　b）长尾效果不佳

图 9-17　CIKM Cup 2016 数据集的相关分析（详见彩插）

致。ESAM 算法的整体结构如图 9-18 所示，其输入包含 3 个部分：查询 q、展示物品 d^s 和未展示物品 d^t。子网络 f_q 和 f_d 分别提取查询和物品的特征表示为 v_q、v_{d^s} 和 v_{d^t}。

$$v_q = f_q(q) \tag{9-43}$$

$$v_{d^s} = f_d(d^s),\quad v_{d^t} = f_d(d^t) \tag{9-44}$$

ESAM 算法试图在 v_{d^s} 和 v_{d^t} 的全物品特征空间中建模分布的一致性。接下来，把 3 个部分的表示送入 f_s 学习相关性。全物品特征空间中的一致性学习是 ESAM 算法的一个关键模块。令 $\boldsymbol{D}^s = [v_{d_1^s}; v_{d_2^s}; \cdots; v_{d_n^s}] \in \mathbb{R}^{n\times L}$ 表示源领域的物品特征矩阵，$\boldsymbol{D}^t = [v_{d_1^t}; v_{d_2^t}; \cdots; v_{d_n^t}] \in \mathbb{R}^{n\times L}$ 表示目标领域的物品特征矩阵，其中 $v_{d_i^s} \in \mathbb{R}^{1\times L}$ 和 $v_{d_i^t} \in \mathbb{R}^{1\times L}$。这两个矩阵的每一列都可以看作一个隐式的、抽象层级较高的特征属性，$\boldsymbol{D}^s$ 和 $\boldsymbol{D}^t$ 可以分别改写为：

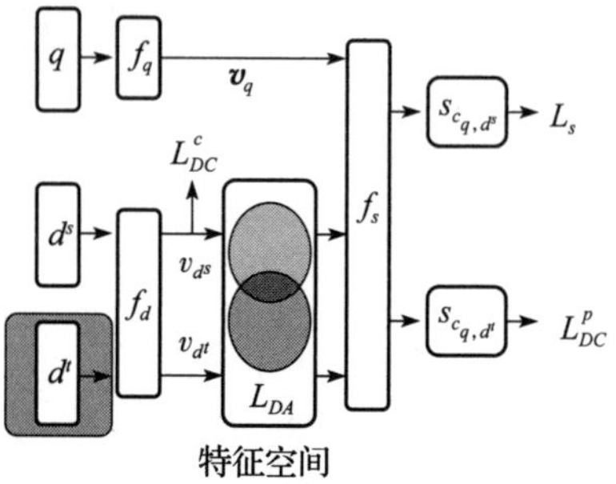

图 9-18　ESAM 算法的整体结构

$$\boldsymbol{D}^s = [\boldsymbol{h}_1^s; \boldsymbol{h}_2^s; \cdots; \boldsymbol{h}_L^s] \in \mathbb{R}^{n\times L} \tag{9-45}$$

$$\boldsymbol{D}^t = [\boldsymbol{h}_1^t; \boldsymbol{h}_2^t; \cdots; \boldsymbol{h}_L^t] \in \mathbb{R}^{n\times L} \tag{9-46}$$

式中，$\boldsymbol{h}_j^s$ 和 $\boldsymbol{h}_j^t$ 分别表示源物品矩阵和目标物品矩阵的第 j 个抽象属性向量。ESAM 从属性一致性的角度关联源物品分布和目标物品分布。图 9-19 中给出了关于属性一致性的简明解释。图 9-19a 包含了 3 个显式的属性：材料、价格和品牌。这 3 个显式属性之间存在一定的相关性，其中材料和品牌的相关性比较低，材料和价格的相关性较高，品牌和价格的相关性最高。理论上，这 3 个属性之间的相关性在源领域 d^s 和目标领域 d^t 之间是一致的。以此类推，模型的抽象属性之间也隐含一定的相关性，并且不同属性间的相关性程度在源领域和目标领域之间也应该是一致的。ESAM 提出的属性相关性定义如下：

$$L_{DA} = \frac{1}{L^2}\sum_{(j,k)}(\boldsymbol{h}_j^{s\mathrm{T}}\boldsymbol{h}_k^s - \boldsymbol{h}_j^{t\mathrm{T}}\boldsymbol{h}_k^t)^2 = \frac{1}{L^2}\|\mathrm{Cov}(\boldsymbol{D}^s) - \mathrm{Cov}(\boldsymbol{D}^t)\|_F^2 \tag{9-47}$$

式中，$\|\cdot\|_F^2$ 表示矩阵 $\boldsymbol{F}$ 范数的平方；$\mathrm{Cov}(\boldsymbol{D}^s)=\boldsymbol{D}^{s\mathrm{T}}\boldsymbol{D}^s\in\mathbb{R}^{L\times L}$ 和 $\mathrm{Cov}(\boldsymbol{D}^t)=\boldsymbol{D}^{t\mathrm{T}}\boldsymbol{D}^t\in\mathbb{R}^{L\times L}$ 表示抽象属性的协方差矩阵。从图 9-19b 中可以看到 $\boldsymbol{h}_1^s$ 和 $\boldsymbol{h}_2^s$ 的相关性为 0.67，$\boldsymbol{h}_4^s$ 和 $\boldsymbol{h}_5^s$ 的相关性为 0.81，属性一致性优化希望在目标领域中保持一致的相关性。

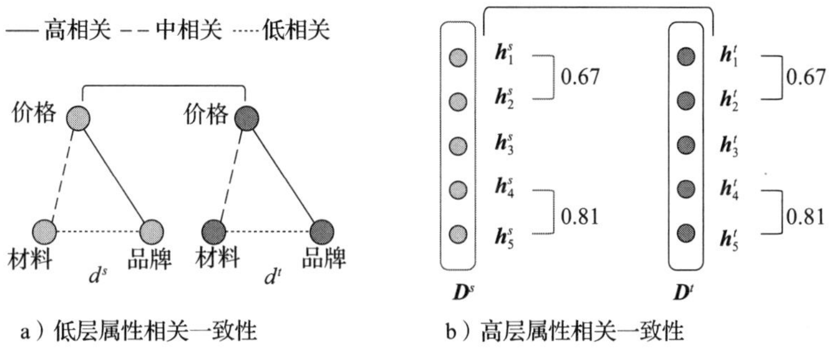

图 9-19　属性间的相关性在源领域和目标领域是一致的（详见彩插）

除了领域自适应的损失 L_{DA} 外，ESAM 中为了提高特征表示的表达能力，做了以下处理。

1）进一步约束源领域中同类型反馈的物品表示尽可能相似，不同类型反馈的物品尽可能不相似：

$$L_{DC}^c=\sum_{j=1}^{n}\max\left(0,\left\|\frac{\boldsymbol{v}_{d_j^s}}{\|\boldsymbol{v}_{d_j^s}\|}-\boldsymbol{c}_q^{y_j^s}\right\|_2^2-m_1\right)+\sum_{k=1}^{n_y}\sum_{u=k+1}^{n_y}\max(0,m_2-\|\boldsymbol{c}_q^k-\boldsymbol{c}_q^u\|_2^2)\tag{9-48}$$

$$c_q^k=\frac{\sum_{j=1}^{n}\left(\delta(y_j^s=Y_k)\cdot\frac{\boldsymbol{v}_{d_j^s}}{\|\boldsymbol{v}_{d_j^s}\|}\right)}{\sum_{j=1}^{n}\delta(y_j^s=Y_k)}\tag{9-49}$$

该公式的定义类似于人脸识别中的 Center 损失。

2）为了提高判别能力，随机选取的未展示物品 d_j^t 根据其和查询 q 的相关性置信程度分配一个虚拟的反馈 Label，并计算 log 损失，进一步地约束目标领域的特征分布：

$$L_{DC}^p=-\frac{\sum_{j=1}^{n}\delta(s_{c_{q,d_j^t}}\langle p_1\mid s_{c_{q,d_j^t}}\rangle p_2)s_{c_{q,d_j^t}}\log s_{c_{q,d_j^t}}}{\sum_{j=1}^{n}\delta(s_{c_{q,d_j^t}}\langle p_1\mid s_{c_{q,d_j^t}}\rangle p_2)}\tag{9-50}$$

图 9-20 总结了 ESAM 算法中多个损失的设计意图。图中，蓝色图形表示源领域的热门物品，红色图形表示目标领域的长尾物品。没有引入领域自适应之前，热门物品和长尾物品之间的分布是不同的，对于特定的查询来说很难检索到长尾的物品。引入领域自适应之后，两个分布之间逐渐重叠，近似于同一个分布。引入源领域的中心化聚类后，领域内的蓝色物品逐渐聚合，三角、圆形等物品逐渐聚合在一起，不再散乱地分布在整个特征空间中。加入目标领域的 log 损失之后，领域内的红色物品也逐渐呈现聚合的趋势。ESAM 中的几个损失在设计上希望消除长尾物品的分布不一致，并进一步提高每一个子空间中的特征表达能力和判决能力。

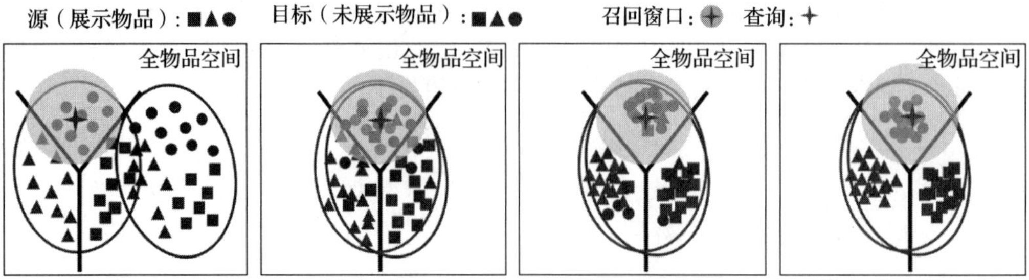

a）L_s　b）L_s+L_{DA}　c）$L_s+L_{DA}+L_{DC}^c$　d）$L_s+L_{DA}+L_{DC}^c+L_{DC}^p$

图 9-20　ESAM 算法中多个损失的设计意图（详见彩插）

ESAM 实验中利用 T-SNE 对数据的特征分布进行了可视化，如图 9-21 所示，从中可以看到上述的几个损失基本达到了预期的目标。

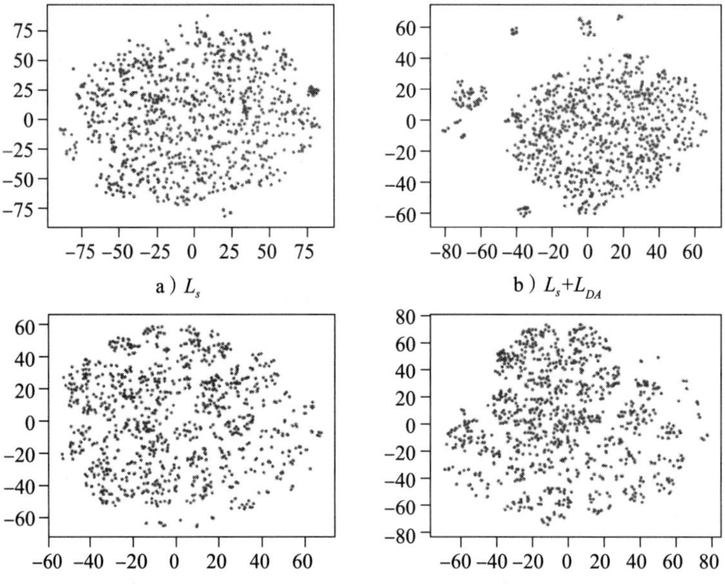

a）L_s　b）L_s+L_{DA}

c）$L_s+L_{DA}+L_{DC}^c$　d）$L_s+L_{DA}+L_{DC}^c+L_{DC}^p$

图 9-21　T-SNE 对数据特征分布的可视化，红色和蓝色分别表示源领域和目标领域（详见彩插）

从图 9-22a 可以看到基线的排序模型对于长尾物品的打分偏低，这使得长尾物品很难获得充分的曝光，陷入马太效应的循环。引入领域自适应后，相关性得分的分布趋于一致，不过分布较为集中，排序结果中容易引入一些不相关的物品，也就是常说的 Bad Case（坏例子）。加入中心化的聚类后，打破了这种集中的分布，并且仍然能较好地保持两个领域分布的一致性。不过可以注意到目标领域在 0.15 的位置存在一个不太正常的波峰，这个和得分集中分布在中间的预期不符，这可能是由于负迁移的问题导致正样本在相关性对齐的时候分配到了负样本的周围。从图 9-22d 可以看到，引入构造的标签后，这个异常的问题得到解决，两个分布曲线基本一致。

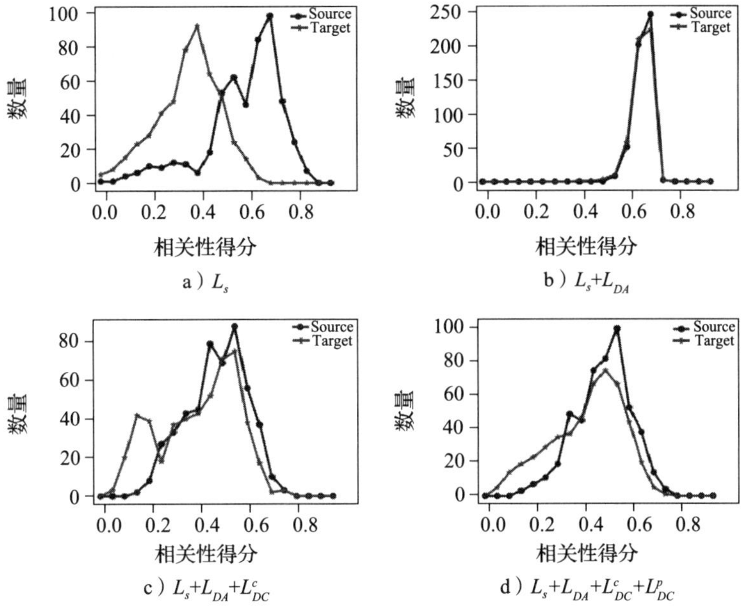

a）L_s　b）L_s+L_{DA}

c）$L_s+L_{DA}+L_{DC}^c$　d）$L_s+L_{DA}+L_{DC}^c+L_{DC}^p$

图 9-22　真实数据上的相关性得分分布对比（详见彩插）

（2）基于对抗的方法

Krishnan 等人[25] 提出了利用对抗学习的方法来解决神经协同过滤中的长尾问题，根据用户的历史行为推荐相关的长尾物品，其模型结构如图 9-23 所示。D 表示判决网络，用于学习隐含在用户行为反馈中的物品相关性。用户和物品的二值交互矩阵表示为 $\boldsymbol{\mathcal{X}} \in z_2^{M_u \times M_I}$，其中 M_u 和 M_I 分别表示用户数和物品数。这里的物品关联性主要是热门物品 i_p 和长尾物品 i_n 之间的相关性，(i_p, i_n) 为日志中真实出现的物品对。G 表示生成网络，基于用户的历史行为推荐出相关的长尾物品。$(\widetilde{i_p}, \widetilde{i_n})$ 表示 G 推荐出的热门物品和长尾物品，这个物品对是构造出来的。判决网络 D 需要学会区分真实物品对 (i_p, i_n) 和构造的物品对 $(\widetilde{i_p}, \widetilde{i_n})$。注意，图中还有一条紫色的线，表示判决网络对于生成网络施加的影响。如果 D 可以很容易地识别出构造出来的物品对，那么 D 施加于 G 的惩罚会比较大，G 需要尽可能地推荐出接近真实的长尾物品才能降低惩罚。接下来详细地介绍物品对的构造方式，以及判决网络的训练和生成网络的训练。

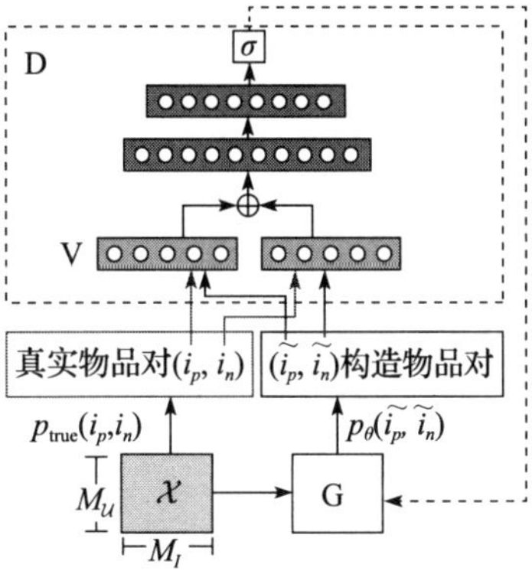

图 9-23　解决协同过滤中长尾问题的对抗网络模型结构（详见彩插）

1）物品对的构造方式。

真实物品对 (i_p, i_n)：根据物品间的全局联合出现次数采样得到，其分布表示为 $p_{\text{true}}(i_p, i_n)$。

在构造的物品对 $(\widetilde{i_p}, \widetilde{i_n})$ 中，热门物品 $\widetilde{i_p}$ 从用户的历史行为中随机选择，长尾物品 $\widetilde{i_n}$ 按

照生成网络 G 输出的概率$f_G(\widetilde{i_n}\mid u,\mathcal{X})$ 进行选择，构造的物品对的分布表示为$p_\theta(\widetilde{i_p},\widetilde{i_n}\mid u)$。

2）**判决网络的训练。**

判决网络 D 的输入为真实物品对和构造物品对。D 网络主要学习判决函数$f_\varnothing(i_p,i_n)$ 来预测（i_p,i_n）物品对属于$p_{\text{true}}(i_p,i_n)$ 的概率：

$$D_\varnothing(i_p,i_n)=\sigma(f_\varnothing(i_p,i_n))=\frac{1}{1+\exp(-f_\varnothing(v_{i_p},v_{i_n}))} \tag{9-51}$$

式中，v_{i_p} 和 v_{i_n} 分别表示 i_p 和 i_n 的 Embedding。判决网络中，Embedding 层和隐层的优化目标为最大化真实对的似然，同时最小化构造对的似然：

$$\underset{\varnothing}{\operatorname{argmax}}\sum_{u\in\mathcal{U}}\mathbb{E}_{(i_p,i_n)\sim p_{true}(i_p,i_n)}[\sigma(f_\varnothing(i_p,i_n))]+\mu\mathbb{E}_{(\widetilde{i_p},\widetilde{i_n})\sim p_\theta(\widetilde{i_p},\widetilde{i_n}\mid u)}[\log(1-\sigma(f_\varnothing(\widetilde{i_p},\widetilde{i_n})))] \tag{9-52}$$

式中，$\mathcal{U}$为全体用户集合。

3）**生成网络的训练。**

在生成网络输出的结果对中，热门物品 $\widetilde{i_p}$ 从用户的历史行为中随机选择，长尾物品根据生成网络预测的概率进行选择，因此：

$$p_\theta(\widetilde{i_p},\widetilde{i_n}\mid u)\propto\frac{1}{\mid\mathcal{X}_u^{\mathcal{P}}\mid}f_G(\widetilde{i_n}\mid u,\mathcal{X}) \tag{9-53}$$

接下来将$p_\theta(\widetilde{i_p},\widetilde{i_n}\mid u)$ 简写为$p_\theta(u)$。生成网络中需要建模热门物品和长尾物品的相关性，其实现方式可以是变分自编码，输入用户的历史行为后，经过编码和解码之后尽可能地还原出输入。生成网络的损失函数包含自编码部分的损失和判决网络施加的损失，其参数的更新如下：

$$\begin{aligned}\theta^*&=\arg\max_\theta-\mathcal{O}_G+\lambda\sum_{u\in\mathcal{U}}\mathbb{E}_{(\widetilde{i_p},\widetilde{i_n})\sim p_\theta(u)}[\log D(\widetilde{i_p},\widetilde{i_n})]\\&=\arg\min_\theta\mathcal{O}_G+\lambda\sum_{u\in\mathcal{U}}\mathbb{E}_{(\widetilde{i_p},\widetilde{i_n})\sim p_\theta(u)}[\log(1-D(\widetilde{i_p},\widetilde{i_n}))]\end{aligned} \tag{9-54}$$

式中，$\lambda\sum_{u\in\mathcal{U}}\mathbb{E}_{(\widetilde{i_p},\widetilde{i_n})\sim p_\theta(u)}[\log(1-D(\widetilde{i_p},\widetilde{i_n}))]$ 包含离散物品的采样，可以根据强化学习中的策略梯度近似求解：

$$\begin{aligned}\nabla_\theta J^G(u)&=\nabla_\theta\mathbb{E}_{(\widetilde{i_p},\widetilde{i_n})\sim p_\theta(u)}[\log(1-D(\widetilde{i_p},\widetilde{i_n}))]\\&=\sum_{(\widetilde{i_p},\widetilde{i_n})\in I_P\times I_N}\nabla_\theta p_\theta(u)\log(1+\exp(f_\varnothing(\widetilde{i_p},\widetilde{i_n})))\\&=\sum_{(\widetilde{i_p},\widetilde{i_n})\in I_P\times I_N}p_\theta(u)\nabla_\theta\log(p_\theta(u))\log(1+\exp(f_\varnothing(\widetilde{i_p},\widetilde{i_n})))\\&=\mathbb{E}_{(\widetilde{i_p},\widetilde{i_n})\sim p_\theta(u)}[\nabla_\theta\log(p_\theta(u))\log(1+\exp(f_\varnothing(\widetilde{i_p},\widetilde{i_n})))]\\&\approx\frac{1}{K}\sum_{k=1}^{K}\nabla_\theta\log(p_\theta(u))\log(1+\exp(f_\varnothing(\widetilde{i_p},\widetilde{i_n})))\end{aligned} \tag{9-55}$$

整体的优化目标如下：

$$\mathcal{O}=\min_\theta\max_\varnothing\mathcal{O}_G+\lambda\sum_{u\in\mathcal{U}}\mathbb{E}_{(i_p,i_n)\sim p_{true}(i_p,i_n)}[\sigma(f_\varnothing(i_p,i_n))]+\sum_{u\in\mathcal{U}}\mathbb{E}_{(\widetilde{i_p},\widetilde{i_n})\sim p_\theta(u)}[\log(1-D(\widetilde{i_p},\widetilde{i_n}))] \tag{9-56}$$

实际训练中，生成网络 G 可以先根据自编码器的损失预训练好。判决网络也可以根据真实的热门、长尾物品对来预训练。

9.5　正向行为定义

正向行为定义是信息流推荐建模中特有的一个业务问题，是指对于用户和物品在信息流的交互行为中能够归为合格正样本标签的一种准入机制，它是推荐建模的重要基础性工作，代表了模型学习和优化的目标，贯穿于推荐算法全链路的建模环节。对于漏斗式的推荐系统来说，上下游环节的目标一致有利于推荐策略的效果最大化。如果出现不一致的情况，下游环节的有效策略可能因为上游的影响而无法起到正向作用。因此，作为最基础的正向行为的定义需要合理，并且严格地在整个推荐系统保持一致，以形成合力保持全链路优化目标的一致性。

在电商、本地生活等实物及服务消费类的推荐场景中，正向行为的定义通常都是简单明确的，用户在这些场景中的反馈行为（如加购物车、下单、支付等）都属于“瞬时型”的变量，正向行为的定义等同于行为的发生，这类场景中正样本定义的难点在于曝光和转化之间的归因逻辑。

对正向行为定义需要重点关注的是，在一些内容消费类的推荐场景中，存在某些“过程型”的反馈行为，比如短视频信息流中的视频完播、有效播放等，其正向行为定义需要依据业务特性结合数据分析等手段不断调试。其主要原因，除了跟反馈行为本身有关之外，还跟产品形态有很大关系。在短视频信息流中，视频通常都是自动播放的，每一次曝光都能带来播放的转化，但这不代表用户对每个视频都感兴趣，因此，在如何定义用户有效播放的正向行为上，我们需要对播放时长进行合理的限定，才能作为模型的正样本。

最简单的定义方式就是所有视频按照统一的阈值来定义有效播放的正样本，然而这种定义方式有一个明显的问题，就是忽略了视频长度的影响，使得较短的视频更容易成为正样本，对于长视频不太友好，一旦确定了这个样本构建策略，整个推荐链路的模型都会偏向于优化短时长视频，使得短时长视频的推荐力度更大，对最终的业务效果，尤其是 APP 的总播放时长目标产生负面影响。

为了解决这个问题，比较容易想到的方法是继续完善阈值的定义：按照视频长度指定不同的阈值。但这里又会涉及两个问题：如何根据视频长度分桶以及每一个桶内的阈值怎么获得。针对第一个问题，简单的做法是以每 1~10min 作为间隔进行分桶。如果按照 1min 间隔，样本定义可能比较烦琐；如果按照 10min 间隔，则可能会忽视不同时长间的效果变化，合理的做法是结合具体场景的数据分析，找出效果变化的一些时长拐点。对于第二个阈值问题，如果为了保持不同长度视频间的公平性，则可以结合用户的行为来进行分析。图 9-24 中，我们将某视频 APP 中 1~5min 时长的视频的用户播放和跳失行为进行了分析，曲线中的点表示所有播放到当前时长的用户视频播放行为不再继续播放（即跳失）的占比。我们发现，播放 3s 和 15s 是两个跳失率上的主要转折点：只要播放 3s，用户的跳失率可以从 88%降低到 34%；播放 15s 以上，用户跳失率降低到 12%左右，15s 以后的跳失率基本持平。所以，从用户播放行为的数据推断，对于 1~5min 时长的视频，前 3s 的内容决定是否大概率命中用户偏好，前 15s 的内容决定用户是否有意愿将视频播放完。所以，将自动播放 3s 作为判断 1~5min 时长视频的有效播放行为的条件是比较合理的逻辑。以此类推，我们可以对其他时长的视频进行类似的分析，以确定对不同长度的视频有效播放行为的完整定义。

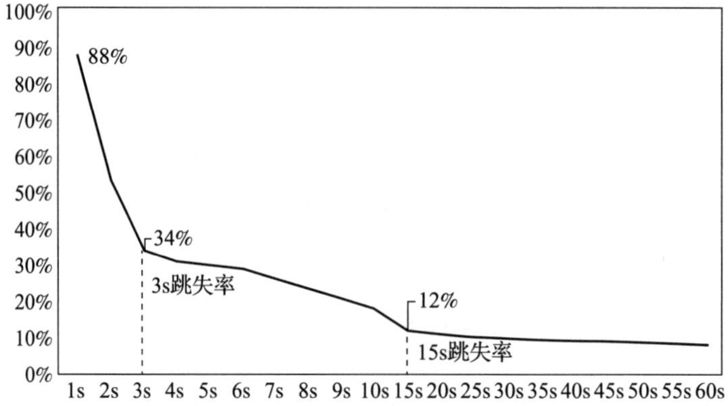

图 9-24 短视频 N 秒跳失率分析

正向行为定义中还有一个自适应的问题。通常可以通过一定的方法找到一些固定阈值，如果数据的波动不大，那么固定阈值也可以接受；如果场景的内容结构、用户分布等变化比较大，就需要一些自适应的方式，感兴趣的读者可以结合实际场景做进一步的探索。

9.6 本章小结

推荐算法立足于如何设计更好的特征、模型、策略来挖掘用户行为数据，来提升推荐质量、达成业务目标，在落地实施的过程中，尽管算法服务的产品、受众、业务目标千差万别，但仍然存在相当多的建模中的共性问题。本章对这些问题中的典型内容进行了深入介绍，从而帮助读者更全面地理解推荐建模。

信息茧房是推荐系统被长期诟病的问题，集中体现在对用户视野的“窄化”和内容单一性带来的新奇感消失和疲劳度提升，甚至上升为产品对用户兴趣的商业化引导等问题。本章通过内容多样性建设以及用户兴趣探索两个方面，介绍了突破信息茧房中的各种有效的技术手段和算法策略。

推荐系统的纯个性化内容分发模式并不完全满足产品的流量分发需求，阶段性的流量定向运营也是一种重要的产品运营策略，本章 9.2 节介绍的 PID 算法就是定向运营中常见的流量分配策略。

推荐建模的主流范式决定了算法对新物品、新用户不够友好，但这两个群体对象却决定了信息流产品的未来增长潜力，因此，本章 9.3 节介绍了 DropoutNet、MWUF、LinUCB 和 Cold & Warm Net 4 个算法，分别以不同的角度讲解如何应对物品和用户的冷启动问题。

推荐建模的训练、评测数据都来源于产品和用户之间的“人机交互”，因为产品形态和人的主观性等因素，使得“偏置”在建模的整个流程中无处不在。最近几年，无论是学术界还是工业界，对“偏置”和“消偏”问题都有很大的关注和深入的研究，本章 9.4 节对影响最大的几种偏置及解决方案进行了详细的介绍。

本章最后还介绍了信息流的推荐建模中的“过程型”的反馈行为，如何进行正向行为定义，以及正向行为定义对推荐全链路目标一致性的重要作用。

综上所述，本章介绍的是信息流产品中个性化分发环节的一系列经典问题，值得读者细细思考，并结合工作场景落地实践。

参考文献

[1] 桑斯坦. 信息乌托邦：众人如何生产知识［M］. 毕竟悦，译. 北京：法律出版社，2008.

[2] LI Y, ANG K H, CHONG G C Y. Patents, software, and hardware for PID control: an overview and analysis of the current art [J]. IEEE Control Systems Magazine, 2006, 26 (1): 42-54.

[3] VOLKOVS M, YU G, POUTANEN T. Dropoutnet: Addressing cold start in recommender systems [J]. Advances in Neural Information Processing Systems, 2017, 30.

[4] ZHU Y, XIE R, ZHUANG F, et al. Learning to warm up cold item embeddings for cold-start recommendation with meta scaling and shifting networks [C] //Proceedings of the 44th International ACM SIGIR Conference on Research and Development in Information Retrieval. New York: Association for Computing Machinery, 2021: 1167-1176.

[5] LI L, CHU W, LANGFORD J, et al. A contextual-bandit approach to personalized news article recommendation [C] //Proceedings of the 19th International Conference on World Wide Web. New York: Association for Computing Machinery, 2010: 661-670.

[6] ZHANG X, KUANG Z, ZHANG Z, et al. Cold & Warm Net: Addressing Cold-Start Users in Recommender Systems [C] //Database Systems for Advanced Applications: 28th International Conference, 2023.

[7] CHEN Z, XIAO R, LI C, et al. Esam: Discriminative domain adaptation with non-displayed items to improve long-tail performance [C] //Proceedings of the 43rd International ACM SIGIR Conference on Research and Development in Information Retrieval. New York: Association for Computing Machinery, 2020: 579-588.

[8] WALSH T J, SZITA I, DIUK C, et al. Exploring compact reinforcement-learning representations with linear regression [EB/OL]. (2012-05-09)[2022-03-29]. https://arxiv.org/abs/1205.2606.

[9] CHEN J, DONG H, WANG X, et al. Bias and debias in recommender system: a survey and future directions [EB/OL]. (2020-10-07)[2022-04-01]. https://arxiv.org/abs/2010.03240.

[10] MARLIN B, ZEMEL R S, ROWEIS S, et al. Collaborative filtering and the missing at random assumption [EB/OL]. (2012-06-20)[2022-05-07]. https://arxiv.org/abs/1206.5267.

[11] STECK H. Training and testing of recommender systems on data missing not at random [C] //Proceedings of the 16th ACM SIGKDD International Conference on Knowledge Discovery and Data Mining. New York: Association for Computing Machinery, 2010: 713-722.

[12] SCHNABEL T, SWAMINATHAN A, SINGH A, et al. Recommendations as treatments: debiasing learning and evaluation [C] //International Conference on Machine Learning. PMLR, 2016: 1670-1679.

[13] WANG X, ZHANG R, SUN Y, et al. Doubly robust joint learning for recommendation on data missing not at random [C] //International Conference on Machine Learning. PMLR, 2019: 6638-6647.

[14] HU Y, KOREN Y, VOLINSKY C. Collaborative filtering for implicit feedback datasets [C] //2008 Eighth IEEE International Conference on Data Mining. Pisa: IEEE, 2008: 263-272.

[15] PAN R, SCHOLZ M. Mind the gaps: weighting the unknown in large-scale one-class collaborative filtering [C] //Proceedings of the 15th ACM SIGKDD International Conference on Knowledge Discovery and Data Mining. New York: Association for Computing Machinery, 2009: 667-676.

[16] HE X, ZHANG H, KAN M Y, et al. Fast matrix factorization for online recommendation with implicit

feedback [C] //Proceedings of the 39th International ACM SIGIR Conference on Research and Development in Information Retrieval. New York: Association for Computing Machinery, 2016: 549-558.

[17] RENDLE S, FREUDENTHALER C, GANTNER Z, et al. BPR: Bayesian personalized ranking from implicit feedback [EB/OL]. (2012-05-09)[2022-04-05]. https://arxiv.org/abs/1205.2618.

[18] HE X, LIAO L, ZHANG H, et al. Neural collaborative filtering [C] //Proceedings of the 26th International Conference on World Wide Web. New York: Association for Computing Machinery, 2017: 173-182.

[19] LIANG D, CHARLIN L, MCINERNEY J, et al. Modeling user exposure in recommendation [C] //Proceedings of the 25th International Conference on World Wide Web. New York: Association for Computing Machinery, 2016: 951-961.

[20] LIU Y, CAO X, YU Y. Are you influenced by others when rating? Improve rating prediction by conformity modeling [C] //Proceedings of the 10th ACM Conference on Recommender Systems. New York: Association for Computing Machinery, 2016: 269-272.

[21] RICHARDSON M, DOMINOWSKA E, RAGNO R. Predicting clicks: estimating the click-through rate for new ads [C] //Proceedings of the 16th International Conference on World Wide Web. New York: Association for Computing Machinery, 2007: 521-530.

[22] LING X, DENG W, GU C, et al. Model ensemble for click prediction in bing search ads [C] //Proceedings of the 26th International Conference on World Wide Web Companion. New York: Association for Computing Machinery, 2017: 689-698.

[23] GUO H, YU J, LIU Q, et al. PAL: a position-bias aware learning framework for CTR prediction in live recommender systems [C] //Proceedings of the 13th ACM Conference on Recommender Systems. New York: Association for Computing Machinery, 2019: 452-456.

[24] ZHAO Z, HONG L, WEI L, et al. Recommending what video to watch next: a multitask ranking system [C] //Proceedings of the 13th ACM Conference on Recommender Systems. New York: Association for Computing Machinery, 2019: 43-51.

[25] KRISHNAN A, SHARMA A, SANKAR A, et al. An adversarial approach to improve long-tail performance in neural collaborative filtering [C] //Proceedings of the 27th ACM International Conference on Information and Knowledge Management. New York: Association for Computing Machinery, 2018: 1491-1494.

CHAPTER 10

第10章

信息流推荐算法的评估与改进

如果把推荐系统的整个链路比作一个生态系统，那么，基于用户反馈的算法迭代更新则是这个生态系统的“新陈代谢”。“新陈代谢”的健康度决定了生态系统的健壮性和生态圈的发展与繁荣，因此，构建一套完整的评估体系来全面监控、及时预警、精准纠偏“新陈代谢”的健康度是必不可少的。通过这套评估体系的全面评测，挖掘潜在的优化线索，更好地发现、满足消费者的诉求，同时也为平台获取更多的商业利益。

我们将推荐系统的体系化评估分成宏观的系统价值论证和微观的算法实施落地评测两个层面的内容来展开介绍。

10.1 宏观视角下的推荐效果评估

好的推荐系统既可以满足用户的各种不确定性需求、发现兴趣，又可以帮助产品达成业务目标、产出商业价值。因此，从宏观的视角评估推荐效果，我们可以从平台决策的层面审视推荐系统的商业价值，同时，也可以从信息流 APP 的核心商业目标，如产品的日常运营效率、生态稳定繁荣、用户满意度、商业变现能力等，评估推荐系统如何体现价值增益和助力的效果。推荐系统的宏观价值论证，是我们需要在推荐系统建设的每个阶段反复审视的问题。

在推荐系统从 0 到 1 搭建及后续不断发展壮大的过程中，我们关注的首要问题是推荐在全平台的价值占比，也就是通过推荐的个性化流量产生的用户行为和消费转化在 APP 总体量中的比重，以及各项关键的商业指标与大盘的整体情况的对比。通常大盘的流量除了推荐之外，还包括搜索、人工运营、定制模块、私域流量（指在某个商家或者创作者的私域流量中的消费）等，价值占比是推荐系统的生命线，意味着推荐系统在整个平台层面的重要性和话语权，只有当重要性达到一定程度后，我们才能谈推荐系统对 APP 商业愿景的助力，试想，如果推荐系统的流量只占大盘的 5%，哪怕算法优化的提升度再高，对整体价值的贡献也是微乎其微的。

但推荐系统的重要性和推荐系统对 APP 核心商业愿景的贡献并不是一个先后的因果关系，这跟平台对推荐系统的定位有关，也和推荐系统在发展过程中自身的推广能力及影响力建设有关，更重要的是，推荐系统的“话语权”是通过小步快跑的方式逐步迭代论证出来的：先在有限的流量里证明自己的价值，再通过价值证明获得更多的流量，在这种正向循环的过程中逐步提升自己的影响力和重要性。

确定了推荐系统在平台层的重要性后，我们可以从以下几个方面拆解推荐系统在宏观层面的价值。

1. 产品日常运营效率

产品的日常运营效率，通常是通过场景转化效果的相关指标来评判的，我们以短视频信息流产品为例介绍相关的日常运营效率指标，包括曝光点击率、有效播放率、UV 转化率、人均消费量和时长。推荐对日常运营效率的助力，是指通过千人千面的内容推荐，这些场景转化效果的相关指标有更好的提升。

（1）曝光点击率（点击量/曝光次数）

曝光点击率通常用于衡量双列形态下信息流曝光转化的效率，代表用户在信息流中上下滑动时每一屏的消费意愿。不同于定坑推荐，信息流的曝光点击率的分母随用户刷屏次数增加而变大，能更真实地记录每一屏的转化情况。

（2）有效播放率（有效播放量/曝光次数）

对于自动播放形态下的短视频信息流来说，有效播放才是视频被真正观看的行为，通常我们基于第 9 章中介绍的正向行为定义的统一规则，定义统一的有效播放行为规则，基于规则统计视频信息流的曝光转化。

（3）UV 转化率（转化 UV/曝光 UV）

UV 转化率用于衡量用户的转化情况，代表内容的消费宽度和渗透率（吸引用户的比例），我们通过产品设计、内容呈现，能把多大的用户群体留在信息流中形成有效消费。与 UV 转化率相对的是信息流的跳失率。

（4）人均消费量（有效播放量/曝光 UV）和时长（播放总时长/曝光 UV）

人均消费量和时长与 UV 转化率是信息流产品成长过程中需要协调发展的指标，如果 UV 转化率代表消费宽度，则人均消费量和时长代表消费深度。

2. 产品生态建设

不同类型的 APP 的生态建设会因为商业模式的差异而有不同的价值导向，电商平台依赖于评价体系，而短视频平台依赖于内容品控、用户满意度评估体系，比如，电商平台鼓励商家做好售前、售中咨询和售后服务相关的工作，对满意度高的商家平台会给予一定的流量倾斜，短视频平台里对创作内容质量高、关注度高的创作者也会给予更多的曝光机会。同时，所有的平台一般都会对新商家、新作者、新内容给予一定的流量扶持。对推荐系统来说，还有一个重要的生态建设工作是对长尾内容的扶持，即缓解马太效应，而这些生态建设的内容必须体现在推荐中。生态建设中，可以量化的指标有如下几个。

（1）新上架商品（内容）流量占比

每日通过推荐算法产生的曝光商品（内容）数、总订单数、总 GMV 中，来自近 N 天（如 3/7/14 天等不同周期下）上架的商品占比。这个比例必须维持在一定的水平，并且符合 APP 的整体预期目标。

（2）新入驻商家（创作者）流量占比

每日通过推荐算法产生的曝光商品（内容）数、总订单数、总 GMV 中，来自近 N 天（如

3/7/14 天）新入驻商家的商品占比。这个比例同样必须维持在一定的水平，且符合 APP 的整体预期目标。

（3）长尾商品（内容）流量占比

结合平台现阶段业务现状对“长尾”的定义（比如，电商平台中的“腰部”商家，短视频平台中的小众内容创作者等），每日通过推荐算法产生的曝光商品（内容）数、总订单数、总 GMV 中，来自长尾的商品（内容）占比。

（4）售后评价分的流量占比分布

对好评率、内容质量分进行等距或者等频分段，统计每段中的曝光内容量、转化率、消费量占比，观察指标值是否与售后评分呈正相关的关系，也就是好评率高的商家是否给了更多的流量、售后评分高的商品引导成交是否更高、质量评分高的视频是否有更高的消费时长，如果正相关不明显，甚至是负相关的，那么，要么是评分体系有逻辑上的漏洞，要么推荐的分发策略需要改进。

（5）千次曝光引导商品数（商家数）

所有推荐产生的流量，每一千次引导的商品（商家）数，代表了推荐的广度，在满足转化率稳定的基础上，这个指标在推荐系统的演进过程中必须呈逐步上升的趋势，并且推荐系统的这个指标一定要大于大盘的指标，否则说明个性化推荐反而加剧了马太效应。

3. 商业化

商业化是信息流产品发展到一定阶段必然需要经历的经营模式，通常信息流广告是最大的流量变现阵地，除此之外，在推荐的场景内部也存在商业变现的空间，比如短视频信息流中的场景化电商（直播带货、视频的商品植入等）和互动性更强的直播（主播打赏）等。对普通的短视频内容来说，通常只需要考虑观看时长和互动次数，但加上商业变现目标，就会有不同的优化目标，包括购买转化率、客单价、打赏金额等。带有商业场景和非商业场景的内容混合推荐也是个非常复杂的算法优化问题，需要平衡商业利益和个性化，一般的解法是在特征建设中专门构建商业变现相关的用户画像标签，比如直播带货相关的品类偏好度、购买力、下单转化率等，对目标人群增加商业变现的内容推送，对其他人群以全域内容的个性化为主，防止非目标人群被过度打扰。

商业化的另一个场景是 APP 的增值服务，比如长视频产品中的 VIP 频道、社交媒体中的会员专享功能等，推荐算法可以助力的内容包括如下 3 个方面。

（1）非会员的会员转化率

推荐算法可以更好地挖掘用户深层的兴趣需求，准确触达用户的兴趣点，从而带来更精准的会员节目推荐，促进非会员转会员。

（2）会员留存率

推荐算法让更多的冷门但优质的会员节目得到更多曝光的机会，给小众群体带来更好的推荐体验，用户就更容易在这个 APP 上找到想看的内容，自然黏性就更高，也更容易持续付费。

（3）会员活跃度

每日通过推荐流量产生的会员消费次数、金额占比，进一步体现通过个性化推荐让会员产生更好的活跃度。

综上所述，推荐算法给增值业务的助力主要体现在提升会员的转化、留存与活跃度，通过这三个方面的提升最终达到增值业务的健康发展。

商业化是为了产品的盈利，如果信息流广告、电商、增值服务是盈利的“开源”部分，那么成本控制则属于其中的“节流”部分，推荐算法的价值同样可以体现在这部分中。信息流产品中的各个频道、模块在产品的探索优化中持续新增迭代，这当中需要大量的人力成本去定义、维护、调整内容的分发机制，如果统一采用通用的推荐算法则可以节省大量的人力，虽然前期的算法开发和维护的成本比人工运营成本更大，但算法的资源投入是一次性且具有规模效应的，大量采用推荐算法可以帮助我们快速地开展新业务、新模块探索的同时，有效节省人力成本。

4. 用户满意度

日常产品运营效率提升和商业变现都离不开大量活跃的用户群体，用户增长是商业变现的持续驱动力，用户满意度始终是商业价值的保障和核心，而用户的留存、消费深度是用户满意度和用户增长健康度的最好证明。

（1）留存率

留存率（N日后仍然活跃的用户数/当前用户数）代表新老用户对DAU的贡献，是APP最重要的指标之一，但它很难作为算法的直接优化目标，因为反馈周期长，影响因素和变量众多，难以直接归因和建模。但基于对DAU的重大影响，留存率仍然会作为推荐算法团队重要的优化指标，通常在没法直接优化的情况下，会采用分群分析、逐个突破、间接优化、多方向并行的方法，首先基于这样的假设，只有在做好每一次曝光的转化和消费深度的情况下才能提升用户的长期留存。因此，我们可以把长期留存拆解为多个短期指标，如人均停留时长、消费量、消费完成度等。同时，我们也会对用户进行分群分析，找到留存率低的用户群体，专门针对这部分人群制定个性化算法优化拆解完成的各项短期指标。分析的方法和策略在本书的第2章中进行了详细介绍，读者可以对相关内容进行回顾。

（2）停留时长

对于内容消费型产品，点击率（有效播放率）很难完全反映推荐的真正效果，原因是存在很多骗点击的“标题党”。用户发现内容的有效性后马上跳失，这反而说明推荐是失败的。所以，需要引入停留时长（实际播放或者内容停留时间）来量化用户消费效果。

（3）播放完成率

由于停留时长受视频本身时长的锚定效应影响，本身内容时长较长的视频，即便用户不感兴趣，但平均来说还是会比短视频要停留更长一些时间。因此，播放完成率（播放时长/视频时长）指标就能在一定程度上弥补这个问题，但短视频天然的播放完成率要高于长视频，也需要在分析指标时注意兼顾留存率和停留时长。

我们通过上述四个方面评估证明了推荐系统的宏观价值，但在具体实施落地时，推荐系统宏观价值的论证、评估、提升不是一蹴而就的，而是个非常综合性的长期问题，需要结合公司的业务、APP的发展阶段、未来战略方向等进行具体调整、规划。在这个过程中，有些关键性的问题需要体系化思考。

首先，要抓住主要矛盾，在APP发展的不同阶段，核心的业务诉求是不一样的。发展初期通常注重DAU增长和拉新促活的执行效率，中期注重客单价和消费深度的提升以及商业变现能力的建设，后期注重存量用户的盘活和商业变现能力的维稳。因此，推荐算法的优化主目标一定要有所侧重，结合 APP 当前的业务重点，集中注意力到少数关键指标，并且根据业务变化做阶段性调整，这样才能更有针对性地挖掘量化出推荐系统的价值。

其次，要做好数据基建工作。上述四个方面的推荐效果评估都涉及大量的数据分析工作，而用户需求洞察、推荐算法优化的线索发现需要精细化的统计分析，数据埋点的完善、指标口径的统一是这些工作的基础。

搭建高效易用的 A/B 测试平台是一套完善的推荐系统不可或缺的部分。基于 A/B 测试平台，可以量化地体现推荐算法的价值，精准、客观地对比各项优化策略，高效地发现问题、推断结论，完成有说服力的数据分析，让推荐算法的优化有据可循，通过数据驱动让推荐系统真正做到闭环。关于推荐算法的 A/B 测试我们将在本章后面详细介绍。

10.2　微观视角下的推荐效果评估

相对于宏观视角，微观视角下的推荐效果评估更偏向于具体执行层面的工作，包括算法评估流程的制定，以及结合业务场景的特点构建合理、全面的评估指标体系，推荐效果评估是对每一次算法迭代优化的价值产出的评判、审核，以确定是否符合产品的现阶段业务目标和长期发展路线。

10.2.1　推荐效果评估流程

在算法的每一次迭代优化中，我们把从离线评估、内部评测、在线评测到最终全量上线的过程定义为推荐效果评估流程，如图 10-1 所示。

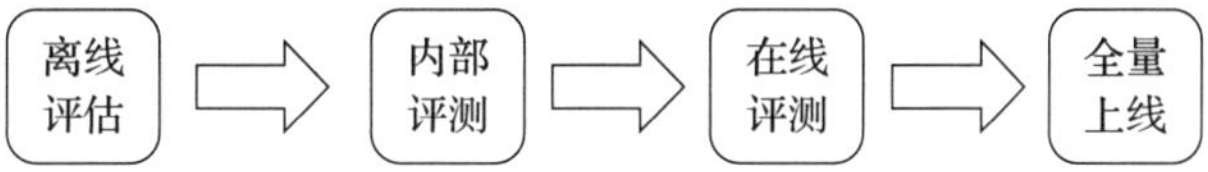

图 10-1　推荐效果评估流程

1. 离线评估

离线评估是指对训练完成的模型，在测试集中通过 AUC、GAUC、LogLoss 等一系列指标的测算，来评估算法的离线效果是否符合预期。为了保证评估的客观性和准确性，通常会有以下方法。

首先，在模型训练之前，我们对样本集合进行训练集、验证集、测试集的划分。验证集通常在模型训练的过程中用来判断模型对训练数据的拟合程度，以决定是否可以结束训练。测试集用来进行训练完成后的性能评测。因此，这三个集合如何保证独立同分布的特性是训练和评估的准确性与合理性的基础。在传统的数据挖掘建模中通常用 Holdout 验证、K-fold 交叉验证、留一验证、自助法（Bootstrap）等方法进行保障。其中，以 Holdout 验证最为简洁，直接将原始样本集合随机划分为训练集、验证集、测试集，以随机采样的方法确保三个集合的独立同分布性。自助法相对 Holdout 略复杂一些，假设数据集中有 n 条样本，我们进行 n 次有放回的抽样后，得到了 n 个样本集合，由于是有放回的抽样，因此抽样结果集之间会有重复，也有可能部分样本没被抽到。我们把抽样得到的集合融合去重后作为训练集，将未抽到的样本作为测试集。这里只考虑了训练集和测试集的划分，如果要加验证集，可以对抽样结果的训练集再进一步抽样。

但这些经典的方法在当前的信息流推荐建模中反而比较少用到，原因是过去的数据挖掘建模通常样本量有限，在有限的集合里要保障独立同分布的特性不得不探索各种技术层面的技巧，但在当前的信息流产品中，海量的用户反馈数据使得样本量是过去的几十到几百倍，这个问题就渐渐被淡化了。目前面临的新问题是在内容更新日新月异的情况下，模型如何更好地感知用户需求的变化，也就是每天都有大量的新样本进来，新样本里包含了大量新用户和新内容，如何确保模型学好新知识，保障持续稳定的效果。我们通常通过时间窗口的滑动，也就是动态离线评估方法来评测模型的稳定性。

如图 10-2 所示，当模型从时间窗口 1 进入窗口 2 时，会有新的样本进来，利用新的样本进行增量学习之后，在窗口 2 对模型进行评测，是否能继续保持在窗口 1 的效果体现了模型的健壮性和对新信息的学习能力，这种窗口持续滑动下的增量训练和持续评测更符合模型上线后真实环境的情况。

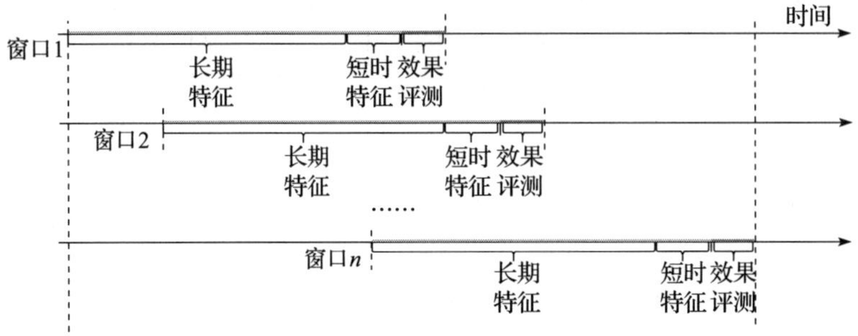

图 10-2　推荐效果评估的时间窗口设置

2. 内部评测

当模型离线评估达到了预期的效果后，在部署到正式环境进行在线评测之前，我们通常还需要在测试环境中进行内部测试，以规避可能存在的风险。内部测试主要包括两个方面，自下而上的感官体验评测和自上而下的算法策略核查。

（1）自下而上的感官体验评测

推荐结果的业务效果衡量是硬指标，但同时还需关注用户体验，自下而上的感官体验评测是指以产品用户的视角评估推荐结果的合理性并发现 Bad case，总结可以改进的点，包括：内容的相关性是否达到预期，多样性是否合理，内容的质量、商品价格分布是否符合用户调性，标题党内容是否过多，是否有惊喜感的内容被推荐出来等。

（2）自上而下的算法策略核查

自上而下的算法策略核查，是指以产品经理的视角评估算法策略对结果的影响是否到位和合理。比如，我们有这样的策略：基于用户历史行为推荐相似内容，基于用户有深度消费的行为增加相关内容的推荐密度。我们可以在内部评测中模拟用户的各种行为，观察推荐的内容是否符合算法策略的预期，包括相关内容的密度和准确性，各种召回路由在最终结果中的分布占比，并通过推荐结果的日志进行详细分析。同时，还需要观察某些极端情况下推荐内容的合理性和策略的健壮性，比如，最近一个小时连续只看同一类视频是否会导致推荐内容过度集中，一个纯新用户进入信息流后推荐内容的合理性等。

3. 在线评测（A/B 测试）

任何复杂的离线评估指标体系和内部测试环节都无法 100%还原真实线上环境，A/B 测试是算法全量上线前必须经历的阶段，也是最贴近现实、最合理的在线评测方法。结合 A/B 测试，我们通过给不同算法随机分配一定比例的线上流量，公平对比多个算法之间的效果差异，量化地测算算法迭代优化后对最终业务指标（如转化率、购买率、点击率、播放时长等）的提升度。

但与离线评估相比，A/B 测试不可避免地会让一部分用户的体验欠佳，并且在观测指标的过程中会带来一定的业务折损，因此，如何更好地设计 A/B 测试是一个非常复杂的机制，我们在下一节中会详细阐述。

10.2.2　离线评估指标体系

推荐算法的离线效果通常可以从两个方面来评估：模型的精确度和排序性。精确度是指我们把推荐算法当作一个二分类的预测模型（转化为 1，不转化为 0），我们希望模型对正样本的预测尽量接近 1，对负样本的预测尽量接近 0。排序性是指，我们希望对于任意的正负样本集合，在模型的打分结果里正样本尽可能地排在负样本的前面，而对于序列的样本，模型打分结果的排序尽量接近实际的偏序关系。精确度和排序性各自都有不同的指标来进行量化的评估。

1. 模型的精确度评估指标

首先引入混淆矩阵（Confusion Matrix）的概念。在推荐链路的各阶段建模中，无论基于规则或模型的召回算法，还是粗排、精排、重排算法，理论上都可以表达为 $score=f(u,i,c)$ 的形式（其中，u 表示用户特征。i 表示物品特征，c 表示上下文特征）。在基于规则匹配的推荐策略里，命中规则就是 score = 1，否则 score = 0。在基于模型预测的算法里，score 在很多情况下是 [0,1] 之间的预测值。如果我们将召回和排序算法看作一个二分类问题，那么用 [0,1] 之间的某个值作为分类阈值（Threshold），比如 0.5，可以通过一个阶跃函数将 score 转化为分类预测函数：

$$\hat{y}=\begin{cases}0, & \text{score}<0.5\\ 1, & \text{score}\geqslant 0.5\end{cases} \tag{10-1}$$

再结合样本本身的事实标签（用户实际是否点击转化）$y\in\{0,1\}$，我们可以得到表 10-1 中的混淆矩阵。

表 10-1　推荐评估的混淆矩阵

		预测标签 $\hat{y}$	
		0	1
事实	0	TN (True Negative)	FP (False Positive)
	1	FN (False Negative)	TP (True Positive)

混淆矩阵用于可视化地表达二分类模型的结果，它的每一列代表了模型的标签预测，每一行代表了样本的事实标签，行列交叉的四个部分分别代表了四个重要的评估指标。

1）TN（True Negative）：真阴性，表示实际是负样本被预测成负样本的数量。

2）FP（False Positive）：假阳性，表示实际是负样本被预测成正样本的数量。

3）FN（False Negative）：假阴性，表示实际是正样本被预测成负样本的数量。

4）TP（True Positive）：真阳性，表示实际是正样本被预测成正样本的数量。

基于 TN、FP、FN、TP 值，可以衍生出推荐算法的几个重要的精确度评估指标，下面进行详细介绍。

（1）精确率、召回率、F_1

精确率（Precision）又叫查准率，是指在模型预测为正样本里实际为正样本的比例：

$$\text{Precision}=\frac{\text{TP}}{\text{TP}+\text{FP}} \tag{10-2}$$

召回率（Recall）又叫查全率，是指在所有真正的正样本里，被模型判定为正样本的比例：

$$\text{Recall}=\frac{\text{TP}}{\text{TP}+\text{FN}} \tag{10-3}$$

我们在介绍混淆矩阵的时候，提到按照某个事先定义的分类阈值将模型打分转换为对正负样本的判定，但在实际的推荐建模中，通常无法给出一个客观的阈值，因为推荐系统通常只是把模型打分最高的 N 个物品推荐给用户（而不是把模型打分超过某个阈值的物品推荐给用户），也就是我们所说的 Top N 推荐，所以在没有明确正负样本界限的情况下，这个 N 值恰好可以被用来作为判定策略，也就是把排序模型打分的 Top N 的结果当作模型判定的正样本，以此来计算精确率（Precision@ N）和召回率（Recall@ N）。

在推荐召回算法的离线评估中，我们通常用命中率（Hit Rate，HR）指标来衡量 Top N 召回的质量，它的计算公式为

$$\text{HR@}\,N=\frac{\text{Hits@}\,N}{\text{GT}} \tag{10-4}$$

式中，GT 表示用户实际交互的物品数；Hits@ N 表示用户实际交互的物品中被召回算法命中的物品数。从式（10-4）的定义中我们可以发现 HR@ N 实际上等价于 Recall@ N，是召回率的另一种表达方法。需要说明的是，我们在第 4 章的粗精排一致性校验中也介绍过 HR@ N，即式（4-20），这两者在公式表达形式上有区别，但含义是一致的，都是表示测试集中的物品被模型命中的比例，式（4-20）只是“以精排模型打分作为测试集来评估粗排模型的命中率”的场景下的特定表达形式。

从混淆矩阵的定义、精确率和召回率的计算公式可以看出，这两个指标通常此消彼长、互相牵制：提高阈值可以增加对正样本判别的把握，减少误杀，在提高精确率的同时，也让模型变得“保守”，使得召回率降低。因此我们结合这两者定义了一个新的指标 F_1，来综合精确率和召回率，公式如下：

$$F_1=\frac{2\cdot\text{Precision}\cdot\text{Recall}}{\text{Precision}+\text{Recall}} \tag{10-5}$$

（2）RMSE、MAPE

当我们的模型预测目标是连续值，比如观看时长、消费金额等指标时，我们可能会采用回归模型来拟合目标，那么，离线的评估指标也相应地变为均方根误差（Root Mean Square Error，RMSE）和平均绝对百分比误差（Mean Absolute Percentage Error，MAPE）。

定义目标值为 y，预测值为 $\hat{y}$，RMSE 公式可以表达如下：

$$\text{RMSE}=\sqrt{\frac{1}{n}\sum_{i=1}^{n}(\hat{y}_i-y_i)^2} \tag{10-6}$$

式中，n 为测试集样本量。RMSE 等于 0 时，模型完美拟合样本，RMSE 值越大，模型误差越大。

与 RMSE 不同，MAPE 是从偏差比例（而不是绝对量）的角度来评测误差：

$$\text{MAPE}=100\% \cdot \frac{1}{n} \cdot \sum_{i=1}^{n} \left|\frac{\hat{y}_i-y_i}{y_i}\right| \tag{10-7}$$

需要注意的是，MAPE 理论上的取值范围可以很大（最大值不是 100%），MAPE 越小，模型误差越小。

相对来说，MAPE 不容易受极端值的影响，而 RMSE 由于采用的是平均误差，对异常点比较敏感，直接使用的话鲁棒性较差，因此在具体实践中需要做一定的处理。一般我们认为，测试集的误差满足正态分布，因此我们可以参考第 8 章异常值处理方法中提到的 3σ 原则，通过“盖帽法”方式对 RMSE 进行平滑处理。

（3）Log Loss

Log Loss（对数损失），也叫对数似然损失（Log-likelihood Loss），是常见的 CTR 预估的离线评估指标。定义目标值为 y，预测值为 $\hat{y}$，Log Loss 的公式如下：

$$\text{Log Loss}=-\frac{1}{n}\sum_{i=1}^{n}\left[y_i\log\hat{y}_i+(1-y_i)\log(1-\hat{y}_i)\right] \tag{10-8}$$

通常 CTR 预估模型会使用交叉熵损失（Cross Entropy Loss）函数，在二分类的情况下损失函数公式等价于式（10-8），因此以 Log Loss 作为评估指标相当于直接反映了模型对样本的拟合程度。但它存在的局限性是，Log Loss 反映的是样本的平均偏差，每一个样本的权重都是相同的，因此容易受到样本的类别不平衡的影响，当正负样本的样本量差异很大，而模型偏向于预测样本量大的那个类别时，就会出现在少数样本类别上精确率很低，但 Log Loss 却有很好表现的情况。

2. 模型的排序性评估指标

如果精确度评估是将召回和排序模型抽象为二分类任务，评测模型对用户每一次点击（转化）的预估准确率的话，那么排序性评估则是借鉴了搜索的思维，评测推荐结果的顺序和用户的点击（转化）行为的相关性。下面介绍 ROC、AUC、MAP、NDCG 这几种评估方法。

（1）ROC 曲线

受试者工作特征曲线（Receiver Operating Characteristic curve），简称 ROC 曲线，又称为感受性曲线（Sensitivity curve），是反映敏感度和特异度的综合评估指标，它最初源于雷达信号分析和医学检测，后引入机器学习领域。

敏感度在机器学习的模型评估中是指真阳性率（True Positive Rate，TPR），基于混淆矩阵的计算公式如下：

$$\text{TPR}=\frac{\text{TP}}{\text{FN}+\text{TP}} \tag{10-9}$$

所以从式（10-9）可以看到，敏感度代表正样本的召回率。而特异度是指负样本的召回率，因此“1-特异度”是指假阳性率（False Positive Rate，FPR），也就是负样本的“错判率”，计算公式如下：

$$\text{FPR}=\frac{\text{FP}}{\text{TN}+\text{FP}} \tag{10-10}$$

当我们对模型打分的正样本判定阈值不断变化时，可以得到一系列的敏感度和特异度值，再以敏感度为纵坐标、“1-特异度”为横坐标绘制成曲线，如图 10-3 所示，就是 ROC 曲线。

ROC 曲线在区间［0,1］的定积分（也就是曲线下的面积）称为 AUC（Area Under Curve）。通常 AUC 越大，也就是 ROC 曲线的形状越往上拱起，模型效果越好。

图 10-4 是 ROC 曲线与模型预测结果之间的一种可视化表达：每个样本代表空间中的一个点，模型训练的目标是找到一个超平面对所有样本进行切分，模型标签预测的分类阈值变化代表超平面的平移。因此，当样本判断的分类阈值从大到小变化时，代表图 10-4 的分割线（超平面）从右上往左下移动的过程，线的右边模型判定为正样本，左边判定为负样本，分割线在最右边和最左边，分别代表模型将全部样本都判断为负样本和正样本的两种极端情况，对应 ROC 曲线中的（0,0）和（1,1）两点，在分割线从右往左移动的过程中，模型在不断地增加正样本的召回，也在不断地增加负样本的错判，我们希望在一个好的模型里，正样本的召回量增加速度要远大于负样本被错判的增长速度，也就是在 ROC 曲线里，Y 轴值的增速要远大于 X 轴值的增速，即 ROC 曲线越“拱起”越好。另一种极端情况是，Y 轴值的增长速度等于 X 轴值（这代表图 10-4 中正负样本在空间上是均匀分布的，也就是模型对正负样本的打分是随机的），此时 ROC 曲线等于斜率为 1 的直线（图 10-3 中的虚线），模型等同于随机预测。

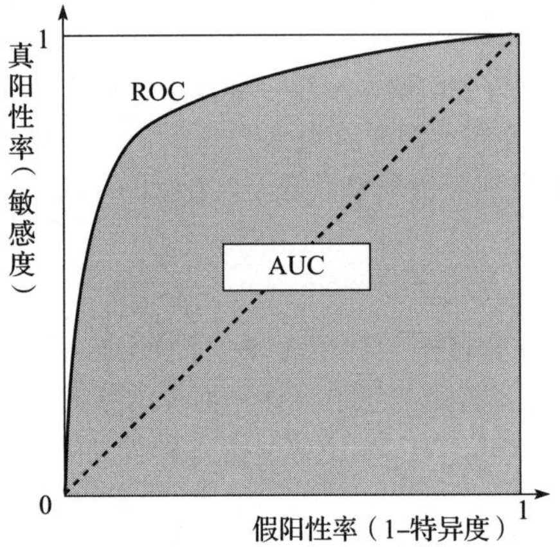

图 10-3　ROC 曲线

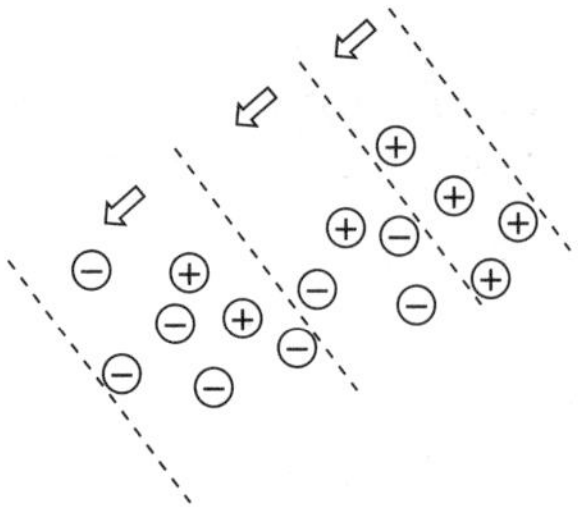

图 10-4　模型在不同阈值下对正负样本的判定

(2) AUC 和 GAUC

如果 ROC 曲线是对分类器性能的定性评估的话，AUC 则是将评估进行量化。显然，AUC 的取值范围是［0.5,1］（如果 AUC 小于 0.5，则说明模型把正负样本搞反了），AUC 越接近于1，算法模型作为分类器的性能越好，越接近 0.5，模型的预测能力越趋向随机预测的结果，也就是效果越差。

AUC 的物理意义是，它代表整体预测打分结果的一个概率值，当我们遍历样本集合中的任意两个正负样本的组合时，正样本预测分数比负样本高的概率就是 AUC。正样本打分比负样本高，表示正样本排在负样本前面，因此，AUC 越大，模型的排序能力越强。

如果直接按 AUC 原始定义中正负样本组合的穷举方式计算，显然代价较大，因此我们采用了一种等价的方式来计算。假定，样本集合里有 M 个正样本，N 个负样本，将正样本的集合定义为 S，我们对所有样本按模型打分从低到高进行排序，则排序值为从 1 到 $M+N$，设样本 i 排序值为 rank_i。注意，如果出现不同样本打分相同的情况，则把这几个样本的排序位置序号均值作为这几个样本的排序值。AUC 的计算公式如下：

$$\text{AUC}=\frac{\sum_{i\in S}\text{rank}_i-\frac{M(1+M)}{2}}{M\cdot N} \tag{10-11}$$

其中，式（9-11）的分子部分等价于 AUC 定义中的样本打分集合里穷举所有正样本打分高于负样本的组合数量，分母等于穷举所有正负样本的组合数量，推导过程如下。

1）集合中有 M 个正样本、N 个负样本，所以有 $M\cdot N$ 种正负样本的组合，即公式的分母部分。

2）对于任意正样本 $i\in S$，设 i 在全体正样本中从低到高的打分排序值为 p_i，则有 rank_i-p_i 个负样本预测打分低于正样本 i，也就是在集合中，能与 i 构成正样本打分高于负样本的组合有 rank_i-p_i 个，累积计算所有的正样本，则在全体样本中，有 $\sum_{i\in S}\text{rank}_i-\sum_{i\in S}p_i$ 个组合满足正样本打分高于负样本，而 $\sum_{i\in S}p_i=\sum_{m=1}^{M}m=\frac{M(1+M)}{2}$，即得到公式的分子部分。

AUC 对比精确率、召回率、Log Loss 等指标，对模型有更客观的评估能力，原因是精确率等指标非常依赖对分类阈值的选择，基于不同阈值的评估结果会有较大差异，而 AUC 体现的是整体的排序能力，与具体分类阈值无关，因此跟推荐的业务场景更加贴合。同时，AUC 对正负样本的比例不敏感，在样本不均衡的情况下，也可以做出正确的评估，因此也更适用于 CTR、CVR 预估中正样本远少于负样本的实际情况。

但 AUC 同样存在一定的局限性，因为它评估的是模型对全体样本的排序能力，因此只要在全体样本中，尽可能地让正样本的预测分数比负样本高就是好模型，但在现实的场景中，推荐系统是给一个个独立的个体（用户）推荐内容，只有在独立个体内部满足尽量多的正样本预测分数比负样本高，推荐才能有好的实际效果，而个体之间的打分差异和排序性不影响推荐效果。因此，我们在模型优化中经常遇到的一种“伪提升”的效果就是只要把热门的物品打分提升上去，AUC 就能上涨，但对每个用户的物品推荐顺序却没有实际的改善效果。以表 10-2 中的例子来详细说明这种情况。

表 10-2　样本与 AUC

用户	真实标签	模型 A	模型 B	物品热度
X	1	0.7	0.5	中等
X	0	0.6	0.6	中等
Y	1	0.5	0.8	高热
Y	0	0.4	0.3	冷门
Y	0	0.3	0.2	冷门

在表 10-2 中，我们按公式可以计算得到模型 A 与模型 B 的 AUC 都等于 0.833，因此两个模型在全量样本上的排序能力完全一致，其中，模型 B 对比模型 A 的特点是对物品热度的区分度更好，打分越高，整体的受欢迎程度越好，似乎在全局上的效果也更好。但继续观察对每个用户的打分就会发现，模型 A 在用户 X、Y 内部各自的 AUC 都等于 1，都有很好的排序性，但模型 B 在 X 内部的 AUC 却等于 0，显然模型 A 的推荐效果要好于模型 B。因此，基于 AUC 的局限性，业界提出另一个衡量模型排序效果的指标：GAUC[1]（Group AUC）的概念：

$$\mathrm{GAUC}=\frac{\sum_{i=1}^{n} w_i \cdot \mathrm{AUC}_i}{\sum_{i=1}^{n} w_i} \tag{10-12}$$

我们在 n 个用户（或者按某种策略对用户进行分组，以组为最小单元计算 GAUC）内部各自计算 AUC，然后对“局部”AUC 带权重求和，权重 w_i 的处理方法一般是按照行为频次等指标反映该用户（或者用户组）在全体样本里的重要性，在实际计算过程中，我们一般会过滤掉单个用户（或者单个用户组）全是正样本或负样本的数据。

但 GAUC 的提出并不是为了代替 AUC，而是将其作为 AUC 的一种有效补充，因为在 GAUC 的计算中，我们通常会过滤全是正样本或全是负样本的用户，且样本少的用户在 GAUC 里的比重低，因此 GAUC 实际是一种有偏的计算，一般的使用方法是，每一次模型迭代在保证 AUC 上升的基础上，GAUC 也有一定幅度的提升。

联合 AUC 和 GAUC 的评估也能帮我们发现更多的优化线索，比如，在表 10-2 的信息中描述的：模型只是增加了热门和长尾物品之间的判别能力，但个性化能力却没有加强的“伪提升”现象。究其原因，可能是由于样本中热门和长尾物品的分布不合理，使得参数更新被热门物品主导了方向，也可能是特征中物品相关特征太多而用户与物品之间的交叉特征太少，使得模型过分关注于物品本身的信息对转化的影响，而忽略了用户和物品的相关性，等等，我们可以沿着这几个方向持续深入地探索。因此，GAUC 给了我们算法优化更多的思路，是补充和对 AUC“纠偏”的重要指标。

(3) MAP

平均精度（Mean Average Precision，MAP）是搜索场景里衡量排序结果质量的评价指标，同样也可以用于评估推荐结果的质量。跟精确率、召回率类似，我们通常按排序模型打分的 Top N 结果来衡量内部排序的质量，也就是 MAP@ N。

我们对高 MAP@ N 值的推荐列表的直观理解是，列表里实际被点击的物品不仅数量上占比高，而且在列表中的排序位置更靠前。

表 10-3 给出了用户 A、B 对推荐列表中的每个物品相应的点击反馈的数据。我们以此为例子来介绍 MAP@ N 的具体计算逻辑。首先，针对每个用户的每个推荐列表计算各自的 AP@ N 值：

表 10-3　用户 A、B 推荐列表反馈数据

用户	推荐列表点击反馈
A	点击，点击，未点击，点击，未点击
B	点击，未点击，未点击，点击，点击

$$\mathrm{AP@}\,N=\frac{1}{|I|}\sum_{k\in I}P(k) \tag{10-13}$$

式中，N 是推荐列表长度；I 表示当前推荐列表里被用户实际点击的物品集合；$P(k)$ 表示从推荐列表头部到当前物品 k 的点击率。从式（10-13）中可以看到，AP 值是精确率的累加，而且是在召回率从 0 到 1 过程中的累加，所以，AP 和 F_1 一样也是一种对精确率和召回率的融合。基于每个推荐列表的 AP@ N 值，我们计算所有列表的平均值作为整体推荐结果的 MAP@ N 值：

$$\mathrm{MAP@}\,N=\frac{1}{|L|}\sum_{l\in L}\mathrm{AP@}\,N \tag{10-14}$$

在表 10-3 的例子中，用户 A 的 AP@ 5 值为 $\frac{1}{3}\left(\frac{1}{1}+\frac{2}{2}+\frac{3}{4}\right)=\frac{11}{12}=0.92$，用户 B 的 AP@ 5

值为$\frac{1}{3}\left(\frac{1}{1}+\frac{2}{4}+\frac{3}{5}\right)=\frac{21}{60}=0.35$，整体的 MAP@5 为：$\frac{1}{2}\left(\frac{11}{12}+\frac{21}{60}\right)=\frac{19}{30}=0.63$。显然，在 A、B 两个用户的内部，Precision@N（Top N 推荐结果的准确率）相同，但用户 A 的 AP@N 更高，所以 A 的推荐列表质量要高于 B。

(4) NDCG

归一化折损累计增益[2]（Normalized Discounted Cumulative Gain，NDCG）是另一种衡量搜索结果质量的指标，它与 MAP 的区别是，MAP 是以二元性（1 和 0）结果来衡量排序质量，而 NDCG 是从相关性的分数来衡量。以电商场景为例，二元性结果通常只有点击和不点击两种情况，而相关性可以结合点击、加购物车、购买等转化行为分别给出不同程度的分数，因此，在衡量排序的质量上，NDCG 指标更加细致准确。同样地，我们把 NDCG 推广到推荐场景，也按照排序模型给出的 Top N 推荐结果来衡量内部排序的准确性，也就是 NDCG@N。

下面详细介绍 NDCG@N 的具体计算逻辑。首先，针对每个用户的每个推荐列表计算 DCG@N 值：

$$\mathrm{DCG}@N=\sum_{i}^{N}\frac{2^{\mathrm{rel}(i)}-1}{\log_2(i+1)} \tag{10-15}$$

式中，$2^{\mathrm{rel}(i)}$ 表示位置 i 的相关性分数；$\log_2(i+1)$ 表示基于位置的折损，之所以加上折损是为了让排名越靠前的结果最后的影响力越大。针对每个推荐，我们都可以计算各自的 DCG@N 值，然后以 IDCG@N 作为 DCG@N 的归一化因子，IDCG 是指理想状态下的 DCG，对于推荐来说就是推荐结果 Top N 里正样本全排在负样本前面，计算方式与 DCG 相同。得到每个推荐列表的 NDCG_l@N 值：

$$\mathrm{NDCG}_l@N=\frac{\mathrm{DCG}_l@N}{\mathrm{IDCG}_l@N} \tag{10-16}$$

最后，全体样本的 NDCG@N 为所有列表的平均值：

$$\mathrm{NDCG}@N=\frac{\sum_{l}\mathrm{NDCG}_l@N}{|l|} \tag{10-17}$$

我们以表 10-4 为例计算 NDCG@N 值，简单起见，以点击和不点击的二元方式定义相关性。首先，针对表中用户反馈行为，设置相关性分数 $\mathrm{rel}\in\{0,1\}$，接着按式（10-16）和式（10-17）分别计算每个列表和整体的 NDCG 值，最终，计算结果为 $\mathrm{NDCG}@5=\frac{\sum_{l}\mathrm{NDCG}_l@5}{|l|}=\frac{1+0.91+0.43}{3}=0.78$。

表 10-4　用户推荐列表反馈数据及 NDCG 相关指标值

用户	推荐列表点击反馈	DCG@5	IDCG@5	NDCG@5
A	点击，点击，未点击，未点击，未点击	1.63	1.63	1
B	点击，未点击，点击，点击，未点击	1.93	2.13	0.91
C	未点击，未点击，未点击，点击，未点击	0.43	1	0.43

3. 模型的多样性性评估指标

推荐的多样性可以分别从微观和宏观两个角度进行评估：单个推荐列表中物品之间的差异程度；全量物品的推荐曝光集中度。下面分别介绍微观角度的ILS和宏观角度的基尼系数。

（1）ILS（Intra-List Similarity）

用户的兴趣偏好通常不是单一的、一成不变的，所以推荐结果中需要尽量多地体现更丰富的内容，多样性既是为了改善用户的消费体验，同时又是为了宏观层面上应对整体内容的马太效应，我们在上一节中提到过在宏观效果的层面上，可以通过长尾内容流量占比、千次曝光引导内容数量来评估推荐系统整体的多样性。同时，在模型的多样性评估上，我们可以用ILS值来衡量推荐结果的多样性：

$$\mathrm{ILS}(\mathcal{L})=\frac{1}{|\mathcal{L}|}\sum_{L_k\in\mathcal{L}}\left(\frac{2}{|L_k|(|L_k|-1)}\sum_{b_i\in L_k}\sum_{b_j\in L_k,i\neq j}S(b_i,b_j)\right) \tag{10-18}$$

式中，$\mathcal{L}$ 表示所有用户的推荐列表的集合；$L_k\in\mathcal{L}$ 表示每一个推荐列表；$S(b_i,b_j)$ 表示两个物品的相似度，可以用物品向量内积等任何业务上有意义的相似度量函数来表示。ILS值越小，代表推荐列表里的多样性越好。

（2）基尼系数（Gini index）

如果ILS是从推荐列表内部的物品相似度来衡量多样性，那么基尼系数则是从整体推荐内容的热度分布均衡程度来衡量多样性。我们希望每一次推荐算法的优化不要加剧马太效应，推荐的内容不能集中在一小部分热门物品中，希望更多长尾的物品得到曝光机会。我们以物品在推荐结果中的曝光次数作为热度衡量的指标来计算基尼系数，将全量的物品池记为集合S，把集合中的物品按推荐曝光次数从低到高排序，则基尼系数公式如下：

$$G(S)=1-\frac{1}{n}\left(2\sum_{i=1}^{n-1}w_i+1\right) \tag{10-19}$$

式中，n 为集合 S 中的物品数量；w_i 表示排序后的 S 里从第1个物品到当前第 i 个物品推荐曝光次数和占 S 中所有物品的推荐曝光和的比值。

基尼系数为［0,1］内的值，基尼系数越小，物品之间被推荐的次数差异越小，说明马太效应被抑制得越好，反之则说明推荐结果大部分都集中在少量物品中，马太效应越明显。

对比ILS和基尼系数，ILS是从用户感官的层面衡量内容的多样性，而基尼系数是从产品整体的层面衡量推荐系统的马太效应程度，因此这两个指标是推荐算法多样性上需要同时兼顾的指标。

10.3 A/B测试的实验机制设计

我们在推荐效果评估流程里介绍过，因为离线评估只能是基于历史快照数据的评测，但线上的真实环境是瞬息万变、日新月异的，因此离线评估无法代替在线评测的环节，只有经历线上真实流量的考验才能客观评判算法的业务价值。本节将详细介绍A/B测试作为一种在线评测框架的基本概念，以及体系化评测模型业务价值的实施流程。

10.3.1 A/B测试的基本概念及必要性

A/B测试的概念最早可以追溯到生物医学中的双盲实验，即新药物在投入市场前必须经历的检验流程，实验中的病人在不知情的情况下被随机分成对照组和实验组，并分别给予不带任何药效的安慰剂和测试用药，通过一段时间后病人症状的改善情况来判断测试用药的药效。

1. 互联网产品的 A/B 测试

互联网产品的 A/B 测试，其核心思想与双盲实验完全一致，只是测试的对象从药效变成了产品的不同版本，实验中的用户也同样被随机分配到不同组，每组指定访问一个产品版本，经过一段时间的反馈数据的积累，观察并对比各组之间的用户行为和关键指标差异，并推断各版本之间的效果差异，最终确定全量推广新版本，或者维持旧版本不变。A/B 测试也是一种“控制变量（Control Variates）法”，在实验中排除无关因素的影响，通过只改变一个因素来确定其变化带来的影响。

A/B 测试对于互联网行业的重要性在于，在快节奏的产品更新迭代的速度下，以数据驱动的方式帮助产品在各种优化方法和策略中为最大化收益而做出最优的决策，以避免过分依赖经验，建立闭环的产品迭代过程，让局部的优化服务于平台的全局发展。A/B 测试主要在互联网行业的以下几个场景中发挥着重要作用。

1）产品的视觉交互优化。视觉交互设计关乎用户体验的最直观的感受，布局、交互、文案、配色方案既有产品层面的思考，又往往有“艺术”设计的成分，因此很难像系统压力测试等纯后台功能那样有统一的衡量标准，设计人员之间也容易存在不同意见的冲突，所以更适合交给 A/B 测试，用受众的实际反馈效果数据来评判。

2）功能链路优化。产品功能链路的设计和调整关乎用户使用的流畅度和产品的转化率、跳失率，也是用户体验的重要环节，但同样没有明确的评判标准，某些设计甚至可能源于产品经理“灵光一现”的灵感，所以如何优化、精简、重构，对各个部分的调整如何做抉择也可以交给 A/B 测试，用结果数据进行启发式的功能优化。

3）算法策略优化。算法优化与 A/B 测试的联系更加紧密，是 AI 在工业界的“最佳拍档”，通过 A/B 测试量化每一个算法版本的提升效果，这部分也是 A/B 测试在推荐算法中的落地过程。

4）市场营销优化。从营销目标和预算出发，评判营销人群的筛选、策略的定制对 ROI 的实际影响，最终确定最佳方案，整个营销执行的链路都可以使用 A/B 测试来科学地验证。

2. A/B 测试的重要理论保证

A/B 测试这种通过盲选用户来验证效果的方法能在工业界得到广泛的应用，这套评测框架的客观性和合理性主要是通过以下理论（大家公认成立的前提假设）来保障。

1）随机分配机制。通过对用户的随机分组，确保进入实验组和对照组的用户是独立、对等、同分布的，也就是根据大数定理，各项因素对实验组和对照组的影响一致，组间的固有差异接近 0，这点还可以通过 A/B 实验来确保。

2）稳定性假设。根据大数定律，在样本足够多的情况下，频率趋近概率。因此，我们认为 A/B 测试中的测试环境，和全域环境的各项因素的影响也是一致的。也就是，这两者的固有差异接近 0，在少量分配的实验流量下验证的效果提升推广到全量环境后的提升度是一致的。

3）统计显著性。在足够的流量（样本量）下，可以有理论地来验证统计上的显著性，即在实验流量里得到的结论可靠性是有理论证明的。

10.3.2 A/B 测试的实验设计和效果分析

本小节首先介绍 A/B 测试框架中的流量分配机制和 A/B 测试的实验类型，接着介绍一个标准的 A/B 测试实验的具体实施。

1. A/B 测试的流量分配机制

推荐算法的链路通常可以拆解成召回、粗排、精排、重排 4 个重要阶段，每个阶段的算法优化在执行上各有不同，召回阶段存在多路并行的召回路由背后代表了并行的不同算法，粗排和精排阶段的算法是独占的排序模型，重排阶段存在多个串行的融合、混排、打散、强插等策略。上述的每个算法和策略理论上都需要做 A/B 测试，彼此之间不能互相干扰，因此为适应多阶段的算法流程，我们对流量进行了层域设计和划分，如图 10-5 所示。

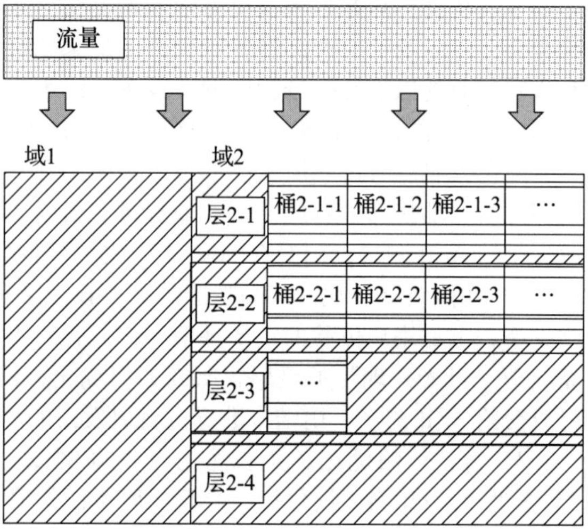

图 10-5　流量的层域设计和划分

如图 10-5 所示，在 A/B 测试的流量分配机制中，有三个重要概念：域、层、桶。这里分别从三个维度进行流量的切分和分配。

1）域：是指流量的整体划分，一般是对用户 Id 的 hash 值按照某个规则进行划分，一个域表示一部分用户的全局流量。域和域之间的流量是互斥且互补的，所以，图 10-5 中，域 1∩域 2=∅，域 1+域 2=100%。

2）层：并不是一种对流量的划分，而是可以看作一种流量的观测视角。在同一个域内，层和层之间是一种正交的关系，这一层的流量会在另一层以其他方式打散，层与层之间也不存在物理上的上下游链路关系，也就是层之间的实验并不互相影响，而域内的每一个用户理论上都会命中所有层。因此，图 10-5 中，层 2-1=层 2-2=层 2-3=层 2-4=域 2。

3）桶：层内部的一种流量划分方式，依附于层而存在，在每一个层中，我们各自用不同的 hash 函数（或者用同一个 hash 函数的不同参数值）对用户进行分桶。也就是说，同一个层内的桶之间是互斥且互补的（图 10-5 中，桶 2-1-1+桶 2-1-2+桶 2-1-3+…=层 2-1），但不同层之间的桶是正交的，比如图 10-5 中，桶 2-1-1 中的用户在层 2-2 的各个桶中均匀分布。

图 10-6 可以比较清晰地表达层和桶之间的流量关系。其中，层 1 表示按颜色的分桶，层 2 表示按形状的分桶，层 2 的每个分桶里颜色的分布都与层 1 的分桶方式一致，层 1 的每个分桶里形状的分布都与层 2 一致，因此我们说，层 1 和层 2 的流量是正交的，但层内部的分桶是互斥且互补的。

流量分层的设计是为了极大地提升 A/B 测试的实验规模和测试效率，满足同时进行大量实验的需求，事实上，按照召回、粗排、精排、重排的分层只是推荐算法侧的流量分层，在

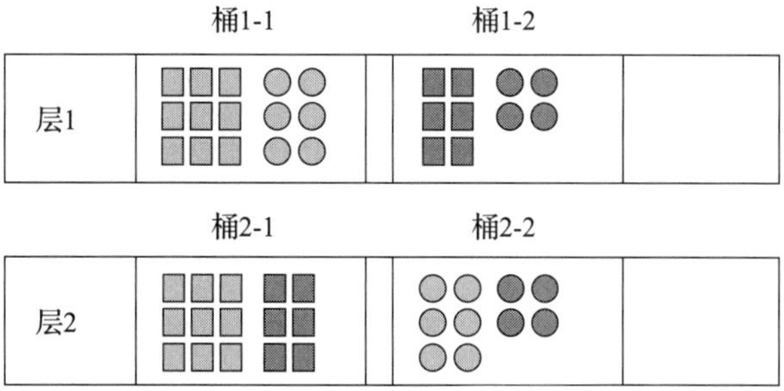

图 10-6 层与桶的流量关系（详见彩插）

推荐算法进行 A/B 测试的同时，产品侧也在进行 UI 设计改进、功能流程优化的 A/B 测试，因此 UI 层也可以是独立分层，只要是在逻辑上独立的“视角”都可以单独建层。所以，如图 10-7 所示，产品的流量分配机制可以更加复杂。

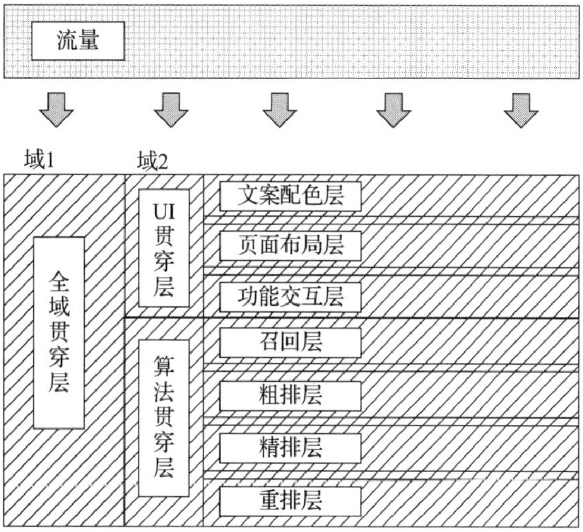

图 10-7 结合 UI 和算法的流量层域设计

2. 推荐算法的 A/B 测试实验类型

A/B 测试的实验类型按照流量划分的机制以及实验目的综合考量，一般可以分为两类：层内实验、贯穿实验。

层内实验，以图 10-8 中的域 2 为例，我们按照推荐算法的阶段创建 4 个正交的层，分别对应召回、粗排、精排、重排 4 个阶段，在每个层里可以各自进行相关的实验，每一个层的实验都可以打满域 2 的 100% 的流量。在打满的情况下，任意一个域 2 的用户都会命中每个层里的某一个实验，如图 10-8 中的实验 1~实验 3。

1）实验 1：召回层的 YouTube DNN 实验，用于测试 YouTube DNN 召回算法的提升效果。在 A/B 分桶里，A 桶保持原有的多路协同过滤的召回策略，B 桶在协同过滤的基础上新增一路基于 YouTube DNN 的召回策略。

2）实验 2：精排层的 MMoE 实验，用于测试 MMoE 算法对用户 CTR 预估的提升效果。在 A/B 分桶里，A 桶保持原有的 DeepFM 模型，B 桶中用 MMoE 模型替换。

3）实验 3：重排层的价格相关性策略，用于测试“加强推荐商品的价格相关性”策略对用户购买转化的提升效果。在 A/B 分桶里，A 桶保持原有的重排策略，B 桶在原来的基础上对推荐结果的商品在价格段上进行重排，对符合用户购买力的商品进行一定的加权。

这 3 个实验在各自的层里进行而互不影响，也就是说，实验 2 里 A 桶和 B 桶的用户，对是否命中了实验 1 的 A 桶或 B 桶、是否命中实验 3 的 A 桶或 B 桶，概率都是一样的，实验 1、3 对实验 2 的 A/B 桶施加的影响也一致，所以不影响实验 2 的 A/B 桶效果对比。反过来，其他实验也一样，这就是层内实验的正交性。

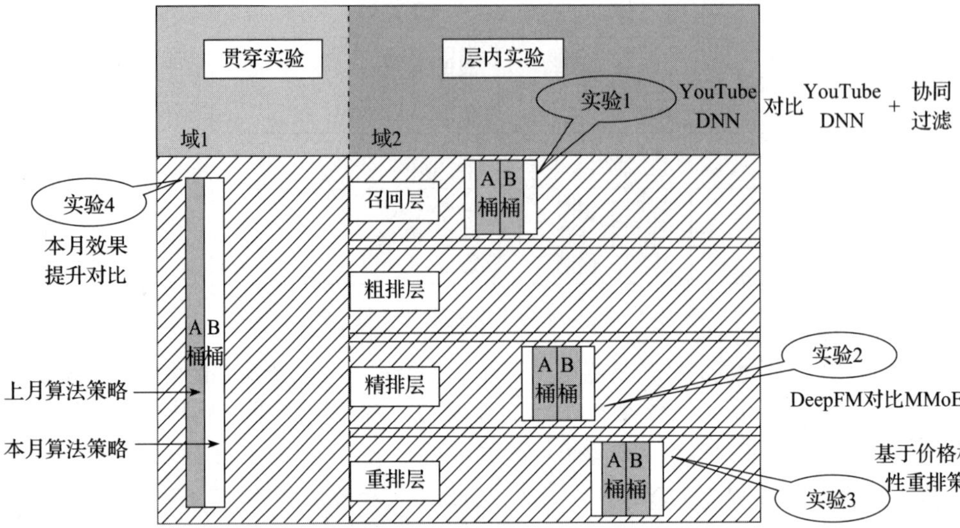

图 10-8 层内实验和贯穿实验对比

实验 1~实验 3 中的观测变量都只有一个且都在自己的层内部，如果我们希望以跨越分层的变量组合进行实验对比，就需要进行第二种实验：贯穿实验。这里以一个具体的例子来说明贯穿实验的概念，假设在本月对召回、粗排、精排、重排 4 个阶段的算法都进行了各种不同的优化，这两个月各阶段的具体算法见表 10-5。

表 10-5 本月及上月的各阶段的具体算法

	召回	粗排	精排	重排
上月	协同过滤召回、热门召回	无	DeepFM+单目标 CTR	基于品类的打散
本月	增加 Node2Vec、SimRank	DSSM	MMoE	DPP

我们希望可以通过 A/B 测试来量化地评测，本月的各种优化方案对比上月对业务指标的总体提升效果到底有多大？如图 10-9 所示，这种情况下，如果采用在各个层内做不同阶段的算法实验，就很难有足够的流量能刚好命中符合本月初和上月初的各阶段算法组合，而其他的组合又是我们不需要的，是一种极大的流量浪费。

因此，我们可以使用单独的域里的流量直接做贯穿实验。在图 10-8 的实验 4 中，A 桶表示上月的召回、粗排、精排、重排算法，B 桶表示本月的算法，通过 A/B 桶的对比就能明确得到本月对比上月的算法效果提升。

从实验机制来看，贯穿实验是最纯净的实验机制，流量在物理层面的分割使得实验之间绝对互斥，不会出现互相影响的情况，但缺点是，因为实验对流量的独占，导致无法满足有限流量下大量实验同时进行的现实需求。而流量分层机制下的层内实验则规避了贯穿实验的缺陷，它之所以能做到共用流量而互不影响，是通过正交的机制保障的。需要注意的是，这里的正交不仅是流量分配的正交，还包括实验变量的正交。也就是说，如果我们在设计实验时只注意流量的正交而忽视了实验变量的正交，那么就有可能会导致实验之间互相干扰，使得最终的结论不可靠。这里通过下面的例子来具体说明。

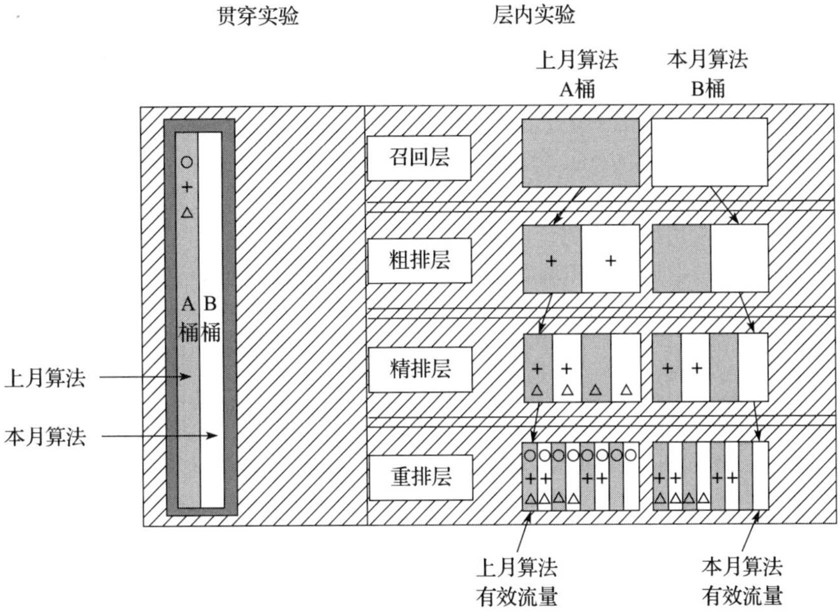

图 10-9　多变量下的贯穿实验和层内实验对比

假设我们的信息流推荐单次请求后输出的推荐结果是 10 个物品，在这 10 个物品里，用户最偏好品类的物品数量平均是 2 个。接下来我们准备在召回层做一个 A/B 实验：增加用户最偏好品类的物品浓度对用户点击转化的影响。我们通过增加最偏好品类单路召回量，使得最终的推荐结果里对应品类的物品数从平均 2 个增加到 3 个。与此同时，在重排层也有一个准备进行的实验：基于品类打散来增加推荐多样性策略对用户点击转化的影响，通过打散机制使得单次请求输出的推荐结果里每个品类最多 1 个物品。为方便计算，我们假设这两个实验在两个层各自以 50%的流量进行实验，就会出现图 10-10 所示的情况。

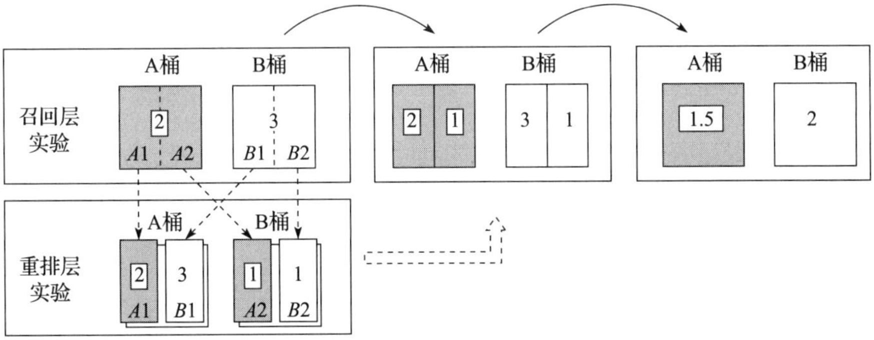

图 10-10　变量不正交对分层实验的影响

一开始，召回层实验 A 桶的用户最偏好品类物品数量为 2，B 桶为 3，因为流量的正交关系，召回层实验 A/B 桶的流量被打散后随机分配到了重排层实验的 A/B 桶，我们将召回层实验 A 桶在重排层实验 A/B 桶的流量分别记为 A1 和 A2，将召回层实验 B 桶在重排层实验 A/B

桶的流量分别记为 $B1$ 和 $B2$，因为 A 桶和 B 桶的流量均为 50%，因此 $A1 = A2 = B1 = B2 = 25\%$。

在重排层实验开启后，显然，$A2$、$B2$ 里的用户最偏好品类物品数量都变成了 1，而 $A1$、$B1$ 则保持原样。也就是说，这个时候，召回层实验的 A 桶不再是纯粹的 2 个，而是由一半 2 和一半 1 组成，也就是平均是 1.5 个，而 B 桶里，则由一半 3 和一半 1 组成，平均是 2 个。这个时候，召回层实验的策略就发生了变化：从“用户最偏好品类的推荐数量从 2 个变成 3 个，密度增加 50%”，变成了“用户最偏好品类的推荐数量从 1.5 个变成 2 个，密度增加 33%”，显然基于这个实验得出的结论背离了实验的初衷，所以实验的结论是不准确的。造成这种互相干扰的最根本原因是召回层和重排层的这两个实验都会影响推荐结果的品类分布，也就是说这两个实验的变量不是正交的。

这种分层实验变量不正交的问题看上去显而易见，但在实际中却很容易“踩坑”，主要原因是随着产品的发展、团队规模的扩大，召回、排序、重排侧的算法工作常常会被拆解成不同的小组，各自相对独立地开展工作，彼此间在并不完全了解其他团队的情况下就会不经意间“撞车”，有时候看似正交的实验会互相影响相同的隐含变量，所以在实验阶段必须全局分析实验变量，并考虑实验间可能存在的干扰因素对效果验证的影响是否在可接受范围内。

3. 标准 A/B 测试流程

通过 A/B 测试来验证算法优化的效果是一个反复迭代持续优化的过程，它的执行流程如图 10-11 所示，流程中的核心步骤包括以下 6 步。

1）**实验准备**：我们基于现有的业务问题和需求，通过相关数据分析，挖掘改进线索，确认优化目标，完成模型开发和离线评测。

2）**实验设计**：确认实验变量，设计合适的实验类型以及流量分配大小。

3）**实验执行**：确保实验的平稳和执行效率。

4）**效果分析**：收集分析实验数据，对焦在步骤 1）确认的优化目标达成情况。

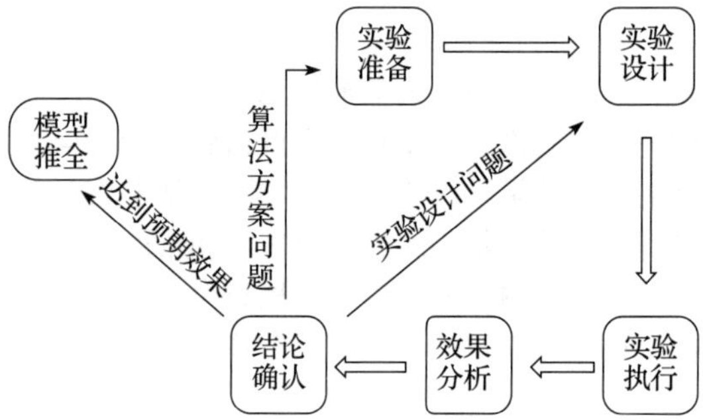

图 10-11　A/B 测试的实验执行流程

5）**结论确认**：基于分析结果，决定算法推全或者调整分流比例继续实验还是回到步骤 1）重新进行实验的前置开发工作，设计更有效的方案，进行下一轮迭代。

6）**模型推全**：基于上一步的结论，对达到预期效果的实验进行模型推全（全量上线）。

（1）实验准备

实验准备期的工作，是指每一轮的日常算法迭代优化之前，通过产品运营分析、用户画像分析、用户路径分析挖掘算法优化的线索，并结合当前产品的业务现状、商业目标、阶段性 KPI，确定当前最关键的改进点。基于改进点，我们完善优化方案并落地实施模型训练，并且通过离线评估、内部评测部分，准备进入 A/B 测试的阶段。实验准备期的核心工作是明确实验评测目标，通常按重要性等级分成三个层次：北极星指标、关键指标、相关指标。

1）北极星指标一般是指 1~2 个用来直接衡量各算法版本优劣的核心指标，通常与产品的北极星指标一致。

2）关键指标是指除北极星指标外的其他重要指标，用来作为评估模型质量及做下一步决策的重要参考。

3）相关指标是指与优化方案有一定联系但与业务目标关联性较弱的指标，用来辅助评估工作。

通常评测的标准是，北极星指标必须有一定幅度的增长、关键指标必须保证增长的趋势、相关指标不能有超过一定幅度的下降。

（2）实验设计

实验设计阶段的核心工作是确认实验类型和实验的流量大小，这两项工作直接决定了最终的效果分析是否真实有效。

确定实验的类型是指采用贯穿实验还是层内实验，通常通过实验的变量数和分层逻辑来决定。如果是单变量的实验，比如测试一个新的精排模型，或者测试某个打散策略，那么直接可以在对应的层中进行层内实验；如果是多变量的实验，但变量来自同一分层，那么仍然可以使用层内实验。比如我们想测试 SimRank 和 Node2Vec 作为召回算法的叠加组合效果，则可以在召回层中增加一个 A/B 实验，A 桶为原有召回，B 桶为原有召回+SimRank+Node2Vec。但如果是多变量且来自不同层的实验，比如，我们想测试在召回算法中新增 SimRank 的同时把排序算法从 LR 替换成 GBDT 后对效果的整体影响，那就需要设置贯穿实验。在贯穿流量里设置分桶，A 桶保持完整现有算法逻辑，B 桶的召回算法新增 SimRank，排序算法改为 GBDT。

实验设计阶段的第二项工作是确认实验的流量大小。新算法的 A/B 测试流量不宜过大，尤其是对推荐结果影响较大的探索性质的算法，过大的流量对业务效果有风险性，但如果实验流量太小，那么又容易引入随机结果，使得分析数据不置信。因此，如果产品本身的流量足够大，则可以简单地采用如下启发式的方法。

1）离线的 A/A 分析：我们可以基于所在业务场景的活跃用户的规模，分别按 20%、10%、5%、2%、1%、0.1%等比例随机抽样人群后统计人均时长、客单价等指标，每种比例的人群随机抽样多次，比较指标的稳定性，确定在当前的业务规模下至少需要多少比例的量可以保证指标的稳定性，这个比例就可以作为实验的最小流量。

2）正式实验前的 A/A 测试：我们创建实验并确定 A/B 分桶后，在正式开启实验之前，先进行一段时间的“空跑”，对 A/B 分桶用户采用同样的实验条件，观察指标数据差异是否在非常小的比例内波动，如果差异过大，则选择删除实验，重新进行 hash 分桶，并适当增加流量再继续观察，确保通过 A/A 测试。

如果产品本身的流量比较有限，而且算法重点要优化的指标本身又存在一定的波动性，则还可以采用统计学里的最小样本量计算公式：

$$n=(Z_{\frac{\alpha}{2}}+Z_{\beta})\frac{\sigma^2}{\Delta^2} \tag{10-20}$$

式中，n 为最终所需要的最小样本量；α 和 β 分别称为第一类错误的概率和第二类错误的概率，一般分别取 0.05 和 0.2；Z 为正态分布的分位数函数，$Z_{\frac{\alpha}{2}}$、Z_{β} 可以通过查表得到；Δ 为两组数值的差异，这里指的是算法优化后对该指标预估的提升值；σ 为标准差，代表该指标日常波动的情况。从式（10-20）中可以看出，算法优化可以提升的幅度越大，或者指标本身日常的波动越小，所需要的样本量就越小。

式（10-20）提到的第一类错误的概率和第二类错误的概率，是统计学的假设检验（Hypothesis Testing）中的概念。第一类错误，就是我们所说的假阳性（False Positive，FP）结论，可以理解为“误判”；第二类错误，就是我们所说的假阴性（False Negative，FN）结论，可以理解为“漏判”。我们通常希望第一类错误的概率和第二类错误的概率都尽可能小，但从它们的概念中可以看出这两者是互相制约的，一个变小以后，另一个就变大了，因此我们在式（10-20）中同时考虑了两者。

（3）实验执行

通过 A/A 测试后，可以开始 A/B 测试。实验执行阶段的两项主要工作是保证稳定性和实验周期长度的合理安排。稳定性是指对实验实时反馈的及时跟进，通常 A/B 测试平台都会有实时的指标观测台，比如点击率、转化率、接口调用量等，我们首先观测这些实时指标的稳定性，当出现算法上线后实验组点击率明显低于对照组的情况，或者呈现非常大的波动时，则需要在第一时间下线实验，确保业务效果及时止损，然后排查具体原因。

执行阶段的第二项工作是保证实验周期的合理长度，不宜过长或过短。实验周期过长意味着时间成本和开发资源的浪费，但如果过短，则会影响实验结论的准确性和置信度。由于学习曲线的存在，如果实验的算法或者策略使结果内容呈现有很大变动，那么用户需要一小段时间的适应，因此在设置周期长度时必须考虑这一点。比如，我们给信息流中的新品内容新增一个醒目的红色小标签后，在一小段时间内，用户带着“新鲜感”会更容易点击新品内容，但新鲜感过后，用户适应了这种 UI 的变化，点击率会有所回落，这个阶段对比改动之前的点击率增长，才是新策略带来的增益效果。

实验周期的长度并没有一个统一的标准，综合多项因素的考虑，通常我们会根据平台自身的业务特点的周期性来确定实验时长，比如，通常电商 APP 在工作日的交易量会高于周末，而短视频 APP 在周末的活跃度则会明显高于工作日，这样工作日和周末的指标会有显著的差异，通常一周是一个比较完整的观测周期，所以一般会以 2~3 天的适应阶段加一周作为实验周期长度。

（4）实验的收尾工作

完成 A/B 测试后，下一步就是进行实验数据的收集和效果分析，最终得出实验的结论。一般基于实验目标的达成情况，实验结果通常会有如下三种。

1）实验的北极星指标和关键指标均有明显的增长，增长幅度达到预期，相关指标也稳中有升。这是一个成功的实验，下一步的工作是完结实验，推全算法。

2）实验的北极星指标呈下降趋势，或者波动较大。这是一个失败的实验，下一步的工作是下线实验，进一步分析实验数据，找到算法优化提升点。

3）实验的北极星指标有一定提升，但提升幅度未达预期，或者整体有提升但在部分群体中出现下降。这种情况下，通常需要更加深入细致的数据分析，找到问题点，同时，为确保实验的置信度，可以重新划分流量，增加一个周期的实验观察。

4. A/B 测试结果的显著性分析

A/B 测试是一个以技术为导向、数据驱动决策的过程，而数据的说服力通常通过两点来确保：实验结果的可靠性判断、实验效果数据的综合分析。

实验结果的可靠性是效果数据的基础，当观测到实验组的关键指标值大于对照组时，我们希望知道这个效果的提升是显著的还是偶然的（如因为个别用户的异常提升拉动了整个组的均值），常用的方式是 T 检验中的独立双样本检验（Independent two-samples T test）。

假定某一次 A/B 测试的结果，实验组的人均客单价（$\bar{x}_1$）比对照组（$\bar{x}_2$）高了 5 元，我们采用如下流程来验证客单价提升的显著性。

1）建立假设。假设两个组的人均客单并没有区别（H_0：$\bar{x}_1=\bar{x}_2$），反过来说，如果假设不成立（H_1：$\bar{x}_1\neq\bar{x}_2$），则实验组的客单价差异是显著的，施加于实验组的算法优化是真实有效的。

2）进行独立双样本检验的相关计算。首先计算 t 值，公式如下：

$$t=\frac{\bar{x}_1-\bar{x}_2}{\sqrt{\frac{s_1^2}{n_1}+\frac{s_2^2}{n_2}}} \tag{10-21}$$

式中，$\bar{x}_1$、$\bar{x}_2$ 分别为实验组和对照组的观测指标均值（也就是客单价）；s_1、s_2 表示两个组观测指标的标准差；n_1、n_2 表示两个组的样本量。计算得到 t 值后，我们再进行自由度 df 的计算，当实验组和对照组的总体方差相同时，自由度公式如下：

$$df=n_1+n_2-2 \tag{10-22}$$

当实验组和对照组的总体方差不相同或者分布未知时，自由度计算公式如下：

$$df=\frac{\left(\frac{s_1^2}{n_1}+\frac{s_2^2}{n_2}\right)^2}{\frac{1}{n_1-1}\left(\frac{s_1^2}{n_1}\right)^2+\frac{1}{n_2-1}\left(\frac{s_2^2}{n_2}\right)^2} \tag{10-23}$$

一般情况下，我们认为实验组和对照组的总体方差不同，因此采用式（10-23）计算自由度。得到 t 值和自由度后，我们可以查表得到对应的 p 值。

3）得出结论。当 p 值小于 0.05 时，则表示假设不成立。基于 $\bar{x}_1>\bar{x}_2$，我们认为这种提升是显著的，不是偶然发生的。

实验结果的数据分析中需要注意的是统计显著≠效果显著。最终得到的 p 值代表的是实验数据体现的增长这个结论的可靠性，并不代表增长幅度的大小，p 值不具有任何商业意义。比如，我们通过实验发现算法 A 可以使用户人均消费时长从 60min 提升到 62min，p 值为 0.001，统计显著性很高，但业务增长幅度只有 3.3%，业务效果不显著。

10.3.3　A/B 测试与 Interleaving

通常，介绍完 A/B 测试之后都会提到 Interleaving 的方案，Interleaving 是另一种线上实验的方式，作为 A/B 测试的重要补充，Interleaving 有着自己独特的方法论和优点。传统的 A/B 测试通过 hash 函数对用户进行分桶后，收集实验数据，再通过 T 检验去评估实验组相比对照组是否有显著性的提升。这里存在的问题如下。

1）hash 分桶策略是施加于全量用户的，对少量的高活跃用户来说并不一定完全均匀对等地分布在实验组和对照组，而某些业务场景里少量的高活跃用户可能贡献了大部分的业务量，这使得两组之间可能天然存在差异。

2）当我们的实验目标本身是基于群体中的少数人群时，可能因为两边的分布不对等而使得实验结果不置信。

Interleaving 针对上述问题的解决方案是，不对用户进行分组，每一个用户同时受两个策略的作用，这样可以排除用户属性的差异对效果评估的影响。具体方式是，在测试流量里的用户不再分 A/B 桶，而是将两个策略的结果进行随机的均匀混排，混排的结果展示给用户并记录每个内容来自哪个策略。为消除排序位置引起的偏差，A 策略和 B 策略随机以第 1、3、5 等或者第 2、4、6 等的位置交错出现（也就是 Interleaving 的字面含义）。图 10-12 体现了 A/B 测试与 Interleaving 的主要区别。

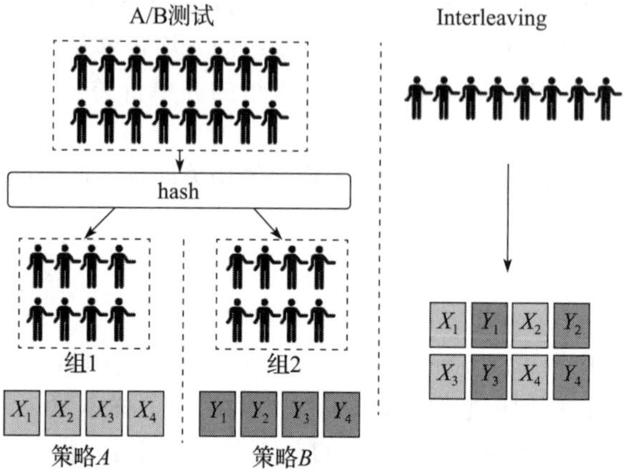

图 10-12　A/B 测试与 Interleaving 的对比

除了可以排除用户属性差异对实验评估的影响，Interleaving 的另一个优点是比 A/B 测试有更好的“灵敏度”，因为不需要对用户进行分组，所以它可以做到在更少的样本里得到置信的实验结果，提出 Interleaving 方法的 Netflix 曾做过对比实验，在 Netflix 的业务环境里，Interleaving 只需要 10^3 个样本就可以将实验错误率降到 5%以下，而 A/B 测试需要 10^5 个样本才能做到，这意味着利用一个 A/B 实验的流量资源，我们可以做 100 个 Interleaving 实验。

但在实际应用中我们发现，虽然在线评测技术已经发展了很多年，但是 Interleaving 依然只能作为 A/B 测试的重要补充而不是替代方案，是因为它存在以下几个方面的局限性。

1）Interleaving 无法得出实验指标的真实数值，而只能做相对优劣的对比，原因是实验方案没有用户的独立流量，也无法进行等价换算。比如，我们只能知道策略 B 对比策略 A 的点击率提升了 5%，但具体提升后的点击率是多少，我们还是只能通过 A/B 测试得到。

2）Interleaving 的工程实现复杂度更高。在 A/B 测试里，技术和业务的逻辑是完全解耦的，技术层面专注于怎么实现更好的 hash 算法，怎么管理域、层、桶的流量，业务层面专注于更好的个性化算法、重排策略等的优化。但在 Interleaving 实验里，技术层面不能只专注于对 A/B 策略的内容进行交错混排，还需要耦合很多业务逻辑，比如，当 A/B 策略的推荐结果出现重复时怎么交错混排，比如策略 A 推荐 {M,N,P,Q}，策略 B 推荐 {X,P,Y,M}，怎么样整合成在用户端去重后的推荐内容？物品 M、P 的排序位置以哪个策略为准？这就把技术和业务逻辑耦合在了一起，实验的管理复杂度大大增加。

3）第 2 个问题引起 A/B 策略的不对等会影响实验的客观性。比如，当策略 B 出现在第 2、4、6 等位置时，可能会因为推荐物品与策略 A 的推荐物品有重合而被“干掉”一部分，同样，策略 A 也会因为相同的原因被策略 B“干掉”自己的一部分推荐物品，虽然 A/B 策略的交错位置是完全对等的，但因为策略的算法逻辑差异，被对方“干掉”的物品在本身策略中的位置不一定对等，也就是 A/B 策略的折损程度不对等，在图 10-13 所示的例子中，策略 A 折损了一次第 3 位的推荐内容（Z），策略 B 折损了一次第 1 位的推荐内容（E），显然策略 B 的折损更大些。因此导致实验对比的并不是 A/B 策略的完整方案，而是不同程度折损后的方案，实验的客观性打了一定折扣。

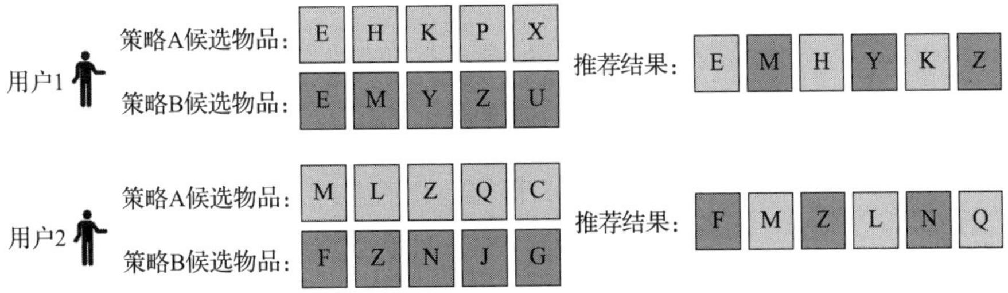

图 10-13　Interleaving 模式下的混排策略

综上所述，基于 Interleaving 的各种优缺点，通常把 Interleaving 作为算法和策略的初筛工具，先用 Interleaving 快速验证、过滤最不靠谱的实验，在剩下的实验里通过 A/B 测试进一步验证。

10.4　本章小结

推荐系统的目标是通过个性化的内容分发帮助产品更好地服务用户，满足用户的不确定性需求，并利用算法产出更多的商业价值。但什么是一个好的推荐系统？如何从推荐算法与平台、用户交互全链路的各个环节客观、量化地评估推荐系统的价值？对于这一系列相关的问题，本章尝试从多个角度来进行阐述。

首先，推荐系统需要从宏观层面证明对产品的价值，宏观价值的论证代表了推荐系统在整个企业中的影响力和话语权，也决定了未来发展的潜力。本章从产品日常运营效率、产品生态建设、商业化、用户满意度 4 个方面阐述推荐系统的宏观价值及相关的评估指标体系。

其次，在微观层面，推荐算法的建模、优化迭代更新、线上运行等各个环节都需要建立相应的评估体系。在模型的离线评估上，本章介绍了精准度、排序性、多样性 3 个方面的评估指标，分别评估模型的点击（转化）预估能力、个性化排序能力、对马太效应的抑制作用，是工业界实践中最通用的评估方法。在模型上线部署环节，本章详细介绍了 A/B 测试的核心理念，包括流量分配机制、实验设计机制、效果统计的显著性等，并详细介绍了一个 A/B 测试的完整执行流程。

通过本章的内容，读者可以更全面地了解在推荐系统落地业务的过程中，体系化的效果评估如何更好地促进算法的产出价值。

参考文献

[1] ZHU H, JIN J, TAN C, et al. Optimized cost per click in taobao display advertising [C] //Proceedings of the 23rd ACM SIGKDD International Conference on Knowledge Discovery and Data Mining. New York: Association for Computing Machinery, 2017: 2191-2200.

[2] JÄRVELIN K, KEKÄLÄINEN J. Cumulated gain-based evaluation of IR techniques [J]. ACM Transactions on Information Systems (TOIS), 2002, 20 (4): 422-446.

CHAPTER 11

第 11 章 总结与展望

本书的第 1~10 章已经全面地介绍了信息流推荐算法的业务价值、全链路算法框架、核心算法及其演进历程、经典建模问题、价值评估体系等。至此，本书的主体内容已经完结。本章将介绍一些延展性的内容来作为本书的结尾和补充。

推荐算法从 20 多年前诞生，最近 10 年，随着移动互联网的兴起和深度学习的推广得到了蓬勃的发展，并且伴随着信息流产品深刻地影响着整个社会的信息传播和人们的日常生活，也吸引了大批的从业人员投身其中。推荐算法发展到当前阶段，已不再只是纯粹的技术问题，而是上升到了涉及个人隐私、商业模式、价值观传播、伦理道德等社会层面的课题。本章的内容中将概要性地介绍当前阶段推荐算法在社会层面受到的挑战和未来发展亟待解决的几个问题。

同时，既然推荐算法在移动互联网行业和信息流产品中如此重要，那么作为一名推荐算法工程师，在入门到成长的过程中，如何建立自己的知识体系？如何适应技术的高速发展？如何打造自己的核心竞争力？

11.1 推荐算法的重要挑战

本节从推荐算法目标的统一货币化、个性化与用户隐私的对立、推荐算法的社会伦理问题、推荐算法的公平性问题多个角度介绍推荐算法当前面临的几个重要挑战。

1. 推荐算法目标的统一货币化

信息流产品期望通过个性化推荐算法达到的目标可以概括为两个：用户侧的满意度和平台侧的商业利益。但这两个目标通常都很难直接进行建模，用户满意度是主观且抽象的深度语义变量，而平台商业利益则是结合短期和长期的多维度的商业收益相关指标表达的总和。

通常，我们的做法是将用户满意度近似表达为用户的消费时长（如果是电商场景，则是消费金额），但整体的消费时长因为反馈的周期长依然很难直接建模，于是，我们进一步将它们转化为单次消费行为会话中的点击、观看时长、完播率、点赞、分享等的短时反馈行为，并通过多任务学习进行多目标的建模，最后通过强化学习等方式以用户消费时长等作为目标进行融合。也就是说，我们将代表用户满意度的各种交互反馈目标的建模结果进行某种策略下的动态融合，使得能最终驱动用户消费时长的持续增长。但目前依然存在的问题是，用户消费时长和平台的商业利益之间仍然无法进行统一衡量和目标融合：用户消费的时长越长，是否能给平台带来越大的商业化收益？一般理解，要增加用户时长，在信息流中似乎应该推荐更多的直播、中长视频等更有沉浸式体验的内容；而要增加收入，则应该推荐更多的广告以及直播带货等场景电商的内容。所以这两个业务目标本身在某种程度上存在一定的冲突和不一致。

所以，我们思考是否可以构建一个统一的度量衡，将所有不同维度的目标最终都转化为一个广义的“货币化”价值单位。

在我们当前的推荐建模目标中，代表用户活跃度的点击、转发、评论，代表转化效率的加购、下单、支付，代表消费深度的时长、金额，代表商业化的广告点击、直播购买等，每一类目标都像国际金融体系中的每一种不同的货币，在自己内部都有明确的价值衡量标准，但彼此之间却需要通过对齐统一的货币来进行计价和结算，并通过汇率的换算来统一价值度量。因此，我们希望在信息流产品的不同目标之间，尤其是业务目标和商业化目标之间，能够通过一个统一的模型转化为一个能代表平台长期利益的货币化价值单位的指标。我们在精排模型中仍然以各自不同的目标进行多任务学习的建模，在多模型融合阶段，将统一的“货币化”衡量指标作为强化学习的目标。

2. 个性化与用户隐私的对立

特征和样本是模型优化的基石，也是大模型可以发挥优势的“原材料”，因此，很多场景下，我们为了追求更好的个性化效果，特别是为了冷启动用户的偏好学习以及冷热用户之间的迁移学习，会将用户的数据收集和特征挖掘做到极致，举例如下。

1）基于用户设备的 APP 安装和启动列表，我们可以大致推断用户的年龄层、性别、职业类型和兴趣偏好等用户画像信息。

2）基于用户的通讯录、WiFi 连接，我们可以训练大规模的社交网络模型，挖掘同好关系、社交关系、社交亲密度等，以及基于稀疏人群中的稠密子图来分析业务的受众群体特征。

3）基于用户的 LBS 行动轨迹，我们可以识别用户的出行习惯，再结合 POI 信息、WiFi 网络信息挖掘用户的行动范围和常驻地，甚至进一步推断用户的生活习惯、资产价值、家庭成员等。

这些适用于所有业务的强特征都可以有效提升模型的泛化能力，基于个人信息构建的用户画像也成了重要的数据资产，但企业对这些数据资产的应用也面临着很大的隐私风险，特别是很多平台在商业变现压力下存在滥用用户画像以及对个性化算法过度商业化的情况：一些工具类 APP 利用收集的用户信息进行金融产品的引流和广告变现；很多 AI 和大数据厂商通过为中小 APP 提供语音识别、消息推送等服务超范围收集用户信息，再将收集的用户数据包装成个性化算法服务，作为 SaaS 产品对外进行各种商业变现；甚至还出现了个人信息被多次售卖、被用于催收等违规情况。

为了治理这些乱象，国家近几年也持续出台了《中华人民共和国数据安全法》《中华人民共和国个人信息保护法》《互联网信息服务算法推荐管理规定》等一系列法律法规，为推荐算法和用户数据收集戴上了“紧箍咒”。未来，互联网的数据收集将更加透明和谨慎，同时，用户有权自主决定被收集的数据范围、有效周期和应用场景。这对推荐算法最直接的挑战是样本的减少和特征稀疏性的增加，某些敏感的强特征无法使用，部分用户退化成了冷启动用户，短期内对算法效果存在较大的负面影响。

这种情况下，对推荐的建模技术也提出了更多更高的要求，当前阶段不太常用于推荐的小样本学习可能会被更多地研究以用来解决样本稀疏问题，迁移学习等方法会更多地被用来解决用户的冷启动和小众场景的个性化问题。同时，冷启动用户群体的增加会使得系统更加注重推荐内容的新颖性和多样性以及内容质量建设，可能也会导致个性化推荐的产品表达形式有所调整和改变，比如，推荐内容从“用户个性化”逐渐转变为“群体个性化”，用户与推荐内容的互动性会更强，用户可以深度参与定制自己的个性化策略，从“猜你喜欢”变成“选我喜欢”，算法基于用户定制规则的约束生成个性化推荐内容。

3. 推荐算法的社会伦理问题

推荐算法在某种程度上改变了整个社会的信息传播和消费的模式：信息流产品让用户沉浸在个性化的内容中，不断接收系统投其所好的“投喂”，同时，系统不断地收集用户反馈、感知用户兴趣变化，不断地加强这种“投其所好”的内容来取悦用户，刺激持续消费。

移动互联网的初衷是希望通过连接所有的终端来创造一个更广阔的虚拟世界，而推荐算法却对这个虚拟世界不仅屏蔽了信息的多样性和多元化，而且更进一步地将它带向了低俗和偏见，这不仅是一种信息茧房的现象，更是一种加剧人们的认知偏见和对事物的刻板印象、加深人群割裂和隔阂而导致的社会伦理问题。在当前阶段，这个问题也引起了大家对“平台价值观”和“算法善恶论”的广泛讨论。

要破解这个问题，作为内容分发引擎的个性化算法，必须跳出现有的优化路径和算法迭代的逻辑。首先，在内容理解上，要进一步加强深度语义理解的能力，不只是内容标签的分类识别，而是要深入分析内容的观点、情绪、立场，构建一套完整的内容质量评估体系，相当于对内容做“阅读理解”，确保阴暗、低俗、偏激的内容不会成为推荐的主导。其次，在分发策略上，不能功利化地过度使用以点击率、阅读量为代表的“热度”和以营收为代表的短期商业目标，而是要充分考虑基于内容观点、情绪、立场的社会价值，兼顾商业利益和社会责任，将用户满意度、商业目标、社会价值三者纳入推荐算法的体系设计中，让三者之间互为正则、互为约束，最终达到三个目标的协同优化。

4. 推荐算法的公平性（Fairness）问题

机器学习中的公平性问题是近几年学术界研究的一个重要方向，它所描述的问题是，由于历史的先验知识在模型训练中被强化，从而引起对某些个体或者少数群体的固有偏见和不公平的区别对待。比如，我们在搜索引擎中搜索“CEO”相关的图片，结果中大部分都是男性，而搜索“护士”相关的图片，结果中大部分都是女性，这固然是因为在当前的现实环境中 CEO 大部分都是男性、护士大部分都是女性的原因，但搜索结果容易在潜移默化中加强用户对职业和性别的偏见：男性比女性更容易获得高管职位，从而引起性别歧视的争议，这就是机器学习中典型的公平性问题。

同样，在推荐系统的各个环节也存在公平性问题，在图 11-1 所示的数据、模型、用户的三角关系中会存在数据公平性、模型公平性和选择公平性三个方面的公平性问题。

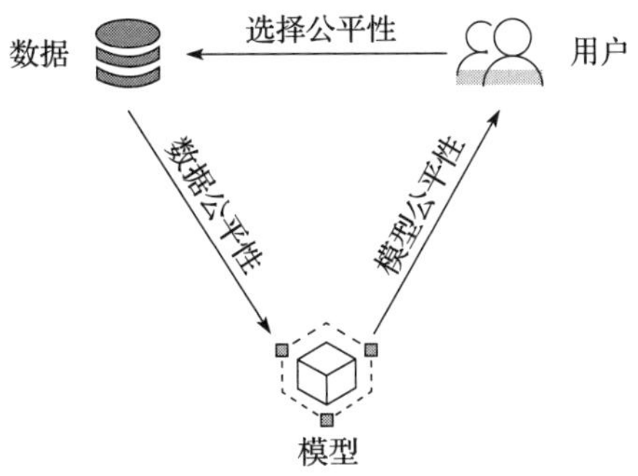

图 11-1　推荐算法公平性问题

1）数据公平性。是指我们在样本采集的过程中，因为各种数据偏置问题，导致训练和评估数据并不能公平地反映用户对内容的偏好程度以及物品的受欢迎程度，这些偏置问题的具体表现和解决方案在第 9 章中已经进行了详细的介绍，此处不再赘述。

2）模型公平性。将带有偏置的样本数据作为训练和评估集合，就会在模型中引入和加强不公平性。同时，在模型训练阶段也会引入新的公平性问题。

- 过分追求商业目标带来的算法歧视：这几年被大家诟病最多的"大数据杀熟"，就是推荐算法识别用户的购买力水平后，给出了最大化平台短期商业利益却针对用户存在价格歧视的推荐结果。
- 过分追求个性化带来的推荐内容不公平：我们为了充分理解用户，将性别、年龄、职业等个人信息应用于推荐逻辑，这使得用户只能看到和自身属性相关性高的内容，其他内容的曝光机会大大减少，这个推荐逻辑本身可能并不是用户想要的，但用户自身却无法干预。
- 过分追求整体利益最大化带来的小众群体歧视：我们在优化算法时通常基于抓"主要矛盾"的策略，即哪类用户给平台带来最大的消费时长、收入，就重点优化哪类人群，这通常会忽略部分细分人群、长尾人群的小众需求。同时，机器学习的优化目标——最小化总体样本误差，也有利于多数群体，而忽视少数群体。

3）选择公平性。用户在接受推荐内容后的反馈行为容易受到环境的影响，在内容选择上，用户更容易接受被大众认可的内容，比如电商场景中的高销量及高好评率商品、视频场景中的高分热评电影，这使得优质新品在曝光机会的竞争中天然处于劣势。这种对物品的"流行度歧视"容易加剧平台的马太效应，并带来流量分配的公平性问题。

一般来说，在技术层面对公平性问题的处理方法是比较简单直接的，可以在算法开发的三个阶段进行：预处理（Pre-processing）阶段、模型训练（In-processing）阶段、后处理（Post-processing）阶段。其中，预处理阶段主要是对数据和特征进行转换，对样本进行纠偏，删除敏感特征，消除潜在的不公平因子。模型训练阶段可以通过修改算法的目标函数，增加正则项来移除不公平因子的影响。后处理阶段通过对内容的打散、增加多样性、过滤争议内容等来增加公平性。

虽然公平性问题的处理方法很多，但当前的难点首先在于"公平性"缺乏完整明确的定义和共识，"大数据杀熟"显然是一种价格歧视和欺诈，但基于用户性别的相关内容推荐算不算一种性别歧视？千人千面的个性化推荐和用户接收多元信息的公平性之间的界限在哪？目前似乎没有一种公认的明确定义。其次，大多数基于公平性问题的调整都会带来算法效果的负面影响（比如，刻意降低用户和内容的相关性、高流行度内容的曝光量），而一旦影响了业务效果，在工业界的推广就会很难开展。比如，要消除推荐中的性别歧视，我们完全可以在模型训练中把性别特征移除，但光移除“性别”一个特征还不够，因为用户的历史行为能够在很大程度上反映用户的性别，如果把这些相关特征都移除，那么模型效果就会受到很大的影响。

因此，如何完整、客观地定义推荐算法的公平性，如何解耦影响公平性的敏感属性特征与影响算法效果的强特征，如何平衡公平性与推荐的商业价值，是未来公平性问题的重要方向。

11.2 论推荐算法工程师的自我修养

优秀的推荐算法对信息流产品的核心作用是可以同时促进内容供给侧的生产效能和提升内容分发侧的运转效率，从而提升信息流生态的健康度，而优秀的推荐算法工程师则是算法背后的设计师和操盘手。

要成为一名优秀的设计师和操盘手，对算法工程师个人能力的要求是多维度全方位的，并且随着技术的更新迭代和商业环境的竞争日趋激烈，对个人能力的要求也在不断提升，我们将这当中必须掌握的技能总结为硬技能和软技能两类来进行介绍。硬技能是指扎实的理论深度、前瞻性的技术视野、优秀的工程开发和落地实施的能力。软技能是指对技术和理论的运用能力、理论结合实际的能力，以及对技术背后的资源协同、多方合作等方面的能力。

1. 硬技能

算法工程师的硬技能可以归纳为数学能力、算法理论基础、工程开发能力、数据分析能力四个方面，这四个方面的能力是成长为优秀的推荐算法工程师的基本功，也是持续发展的职业道路上需要不断学习和加强的专业技能。

(1) 数学能力

数学能力是机器学习和推荐算法入门的基础，足够扎实的数学功底有助于对推荐算法有更快速和深入的理解，但数学领域的知识体系太庞大了。一般我们认为，大学本科中的高等数学、线性代数、概率论与数理统计这三门课程涵盖了机器学习中大部分的数学知识，因此也是推荐算法理论中的基本语言和必要的知识储备。

1）高等数学：高等数学的主要内容包含微积分和最优化相关的理论。微积分是公认的包括人工智能在内的自然和工程科学发展的基石，也为机器学习中的模型训练提供了理论依据。我们每天遇到的“求导”就是微积分的基本概念之一。推荐算法作为人工智能的一个分支领域，自然也需要掌握这门学科。而推荐算法的目标函数往往可以归结为一个最优化问题，因此需要用最优化理论相关的数学工具来进行参数的求解，比如极大似然估计、梯度下降等。

2）线性代数：线性代数的核心是矩阵和空间相关的理论，而向量、矩阵、张量之间的乘法、加法等运算是深度学习中最基本的算子，这些都是属于线性代数范畴的理论知识。此外，推荐算法中与矩阵分解相关的降维等方法都涉及了矩阵理论中的特征值、特征向量等概念。在算法工程上，矩阵、向量的运算非常适合在 GPU 的架构上进行并行处理等优化。因此，推荐算法的理论和工程部分都和线性代数息息相关。

3）概率论与数理统计：模型训练的独立同分布的前提条件属于统计学中随机抽样的理论，是模型泛化能力的理论保障。大部分的推荐算法都可以抽象为一个概率估计的问题，其中，判别模型是将用户的偏好作为给定样本数据下的条件概率，生成模型是学习特征输入和偏好输出的联合概率。因此，在推荐算法中，与概率相关的理论都属于必须掌握的基础知识。

（2）算法理论基础

有了扎实的数学基础后，我们还需系统性地学习算法相关的理论知识。算法理论包括传统基于统计学习方法的机器学习和深度学习，以及基于机器学习和深度学习理论基础上的推荐算法原理。

1）推荐算法是机器学习的一个分支，CTR 预估就是一个典型的二分类监督学习，虽然传统机器学习模型在推荐算法中不再被大规模使用，但它依然是我们必须掌握的理论，也是学习深度学习模型的基础。事实上，在推荐算法领域中，无论多么复杂的模型，其底层的算法理念并没有脱离逻辑回归、神经网络、SVM、树模型等传统机器学习的知识范畴。一般我们推荐以李航老师的《统计学习方法》（在第三版中已经改名为《机器学习方法》）作为这部分知识点的入门教程，该书对机器学习的模型、策略、算法做了非常全面、翔实的描述，但对于入门阶段的朋友来说可能对于公式推导的理解会比较抽象，有一定难度，所以建议采用泛读和精读结合的多轮学习的方法。

2）基于足够扎实的传统机器学习的理论知识，对深度学习理论的理解上会变得更加容易。先从一个简单的全连接层神经网络开始，尝试去理解它的每一步的技术细节，包含训练流程（正向传播、反向传播）、激活函数（Sigmoid、ReLU、tanh 等）、正则化方法（L1、L2、Dropout、BN、LN 等）、损失函数（交叉熵、Focal Loss 等）、优化算法（SGD、Momentum、Adagrad、Adam 等）。然后以此为起点，进一步学习不同类型的神经网络模型，如前馈神经网络、卷积神经网络、循环神经网络等。有了基础知识，可以继续延伸阅读深度学习各个发展阶段的重要论文，重点可以关注 NeuralPS、ICML、IJCAI、KDD、SIGIR、RecSys 等顶级会议跟推荐算法相关的经典论文。

3）推荐算法作为机器学习和深度学习在工业界的一个重要应用和实践，在掌握了机器学习、深度学习的理论后，还需要花一些时间系统性地学习算法原理。学习的过程中，可以以本书作为教程，先建立对推荐系统的基本认知，并通过各章的知识点深入理解推荐算法的各个重要模块。同时，推荐算法先天具有业务的强相关性，因此在学习的过程中注意实践应用，在实践中不断加深对算法的认识。

（3）工程开发能力

推荐是一门更偏向落地实践的学科。有了算法的理论能力，还需要将理论用于实践，在实践过程中，在推荐建模全链路的每个环节，从数据处理、特征工程、模型训练到线上部署，每一步都需要上手编程，因此上下游链路上的各个方面的工程能力也是算法工程师的必备技能。

1）大数据开发能力：基于 Hadoop 和 Spark 的两大生态的分布式计算编程能力和数据处理基线（Pipeline）上的全栈开发能力，包括 HDFS、MapReduce、Spark DataRFrame 上的离线数据处理能力，基于 Storm、Spark Streaming、Flink 等的实时分布式数据流开发和基于 Kafka 等的消息队列机制应用，这些都是推荐算法开发中涉及的大数据开发需要掌握的技能。

2）通用的数据结构与算法相关的编程能力：常见的数组、链表、堆栈、队列、树、哈希表、集合等数据结构的理解、应用和排序、递归等算法编程能力，以及基于算法时间复杂度和空间复杂度的调优技能，是大数据开发中的效率保障。

3）数据科学领域的基本开发技能：基于 Python 数据科学生态的 NumPy、Pandas、Matplot 等的数据分析处理、数据挖掘和数据可视化的编程能力。

4）机器学习的编程能力：应用 Sklearn、Spark ML、TensorFlow、PyTorch 等以 Python 作为接口语言的机器学习框架来编写各种模型网络结构进行训练、调参的能力。

在学习工程开发技能时，可以采用边学边用、先上手再理解的方法，先从简单的中文入门教程开始，在了解大致理念的基础上再从几个简单的例子直接上手，接着尝试解决工作中相对简单的业务问题，在解决问题的过程中再通过深入阅读相关官方技术文档了解详细的技术细节，通过不断积累经验逐步增加业务问题的复杂度，由易入难、融会贯通，同时，日常工作中注意针对技术问题的细节学会从搜索引擎或者相关的社区论坛中寻找答案。

（4）数据分析能力

数据分析和业务洞察是推荐算法优化的重要驱动力，一般公司中都会有专门的数据分析师岗位，但针对推荐算法和推荐业务场景的数据分析工作很大部分仍然需要算法工程师来承担。

数据分析工作并不是简单的指标统计和数据可视化的图表展示，它是以理解业务为前提，基于分析师的数据敏感度、批判性思维来研究业务数据的趋势变化、分布特征，为分析目标提供前瞻性指导意见的工作。算法工程师的数据分析能力可以从业务洞见能力、逻辑思维能力、分析工具的运用能力三个方面来培养。

1）业务洞见能力是数据分析能力的基础，它体现在对算法应用的商业场景有深刻的理解和独到的见解，包括产品的商业模式、受众群体、核心链路设计。缺乏业务洞见的数据分析就是空中楼阁。但具备深刻的业务洞见能力需要长时间的积累，除了日常工作中注意多分析、多思考及总结之外，通过学习研究宏观的行业分析和微观的产品分析报告，与业务专家沟通交流来补足自身业务理解上的薄弱环节也是行之有效的方法。

2）逻辑思维能力是数据分析能力的核心，它集中体现在利用批判性思维模式进行数据解读的能力，通过对数据表象的观察、对初步结论的质疑、对数据之间因果的推理，最终形成观点和有效的业务评估，从数据的表象解读背后的成因，理清不同数据指标之间的脉络，推导相关性和因果性，挖掘算法优化的线索。

3）分析工具的合理高效运用代表数据分析的落地实践能力，它包括利用基本的分析工具和统计学的相关理论知识来支撑日常工作，比如，基本的特征分组、交叉分析，以及对业务指标进行趋势观测、归因溯源的分析方法，对分析结论的假设检验，以及基于数据挖掘方法的统计分析工具，如聚类分析、回归分析、主成分分析、因子分析等。通过这些常见的分析工具和方法挖掘业务变化之间的因果关系，甄别影响用户决策的关键因素等，最终找到推荐算法的优化方向和线索。

2. 软技能

（1）产品思维能力

要成为一名优秀的算法工程师，首先要成为一名合格的产品经理。因为推荐算法与用户的交互最终是以产品为载体实现的，而产品功能链路、视觉交互设计的好坏能在很大程度上对算法的效果起到促进或者抑制的作用，因此优秀的算法工程师不能执着于算法，不能只固守在自己的技术领域形成思维定式和被动执行的工具属性，更不能“拿着锤子找钉子”生搬硬套算法模型，而是要具备以数据为导向优化和改进产品的能力。

在日常工作中，培养产品思维能力，算法工程师需要从头开始，深度参与产品的规划、设计和实施，从前期的用户需求分析到中期的视觉交互、功能路径、测试用例的设计，再到后期的项目复盘。在参与的过程中，算法工程师要充分发挥自己对算法和数据业务价值的认识深度的优势，协助产品经理梳理全链路的功能逻辑。

1）首先要抽象化问题，明确产品的核心目标，比如，在信息流中，我们期望提升的是用户的时长、视频的完播还有点击分享等行为，并基于目标进行相应的算法解决方案的充分讨论，比如，产品的核心优化点是否在正确的业务目标的优化方向上？哪些优化点需要什么样的算法支撑？

2）充分利用大数据，洞察当前用户痛点和产品薄弱点的真实情况和影响面，分析产品核心功能优化点和用户痛点、业务目标之间逻辑推导的合理性，推敲产品细节设计的合理性，确认是否在用户体验上最终形成了闭环。

3）将产品核心目标和用户痛点问题回归到算法模型，提出算法支撑产品核心功能优化点的完整解决方案，并基于经验给出合理的业务效果上的收益预期。

在深度参与产品设计和实施的过程中，算法工程师应不断提升自己的产品思维能力和对业务问题的思考深度，培养自己对产品的真实体感。

（2）沟通协同能力

虽然算法工程师的核心能力是算法技术深度和产品思维能力，但任何团队和组织的发展最终靠的是协同合作的群体智慧，而沟通和表达能力则决定了在日常的合作中能否将个人能力与合作伙伴协同达到群体智慧的最大化。

我们在工作中可能都会遇到这样的负面例子：低效的沟通让算法工程师和产品经理处在了观点的对立面，词不达意，无法清晰明确地表达自己的核心观点和诉求，让双方无法互相理解，严重影响合作进度，也拉低了团队士气。因此，培养良好的沟通能力对个人和团队都至关重要，我们在日常的沟通中需要把握以下三个关键原则。

1）积极和充分的倾听是沟通的首要原则。要表达自己前先倾听别人，这不仅是一种社交礼仪，而且更是一种实用的沟通技巧。让对方先说，就能留给自己足够的时间思考，先了解对方想表达的核心诉求和真实想法，再与自己的观点和诉求在共同点、差异点处进行对比，以便找到合作共赢的基础，并针对性地回应对方的核心诉求和顾虑。

2）权宜应变的策略是沟通的核心技巧。针对对方的反馈表现，灵活地调整沟通策略，包括观点表达的主次，以及说话语气、表达方式、肢体语言，甚至沟通场地、时机等外部因素，同时可以适时判断是否拉入第三方，联合第三方来促进沟通效果。

3）除了对外的沟通策略，对内的预期管理和沟通心态建设也同样重要，并不是每一次沟通都能达到预期的圆满结果。沟通是交换不同的意见，而不是一方压倒另一方的斗争。同时，沟通也不是一次性的等价交换工作，而是长期的合作过程，因此求同存异、争取长期共赢才是沟通的首要目标。

（3）自我表达能力

沟通和表达是互相联系但又各自有所侧重的两种能力，沟通侧重于与对方达成观点的共识，表达侧重于如何更好地展示自己的观点。表达能力不仅体现在内外沟通中的语言表达能力、基于利益分歧下的观点诉求表述策略，还体现在日常工作中的邮件沟通能力、文字沟通能力和项目总结时的文字表达能力。对算法工程师来说，另一种重要的表达能力是对自己设计的算法解决方案的“路演”能力，通过语言、文字、体系化的文档将自己的技术方案营销出去，被大家接受。

很多算法工程师会把语言、文字表达能力归为口才和文采，这听起来有点像泛泛的夸夸其谈和流于表面功夫的语言技巧运用能力，但实际上表达能力是职业发展中非常关键的一种软实力，它背后体现的是算法工程师对专业领域的体系化总结能力、思考深度、表达的逻辑能力、抗干扰能力等，这些能力最终都会在一定程度上影响自己职业发展的高度。

（4）项目管理能力

产品思维、沟通协同能力、自我表达能力都是算法工程师的内在修为，而项目管理能力则是执行力的外化表达，它直接决定了推荐算法落地实施的效率和质量。推荐算法中的项目管理能力，通常是指由算法工程师主导，协同产品经理、工程开发、算法测试人员共同完成算法落地实施和效果保障的能力。项目管理中通常需要把握以下几个关键点。

1）预期目标管控。明确本次项目要达到的目标是什么，关键的难点和解决方案是什么，本次的目标在产品的长期规划中起着什么样的作用，通过目标的统一，对齐大家的努力方向。

2）项目分工和流程的对齐。精细化的任务分解，明确各角色人员的工作内容和职责边界，特别是算法和工程人员之间的接口定义以及测试的用例设计，让大家在统一的标准下做事，培养长期合作的默契感。

3）项目的节奏控制和风险管控。建立日常的沟通和定期的会议机制，随时跟进项目进展，全面监控可能的风险点，及时采取相应措施。

4）项目的验收和复盘。上线之后的项目总结和效果评估是项目管理的收尾环节，组织相关的人员回顾项目历程，对比目标找到亮点和不足，并以此作为参考制订下一步的行动计划。

（5）向上管理能力

任何一个公司或者组织都是自上而下地打造团队、自上而下地拆解整体目标、分工合作地执行工作目标并得到最终结果的。在组织日常运转的过程中，每一个个体都是组织结构树中的一个节点，都需要对自己及下属节点的工作负责。而向上管理指的是，为了更好地得到结果，主动配合并影响组织的过程[1]。

向上管理的难点在于，在传统的观念里，管理都是自上而下的，任何主动发起的向上管理的行为都有很大的风险会被认为是对组织管理体制的一种挑战。但在飞速发展的互联网行业，尤其是技术驱动业务增长的岗位上，向上管理是必要甚至不可或缺的。推荐作为一个技术和数据导向的工作，在算法频繁迭代的过程中，产品暴露出的各种细节性的业务问题都需要及时总结归纳，并及时地洞察当前的核心问题根源、快速灵活地调整推荐算法的发力方向和优化路径。如果每一次的问题分析、归纳总结都是由上级组织发起的，那么业务的迭代优化速度就会明显滞后于问题的发现速度，因此，一线算法工程师利用自己的专业知识主动发现问题，主动发起沟通并推动形成解决方案，是推荐算法团队里一种非常必要的向上管理的手段。

因为向上管理的必要性和风险点并存，所以我们在执行时需要把握以下几个原则。

1）坚持“唯实不唯上，对事不对人”的观念，向上管理的目标是客观地反映当前的实际问题，为了团队工作更好地开展，而将个人目标与组织目标对齐的过程，而不是为了凸显个人能力的亮点和与众不同，更不是为了制造不和谐因素。

2）反馈问题的同时给出合理的建议。在客观、翔实地描述问题的基础上，加上明确的可执行方案、具体的执行周期和分阶段的预期效果，更能体现个人对问题思考的深度和全面性，从而增加向上管理的效率。

向上管理事实上也是算法工程师建立自身在团队中的影响力，打造个人品牌的一个有效的方法。

11.3　本章小结

本章作为前 10 章的补充内容，首先总结了当前推荐算法存在的几个重要挑战，以及下一步继续发展必须要解决的问题。这些问题，本书并没有给出明确的答案，事实上，业界仍然存在各种观点的碰撞和技术的摸索，这里抛砖引玉留给读者继续思考。

然后介绍了作为推荐算法的设计师和操盘手，推荐算法工程师在职业发展和成长的道路上如何更好地完善自己，以及如何打造自己的核心竞争力。我们将内容分成硬技能和软技能两部分。硬技能包含了算法的数学理论基础，机器学习理论基础，应用各类模型进行算法的设计、开发、评估、优化并为最终结果负责的能力。软技能包括了产品思维能力、沟通表达能力、协同管理能力等。这两方面的能力在日常工作中互为补充、相辅相成。

参考文献

李秀娟. 组织行为学［M］. 北京：清华大学出版社，2012.

POSTSCRIPT

后　　记

从几年前在和黄帆博士的交流讨论中，我们不约而同地萌生了写书的想法，再到后来收到机械工业出版社李永泉老师的邀约，到最终完成书稿，前前后后经历了很长时间的框架构思和内容打磨。借着写书的契机，也回顾了自己 17 年的大数据从业经历，差不多有一多半的时间都在从事跟推荐算法相关的工作，这本书也可以算是对职业生涯这 17 年的一个承先启后的阶段性总结吧。

通过本书的撰写，我也更加深刻地体会到了“终身学习”这四个字的含义，包括机器学习、深度学习、统计分析在内的任何一门学科、技术都是不断迭代发展、永不停滞的。因此，对个人来说，stay hungry，stay foolish（求知若饥，虚心若愚），永远保持对“未知”的好奇心、跟随技术变革的脚步贯穿于一生持续学习的过程中。

同时，保持“终身学习”还需要修炼合理的方法，对体系化的推荐算法还处在入门阶段的读者来说，不要期望短时间内迅速掌握所有的知识点，而是要找到适合自己的节奏，由浅入深、以点带面、单点突破，同时学以致用、学以实用，这样在实践中一步步慢慢构建自己的知识体系，有了知识体系，就好比是有了钢筋混凝土框架的房子，剩下新知识的学习就是往上添砖加瓦的过程，也就变得顺其自然、顺理成章了。

最后，希望本书能够对所有读者构建自己的推荐算法知识体系，以及对顺利成长为算法工程师有所帮助，期待在下一个版本的更新中与大家继续交流。

勘误和支持

感谢大家能在繁忙的工作和学习中抽出时间来阅读本书，也欢迎大家对我们的工作进行批评指正，大家可以通过邮箱（notezhao@163.com）反馈相关问题，我们将尽力为大家解答。

赵争超